Hessen

Bigalke | Köhler

Mathematik

Gymnasiale Oberstufe

Qualifikationsphase

Leistungskurs **Q 1**

Herausgegeben von

Dr. Anton Bigalke Dr. Norbert Köhler

Erarbeitet von

Dr. Anton Bigalke
Dr. Norbert Köhler
Dr. Gabriele Ledworuski
Dr. Horst Kuschnerow

unter Mitarbeit der Verlagsredaktion
und Beratung von

Clemens Groß, Fulda

Cornelsen

Bigalke | Köhler

Mathematik

Redaktion: Dr. Ulf Rothkirch
Layout: Klein und Halm Grafikdesign, Berlin
Bildrecherche: Dieter Ruhmke

Grafik: Dr. Anton Bigalke, Waldmichelbach
Illustration: Detlev Schüler †, Berlin
Umschlaggestaltung: Klein und Halm Grafikdesign, Hans Herschelmann, Berlin
Technische Umsetzung: CMS – Cross Media Solutions GmbH, Würzburg

www.cornelsen.de

1. Auflage, 4. Druck 2024

Alle Drucke dieser Auflage sind inhaltlich unverändert
und können im Unterricht nebeneinander verwendet werden.

Druck: Livonia Print, Riga

ISBN 978-3-06-008525-5

PEFC
PEFC/12-31-006

PEFC zertifiziert
Dieses Produkt stammt aus nachhaltig bewirtschafteten Wäldern und kontrollierten Quellen.

www.pefc.de

Inhalt

- ■ Wiederholung
- ■ Basis
- ◩ Basis/Erweiterung
- □ Vertiefung

Vorwort

Kerncurriculum

In diesem Buch wird das Kerncurriculum für das Fach Mathematik in der Qualifikationsphase des Landes Hessen konsequent umgesetzt.

In erheblichem Umfang sind Anwendungsaufgaben und Modellierungen berücksichtigt, auch perspektivisch im Hinblick auf das Zentralabitur. Allerdings muss man die ohnehin knappe Zeit gut einteilen, da Anwendungen und Modellierungen erfahrungsgemäß zeitaufwendig sind.

Druckformat

Das Buch besitzt ein weitgehend zweispaltiges Druckformat, was die Übersichtlichkeit deutlich erhöht und die Lesbarkeit erleichtert.
Lehrtexte und Lösungsstrukturen sind auf der linken Seitenhälfte angeordnet, während Beweisdetails, Rechnungen und Skizzen in der Regel rechts platziert sind.

Beispiele

Wichtige Methoden und Begriffe werden auf der Basis anwendungsnaher, vollständig durchgerechneter Beispiele eingeführt, die das Verständnis des klar strukturierten Lehrtextes unterstützen. Diese Beispiele können auf vielfältige Weise als Grundlage des Unterrichtsgesprächs eingesetzt werden. Im Folgenden werden einige Möglichkeiten skizziert:

- Die Aufgabenstellung eines Beispiels wird problemorientiert vorgetragen. Die Lösung wird im Unterrichtsgespräch oder in Stillarbeit entwickelt, wobei die Schülerbücher geschlossen bleiben. Im Anschluss kann die erarbeitete Lösung mit der im Buch dargestellten Lösung verglichen werden.

- Die Schüler lesen ein Beispiel und die zugehörige Musterlösung. Anschließend bearbeiten sie eine an das Beispiel anschließende Übung in Einzel- oder Partnerarbeit. Diese Vorgehensweise ist auch für Hausaufgaben gut geeignet.

- Ein Schüler wird beauftragt, ein Beispiel zu Hause durchzuarbeiten und als Kurzreferat zur Einführung eines neuen Begriffs oder Rechenverfahrens im Unterricht vorzutragen.

Übungen

Im Anschluss an die durchgerechneten Beispiele werden exakt passende Übungen angeboten.

- Diese Übungsaufgaben können mit Vorrang in Stillarbeitsphasen als Kontrolle eingesetzt werden. Dabei können die Schüler sich am vorangegangenen Unterrichtsgespräch orientieren.

- Eine weitere Möglichkeit: Die Schüler erhalten den Auftrag, eine Übung zu lösen, wobei sie mit dem Lehrbuch arbeiten sollen, indem sie sich am Lehrtext oder an den Musterlösungen der Beispiele orientieren, die vor der Übung angeordnet sind.

- Weitere Übungsaufgaben auf zusammenfassenden Übungsseiten finden sich am Ende der meisten Abschnitte. Sie sind für Hausaufgaben, Wiederholungen und Vertiefungen geeignet.

- In erheblichem Umfang sind die Formate des Zentralabiturs berücksichtigt, vor allem auch solche mit einfachen Anwendungsbezügen und mit Modellierungen. Allerdings muss man sich die ohnehin knappe Zeit gut einteilen, da Anwendungsaufgaben zeitaufwendig sind.

Überblick, Test und mathematische Streifzüge

Am Ende eines jeden der Themenfelder sind in der Regel in einem ***Überblick*** die wichtigsten mathematischen Regeln, Formeln und Verfahren in knapper Form zusammengefasst.

Auf der letzten Seite eines Themenfeldes findet man einen ***Test*** zum Standardstoff, der vor allem auch zur Selbstkontrolle vorgesehen ist.
In der Regel ist ein solcher Test zu umfangreich, um in einem Zug durchgerechnet zu werden. Im Normalfall wird eine Zweiteilung angemessen sein.

Mehrere Themenfelder enthalten einen mathematischen ***Streifzug***, der besonders interessierten Schülern Vertiefungsmöglichkeiten und weitere Informationen bietet.

Verwendung von digitalen Mathematikwerkzeugen (Rechnern)

Als Rechenhilfsmittel sind ***Taschenrechner mit erweiterter Funktionalität*** (WTR/ETR), aber auch Computerprogramme und Computeralgebrasysteme (CAS) vorgesehen. Diese Geräte stellen zeitsparende und reichweitevergrößernde Hilfsmittel dar, welche die wichtigen manuellen Techniken ergänzen, aber nicht ersetzen sollen.

Insbesondere können die Rechner verwendet werden, um zeitliche Freiräume für das Lösen von Anwendungs- und Modellierungsproblemen zu schaffen, indem sie das Lösen von Gleichungen und Gleichungssystemen und das Berechnen von Ableitungen an einer Stelle und von bestimmten Integralen unterstützen und vereinfachen.
Die Rechner bieten in diesen Feldern auch eine effektive Möglichkeit zur Kontrolle manueller Ergebnisse. Unabdingbar sind sie im Bereich der Approximation von Funktionen, da dort ein rein manuelles Vorgehen insgesamt zu zeitraubend wäre.

Bei der Verwendung von Rechnern soll strikt auf eine angemessene *Dokumentation des Lösungswegs* in Form schriftlicher Erläuterungen geachtet werden.
Dabei sollen die korrekten mathematischen Schreibweisen und Symbole verwendet werden. Rechnerspezifische Schreibweisen sollen vermieden werden.

Die meisten Aufgabenstellungen im Buch sind so ausgelegt, dass sie sowohl manuell als auch mit Rechnerhilfe bewältigt werden können, mitAusnahme von bestimmten Regressionen und Bogenlängen.

Operatoren

Die Aufgabenstellungen in Übungen wurden in erheblichem Maße mit Hilfe von Operatoren formuliert. Es wurden aber auch offener formulierte Fragestellungen einbezogen, um die erforderliche Flexibilität der Schüler im Umgang mit Aufgabenstellungen erreichen zu können und eine sprachliche Monotonie zu vermeiden. Eine Liste der Operatoren befindet sich am Buchende.

Themenfelder

Das Buch enthält sechs *Themenfelder* (Kapitel), welche im Wesentlichen den sechs Themenfeldern des Kerncurriculums entsprechen. Von den sechs Themenfeldern des Kerncurriculums sind die Themenfelder 1 bis 3 verbindlich, während zusätzlich ein weiteres der Themenfelder 4 bis 6 des Kerncurriculums jeweils durch Erlass als verbindlich festgelegt wird. Ebenfalls durch Erlass können Schwerpunkte und Konkretisierungen innerhalb der Themenfelder ausgewiesen werden.

Gesamtkonzeption und Hinweise zu den Themenfeldern

Das Buch ist wie das Kerncurriculum in ***sechs Themenfelder*** untergliedert, welche sich an inhaltlichen Aspekten der Differential- und Integralrechnung orientieren und daher unterschiedliche zeitliche Umfänge besitzen. Die durch den Rahmenplan vorgesehenen Inhalte werden abgedeckt. Innerhalb der Themenfelder gibt es zusätzliche Vertiefungsmöglichkeiten.

Im Themenfeld 3 – Vertiefung der Differential- und Integralrechnung – werden die relevanten Funktionsklassen systematisch und sehr ausführlich dargestellt. Hier werden außerdem zahlreiche Anwendungen und Modellierungen angesprochen. Es ist jedoch nicht vorgesehen, dass alle dargestellten Inhalte in vollem Umfang durchunterrichtet werden.
Der Grund für die Ausführlichkeit: In diesem Themenfeld werden die abiturrelevanten Aspekte der Analysis zum letzten Mal vor dem Abitursemester planmäßig behandelt.
Aufgrund der ausführlichen und umfassenden Darstellung hat der Lehrer die Möglichkeit, eine passende Auswahl zu treffen, die auf aktuelle Schwerpunktbildungen und Konkretisierungen des Kerncurriculums für das Abitur angemessen abgestimmt werden kann.
Weiterhin können die Schüler während der analysisfreien Zeit im zweiten und dritten Semester vereinfacht mit Stoff zur Aufrechterhaltung der erworbenenAnalysiskenntnisse versorgt werden.

I. Einführung in die Integralrechnung

In Abschnitt 1 erfolgt der Zugang zur Integralrechnung klassisch über die Frage nach dem Inhalt der Fläche, die von einer Kurve begrenzt wird.
Die ***Streifenmethode des Archimedes*** erscheint besonders geeignet, diese Frage verständnisorientiert zu beantworten. Sie ermöglicht ohne verwirrendes Beiwerk die Konzentration auf den mathematischen Kern des Problems. Diese historisch wichtige Methode stellt zugleich über den Grenzwertbegriff die Verbindung zur modernen Mathematik her.
Die dabei auftretenden ***Unter- und Obersummen*** können manuell errechnet werden, was aber zeitaufwendig sein kann. Daher kann nach Einsetzen des Erstverständnisses die ***Summierungsoption*** des Taschenrechners eingesetzt werden, um Zeit zu sparen und Rechenfehler zu vermeiden.

In Abschnitt 2 wird die ***Flächeninhaltsfunktion*** zur unteren Grenze O behandelt, um schnell zu ersten Flächenberechnungen zu kommen, die den Nutzen des Integralkalküls demonstrieren.
Schon hier besteht die Möglichkeit, exemplarische Anwendungen auszuwählen und zu bearbeiten.
In diesem Abschnitt kann als Zusatzoption der ***Hauptsatz über Flächeninhaltsfunktionen*** formuliert werden. Allerdings kann man hier auf diesen Satz auch verzichten, da im Abschnitt 4 der Hauptsatz der Differential- und Integralrechnung angesprochen wird.

In Abschnitt 3 werden die Begriffe ***Stammfunktion*** und ***unbestimmtes Integral*** eingeführt. Hier steht als Motivation der Gedanke der Umkehrung des Differenzierens am Anfang.
In diesem Zusammenhang werden die Rechenregeln für unbestimmte Integrale durch Umkehrung der Ableitungsregeln der Differentialrechnung gewonnen.
Als Funktionsmaterial werden die Potenzfunktion x^n, $n \in \mathbb{Z}\ \{-1\}$, die ganzrationalen Funktionen, die elementaren Exponentialfunktionen e^x und e^{-x} sowie die trigonometrischen Grundfunktionen $\sin x$ und $\cos x$ verwendet.

In Abschnitt 4 wird der ***Begriff des bestimmten Integrals*** durch Zurückführung auf Streifensummen eingeführt. Die Rechenregeln für bestimmte Integrale lassen sich rnit diesem Ansatz sehr anschaulich begründen. Das bestimmte Integral wird dabei als Flächenbilanz interpretiert.
Der Hauptsatz der Differential- und Integralrechnung wird hier formuliert und die entsprechenden Schreibweisen werden eingeführt.
Am Ende dieses Abschnitts gibt es zwei Exkurse, die bei Bedarf eingesetzt werden können:
Der erste Exkurs spricht das Thema ***Bestandsrekonstruktionen*** an, welches im zweiten Themenfeld später noch ausführlich behandelt wird. Hier wird die besonders anschauliche und einprägsame Rekonstruktion des Weges aus der Geschwindigkeit durchgeführt, um die Möglichkeit eines frühzeitigen Kennenlernens dieser Problematik zu schaffen.
Der zweite Exkurs thematisiert die ***erweiterten Funktionalitäten des Taschenrechners*** im Bereich der Integralrechnung, d. h. die Berechnung von bestimmten Integralen und von Streifensummen.

II. Anwendungen der Integralrechnung

In Abschnitt 1 wird der Zusammenhang zwischen ***bestimmten Integralen und Flächeninhalten*** für die Hauptfälle (positive Funktion, negative Funktion, Funktion rnit wechselndem Vorzeichen) kompakt zusammengestellt, um ein jederzeitiges Nachlesen zu ermöglichen. Man kann den Abschnitt im Unterricht auslassen und gleich ausgewählte Probleme aus den Abschnitten 2 und 3 behandeln.

In Abschnitt 2 werden ***Flächen unter Funktionsgraphen*** systematisch bestimmt. Dabei werden zunächst rein innermathematische Aufgabenstellungen behandelt, um den Grundkalkül abzusichern, wobei nach ganzrationalen und nicht-ganzrationalen Funktionen unterschieden wird.
Anschließend werden Parameteraufgaben, Rekonstruktionsaufgaben und Anwendungsmodellierungen behandelt.
Aus dem Materialangebot sollte eine enge, gut überlegte Auswahl getroffen werden, die auf die spezifischen Anforderungen des Kurses eingeht und in der knappen Zeit auch zu bewältigen ist.

In Abschnitt 3 werden ***Flächen zwischen Funktionsgraphen*** behandelt. Auch hier werden im Anschluss an den Grundkalkül zahlreiche Anwendungszusammenhänge zur Verfügung gestellt, von denen bevorzugt die ausgewählt werden sollten, deren Sachzusammenhang im Abschnitt 2 noch nicht angesprochen wurde. So kann man zeitsparend ein breites Spektrum abdecken.

In Abschnitt 4 wird das wichtige, aber schwierige Thema der ***Rekonstruktion von Beständen*** systematisch angesprochen, wobei man sich auf eine exemplarische Auswahl beschränken muss, die sich auch an den Erfordenissen der aktuell zu erwartenden Abiturprüfungen orientieren kann. Es ist auch denkbar, die Bestandsrekonstruktionen an anderen Stellen des Kurses anzuordnen.

In Abschnitt 5 wird das motivierende und ästhetisch reizvolle Thema der ***Rotationskörper*** angesprochen. Die Rotationsformel kann am einfachsten durch eine Gegenüberstellung der Streifenmethode und der Zylindermethode gewonnen werden. In der Folge werden zahlreiche interessante Anwendungen angeboten, aber auch die Herleitung von allgemeinen Volumenformeln demonstriert. Abschließend werden Rotationsvolumina in zusammengesetzte Aufgabe integriert.

In Abschnitt 6 werden ***uneigentliche Integrale*** behandelt. Dabei werden zwei Fälle unterschieden, unbeschränktes Intervall bzw. unbeschränkter Integrand. Neben der Untersuchung unbegrenzter Flächenstücke werden auch unbegrenzte Rotationskörper angesprochen.

III. Vertiefung der Differential- und Integralrechnung

In diesem Themenfeld geht es um die *integrierte Anwendung der Kalküle* der Differential- und Integralrechnung. Die in der Einführungsphase erarbeiteten Inhalte sollen also aufgefrischt und vertieft werden, wobei zusätzlich die Integralrechnung und viele Anwendungen in die Aufgabenstellungen integriert werden.

Hier wird umfangreiches, systematisch geordnetesMaterial zur Verfügung gestellt, um in diesem stark auf das Abitur zielenden Abschnitt individuelle Auswahlmöglichkeiten zu schaffen.
Hieraus kann der Lehrer leicht eine angemessen ***reduzierte, zeitlich und inhaltlich passende Auswahl*** zusammenstellen, indem er wichtige Aspekte aus den einzelnen Abschnitten anspricht.
Das umfangreiche Material kann auch genutzt werden, um die Schüler in der analysisfreien Zeit im zweiten und dritten Semester mit Übungsstoff zur Aufrechterhaltung der erworbenen Analysiskenntnisse zu versorgen, auch im Hinblick auf das Abitur.

In Abschnitt 1 werden dringend benötigte ***Formeln aus der Differentialrechnung*** zusammengestellt.
In Abschnitt 2 werden ***ganzrationale Funktionen*** untersucht. Dabei werden neben den Standardelementen der Funktionsuntersuchung (Nullstellen, Extrema, Wendepunkte, Graph) zusätzliche Gesichtspunkte wie Tangenten, Normalen, Flächeninhalte, usw. angesprochen.
Anschließend werden einfache ***trigonometrische Funktionen*** unter ähnlichen Gesichtspunkten behandelt, wobei die Relevanz dieser Funktionsklasse nicht ganz so hoch sein dürfte wie die der Klasse der ganzrationalen Funktionen bzw. der Klasse der Exponentialfunktionen.
In Abschnitt 3 werden ***Exponentialfunktionen*** behandelt, wobei zunächst Grundtechniken (Lösen von Exponentialgleichungen, Differentiationen, Flächenberechnungen) wiederholt werden.
Wichtig sind die Methoden zum Integrieren von Exponentialfunktionen, die mit Poynomfunktionen kombiniert sind. Das ist die Methode des ***Stammfunktionsnachweises*** durch Differenzieren bei vorgegebener Stammfunktion und die ***Methode des Formansatzes***.
In Abschnitt 4 werden ***Exponentialfunktionen*** systematisch untersucht, die mit ganzrationalen Funktionen verknüpft sind, ausgehend vom Grundtyp $x \cdot e^x$.
In Abschnitt 5 werden ***Anwendungen der Exponentialfunktionen*** behandelt. Hier sind interessante Anwendungen enthalten wie z. B. die Kettenlinie und die Glockenkurve. Eine systematische Behandlung ist hier aber nicht vorgesehen.
In Abschnitt 6 werden die drei verschiedenen ***exponentiellen Wachstumsprozessen***, unbegrenztes Wachstum, begrenztes Wachstum und logistisches Wachstum behandelt.
In den Abschnitten 7 und 8 geht es um die Vertiefung der speziellen Aspekte der ***Modellierung*** und der Untersuchung von ***Prozessen***. Hier spielen geometrische Aspekte und auch Änderungsraten eine erhebliche Rolle. Aus Zeitgründen beschränkt man sich auf eine enge Auswahl.
In Abschnitt 9 werden im Exkurs der Begriff der ***Umkehrfunktion*** und die ***Umkehrformel*** zur Berechnung von Ableitungen eingeführt. Dies wird für die folgenden Logarithmusfunktionen benötigt.
In Abschnitt 10 wird die ***natürliche Logarithmusfunktion*** eingeführt und die ***logarithmische Differentiation*** und die ***logarithmische Integration*** behandelt.
In Abschnitt 11 geht es um die lokale Approximation von Funktionen durch Polynome. Neben der ***linearen Approximation*** durch die Tangente wird auch die ***Taylorapproximation*** behandelt. Bei den Taylorapproximationen sollte man sich auf Exemplarisches beschränken.

IV. Funktionenscharen

In den Abschnitten 1 werden ***ganzrationale Funktionenscharen*** zweiten bis vierten Grades untersucht, wobei systematische Scharuntersuchungen, diverse Parameterfragen und die Analyse von gegebenen Schargraphen angesprochen werden. Auch der wichtigen Thematik der *Identifizierung von Kurven in Graphiken* wird gebührend Raum gewidmet.
Aus Gründen der Übersichtlichkeit werden zunächst die Polynome zweiten Grades und dann diejenigen dritten und höheren Grades behandelt. Man kann aber auch gut *von Anfang an mischen*.
Insbesondere wird das Verfahren zur Bestimmung von ***Ortskurven*** behandelt.
In Abschnitt 2 werden als ***Exkurs einfache nicht-ganzrationale Scharen*** wie einfache Hyperbel und Wurzelfunktionen angeboten.
Abschnitt 3 ist ein reiner ***Übungsteil mit starkem Anwendungsbezug***.
Abschnitt 4 betrifft ***exponentielle Kurvenscharen***, die wie Polynomscharen besonders *abiturrelevant* sein dürften. Die Ortskurvenproblematik wird hier weiter vertieft.
Dieses Kapitel liefert insgesamt ein breites Materialangebot für den Fall, dass der Themenbereich Funktionenscharen per Erlass zum Pflichtstoff deklariert werden sollte.

V. Approximation

In Abschnitt 1 werden die Begriffe ***Stützpolynom*** und ***Interpolation*** eingeführt. Die manuelle Berechnung eines Stützpolynoms mit nur drei Stützstellen wird demonstiert.
Der Einsatz des Taschenrechners wird ebenfalls behandelt, indem die Rechneroption zur Lösung von linearen Gleichungssystemen eingesetzt wird, die natürlich viel kostbare Zeit einspart.

Dann wird das ***Newtonsche Stützpolynom*** besprochen. Es erscheint als besonders geeignet und erlaubt die Hinzunahme nachträglicher Stützstellen, ohne dass alles neu gerechnet werden muss. In diesem Abschnitt bringen die erweiterten Funktionalitäten der Taschenrechners keinen Vorteil.

Als Alternative zum Newtonschen Ansatz für Stützpolynome wird der Lagrangesche Ansatz behandelt, aber *nur als Streifzug* für besonders interessierte Schüler.
Auch gibt es einen ebenfalls außerhalb des Pflichtprogramms liegenden *Exkurs zu Trassierungsproblemen*. Er eignet sich bei Interesse gut für Referate.

In Abschnitt 2 wird als zweites Thema die ***lineare Regression*** angesprochen.
Zunächst wird die lineare Regression bei proportionalen Zusammenhängen behandelt.
Hierbei werden zwei Gütekriterien für die Regressionsgerade angesprochen, einmal die Summe der Beträge der vertikalen Abstände und zum anderen die Summe der vertikalen Abstandsquadrate.
Nachdem so das Verständnis gesichert worden ist, wird als Ergebnis die ***Methode der kleinsten Quadrate*** erläutert, die auf eine einfache *Formel für die optimale Ausgleichsgerade* führt.

Anschließend wird die ***allgemeine lineare Regression*** behandelt und *Formeln für Schwerpunkt und Steigung der Ausgleichsgeraden* angegeben.
In diesem Zusammenhang wird verstärkt und intensiv die ***Regressionsoption des Taschenrechners*** eingesetzt, da manuelles Vorgehen zwar das Verständnis vertieft, aber zu viel Zeit kostet.
Der Taschenrechner liefert auch den ***Korrelationskoeffizienten r***, der es ermöglicht, die Güte bzw. Passgenauigkeit einer Regression zu beurteilen. Bei Bedarf sollte zu diesem Zweck auch eine *graphische Darstellung der Ergebnisse* (Ausgleichsgerade und Punktwolke) angefertigt werden.

Als weitere Regressionsmodelle kommen die ***quadratische Regression*** $ax^2 + bx + c$ und die ***exponentielle Regression*** $a \cdot b^x$ hinzu sowie das ***Bestimmtheitsmaß*** r^2 zur Beurteilung der Passgenauigkeit. Neben der Bestimmung von Regressionsfunktionen werden Vergleiche angestellt, welches Modell für eine Punktwolke am besten geeignet ist, wobei neben r^2 eine graphische Darstellung hilfreich ist. Als Ergänzung wird das ***erweiterte exponentielle Regressionsmodell*** $c + a \cdot b^x$ behandelt, dass man z. B. für Abkühlungsprozesse braucht. Es wird durch Subtraktion der Konstanten c von allen y-Daten der Punktwolke auf das einfache exponentielle Modell $a \cdot b^x$ zurückgeführt. Alle Regressionsrechnungen werden mit dem Taschenrechner ausgeführt.

VI. Weitere Anwendungen der Integralrechnung

In Abschnitt 1 sind vier ***numerische Integrationsverfahren*** dargestellt: Rechteck- und Trapezverfahren, Keplersche Fassregel und Simpson-Verfahren dargestellt. Das Kerncurriculum erwähnt explizit das ***Trapezverfahren*** und die ***Fassregel***.
Die numerischen Integrationsverfahren dienen auch dazu, den Schülern klarzumachen, dass algorithmische Verfahren die ***Automatisierung*** von Rechenprozessen in den meisten Technikbereichen überhaupt erst ermöglichen. Der Taschenrechner kann nur deshalb auf Knopfdruck ein bestimmtes Integral berechnen, weil hinter dem Knopfdruck ein numerisches Verfahren und das dazugehörige verdrahtete Programm stehen. Es ist daher wichtig, Grundideen und Funktionsweisen der Algorithmen zu verstehen, auch um diese in neuen Zusammenhängen einsetzen zu können.

Zu jedem Algorithmus gibt es ein ***Programm***. Die Programme sind in der besonders leicht lesbaren Sprache Pascal dargestellt. Man kann sie ohne weiteres in Turbo-Pascal oder Free Pascal ausführen. Die Darstellung ist aber eher als ***Pseudocode*** gedacht, der die algorithmische Idee verdeutlichen soll und leicht in eine gerade aktuelle, moderne Programmiersprache umgesetzt werden kann.

Zu jedem der Verfahren ist aber auch eine ***Summenformel*** aufgeführt, die es ermöglicht, die Algorithmen auch ohne Computer praktisch auszuprobieren, und zwar mit Hilfe der ***Summenoption des Taschenrechners***. Allerdings muss man den Schülern verdeutlichen, dass die Eingabe der Summenformel sehr viel Disziplin erfordert. Es kann leicht zu ärgerlichen Eingabefehlern kommen.

Es wird geraten, die Verfahren für sehr kleine Streifenzahlen *manuell* durchführen zu lassen, da dies das Verstehen fördert und Genauigkeitsvergleiche ermöglicht.

In Abschnitt 2 wird die ***Bogenlänge*** behandelt. bei diesem Thema bestand bislang das Problem, dass wegen des Wurzelintegranden nur wenige Bogenlängenintegrale manuell berechnet werden konnten. Diese Einschränkung fällt nun weg, weil man nun mit dem Taschenrechner alle bestinunten Integrale näherungsweise berechnen kann. Daher hat man nun die Möglichkeit, viele interessante ***Anwendungsprobleme*** bei Brücken oder Flugbahnen zu behandeln. Der Hauptaspekt liegt jetzt nicht mehr auf der Berechnung des Integrals - das macht der Taschenrechner - sondern auf dem Anwendungsproblem selbst und Zusatzfragestellungen nach dem Materialverbrauch oder der Durchschnittsgeschwindigkeit. Ergänzend sollte man aber wenigstens einmal manuelle Berechnungen von Bogenlängenintegralen bei geeignetem Integranden durchführen lassen.

VII. Komplexe Aufgaben

Am Ende des Buches findet man eine Sammlung komplexer Aufgaben zur Analysis. Sie können begleitend im Unterricht eingesetzt werden, aber auch zur Vorbereitung von Klausuren dienen. Hier wurden die Operatoren besonders intensiv angewandt, auch im Hinblick auf das Abitur.

I. Einführung in die Integralrechnung

Die Möndchen des Hippokrates

Schon vor über 2000 Jahren versuchten die Mathematiker des Altertums, die Inhalte krummlinig begrenzter Flächen und Körper zu bestimmen.
Dem griechischen Gelehrten und Naturforscher Hippokrates von Chios gelang um 450 v. Chr. die exakte Berechnung der Inhalte verschiedener mondsichelförmiger Figuren.
Eine solche Berechnung werden wir nun nachvollziehen, um uns einen Eindruck vom Stand des damaligen Wissens zu verschaffen, als die Kreiszahl π noch unbekannt war.

Hippokrates lebte auf der griechischen Mittelmeerinsel Chios. Er betrieb seine Studien in Athen und auf zahlreichen Reisen. Er gilt als der bedeutendste Mathematiker seines Jahrhunderts.

Hippokrates' Problem war die Berechnung des Flächeninhalts der rechts abgebildeten Mondsichel. Diese Figur wird durch zwei Kreise mit den Mittelpunkten M_1 und M_2 und den Radien $r_1 = a$ und $r_2 = a\sqrt{2}$ begrenzt.
Hippokrates konnte beweisen, dass die gelbe Sichelfläche ebenso groß ist wie die Fläche des markierten Quadrats, d. h. a^2.

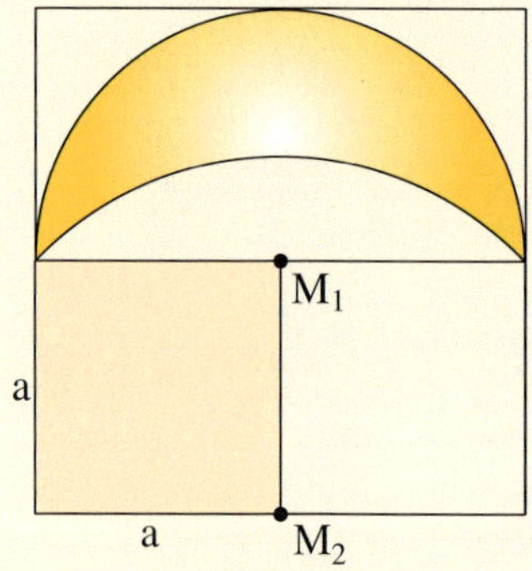

Sein Gedankengang geht aus der zweiten Abbildung hervor:

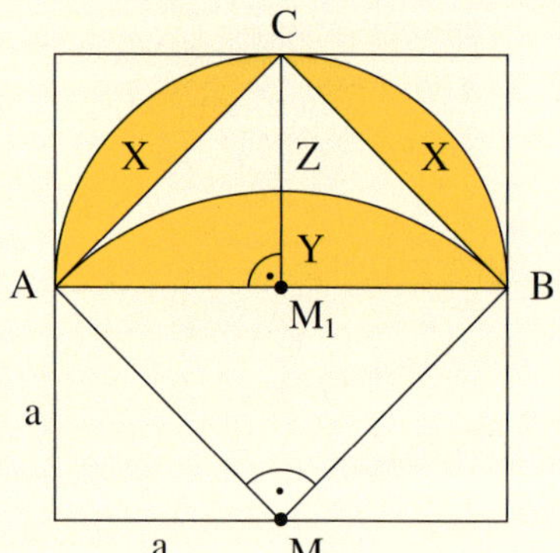

Die Viertelkreise AM_2B und AM_1C sind ähnliche Figuren. Da ihre Radien sich wie $\sqrt{2}$ zu 1 verhalten, stehen ihre Flächeninhalte im Verhältnis 2 zu 1.
Das gleiche Verhältnis gilt daher für die Flächeninhalte ihrer gelb markierten Segmente Y und X, d. h. $Y = 2X$.
Die Sichelfläche $Z + X + X$ lässt sich also auch durch $Z + Y$ ausdrücken.
Dies ist aber gerade der Inhalt des Dreiecks ABC, der a^2 beträgt (Grundlinienlänge 2 a, Höhe a).
Damit ist die überzeugende Beweisführung des Hippokrates abgeschlossen.

Übungen

Kreisflächen und Möndchenflächen

Übung 1

Berechnen Sie die Flächeninhalte der beiden Figuren innerhalb der Quadrate, die durch Halbkreise bzw. Viertelkreise begrenzt sind.

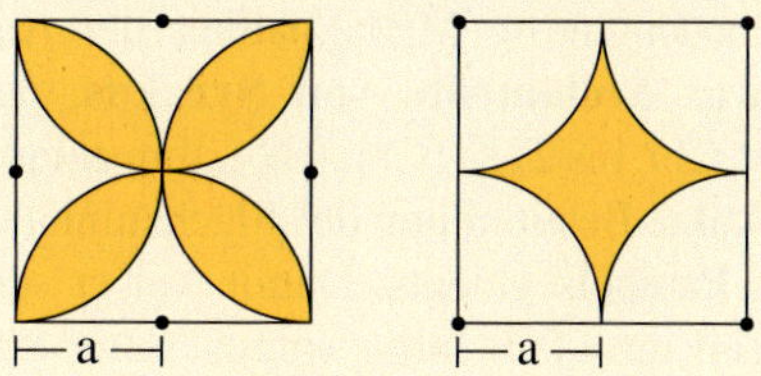

Übung 2

Ein Quadrat sei von einem blauen Kreis umschrieben. Über den Quadratseiten seien schwarze Halbkreise errichtet. Zeigen Sie: Die gelb markierten Sichelflächen besitzen insgesamt den gleichen Inhalt wie die Quadratfläche.

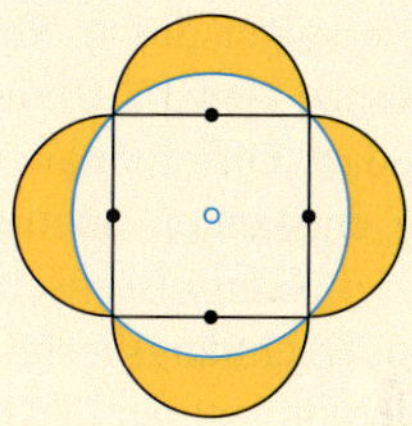

Übung 3

Über den Seiten eines gleichschenkligen und rechtwinkligen Dreiecks seien die Sicheln A_1, A_2 und A_3 gegeben.
Zeigen Sie, dass die große Sichel A_1 den gleichen Inhalt hat wie die beiden kleinen Sicheln A_2 und A_3 zusammen. Die Begrenzungsbögen der Sicheln seien auch hier jeweils Kreisbögen.

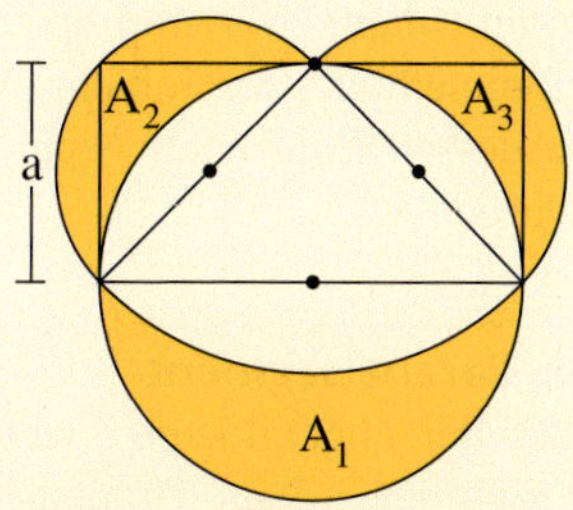

Übung 4

Durch den Thaleskreis zum rechtwinkligen Dreieck ABC und die beiden Halbkreise über den Seiten a und b werden zwei Möndchen begrenzt. Zeigen Sie, dass die beiden Möndchen zusammen den gleichen Inhalt besitzen wie das Dreieck.

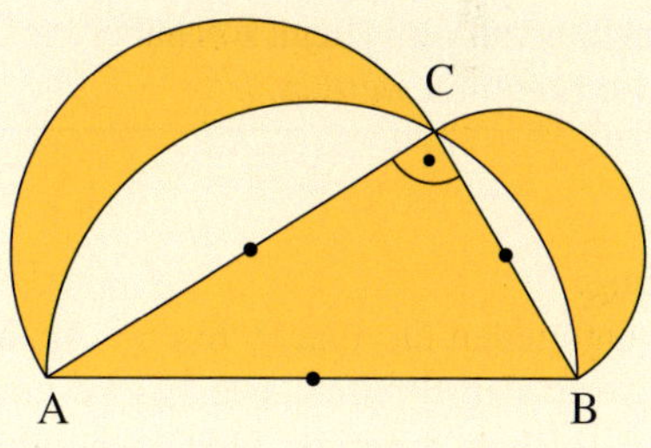

Übung 5

Der Punkt X liege irgendwo auf dem Durchmesser des blauen Halbkreises und teile diesen in a und b. Die blaue Fläche wurde von Archimedes als ***Arbelos*** bezeichnet. Zeigen Sie, dass sie den gleichen Inhalt wie ein Kreis mit dem Durchmesser c hat.

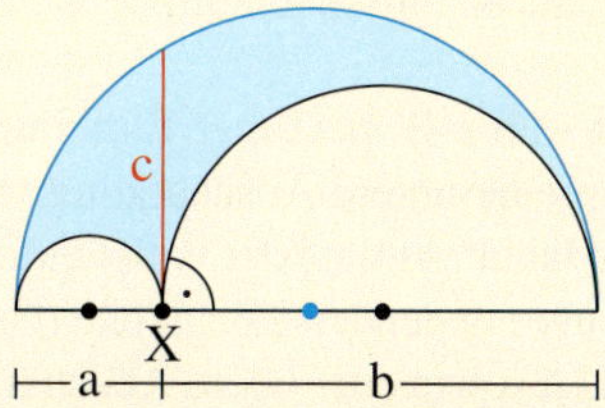

Hinweis: Die Formel $A = \pi \cdot r^2$ für die Kreisfläche darf verwendet werden. Bei der Aufgabe 5 können der Satz des Thales und der Höhensatz verwendet werden.

1. Die Streifenmethode des Archimedes

A. Die Grundidee

Der bedeutendste Mathematiker der Antike war **Archimedes von Syrakus**, der 287 v. Chr. bis 212 v. Chr. lebte. Ihm gelang die exakte Bestimmung des Flächeninhalts eines Parabelsegments. Damit war er seiner Zeit um 2000 Jahre voraus, denn erst um 1630 wurden seine Theorien durch Cavalieri sowie später durch Newton und Leibniz fortgesetzt (um 1670) und weiterentwickelt, sodass Differential- und ***Integralrechnung*** entstanden, mathematische Grundpfeiler der Naturwissenschaften.
Das Flächenberechnungsverfahren des Archimedes beruhte auf der „Exhaustionsmethode“*, die Ausgangspunkt der modernen Integralrechnung war und später zur sog. Streifenmethode vereinfacht wurde, welche zu dessen Ehre nach Archimedes benannt wurde.

Archimedes – Sohn des Astronomen Pheidias – lebte in Syrakus. Er bestimmte den Kreisumfang und die Kreiszahl Pi, berechnete Volumen und Oberfläche der Kugel, baute Brennspiegel, Wurfmaschinen und die archimedische Schraube und entdeckte die Gesetze des Hebels, des Schwerpunktes, des Auftriebes und der geneigten Ebene.
Im Zweiten Punischen Krieg wurde er von römischen Legionären getötet, die Syrakus eroberten. Seine letzten Worte sollen gelautet haben: „Noli turbare circulos meos!“ (Störe meine Kreise nicht!)

Beispiel: Parabelsegment
Der Inhalt der abgebildeten Fläche A welche zwischen dem Graphen der Funktion $f(x) = x^2$ und der x-Achse über dem Intervall [0; 1] liegt, soll näherungsweise bestimmt werden.

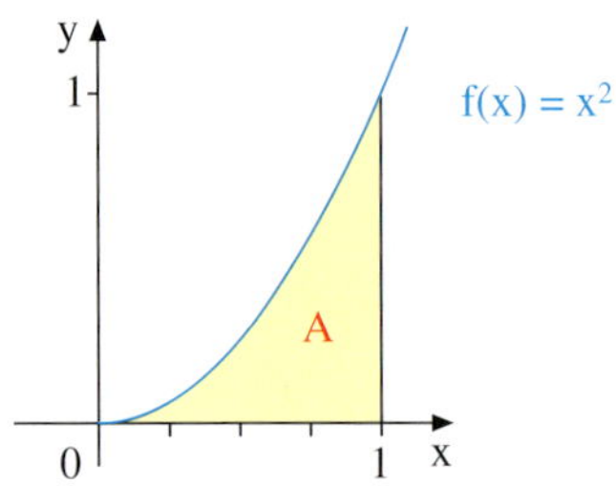

Lösung:
Wir unterteilen die Fläche in eine Anzahl von vertikalen Streifen. Die Fläche eines jeden solchen Streifens lässt sich durch zwei Rechtecke einschachteln.

Einschachtelung durch Rechteckstreifen:

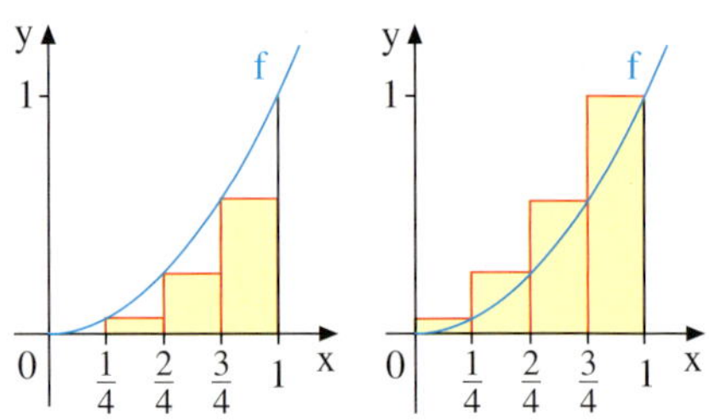

Untersumme $U_4 \leq A \leq$ Obersumme O_4

So ergibt sich z. B. bei einer Einteilung in 4 Streifen eine untere Abschätzung von A durch die Inhaltssumme der vollständig unter der Kurve liegenden Rechtecke (***Untersumme*** U_4) sowie eine obere Abschätzung durch die Summe der Inhalte der über die Kurve hinausragenden Rechtecke (***Obersumme*** O_4).

* Exhaustionsmethode: Ausschöpfung einer Fläche durch Polygone

Alle Rechteckstreifen besitzen die Breite $\frac{1}{4}$, während ihre Höhen Funktionswerte der Funktion $f(x) = x^2$ an den Stellen $0, \frac{1}{4}, \frac{2}{4}, \frac{3}{4}$, 1 sind, also

$0^2, \left(\frac{1}{4}\right)^2, \left(\frac{2}{4}\right)^2, \left(\frac{3}{4}\right)^2$ und 1^2.

Damit kann man U_4 und O_4 wie rechts dargestellt berechnen und erhält eine Einschachtelung des gesuchten Flächeninhalts A, die noch nicht sehr genau ist: $0{,}21 \le A \le 0{,}47$

$$U_4 = \frac{1}{4} \cdot \left[0^2 + \left(\frac{1}{4}\right)^2 + \left(\frac{2}{4}\right)^2 + \left(\frac{3}{4}\right)^2\right] = \frac{14}{64}$$

$$O_4 = \frac{1}{4} \cdot \left[\left(\frac{1}{4}\right)^2 + \left(\frac{2}{4}\right)^2 + \left(\frac{3}{4}\right)^2 + 1^2\right] = \frac{30}{64}$$

$$\frac{14}{64} \le A \le \frac{30}{64}$$

$$0{,}21 \le A \le 0{,}47$$

Um eine größere Genauigkeit zu erzielen, kann man die Anzahl der Streifen erhöhen. Geht man z. B. auf 8 Streifen, so erhält man die nebenstehende Figur (Untersumme U_8 kräftig gelb, Obersumme O_8 hellgelb).

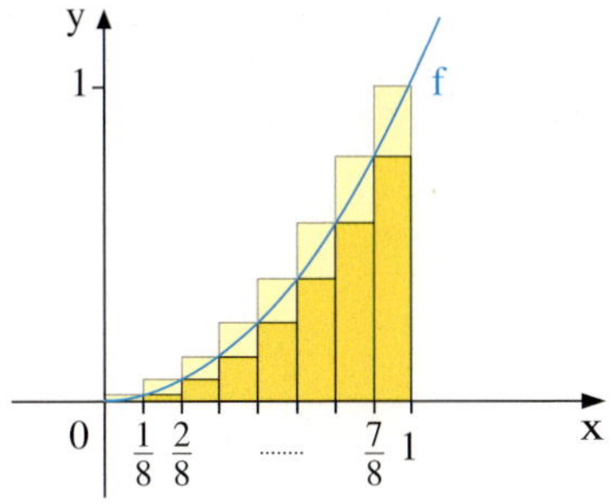

Die Berechnung der Rechtecksummen ergibt für den Flächeninhalt A die Abschätzung $0{,}27 \le A \le 0{,}40$, die genauer ist.

$$U_8 = \frac{1}{8} \cdot \left[0^2 + \left(\frac{1}{8}\right)^2 + \left(\frac{2}{8}\right)^2 + \ldots + \left(\frac{7}{8}\right)^2\right] = \frac{140}{512}$$

$$O_8 = \frac{1}{8} \cdot \left[\left(\frac{1}{8}\right)^2 + \left(\frac{2}{8}\right)^2 + \ldots + \left(\frac{7}{8}\right)^2 + 1^2\right] = \frac{204}{512}$$

$$\frac{140}{512} \le A \le \frac{204}{512}$$

$$0{,}27 \le A \le 0{,}40$$

Weitere Rechnungen mit noch kleineren Streifenbreiten führen auf die nebenstehende Tabelle, aus der auch ersichtlich ist, dass die Differenz aus Obersumme und Untersumme mit zunehmender Streifenzahl kleiner wird, sodass der gesuchte Inhalt A immer genauer approximiert wird. Bei 256 Streifen erhält man $A \approx 0{,}33$ auf 2 Nachkommastellen genau. Allerdings ist der Rechenaufwand dann schon extrem hoch, sodass ein Rechner eingesetzt werden muss.

n	U_n	O_n	$O_n - U_n$
4	0,218	0,468	0,25
8	0,273	0,398	0,125
16	0,303	0,365	0,063
32	0,318	0,349	0,031
64	0,326	0,341	0,016
128	0,329	0,337	0,008
256	0,331	0,335	0,004

$$\Rightarrow A \approx 0{,}33$$

Interessant: Das arithmetische Mittel von U_n und O_n liefert schon ab $n = 4$ einen ziemlich guten Schätzwert, nämlich 0,344.

Übung 1
Gegeben ist die Funktion $f(x) = x^3$ über dem Intervall [0; 1]. Berechnen Sie die Untersummen U_2 und U_4 sowie die Obersummen O_2 und O_4 manuell. Berechnen Sie die Untersumme U_{128} und die Obersumme O_{128} mit dem Rechner.

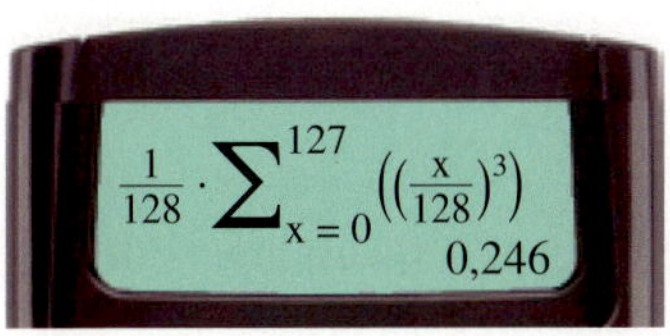

B. Die exakte Berechnung der Fläche unter der Parabel

Die Mathematiker gaben sich mit der näherungsweisen Berechnung des Inhalts der Fläche unter der Parabel nicht zufrieden. Ihnen gelang die exakte Inhaltsbestimmung. Dazu teilten sie das Intervall [0; 1] in n Streifen der Breite $\frac{1}{n}$.
Für diese allgemeine Unterteilung berechneten sie die Untersumme U_n und die Obersumme O_n. Dies gelang ihnen durch Anwendung der Formel für die Summe der ersten m Quadratzahlen: $1^2 + 2^2 + \ldots + m^2 = \frac{1}{6} \cdot m \cdot (m+1) \cdot (2m+1)$. Diese Formel war damals bereits bekannt.
Die Rechnung für U_n und O_n verläuft analog zur Berechnung von U_8 und O_8 auf der vorigen Seite und lautet folgendermaßen:

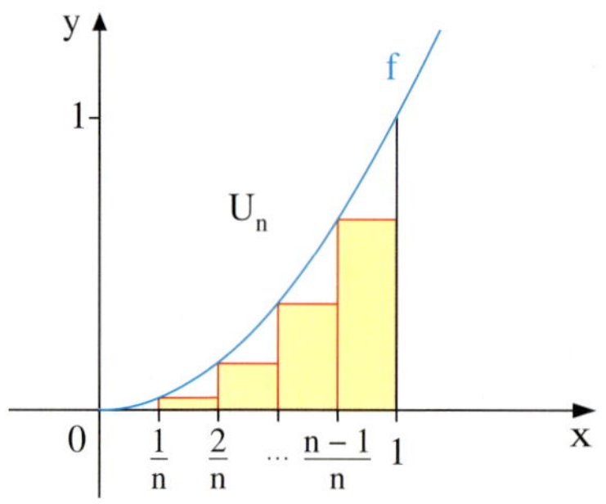

Berechnung von U_n und O_n:

$$U_n = \frac{1}{n} \cdot \left[0^2 + \left(\frac{1}{n}\right)^2 + \left(\frac{2}{n}\right)^2 + \ldots + \left(\frac{n-1}{n}\right)^2\right]$$
$$= \frac{1}{n} \cdot \left[0^2 + \frac{1^2}{n^2} + \frac{2^2}{n^2} + \ldots + \frac{(n-1)^2}{n^2}\right]$$
$$= \frac{1}{n^3} \cdot \left[0^2 + 1^2 + 2^2 + \ldots + (n-1)^2\right]$$
$$= \frac{1}{n^3} \cdot \frac{1}{6} \cdot (n-1) \cdot n \cdot (2n-1)$$
$$= \frac{1}{6} \cdot \frac{n-1}{n} \cdot \frac{n}{n} \cdot \frac{2n-1}{n}$$

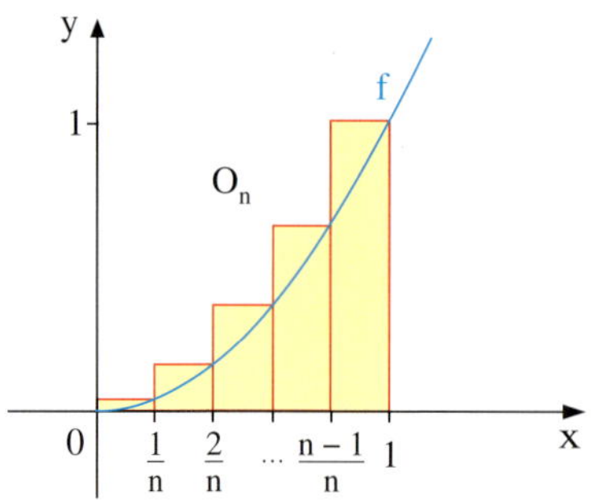

$$O_n = \frac{1}{n} \cdot \left[\left(\frac{1}{n}\right)^2 + \left(\frac{2}{n}\right)^2 + \ldots + \left(\frac{n-1}{n}\right)^2 + 1^2\right]$$
$$= \frac{1}{n^3} \cdot \left[1^2 + 2^2 + \ldots + (n-1)^2 + n^2\right]$$
$$= \frac{1}{n^3} \cdot \frac{1}{6} \cdot n \cdot (n+1) \cdot (2n+1)$$
$$= \frac{1}{6} \cdot \frac{n}{n} \cdot \frac{n+1}{n} \cdot \frac{2n+1}{n}$$

Nun lässt man in Gedanken die Anzahl der Streifen immer weiter anwachsen. Man bildet also den Grenzwert für $n \to \infty$ und stellt fest, dass dabei sowohl die Untersumme U_n als auch die Obersumme O_n auf den Grenzwert $\frac{1}{3}$ zustreben.

Da A für jedes n zwischen U_n und O_n liegt, muss $A = \frac{1}{3}$ gelten.

Damit war die exakte Bestimmung des Inhaltes A tatsächlich gelungen.

Grenzwertbildung:

$$\lim_{n \to \infty} U_n = \lim_{n \to \infty} \left(\frac{1}{6} \cdot \frac{n-1}{n} \cdot \frac{n}{n} \cdot \frac{2n-1}{n}\right)$$
$$= \frac{1}{6} \cdot 1 \cdot 1 \cdot 2 = \frac{1}{3}$$
$$\lim_{n \to \infty} O_n = \lim_{n \to \infty} \left(\frac{1}{6} \cdot \frac{n}{n} \cdot \frac{n+1}{n} \cdot \frac{2n+1}{n}\right)$$
$$= \frac{1}{6} \cdot 1 \cdot 1 \cdot 2 = \frac{1}{3}$$

Wegen $U_n \le A \le O_n \quad (n \in \mathbb{N})$

gilt $\lim\limits_{n \to \infty} U_n \le A \le \lim\limits_{n \to \infty} O_n$.

Also: $\frac{1}{3} \le A \le \frac{1}{3}$

Ergebnis: $A = \frac{1}{3}$

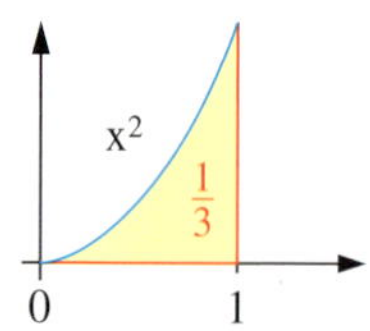

Übungen

Archimedische Streifenmethode

2. Gegeben sei der abgebildete Funktionsgraph, der für das Intervall [0; 2] definiert ist. Teilen Sie das Intervall in 4 gleiche Teile und zeichnen Sie die zur Untersumme U_4 und zur Obersumme O_4 gehörenden Treppenkurven ein.

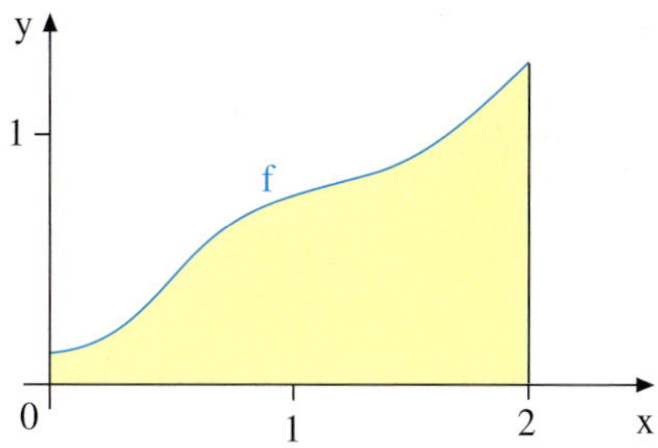

3. Berechnen Sie U_4 und O_4 sowie U_8 und O_8 für die angegebene Funktion f über dem Intervall I.

a) $f(x) = x + 1, \quad I = [0; 1]$
b) $f(x) = 2 - x, \quad I = [0; 2]$
c) $f(x) = \frac{1}{2}x^2, \quad I = [0; 1]$
d) $f(x) = x^2, \quad I = [1; 2]$
e) $f(x) = 2x^2 + 1, \quad I = [0; 2]$
f) $f(x) = x^4, \quad I = [0; 2]$

4. Berechnen Sie U_n und O_n für die Funktion f über dem Intervall I. Welcher Grenzwert ergibt sich jeweils für $n \to \infty$?

a) $f(x) = x + 1, \quad I = [0; 1]$
b) $f(x) = 2 - x, \quad I = [0; 2]$
c) $f(x) = x^2, \quad I = [0; 10]$
d) $f(x) = 2x^2 + x, \quad I = [0; 1]$

Benötigte Summenformeln: $1 + 2 + \ldots + n = \frac{n(n+1)}{2}, \quad 1^2 + 2^2 + \ldots + n^2 = \frac{n(n+1)(2n+1)}{6}$

5. Gesucht ist der Inhalt A der Fläche zwischen dem Graphen von $f(x) = x^3$ und der x-Achse über dem Intervall [0; 1].
Gehen Sie analog zum Beispiel $f(x) = x^2$ (S. 16) vor.

Benötigte Summenformel: $1^3 + 2^3 + \ldots + n^3 = \frac{n^2(n+1)^2}{4}$

6. Die Trapezstreifenmethode verwendet keine Rechteckstreifen, sondern in natürlicher Weise Trapezstreifen (siehe Abb.).

a) Berechnen Sie die Trapezstreifensumme T_4 der Funktion $f(x) = x^2$ über dem Intervall [0; 1].
b) Wie groß ist die Differenz zwischen dem exakten Inhalt A and T_4?
c) Vergleichen Sie mit den Rechtecksummen U_4 und O_4.
d) Welchen Nachteil haben Trapezstreifen gegenüber Rechteckstreifen?

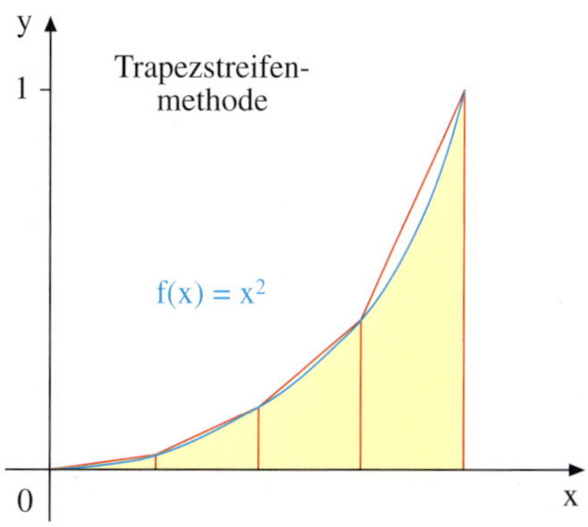

2. Die Flächeninhaltsfunktion

A. Die Flächeninhaltsfunktion einer linearen Funktion

Flächenbestimmungen mit der Streifenmethode des Archimedes sind sehr rechenaufwendig. Seit Newton und Leibniz steht uns ein einfacheres Verfahren zur Verfügung. Man verwendet ***Flächeninhaltsfunktionen***.

Beispiel: Flächeninhaltsfunktion einer linearen Funktion
Gegeben sei die reelle Funktion $f(x) = \frac{1}{3}x$. Gesucht ist eine passende Funktion A_0, die jedem $x \geq 0$ den Inhalt $A_0(x)$ derjenigen Fläche zuordnet, die über dem Intervall [0; x] zwischen dem Graphen von f und der x-Achse liegt.

Lösung:
Rechts ist der Graph der ***Randfunktion*** f als blaue Kurve dargestellt.
Die rote Fläche zwischen Graph und x-Achse, die bei 0 beginnt und an der Stelle x vertikal begrenzt endet, hat die Form eines Dreiecks $\left(\text{Grundlinie } x, \text{ Höhe } \frac{1}{3}x\right)$.
Für ihren Flächeninhalt $A_0(x)$ gilt demnach: $A_0(x) = \frac{1}{2} \cdot x \cdot \frac{1}{3}x = \frac{1}{6}x^2$.
Durch diesen Term wird also in eindeutiger Weise jeder Stelle $x \geq 0$ der Inhalt der Fläche zwischen dem Graphen von f und der x-Achse zugeordnet, wobei die Fläche an der Stelle 0 beginnt. Aus diesem Grund bezeichnet man die Funktion $A_0(x) = \frac{1}{6}x^2$ als Flächeninhaltsfunktion der Funktion $f(x) = \frac{1}{3}x$ zur unteren Grenze 0. Ihr Graph ist im unteren Bild dargestellt. Der roten Fläche aus dem oberen Bild entspricht der rot eingezeichnete Funktionswert im unteren Bild. Mit Hilfe der ***Flächeninhaltsfunktion zur unteren Grenze 0*** kann man den Inhalt der bei 0 „beginnenden" und an einer beliebigen Stelle x „endenden" Fläche einfach berechnen.

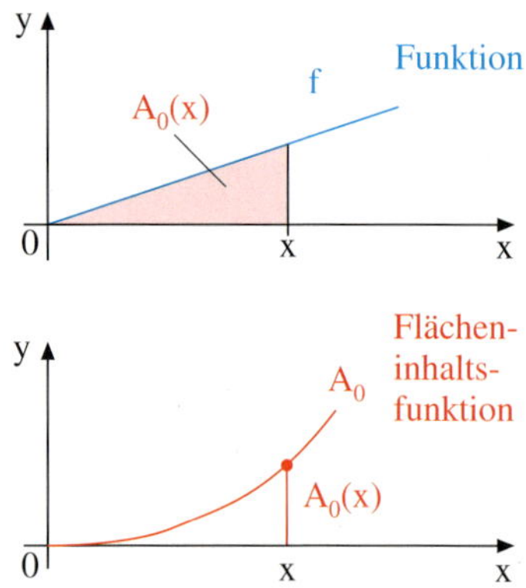

Flächeninhaltsfunktion der Funktion
$f(x) = \frac{1}{3}x$ *zur unteren Grenze 0:*

$$A_0(x) = \frac{1}{6}x^2$$

Anwendungsbeispiel:
Berechnung des Inhalts der Fläche unter $f(x) = \frac{1}{3}x$ über dem Intervall [0; 3]:

$$A_0(3) = \frac{1}{6} \cdot 3^2 = 1{,}5$$

Übung 1
Berechnen Sie die Flächeninhaltsfunktion $A_0(x)$ zur unteren Grenze 0 für die Funktion f.
a) $f(x) = x$ b) $f(x) = 2$ c) $f(x) = x + 2$

Übung 2
Gegeben sei die Funktion $f(x) = 2x + 3$. Zeigen Sie, dass die folgende Funktion $A_0(x) = x^2 + 3x$ die Flächeninhaltsfunktion von f zur unteren Grenze 0 ist.

B. Die Flächeninhaltsfunktion der Normalparabel

Die Bestimmung der Flächeninhaltsfunktion zu einer gegebenen linearen Randfunktion war einfach, weil die auftretenden Flächen Rechtecks- oder Dreiecksform besaßen.
Bei krummlinig begrenzten Flächen, z. B. unter einer Parabel, ist es zunächst nicht ganz so einfach. Hier müssen wir die Streifenmethode des Archimedes anwenden.

Beispiel: Flächeninhaltsfunktion der Normalparabel
Gegeben sei die reelle Funktion $f(x) = x^2$. Gesucht ist A_0, die Flächeninhaltsfunktion von f zur unteren Grenze 0.

Lösung:
Wir teilen das Intervall [0; x] in n Streifen der Breite $\frac{x}{n}$ und berechnen die zugehörige Untersumme und Obersumme in Analogie zur Rechnung für das Intervall [0; 1] auf Seite 14. Für die Obersumme ergibt sich, wie rechts ausgeführt, der Term $O_n = \frac{x^3}{6} \cdot \frac{n}{n} \cdot \frac{n+1}{n} \cdot \frac{2n+1}{n}$.
Dabei musste die Formel für die Summe der ersten n Quadratzahlen angewendet werden. Diese lautet:
$1^2 + 2^2 + \ldots + n^2 = \frac{n(n+1)(2n+1)}{6}$.
Für $n \to \infty$ (beliebige Verfeinerung der Streifen) strebt die Obersumme (und die Untersumme) gegen den Inhalt der Fläche zwischen Kurve und x-Achse über dem Intervall [0; x], also gegen $A_0(x)$. Die Grenzwertrechnung ergibt hier $\lim\limits_{n \to \infty} O_n = \frac{1}{3}x^3$.
Daher ist $A_0(x) = \frac{1}{3}x^3$ die gesuchte Flächeninhaltsfunktion.

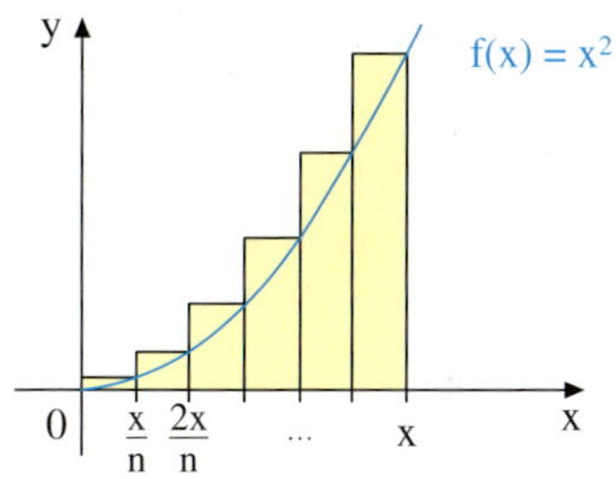

$$O_n = \frac{x}{n} \cdot \left[\left(\frac{x}{n}\right)^2 + \left(2\frac{x}{n}\right)^2 + \left(3\frac{x}{n}\right)^2 + \ldots + \left(n\frac{x}{n}\right)^2\right]$$
$$= \frac{x}{n} \cdot \frac{x^2}{n^2} \cdot (1^2 + 2^2 + \ldots + n^2)$$
$$= \frac{x^3}{n^3} \cdot \frac{n(n+1)(2n+1)}{6} = \frac{x^3}{6} \cdot \frac{n}{n} \cdot \frac{n+1}{n} \cdot \frac{2n+1}{n}$$

$$A_0(x) = \lim_{n \to \infty} O_n$$
$$= \lim_{n \to \infty} \left(\frac{x^3}{6} \cdot \frac{n}{n} \cdot \frac{n+1}{n} \cdot \frac{2n+1}{n}\right)$$
$$= \frac{x^3}{6} \cdot 1 \cdot 1 \cdot 2 = \frac{1}{3}x^3$$

Das Beispiel zeigt, wie günstig es ist, die Flächeninhaltsfunktion $A_0(x)$ zu kennen. Denn wir können nun durch Einsetzen eines einzigen Funktionswertes den Inhalt jeder Fläche zwischen der Kurve und der x-Achse unter der Parabel $f(x) = x^2$, die bei 0 beginnt, berechnen. Zum Beispiel ist der Inhalt der Fläche über dem Intervall [0; 1] gleich $A_0(1) = \frac{1}{3} \cdot 1^3 = \frac{1}{3}$, während die Fläche über dem Intervall [0; 3] den Inhalt $A_0(3) = \frac{1}{3} \cdot 3^3 = 9$ besitzt.

Übung 3

a) Gesucht ist die Flächeninhaltsfunktion $A_0(x)$ zur unteren Grenze 0 für die quadratische Randfunktion $f(x) = \frac{1}{3}x^2$.

b) Wie groß sind die Inhalte der Flächen zwischen dem Graphen von f aus a) und der x-Achse über den Intervallen [0; 1] und [0; 2]?

c) Wie groß ist der Inhalt der Fläche zwischen dem Graphen von f und der x-Achse über dem Intervall [1; 2]?

C. Vereinfachte Bestimmung von Flächeninhaltsfunktionen

Stellen wir einige der in den vorhergehenden Beispielen und Übungen betrachteten Funktionen f mit ihren Flächeninhaltsfunktionen A_0 in einer Tabelle zusammen, so ist ein sehr einfacher Zusammenhang zu erkennen:

Randfunktion f	Flächeninhaltsfunktion A_0
$f(x) = \frac{1}{3}x$	$A_0(x) = \frac{1}{6}x^2$
$f(x) = x$	$A_0(x) = \frac{1}{2}x^2$
$f(x) = 2$	$A_0(x) = 2x$
$f(x) = x + 2$	$A_0(x) = \frac{1}{2}x^2 + 2x$
$f(x) = x^2$	$A_0(x) = \frac{1}{3}x^3$

Differenziert man die Flächeninhaltsfunktion A_0 von f, so erhält man als Resultat die Randfunktion f.
Man kann beweisen, dass dies stets der Fall ist. Wir werden dies im Abschnitt D nachholen.

Der gefundene Zusammenhang zwischen A_0 und f vereinfacht die Bestimmung von Flächeninhaltsfunktionen enorm.

$$A_0'(x) = f(x)$$

Beispiel: Flächeninhaltsfunktion von $f(x) = x^3$

Bestimmen Sie die Flächeninhaltsfunktion zur unteren Grenze 0 von $f(x) = x^3$ und berechnen Sie anschließend den Inhalt der Fläche zwischen dem Graphen von f und der x-Achse über dem Intervall [0; 2].

Lösung:
Wegen des oben registrierten Zusammenhangs suchen wir also eine Funktion A_0, deren Ableitung die gegebene Funktion $f(x) = x^3$ ist.
Mit etwas Überlegung erkennt man, dass $A_0(x) = \frac{1}{4}x^4 + C$ gelten muss, wobei C eine Konstante ist. Da die Flächenzählung an der unteren Grenze 0 beginnen soll, muss $A_0(0) = 0$ gelten, woraus $C = 0$ folgt.
Resultat: $A_0(x) = \frac{1}{4}x^4$ ist die Gleichung der gesuchten Flächeninhaltsfunktion von $f(x) = x^3$ zur unteren Grenze 0.
Die Fläche über dem Intervall [0; 2] hat folglich den Inhalt $A_0(2) = 4$.

1. Flächeninhaltsfunktion

$f(x) = x^3$

$A_0'(x) = x^3$

$A_0(x) = \frac{1}{4}x^4 + C$

Bedingung: $A_0(0) = 0 \Rightarrow C = 0$

Resultat: $A_0(x) = \frac{1}{4}x^4$

2. Inhalt der Fläche über [0; 2]

$A_0(2) = \frac{1}{4}2^4 = 4$

Übung 4

Bestimmen Sie die Flächeninhaltsfunktion von f zur unteren Grenze 0.

a) $f(x) = x + 1$ b) $f(x) = x^2 + 2x + 3$ c) $f(x) = 2x^3 + 4x + 1$ d) $f(x) = ax^2,\ a > 0$

D. Exkurs: Beweis des Hauptsatzes über Flächeninhaltsfunktionen

Wir werden nun den auf der vorhergehenden Seite gefundenen Zusammenhang zwischen einer Funktion f und ihrer Flächeninhaltsfunktion A_0 zur unteren Grenze 0 beweisen.

Satz I.1: Hauptsatz über Flächeninhaltsfunktionen
f sei eine nicht negative, stetige (durchzeichenbare) Funktion. A_0 sei die Flächeninhaltsfunktion von f zur unteren Grenze 0. Dann gilt:

(I) $A_0'(x) = f(x)$ (II) $A_0(0) = 0$

Beweis:*
Wir berechnen $A_0'(x)$ mit Hilfe des Differentialquotienten:

$$A_0'(x) = \lim_{h \to 0} \frac{A_0(x+h) - A_0(x)}{h}$$

Der Term $A_0(x+h) - A_0(x)$ stellt anschaulich gesehen den Inhalt der gelben Fläche unter f über dem Intervall $[x; x+h]$ dar.

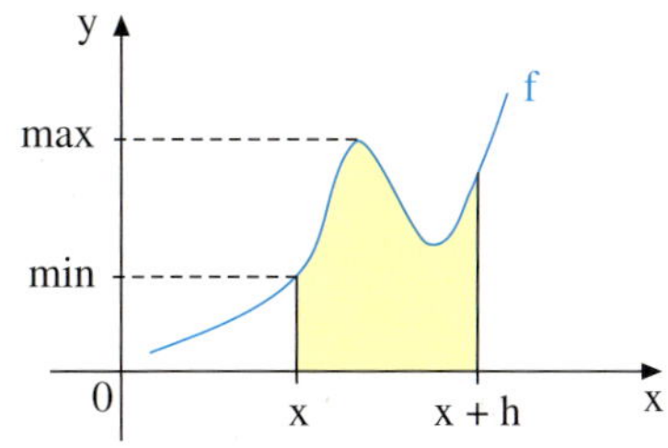

Eine stetige Funktion besitzt über einem abgeschlossenen Intervall, also auch über $[x; x+h]$, stets ein absolutes Minimum *min* sowie ein absolutes Maximum *max*.

Die gelbe Fläche lässt sich daher durch zwei rechteckige archimedische Streifen der Breite h und der Höhe *min* bzw. *max* einschachteln, sodass sich für den Zählerterm $A_0(x+h) - A_0(x)$ die Einschachtelung (1) ergibt.

Einschachtelung durch Streifen:

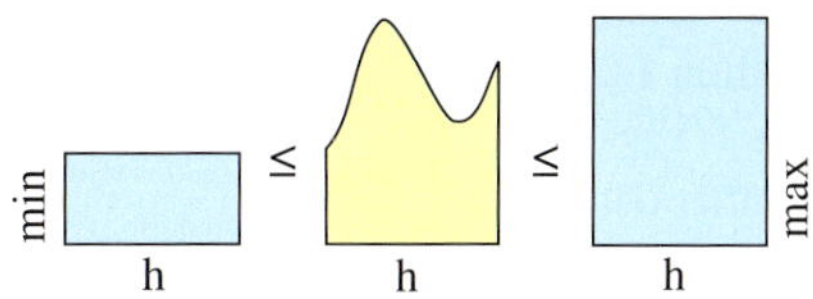

(1) $h \cdot \mathit{min} \le A_0(x+h) - A_0(x) \le h \cdot \mathit{max}$

Division durch h liefert daraus eine entsprechende Einschachtelung (2) für den gesamten Differenzenquotienten.

Division durch h > 0:

(2) $\mathit{min} \le \frac{A_0(x+h) - A_0(x)}{h} \le \mathit{max}$

Führen wir nun den Übergang $h \to 0$ durch, so strebt der in der Mitte stehende Differenzenquotient gegen $A_0'(x)$, während die beiden archimedischen Streifen immer dünner werden. Dabei nähern sich ihre Höhen *min* und *max* immer stärker an und fallen schließlich zu einem terminalen Strich der Höhe f(x) zusammen, sodass sich (3) ergibt, woraus dann sofort der Zusammenhang $A_0'(x) = f(x)$ folgt.

Grenzübergang h → 0:

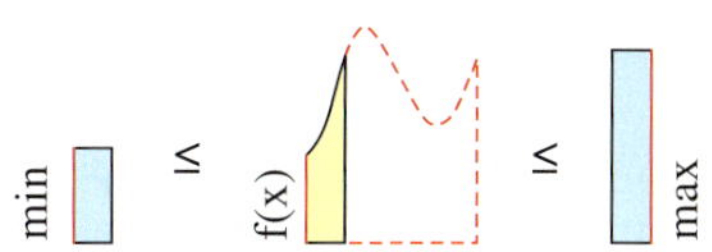

(2) $\mathit{min} \le \frac{A_0(x+h) - A_0(x)}{h} \le \mathit{max}$

↓ ↓ ↓

(3) $f(x) \le \quad A_0'(x) \quad \le f(x)$

Folgerung: $A_0'(x) = f(x)$

---

* Die Betrachtung erfolgt für $h > 0$. Der Fall $h < 0$ verläuft analog.
Aussage (II) ist klar, da die Fläche $A_0(x)$ bei $x = 0$ beginnt, sodass $A_0(0) = 0$ gilt.

E. Einfache Flächenberechnungen

Die folgenden Beispiele sollen als erste Musteraufgaben für die Bestimmung von Flächeninhalten mit Hilfe der Flächeninhaltsfunktion dienen.

Beispiel: Fläche über [0; a]
Gesucht ist der Inhalt A der rechts abgebildeten Fläche unter dem Graphen von $f(x) = \frac{1}{2}x^2 + 1$ über dem Intervall [0; 2].

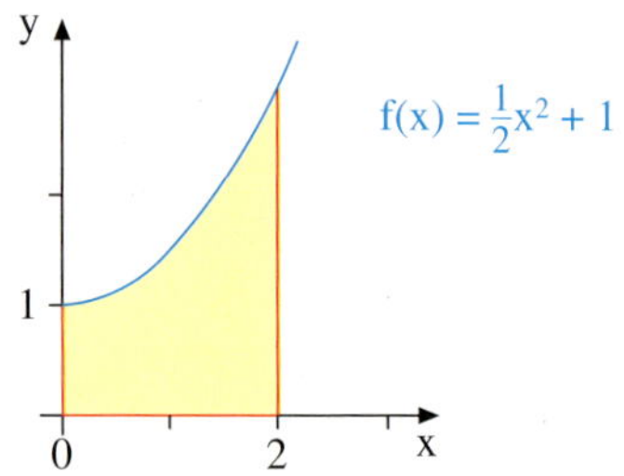

$A_0(x) = \frac{1}{6}x^3 + x$

$A = A_0(2) = 3\frac{1}{3}$

Lösung:
Es handelt sich hier um den Standardaufgabentyp, bei dem die Fläche bei x = 0 beginnt. Durch Einsetzen in die Flächeninhaltsfunktion zur unteren Grenze 0 ergibt sich als Resultat: $A = A_0(2) = 3\frac{1}{3}$.

Beispiel: Fläche über [a; b]
Bestimmen Sie den Inhalt A der dargestellten Fläche zwischen dem Graphen von $f(x) = \frac{1}{2}x^2 - 2x + 3$ und der x-Achse über dem Intervall [1; 3].

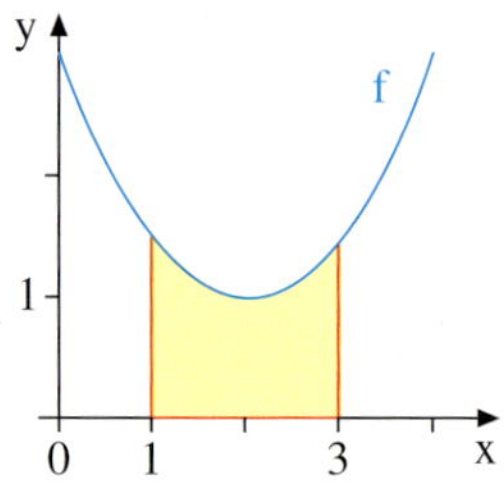

$f(x) = \frac{1}{2}x^2 - 2x + 3$

$A_0(x) = \frac{1}{6}x^3 - x^2 + 3x$

Lösung:
Die Gleichung der Flächeninhaltsfunktion lautet hier $A_0(x) = \frac{1}{6}x^3 - x^2 + 3x$.
Die Fläche beginnt leider nicht bei 0, sodass zunächst die Flächeninhaltsfunktion A_0 zur unteren Grenze 0 nicht verwendet werden kann.

Allerdings hilft uns hier ein kleiner Trick weiter:
Wir können nämlich die Fläche über dem Intervall [1; 3] als Differenz zweier Flächen auffassen, die beide bei der unteren Grenze 0 beginnen, und zwar als Differenz der Fläche über dem Intervall [0; 3] und der Fläche über dem Intervall [0; 1].

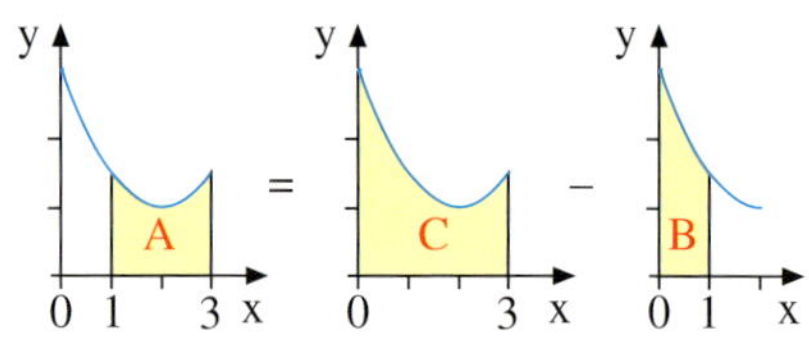

Deren Flächeninhalte C und B können mithilfe von A_0 bestimmt werden.

$C = A_0(3) = \frac{27}{6}$

$B = A_0(1) = \frac{13}{6}$

$A = C - B = \frac{14}{6} = 2\frac{1}{3}$

$A = C - B = A_0(3) - A_0(1) = 2\frac{1}{3}$

Übungen

5. Flächeninhaltsfunktion einer Geraden

a) Wie lautet die Gleichung der Geraden f?

b) Wie lautet die Gleichung der Flächeninhaltsfunktion A_0 der Funktion f zur unteren Grenze 0?

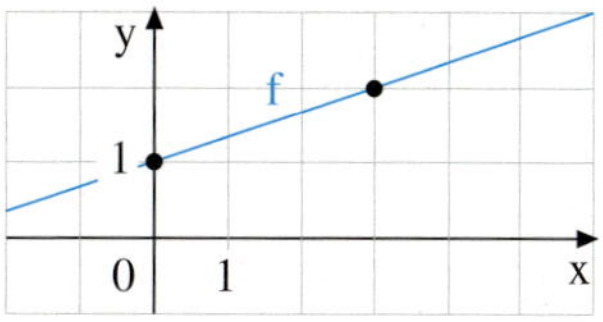

6. Nachweis für Flächeninhaltsfunktionen

Wenn $A_0'(x) = f(x)$ gilt sowie $A_0(0) = 0$, dann ist A_0 Flächeninhaltsfunktion von f zur unteren Grenze 0. Weisen Sie auf diese Weise für die folgenden Fälle nach, dass A_0 Flächeninhaltsfunktion von f ist.

a) $f(x) = 3$; $A_0(x) = 3x$

b) $f(x) = 3x$; $A_0(x) = \frac{3}{2}x^2$

c) $f(x) = 2x + 2$; $A_0(x) = x^2 + 2x$

d) $f(x) = 4x^3 + x$; $A_0(x) = x^4 + \frac{1}{2}x^2$

7. Bestimmung der Flächeninhaltsfunktion

Bestimmen Sie die Flächeninhaltsfunktion von f zur unteren Grenze 0.

a) $f(x) = 4$

b) $f(x) = x$

c) $f(x) = 3x + 1$

d) $f(x) = 3x^2$

e) $f(x) = \frac{1}{2}x^2$

f) $f(x) = x^3 + 2x$

8. Flächenberechnungen

Gesucht ist der Inhalt der markierten Fläche A. Bestimmen Sie zunächst eine Flächeninhaltsfunktion von f zur unteren Grenze 0.

a) 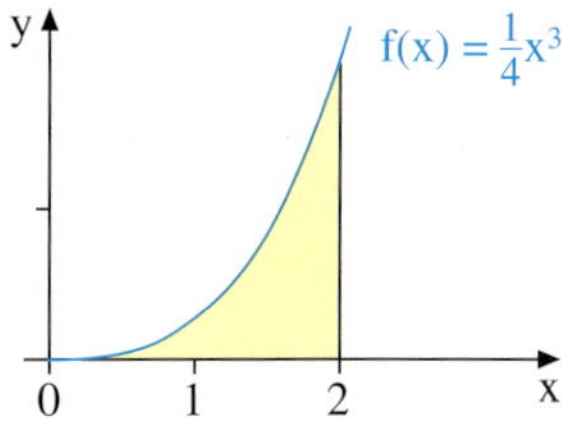

b) 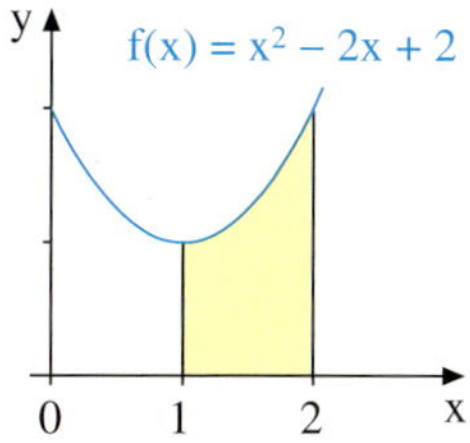

9. Fläche zwischen Kurve und x-Achse

Gesucht ist der Inhalt der Fläche zwischen dem Graphen von f und der x-Achse über dem Intervall I. Fertigen Sie eine Skizze an.

a) $f(x) = x + 3$, $I = [0; 4]$

b) $f(x) = 2x^2 + 1$, $I = [1; 2]$

c) $f(x) = (2 - x)^2$, $I = [1; 3]$

10. Bushaltestelle

Der Rand des Daches hat die Form einer quadratischen Parabel. Es gilt: $f(x) = ax^2 + bx + c$.

Ermitteln Sie zunächst die Koeffizienten des Dachprofils. Bestimmen Sie dann das Volumen des Häuschens.

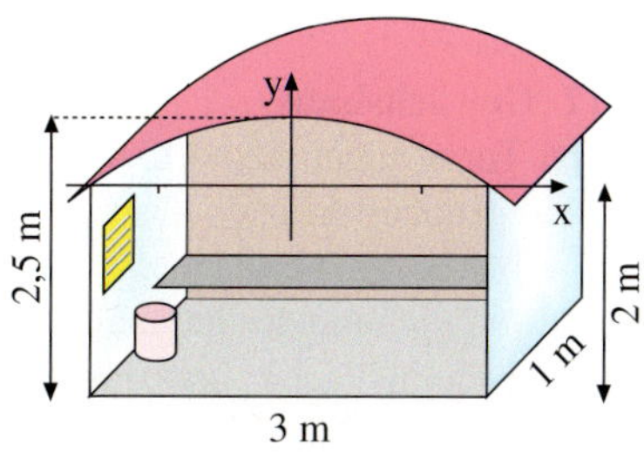

F. Exkurs: Anwendungen

Wir sind nun in der Lage, Anwendungsaufgaben mit Flächenproblematik zu lösen.

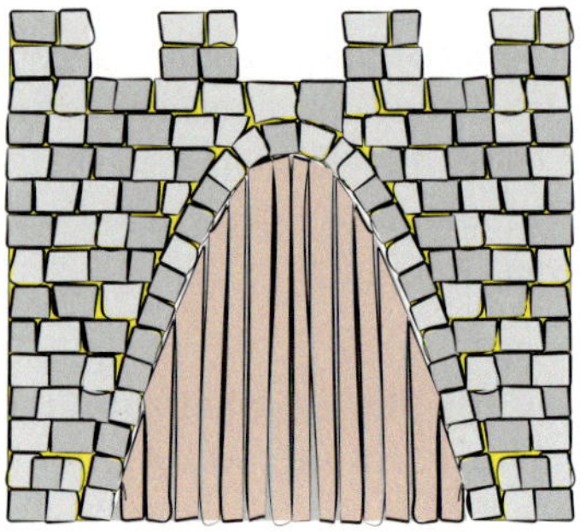

Beispiel: Stadtmauer

Das Tor in der Stadtmauer soll ein Holztor erhalten. Der Torbogen kann durch die quadratische Parabel $f(x) = -x^2 + 4$ modelliert werden.
Wie viel Holz wird benötigt?

Lösung:
Zeichnen wir die Torparabel, so erkennen wir, dass jede Torhälfte an der Basis 2 m breit ist.
Wir können also den Inhalt der Fläche unter dem Graphen von f über dem Intervall [0; 2] berechnen und verdoppeln, um den Holzbedarf zu bestimmen.

Dazu bestimmen wir zunächst die Flächeninhaltsfunktion A_0 von f zur unteren Grenze 0. Sie lautet $A_0(x) = -\frac{1}{3}x^3 + 4x$.

Durch Einsetzen von x = 2 erhalten wir den Inhalt des halben Tores: $A_0(2) = \frac{16}{3}$.
Der Holzbedarf beträgt das Doppelte, also ca. 10,67 m^2.

1. Zeichnung:

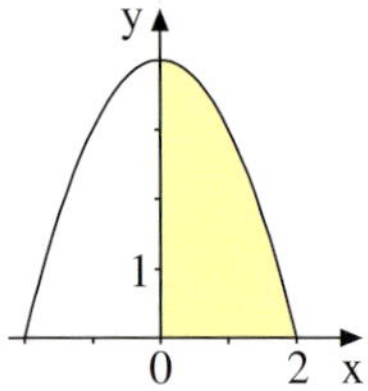

2. Flächeninhaltsfunktion:

$f(x) = -x^2 + 4$

$A_0(x) = -\frac{1}{3}x^3 + 4x$

3. Flächenberechnung:

$A_0(2) = -\frac{8}{3} + 8 = \frac{16}{3}$

4. Holzbedarf:

$A = 2 \cdot \frac{16}{3} = \frac{32}{3} \approx 10{,}67$

Übung 11 Zelt

Welches Luftvolumen hat das abgebildete 4 m lange Mannschaftszelt? Sein Querschnittsprofil kann durch die Funktion $f(x) = \frac{1}{8}x^2 - x + 4$ für $0 \le x \le 4$ modelliert werden.

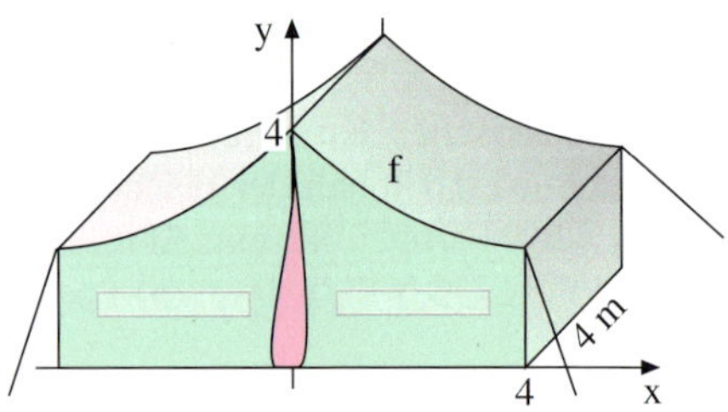

Übung 12 Gewächshaus

Das an den Turm angebrachte Gewächshaus hat ein parabelförmiges Dachprofil $f(x) = ax^2 + b$ $(1 \le x \le 3)$.
Wie lautet die Gleichung der Parabel f?
Welche Querschnittsfläche hat das Gewächshaus?

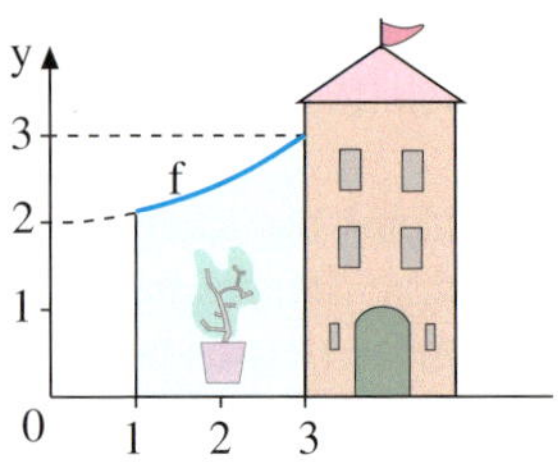

G. Exkurs: Modellierungen

Im folgenden Beispiel muss die Profilkurve im ersten Schritt modelliert werden.

Beispiel: Bahnhofshalle

Der Querschnitt der Bahnhofshalle soll berechnet werden.
Die Halle ist an der Basis 40 m breit und in der Mitte 10 m hoch.
Modellieren Sie die Profilkurve der Halle durch eine Parabel.

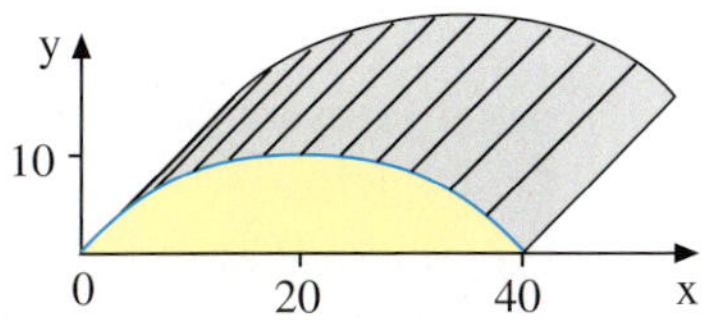

Lösung:
Wir kennen drei Punkte der Parabel: A(0|0), B(40|0) und C(20|10).
Setzen wir die Punktkoordinaten in den Ansatz $f(x) = ax^2 + bx + c$ ein, so erhalten wir ein lineares Gleichungssystem mit drei Gleichungen und drei Variablen.
Die Lösung des Systems führt auf das Resultat $f(x) = -\frac{1}{40}x^2 + x$ für die gesuchte Profilkurve der Halle.

1. Berechnung der Parabelgleichung

Ansatz: $f(x) = ax^2 + bx + c$

$f(0) = 0 \quad \Rightarrow \quad \text{I} \quad c = 0$

$f(40) = 0 \quad \Rightarrow \quad \text{II} \quad 1600a + 40b = 0$

$f(20) = 10 \quad \Rightarrow \quad \text{III} \quad 400a + 20b = 10$

$4 \cdot \text{III} - \text{II}: 40b = 40 \quad \Rightarrow \quad b = 1$

Einsetzen in II: $1600a + 40 = 0 \Rightarrow a = -\frac{1}{40}$

$f(x) = -\frac{1}{40}x^2 + x$

Nun können wir die Flächeninhaltsfunktion von f zur unteren Grenze 0 bestimmen. Durch Einsetzen der rechten Begrenzung x = 40 erhalten wir die gesuchte Querschnittsfläche.

2. Bestimmung der Querschnittsfläche

$A_0(x) = -\frac{1}{120}x^3 + \frac{1}{2}x^2$

$A_0(40) = \frac{800}{3} \approx 266{,}67\,\text{m}^2$

Resultat: $A = A_0(40) \approx 267\,\text{m}^2$.

Übung 13 Schutzdeich

Am Ufer der Ostsee wird ein 500 m langer Deich gebaut, der das abgebildete Profil erhalten soll.
Er kann durch eine Parabel und 2 Geraden modelliert werden. Die Parabel läuft horizontal aus.

a) Wie lautet die Gleichung der Parabel?
b) Wie groß ist die Querschnittsfläche des Deiches insgesamt?
c) Wie viele Fahrten mit 20-Tonnen-LKWs sind erforderlich, um das Baumaterial heranzuschaffen?
(Materialdichte: $1{,}8\,\text{g/cm}^3$)

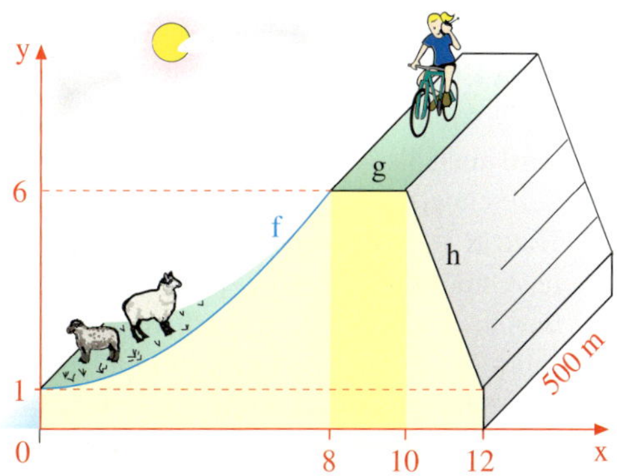

3. Stammfunktion und unbestimmtes Integral

A. Der Begriff der Stammfunktion und des unbestimmten Integrals

Eine grundlegende Aufgabe der Differentialrechnung ist es, zu einer gegebenen Funktion f die Ableitungsfunktion f′ zu bestimmen. Beim Aufsuchen von Flächeninhaltsfunktionen stellte sich uns die umgekehrte Aufgabe: Gegeben ist eine Funktion f. Gesucht ist diejenige Funktion F, deren Ableitung die gegebene Funktion f ist. Die ***Integralrechnung*** beschäftigt sich mit dieser Fragestellung.

Beispiel: Stammfunktion

An der Tafel steht das Ergebnis einer Differentiation. Leider ist die Ausgangsfunktion F, die differenziert wurde, schon abgewischt. Kann man sie rekonstruieren?

Lösung:
Die gegebene Funktion $f(x) = 2x^2 + 1$ ist hier das Ergebnis eines Differentiationsprozesses. Gesucht ist eine sogenannte ***Stammfunktion*** F von f, für die gilt:
$F'(x) = f(x)$.
Da beim Differenzieren einer Potenz der Grad um 1 sinkt, vermuten wir, dass F eine Polynomfunktion dritten Grades ist. Wir finden nach kurzem Probieren, dass die Funktion $F(x) = \frac{2}{3}x^3 + x$ die Ableitung $f(x) = 2x^2 + 1$ hat, womit die Aufgabe fast gelöst wäre.
Wir können allerdings noch eine beliebige reelle Konstante C hinzuaddieren, da eine solche beim Differenzieren wegfällt. Die Menge alle Stammfunktionen von $f(x) = 2x^2 + 1$ ist daher die Funktionenschar $F(x) = \frac{2}{3}x^3 + x + C,\ C \in \mathbb{R}$.
Diese Menge aller Stammfunktionen von f wird auch als ***unbestimmtes Integral von f*** bezeichnet.
Hierfür wird die nebenstehend aufgeführte symbolische Schreibweise unter Verwendung des Integralzeichens $\int$ eingeführt. Das Adjektiv „unbestimmt“ drückt aus, dass das Ergebnis wegen des Auftretens einer Konstanten C, der sogenannten ***Integrationskonstanten***, nicht eindeutig bestimmt ist.

Gegebene Funktion f:

$f(x) = 2x^2 + 1$

Eine Stammfunktion F von f:

$F(x) = \frac{2}{3}x^3 + x$

Weitere Stammfunktionen von f:

$F(x) = \frac{2}{3}x^3 + x + 1$

$F(x) = \frac{2}{3}x^3 + x - 2{,}5$

$\vdots$

Menge aller Stammfunktionen von f:

$F(x) = \frac{2}{3}x^3 + x + C,\ C \in \mathbb{R}$

Integralschreibweise:

$$\int (2x^2 + 1)\,dx = \frac{2}{3}x^3 + x + C$$

unbestimmtes Integral — Integrationskonstante (↑ C)

Definition I.1: Stammfunktion
Jede differenzierbare Funktion F, für die $F'(x) = f(x)$ gilt, wird als ***Stammfunktion von f*** bezeichnet.

Stammfunktion F

↑ integrieren

Funktion f

↓ differenzieren

Ableitung f′

Definition I.2: Unbestimmtes Integral
Die Menge aller Stammfunktionen einer Funktion f heißt ***unbestimmtes Integral*** von f.

Symbolische Schreibweise: $\int f(x)\,dx$

Den Vorgang des Bestimmens einer Stammfunktion bezeichnet man als Integrieren. Es handelt sich technisch um die Umkehrung des Differenzierens.

Im folgenden Beispiel werden Potenzregel, Summenregel und Faktorregel der Differentialrechnung in umgekehrter Richtung angewandt.

Beispiel: Unbestimmtes Integral
Bestimmen Sie die Menge aller Stammfunktionen von f.

a) $f(x) = x^5$ b) $f(x) = 2x^3$ c) $f(x) = 3x^4 - 6x + 8$ d) $f(x) = \frac{1}{x^3}$

Lösung:

a) Beim Differenzieren einer Potenz *verringert* sich der Exponent um 1. Außerdem muss man mit dem *alten* Exponenten *multiplizieren*.
Beim Integrieren einer Potenz ist es daher genau umgekehrt. Der Exponent *erhöht* sich um 1, und man muss durch den *neuen* Exponenten *dividieren*.

$f(x) = x^5$ hat also die Stammfunktion $F(x) = \frac{1}{6}x^6$. Dazu können wir noch eine Konstante C addieren: $F(x) = \frac{1}{6}x^6 + C$.

$$\int x^5\,dx = \frac{1}{6}x^6 + C$$

b) Analog zu a) erhalten wir für die Menge aller Stammfunktionen von f: $F(x) = \frac{1}{2}x^4 + C$.

$$\int 2x^3\,dx = \frac{1}{2}x^4 + C$$

c) Hier kehren wir die Summenregel der Differentiation um und erhalten dann $F(x) = \frac{3}{5}x^5 - 3x^2 + 8x + C$.

$$\int (3x^4 - 6x + 8)\,dx = \frac{3}{5}x^5 - 3x^2 + 8x + C$$

d) $f(x) = \frac{1}{x^3} = x^{-3}$ hat die Stammfunktion
$F(x) = \frac{x^{-2}}{-2} + C = -\frac{1}{2x^2} + C$.

$$\int \frac{1}{x^3}\,dx = -\frac{1}{2x^2} + C$$

B. Exkurs: Die verallgemeinerte Potenzregel

Die Potenzregel der Differentialrechnung $(x^n)' = n \cdot x^{n-1}$ $(n \in \mathbb{N})$ und die Potenzregel der Integralrechnung $\int x^n\,dx = \frac{x^{n+1}}{n+1} + C$ $(n \in \mathbb{N})$ lassen sich verallgemeinern.

Man kann zeigen, dass diese Regeln für reelle Exponenten gelten.

Allgemeine Potenzregel der Differentialrechnung: $(x^r)' = r \cdot x^{r-1}$ $(r \in \mathbb{R}, r \neq 0)$

Allgemeine Potenzregel der Integralrechnung: $\int x^r\,dx = \frac{x^{r+1}}{r+1} + C$ $(r \in \mathbb{R}, r \neq -1)$

Beispiel: Berechnen Sie die Ableitung von $f(x) = \sqrt{x}$.

Lösung:
Wir stellen $f(x) = \sqrt{x}$ in der Potenzform $f(x) = x^{\frac{1}{2}}$ dar und wenden die Potenzregel an: $f'(x) = (\sqrt{x})' = \left(x^{\frac{1}{2}}\right)' = \frac{1}{2}x^{-\frac{1}{2}} = \frac{1}{2\sqrt{x}}$.

Resultat: $(\sqrt{x})' = \frac{1}{2\sqrt{x}}$

Beispiel: Berechnen Sie $\int \sqrt{x}\,dx$.

Lösung:
Wir stellen $\sqrt{x}$ in der Potenzform $x^{\frac{1}{2}}$ dar und erhalten mit der Potenzregel

$$\int x^{\frac{1}{2}}dx = \frac{x^{\frac{3}{2}}}{\frac{3}{2}} + C = \frac{2}{3}x^{\frac{3}{2}} + C = \frac{2}{3}\sqrt{x^3} + C.$$

Resultat: $\int \sqrt{x}\,dx = \frac{2}{3}\sqrt{x^3} + C$

Im folgenden Beispiel werden Eigenschaften der Quadratwurzel untersucht.

Beispiel: Eigenschaften von $f(x) = \sqrt{x}$

Gegeben ist die Funktion
$f(x) = \sqrt{x}$, $x \geq 0$.

a) Bestimmen Sie die Gleichung der Tangente von f im Punkt P(1|1).
b) Berechnen Sie den Inhalt der Fläche A unter f über dem Intervall [0; 4].

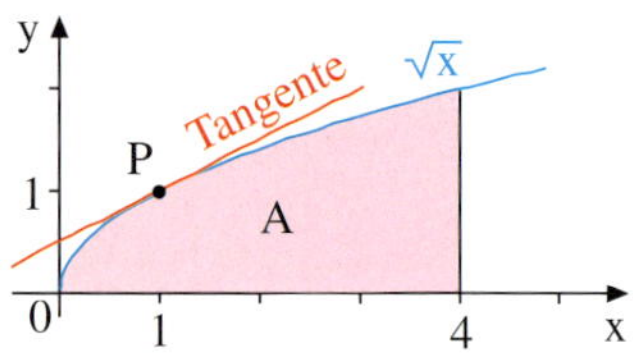

Lösung zu a:
Wir verwenden $f'(x) = \frac{1}{2\sqrt{x}}$ (s. oben) und den allgemeinen Tangentenansatz

$t(x) = f'(x_0) \cdot (x - x_0) + f(x_0)$:
$t(x) = f'(1) \cdot (x - 1) + f(1)$
$= \frac{1}{2}(x - 1) + 1$
$= \frac{1}{2}x + \frac{1}{2}$

Lösung zu b:

$f(x) = \sqrt{x}$

Flächeninhaltsfunktion A_0:

$A_0(x) = \frac{2}{3}\sqrt{x^3} + c$, $c = 0$ wegen $A_0(0) = 0$

$A_0(4) = \frac{2}{3} \cdot \sqrt{64} = \frac{2}{3} \cdot 8 = \frac{16}{3} \approx 5{,}33$

Übung 1 Kubikwurzelfunktion

Gegeben ist $f(x) = \sqrt[3]{x}$, $x \geq 0$.

a) Bestimmen Sie die Ableitung $f'(x)$ und das unbestimmte Integral $\int f(x)\,dx$.
b) Wie lautet die Gleichung der Normalen von f im Punkt P(8|2)?
c) Wie groß ist der Inhalt der Fläche A unter f über dem Intervall [1; 8]?

C. Rechenregeln für unbestimmte Integrale

Aus einigen Differentiationsregeln kann man durch sinngemäße Umkehrung Integrationsregeln gewinnen. Wir führen im Folgenden einige Beispiele in einer Gegenüberstellung auf.

Differentialrechnung	Integralrechnung
Potenzregel der Differentialrechnung $(x^r)' = r \cdot x^{r-1} \quad (r \in \mathbb{R}, r \neq 0)$	**Potenzregel der Integralrechnung** $\int x^r dx = \frac{x^{r+1}}{r+1} + C \quad (r \in \mathbb{R}, r \neq -1)$
Summenregel der Differentialrechnung Man kann eine Summe gliedweise differenzieren: $(f(x) + g(x))' = f'(x) + g'(x)$	**Summenregel der Integralrechnung** Man kann eine Summe gliedweise integrieren: $\int (f(x) + g(x))dx = \int f(x)dx + \int g(x)dx$ $= F(x) + G(x) + C$
Faktorregel der Differentialrechnung Ein konstanter Faktor bleibt beim Differenzieren erhalten: $(a \cdot f(x))' = a \cdot f'(x) \quad (a \in \mathbb{R})$	**Faktorregel der Integralrechnung** Ein konstanter Faktor bleibt beim Integrieren erhalten: $\int a \cdot f(x)dx = a \cdot \int f(x)dx \quad (a \in \mathbb{R})$ $= a \cdot F(x) + C$
Lineare Kettenregel der Differentialrechnung Für a, b $\in \mathbb{R}$ gilt: $(f(ax + b))' = f'(ax + b) \cdot a$	**Lineare Kettenregel* der Integralrechnung** Für a, b $\in \mathbb{R}$, $a \neq 0$ gilt: $\int f(ax + b)dx = \frac{1}{a} \cdot F(ax + b) + C$
Exponentialregel der Differentialrechnung $(e^x)' = e^x$	**Exponentialregel der Integralrechnung** $\int e^x dx = e^x + C$
Sinusregel und Kosinusregel der Differentialrechnung $(\sin x)' = \cos x$ $(\cos x)' = -\sin x$	**Sinusregel und Kosinusregel der Integralrechnung** $\int \sin x\, dx = -\cos x + C$ $\int \cos x\, dx = \sin x + C$

* Die lineare Kettenregel der Integralrechnung wird auch als lineare Substitutionsregel der Integralrechnung bezeichnet.

Beweise zu den Integrationsregeln

Die Integrationsregeln werden bewiesen, indem die auf der rechten Seite der Integrationsregel stehende Stammfunktion differenziert wird und die Übereinstimmung des Resultats mit dem Integranden der linken Seite der Regel gezeigt wird.

Potenzregel: $\left(\frac{x^{r+1}}{r+1} + C\right)' = \frac{(r+1)x^r}{r+1} + 0 = x^r$

Summenregel: $(F(x) + G(x))' = F'(x) + G'(x) = f(x) + g(x)$

Faktorregel: $(a \cdot F(x))' = a \cdot F'(x) = a \cdot f(x)$

Lineare Kettenregel: $\left(\frac{1}{a} \cdot F(ax + b)\right)' = \frac{1}{a} \cdot F'(ax + b) \cdot a = F'(ax + b) = f(ax + b)$

Exponentialregel: $(e^x + C)' = e^x + 0 = e^x$

Sinusregel: $(-\cos x + C)' = \sin x + 0 = \sin x$

Kosinusregel: $(\sin x + C)' = \cos x + 0 = \cos x$

Wir vertiefen die Anwendung der Regeln nun an weiteren Beispielen.

Beispiel: Anwendung der Integrationsregeln

Berechnen Sie die folgenden unbestimmten Integrale.

a) $\int \left(4x + \frac{1}{x^2}\right) dx$ b) $\int (5x + 1)^2 dx$ c) $\int e^{-x} dx$

d) $\int 4e^{2x+1} dx$ e) $\int \sin(2x) dx$ f) $\int (1 - 2\cos x) dx$

Lösung:

a) $\int \left(4x + \frac{1}{x^2}\right) dx \underset{\text{Summenregel}}{=} \int 4x\,dx + \int x^{-2} dx \underset{\text{Faktorregel}}{=} 4 \cdot \int x\,dx + \int x^{-2} dx$

$\underset{\text{Potenzregel}}{=} 4 \cdot \frac{x^2}{2} + \frac{x^{-1}}{-1} + C = 2x^2 - \frac{1}{x} + C$

b) $\int (5x + 1)^2 dx \underset{\text{lin. Kettenregel}}{=} \frac{1}{5} \cdot \frac{(5x+1)^3}{3} + C = \frac{1}{15} \cdot (5x + 1)^3$

c) $\int e^{-x} dx \underset{\text{lin. Kettenregel}}{=} -e^{-x} + C$

d) $\int 4e^{2x+1} dx \underset{\text{Faktorregel}}{=} 4 \cdot \int e^{2x+1} dx \underset{\text{lin. Kettenregel}}{=} 4 \cdot \frac{1}{2} e^{2x+1} + C = 2e^{2x+1} + C$

e) $\int \sin(2x) dx \underset{\text{lin. Kettenregel}}{=} -\frac{1}{2}\cos(2x) + C$

f) $\int (1 - 2\cos x) dx \underset{\text{Summenregel, Faktorregel}}{=} \int 1\,dx - 2 \cdot \int \cos x\,dx \underset{\text{Potenzregel, Kosinusregel}}{=} x - 2\sin x + C$

Übung 2 Integrationsregeln

Berechnen Sie die unbestimmten Integrale unter Angabe der verwendeten Regeln.

a) $\int 2e^{3-2x} dx$ b) $\int 3 \cdot \sin(3x) dx$ c) $\int \left(2e^{2x} - \frac{4}{x^2}\right) dx$

d) $\int \frac{1}{(2x+1)^2} dx$ e) $\int (4x + 5)^3 dx$ f) $\int e^{ax+b} dx$

Übungen

3. Berechnung einer Stammfunktion

Berechnen Sie jeweils eine Stammfunktion F von f.

a) $f(x) = 3x^2 + 6$ b) $f(x) = \frac{6}{x^2}$ c) $f(x) = 4e^{-x}$ d) $f(x) = -2\cos x$

e) $f(x) = \sin(-x)$ f) $f(x) = e^{\frac{1}{2}x}$ g) $f(x) = 4x^{-3}$ h) $f(x) = e^{-kx}$

4. Berechnung unbestimmter Integrale

a) $\int x^6\,dx$ b) $\int 6x^2\,dx$ c) $\int n \cdot x^{2n-1}\,dx$ d) $\int (4x^2 + 2x)\,dx$

e) $\int (2x^3 - 4x + 1)\,dx$ f) $\int (ax^2 + 6x)\,dx$ g) $\int 3x^{-2}\,dx$ h) $\int \left(2x + \frac{1}{x}\right) \cdot x\,dx$

i) $\int \left(x + \frac{3}{x^2}\right)dx$ j) $\int e^x \cdot e^{x+2}\,dx$ k) $\int \frac{4}{e^x}\,dx$ l) $\int (\sin x + 2\cos x)\,dx$

5. Berechnung unbestimmter Integrale

Verwenden Sie die lineare Kettenregel (lineare Substitutionsregel) der Integralrechnung zur Bestimmung folgender Integrale.

a) $\int (2x + 1)^2\,dx$ b) $\int 6e^{2x+4}\,dx$ c) $\int \frac{1}{(3x+2)^2}\,dx$ d) $\int (2 - \cos(\pi x))\,dx$

6. Funktion und Stammfunktion

Ordnen Sie jeder Funktion f eine passende Stammfunktion F zu.

f

- I $8x^3 - 3$
- II $2x - 4$
- III $(x+2)^2$
- IV $3(x^2 - 2x^3)$
- V $2x - \frac{1}{x^2}$
- VI $\frac{x^2 - 9}{x - 3}$

F

- A $x^3 - \frac{3}{2}x^4 - 2$
- B $\frac{1}{2}x^2 + 3x$
- C $2x^4 - 3x + 2$
- D $(x-2)^2$
- E $2x^2 + 4x + \frac{1}{3}x^3 + C$
- F $x^2 + \frac{1}{x} + C$

7. Wo steckt der Fehler?

In den folgenden Rechnungen ist jeweils ein Fehler.

a) $\int \frac{6}{x^2}\,dx = \int 6 \cdot x^{-2}\,dx = 6 \cdot \int x^{-2}\,dx = 6 \cdot \frac{x^{-3}}{-3} + C = \frac{-2}{x^3} + C$

b) $\int (2x + 1)^2\,dx = \frac{(2x+1)^3}{3} + C$

c) $\int (2e^{2x+1} + 6x)\,dx = 4e^{2x+2} + 3x^2 + C$

d) $\int (3x^2 + 2a)\,dx = x^3 + 2a + C$

e) $\int (3x^2 + 2a)\,da = x^3 + 2ax + C$

D. Das Anfangswertproblem

Oft sucht man nicht alle Stammfunktionen F einer Funktion f, sondern nur eine ganz bestimmte, welche durch einen fest vorgegebenen Punkt $P(x_0|f(x_0))$ geht. Man spricht dann von einem ***Anfangswertproblem***. Durch geeignete Wahl der Integrationskonstanten C kann es gelöst werden.

Beispiel: Anfangswertproblem
Gegeben ist $f(x) = x$. Gesucht ist diejenige Stammfunktion F von f, welche durch den Punkt $P(1|1{,}5)$ geht.

Lösung:
Wir bestimmen zunächst das unbestimmte Integral von f, also die Funktionenschar

$F_c(x) = \int x\,dx = \frac{1}{2}x^2 + C.$

$F_c(x)$ soll durch $P(1|1{,}5)$ gehen, d. h.
$F_c(1) = 1{,}5 \Rightarrow \frac{1}{2} + C = 1{,}5 \Rightarrow C = 1.$

Damit ist $F_1(x) = \frac{1}{2}x^2 + 1$ die gesuchte Stammfunktion durch den Punkt $P(1|1{,}5)$.

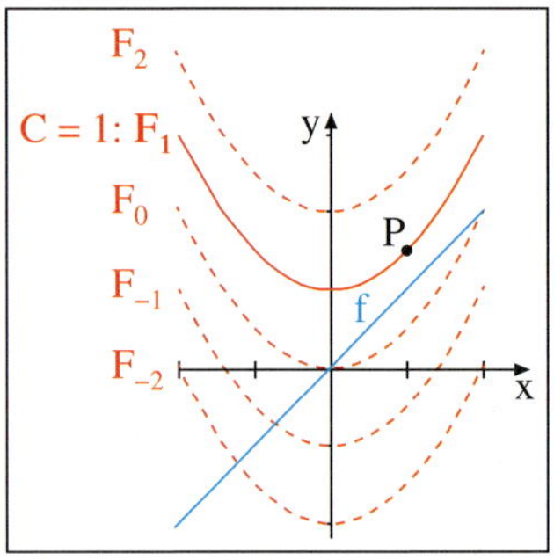

Übung 8 Anfangswertproblem
a) Welche Stammfunktion von $f(x) = x^2$ geht durch den Punkt $P(1|1)$?
b) Welche Stammfunktion von $f(x) = 1 - x^2$ schneidet die y-Achse bei $y = 4$?
c) Welche Stammfunktion von $f(x) = 2 + x$ hat eine Nullstelle bei $x = 1$?

Die folgende Aufgabe stellt eine Variation des Anfangswertproblems dar.

Beispiel: Variation des Anfangswertsproblems
Gegeben ist die zweite Ableitung $f''(x) = 6x$. Gesucht ist diejenige Funktion f, welche durch den Punkt $P(1|0)$ geht und dort die Steigung 2 besitzt.

Lösung:
Durch Integration von $f''(x) = 6x$ erhalten wir $f'(x) = 3x^2 + c$ und $f(x) = x^3 + cx + d$. Da $f(1) = 0$ gelten soll sowie $f'(1) = 2$, erhalten wir durch Einsetzen dieser Informationen in die Formansätze $f'(x) = 3x^2 + c$ und $f(x) = x^3 + cx + d$ ein lineares Gleichungssystem mit zwei Gleichungen und zwei Variablen. Dessen Lösung lautet $c = -1$ und $d = 0$, was zum folgenden Endresultat führt: $f(x) = x^3 - x$.

Ansatz für f' und f:
$f''(x) = 6x$
$f'(x) = 3x^2 + c$
$f(x) = x^3 + cx + d$

Berechnung von c und d:
$f'(1) = 2$, $f(1) = 0$ $\Rightarrow$ I: $3 + c = 2$, II: $1 + c + d = 0$
$\Rightarrow c = -1, d = 0$
$\Rightarrow f(x) = x^3 - x$

Übung 9 Variationen des Anfangswertproblems
Gesucht ist die Funktion f mit den angegebenen Eigenschaften.
a) f hat die zweite Ableitung $f''(x) = e^{-x} + 6x$ und ein Minimum im Punkt $P(0|2)$.
b) Es gilt $f'''(x) = 6$, $x = 1$ ist eine Wendestelle und $x = 2$ eine Nullstelle von f mit der Steigung 1.

4. Das bestimmte Integral

A. Der Begriff des bestimmten Integrals

Den Inhalt A des Flächenstücks zwischen dem Graphen einer stetigen (durchzeichenbaren) Funktion f und der x-Achse über einem Intervall [a; b] kann man folgendermaßen ermitteln:

Schritt 1: Streifensumme
Man zerlegt das Intervall [a; b] in n Streifen gleicher Breite $\Delta x = \frac{b-a}{n}$.

x_i sei die Streifenmitte des i-ten Streifens. Man bildet die Streifensumme
$f(x_1) \cdot \Delta x + f(x_2) \cdot \Delta x + \ldots + f(x_n) \cdot \Delta x$.

Für eine nichtnegative Funktion f kann man diese Streifensumme als Summe von Rechtecksinhalten ansehen, deren Wert den Inhalt der Fläche A unter f über [a; b] approximiert.

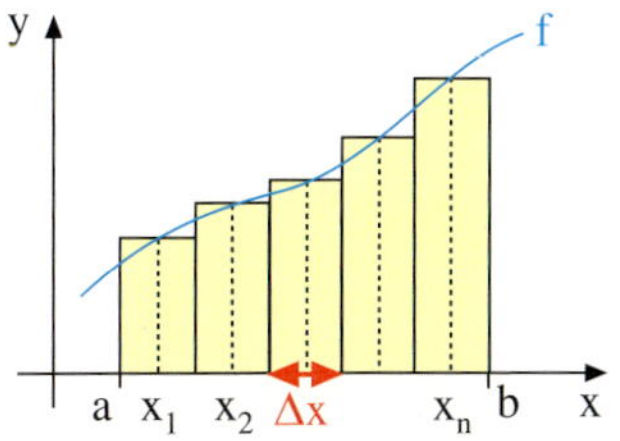

Schritt 2: Grenzwert
Man bildet den Grenzwert der Streifensumme für $n \to \infty$.

Dabei wächst die Streifenzahl n über alle Grenzen und die Streifendicke Δx strebt gegen 0.

Die Streifensumme strebt gegen eine feste Zahl, welche für eine nichtnegative Funktion f mit dem Inhalt der Fläche A unter f über [a; b] exakt übereinstimmt.

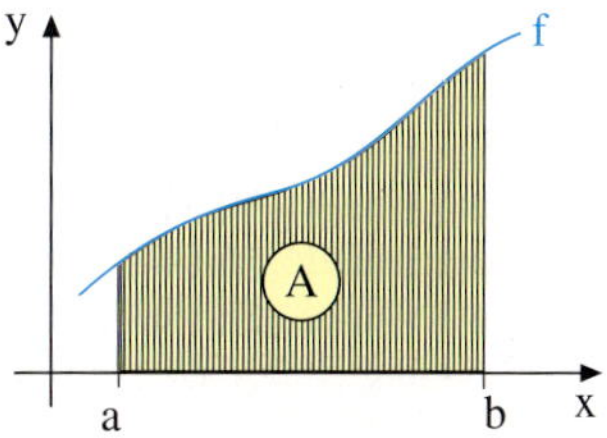

Es erweist sich als günstig, Streifensummen dieser Art nicht nur für positive, sondern auch für negative Funktionen und für solche mit wechselndem Vorzeichen zu bilden. Der Grenzwert einer solchen Streifensumme ist bei einer stetigen Funktion stets eine ganz bestimmte, feste Zahl und wird als ***bestimmtes Integral*** bezeichnet.

Definition I.3: Das bestimmte Integral

Ist f stetig über [a; b], so bezeichnet man den Grenzwert einer Streifensumme über [a; b], d. h. den Ausdruck

$$\lim_{n \to \infty} (f(x_1) \cdot \Delta x + f(x_2) \cdot \Delta x + \ldots + f(x_n) \cdot \Delta x)$$

als bestimmtes Integral von f in den Grenzen von a bis b.

Man verwendet hierfür die rechts dargestellte symbolische Schreibweise.

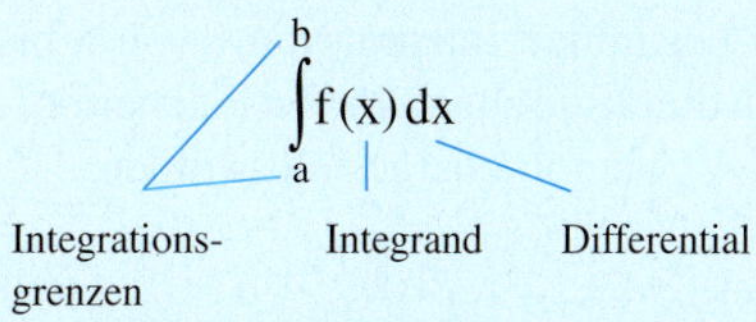

Das Integral ist eine abkürzende Schreibweise für den Grenzwert einer Streifensumme. Das Zeichen ∫ steht für das S von Summe, dx für die Streifenbreite Δx.

B. Das bestimmte Integral als Flächenbilanz

Ist f eine nichtnegative Funktion, so kann man sich das bestimmte Integral von f über [a, b] anschaulich als Summe der Flächeninhalte $f(x_i) \cdot \Delta x$ extrem schmaler Rechtecksstreifen vorstellen.
Es stellt also den Inhalt A der Fläche zwischen dem Graphen von f und der x-Achse über dem Intervall [a; b] dar.

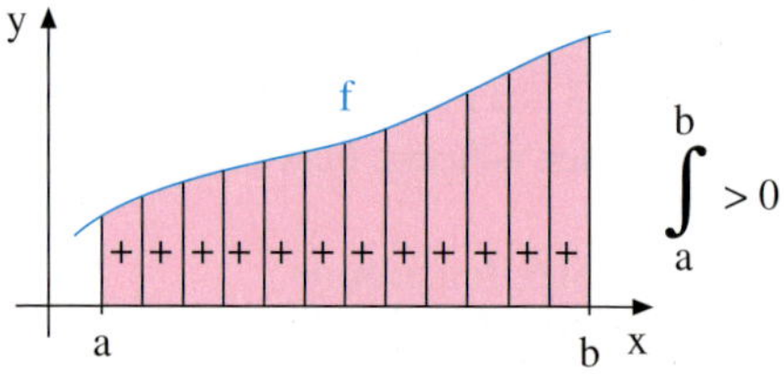

Ist f eine negative Funktion, so haben die Terme $f(x_i) \cdot \Delta x$ negative Werte. Es sind die negativen Gegenwerte der Streifeninhalte. Summiert man sie für alle Streifen, so erhält man den mit einem negativen Vorzeichen versehenen Flächeninhalt A der Fläche zwischen Graph und x-Achse.

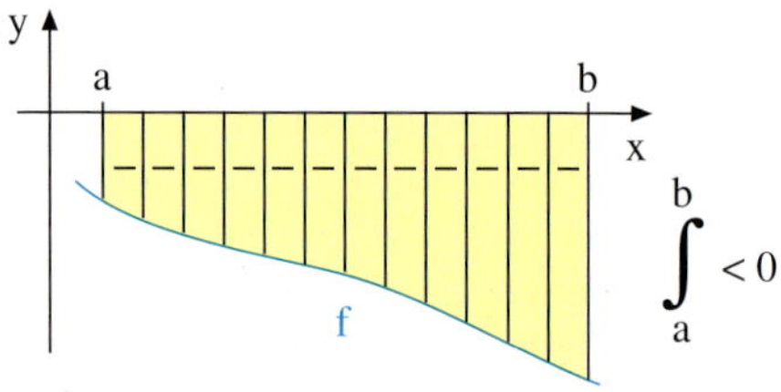

Besitzt f wechselnde Vorzeichen, so besitzen die Streifenterme $f(x_i) \cdot \Delta x$ sowohl negative als auch positive Werte. Summiert man sie, so erhält man eine Flächenbilanz. Unterhalb der x-Achse liegenden Flächenteile gehen negativ ein, die oberhalb der x-Achse liegenden werden positiv gezählt.

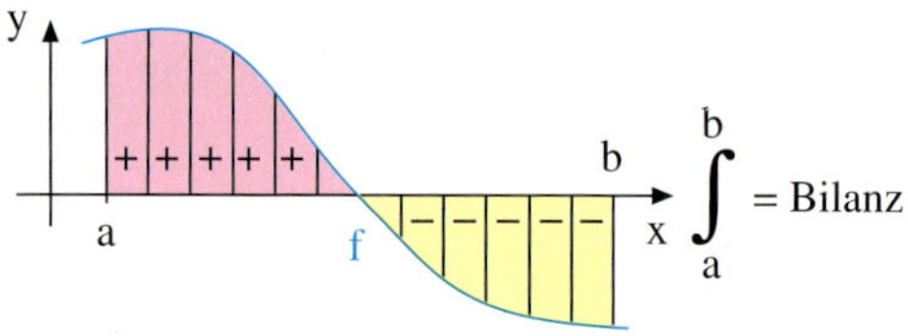

Satz I.2: Das bestimmte Integral als Flächenbilanz
Das **bestimmte Integral** einer Funktion f über dem Intervall [a; b] hat anschaulich die Bedeutung einer **Flächeninhaltsbilanz**. Die oberhalb der x-Achse liegenden Flächenstücke gehen positiv ein, die unterhalb der x-Achse liegenden Stücke gehen negativ ein.

In der Abbildung rechts ist eine Funktion f mit wechselndem Vorzeichen zu sehen.

Das bestimmte Integral von f von a bis b kann durch die abgebildeten Flächen A_1, A_2 und A_3 wie folgt dargestellt werden:

$$\int_a^b f(x)\,dx = A_1 - A_2 + A_3$$

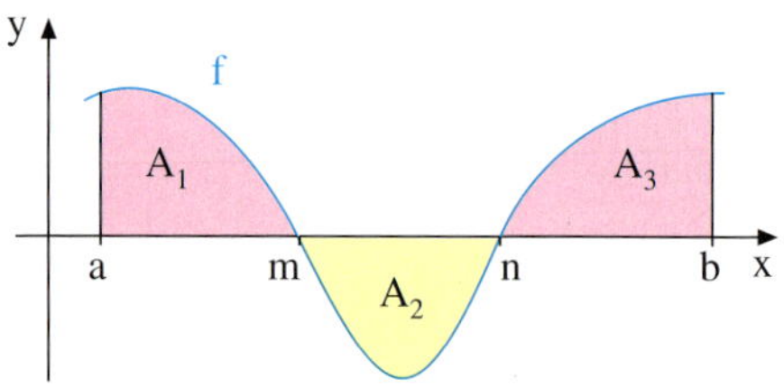

Umgekehrt können die Flächeninhalte durch bestimmte Integrale erfasst werden:

$$A_1 = \int_a^m f(x)\,dx,\ A_2 = -\int_m^n f(x)\,dx,\ A_3 = \int_n^b f(x)\,dx$$

C. Der Hauptsatz der Differential- und Integralrechnung

Eine einfache Berechnungsmethode für bestimmte Integrale positiver Funktionen ergibt sich wie folgt:

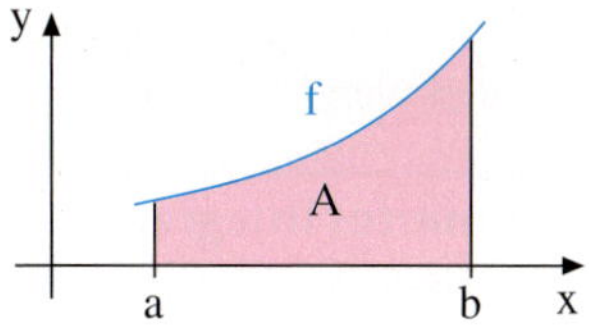

Wir interpretieren das bestimmte Integral als Inhalt A der Fläche unter f über dem Intervall [a; b]. Diesen Inhalt können wir mit der Flächeninhaltsfunktion $A_0(x)$ berechnen. Er beträgt $A_0(b) - A_0(a)$.
Dies ist dasselbe wie $F(b) - F(a)$, wobei F eine beliebige Stammfunktion von f ist, da eine solche sich von A_0 nur um eine Konstante C unterscheidet, die beim Subtrahieren wegfällt.

$$\begin{aligned}\int_a^b f(x)\,dx &= \text{Flächeninhalt A}\\ &= A_0(b) - A_0(a)\\ &= (F(b) + C) - (F(a) + C)\\ &= F(b) - F(a)\end{aligned}$$

Dieser Zusammenhang gilt auch für negative Funktionen und solche mit wechselndem Vorzeichen. Er ist so bedeutsam, dass man ihn als **Hauptsatz der Differential- und Integralrechnung** bezeichnet. Er verbindet das bestimmte Integral (Streifensumme, Fläche) mit dem unbestimmten Integral (Stammfunktion) und zeigt, dass das Integrieren die Umkehrung des Differenzierens ist. Außerdem vereinfacht er die Berechnung bestimmter Integrale enorm.

Satz I.3: Der Hauptsatz der Differential- und Integralrechnung
Die Funktion f sei eine auf dem Intervall [a; b] stetige Funktion.
F sei eine Stammfunktion von f.
Dann lässt sich das bestimmte Integral von f in den Grenzen von a bis b als Differenz $F(b) - F(a)$ berechnen.

$$\int_a^b f(x)\,dx = F(b) - F(a)$$

Beispiel: Anwendung des Hauptsatzes
Berechnen Sie die folgenden bestimmten Integrale durch Anwendung des Hauptsatzes.

a) $\int_0^3 (x^2 - 4)\,dx$. b) $\int_0^1 e^{-x}dx$ c) $\int_0^{\pi/2} \sin(2x)\,dx$

Lösung:

a) Stammfunktion: $F(x) = \frac{1}{3}x^3 - 4x$

Bestimmtes Integral: $\int_0^3 (x^2 - 4)\,dx = F(3) - F(0) = (-3) - (0) = -3$

b) Stammfunktion: $F(x) = -e^{-x}$

Bestimmtes Integral: $\int_0^1 e^{-x}\,dx = F(1) - F(0) = (-e^{-1}) - (-1) = -\frac{1}{e} + 1 \approx 0{,}632$

c) Stammfunktion: $F(x) = -\frac{1}{2}\cos(2x)$

Bestimmtes Integral: $\int_0^{\pi/2} \sin(2x)\,dx = F\left(\frac{\pi}{2}\right) - F(0) = \frac{1}{2} - \left(-\frac{1}{2}\right) = 1$

D. Berechnung und Interpretation bestimmter Integrale

Wir zeigen nun an drei weiteren Beispielen, wie bestimmte Integrale als Flächenbilanz gedeutet werden können. Dabei wenden wir jeweils den Hauptsatz an.

Beispiel 1: Bestimmtes Integral einer positiven Funktion

Berechnen Sie das bestimmte Integral $\int_1^2 \frac{1}{4}x^2\,dx$.

Interpretieren Sie das Resultat anschaulich.

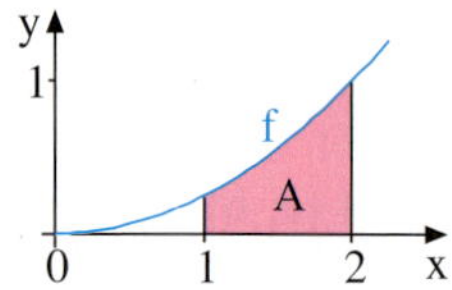

Lösung:
Wir bestimmen zunächst eine Stammfunktion F des Integranden $f(x) = \frac{1}{4}x^2$.

Resultat: $F(x) = \frac{1}{12}x^3$

Nun berechnen wir das bestimmte Integral durch Anwendung des Hauptsatzes.

Resultat: $\int_1^2 \frac{1}{4}x^2\,dx = \frac{7}{12}$

Stammfunktion:

$f(x) = \frac{1}{4}x^2 \quad \Rightarrow \quad F(x) = \frac{1}{12}x^3$

Bestimmtes Integral:

$$\int_1^2 \frac{1}{4}x^2\,dx = F(2) - F(1) = \left(\frac{8}{12}\right) - \left(\frac{1}{12}\right) = \frac{7}{12}$$

Interpretation:
Das bestimmte Integral einer positiven Funktion f über [a; b] entspricht dem Inhalt der Fläche A unter f über [a; b].

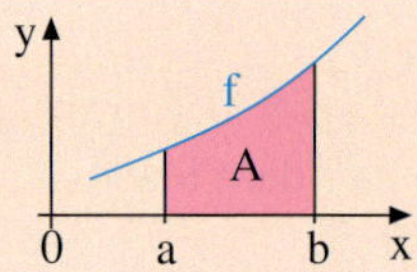

$f > 0$

$$\int_a^b f(x)\,dx = A$$

Beispiel 2: Bestimmtes Integral einer negativen Funktion

Berechnen Sie das bestimmte Integral $\int_1^2 \left(-\frac{1}{x^2}\right)dx$.

Interpretieren Sie das Resultat anschaulich.

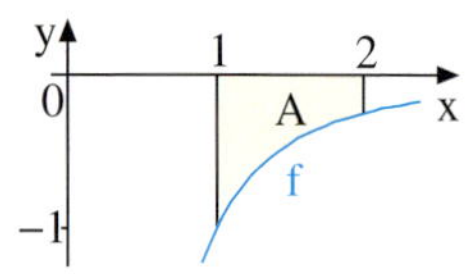

Lösung:
Wir bestimmen wieder eine Stammfunktion von f. Sie lautet $F(x) = \frac{1}{x}$.

Das bestimmte Integral kann nun mit dem Hauptsatz berechnet werden.

Resultat: $\int_1^2 \left(-\frac{1}{x^2}\right)dx = -\frac{1}{2}$

Stammfunktion:

$f(x) = -\frac{1}{x^2} \quad \Rightarrow \quad F(x) = \frac{1}{x}$

Bestimmtes Integral:

$$\int_1^2 \left(-\frac{1}{x^2}\right)dx = F(2) - F(1) = \left(\frac{1}{2}\right) - (1) = -\frac{1}{2}$$

Interpretation:
Das bestimmte Integral einer negativen Funktion f über [a; b] entspricht dem negativen Wert des Inhalts der Fläche A unter f über [a; b].

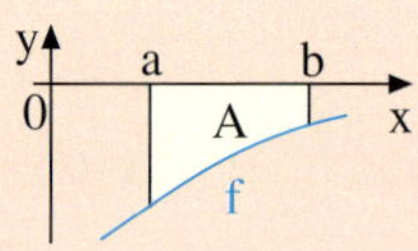

$f < 0$

$$\int_a^b f(x)\,dx = -A$$

Beispiel: Bestimmtes Integral einer Funktion f mit unterschiedlichen Vorzeichen.

Berechnen Sie das bestimmte Integral $\int_1^3 (x^2 - 2x)\,dx$.

Interpretieren Sie das Resultat anschaulich.

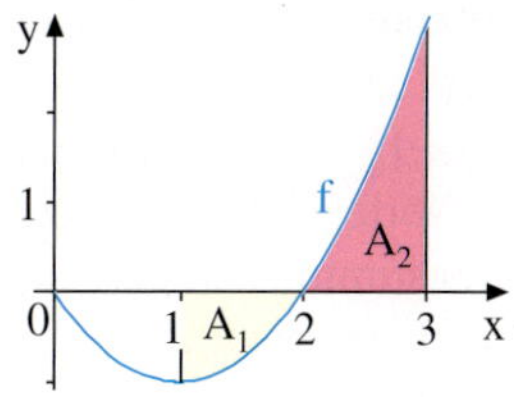

Lösung:
Wir berechnen zunächst eine Stammfunktion des Integranden $f(x) = x^2 - 2x$.
Resultat: $F(x) = \frac{1}{3}x^3 - x^2$
Dann berechnen wir mit dem Hauptsatz das bestimmte Integral von f über [1; 3].
Dieses bestimmte Integral ist gleich $\frac{2}{3}$.
Analog berechnen wir das bestimmte Integral $\int_1^2 f(x)\,dx = -\frac{2}{3}$.
Da f über [1; 2] negativ ist, gilt $A_1 = \frac{2}{3}$.
Ebenso berechnen wir $\int_2^3 f(x)\,dx = \frac{4}{3}$.
Da f über [2; 3] positiv ist, gilt $A_2 = \frac{4}{3}$.

Wir erkennen einen Zusammenhang zwischen dem gesuchten bestimmten Integral und den beiden Flächenstücken A_1 und A_2. Das bestimmte Integral von f über [1; 3] stellt die Flächenbilanz $A_2 - A_1$ dar.

Stammfunktion:
$f(x) = x^2 - 2x \quad \Rightarrow \quad F(x) = \frac{1}{3}x^3 - x^2$

Bestimmtes Integral:
$$\int_1^3 (x^2 - 2\,dx)\,dx = F(3) - F(1) = (0) - \left(-\frac{2}{3}\right) = \frac{2}{3}$$

Fläche A_1:
$$\int_1^2 (x^2 - 2x)\,dx = F(2) - F(1)$$
$$= \left(-\frac{4}{3}\right) - \left(-\frac{2}{3}\right) = -\frac{2}{3} \Rightarrow A_1 = \frac{2}{3}$$

Fläche A_2:
$$\int_2^3 (x^2 - 2x)\,dx = F(3) - F(2)$$
$$= (0) - \left(-\frac{4}{3}\right) = \frac{4}{3} \Rightarrow A_2 = \frac{4}{3}$$

Zusammenhang:
$$\int_1^3 (x^2 - 2x)\,dx = A_2 - A_1$$

Interpretation:
Das bestimmte Integral einer Funktion f mit wechselndem Vorzeichen über [a; b] entspricht der Flächenbilanz über dem Intervall [a; b].

$f < 0$ und $f > 0$

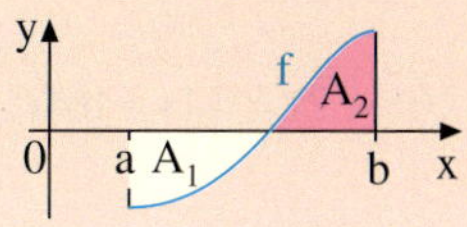

$$\int_a^b f(x)\,dx = A_2 - A_1$$

Übung 1
Berechnen Sie das bestimmte Integral und deuten Sie das Ergebnis anschaulich.

a) $\int_0^4 (2 - x)\,dx$ b) $\int_0^1 (-e^{-x})\,dx$ c) $\int_0^{\frac{3}{2}\pi} \cos x\,dx$

Übung 2
a) Begründen Sie, dass das bestimmte Integral einer zum Ursprung symmetrischen Funktion über [−a; a] den Wert null hat.
b) Begründen Sie, dass für eine zur y-Achse symmetrische Funktion f gilt: $\int_{-a}^a f(x)\,dx = 2\int_0^a f(x)\,dx$.

Die Klammerschreibweise $[F(x)]_a^b$

Die rechts aufgeführte Klammerschreibweise $[F(x)]_a^b$ für den Term $F(b) - F(a)$ bietet den Vorteil, dass man bei der Berechnung des bestimmten Integrals keine eigene Bezeichnung für die Stammfunktion benötigt (vgl. folgendes Beispiel).

$$\int_a^b f(x)\,dx = F(b) - F(a)$$

$$\int_a^b f(x)\,dx = [F(x)]_a^b$$

Beispiel: Klammerschreibweise

Berechnen Sie das bestimmte Integral $\int_1^3 (4x^3 - 2x + 1)\,dx$.

Lösung:

Normale Schreibweise:

$f(x) = 4x^3 - 2x + 1$

$F(x) = x^4 - x^2 + x$

$$\int_1^3 (4x^3 - 2x + 1)\,dx = F(3) - F(1) = 75 - 1 = 74$$

Klammerschreibweise:

$$\int_1^3 (4x^3 - 2x + 1)\,dx = [x^4 - x^2 + x]_1^3 = 75 - 1 = 74$$

Die Bedeutung des Differentials dx

Das Symbol dx innerhalb des bestimmten Integrals wird als Differential bezeichnet. Das Differential zeigt an, welche Variable die Integrationsvariable ist. Es ist wichtig, wenn der Integrand mehrere Variablen enthält.

$$\int_a^b f(x)\,\underset{\substack{\uparrow\\ \text{Differential}}}{dx}$$

Beispiel: Bedeutung des Differentials

Berechnen Sie $\int_1^2 6x^2t\,dx$ bzw. $\int_1^2 6x^2t\,dt$.

Lösung:

$$\int_1^2 6x^2t\,dx = [2x^3t]_1^2 = 16t - 2t = 14t \quad \text{bzw.} \quad \int_1^2 6x^2t\,dt = [3x^2t^2]_1^2 = 12x^2 - 3x^2 = 9x^2$$

Übung 3 Klammerschreibweise

Berechnen Sie die bestimmten Integrale unter Verwendung der Klammerschreibweise.

a) $\int_{-1}^4 (3x^2 - 4x + 1)\,dx$ b) $\int_2^5 \frac{1}{x^2}\,dx$ c) $\int_0^1 (x + 1)^2\,dx$

Übung 4 Differential dx

Beachten Sie das Differential bei der Berechnung der folgenden Integrale.

a) $\int_0^1 (3x^2 + 2a)\,dx$ b) $\int_0^1 (3x^2 + 2a)\,da$ c) $\int_1^2 x^2\,dy$

E. Rechenregeln für bestimmte Integrale

Mit Hilfe des Hauptsatzes lassen sich problemlos einige Regeln für das Rechnen mit bestimmten Integralen ableiten, deren Anwendung oft die Arbeit erleichtern kann. Wir zählen diese Regeln auf und beweisen eine Regel exemplarisch.

Satz I.4: Rechenregeln für bestimmte Integrale
f und g seien stetige Funktionen. Dann gilt:

(1) $\int_a^a f(x)\,dx = 0$	Stimmen obere und untere Grenze überein, so ist das Integral 0.
(2) $\int_a^b f(x)\,dx + \int_b^c f(x)\,dx = \int_a^c f(x)\,dx$	Intervalladditivität
(3) $\int_b^a f(x)\,dx = -\int_a^b f(x)\,dx$	Vertauschung der Grenzen ändert das Vorzeichen.
(4) $\int_a^b k \cdot f(x)\,dx = k \cdot \int_a^b f(x)\,dx$	Faktorregel
(5) $\int_a^b (f(x) + g(x))\,dx = \int_a^b f(x)\,dx + \int_a^b g(x)\,dx$	Summenregel

Beispiel: Beweis der Additivität
Beweisen Sie Regel 2 (Intervalladditivität) mit Hilfe des Hauptsatzes.
Begründen Sie die Regel außerdem anhand einer Skizze mit Streifensummen.

Rechnerischer Nachweis:

$$\int_a^b f(x)\,dx + \int_b^c f(x)\,dx = [F(x)]_a^b + [F(x)]_b^c$$
$$= F(b) - F(a) + F(c) - F(b)$$
$$= F(c) - F(a) = \int_a^c f(x)\,dx$$

Anschauliche Begründung:

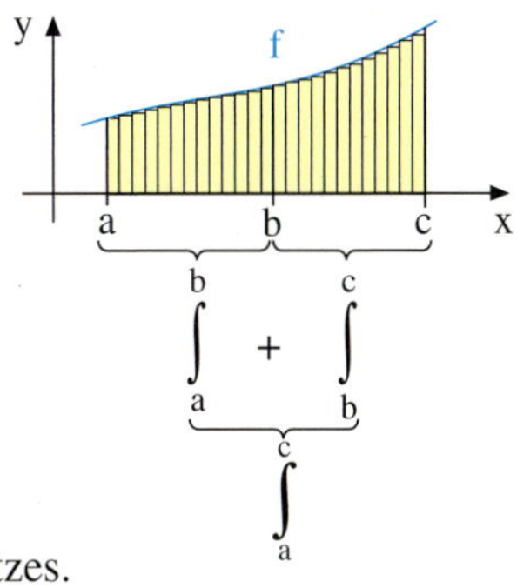

Übung 5
Beweisen Sie die Regeln (1) und (3) mit Hilfe des Hauptsatzes.

Übung 6
Berechnen Sie die Terme möglichst einfach durch Anwendung der Rechenregeln.

a) $\int_{-2}^{3} (4x^2 - 3x + 5)\,dx + \int_{-2}^{3} (3x - 5)\,dx$

b) $\int_{-2}^{2} x^2\,dx + \int_{3}^{5} x^2\,dx + \int_{2}^{3} x^2\,dx$

F. Exkurs: Rekonstruktion des Weges aus der Geschwindigkeit

Bei Bewegungsvorgängen lässt sich die Momentangeschwindigkeit v leicht erfassen, z. B. mit Hilfe eines Tachos oder Fahrtenschreibers. Im folgenden geht es um die Frage, wie man aus dem Geschwindigkeitsverlauf auf den zurückgelegten Weg schließen kann. Es zeigt sich, dass man den Weg s mit Hilfe eines bestimmten Integrals aus der Geschwindigkeit v rekonstruieren kann.

Der Weg bei konstanter Geschwindigkeit

Wir beginnen mit dem einfachen Fall einer konstanten Geschwindigkeit v.
Wir stellen die Frage, welcher Wegzuwachs Δs im Zeitintervall [a; b] erzielt wird.

Bekanntlich gilt die Formel $v = \frac{\Delta s}{\Delta t}$, die zu $\Delta s = v \cdot \Delta t$ umgeformt werden kann.

Das Produkt $v \cdot \Delta t$ kann als Inhalt einer rechteckigen Fläche unter der konstanten Geschwindigkeitsfunktion v interpretiert werden. Dieser Flächeninhalt kann wiederum als bestimmtes Integral von v in den Grenzen von a bis b erfasst werden, wie rechts dargestellt.

Wegzuwachs Δs in der Zeitspanne Δt bei konstanter Geschwindigkeit v:

Formel für Δs: $v = \frac{\Delta s}{\Delta t} \Rightarrow \Delta s = v \cdot \Delta t$

Anschauliche Bedeutung von Δs:

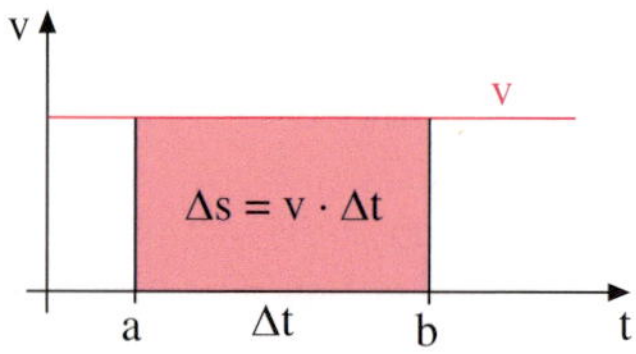

$$\Delta s = \int_a^b v(t)\,dt$$

Der Weg bei variabler Geschwindigkeit

Wir betrachten nun den Fall, dass die Geschwindigkeitskurve v nicht konstant ist, sondern auch veränderlich sein kann.

Dann kann man das Zeitintervall [a; b] in eine Vielzahl von n Streifen unterteilen. In jedem Streifen kann man angenähert die mittlere Geschwindigkeit auf diesem Streifen verwenden, um den Wegzuwachs in dem Streifen zu berechnen.

Der gesamte Wegzuwachs Δs im Zeitintervall [a; b] ist dann eine Streifensumme, die im Grenzprozess dem Inhalt der Fläche unter der Geschwindigkeitskurve v entspricht.

Daher ist der Wegzuwachs Δs auch hier wieder durch das bestimmte Integral von v in den Grenzen von a bis b darstellbar.

Wegzuwachs Δs in der Zeitspanne Δt bei variabler Geschwindigkeit v (t):

1. Einteilung in viele Zeitstreifen

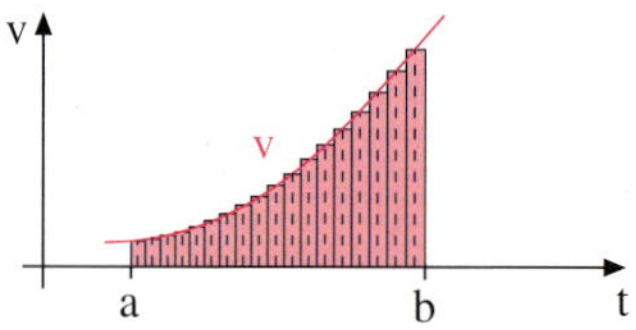

2. Grenzprozess: Streifenzahl $\to \infty$:

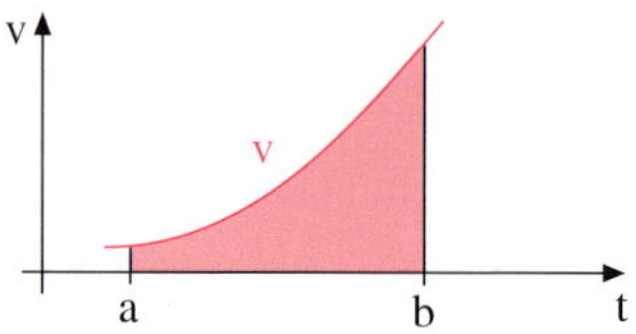

$$\Delta s = \int_a^b v(t)\,dt$$

Nach diesem Theorieexkurs wenden wir die Rekonstruktion des Weges aus der Geschwindigkeit im folgenden Beispiel praktisch an. An späterer Stelle im Kurs (Kap. II) wird die durch das Beispiel angesprochene Thematik der ***Bestandsänderungen*** systematisch und vertieft behandelt.

Beispiel: Bremsweg

Ein Zugführer leitet aus einer Geschwindigkeit von 80 m/s (knapp 300 km/h) eine Notbremsung* ein.
Die Geschwindigkeit bei dieser Schnellbremsung kann durch die lineare Funktion $v(t) = 80 - 1{,}14\,t$ erfasst werden.
t ist dabei die Zeit in Sekunden und v(t) die Momentangeschwindigkeit in m/s.
Bestimmen Sie die Länge des Bremsweges bis zum Stillstand des Zuges.

Lösung:
Wir bestimmen zunächst die Dauer des Bremsvorgangs. Dazu müssen wir berechnen, wann der Zug steht, d. h. die Geschwindigkeit null erreicht hat.
Wir berechnen also die Nullstelle der Geschwindigkeitsfunktion v.
Sie liegt nach nebenstehender Rechnung bei $t \approx 70{,}2$ s.
Nun bestimmen wir den Wegzuwachs Δs im Zeitintervall [0; 70,2], indem wir das bestimmte Integral von v in den Grenzen von 0 bis 70,2 berechnen.
Wir erhalten $\Delta s = 2807$ m. Der Bremsweg ist also ziemlich lang.

Berechnung der Bremsdauer

$$v(t) = 0 \quad \text{(Ansatz)}$$
$$80 - 1{,}14\,t = 0$$
$$t = \frac{80}{1{,}14} \approx 70{,}2$$

Berechnung des Bremsweges

$$\Delta s = \int_a^b v(t)\,dt = \int_0^{70{,}2} (80 - 1{,}14\,t)\,dt$$
$$= \left[80\,t - 0{,}57\,t^2\right]_0^{70{,}2}$$
$$\approx (2807) - (0)$$
$$= 2807$$

Übung 7

Berechnen Sie den Bremsweg eines Sportwagens, der aus einer Geschwindigkeit von $v_0 = 200$ km/h abbremst, wobei die Bremsbeschleunigung $a = -10\ \text{m/s}^2$ beträgt.

Hinweise: 1. Für die Geschwindigkeitsfunktion des Fahrzeugs gilt: $v(t) = v_0 + a\,t$.
2. Der tatsächliche Anhalteweg ist länger als der errechnete Bremsweg, da zusätzlich der durch den Fahrer verursachte Reaktionsweg hinzukommt. Dieser Hinweis erfolgt nur rein informativ. Er spielt für die Lösung der Aufgabe keine Rolle.

Übung 8

Die Abbildung zeigt das Fahrtenschreiberprotokoll der Geschwindigkeit eines programmgesteuerten Roboterfahrzeugs. Berechnen Sie die Länge der Fahrstrecke des Roboterfahrzeugs.

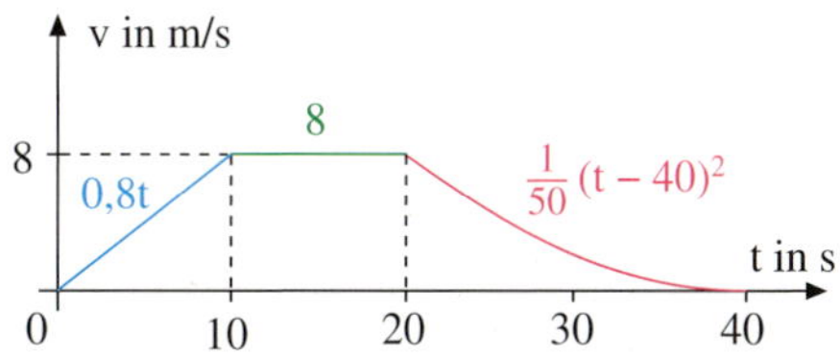

* Information: Ein ICE hat einen eigenen Steuerrechner für die Bremsung. Die Bremsleistung kommt durch Motorbremsung der 16 Motoren, eine auf die Schienen wirkende Wirbelstrombremse, Scheibenbremsen der Lokomotive und Sandstreuung auf die Schienen zustande.

G. Berechnung von bestimmten Integralen mit dem Taschenrechner

Mit einem wissenschaftlichen Taschenrechner, der erweiterte Funktionen besitzt, kann man Summen und bestimmte Integrale näherungsweise berechnen.

Beispiel: Bestimmtes Integral

Berechnen Sie den Inhalt des abgebildeten Flächenstücks A angenähert mit Hilfe eines Taschenrechners.

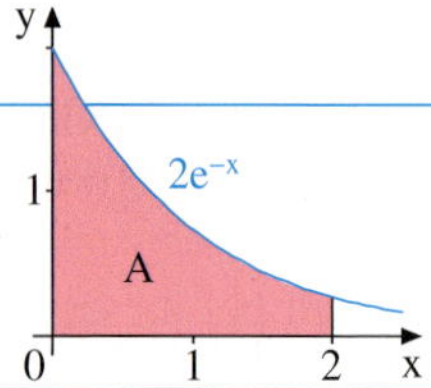

Lösung:

Zu berechnen ist das rechts aufgeführte bestimmte Integral.

Wir rufen dazu auf dem Taschenrechner die Maske für das bestimmte Integral auf.

In die drei Leerfelder tragen wir die Integrationsgrenzen a = 0, b = 2 und den Integranden $2e^{-x}$ ein.

Dann starten wir die Berechnung.

Resultat: Der Wert des bestimmten Integrals beträgt ca. 1,73. Die Fläche A hat also den Inhalt A ≈ 1,73.

Die Fläche A als bestimmtes Integral

$$A = \int_0^2 2\,e^{-x}\,dx$$

Berechnung mit dem Taschenrechner

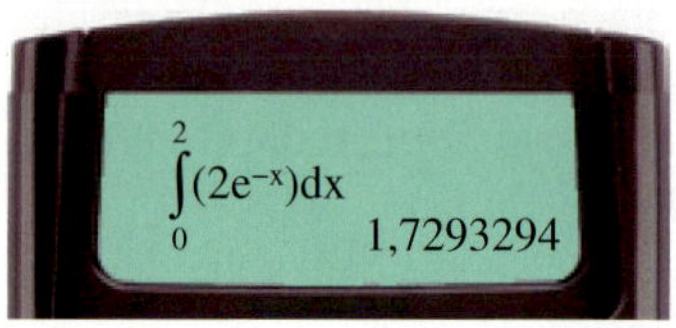

Beispiel: Untersumme

Gegeben ist die Funktion $f(x) = 1 - e^{-x}$.
Berechnen Sie die Untersumme U_{50} von f über dem Intervall [1; 2].

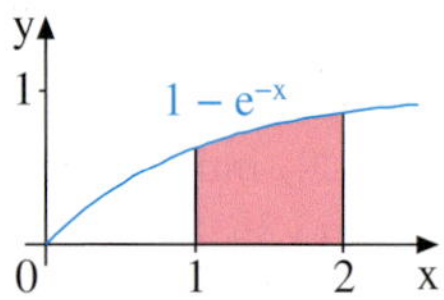

Lösung:

Wir setzen in der rechts dargestellten allgemeinen Formel für die Untersumme U_n a = 1, b = 2, n = 50 und $f(x) = 1 - e^{-x}$.

So erhalten wir die Formel für die gesuchte Untersumme U_{50}.

Nun geben wir die Formel in den Rechner ein, wobei wir die Maske für die Summe aufrufen und dort die Summationsgrenzen 0 und 49 sowie den Summationsterm $1 - e^{-\left(1 + \frac{x}{50}\right)}$ eingeben. Wir erhalten als Resultat $U_{50} \approx 0{,}765$, was schon recht genau ist.

Formel für die Untersumme U_n

$$U_n = \frac{b-a}{n} \sum_{i=0}^{n-1} f\left(a + i \cdot \frac{b-a}{n}\right)$$

Berechnung von U_{50} mit dem Rechner

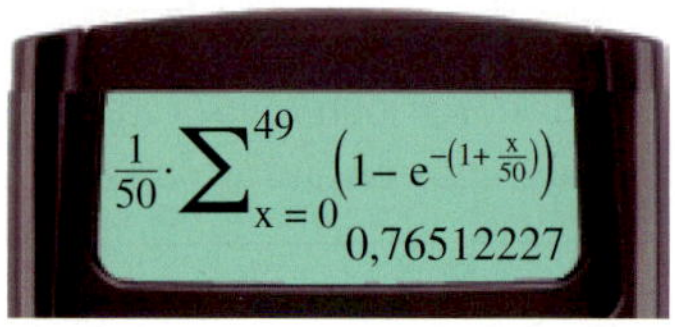

Übung 9 Bestimmtes Integral

Berechnen Sie das bestimmte Integral.

a) $\int_0^{\pi} \sin x\,dx$ b) $\int_1^2 e^{-x^2}\,dx$

Übung 10 Unter- und Obersumme

Gegeben ist die Funktion $f(x) = 0{,}5\,x^3$.
Berechnen Sie die Untersumme U_{100} und die Obersumme O_{100} von f über [0; 2].

Übungen

11. Rechtecksummen

Gegeben ist die Funktion $f(x) = 1 - x^2$.

a) Bestimmen Sie die Obersumme O_4 sowie die Untersumme U_4 über [0; 1].

b) Welcher Unterschied ergibt sich hier im Vergleich zu $g(x) = x^2$?

12. Stückweise konstante Funktion

Gegeben ist die Funktion $f(x) = \begin{cases} 1 \text{ für } x \leq -1 \\ -2 \text{ für } x > -1 \end{cases}$.

a) Zeichnen Sie den Graphen von f für $x \in [-6; 2]$.

b) Bestimmen Sie $\int\limits_{-6}^{2} f(x)\,dx$.

c) Bestimmen Sie a so, dass I. $\int\limits_{a}^{2} f(x)\,dx = 0$ bzw. II. $\int\limits_{a}^{2} f(x)\,dx = 1$ gilt.

d) Bestimmen Sie b so, dass I. $\int\limits_{-6}^{b} f(x)\,dx = 0$ bzw. II. $\int\limits_{-5}^{b} f(x)\,dx = 1$ gilt.

13. Geteilte Flächen

Der Inhalt der Fläche unter f über [a; b] teilt sich in die Teilflächen A_1, A_2 und A_3.

a) Skizzieren Sie den Verlauf einer Funktion f, sodass $\int\limits_{a}^{b} f(x)\,dx = A_1 - A_2 + A_3$ gilt.

b) Skizzieren Sie den Verlauf einer Funktion f, sodass $\int\limits_{a}^{b} f(x)\,dx = -A_1 + A_2 - A_3$ gilt.

14. Parameterbestimmung

a) Bestimmen Sie b so, dass $\int\limits_{0}^{b} \sin x\,dx = 0$ gilt.

b) Bestimmen Sie b so, dass $\int\limits_{0}^{b} \cos x\,dx = 0$ gilt.

c) Bestimmen Sie b so, dass $\int\limits_{0}^{b} \left(-\frac{1}{2}x + 2\right)dx = 0$ gilt.

d) Bestimmen Sie $b \neq 0$ so, dass $\int\limits_{0}^{b} (3 - 3x^2)\,dx = 0$ gilt.

15. Anfangswertprobleme

Gesucht ist diejenige Funktion f mit den angegebenen Eigenschaften.

a) $f'(x) = 3x^2 + 1$, f geht durch den Punkt $P(-2|-8)$.

b) $f''(x) = 12x$, f geht durch den Punkt $P(-1|2)$ und hat dort die Steigung $m = 3$.

c) $f''(x) = 3x$, $y = \frac{1}{2}x$ ist die Tangente bei $x = 1$.

d) $f''(x) = 6x^2$, f hat eine Nullstelle und eine Extremstelle bei $x = 1$.

e) $f'''(x) = 2$, f hat den Sattelpunkt $S\left(2\middle|-\frac{1}{3}\right)$.

Überblick

Begriff der Stammfunktion

Die Funktion F heißt **Stammfunktion** von f, wenn gilt: $F'(x) = f(x)$
Eine integrierbare Funktion f hat unendlich viele Stammfunktionen, die sich nur um eine additive Konstante unterscheiden.

Das unbestimmte Integral

Die **Menge aller Stammfunktionen** von f wird als unbestimmtes **Integral** von f bezeichnet.
Symbolische Schreibweise: $\int f(x)\,dx = F(x) + C \quad (C \in \mathbb{R})$

Elementare Integrationsregeln

Potenzregel $\int x^n\,dx = \frac{x^{n+1}}{n+1} + C \quad (n \in \mathbb{Z},\ n \neq -1)^*$

Summenregel $\int (f(x) + g(x))\,dx = \int f(x)\,dx + \int g(x)\,dx$

Faktorregel $\int a \cdot f(x)\,dx = a \cdot \int f(x)\,dx$

Lineare Kettenregel (Lineare Substitutionsregel) $\int f(ax + b)\,dx = \frac{1}{a} \cdot F(ax + b) + C$

Exponentialregel $\int e^x\,dx = e^x + C, \quad \int e^{ax+b}\,dx = \frac{1}{a}e^{ax+b} + C$

Sinusregel $\int \sin\,dx = -\cos x + C, \int \sin(ax + b)\,dx = -\frac{1}{a}\cos(ax + b) + C$

Kosinusregel $\int \cos\,dx = \sin x + C, \int \cos(ax + b)\,dx = \frac{1}{a}\sin(ax + b) + C$

Untersumme Obersumme

f sei auf [a; b] positiv und monoton steigend.
Dann bezeichnet man die folgenden Streifensummen als **Untersumme** bzw. als **Obersumme** n-ter Ordnung von f über [a; b].

$$U_n = \frac{b-a}{n} \cdot \sum_{i=0}^{n-1} f\left(a + i \cdot \frac{b-a}{n}\right)$$

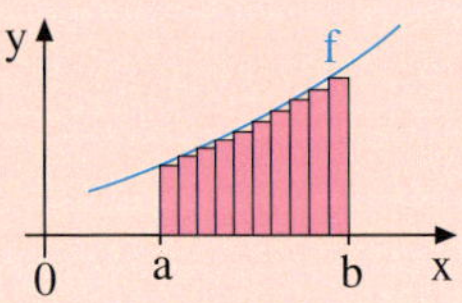

$$O_n = \frac{b-a}{n} \cdot \sum_{i=1}^{n} f\left(a + i \cdot \frac{b-a}{n}\right)$$

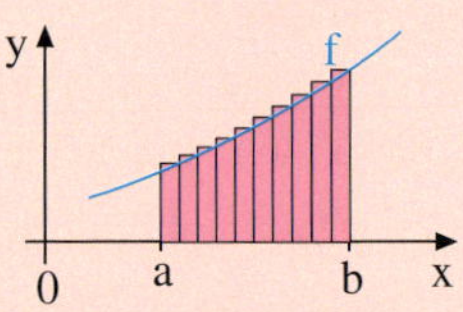

* Hinweis: Die Potenzregeln der Differential- und der Integralrechnung gelten sogar für rationale Exponenten.

Das bestimmte Integral von f über [a; b]

$$\int_a^b f(x)\,dx = \text{Fläche oberhalb} - \text{Fläche unterhalb}$$

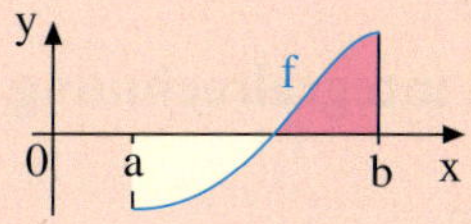

F sei eine Stammfunktion von f. Dann stellt das bestimmte Integral von f über dem Intervall [a; b] die Bilanz der Flächenstücke unter dem Graphen von f über dem Intervall [a; b] dar.

Hauptsatz der Differential- und Integralrechnung

Ist f eine differenzierbare oder stetige Funktion und F eine beliebige Stammfunktion von f, so gilt die nebenstehende Formel, die einen Zusammenhang zwischen dem bestimmten Integral von f über [a; b] und der Stammfunktion F herstellt.

$$\int_a^b f(x)\,dx = F(b) - F(a)$$

Rechenregeln für bestimmte Integrale

Die im Folgenden aufgeführten Rechenregeln für bestimmte Integrale ermöglichen bei geschickter Anwendung oft eine vereinfachte Berechnung von bestimmten Integralen.

(1) $\int_a^a f(x)\,dx = 0$

(2) $\int_a^b f(x)\,dx + \int_b^c f(x)\,dx = \int_a^c f(x)\,dx$

(3) $\int_b^a f(x)\,dx = -\int_a^b f(x)\,dx$

(4) $\int_a^b k \cdot f(x)\,dx = k \cdot \int_a^b f(x)\,dx$

(5) $\int_a^b (f(x) + g(x))\,dx = \int_a^b f(x)\,dx + \int_a^b g(x)\,dx$

Test

Einführung in die Integralrechnung

1. Stammfunktionen

Bestimmen Sie eine Stammfunktion von f.

a) $f(x) = x^4$ b) $f(x) = 2x^3 - x + 3$ c) $f(x) = \frac{6}{x^2}$

d) $f(x) = (2x + 1)^3$ e) $f(x) = 2 \cdot e^{-x}$ f) $f(x) = 3\sin(\pi x + \pi)$

g) $f(x) = 4e^{2x + 0,5}$ h) $f(x) = \frac{8}{(2x + 1)^3}$ i) $f(x) = n^2 \cdot x^{n-1}, n \in \mathbb{N}$

2. Das Anfangswertproblem

Bestimmen Sie diejenige Stammfunktion F der Funktion $f(x) = 3x^2 - 2x$, deren Graph durch den Punkt $P(2|-1)$ verläuft. Hinweis: Wählen Sie die Integrationskonstante C passend.

3. Bestimmte und unbestimmte Integrale

Gesucht ist das bestimmte bzw. das unbestimmte Integral.

a) $\int (3 - 6x^2)\,dx$ b) $\int_0^2 (2x - x^2)\,dx$ c) $\int_0^2 e^{-x}\,dx$ d) $\int_0^{\pi} \cos(\frac{1}{2}x)\,dx$

4. Interpretation eines bestimmten Integrals

Berechnen Sie den Wert des bestimmten Integrals und interpretieren Sie das Resultat anschaulich. Hinweis: Fertigen Sie eine Skizze des Graphen von $f(x) = x^3 - 3x^2 + 2x$ an.

$$\int_0^2 (x^3 - 3x^2 + 2x)\,dx$$

5. Flächeninhalte

Berechnen Sie den Inhalt des abgebildeten Flächenstücks A.

Hinweis: Verwenden Sie jeweils ein bestimmtes Integral.
Berechnen Sie bei b) zunächst die Nullstellen von f.

a)

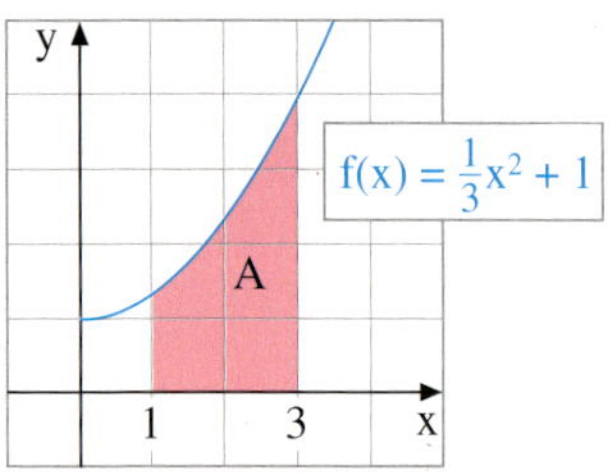

b)

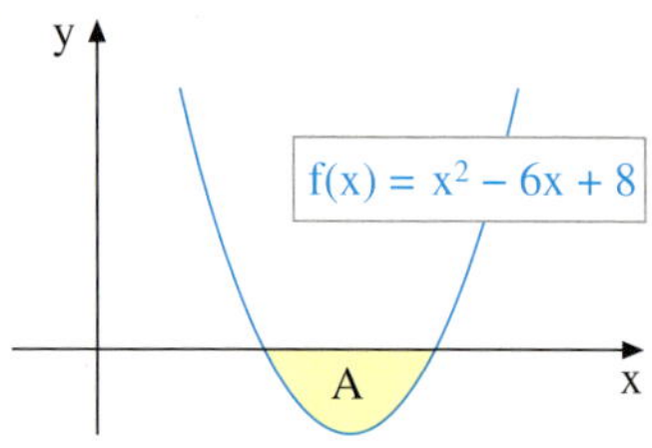

6. Parameterbestimmung

Wie muss a gewählt werden, damit das bestimmte Integral den angegebenen Wert annimmt?

a) $\int_1^2 (3ax^2 + 6x)\,dx = 2$ b) $\int_2^a (2x + 5)\,dx = 0$

Lösungen: S. 311

II. Anwendungen der Integralrechnung

1. Bestimmte Integrale und Flächeninhalte

A. Grundlagen

Im vorigen Abschnitt stellten wir fest, dass zwischen bestimmten Integralen und Flächeninhalten ein enger Zusammenhang besteht, nämlich folgender:

Bestimmtes Integral einer positiven Funktion
Für eine stetige Funktion $f(x) \geq 0$ stellt das bestimmte Integral den Inhalt der Fläche zwischen dem Graphen von f und der x-Achse über dem Integrationsintervall [a; b] dar.

Beispiel: Positiver Integrand
Integral von $f(x) = 2x^3$ von 0 bis 1.

$$\int_0^1 2x^3\,dx = \left[\tfrac{1}{2}x^4\right]_0^1 = \left(\tfrac{1}{2}\right) - (0) = \tfrac{1}{2}$$

f(x) ≥ 0: Integral = Flächeninhalt

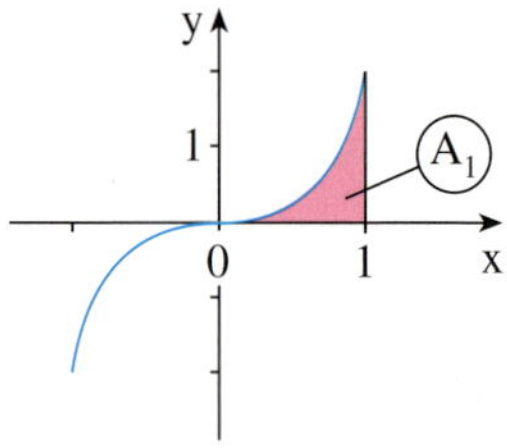

Bestimmtes Integral einer negativen Funktion
Für eine stetige Funktion $f(x) \leq 0$ stellt das bestimmte Integral den mit einem negativen Vorzeichen versehenen Inhalt der Fläche zwischen dem Graphen von f und der x-Achse über dem Integrationsintervall [a; b] dar.

Beispiel: Negativer Integrand
Integral von $f(x) = 2x^3$ von −1 bis 0.

$$\int_{-1}^0 2x^3\,dx = \left[\tfrac{1}{2}x^4\right]_{-1}^0 = (0) - \left(\tfrac{1}{2}\right) = -\tfrac{1}{2}$$

f(x) ≤ 0: Integral = −Flächeninhalt

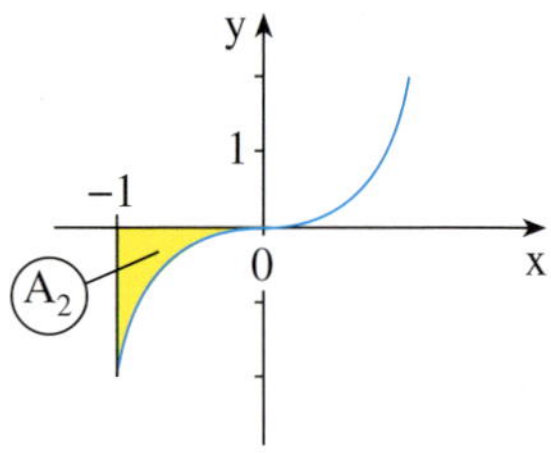

Bestimmtes Integral einer Funktion mit wechselndem Vorzeichen
Für eine stetige Funktion f(x) mit wechselndem Vorzeichen stellt das bestimmte Integral die Flächenbilanz über dem Integrationsintervall [a; b] dar.
Über der x-Achse liegende Flächenteile gehen positiv ein, unter der x-Achse liegende Flächenteile gehen negativ ein.

Beispiel: Integrand mit wechselndem Vorzeichen
Integral von $f(x) = 2x^3$ von −1 bis 1.

$$\int_{-1}^1 2x^3\,dx = \left[\tfrac{1}{2}x^4\right]_{-1}^1 = \left(\tfrac{1}{2}\right) - \left(\tfrac{1}{2}\right) = 0$$

Integral = Flächenbilanz

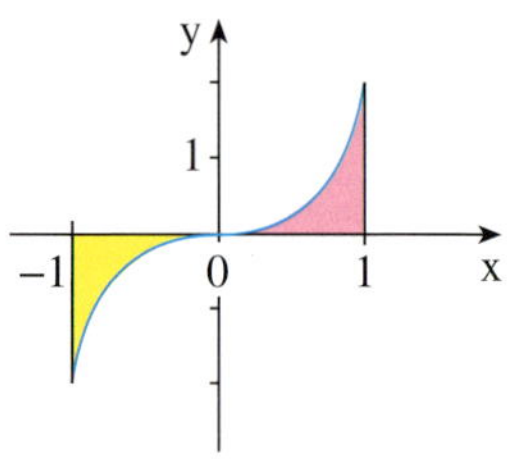

B. Flächenberechnung durch Intervallaufteilung

Im Folgenden werden wir häufig auf das Problem stoßen, den Inhalt A eines Flächenstückes zwischen dem Graphen einer Funktion und der x-Achse berechnen zu müssen, welches teilweise über und teilweise unter der x-Achse liegt.
Hierzu verwendet man bestimmte Integrale, muss aber Bilanzierungen, d. h. Aufhebungen vermeiden. Wir zeigen das richtige und das falsche Vorgehen an einem Beispiel.

Beispiel: Gesamtfläche

In der Abbildung ist der Graph der Funktion $f(x) = 2 - \frac{1}{2}x^2$ dargestellt.
Er schließt über dem Intervall [0; 3] mit der x-Achse die markierte Fläche ein. Welchen Inhalt A besitzt sie?

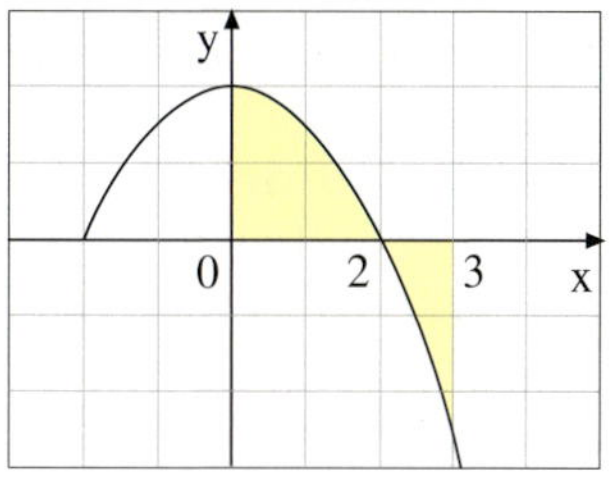

Richtige Lösung:

Wir verwenden zur Berechnung bestimmte Integrale, sichern aber durch geeignete Aufteilung des Intervalls [0; 3], dass es nicht zu Bilanzierungen kommt. Im Intervall [0; 3] liegt die Nullstelle x = 2.
Im Intervall [0; 2] gilt $f(x) \geq 0$. Das bestimmte Integral ist positiv. Der Flächeninhalt A_1 ist gleich dem bestimmten Integral. Teilergebnis: $A_1 = \frac{8}{3}$

Im Intervall [2; 3] gilt $f(x) \leq 0$. Das bestimmte Integral ist negativ. Der Flächeninhalt A_2 ist gleich dem Betrag des bestimmten Integrals. Teilergebnis: $A_2 = \frac{7}{6}$
Den Gesamtinhalt erhalten wir durch Addition: $A = A_1 + A_2 = \frac{23}{6} \approx 3{,}83$

Berechnung der Teilfläche A_1:

$$\int_0^2 \left(2 - \tfrac{1}{2}x^2\right)dx = \left[2x - \tfrac{1}{6}x^3\right]_0^2 = \left(\tfrac{8}{3}\right) - (0) = \tfrac{8}{3} \Rightarrow A_1 = \tfrac{8}{3}$$

Berechnung der Teilfläche A_2:

$$\int_2^3 \left(2 - \tfrac{1}{2}x^2\right)dx = \left[2x - \tfrac{1}{6}x^3\right]_2^3 = \left(\tfrac{3}{2}\right) - \left(\tfrac{8}{3}\right) = -\tfrac{7}{6} \Rightarrow A_2 = \tfrac{7}{6}$$

Gesamtinhalt:

$$A = A_1 + A_2 = \tfrac{8}{3} + \tfrac{7}{6} = \tfrac{23}{6} \approx 3{,}83$$

Falsche Lösung:

Wir versuchen, den gesuchten Flächeninhalt in einem Zug ohne Intervallaufteilung zu errechnen. Das „Resultat“ $A = \frac{3}{2}$ erhalten wir so zwar schneller, aber es ist falsch. Es stellt lediglich die bei dieser Aufgabe unbrauchbare Flächenbilanz dar.

Falsche Lösung:

$$\int_0^3 \left(2 - \tfrac{1}{2}x^2\right)dx = \left[2x - \tfrac{1}{6}x^3\right]_0^3 = \left(\tfrac{3}{2}\right) - (0) = \tfrac{3}{2}$$

$$\Rightarrow A = \tfrac{3}{2} = 1{,}5 \quad \text{falsch!}$$

Übung 1

Gesucht ist der Inhalt der Fläche, welche vom Graphen von f und der x-Achse über dem Intervall [0; 4] eingeschlossen wird.

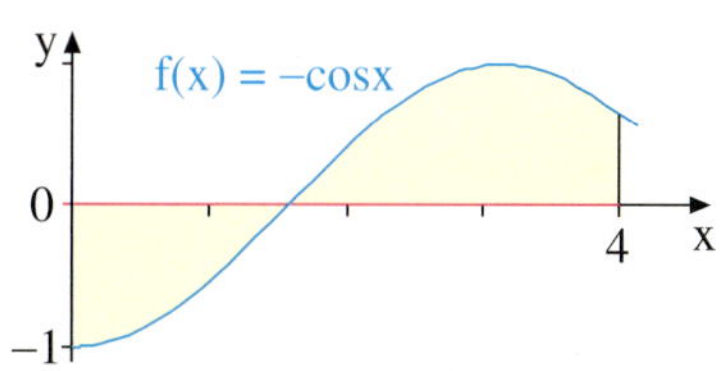

2. Flächen unter Funktionsgraphen

A. Elementare Aufgaben

Im Folgenden geht es um die Berechnung des Inhalts von Flächenstücken, die durch den Graphen einer Funktion begrenzt sind. Im letzten Abschnitt sahen wir, dass solche Flächeninhalte mit Hilfe bestimmter Integrale berechnet werden können. Bei Funktionen mit wechselndem Vorzeichen muss man zur Bestimmung des Inhalts der Fläche zwischen dem Graphen und der x-Achse das Intervall so aufteilen, dass in den Teilintervallen das Vorzeichen nicht wechselt.

Beispiel: Fläche im Positiven

Gegeben ist $f(x) = -x^2 + 4x - 3$.
Gesucht ist der Inhalt A der Fläche zwischen dem Graphen von f und der x-Achse über dem Intervall [2; 3].
Skizzieren Sie den Graphen von f zunächst für $0 \leq x \leq 4$.

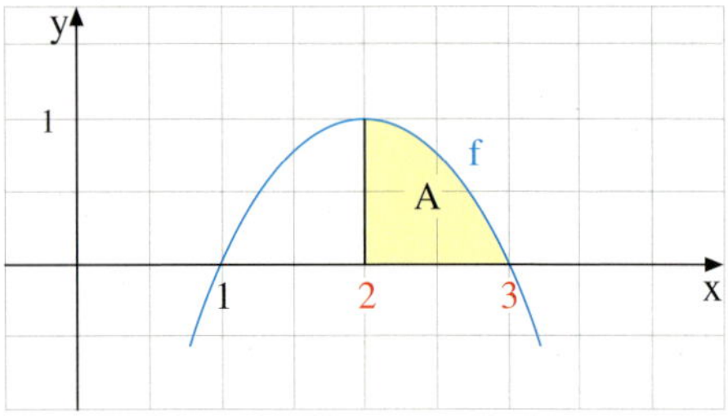

Lösung:
Die Skizze des Graphen von f zeigt, dass das Flächenstück A ganz oberhalb der x-Achse liegt. Also gibt das bestimmte Integral von f in den Grenzen von 2 bis 3 den Inhalt von A an.

$$\int_2^3 (-x^2 + 4x - 3)\,dx = \left[-\tfrac{1}{3}x^3 + 2x^2 - 3x\right]_2^3 = 0 - \left(-\tfrac{2}{3}\right) = \tfrac{2}{3}$$

$$\Rightarrow A = \tfrac{2}{3}$$

Resultat: $A = \frac{2}{3}$

Beispiel: Fläche im Negativen

Gesucht ist der Inhalt A der Fläche zwischen dem Graphen der Funktion $f(x) = x^3 - 1$ und den beiden Koordinatenachsen, die im 4. Quadranten liegt. Fertigen Sie zunächst eine Skizze an.

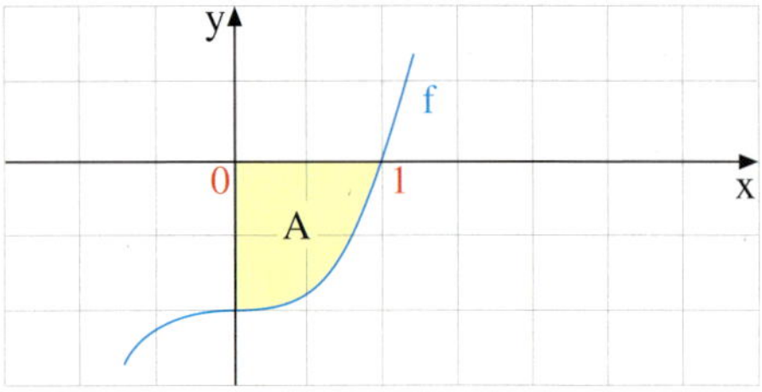

Lösung:
Die Funktion besitzt eine Nullstelle bei $x = 1$ und einen Schnittpunkt mit der y-Achse bei $y = -1$. Hierdurch wird die markierte Fläche begrenzt. Sie liegt ganz unterhalb der x-Achse. Das bestimmte Integral von 0 bis 1 gibt daher den Flächeninhalt an, nur mit negativem Vorzeichen versehen.

$$\int_0^1 (x^3 - 1)\,dx = \left[\tfrac{1}{4}x^4 - x\right]_0^1 = \left(-\tfrac{3}{4}\right) - 0 = -\tfrac{3}{4}$$

$$\Rightarrow A = \tfrac{3}{4}$$

Resultat: $A = \frac{3}{4}$

Wir kommen nun zu Flächen, die teilweise oberhalb und teilweise unterhalb der x-Achse liegen. In diesen Fällen muss man beim Integrieren die im Flächenbereich liegenden Nullstellen als Unterteilungsstellen verwenden, ansonsten würde man nur Flächenbilanzen erhalten.

Beispiel: Wechselndes Vorzeichen

Gegeben ist $f(x) = \frac{1}{2}x^2 - \frac{5}{2}x + 2$. Gesucht ist der Gesamtinhalt der Fläche zwischen dem Graphen von f und der x-Achse über dem Intervall [0; 3].

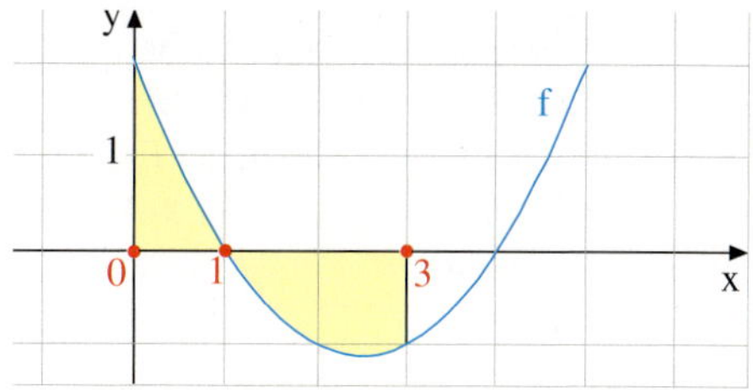

Lösung:
Wir errechnen zunächst die Nullstellen der Funktion, die bei $x = 1$ und $x = 4$ liegen, und skizzieren den Graphen.
Wir erkennen, dass die Fläche über [0; 3] aus zwei Teilstücken A_1 über [0; 1] und A_2 über [1; 3] besteht.

1. Nullstellen

$\frac{1}{2}x^2 - \frac{5}{2}x + 2 = 0$

$x^2 - 5x + 4 = 0$

$x = 2{,}5 \pm \sqrt{2{,}25} \quad \Rightarrow \quad x = 1, x = 4$

Die zugehörigen bestimmten Integrale haben die Werte $\frac{11}{12}$ (oberhalb der x-Achse) und $-\frac{5}{3}$ (unterhalb der x-Achse).

2. Bestimmte Integrale

$$\int_0^1 f(x)\,dx = \left[\frac{1}{6}x^3 - \frac{5}{4}x^2 + 2x\right]_0^1 = \frac{11}{12}$$

$$\int_1^3 f(x)\,dx = \left[\frac{1}{6}x^3 - \frac{5}{4}x^2 + 2x\right]_1^3 = -\frac{5}{3}$$

Der Gesamtinhalt von A ist somit gleich der Summe der Beträge dieser Werte:
$A = \frac{31}{12} \approx 2{,}58$.

Man darf nicht von 0 bis 3 „durchintegrieren“, da man dann nur die Flächenbilanz $\frac{11}{12} - \frac{5}{3} = -\frac{3}{4}$ erhalten würde.

3. Flächeninhalt

$A = A_1 + A_2 = \frac{11}{12} + \frac{5}{3} = \frac{31}{12} \approx 2{,}58$

Übung 1

Gesucht sind die Inhalte der im Folgenden beschriebenen oder markierten Flächenstücke.

a) $f(x) = x^2 - x + 1$
Fläche über dem Intervall [0; 2]

b) $f(x) = \frac{1}{x^2}$
Fläche über dem Intervall [1; 3]

c) $f(x) = x^3 - x$
Fläche, die im 4. Quadranten von Kurve und x-Achse eingeschlossen wird

d) $f(x) = x^3 - x$
Fläche zwischen Kurve und x-Achse über dem Intervall [0; 2]

e)

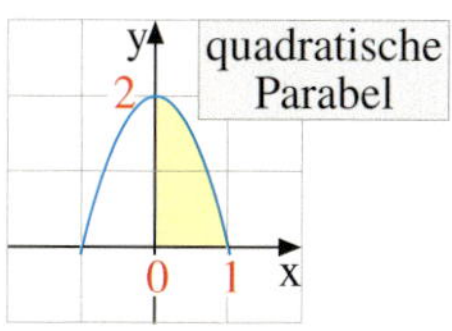

f)

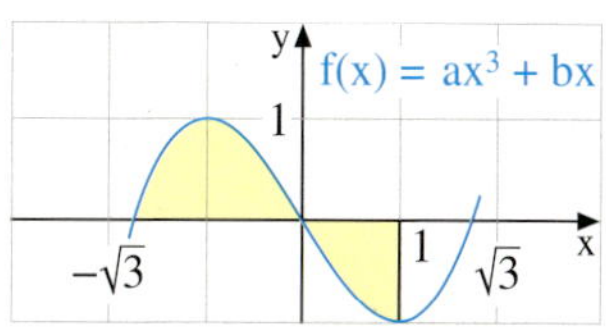

$-\sqrt{3}$, $\sqrt{3}$ sind Nullstellen

Die folgenden Beispiele betreffen Funktionen mit etwas komplizierteren Funktionstermen. Das Vorgehen bei Flächenbestimmungen ändert sich im Prinzip nicht, lediglich die nötige Bestimmung der Nullstellen der gegebenen Funktion ist aufwendiger.

Beispiel: Umschlossene Fläche

Gegeben ist $f(x) = \frac{1}{4}x^3 + \frac{1}{2}x^2 - 2x$. Gesucht ist der Gesamtinhalt der Fläche, die vom Graphen von f und der x-Achse umschlossen wird.

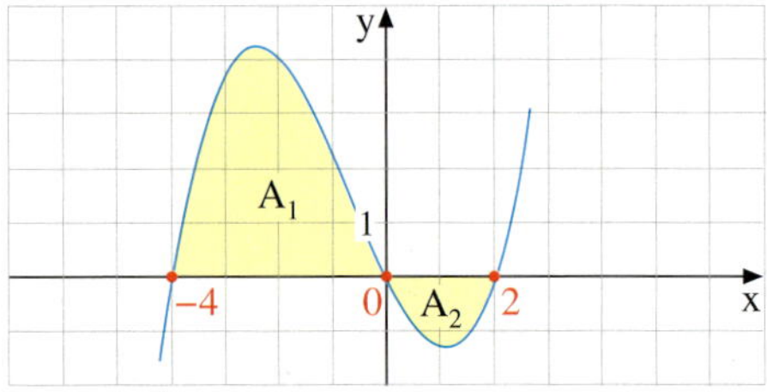

Lösung:
Wir bestimmen zunächst die Nullstellen von f durch Ausklammern von x und mit Hilfe der p-q-Formel. Diese liegen bei $x = 0$, $x = 2$ und $x = -4$.
Nun lässt sich der von unten links kommende und nach oben rechts gehende Graph von f gut skizzieren, evtl. benötigt man noch einige zusätzliche Funktionswerte.

1. Nullstellen

$$\frac{1}{4}x^3 + \frac{1}{2}x^2 - 2x = 0$$
$$x^3 + 2x^2 - 8x = 0$$
$$x(x^2 + 2x - 8) = 0$$
$$x = 0 \quad \text{oder} \quad x^2 + 2x - 8 = 0$$
$$x = -1 \pm \sqrt{1+8}$$
$$x = 2,\ x = -4$$

Die Kurve und die x-Achse umschließen die gelb markierte Fläche. Sie besteht aus den Teilflächen A_1 und A_2. A_1 liegt oberhalb der x-Achse und ihr Inhalt lässt sich als bestimmtes Integral über $[-4; 0]$ darstellen.
Ergebnis: $A_1 = \frac{32}{3}$.
Für A_2 liefert das zugehörige bestimmte Integral über $[0; 2]$ den Inhalt $\frac{5}{3}$.

2. Bestimmte Integrale

$$\int_{-4}^{0} f(x)\,dx = \left[\frac{1}{16}x^4 + \frac{1}{6}x^3 - x^2\right]_{-4}^{0} = \frac{32}{3}$$

$$\int_{0}^{2} f(x)\,dx = \left[\frac{1}{16}x^4 + \frac{1}{6}x^3 - x^2\right]_{0}^{2} = -\frac{5}{3}$$

Insgesamt beträgt der Inhalt der gelben Fläche dann ca. 12,33 FE.

3. Flächeninhalt

$$A = A_1 + A_2 = \frac{32}{3} + \frac{5}{3} = \frac{37}{3} = 12\tfrac{1}{3} \approx 12{,}33$$

Übung 2 Flächeninhalt

Gesucht ist der Gesamtinhalt der Fläche zwischen dem Graphen von f und der x-Achse über dem gegebenen Intervall I. Skizzieren sie zunächst den Graphen von f.

a) $f(x) = \frac{1}{6}x^3 - \frac{1}{2}x^2$ $\quad I = [-1; 2]$

b) $f(x) = x^3 - 4x$ $\quad I = [-3; 2]$

c) $f(x) = \frac{1}{4}(x+3)(x-1)(x-2)$ $\quad I = [-3; 2]$

d) $f(x) = \frac{2}{x^2}$ $\quad I = [1; 3]$

Übung 3 Eingefärbte Fläche

Bestimmen Sie den Inhalt des abgebildeten eingefärbten Flächenstücks A.

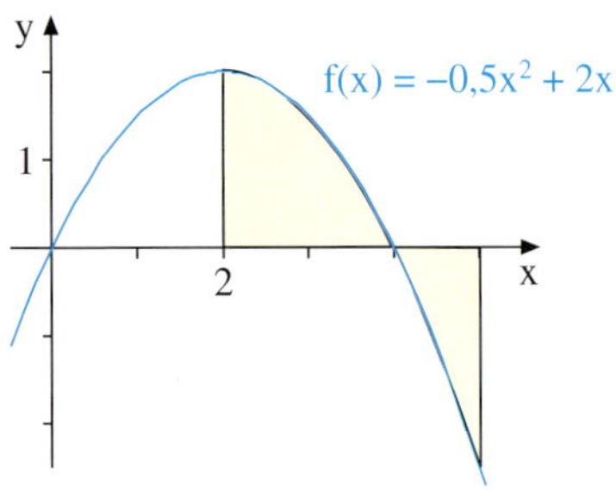

B. Exkurs: Flächenberechnungen bei nichtganzrationalen Funktionen

Im Folgenden sind Flächen zu bestimmen, die von nichtganzrationalen Funktionen berandet sind.

Beispiel: Sinusprofil

Rollt man das abgebildete Blechteil zylindrisch auf, bis die roten Kanten zur Deckung kommen, so entsteht ein schräg angeschnittener Zylinder.
Wie viel Blech wird für den Bau des Zylinders benötigt (1 LE = 1 m)?

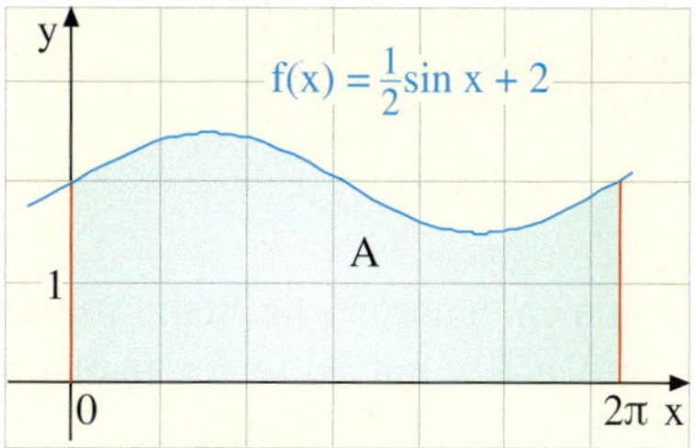

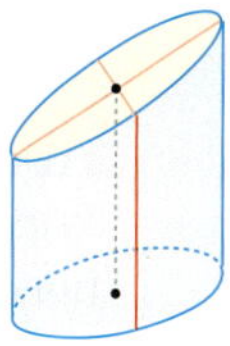

Lösung:
Zunächst bestimmen wir eine Stammfunktion von f. Wir erhalten $F(x) = -\frac{1}{2}\cos x + 2x$.

Nun berechnen wir das bestimmte Integral der Randkurve über dem Intervall $[0; 2\pi]$. Es hat den Wert $A = 4\pi \approx 12{,}57$. Benötigt werden also knapp $13\,m^2$ Blech.

Flächeninhalt:

$$A = \int_0^{2\pi} f(x)\,dx = \int_0^{2\pi} \left(\tfrac{1}{2}\sin x + 2\right)dx$$
$$= \left[-\tfrac{1}{2}\cos x + 2x\right]_0^{2\pi}$$
$$= \left(-\tfrac{1}{2} + 4\pi\right) - \left(-\tfrac{1}{2} + 0\right)$$
$$= 4\pi \approx 12{,}57$$

Gelegentlich treten Flächen auf, die sich *unendlich weit* ausdehnen. Man kann ihren Inhalt durch eine Integration in Verbindung mit einem *Grenzwertprozess* bestimmen.

Beispiel: Unbeschränktes Intervall

Gesucht ist der Inhalt des nach rechts unbegrenzten Flächenstücks A, das im 1. Quadranten zwischen dem Graphen von $f(x) = \frac{3}{x^2}$, der senkrechten Geraden $x = 1$ und der x-Achse liegt.

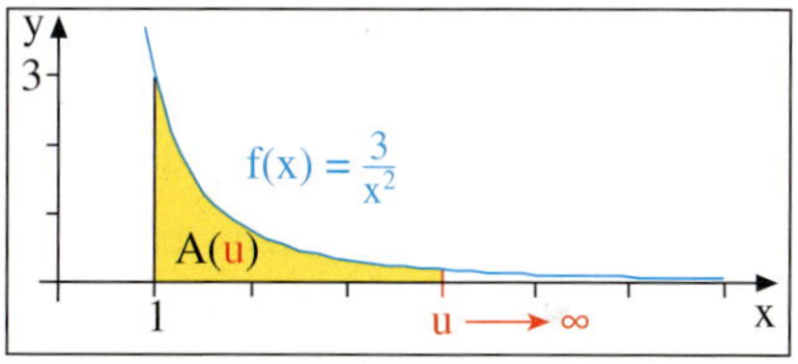

Lösung:
Wir berechnen zunächst den Inhalt der Fläche A (u) zwischen dem Graphen von f und der x-Achse über dem begrenzten Intervall $[1; u]$, $u \geq 1$ (siehe Abb.).
Resultat: $A(u) = 3 - \frac{3}{u}$
Der gesuchte Inhalt von A ergibt sich, indem wir die rechte Intervallgrenze u immer weiter nach rechts schieben.
Es wird also der Grenzwert von A (u) für $u \to \infty$ bestimmt: $A = \lim\limits_{u \to \infty} A(u) = 3$

Fläche A (u) über dem Intervall [1; u]:

$$A(u) = \int_1^u \frac{3}{x^2}\,dx = \left[-\frac{3}{x}\right]_1^u$$
$$= \left(-\frac{3}{u}\right) - (-3) = 3 - \frac{3}{u}$$

Fläche A über dem Intervall [1; ∞):

$$A = \lim_{u \to \infty} A(u) = \lim_{u \to \infty}\left(3 - \frac{3}{u}\right) = 3 - 0 = 3$$

Übung 4

Gesucht ist der Inhalt der Fläche A, die vom Graphen von $f(x) = 2\sin x - 2$ und den beiden Koordinatenachsen im 4. Quadranten umschlossen wird.

Beispiel: Exponentialfunktionen

Die Graphen der Funktionen $f(x) = e^{0,5x}$ und $g(x) = e^{3-x}$ begrenzen mit den Koordinatenachsen über dem Intervall [0; 4] eine Fläche A.
Berechnen Sie den Inhalt von A.

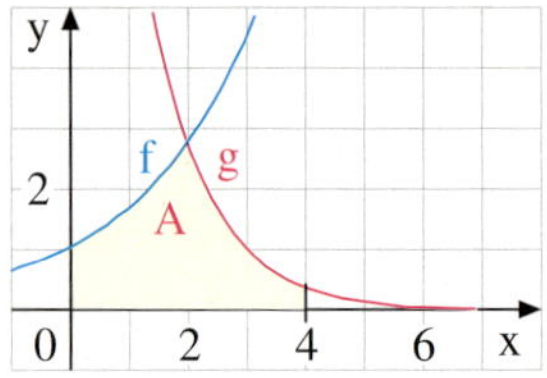

Lösung:
Wir bestimmen zunächst die Stammfunktionen von f und g mit Hilfe der linearen Kettenregel der Integralrechnung.
Der Flächeninhalt A_1 ist gleich dem bestimmten Integral von f über dem Intervall [0; 2].
Ergebnis: $A_1 = 2e - 2$

Der Inhalt A_2 ist gleich dem bestimmten Integral von g über dem Intervall [2; 4].
Ergebnis: $A_2 = e - e^{-1}$.

Die Gesamtfläche A ist gleich der Summe der berechneten Einzelflächen A_1 und A_2.
Ergebnis: $A = 3e - 2 - e^{-1} \approx 5{,}79$.

Stammfunktionen:
$F(x) = 2 \cdot e^{0,5x} \quad G(x) = -e^{3-x}$

Flächeninhalte:

$$A_1 = \int_0^2 e^{0,5x}\,dx = [2 \cdot e^{0,5x}]_0^2 = 2e - 2$$

$$A_2 = \int_2^4 e^{3-x}\,dx = [-e^{3-x}]_2^4 = -e^{-1} + e$$

Gesamtfläche:
$A = A_1 + A_2 = 3e - 2 - e^{-1} \approx 5{,}79$

Übung 5 Flächenberechnung

Gegeben sind die Funktionen
$f(x) = 6 - \frac{3}{\pi}x$ und $g(x) = 3 \cdot \sin\left(\frac{x}{2}\right)$.

a) Wo liegen die kleinsten positiven Schnittstellen von f und g?
b) Ist der Inhalt des Flächenstücks A, das von g, f und der x-Achse im 1. Quadranten eingeschlossen wird, größer oder kleiner als 10?

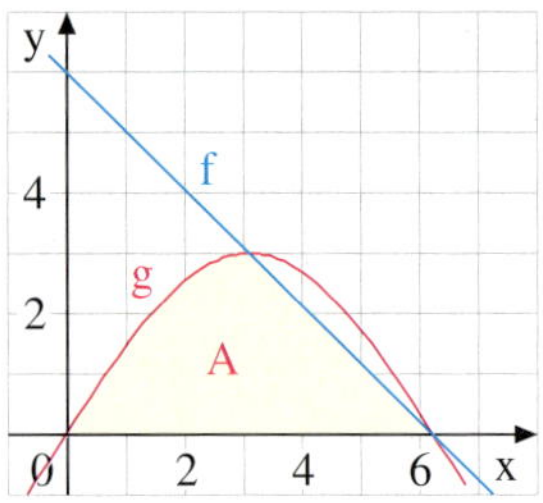

Übung 6 Flächenvergleich

Gegeben sind die Funktionen
$f(x) = e^{\frac{x}{3}} - 2$ und $g(x) = e^{\frac{8-x}{5}} - 2$ (s. Abb.).
Der Graph von f und die Koordinatenachsen schließen im 4. Quadranten ein Flächenstück A_1 ein. Die Graphen von f und g und die x-Achse schließen im 1. Quadranten ein Flächenstück A_2 ein.
Welches Flächenstück ist das größere?

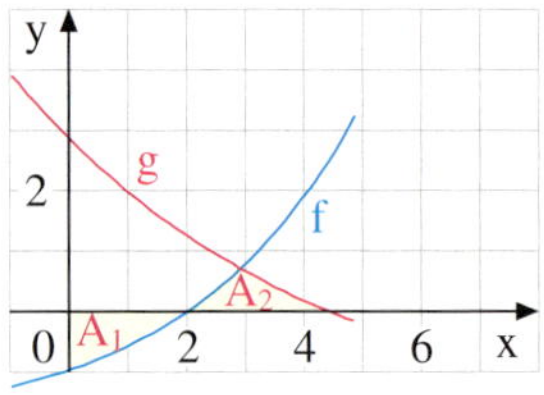

C. Parameteraufgaben

Die folgenden Beispiele erfordern die Verwendung von Parametern, wodurch der Schwierigkeitsgrad erhöht ist. Außerdem dienen die Aufgaben der Wiederholung von Elementen der Kurvenuntersuchung.

Beispiel: Parameterbestimmung
Die Parabelschar $f_a(x) = a\,x^2 + 1$ sei gegeben. Wie muss $a > 0$ gewählt werden, damit die Fläche zwischen dem Graphen von f_a und der x-Achse über dem Intervall $[0; 1]$ den Inhalt 2 hat?

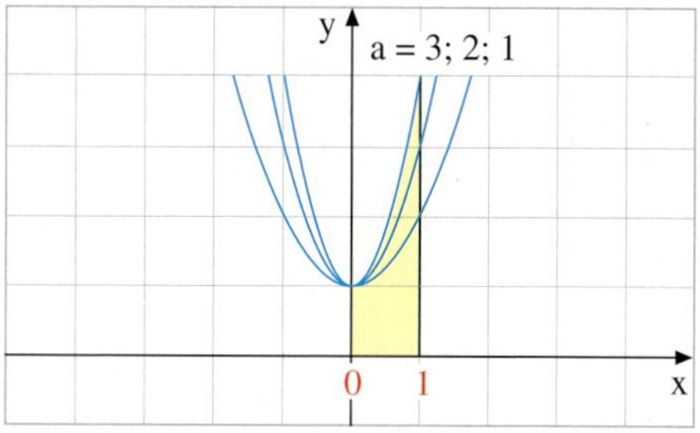

Lösung:
Wir berechnen das bestimmte Integral von f_a in den Grenzen von 0 bis 1. Den von a abhängigen Ergebnisterm setzen wir gleich 2. Das Auflösen der so entstandenen Bestimmungsgleichung für a liefert den gesuchten Parameterwert $a = 3$.

$$\int_0^1 (a\,x^2 + 1)\,dx = \left[\tfrac{a}{3}\,x^3 + x\right]_0^1 = \tfrac{a}{3} + 1 \overset{!}{=} 2$$
$$\Rightarrow a = 3$$

Beispiel: Flächenteilung
Gegeben ist die Parabel $f(x) = x^2$.
Gesucht ist derjenige Wert des Parameters a, für den die senkrechte Gerade $x = a$ die Fläche unter f über dem Intervall $[0; 2]$ halbiert.

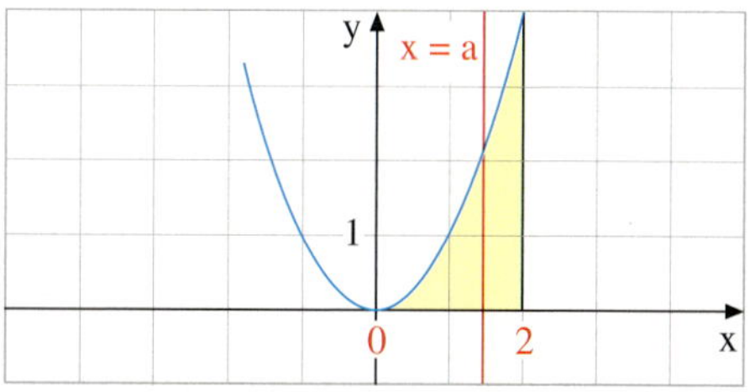

Lösung:
Wir errechnen den Inhalt A unter f über $[0; 2]$. Er beträgt $\frac{8}{3}$.
Der Inhalt A_1 unter f über dem Intervall $[0; a]$ beträgt $\frac{a^3}{3}$.
Der Ansatz $A_1 = \frac{1}{2}A$ liefert daraus den Parameterwert $a = \sqrt[3]{4}$. $x = \sqrt[3]{4}$ ist die Gleichung der gesuchten senkrechten Geraden.

$$A = \int_0^2 x^2\,dx = \left[\tfrac{x^3}{3}\right]_0^2 = \tfrac{8}{3}$$

$$A_1 = \int_0^a x^2\,dx = \left[\tfrac{x^3}{3}\right]_0^a = \tfrac{a^3}{3}$$

$$A_1 = \tfrac{1}{2}\,A \Rightarrow \tfrac{a^3}{3} = \tfrac{4}{3} \;\Rightarrow a = \sqrt[3]{4} \approx 1{,}59$$

Übung 7
Gegeben ist $f_a(x) = x^3 - a^2x$, $a > 0$. Wie muss a gewählt werden, damit die beiden von f_a und der x-Achse eingeschlossenen Flächen jeweils den Inhalt 4 haben?

Übung 8
Die Fläche unter $f(x) = x^2$ über $[0; 4]$ soll durch die senkrechte Gerade $x = a$ im Verhältnis 1 : 7 geteilt werden.
Wie muss a gewählt werden?

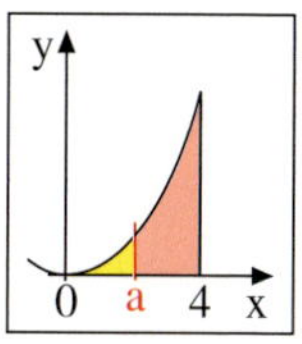

D. Rekonstruktionsaufgaben

Beispiel: Rekonstruktion

Eine ganzrationale Funktion f dritten Grades hat die aufgeführten Eigenschaften I, II und III.
Um welche Funktion handelt es sich?

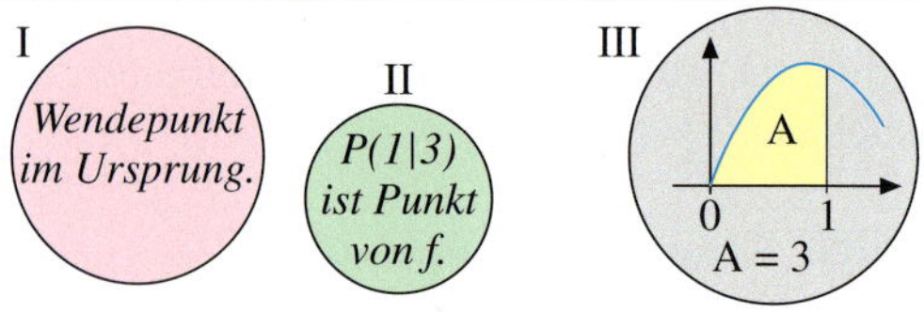

Lösung:
Ausgehend vom allgemeinen Ansatz für eine ganzrationale Funktion dritten Grades $f(x) = ax^3 + bx^2 + cx + d$ errechnen wir zunächst die benötigten Ableitungen f′ und f″.

Ansatz:
$f(x) = ax^3 + bx^2 + cx + d$
$f'(x) = 3ax^2 + 2bx + c$
$f''(x) = 6ax + 2b$

Anschließend stellen wir die Bedingungen für f, f′ und f″ auf, die den geforderten Eigenschaften I bis III entsprechen.

Bedingungen:
I. $f''(0) = 0 \quad \Rightarrow b = 0$
$\quad f(0) = 0 \quad \Rightarrow d = 0$

Nachdem die Parameter $b = 0$ und $d = 0$ feststehen, ergibt sich ein Gleichungssystem mit den Variablen a und c, das wir mittels Additionsverfahren lösen.

Neuer Ansatz: $f(x) = ax^3 + cx$
II. $f(1) = 3 \quad \Rightarrow a + c = 3$
III. $\int_0^1 f(x)\,dx = 3 \quad \Rightarrow \frac{1}{4}a + \frac{1}{2}c = 3$
$\Rightarrow a = -6,\ c = 9$

Das Resultat ist $f(x) = -6x^3 + 9x$.

Resultat: $f(x) = -6x^3 + 9x$

Übung 9

Eine quadratische Funktion mit einer Nullstelle bei $x = 1$ und einem Hochpunkt auf der y-Achse schließt mit den Koordinatenachsen im 1. Quadranten eine Fläche mit dem Inhalt 1 ein. Um welche Funktion handelt es sich?

Übung 10

Eine quadratische Parabel f schneidet die y-Achse bei -1 und nimmt ihr Minimum bei $x = 4$ an.
Im 4. Quadranten liegt unterhalb der x-Achse über dem Intervall [0; 1] ein Flächenstück zwischen der Parabel und der x-Achse, dessen Inhalt 12 beträgt.
Wie lautet die Gleichung der Parabel f?

Übung 11

Es handelt sich um eine nicht maßstäbliche Skizze einer Parabel. Bestimmen Sie deren Funktionsgleichung.

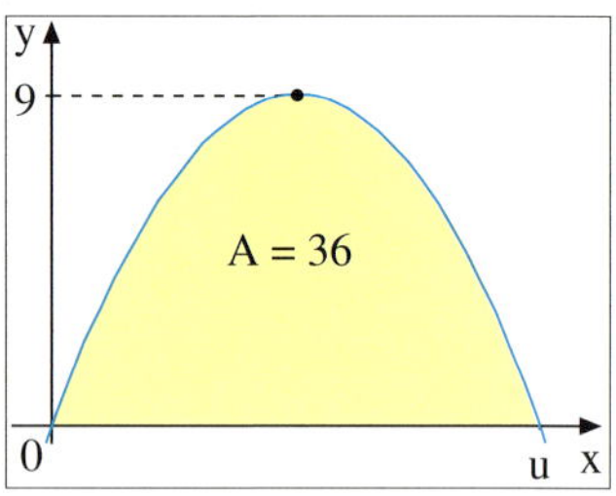

Übungen

12. Einfache Flächenberechnungen

Gesucht ist der Inhalt A der markierten Fläche.

a)

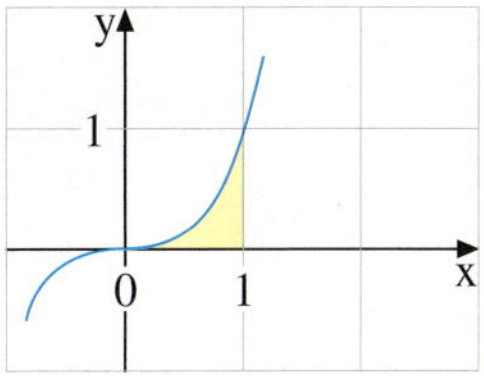

$f(x) = x^3$

b)

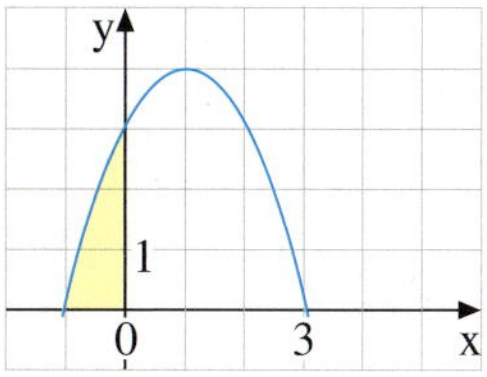

$f(x) = -x^2 + 2x + 3$

c)

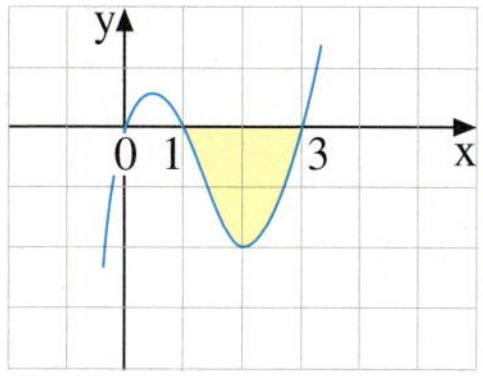

$f(x) = x^3 - 4x^2 + 3x$

13. Komplexere Flächenberechnungen

Skizzieren Sie den Graphen von f. Berechnen Sie sodann den Inhalt der Fläche, die über dem Intervall I zwischen dem Graphen von f und der x-Achse liegt.

a) $f(x) = -\frac{1}{3}x^2 + \frac{4}{3}x + \frac{5}{3}$, $I = [-1; 6]$ b) $f(x) = 0{,}5\,x^2 - x - 1{,}5$, $I = [-2; 3]$

c) $f(x) = 2\,x^3 - 8\,x$, $I = [-1; 2]$ d) $f(x) = \frac{2}{x^2}$, $I = [1; 5]$

e) $f(x) = x^4 - 1$, $I = [0{,}5; 2]$ f) $f(x) = x^3 - 4\,x$, $I = [-1; 2{,}5]$

14. Flächenberechnungen mit trigonometrischen Funktionen und Exponentialfunktionen

a) Wie groß ist der Inhalt der Fläche A, welche vom Graphen von $f(x) = 2 \cdot \cos\left(\frac{\pi}{4}x\right)$ und den Koordinatenachsen im 1. Quadranten umschlossen wird?

b) Gegeben ist die Funktion $f(x) = e^{2-\frac{x}{2}} - 1$. Berechnen Sie die Schnittpunkte von f mit den Koordinatenachsen. Wie lautet die Gleichung der Geraden g durch diese beiden Achsenschnittpunkte? Skizzieren Sie die Graphen von f und g. Wie groß ist der Inhalt der Fläche A, welche von den Graphen von f und g im 1. Quadranten eingeschlossen wird?

15. Nullstellen- und Flächenbestimmung

Gesucht ist der Gesamtinhalt der Fläche zwischen dem Graphen von f und der x-Achse über dem Intervall I. Bestimmen Sie zunächst die Nullstellen von f.

a) $f(x) = x^3 + 2\,x^2 - 3\,x$, $I = [-2; 2{,}5]$ b) $f(x) = (x + 2)(x - 1)^2$, $I = [-2; 2]$

c) $f(x) = (x - 1)(x + 2)(x - 3)$, $I = [-1; 2]$ d) $f(x) = x^4 + x^2 - 2$, $I = [-2; 3]$

16. Logo

Das abgebildete Logo soll durch die folgenden Randfunktionen grob modelliert werden:

$f(x) = \frac{1}{4}(1 - x)(x + 3)$

$g(x) = \frac{1}{4}(x + 1)(3 - x)$

$h(x) = \frac{1}{4}(x - 3)(x + 3)$

Wie groß ist die gefärbte Fläche (1 LE = 1 m)?

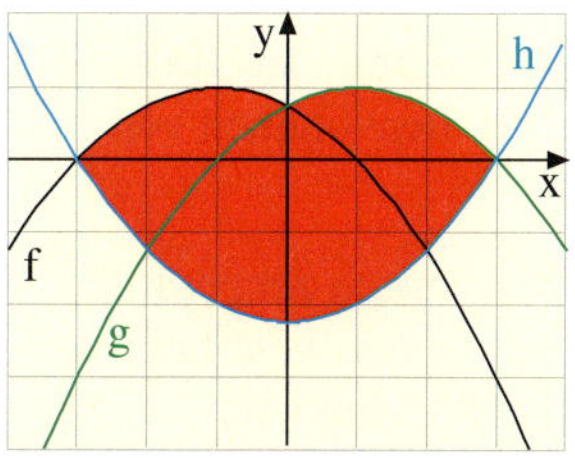

E. Modellierungsaufgaben mit Anwendungen

Wir schließen diesen Abschnitt mit zwei typischen Anwendungsbeispielen ab.

Beispiel: Luftvolumen einer Halle

Eine Bahnhofshalle wird über zwei Ventilatoren belüftet, deren Leistung jeweils ca. 80 Kubikmeter pro Minute beträgt.
Welche Zeit wird für einen kompletten Luftaustausch benötigt?
Das Dach der Halle ist eine parabelförmige Holzkonstruktion.

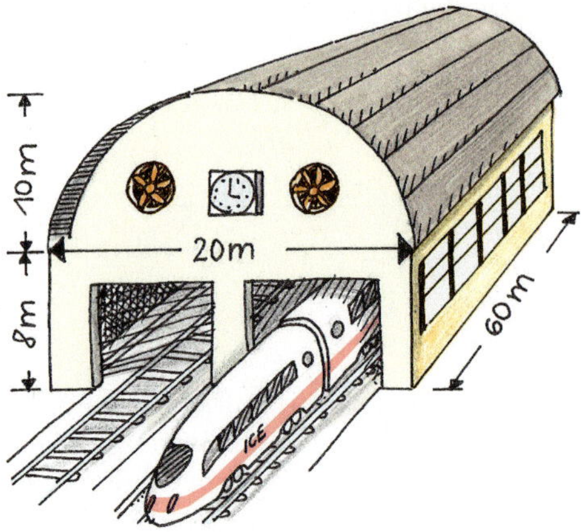

Lösung:
Wir errechnen zunächst die Parabelgleichung aus den gegebenen Bedingungen. In dem festgelegten Koordinatensystem lässt sich nach nebenstehender Rechnung das Dach der Halle durch die Gleichung $f(x) = -\frac{1}{10}x^2 + 10$ beschreiben.

Gleichung der Parabel:

$f(x) = a x^2 + c$
$f(0) = 10$
$f(10) = 0$
$\Rightarrow c = 10,\ a = -\frac{1}{10}$
$f(x) = -\frac{1}{10}x^2 + 10$

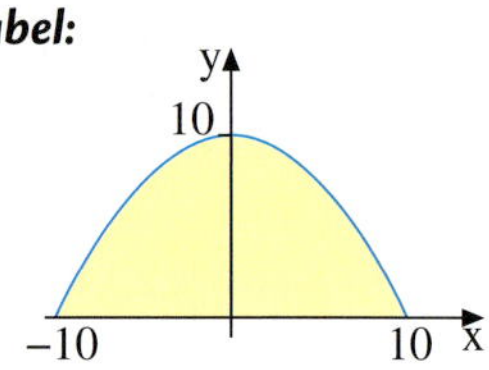

Das Luftvolumen der Halle erhalten wir als Produkt aus dem Inhalt der Hallenquerschnittsfläche und der gegebenen Hallenlänge. Die Querschnittsfläche der Halle setzt sich aus zwei Teilflächen zusammen, einer Rechteckfläche und einer Parabelfläche.

Fläche unter der Parabel:

$$A_1 = 2 \cdot \int_0^{10} f(x)\,dx = 2 \cdot \left[-\frac{1}{30}x^3 + 10x\right]_0^{10}$$
$$= 2 \cdot \left(-\frac{1000}{30} + 100\right) = 133{,}\overline{3}$$

Den Inhalt dieser Fläche zwischen der Parabel und der x-Achse errechnen wir nun durch Integration. Er beträgt $133{,}\overline{3}$ m². Die Vorderfront der Halle besitzt also einen Flächeninhalt von $293{,}\overline{3}$ m².

Gesamtfläche:

= 8 [160] 20 + [$133{,}\overline{3}$] = $293{,}\overline{3}$

Multiplikation mit der Hallenlänge 60 m ergibt das Hallenvolumen von 17 600 m³.

Gesamtvolumen:

$V = 293{,}\overline{3} \cdot 60 = 17600$

Zum Luftaustausch der gesamten Halle benötigen die beiden Ventilatoren dann eine Stunde und 50 Minuten.

Zeit für Luftaustausch:

$t = \frac{V}{160} = \frac{17600}{160} = 110$
110 min = 1 h 50 min

Beispiel: Pflasterfläche

Am Ufer führt ein Radweg entlang. Dieser soll auf 20 m Länge durch eine neue Trasse ersetzt werden, die einen Brunnen umgeht. Die Übergänge sollen fließend sein.

Welche ganzrationale Funktion wäre zur Linienführung geeignet?

Wie groß wäre dann die markierte neu zu pflasternde Fläche zwischen dem Ufer und der neuen Trasse?

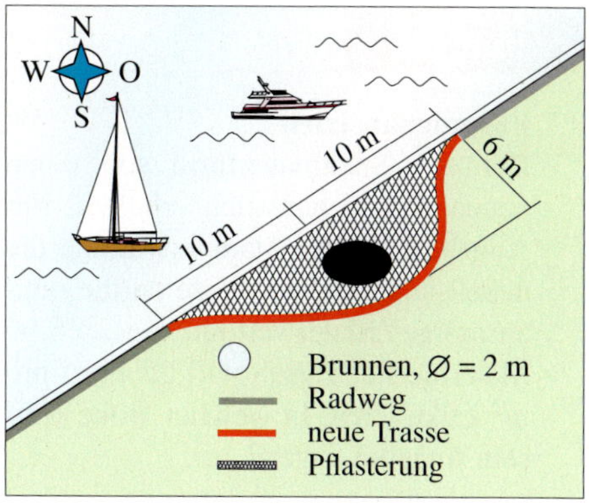

Lösung:

Es handelt sich um eine Rekonstruktionsaufgabe mit einer zusätzlichen Inhaltsbestimmung.

Zunächst führen wir ein passend liegendes Koordinatensystem ein und überlegen, welche Kurvenart die geforderten Eigenschaften haben könnte. Eine ganzrationale Funktion 4. Grades erscheint prinzipiell geeignet. Sie sollte symmetrisch zur y-Achse sein, woraus sich der Ansatz $f(x) = ax^4 + bx^2 + c$ mit geraden Exponenten ergibt.

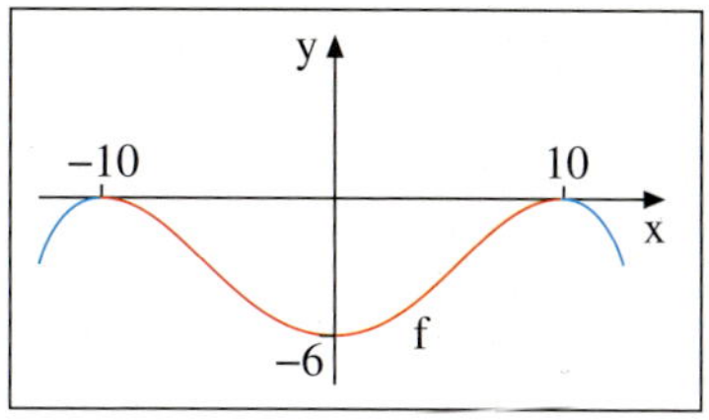

Ansatz für f:

$f(x) = ax^4 + bx^2 + c$

$f'(x) = 4ax^3 + 2bx$

Der Tiefpunkt von f sollte T(0|−6) sein und ihr rechter Hochpunkt wegen des fließenden Übergangs in die x-Achse bei H(10|0) liegen. Der linke Hochpunkt liegt symmetrisch.

Eigenschaften von f:

Tiefpunkt T(0|−6)

Hochpunkt H(10|0)

I: $f(0) = -6$: $c = -6$

II: $f'(0) = 0$: durch Symmetrie erfüllt

III: $f(10) = 0$: $10000a + 100b - 6 = 0$

IV: $f'(10) = 0$: $4000a + 20b = 0$

Hieraus erhalten wir die Bedingungen I bis IV für f und f′, die auf drei Bestimmungsgleichungen für a, b und c führen.

Die Auflösung des linearen Gleichungssystems ergibt das folgende Resultat:

$f(x) = -0{,}0006x^4 + 0{,}12x^2 - 6$.

Auflösung des Gleichungssystems:

$c = -6,\ a = -0{,}0006,\ b = 0{,}12$

$f(x) = -0{,}0006x^4 + 0{,}12x^2 - 6$

Zur Inhaltsberechnung der Pflasterfläche verwenden wir das bestimmte Integral von f von 0 bis 10, das uns, abgesehen vom negativen Vorzeichen, den halben Flächeninhalt liefert.

Nach Verdopplung erhalten wir die Pflasterfläche, wovon evtl. noch $3{,}14\,m^2$ für den Brunnen abgezogen werden müssen, sodass $60{,}86\,m^2$ verbleiben.

Flächeninhalt:

$$\int_0^{10} f(x)\,dx = \int_0^{10} (-0{,}0006x^4 + 0{,}12x^2 - 6)\,dx$$

$$= \left[-0{,}00012x^5 + 0{,}04x^3 - 6x\right]_0^{10} = -32$$

$$\Rightarrow A = 2 \cdot 32 = 64$$

Übungen

17. Fassadenanstrich

Der alte Stadtmauerturm soll einen neuen Fassadenanstrich erhalten. Für Angebote hat die Stadtverwaltung die nebenstehende Planskizze an die ortsansässigen Maler verteilt.

Malermeister Husch will 25 Euro pro m^2 kalkulieren. In welcher Höhe wird sein Angebot liegen?

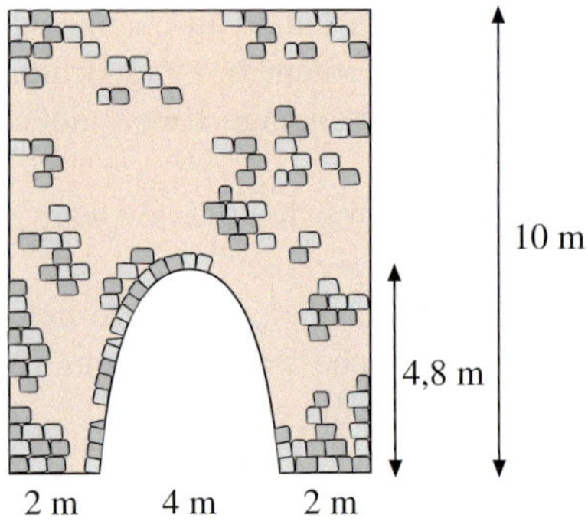

18. Schnittmuster

Eine Konfektionsfirma will T-Shirts nach nebenstehendem Schnittmuster herstellen. Die Stoffrohlinge werden zunächst in Rechtecksform gefertigt, dann werden parabelförmige Stücke herausgeschnitten.

Welchen Prozentanteil hat hierbei der Verschnitt?

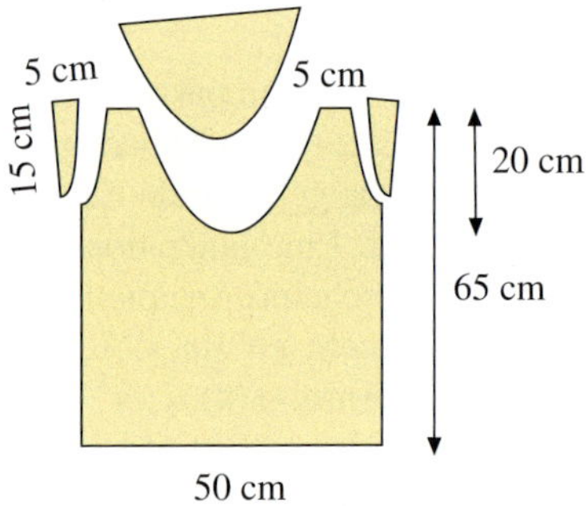

19. Windrad

Der Flügel eines Windrades hat angenähert das abgebildete Querschnittsprofil, welches die Leistung maßgeblich beeinflusst.

a) Zeigen Sie, dass die Randkurve des Flügels durch die Funktion
$f(x) = -\frac{1}{800}(x^3 - 33x^2 + 120x - 400)$
modelliert werden kann.

b) Die Querschnittsfläche A des Flügels soll einen Inhalt von mindestens $50\,m^2$ haben. Ist diese Bedingung erfüllt?

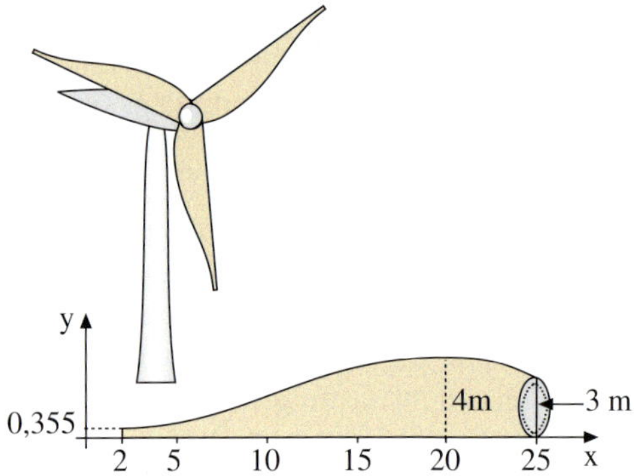

20. Kanalquerschnitt

Bestimmen Sie die Breite und den Querschnitt des abgebildeten Kanals. Die Begrenzung des Kanalbettes ist gegeben durch
$f(x) = 3 \cdot \sin\left(\frac{\pi}{10}(x - 5)\right) + 3.$

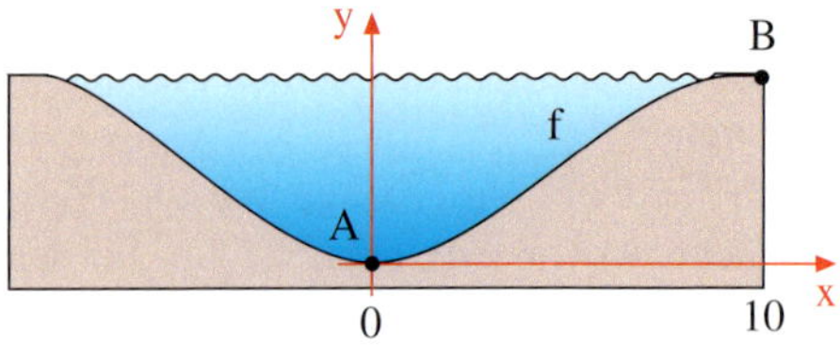

21. Grundstücksfläche

Ein Grundstück wird durch zwei Straßen und einen Fluss begrenzt.
Der Flussverlauf wird für $0 \le x \le 6$ beschrieben durch die Funktion f mit
$f(x) = 2 \cdot \sin\left(\frac{\pi}{4}x\right) + 2$.
Berechnen Sie die Grundstücksgröße.
1 LE = 1 km

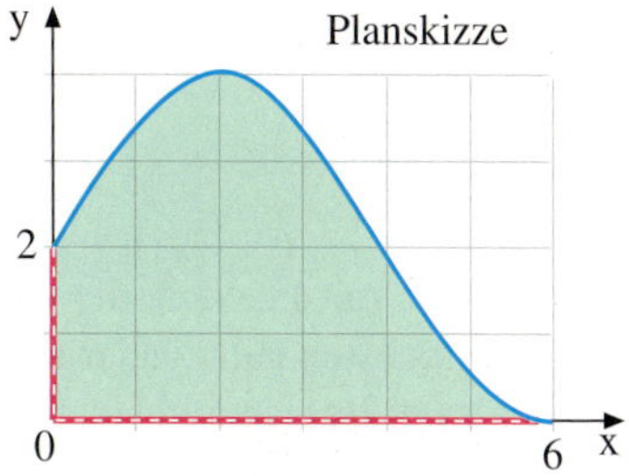

22. Wankelmotor

Der Wankelmotor wurde 1950 von *Felix Wankel* entwickelt. Er besitzt einen Rotationskolben und wurde zuerst im legendären NSU RO-80 eingesetzt. Er enthält nur drei statt der über 100 beweglichen Teile eines Hubkolbenmotors. Dadurch ist er sehr leicht und fast unhörbar leise.

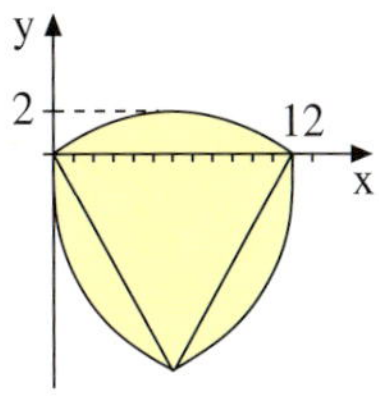

Rotationskolben

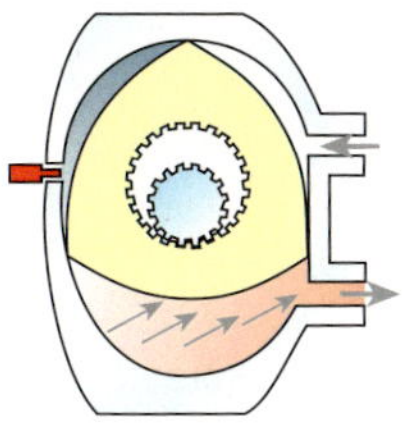

Brennraum eines Wankelmotors

Stuttgart 17.3.2016: Das legendäre Modell NSU Ro 80 (995 cm^3 zweirotoriger Wankelmotor), 1976, auf Europas größter Automesse „RETRO CLASSICS".

a) Modellieren Sie die obere Randkurve des abgebildeten Rotationskolbens durch eine quadratische Funktion.

b) Bestimmen Sie den Inhalt der Querschnittsfläche des Rotationskolbens (gelbe Fläche).

23. Hängebrücke

Eine Hängebrücke wird von zwei Stahlseilen getragen, die parabelförmig zwischen den Pylonen verlaufen. Acht Tragseile auf jeder Seite tragen die eigentliche Fahrbahn.

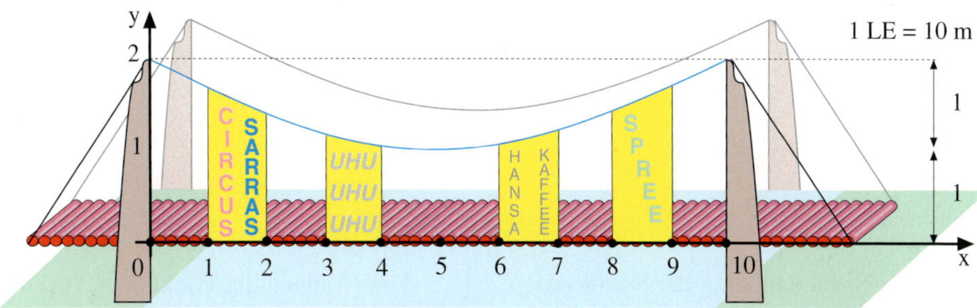

a) Stellen Sie das vordere Stahlseil durch eine quadratische Funktion dar.

b) Wie lang sind die acht Tragseile, die am vorderen Stahlseil hängen?

c) Welchen Flächeninhalt haben die vier Werbeverkleidungen zwischen den Tragseilen?

3. Flächen zwischen Funktionsgraphen

A. Grundlagen

Wir befassen uns nun mit Flächen, die von zwei oder mehr Kurven berandet sind. Wir erläutern das Prinzip am einfachsten Fall zweier Randkurven, die genau zwei Schnittpunkte haben. Es gibt im Wesentlichen zwei Berechnungsmethoden, die wir nun näher ausführen.

Methode 1: Zurückführung auf den Fall nur einer Randfunktion

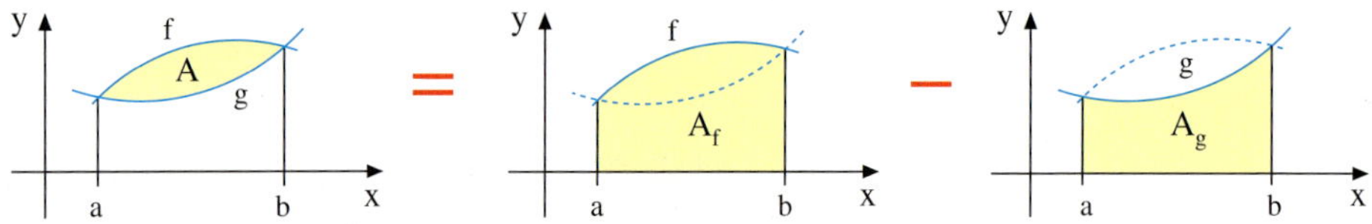

$$A = \int_a^b f(x)\,dx - \int_a^b g(x)\,dx$$

Inhalt A der Fläche **zwischen** f und g über dem Intervall [a; b] = Inhalt A_f der Fläche **unter** f über dem Intervall [a; b] – Inhalt A_g der Fläche **unter** g über dem Intervall [a; b]

Beispiel: Fläche zwischen Graphen
Gesucht ist der Inhalt A der Fläche zwischen den Graphen von $f(x) = \frac{1}{4}x^2 + 1$ und $g(x) = -\frac{1}{4}x^2 + x$ über dem Intervall [1; 2].

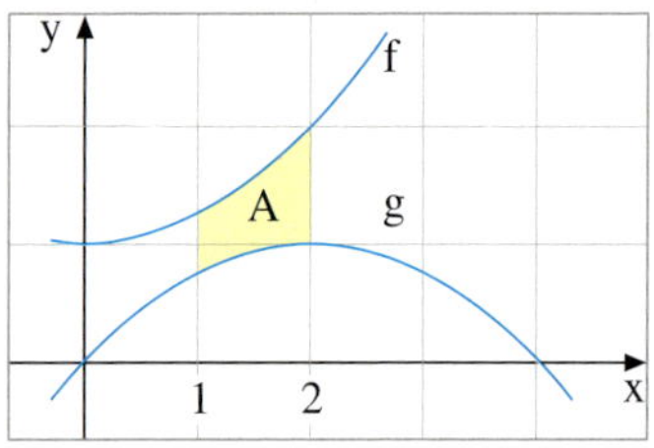

Lösung:

$$A_f = \int_1^2 f(x)\,dx = \int_1^2 \left(\tfrac{1}{4}x^2 + 1\right)dx = \left[\tfrac{1}{12}x^3 + x\right]_1^2 = \tfrac{32}{12} - \tfrac{13}{12} = \tfrac{19}{12}$$

$$A_g = \int_1^2 g(x)\,dx = \int_1^2 \left(-\tfrac{1}{4}x^2 + x\right)dx = \left[-\tfrac{1}{12}x^3 + \tfrac{1}{2}x^2\right]_1^2 = \tfrac{16}{12} - \tfrac{5}{12} = \tfrac{11}{12}$$

$$A = A_f - A_g = \tfrac{19}{12} - \tfrac{11}{12} = \tfrac{8}{12} = \tfrac{2}{3}$$

Übung 1

Berechnen Sie den Inhalt A der Fläche zwischen den Graphen der Funktionen $f(x) = x^2 + 2$ und $g(x) = x + 1$ über dem Intervall [−1; 2]. Fertigen Sie zunächst eine Skizze an.

Übung 2

Die Graphen der Funktionen $f(x) = 1 - x^2$ und $g(x) = x^2 - 2x + 1$ schneiden sich. Zwischen den Schnittpunkten umschließen sie die Fläche A vollständig.
Bestimmen Sie deren Inhalt.

Methode 2: Verwendung der Differenzfunktion

Man denkt sich die Fläche zwischen f und g aus unendlich vielen senkrechten Strecken zusammengesetzt. Die Länge der Strecke an der Stelle x ist die Differenz der Funktionswerte von f(x) und g(x). Senkt man alle Strecken auf die x-Achse ab, so entsteht dort eine neue Fläche mit dem gleichen Inhalt, deren obere Berandung die ***Differenzfunktion*** $h(x) = f(x) - g(x)$ ist. Der Inhalt dieser Fläche kann mit dem bestimmten Integral von h berechnet werden.

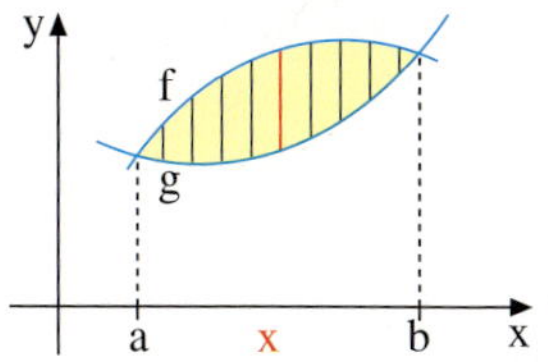

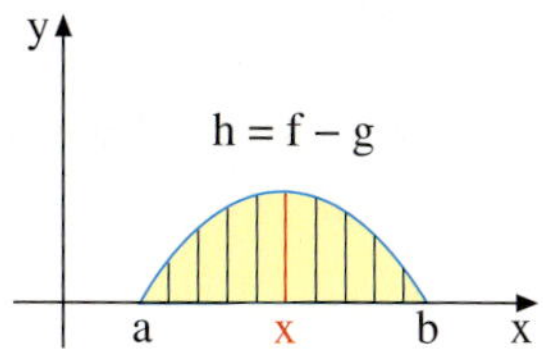

$$A = \int_a^b (f(x) - g(x))\,dx$$

Inhalt der Fläche **zwischen f und g** über dem Intervall [a; b]	=	Inhalt der Fläche **unter der Differenzfunktion h = f – g** über dem Intervall [a; b]

Beispiel: Differenzfunktion

Berechnen Sie nun den Inhalt der Fläche A zwischen den Graphen von $f(x) = \frac{1}{4}x^2 + 1$ und $g(x) = -\frac{1}{4}x^2 + x$ über dem Intervall [1; 2] mit Hilfe der Differenzfunktion $h = f - g$.

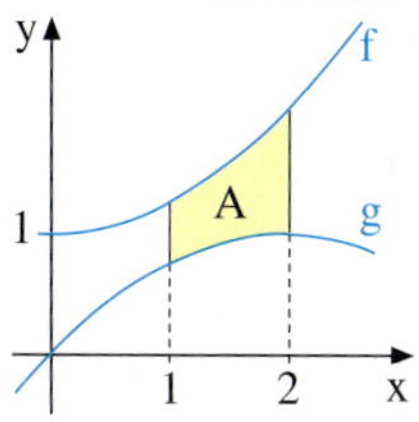

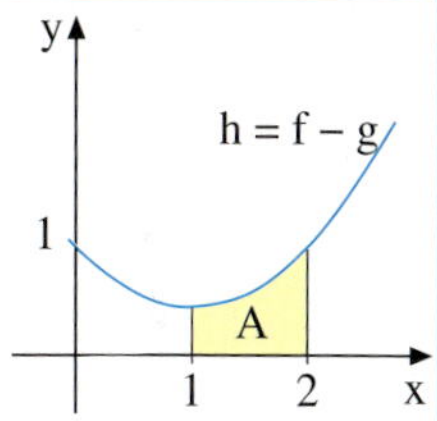

Lösung:
Die Differenzfunktion von f und g ist $h(x) = \frac{1}{2}x^2 - x + 1$. Das bestimmte Integral der Funktion h von 1 bis 2 hat den Wert $\frac{2}{3}$. Die Fläche unter h bzw. zwischen f und g über [1; 2] hat also den Inhalt $\frac{2}{3}$.

$$A = \int_1^2 h(x)\,dx = \int_1^2 \left(\tfrac{1}{2}x^2 - x + 1\right)dx$$

$$= \left[\tfrac{1}{6}x^3 - \tfrac{1}{2}x^2 + x\right]_1^2 = \tfrac{2}{3}$$

Übung 3

Gesucht ist der Inhalt A der Fläche zwischen den Graphen von $f(x) = 4 - x^2$ und $g(x) = \frac{1}{2}x + 4$ über dem Intervall [1; 2].

Übung 4

Die Graphen von $f(x) = -x^2 + 2x$ und $g(x) = x^3$ umschließen im 1. Quadranten eine Fläche vollständig.
Wie groß ist der Inhalt dieser Fläche?

B. Standardaufgaben

Im Folgenden werden verschiedene Standardaufgaben zur Berechnung des Inhalts der von zwei sich schneidenden Funktionsgraphen eingeschlossenen Flächenstücke behandelt. Gibt es mehrere Schnittpunkte und demzufolge auch mehrere Flächenstücke, so berechnet man die Inhalte der Teilflächen einzeln. Das erste Beispiel behandelt den einfachsten Fall.

Beispiel: Schnittfläche
Gesucht ist der Inhalt der Fläche A, die von den Graphen der Funktionen $f(x) = -x^2 + \frac{3}{2}x + 4$ und $g(x) = \frac{1}{2}x^2 + 1$ eingeschlossen wird.

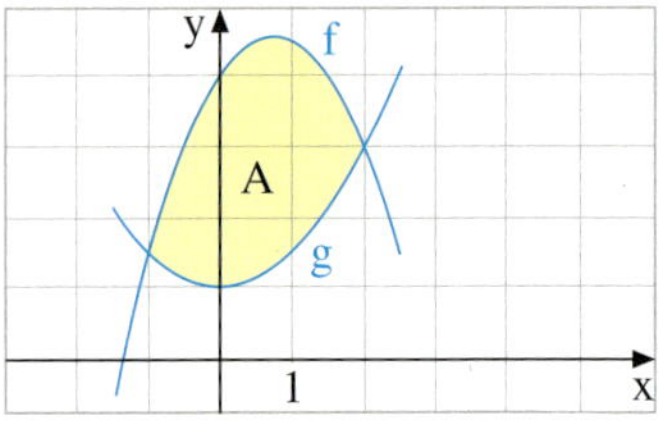

Lösung:
Zunächst fertigen wir eine Planungsskizze an. So können wir die Lage der betrachteten Fläche grob einschätzen.
Außerdem können wir sehen, dass f obere und g untere Randfunktion der Fläche ist.
Die genaue Lage der Flächenbegrenzungen a und b müssen wir allerdings errechnen. Es sind die Schnittstellen von f und g. Wir erhalten a = −1 und b = 2.

Nun errechnen wir die Differenzfunktion h(x) = f(x) − g(x) wie rechts dargestellt.

Der gesuchte Flächeninhalt ergibt sich dann als Wert des bestimmten Integrals der Funktion h in den Grenzen von −1 bis 2.

1. Schnittstellen von f und g

$$f(x) = g(x)$$
$$-x^2 + \frac{3}{2}x + 4 = \frac{1}{2}x^2 + 1$$
$$-\frac{3}{2}x^2 + \frac{3}{2}x + 3 = 0$$
$$x^2 - x - 2 = 0 \Rightarrow x_1 = -1,\ x_2 = 2$$

2. Bestimmung der Differenzfunktion

$$h(x) = f(x) - g(x)$$
$$= \left(-x^2 + \frac{3}{2}x + 4\right) - \left(\frac{1}{2}x^2 + 1\right)$$
$$= -\frac{3}{2}x^2 + \frac{3}{2}x + 3$$

3. Flächeninhaltsbestimmung

$$A = \int_{-1}^{2} h(x)\,dx = \int_{-1}^{2} \left(-\frac{3}{2}x^2 + \frac{3}{2}x + 3\right)dx$$
$$= \left[-\frac{1}{2}x^3 + \frac{3}{4}x^2 + 3x\right]_{-1}^{2} = \frac{27}{4} = 6{,}75$$

Resultat: $A = \frac{27}{4} = 6{,}75$

Übung 5

Berechnen Sie den Inhalt der von den Graphen der Funktionen f und g begrenzten Fläche. Bestimmen Sie die Schnittstellen von f und g, wenn erforderlich, mit dem Rechner.

a) $f(x) = 2x,\ g(x) = x^2$
b) $f(x) = -x^2 + 8,\ g(x) = x^2$
c) $f(x) = \frac{1}{4}x^2,\ g(x) = (x-1)^2$
d) $f(x) = \frac{1}{4}x^3 + 2,\ g(x) = \frac{3}{4}x + \frac{3}{2}$
e) $f(x) = \frac{4}{x^2},\ g(x) = -\frac{5}{4}x + \frac{21}{4}$
f) $f(x) = \frac{1}{6}x^3,\ g(x) = \frac{1}{6}x^3 - \frac{3}{2}x^2 + \frac{9}{2}x$

Übung 6

Bestimmen Sie a > 0 so, dass die von den Graphen der Funktionen f und g eingeschlossene Fläche den angegebenen Inhalt A hat.

a) $f(x) = -x^2 + 2a^2$, $g(x) = x^2$, $A = 72$
b) $f(x) = x^2$, $g(x) = ax$, $A = \frac{4}{3}$
c) $f(x) = x^2 + 1$, $g(x) = (a^2 + 1) \cdot x^2$, $A = \frac{4}{3}$

Alle bisher betrachteten Beispiele hatten eines gemeinsam: Die zu betrachtende Fläche A lag oberhalb der x-Achse. Wir untersuchen nun, wie man vorgeht, wenn die Fläche A zwischen den Kurven von der x-Achse in zwei Teilflächen zerschnitten wird, von denen eine oberhalb und die andere unterhalb der x-Achse liegt.

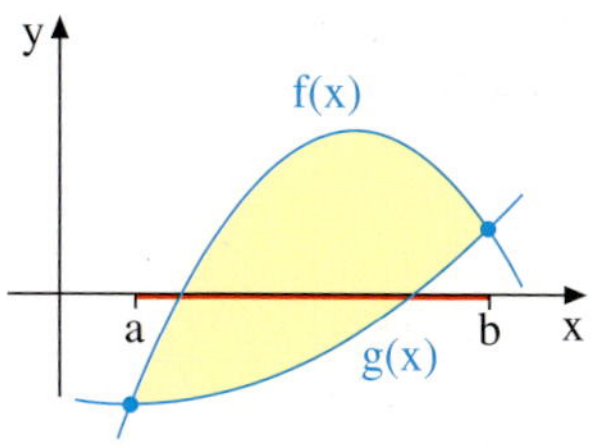

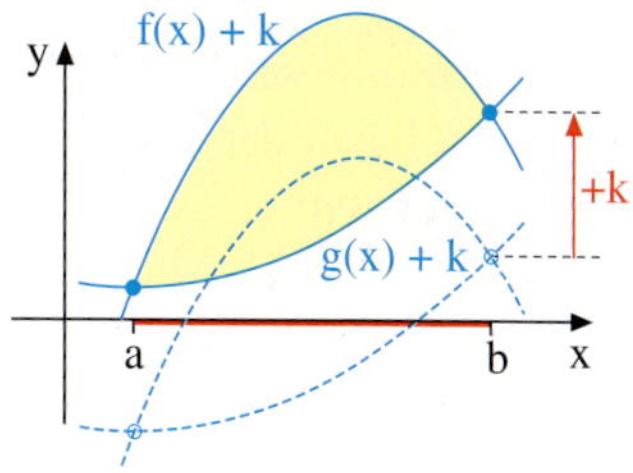

Man kann die Graphen von f und g wie abgebildet so weit nach oben verschieben, dass die Fläche A ganz oberhalb der x-Achse liegt. Nun lässt sich der Inhalt von A nach der Differenzfunktionsmethode berechnen:

$$A = \int_a^b ((f(x) + k) - (g(x) + k))\,dx = \int_a^b (f(x) - g(x))\,dx$$

Im Integranden fällt dann die Verschiebungsgröße k wieder heraus. Die Verschiebung muss also praktisch gar nicht ausgeführt werden.

Fazit: Der Inhalt der Fläche zwischen zwei Kurven f und g lässt sich – unabhängig von der Lage der Fläche – stets durch Integration der Differenzfunktion f – g bestimmen. Es muss jedoch gesichert sein, dass im Integrationsintervall kein Vorzeichenwechsel von h auftritt.

Beispiel: Schnittfläche

Gesucht ist der Flächeninhalt A zwischen $f(x) = x + 1$ und $g(x) = x^2 + 2x - 1$.

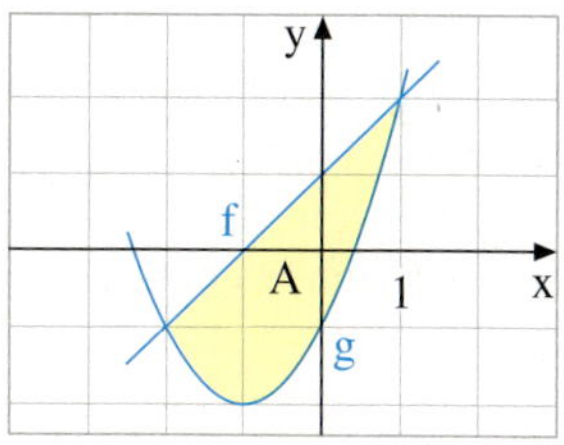

Lösung:

Die Kurven schneiden sich an den Stellen $a = -2$ und $b = 1$. Daher gilt:

$$A = \int_{-2}^{1} (f(x) - g(x))\,dx = \int_{-2}^{1} (-x^2 - x + 2)\,dx = \left[-\tfrac{1}{3}x^3 - \tfrac{1}{2}x^2 + 2x\right]_{-2}^{1} = \tfrac{9}{2} = 4{,}5$$

Übung 7

Gesucht ist der Inhalt A der Fläche, die von den Graphen von $f(x) = -x^3 + 1$ und $g(x) = 6x^2 - 7x + 1$ im ersten und vierten Quadranten umschlossen wird.

Übung 8

Gesucht ist der Inhalt A der rechts abgebildeten Fläche.

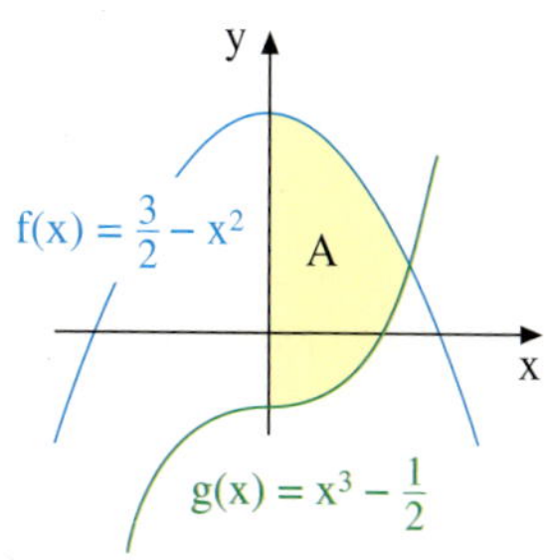

Wir betrachten nun den Fall, dass die von zwei Kurven f und g eingeschlossene Fläche in zwei oder mehr Teilflächen zerfällt. Dieser Fall tritt z. B. dann ein, wenn f und g mehr als zwei Schnittpunkte besitzen. Das Lösungsprinzip ist denkbar einfach: Man berechnet die Inhalte der Teilflächen einzeln, z. B. mittels Differenzfunktion.

Beispiel: Zusammengesetzte Fläche
Berechnen Sie den Inhalt der Fläche A, die von den Graphen von $f(x) = \frac{1}{3}x^3 - \frac{4}{3}x$ und $g(x) = \frac{1}{3}x^2 + \frac{2}{3}x$ eingeschlossen wird.

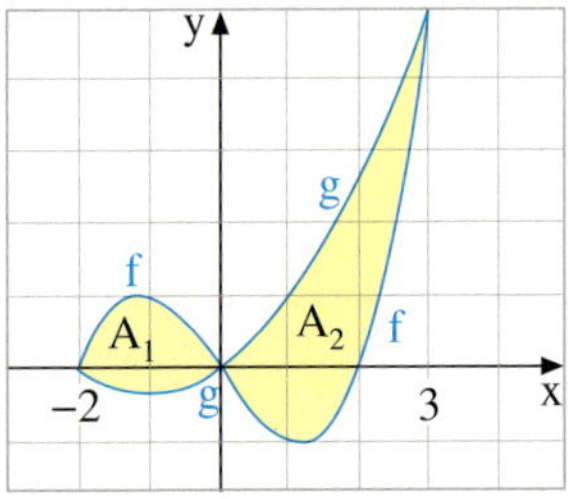

Lösung:
Wir skizzieren zunächst die Graphen von f und g. Diese haben drei Schnittpunkte, wodurch die Fläche in zwei Teilflächen A_1 und A_2 zerfällt, die von Schnittpunkt zu Schnittpunkt reichen.

Die Berechnung der Schnittstellen ergibt $x_1 = 0$, $x_2 = -2$ und $x_3 = 3$.

Des Weiteren errechnen wir die Differenzfunktion $h(x) = f(x) - g(x)$. Gleichwertig wäre $h(x) = g(x) - f(x)$.

Anschließend berechnen wir die bestimmten Integrale der Differenzfunktion von der ersten Schnittstelle −2 bis zur zweiten Schnittstelle 0 sowie von der zweiten Schnittstelle 0 bis zur dritten Schnittstelle 3.

Diese haben die Werte $\frac{16}{9}$ bzw. $-\frac{21}{4}$, woraus sich $A_1 = \frac{16}{9}$ und $A_2 = \frac{21}{4}$ ergeben. Addition von A_1 und A_2 ergibt den Inhalt A.

Resultat: $A = \frac{253}{36} \approx 7{,}03$.

1. Schnittstellen von f und g

$$f(x) = g(x)$$
$$\frac{1}{3}x^3 - \frac{4}{3}x = \frac{1}{3}x^2 + \frac{2}{3}x$$
$$\frac{1}{3}x^3 - \frac{1}{3}x^2 - 2x = 0$$
$$x \cdot (x^2 - x - 6) = 0$$
$$\Rightarrow x_1 = 0,\ x_2 = -2,\ x_3 = 3$$

2. Differenzfunktion

$$h(x) = f(x) - g(x) = \frac{1}{3}x^3 - \frac{1}{3}x^2 - 2x$$

3. Flächeninhaltsberechnung

$$\int_{-2}^{0} h(x)\,dx = \left[\frac{1}{12}x^4 - \frac{1}{9}x^3 - x^2\right]_{-2}^{0} = \frac{16}{9}$$
$$\int_{0}^{3} h(x)\,dx = \left[\frac{1}{12}x^4 - \frac{1}{9}x^3 - x^2\right]_{0}^{3} = -\frac{21}{4}$$
$$A_1 = \frac{16}{9},\ A_2 = \frac{21}{4}$$
$$A = A_1 + A_2 = \frac{16}{9} + \frac{21}{4} = \frac{253}{36} \approx 7{,}03$$

Übung 9

Berechnen Sie den Inhalt der Fläche zwischen den Kurven f und g über dem Intervall I.

a) $f(x) = x^3 + x^2$
$g(x) = x^2 + x$
$I = [-2; 1]$

b) $f(x) = 3x$
$g(x) = x^3 - x$
$I = [-1; 2]$

Übung 10

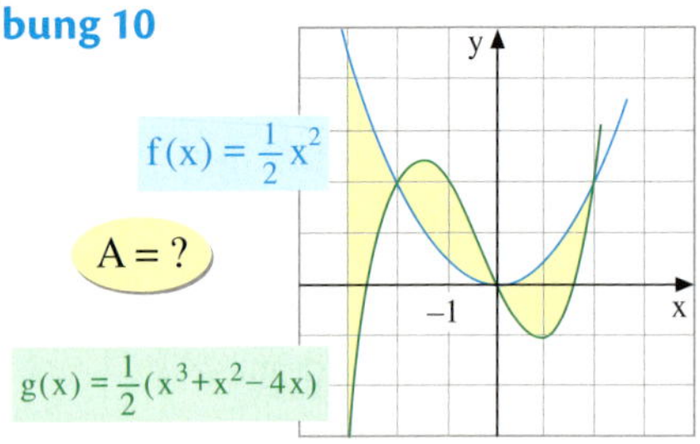

Beispiel: Parameterbestimmung
Die beiden Funktionen $f_a(x) = a(x^3 - 4x)$ und $g(x) = -x^2 + 2x$ umschließen im Intervall [0; 2] eine Fläche A_a.
Wie muss $a > 0$ gewählt werden, damit diese Fläche den Inhalt 4 hat?

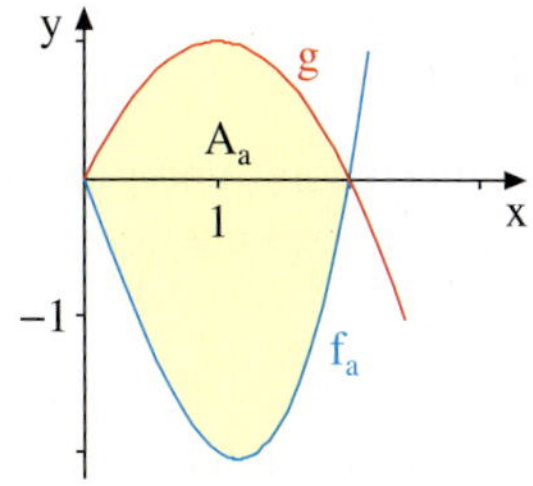

Lösung:
Für $a > 0$ und $0 < x < 2$ gibt es keine Schnittstellen (siehe Gleichung rechts).

Untersuchung auf Schnittstellen
$ax(x-2)(x+2) = -x(x-2)$

Wir berechnen das bestimmte Integral A_a der Differenzfunktion $d(x) = g(x) - f_a(x)$ in den Grenzen von 0 bis 2.
Wir erhalten als Resultat $A_a = \frac{4}{3} + 4a$.

Berechnung von A_a

$$A_a = \int_0^2 (-x^2 + 2x - ax^3 + 4ax)\,dx$$
$$= \left[-\tfrac{1}{3}x^3 + x^2 - \tfrac{1}{4}ax^4 + 2ax^2\right]_0^2$$
$$= -\tfrac{8}{3} + 4 - 4a + 8a = \tfrac{4}{3} + 4a$$

Den Term A_a setzen wir nun gleich 4*, um den gesuchten Wert von a zu bestimmen.
Die Lösung der Gleichung $\frac{4}{3} + 4a = 4$ ergibt den Parameterwert $a = \frac{2}{3}$.

Berechnung von a
$\frac{4}{3} + 4a = 4 \Rightarrow 4a = \frac{8}{3} \Rightarrow a = \frac{2}{3}$

Übung 11 Parameter ermitteln
Die Funktionen $f_a(x) = a(x^3 - 9x)$ und $g(x) = x^2 + 3x$ schließen über dem Intervall [−3; 0] eine Fläche ein. Wie muss $a > 0$ gewählt werden, damit diese Fläche den Inhalt 45 hat?

Beispiel: Flächenteilung
Die Geraden $f(x) = 4 - x$ und $g(x) = \frac{1}{2}x$, die y-Achse sowie die senkrechte Gerade $x = a$ umschließen im 1. Quadranten ein Flächenstück. Für welchen Wert von a hat dieses Flächenstück den Inhalt 5?

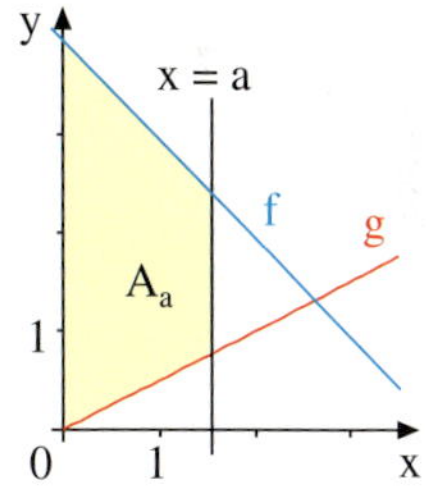

Lösung:
Wir integrieren die Differenzfunktion $d(x) = 4 - \frac{3}{2}x$ über dem Intervall [0; a].
Das von a abhängige Ergebnis $A_a = 4a - \frac{3}{4}a^2$ setzen wir gleich 5.

Die Lösung dieser Gleichung ergibt, dass für $a = 2$ der Flächeninhalt gleich 5 ist.

Berechnung von A_a und von a

$$A_a = \int_0^a \left(4 - \tfrac{3}{2}x\right)dx$$
$$= \left[4x - \tfrac{3}{4}x^2\right]_0^a = 4a - \tfrac{3}{4}a^2$$
$$4a - \tfrac{3}{4}a^2 = 5 \Leftrightarrow a^2 - \tfrac{16}{3}a - \tfrac{20}{3} = 0$$
$$\Leftrightarrow a = \tfrac{8}{3} \pm \tfrac{2}{3} \Leftrightarrow a = 2 \quad \left(a = \tfrac{10}{3}\right)$$

Übung 12 Flächenteilung
Die Fläche zwischen den Geraden $f(x) = 3 - \frac{1}{2}x$ und $g(x) = \frac{3}{2}x - 3$ und der y-Achse soll im Verhältnis 8 : 1 durch eine senkrechte Gerade $x = a$ geteilt werden. Welchen Wert muss a annehmen?

* Der Fall $A_a = -4$ kann für $a > 0$ nicht eintreten.

Übungen

13. Die Graphen von f und g besitzen zwei Schnittpunkte. Berechnen Sie den Inhalt A der von den Graphen der Funktionen f und g eingeschlossenen Fläche.

a) $f(x) = 0{,}5\,x^2 - 2$, $g(x) = -0{,}5\,x + 1$
b) $f(x) = -x^2 + 4x$, $g(x) = -0{,}5\,x^2 - 2x$
c) $f(x) = x^3 + 4x^2$, $g(x) = 2x^2$
d) $f(x) = e^x$, $g(x) = 6{,}5 - 3e^{-x}$

14. Gesucht sind die Inhalte der abgebildeten Flächen.

a)
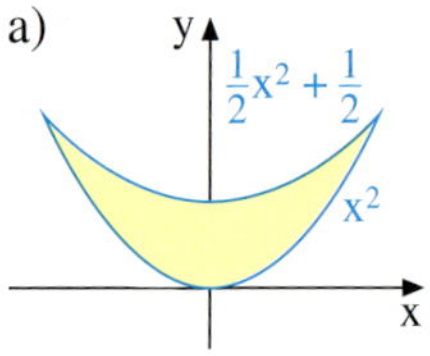

b)
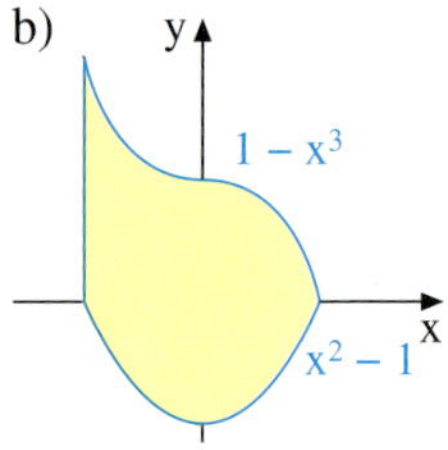

c)
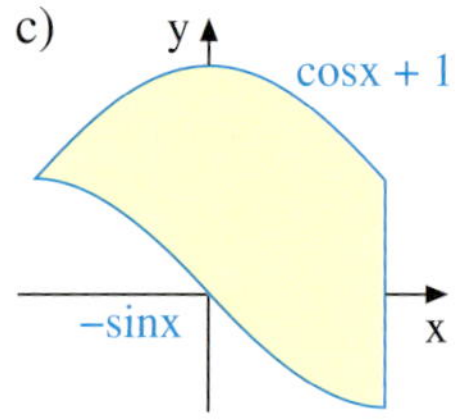

15. Bestimmen Sie, für welchen Wert des Parameters $a > 0$ die von den Graphen der Funktionen f und g eingeschlossene Fläche den Inhalt A hat.

a) $f(x) = ax^2$, $g(x) = x$, $A = \frac{2}{3}$
b) $f(x) = x^2$, $g(x) = -ax + 2a^2$, $A = 4{,}5$
c) $f(x) = x^2 - 2x + 2$, $g(x) = ax + 2$, $A = 36$
d) $f(x) = x^3$, $g(x) = a^2x$, $A = 8$

16. Gesucht ist der Inhalt A der markierten Fläche.

a)
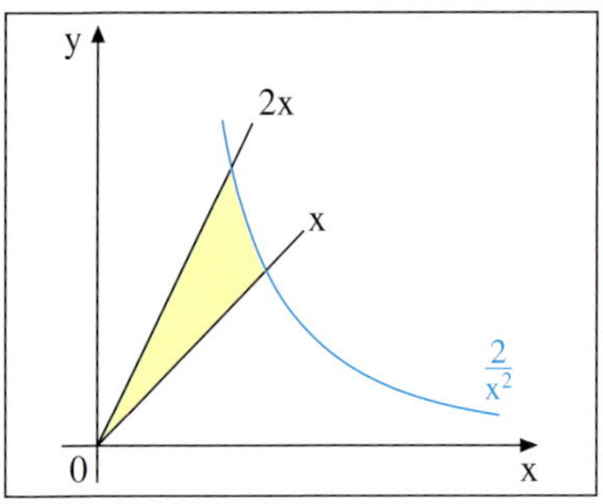

b)
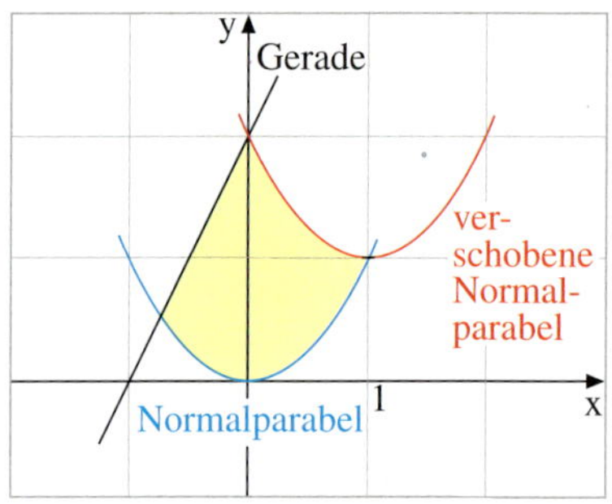

17. Wie muss $a > 0$ gewählt werden, damit die gelben Fläche den Inhalt $\frac{1}{8}$ hat?

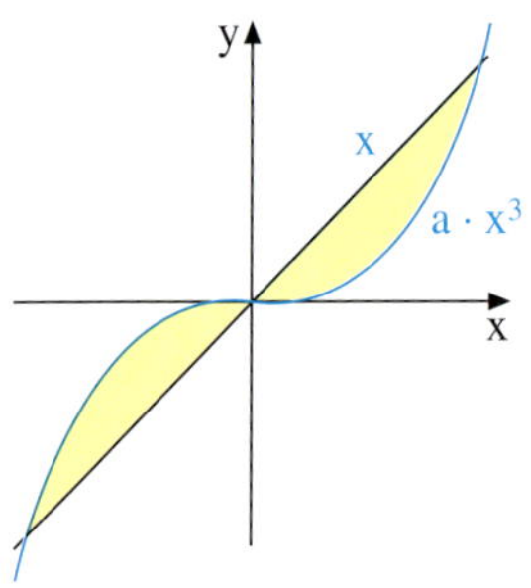

16. Wie muss $a > 0$ gewählt werden, wenn die beiden markierten Flächen gleich groß sein sollen?

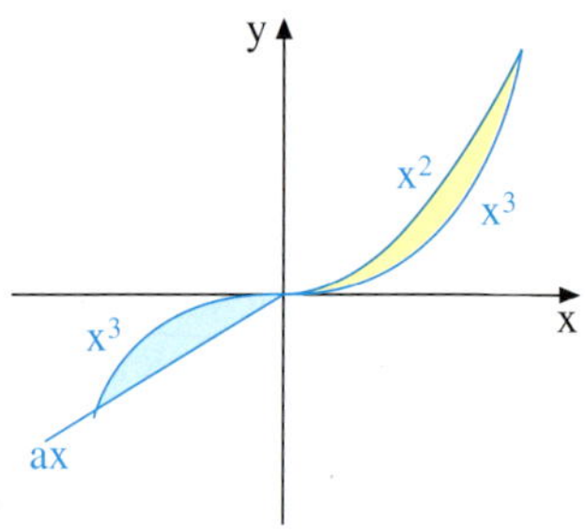

18. Bestimmen Sie die von den Graphen von f und g insgesamt eingeschlossenen Fläche.

a) $f(x) = x^3 - 4x^2$, $g(x) = x - 4$
b) $f(x) = 2\sin\left(\frac{\pi}{4}x\right)$, $g(x) = \frac{x^3}{4}$

C. Bestimmung eines Flächeninhalts zwischen Graph und Tangente mit dem Rechner

Einige Teilschritte beim Bestimmen des Inhalts einer Fläche zwischen Funktionsgraphen lassen sich mit den erweiterten Funktionen des Taschenrechners ausführen.

Beispiel: Fläche zwischen Graph und Tangente

Bestimmen Sie den Inhalt der Fläche, die vom Graphen der Funktion $f(x) = \frac{1}{16}x^3 - \frac{1}{4}x + \frac{1}{2}$ und der Tangente t durch $P(-2|0{,}5)$ eingeschlossen wird.

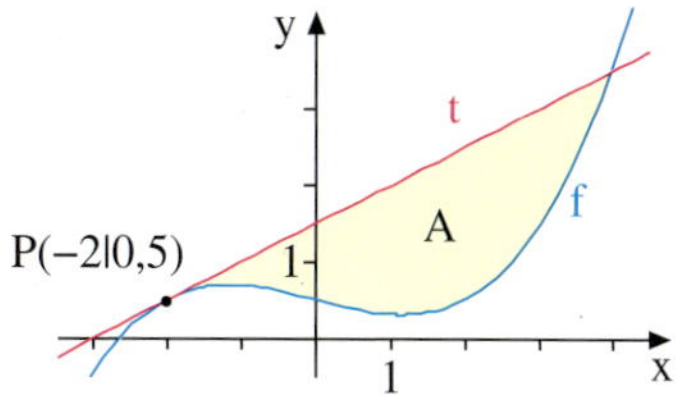

Lösung:
Zur Ermittlung der Tangentengleichung bestimmen wir mit dem Taschenrechner die Ableitung von f an der Stelle $x = -2$.
Sie lautet $m = f'(-2) = 0{,}5$.
Dieses Zwischenergebnis und den Funktionswert $f(-2) = 0{,}5$ setzen wir in die allgemeine Tangentengleichung ein.
Resultat: $t(x) = 0{,}5x + 1{,}5$.

1. Tangentengleichung

$t(x) = f'(x_0) \cdot (x - x_0) + f(x_0)$
$t(x) = f'(-2) \cdot (x - (-2)) + f(-2)$
$t(x) = 0{,}5(x + 2) + 0{,}5$
$= 0{,}5x + 1{,}5$

Wir berechnen die Differenzfunktion $h(x) = t(x) - f(x)$ und bestimmen mit dem Menü zum Lösen von Gleichungen höheren Grades die Lösung der Gleichung $h(x) = 0$.
Nach Eingabe von $a = -\frac{1}{16}$, $b = 0$, $c = \frac{3}{4}$ und $d = 1$ erhalten wir $x = 4$ als zweite Schnittstelle neben der Berührstelle $x = -2$.

2. Schnittstelle von f und t

$h(x) = t(x) - f(x)$
$= (0{,}5x + 1{,}5) - \left(\frac{1}{16}x^3 - \frac{1}{4}x + \frac{1}{2}\right)$
$= -\frac{1}{16}x^3 + \frac{3}{4}x + 1$

Lösen von $h(x) = 0$ mit dem Rechner:
Resultat: $x = -2$ und $x = 4$

Der gesuchte Flächeninhalt ergibt sich dann mit dem Rechner als bestimmtes Integral der Funktion h in den Grenzen von −2 bis 4.
Resultat: $A = 6{,}75$

3. Berechnung von A mit dem Rechner

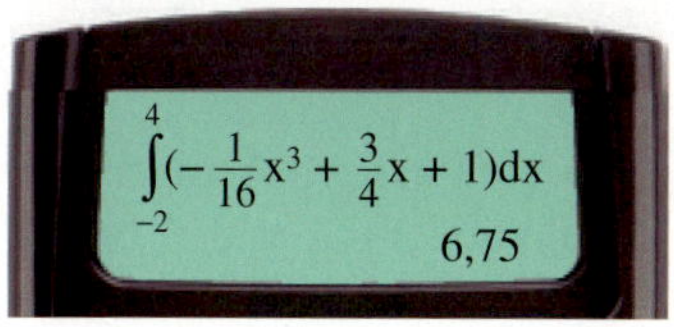

Übung 19

Der Graph von $f(x) = 0{,}05x^3 + 0{,}25x^2 - 0{,}2x + 1$ und die Tangente t von f im Kurvenpunkt $P(-5|2)$ schließen eine Fläche A ein.

a) Bestimmen Sie die Gleichung der Tangente t.

b) Begründen Sie zunächst durch inhaltliche Überlegungen, warum der Graph von f und die Tangente t neben P einen weiteren Schnittpunkt besitzen.

c) Bestimmen Sie mit dem TR/Computer den Inhalt der Fläche A, welche vom Graphen von f und der Tangente t eingeschlossen wird.

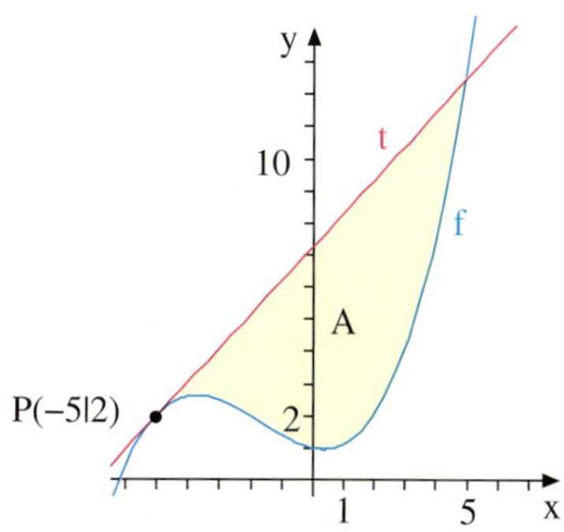

D. Modellierungsaufgaben

Beispiel: Parabelbogen
Das Dach einer 20 m breiten und 60 m langen Tennishalle wird durch einen Parabelbogen gespannt. Welchen Zuwachs erhält das Luftvolumen der Halle, wenn anstelle der ursprünglich geplanten Bauhöhe von 8 m eine Höhe von 10 m gewählt wird?

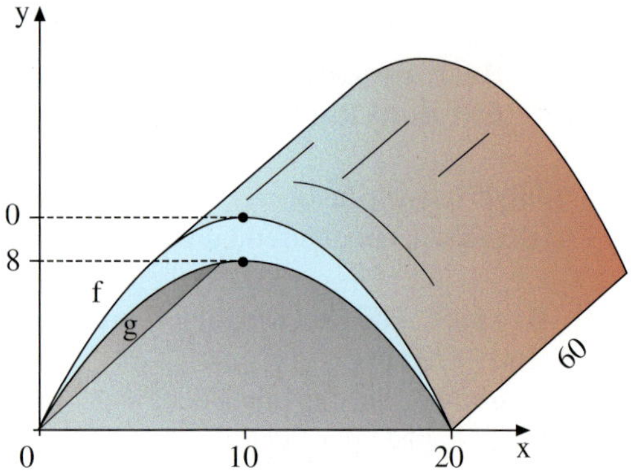

Lösung:
Die Skizze lässt uns erkennen, dass es genügt, den Inhalt A der Fläche zwischen dem aktuellen Dachprofil f und dem ursprünglich geplanten, niedrigeren Dachprofil g zu berechnen. Der Luftzuwachs ergibt sich durch Multiplikation von A mit der gegebenen Länge der Halle.

Wir modellieren nach Festlegung des Koordinatensystems f und g durch quadratische Parabeln der Form $a x^2 + b x + c$.
Aus den ablesbaren Informationen $f(0) = 0$, $f(10) = 10$, $f(20) = 0$ bzw. $g(0) = 0$, $g(10) = 8$, $g(20) = 0$ ergeben sich mittels linearer Gleichungssysteme die Funktionsgleichungen:
$f(x) = -\frac{1}{10}x^2 + 2x$, $g(x) = -\frac{2}{25}x^2 + \frac{8}{5}x$.

Anschließend bestimmen wir A, indem wir die Differenzfunktion $f - g$ von 0 bis 20 integrieren. Wir erhalten so den Flächeninhalt $A = \frac{80}{3}\,m^2$.

Hieraus ergibt sich ein Volumenzuwachs von $1600\,m^3$ Luft.

Bestimmung der Parabelgleichungen
Ansatz: $f(x) = a x^2 + b x + c$

$$\left.\begin{array}{l} f(0) = 0 \\ f(10) = 10 \\ f(20) = 0 \end{array}\right\} \Rightarrow \begin{array}{r} c = 0 \\ 100a + 10b + c = 10 \\ 400a + 20b + c = 0 \end{array}$$
$$\Rightarrow a = -\frac{1}{10},\ b = 2,\ c = 0$$

Also gilt: $f(x) = -\frac{1}{10}x^2 + 2x$
Analog: $g(x) = -\frac{2}{25}x^2 + \frac{8}{5}x$

Querschnittsfläche
$$A = \int_0^{20} (f(x) - g(x))\,dx = \int_0^{20} \left(-\frac{1}{50}x^2 + \frac{2}{5}x\right) dx$$
$$= \left[-\frac{1}{150}x^3 + \frac{1}{5}x^2\right]_0^{20} = \frac{80}{3}$$

Volumen
$$V = \frac{80}{3}\,m^2 \cdot 60\,m = 1600\,m^3$$

Übung 20
Aus 16 mm dickem Plexiglas wird eine Bikonvexlinse ausgeschnitten. Ihre beiden Brechungsflächen sollen parabelförmige Profile sowie die in der Zeichnung angegebenen Maße (in mm) besitzen. Wie groß ist der Materialverbrauch (in mm^3)?

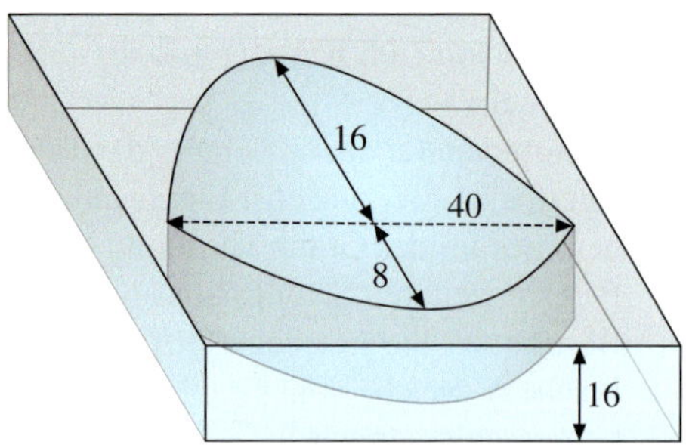

Übungen

21. Gebäudefront

Das Foto zeigt eine Gebäudefront, welche parabelförmig begrenzt ist. Die Front ist 12 m breit und 9 m hoch, wobei 5 m auf die untere und 4 m auf die obere Parabel entfallen.

a) Bestimmen Sie die Gleichungen der beiden Parabeln (Ursprung in der Mitte zwischen den Parabeln).

b) Welchen Querschnitt hat die Front?

22. Grundstücksgröße

Ein Grundstück wird wie abgebildet durch eine Straße f, einen Fluss g und die zwei Parallelen $x = -10$ und $x = 10$ begrenzt. Der Fluss wird durch $g(x) = 0{,}005\,x^3 - 1{,}5\,x$ erfasst.

a) Bestimmen Sie die Gleichung der Straßengerade.

b) Bestimmen Sie die Größe des Grundstücks.

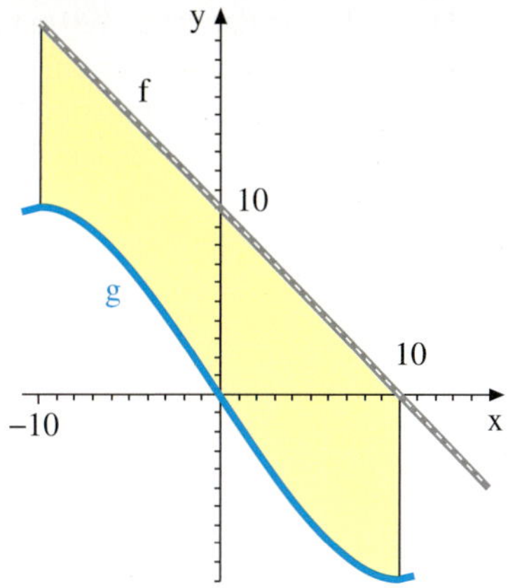

23. Fischlogo

Mac Fish plant als Firmenlogo für die Fenster ein transparentes Symbol. Ein Designer liefert den Entwurf rechts.

a) Bestimmen Sie die quadratischen Parabelgleichungen von f und g.

b) Welchen Inhalt A hat das Logo?

c) Das Logo lässt nur 50 % des Lichtes durch. Wie stark reduziert sich der Lichteinfall des gesamten Fensters?

d) In welchem Bereich ist das Logo mindestens 25 cm hoch?

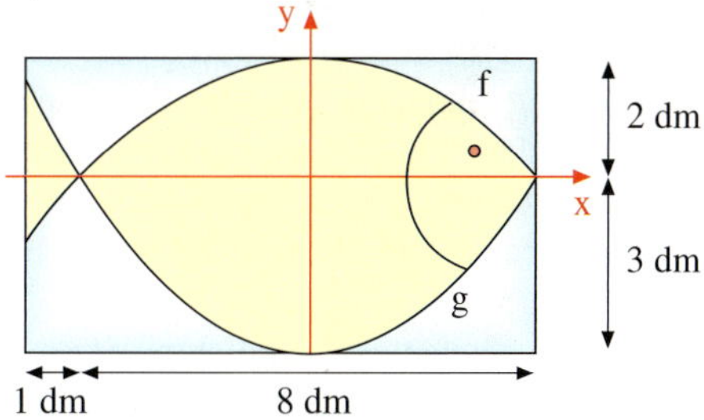

24. Campinganlage

Eine neue Campinganlage wird geplant. Sie soll von der Straße g, dem Küstenabschnitt $f(x) = -\frac{1}{4}x^4 + x^2$ sowie den Geraden h und k begrenzt werden (1 LE = 100 m).

a) Bestimmen Sie die Gleichungen der Parabel g sowie der Geraden h.

b) Welchen Flächeninhalt hat die geplante Anlage insgesamt?

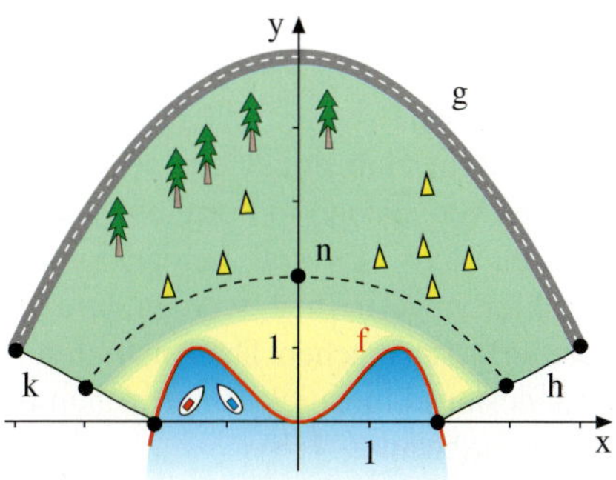

c) Der Bereich zwischen der Straße g und der Parabel n durch A (−3 | 0,5), B (0 | 2) und C (3 | 0,5) soll in je 100 m² große Parzellen geteilt werden. Wie viele Parzellen sind möglich?

25. Thermalbad

Ein Innenarchitekt plant für ein neues Thermalbad einen Whirlpool.

a) Wie lauten die Gleichungen der Randfunktionen f und g? g läuft bei P(4|2) horizontal aus.

b) Wie viele Liter Wasser fasst das 1,5 m tiefe Becken?

c) Wie groß ist der Winkel α, unter dem die Kurven f und g sich im Punkt P(4|2) treffen?

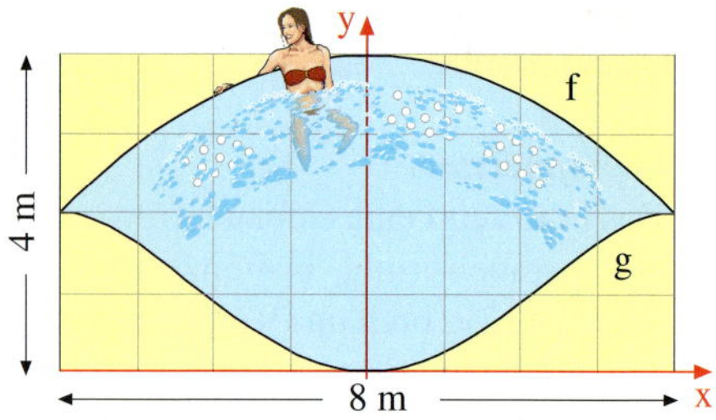

$f(x) = ax^2 + b$

$g(x) = ux^4 + vx^2$

26. Damm

Ein Hang, der 1000 m lang, 100 m breit und 40 m hoch ist, wird durch eine Aufschüttung neu gestaltet, um am oberen Hangende einen horizontalen Übergang zu schaffen.

a) Modellieren Sie die Randkurve f der Aufschüttung durch ein Polynom 2. Grades sowie die Randkurve g des alten Hanges durch eine Gerade.

b) Berechnen Sie das Volumen der Aufschüttung in m^3.

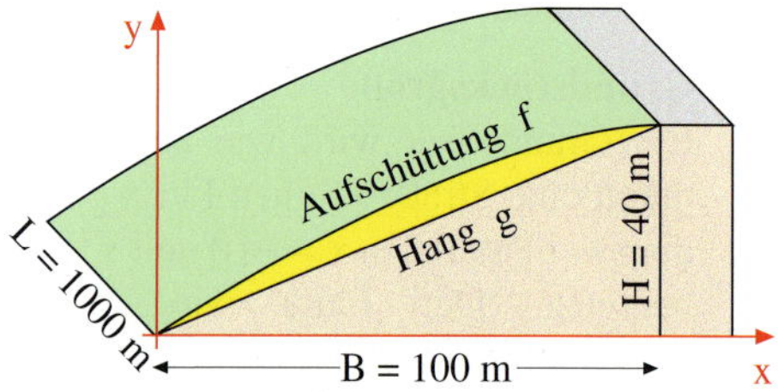

$f(x) = ax^2 + bx + c$

$g(x) = ux$

27. Wippe

Eine Wippe aus Kunststoff hat die abgebildete Form. Obere und untere Berandung können durch Polynome 4. Grades bzw. 2. Grades erfasst werden. Die obere Randkurve läuft horizontal aus. Die Breite der Sitzfläche beträgt 30 cm.

a) Wie lauten die Gleichungen der Randkurven f und g?

b) Wie groß ist die Masse der Wippe? (Dichte Kunststoff: $0{,}7\ g/cm^3$)

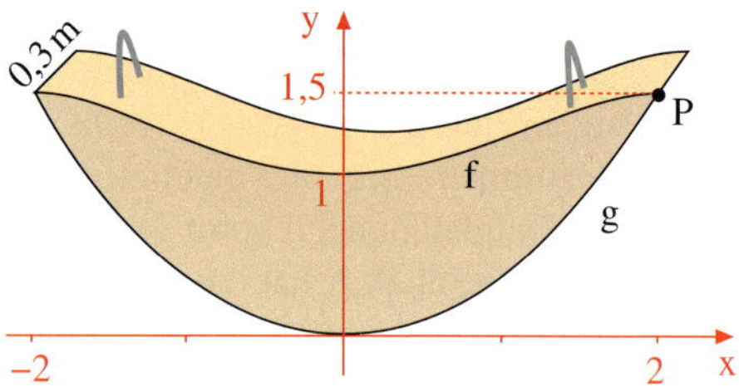

$f(x) = ax^4 + bx^2 + c$ 1 LE = 1 m

$g(x) = ux^2$ P(2|1,5)

28. Vereinslogo

Der Marineclub erhält ein neues 5 m langes Vereinslogo in Form eines stilisierten Wals. Es soll beidseitig mit Zinkfarbe gestrichen werden, um es wetterfest zu machen. Der Anstrich soll mindestens 1 mm dick sein. Reichen 10 Liter Farbe aus?

Hinweis: Zeigen Sie zunächst, dass die Schwanzflosse des Logos 1 m lang ist.

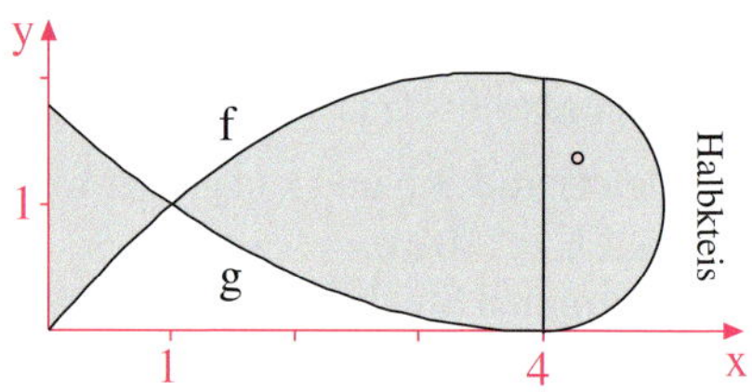

$f(x) = -\frac{1}{6}x^2 + \frac{7}{6}x,\ 0 \le x \le 4$

$g(x) = \frac{1}{9}(x^2 - 8x + 16),\ 0 \le x \le 4$

4. Rekonstruktion von Beständen

Bei zahlreichen Prozessen kennt man die Bestandsfunktion, die den Prozess beschreibt, nicht unmittelbar, sondern nur deren Änderungsrate. Dann ist es möglich, von der Änderungsrate auf den Bestand zurückzuschließen. Man bezeichnet dies als ***Bestandsrekonstruktion***.
Dieses Verfahren soll nun an zwei typischen Beispielen verdeutlicht werden.

A. Rekonstruktion des Bestandes aus der Wachstumsrate

Beispiel: Insel des Todes

Auf der Insel des Todes Quaimada vor der Küste Brasiliens lebt eine giftige Schlangenart, die Lanzenotter. Bei einer Expedition vor 20 Jahren wurde die Schlangenpopulation erfasst. Es lebten damals ca. 2000 Schlangen auf der Insel und die Wachstumsgeschwindigkeit der Population betrug $N'(t) = \frac{1}{30}(23 - 2t)$ (t: Zeit in Jahren; $N'(t)$: Wachstumsgeschwindigkeit zum Zeitpunkt t in Tausend Schlangen/Jahr).

a) Wie groß war der *Zuwachs* an Schlangen in den vergangenen 20 Jahren?
b) Wie lautet die *Bestandsfunktion* der Schlangen, wenn bei der ersten Expedition 2000 Schlangen gezählt wurden?
c) Wann existierten ca. 6000 Schlangen?

Lösung zu a:
Die Änderungsrate N′ ist gegeben. Den Zuwachs ΔN erhalten wir, indem wir die Änderungsrate über das Intervall [0; 20] integrieren, d. h. „aufsummieren“.

Der Zuwachs ΔN entspricht nämlich der „orientierten“ Fläche unter der Funktion der Änderungsrate N′ im Intervall [0; 20].

Wir erhalten ΔN = 2, d. h., es sind 2000 Schlangen hinzugekommen.

Gleichung der Änderungsrate N′:

$N'(t) = \frac{1}{30}(23 - 2t)$

Anschauliche Bedeutung des Zuwachses ΔN als Flächeninhalt:

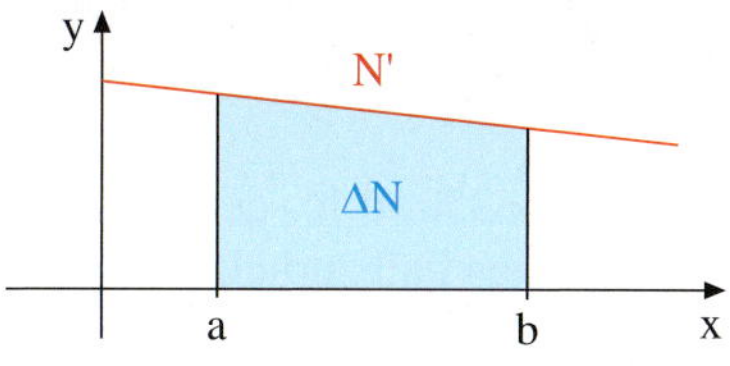

Bestimmung des Zuwachses ΔN:

$$\Delta N = \int_0^{20} N'(t)\,dt = \int_0^{20} \frac{1}{30}(23 - 2t)\,dt$$
$$= \left[\frac{1}{30}(23t - t^2)\right]_0^{20}$$
$$= (2) - (0) = 2$$

Lösung zu b:
Die Funktion der Änderungsrate N′ ist gegeben. Wir bestimmen N als Stammfunktion: $N(t) = \frac{1}{30}(23t - t^2) + C$.

Die Konstante C ergibt sich aus der ***Anfangsbedingung*** $N(0) = 2$, d. h. $C = 2$.

Damit lautet die endgültige Bestandsfunktion $N(t) = \frac{1}{30}(23t - t^2) + 2$.

Bestimmung der Bestandsfunktion N:

$$N(t) = \int \frac{1}{30}(23 - 2t)\,dt = \frac{1}{30}(23t - t^2) + C$$
$$N(0) = 2 \Rightarrow C = 2$$
$$\Rightarrow N(t) = \frac{1}{30}(23t - t^2) + 2$$

Lösung zu c:
Wenn die Bestandsfunktion rekonstruiert ist, kann man leicht weitere Fragestellungen beantworten. Hier führt der Lösungsansatz N (t) = 6 (6000 Schlangen) zum Ziel. Nach 8 Jahren und dann noch einmal nach 15 Jahren war dieser Bestand erreicht.

Zeitbestimmung

$N(t) = 6$

$\frac{1}{30}(23t - t^2) + 2 = 6$

$23t - t^2 = 120$

$t^2 - 23t + 120 = 0 \Rightarrow t = 8 \text{ oder } t = 15$

B. Rekonstruktion des Weges aus der Geschwindigkeit

Beispiel: Fallschirmspringer
Ein Fallschirmspringer springt ab und zählt im Sekundentakt bis 10. Dann zieht er die Reißleine und der Schirm öffnet sich. Seine Geschwindigkeit steigt dabei gemäß der Funktion v (t) = 5 t an.*
a) Welche Strecke hat er bis zum Ziehen der Leine zurückgelegt?
b) Wie lautet seine Weg-Zeit-Funktion s (t)?

Lösung zu a:
Die Geschwindigkeit v ist gegeben. Sie ist bekanntlich die Änderungsrate des Weges s nach der Zeit t. Also gilt v = s′.

Formel für die Änderungsrate:
$v(t) = 5t$
$s'(t) = 5t$

Den Wegzuwachs Δs erhalten wir, indem wir die Geschwindigkeit über das Intervall [0; 10] integrieren, d. h. „aufsummieren".

Der Zuwachs entspricht auch hier der „orientierten" Fläche unter der Geschwindigkeitsfunktion über dem Intervall [0; 10].

Anschauliche Bedeutung des Wegzuwachses Δs als Flächeninhalt:

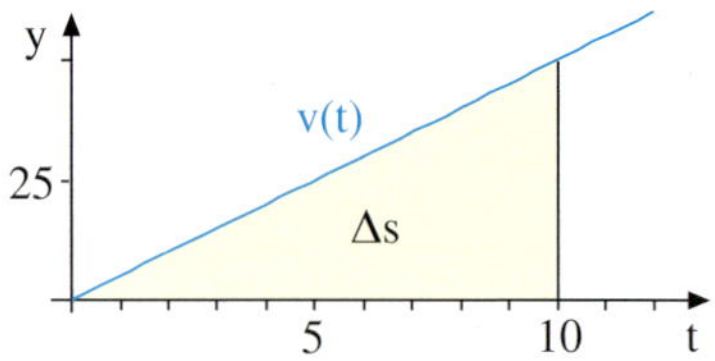

Wir erhalten Δs = 250, d. h., der Springer legt 250 m im freien Fall zurück.

Bestimmung des Wegzuwachses:

$$\Delta s = \int_0^{10} s'(t)\,dt = \int_0^{10} v(t)\,dt = \int_0^{10} 5t\,dt$$
$$= [2{,}5t^2]_0^{10}$$
$$= (250) - (0) = 250\,\text{m}$$

Lösung zu b:
Die Geschwindigkeitsfunktion v ist gegeben. Wir bestimmen s als Stammfunktion: $s(t) = 2{,}5t^2 + C$.

Die Konstante C ergibt sich aus der Anfangsbedingung s (0) = 0, d. h. C = 0.

Damit lautet die endgültige Weg-Zeit-Funktion $s(t) = 2{,}5t^2$.

Bestimmung der Weg-Zeit-Funktion s:

$$s(t) = \int v(t)\,dt = \int s'(t)\,dt = \int 5t\,dt = 2{,}5t^2 + C$$
$$s(0) = 0 \Rightarrow C = 0$$
$$\Rightarrow s(t) = 2{,}5t^2$$

* Aufgrund des Luftwiderstandes beträgt die Fallbeschleunigung im Mittel $5\,\frac{m}{s^2}$ anstelle der normalen $9{,}81\,\frac{m}{s^2}$.

Wir fahren mit einem weiteren Beispiel zu einer Bewegung fort, diesmal ist es ein Abnahmeprozess in Form eines Bremsvorgangs.

Beispiel: Bremsweg

Ein Schlitten wird gebremst. Während des Bremsens wird seine Geschwindigkeit durch die Funktion $v(t) = 40 - 8t$ beschrieben (t in s, v in m/s). Wie lautet die Funktion s für den Bremsweg? Wie lang ist der Bremsweg bis zum Stillstand des Schlittens?

Lösung:
Hier gilt wieder $s'(t) = v(t)$. Um den Weg s zu erhalten, bestimmen wir zunächst wieder das unbestimmte Integral von v.
Es lautet $s(t) = 40t - 4t^2 + C$.
Da $s(0) = 0$ gilt, folgt $C = 0$.
Also gilt $s(t) = 40t - 4t^2$.

Der Schlitten steht still, wenn $v(t) = 0$ ist, also zum Zeitpunkt $t = 5$.
Der Bremsweg bis zum Stillstand ist das bestimmte Integral von v über dem Intervall [0; 5]. Es hat den Wert 100 m.

Gleichung der Funktion s:

Ansatz: $s'(t) = v(t) = 40 - 8t$

$$\Rightarrow s(t) = \int v(t)\,dt = \int (40 - 8t)\,dt = 40t - 4t^2 + C$$

Anfangswert: $s(0) = 0 \Rightarrow C = 0$

$$\Rightarrow s(t) = 40t - 4t^2$$

Berechnung des Bremsweges:

$$\int_0^5 v(t)\,dt = [s(t)]_0^5 = s(5) - s(0) = 100 - 0 = 100\,\text{m}$$

Übung 1 Großstadt

Eine Stadt hat zu Beginn eines Planungszeitraumes 2 Millionen Einwohner. Ein Prognoseinstitut geht davon aus, dass die Änderungsrate der Einwohnerzahl N in den nächsten 20 Jahren durch die lineare Funktion $N'(t) = 0{,}002t + 0{,}05$ modelliert werden kann. Wie lautet die Gleichung von N? Wie viele Einwohner gewinnt die Stadt in dem 20-Jahres-Zeitraum hinzu?

Übung 2 Testfahrt

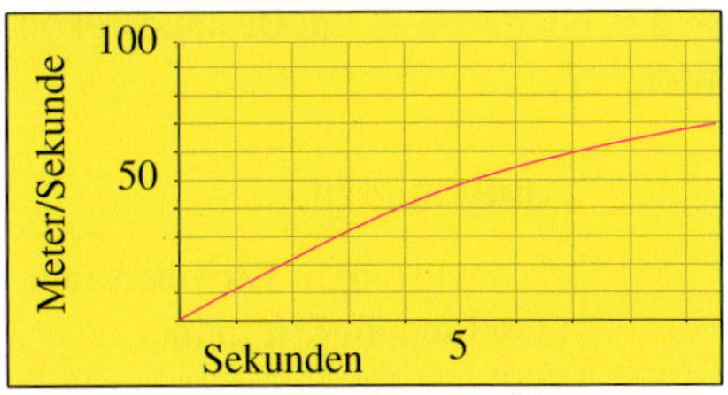

Der Fahrtenschreiber zeichnet bei der Testfahrt eines Sportwagens die Geschwindigkeit v auf. Sie kann durch die quadratische Funktion $v(t) = -\frac{1}{2}t^2 + 12t$ beschrieben werden.
(t in s, v in m/s)

a) Wie lautet die Weg-Zeit-Funktion s des Fahrvorgangs?

b) Nach welcher Zeit kommt das Fahrzeug zum Stehen ($v = 0\,\text{m/s}$)? Welche Strecke hat das Fahrzeug dann insgesamt zurückgelegt?

C. Ein Prozess mit abschnittsweise definierter Änderungsrate

Im folgenden Beispiel tritt sowohl Zuwachs als auch Abnahme auf. Außerdem ist die Änderungsrate nur abschnittsweise definiert und zunächst nur graphisch erfasst.

Beispiel: Steigflug

Ein Heißluftballon ändert seine Steiggeschwindigkeit v gemäß dem abgebildeten Diagramm. Er startet in einer Höhe von 350 m über dem Meeresspiegel.

a) Stellen Sie die Steiggeschwindigkeit als zusammengesetzte Funktion dar.

b) Welcher Höhengewinn wird erzielt?

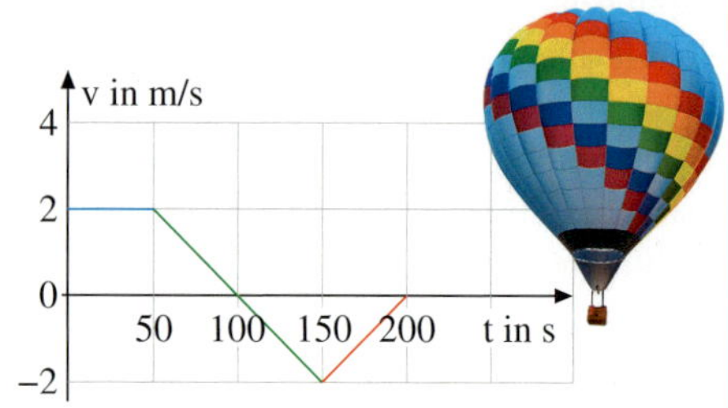

Lösung:

Wir bestimmen zunächst die drei Teilgeraden der Geschwindigkeitsfunktion v und ihre Definitionsmengen.

Geschwindigkeitsfunktion:

$$v(t) = \begin{cases} 2, & 0 \le t \le 50 \\ -0{,}04t + 4, & 50 \le t \le 150 \\ 0{,}04t - 8, & 150 \le t \le 200 \end{cases}$$

Anschließend berechnen wir das bestimmte Integral von v über dem Intervall [0; 200] in drei Schritten.

Es geht zunächst 100 m nach oben, dann weitere 50 m nach oben und gleich darauf wieder 50 m nach unten und schließlich noch einmal 50 m nach unten.

Der Höhengewinn beträgt also in der Bilanz nur 50 m. Der Ballon befindet sich 200 Sekunden nach Beobachtungsbeginn in 400 m Höhe über dem Meeresspiegel.

Berechnung des Höhengewinns:

$$\int_0^{50} 2\,dt = [2t]_0^{50} = 100\,\text{m}$$

$$\int_{50}^{150} (-0{,}04t + 4)\,dt = [-0{,}02t^2 + 4t]_{50}^{150} = 0\,\text{m}$$

$$\int_{150}^{200} (0{,}04t - 8)\,dt = [0{,}02t^2 - 8t]_{150}^{200} = -50\,\text{m}$$

D. Überblick über Prozesse zu Bestandsrekonstruktionen

Wir stellen nun im Überblick einige Anwendungsprozesse dar, bei denen es um Bestandsrekonstruktionen geht und die im Folgenden angesprochen werden.

Prozess	Bestandsfunktion f	Änderungsrate f′
Bevölkerungswachstum	Bevölkerung in Personen	Zuwachsrate in Personen/Jahr
Bewegungsvorgang	Zurückgelegter Weg in m	Geschwindigkeit in m/s
Ballonflug	Höhe des Ballons in m	Steiggeschwindigkeit in m/s
Fassentleerung	Wasserhöhe im Fass in cm	Abnahmerate in cm/min
Lernprozess	Anzahl gelernter Vokabeln in Stück	Lernrate in Stück/min
Festbesuch	Besucheranzahl in Personen	Zustrom/Abstrom in Pers./h
Heizvorgang	Heizkosten eines Jahres in Euro	Kostenrate in Euro/Tag
Staudammleck	Wasserverlust in m^3	Verlustrate in m^3/Tag
Arbeitsvorgang	Verrichtete Arbeit in Joule	Kraft in Joule/m bzw. Newton

E. Exkurs: Etwas Theorie zum Thema „Bestandsrekonstruktionen“

In den vorhergehenden Beispielen wurden im Prinzip jeweils zwei Probleme gelöst:

Problem I: Bestandsfunktion gesucht
Die Änderungsrate f′ einer Funktion f ist gegeben. Die Bestandsfunktion f ist gesucht.

Hier muss weiter noch ein Punkt $P(x_0|y_0)$ des Funktionsgraphen als ***Anfangswert*** gegeben sein, damit das Problem eindeutig lösbar ist. Die Lösung besteht darin, das ***unbestimmte Integral*** von f′ zu bestimmen (blaue Graphen). Die Integrationskonstante C wird dann mit Hilfe des Anfangswertes bestimmt (blauer Graph durch P).

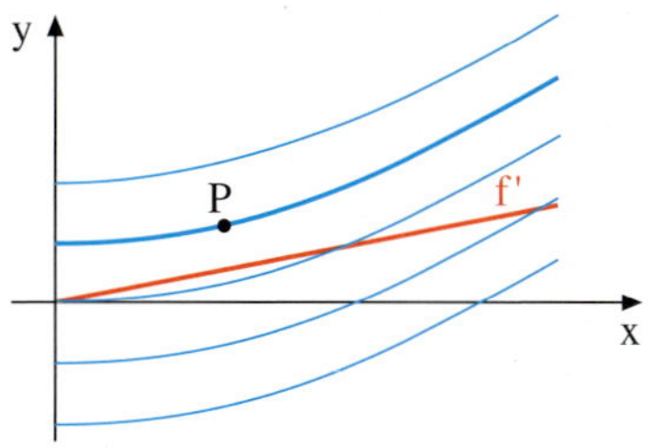

Problem II: Bestandsänderung Δf gesucht
Die Änderungsrate f′ einer Funktion f ist gegeben. Die Bestandsänderung Δf über einem Intervall [a; b] ist gesucht.

Ist die Änderungsrate f′ konstant, so gilt $f'(x) = \frac{\Delta f}{\Delta x}$, woraus $\Delta f = f'(x) \cdot \Delta x$ folgt, Dieses Produkt lässt sich als Flächeninhalt des Rechtecks mit der Breite Δx und der Höhe f′(x) interpretieren.
Δf ist daher der Inhalt der Fläche unter dem Graphen von f′ über [a; b] (Bild 1).

Zuwachs bei konstanter Änderungsrate:

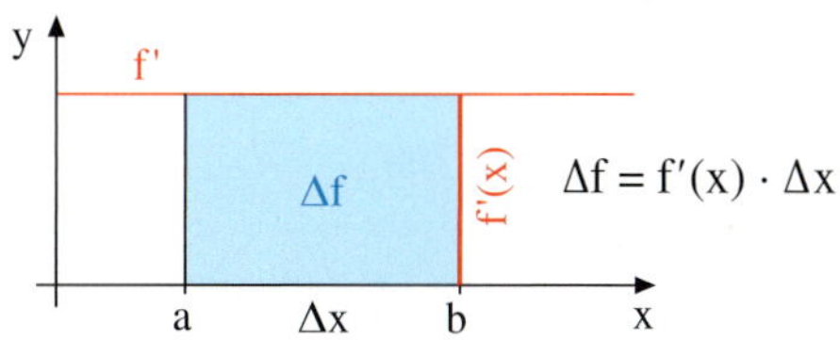

Bild 1

Ist die Änderungsrate f′ variabel wie in Bild 2, so teilt man das Intervall [a; b] in eine Vielzahl kleiner Streifen der gleichen Breite Δx ein. Über jedem dieser Teilintervalle verwendet man als Streifenhöhe die Änderungsrate $f'(x_i)$ in der Intervallmitte.

Wegen $f'(x_i) \approx \frac{\Delta f_i}{\Delta x}$ gilt $\Delta f_i \approx f'(x_i) \cdot \Delta x$. Dieses Produkt kann als Flächeninhalt des i-ten Rechteckstreifens mit der Breite Δx und der Höhe $f'(x_i)$ gedeutet werden. Der gesamte Zuwachs entspricht ungefähr der Summe dieser Rechtecksflächen Δf_i.

Zuwachs bei variabler Änderungsrate:

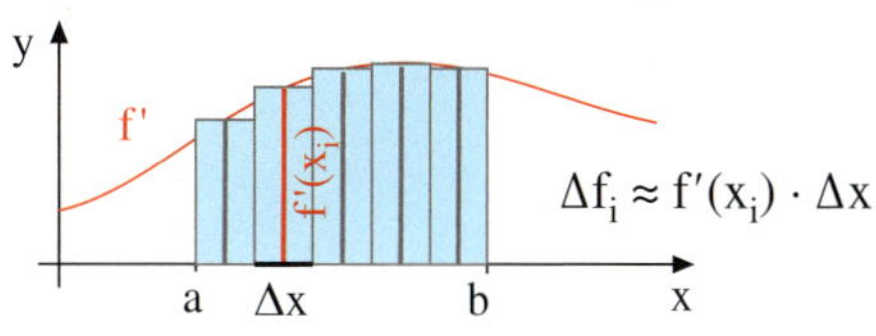

Bild 2

Vergrößert man die Streifenzahl zunehmend bei gleichzeitiger Verminderung der Streifenbreite, so wird klar, dass der Zuwachs Δf auch hier dem ***Flächeninhalt*** unter der Kurve f′ entspricht (Bild 3) und sich als ***bestimmtes Integral*** von f′ über [a; b] berechnen lässt.

Zuwachs Δf als orientierte Fläche:

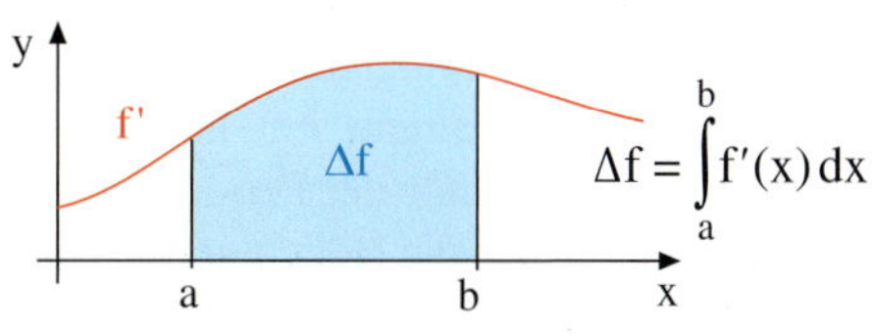

Bild 3

F. Die Berechnung des Wasserstands aus der Abflussrate

Beispiel: Wasserstand

Ein zylindrischer Wasserspeicher ist 300 cm hoch und misst im Durchmesser 60 cm. Er ist bis oben mit Wasser gefüllt, als versehentlich der Abflusshahn geöffnet wird.

Der Wasserstand erniedrigt sich mit der Geschwindigkeit $h'(t) = \frac{1}{54}t - \frac{10}{3}$ (t in min, h' in cm/min).

a) Wie lautet die Gleichung von h?

b) Nach 1,5 Stunden wird der Schaden entdeckt. Welche Wassermenge ging verloren?

Lösung zu a):

Die Funktion h für den Wasserstand kann durch Integration ihrer Änderungsrate h' gewonnen werden:

$h(t) = \frac{1}{108}t^2 - \frac{10}{3}t + C.$

Der Anfangsstand $h(0) = 300$ ist bekannt. Damit kann die Integrationskonstante C ermittelt werden. Wir erhalten $C = 300$.

$h(t) = \frac{1}{108}t^2 - \frac{10}{3}t + 300$

Lösung zu b):

Nach 1,5 Stunden, d.h. nach 90 Minuten hat sich die Wasserstandshöhe um −225 cm verändert und beträgt nur noch 75 cm.

Der Wasserverlust entspricht einem Zylinder mit dem Radius r = 30 cm und der Höhe h = 225 cm.

Das ergibt ca. 636 Liter.

Bestimmung der Gleichung von h:

$h'(t) = \frac{1}{54}t - \frac{10}{3}$

$h(t) = \int \left(\frac{1}{54}t - \frac{10}{3}\right) dt$

$h(t) = \frac{1}{108}t^2 - \frac{10}{3}t + C$

Aus $h(0) = 300$ folgt $C = 300$.

$h(t) = \frac{1}{108}t^2 - \frac{10}{3}t + 300$

Berechnung des Wasserverlustes:

Höhenabnahme:

$\Delta h = \int_0^{90} h'(t)\,dt = [h(t)]_0^{90} = h(90) - h(0)$

$= 75 - 300 = -225$

Wasserverlust:

$\Delta V = \pi \cdot r^2 h = \pi \cdot 30^2 \cdot (-225) = -636173$

$-636173\,\text{cm}^3 \approx -636$ Liter

Übung 3 Spiralblume

Die Wachstumsgeschwindigkeit v einer Spiralblume (flos helica) wurde in einer Graphik erfasst (t in Tage, v in cm/Tag).

a) Modellieren Sie v durch eine quadratische Funktion.

b) Zu Beginn der 3-tägigen Wachstumsperiode ist die Blume 1 m hoch. Wie hoch ist sie am Ende der Periode?

c) Wann ändert sich die Höhe nur noch um 1 cm/Tag? Wie hoch ist die Blume dann?

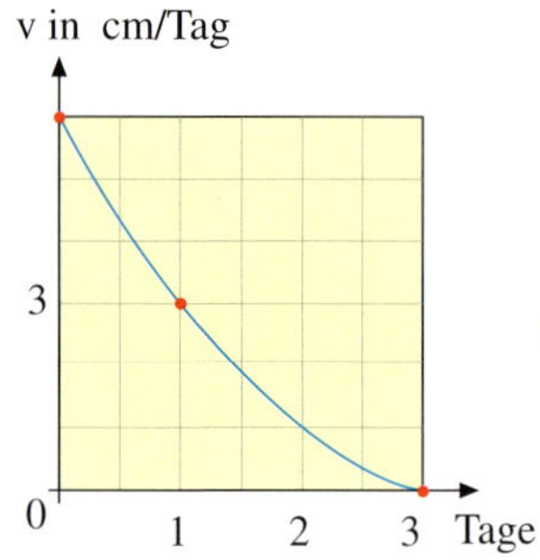

G. Berechnung der Bevölkerung N aus der Änderungsrate N′

Beispiel: Bevölkerungswachstum

Ein Land besitzt 60 Millionen Einwohner. Die Wachstumsrate beträgt zu Beginn 1 Mio. Personen/Jahr und nach 5 Jahren 0,951 Mio. Personen/Jahr.

a) Es wird angenommen, dass die Wachstumsrate gemäß der Funktion $N'(t) = a e^{-bt}$ verläuft. Bestimmen Sie a und b.

b) Wie lautet die Bestandsfunktion N(t)?

c) Wann hat sich die Bevölkerungszahl verdoppelt?

d) Welcher Sättigungsgrenze nähert sie sich langfristig?

Lösung zu a):

Aus $N'(0) = 1$ und $N'(5) = 0{,}951$ ergibt sich durch Einsetzen in den Ansatz $N'(t) = a e^{-bt}$ ein System mit zwei Gleichungen. Wir lösen es mit dem Einsetzungsverfahren und erhalten $a = 1$ sowie $b \approx 0{,}01$.

Resultat: $N'(t) = e^{-0{,}01\,t}$

Bestimmung von a und b

$$\begin{aligned} &\text{Ansatz: } N'(t) = a \cdot e^{-bt} \\ &N'(0) = 1 \quad \Rightarrow a = 1 \\ &N'(5) = 0{,}951 \Rightarrow a \cdot e^{-5b} = 0{,}951 \\ &\Rightarrow 1 \cdot e^{-5b} = 0{,}951 \\ &\Rightarrow -5b = \ln 0{,}951 \\ &\Rightarrow b \approx 0{,}01 \end{aligned}$$

Lösung zu b):

Die Bestandsfunktion N(t) muss durch Integration der Änderungsrate N′(t) rekonstruiert werden.

Wie rechts vorgerechnet ergibt sich als Resultat $N(t) = 160 - 100 \cdot e^{-0{,}01\,t}$.

Bestimmung der Bestandsfunktion N(t)

$$N(t) = \int N'(t)\,dt = \int e^{-0{,}01\,t}\,dt = -100 \cdot e^{-0{,}01\,t} + C$$

$$N(0) = 60 \Rightarrow -100 + C = 60 \Rightarrow C = 160 \Rightarrow N(t) = 160 - 100 \cdot e^{-0{,}01\,t}$$

Lösung zu c):

Zur Berechnung der Verdopplungszeit verwenden wir den Ansatz $N(t) = 2\,N(0)$. Auflösen der Gleichung nach t ergibt eine Verdopplungszeit von ca. 92 Jahren.

Bestimmung der Verdopplungszeit

$$\begin{aligned} N(t) &= 2 \cdot N(0) \\ 160 - 100 \cdot e^{-0{,}01\,t} &= 120 \\ -0{,}01\,t &= \ln 0{,}4 \\ t &\approx 91{,}63 \text{ Jahre} \end{aligned}$$

Lösung zu d):

Wir berechnen den Grenzwert der Bestandsfunktion N(t) für $t \to \infty$. Er beträgt 160. Die Bevölkerungszahl nähert sich also langfristig der Sättigungsgrenze von 160 Millionen Menschen.

Bestimmung der Grenzbevölkerung

$$\text{Grenzbestand} = \lim_{t \to \infty} N(t) = \lim_{t \to \infty} (160 - 100 \cdot e^{-0{,}01\,t}) = 160$$

Übung 4 Bevölkerungswachstum (Fortsetzung)

Betrachtet wird der Wachstumsprozess aus dem obigen Beispiel.

a) Wann sinkt die Wachstumsrate auf 500 000 Personen/Jahr?

b) Wie groß ist die durchschnittliche Wachstumsrate der ersten 50 Jahre?

c) Welcher Bevölkerungszuwachs wird im zweiten Jahrzehnt der Beobachtung erzielt?

H. Die Berechnung der Arbeit W aus der Kraft F

Eine Maschine, die längs ihres Weges s die Kraft F aufbringt, verrichtet die Arbeit $W = F \cdot s$. Dies führt auf die Gleichung $F = \frac{\Delta W}{\Delta s}$ bzw. $F = W'$. Die Kraft ist die Ableitung der Arbeit nach dem Weg: $F = W'$.

Arbeit = Kraft · Weg
$\Delta W = F \cdot \Delta s$
$F = \frac{\Delta W}{\Delta s} \Rightarrow F = W'$

Beispiel: Hubarbeit
Ein Bagger hebt eine Ladung Kies aus dem Meer über eine Höhe von 9 m auf einen Kahn. Beim Heben fließt Wasser ab, so dass sich die benötigte Kraft stetig verringert, und zwar nach der Formel:
$F(s) = 50000 - 9000 \cdot \sqrt{s}$.
(s: Hubweg in m, F: Kraft in N)
Wie lautet die Arbeitsfunktion W? Welche Arbeit wird insgesamt verrichtet?

Lösung:
Die Kraft F ist die lokale Änderungsrate der Arbeit W bezüglich des Weges s.
Daher kann die Arbeitskurve $F(s) = 50000 - 9000 \cdot s^{1/2}$ durch Integration der Kraftkurve gewonnen werden*:
$W(s) = -6000\,s^{3/2} + 50000\,s$.

Die Integrationskonstante ist 0, da zu Beginn des Prozesses noch keine Arbeit verrichtet wurde: $W(0) = 0$.

Die Gesamtarbeit ist das bestimmte Integral der Kraftkurve über dem Wegintervall [0;9]. Sie beträgt 288000 Joule = 288 kJoule.

Gleichung der Arbeitsfunktion W:

$$W(s) = \int F(s)\,ds = \int \left(50000 - 9000 \cdot s^{\frac{1}{2}}\right) ds = -6000 \cdot s^{\frac{3}{2}} + 50000\,s + C$$

$$W(0) = 0 \Rightarrow C = 0$$

$$W(s) = -6000 \cdot s^{\frac{3}{2}} + 50000\,s$$

Berechnung der Gesamtarbeit:

$$\Delta W = \int_0^9 F(s)\,ds = [W(s)]_0^9 = W(9) - W(0) = 288000 - 0 = 288000$$

Übung 5 Bergtour
Bei einer Bergtour wird die Leistung des Fahrers durch $P(t) = -\frac{1}{3240}t^3 + \frac{1}{36}t^2$ erfasst.
(t in min, P in Watt)
Hinweis: Die Leistung P ist die momentane Änderungsrate der Arbeit W nach der Zeit t $\left(P = \frac{\Delta W}{\Delta t}, P = W'\right)$.

a) Wie lautet die Gleichung von W(t)?
b) Welche Arbeit wird bei der 90-minütigen Tour insgesamt erbracht?
c) Wann war die Leistung maximal?

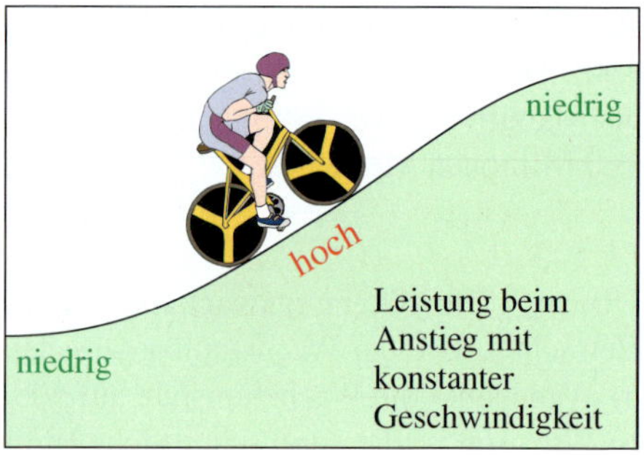

* $\sqrt{s} = s^{\frac{1}{2}}$ wird mit der allgemeinen Potenzregel integriert (siehe S. 28).

I. Berechnung der Manntage aus der Beschäftigtenzahl

Bei großen Bauprojekten wird in Manntagen gerechnet. m = 50 Mann über t = 20 Tage bedeutet M = 1000 Manntage. Es gilt m = M′. Daher berechnet man die Manntage M durch Integration von m.

$$\text{Manntage} = \text{Mann} \cdot \text{Tage}$$
$$\Delta M = m \cdot \Delta t$$
$$m = \frac{\Delta M}{\Delta t} \quad \Rightarrow \quad m = M'$$

Beispiel: Staudammbau

Beim Bau eines Staudamms kann die Anzahl der eingesetzten Männer durch die Funktion $m(t) = 800 - 2t$ beschrieben werden (t in Tagen, m in Personen), $0 \le t \le 400$. Pro Mann und Stunde entstehen Kosten von 30 Euro.

a) Wie lautet die Gleichung der Funktion M(t), welche die Anzahl der Manntage angibt, die bis zum Zeitpunkt t zustande kamen?

b) Wie viele Manntage erfordert der 40-tägige Dammbau insgesamt?

c) Die tägliche Arbeitszeit beträgt 8 Stunden. Welche Arbeitskosten erfordert das Projekt?

Lösung zu a):

Die Funktion m ist die Änderungsrate der Funktion M: m = M′.

Daher kann M durch Integration von m gewonnen werden. Unter Berücksichtigung von M(0) = 0 erhalten wir:

$M(t) = -t^2 + 800t.$

Lösung zu b):

Das gesamte Projekt dauert 400 Tage. Daher werden 160000 Manntage eingesetzt.

Lösung zu c):

Pro Manntag entstehen 240 Euro Kosten. Insgesamt betragen die Arbeitskosten daher 38,4 Millionen Euro.

$$\text{Mann} = \frac{\text{Manntage}}{\text{Tage}} \Rightarrow m = \frac{\Delta M}{\Delta t} \Rightarrow m = M'$$

Bestimmung der Funktion M:

$$M(t) = \int m(t)\,dt = \int (800 - 2t)\,dt$$
$$M(t) = -t^2 + 800t + C$$
Aus M(0) = 0 folgt C = 0
$$M(t) = -t^2 + 800t$$

Berechnung der gesamten Manntage:

$$\Delta M = \int_0^{400} m(t)\,dt = [M(t)]_0^{400} = M(400) - M(0) = 160000$$

Berechnung der Arbeitskosten:

$$\text{Kosten} = \text{Manntage} \cdot \text{Kosten pro Tag} = 160000 \cdot 8 \cdot 30 = 38400000$$

Übung 6 Hochhaus

Für den Bau eines Hochhauses werden 400 Tage eingeplant. Die Anzahl der eingesetzten Arbeiter wird durch die Funktion $a(t) = \frac{1}{450}(-t^2 + 200t + 80000)$ erfasst, t in Tagen, a in Mann. Die Männer arbeiten durchschnittlich sechs Stunden pro Tag. Berechnen Sie den Aufwand in Manntagen.

Übungen

7. Gezeitenkraftwerk

Der Wasserstand im Staubecken eines Gezeitenkraftwerkes verändert sich im Laufe eines Tages durch ein- und ausströmendes Wasser. Die Änderungsrate kann durch die Funktion

$h'(t) = \frac{1}{216}(5t^2 - 120t + 480)$ erfasst werden (t in Stunden, h in m/Std., $0 \leq t \leq 24$). Zur Zeit $t = 0$ beträgt der Wasserstand 5 m.

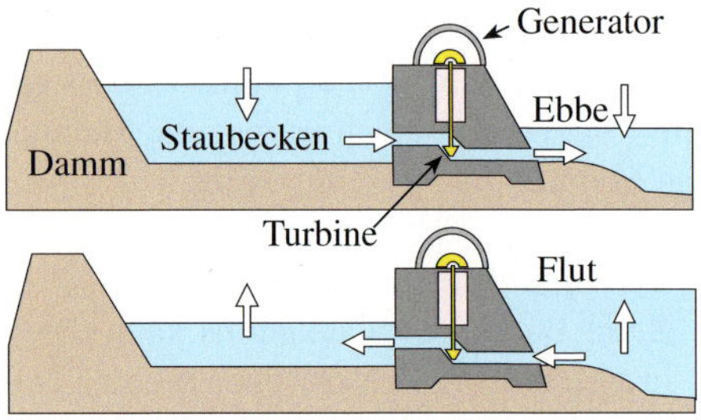

a) Wie lautet die Gleichung von h?
b) Wann war der Wasserstand am höchsten bzw. am niedrigsten?
c) Wann änderte sich der Wasserstand am schnellsten? Wie schnell änderte er sich?

8. Hubschrauberflug

Ein neues Hubschraubermodell wird auf einem Testflug erprobt, der eine Minute dauert. Durch außen angebrachte Staurohre kann die Fluggeschwindigkeit v permanent ermittelt werden. Sie kann durch die Funktion $v(t) = -0{,}012t^2 + 7{,}2t$ erfasst werden (t in s, v in m/s). Welche Flugstrecke legt das Gerät zurück?

9. Besucherzahl

Auf einem Volksfest wird die Änderungsrate der Besucherzahl kontinuierlich festgestellt. Es zeigt sich, dass sie durch $B'(t) = 20t^3 - 300t^2 + 1000t$ erfasst wird.
(t in Std., $B'(t)$ in Besucher/Std.)
Nach einer Stunde sind 405 Besucher anwesend.

a) Wie lautet die Gleichung der Funktion B(t), welche die Besucheranzahl zum Zeitpunkt t angibt?
b) Wie viele Besucher sind 3 Std. nach Eröffnung anwesend?
c) Wie groß ist die maximale Besucherzahl?
d) Wann steigt die Besucherzahl am schnellsten an?
e) In welchen Zeitgrenzen kann das Modell höchstens gelten?

10. Ballwurf

Ein Ball wird in 35 m Höhe senkrecht nach oben geworfen.
Die Abwurfgeschwindigkeit beträgt 30 m/s.

a) Wie lautet die Gleichung der Funktion h, welche die Höhe des Balles zur Zeit t beschreibt?
Hinweis: Die Geschwindigkeitsfunktion lautet: $v(t) = 30 - 10t$.
Dies ist eine zwangsläufige Folge des Gravitationsgesetzes.
b) Mit welcher Geschwindigkeit trifft der Ball auf dem Boden auf?
Wie groß ist die Gipfelhöhe des Balles?

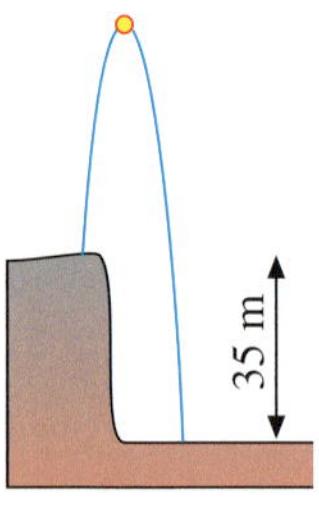

11. Anhalteweg

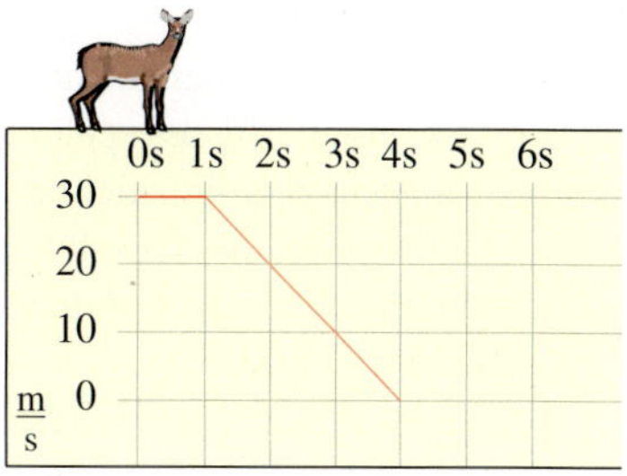

Ein LKW fährt mit einer Geschwindigkeit von 108 km/h, d. h. 30 m/s, als 100 m voraus plötzlich ein Reh auf die Fahrbahn springt. Der Fahrer reagiert eine Sekunde später mit einer Vollbremsung. Von diesem Zeitpunkt an verringert sich seine Geschwindigkeit nach der Formel $v(t) = 30 - 10t$ (t in s, v in m/s). s sei der Bremsweg.

a) Wie lautet die Gleichung von s?
b) Wie lange dauert die Bremsung?
c) Wie groß ist der Anhalteweg (Bremsweg + Reaktionsweg)? Kommt es zu einem Unfall?

12. Ballonflug

Ein Heißluftballon ändert seine Flughöhe h (über Normalnull) mit der Geschwindigkeit $v(t) = -0{,}12\,t^2 + 1{,}2\,t$, er startet zur Zeit $t = 0$ in einer Höhe von 520 m. (t in min, v in m/min)

Fünf Minuten nach dem Start befindet sich der Ballon in einer Höhe von 530 m.

a) Wie lautet die Gleichung der Höhenfunktion?
b) Welche maximale Höhe erreicht der Ballon?
c) Wann befindet sich der Ballon wieder auf Starthöhe?

13. Pyramidenbau

Für den Bau einer Pyramide werden 100 Tage veranschlagt.

Die Anzahl der Arbeiter zur Zeit t wird durch $N(t) = 5 + 0{,}5 \cdot \sqrt{t} - 0{,}1\,t$ erfasst, $0 \leq t \leq 100$. Dabei ist t die Zeit in Tagen und N die Zahl der Arbeiter in Tausend.

a) Skizzieren Sie den Graphen von N.
b) Wann ist die Zahl der Arbeiter maximal?
c) Wann sind 3600 Arbeiter im Einsatz?
d) Wie viele Manntage waren insgesamt erforderlich?

14. Tomatenpflanze

Ein Tomatensetzling besitzt beim Einpflanzen eine Höhe von 5 cm.
Seine Höhe nimmt mit der Geschwindigkeit $v(t) = -0{,}1\,t^3 + t^2$ zu.
(t in Wochen, v in cm/Woche)
Rekonstruieren Sie die Funktion h, die die Höhe der Pflanze erfasst. Klären Sie folgende Fragen:

a) Wie lange dauert die Wachstumsphase?
b) Wie hoch wird die Pflanze maximal?
c) Wie hoch wird die Pflanze zum Zeitpunkt des schnellsten Wachstums sein?

15. Fahrtenschreiber

Der Fahrtenschreiber hat die Geschwindigkeit eines Busses zwischen zwei Haltestationen aufgezeichnet.

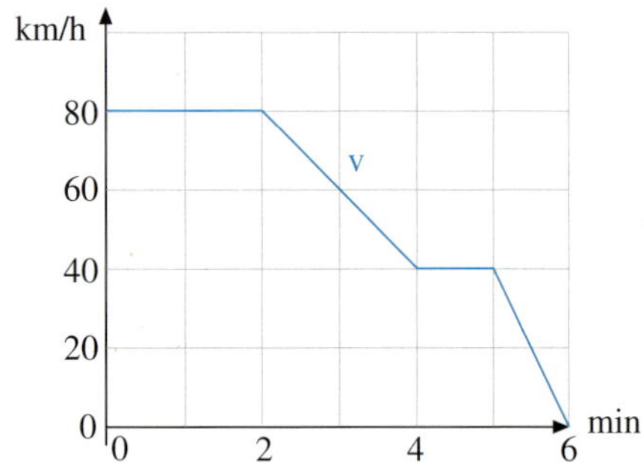

a) Stellen Sie die Geschwindigkeitsfunktion v als abschnittsweise definierte Funktion dar.

b) Wie weit liegen die Haltestellen voneinander entfernt?

c) Welche Durchschnittsgeschwindigkeit wird erzielt?

16. Trainingsprogramm

Eine Skaterin läuft ihr Trainingsprogramm ab, welches ihr die auf dem Smartphone dargestellte Geschwindigkeitskurve vorgibt. Diese Kurve besteht aus vier Teilfunktionen.

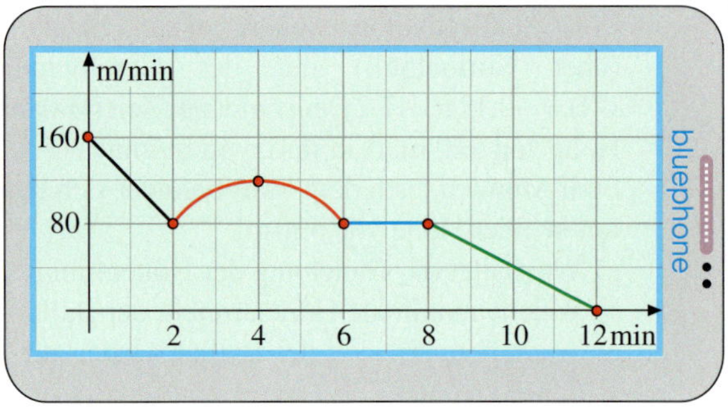

a) Bestimmen Sie die Gleichungen der drei linearen Teilfunktionen f_1, f_3 und f_4. Geben Sie jeweils auch deren Definitionsintervalle an.

b) Die quadratische Teilfunktion f_2 hat die Gleichung $f_2(x) = -10x^2 + 80x - 40$. Bestätigen Sie dies.

c) Wie lang ist die gesamte Laufstrecke der Skaterin?

d) Wie groß ist ihre Durchschnittsgeschwindigkeit?

17. Volksfest

Bei einem Volksfest wird die Zustromrate durch die Funktion $z(t) = -24t^2 + 190t + 500$ und die Abstromrate durch die Funktion $a(t) = -7{,}8t^3 + 78t^2$ bestimmt.
(t: Zeit in Std. seit 12.00 Uhr; z, a: Zu- bzw. Abstromrate in Besucher/Std.)

a) Stellen Sie die Graphen von z und a für $0 \le t \le 10$ dar.

b) Zu welchen Zeitpunkten sind die Raten maximal?
Zeigen Sie, dass für $t \approx 4{,}5\,h$ und $t = 10\,h$ Zustromrate und Abstromrate gleich sind.

c) Wie viele Besucher hatte das Volksfest insgesamt?

d) Wie groß ist die maximale Zahl von Besuchern, die sich gleichzeitig auf dem Volksfest befanden?

e) Zeigen Sie, dass insgesamt alle Besucher das Fest wieder verließen.
Hinweis: Zustromrate und Abstromrate integrieren.

Hubarbeit beim Pyramidenbau

Beim Bau der Pyramiden wurden große Materialmassen schichtweise in die jeweilige Einbauhöhe gehoben. Die hierbei physikalisch mindestens aufgewandte Hubarbeit soll im Folgenden mit Hilfe der Integralrechnung abgeschätzt werden.*

Die Cheopspyramide bei Gizeh wurde vor fast 5000 Jahren als Grabstätte für den Pharao Cheops erbaut. Die Bauzeit betrug 20 Jahre. Zehntausende von Arbeitern wurden gleichzeitig beim Bau des Monuments eingesetzt. Die Hauptarbeit wurde während der jährlichen Überschwemmung der Felder durch den Nil geleistet.

Die Grundfläche der Pyramide maß 230 Meter im Quadrat. Die Höhe betrug 146 Meter. In 210 Gesteinsschichten wurden über 2 Millionen Kalksandsteinblöcke mit Seitenlängen von 0,5 bis 1,5 m verbaut. Wie diese technische Meisterleistung im Einzelnen vollbracht werden konnte, ist bis heute unbekannt. Die Abbildung zeigt die Cheopspyramide mit der Sphinx.

Wir betrachten eine quaderförmige Querschnittsscheibe durch die Pyramide. Diese liege in der Höhe x parallel zur Grundfläche. Ihre Seitenlänge sei a_x und ihre Dicke sei Δx. Für a_x gilt nach dem Strahlensatz die Formel $a_x = \frac{a}{h}(h - x)$.

Die Gewichtskraft der Querschnittsscheibe errechnet sich nach der Formel $F_x = m \cdot g = V_x \cdot \varrho \cdot g$. Wir berechnen zunächst das Volumen V_x dieser Scheibe: $V_x = \frac{a^2}{h^2}(h - x)^2 \cdot \Delta x$.

Durch Multiplikation des Volumens mit der Dichte ϱ des Materials und dem Ortsfaktor g erhalten wir dann die Gewichtskraft F_x der Scheibe.

Der Ortsfaktor g gibt an, welche Gewichtskraft eine Masse von 1 kg auf der planetarischen Oberfläche besitzt.

Auf der Erde hat g den Wert $g = 9{,}81\,\frac{N}{kg}$.

1. Die Seitenlänge der Scheibe

$$\frac{a_x}{h - x} = \frac{a}{h}$$

$$a_x = \frac{a}{h} \cdot (h - x)$$

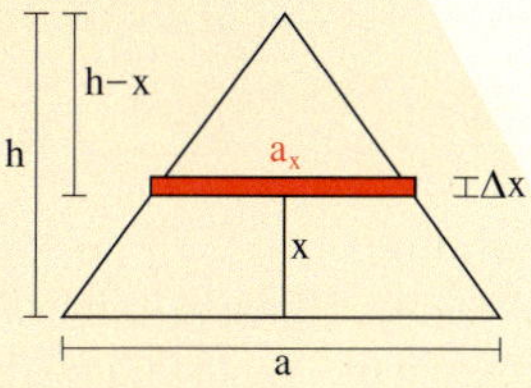

2. Das Volumen der Scheibe

$$V_x = a_x^2 \cdot \Delta x = \frac{a^2}{h^2} \cdot (h - x)^2 \cdot \Delta x$$

3. Die Gewichtskraft der Scheibe

$$F_x = V_x \cdot \varrho \cdot g$$

$$F_x = \frac{a^2}{h^2} \cdot \varrho \cdot g \cdot (h - x)^2 \cdot \Delta x$$

* Der tatsächliche Arbeitsaufwand ist natürlich um ein Vielfaches höher.

Nach einer weiteren Multiplikation mit der Hubhöhe x der Scheibe, vom Boden bis in ihre Liegehöhe x gerechnet, erhalten wir die Hubarbeit für den Einbau der Querschnittsscheibe.

4. Die Hubarbeit für die Scheibe

$$W_x = F_x \cdot x$$

$$W_x = \frac{a^2}{h^2} \cdot \varrho \cdot g \cdot (h - x)^2 \cdot \Delta x \cdot x$$

$$W_x = \frac{a^2}{h^2} \cdot \varrho \cdot g \cdot (x^3 - 2hx^2 + h^2x) \cdot \Delta x$$

Summieren wir nun die Arbeit für den Einbau aller Querschnittsscheiben der Pyramide, so erhalten wir näherungsweise die Hubarbeit für den Bau der gesamten Pyramide. Es handelt sich hierbei um eine Produktsumme der Gestalt $\sum t(x) \cdot \Delta x$.

Lassen wir nun die Anzahl der Scheiben gegen unendlich streben, wobei die Scheibendicke Δx gegen null strebt, so geht die Produktsumme in das bestimmte Integral $\int_0^h t(x)\,dx$ über, das die gesuchte Hubarbeit W exakt angibt.

Die konkrete Berechnung ergibt hierfür den folgenden Wert:

$W = \frac{1}{12} a^2h^2 \cdot \varrho \cdot g.$

5. Die Hubarbeit für die Pyramide

$$W \approx \sum W_x$$

$$= \sum \frac{a^2}{h^2} \cdot \varrho \cdot g \cdot (x^3 - 2hx^2 + h^2x) \cdot \Delta x$$

$$W = \int_0^h \frac{a^2}{h^2} \cdot \varrho \cdot g \cdot (x^3 - 2hx^2 + h^2x) \cdot dx$$

$$= \left[\frac{a^2}{h^2} \cdot \varrho \cdot g \cdot \left(\frac{1}{4}x^4 - \frac{2}{3}hx^3 + \frac{h^2}{2}x^2\right)\right]_0^h$$

$$= \frac{1}{12}a^2h^2 \cdot \varrho \cdot g$$

Für die Cheopspyramide ergibt sich mit den Einsetzungen a = 230 m, h = 146 m, $\varrho = 2500\,\frac{\text{kg}}{\text{m}^3}$ (Dichte von Sandstein) und $g = 9{,}81\,\frac{\text{N}}{\text{kg}}$ (Ortsfaktor, Erdbeschleunigung) für die verrichtete Arbeit der Wert W = 2,3 Billionen Joule. Das entspricht 640 157 kWh (Kilowattstunden).

In Wirklichkeit wurde natürlich erheblich mehr Arbeit aufgewandt wegen der in der Praxis auftretenden Reibungsverluste etc.

Übungen

Übung 1

Welche Hubarbeit muss aufgebracht werden, um einen massiven Sandsteinquader schichtenweise aus Steinblöcken aufzutürmen, wenn die Länge 50 m, die Breite 20 m und die Höhe 40 m betragen sollen? Hinweis: Die Dichte von Sandstein beträgt $2500\,\text{kg/m}^3$.

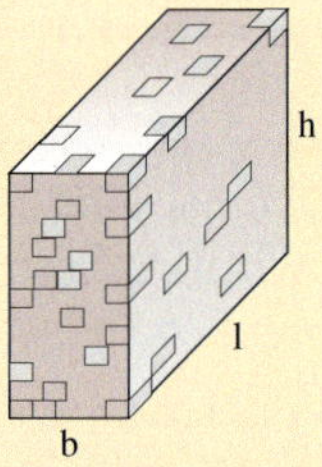

Übung 2

Ein Ameisenhaufen aus sandigem Material (Dichte $1600\,\text{kg/m}^3$) hat die Form eines Kegelstumpfes. Der Grundflächenradius beträgt 1 m, die Höhe beträgt ebenfalls 1 m. Der Neigungswinkel der Böschung ist 60°. Welche Hubarbeit verrichteten die Ameisen beim Bau?

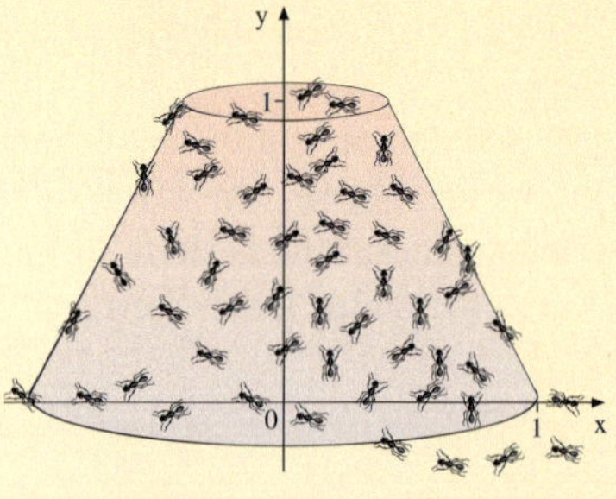

Test

Anwendungen der Integralrechnung (1)

1. Fläche unter Kurven

a) Gesucht ist der Inhalt des rechts abgebildeten markierten Flächenstücks A.

b) Wie groß ist der Inhalt der Fläche A, die vom Graphen der Funktion $f(x) = -x^2 + 4x - 3$ und der x-Achse umschlossen wird?

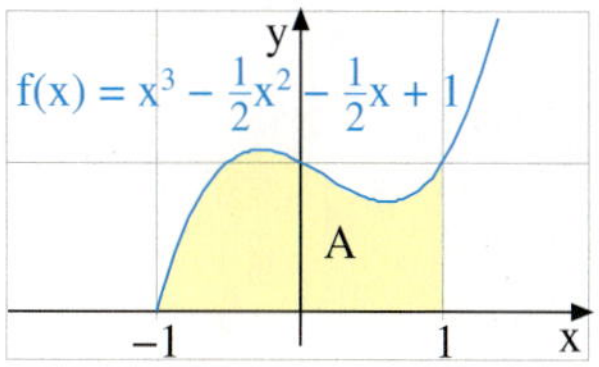

2. Flächen zwischen Kurven

Der Graph von $f(x) = x^2 - 6x + 10$ und die Gerade $g(x) = x$ beranden gemeinsam ein Flächenstück A. Bestimmen Sie die Schnittpunkte von f und g. Fertigen Sie dann eine Skizze an. Berechnen Sie anschließend den Inhalt von A.

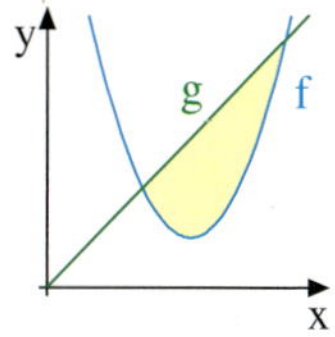

3. Tunnel

Ein 10 m langer Fußgängertunnel aus Beton hat die eingezeichneten Maße. Die innere Berandungsparabel hat die Gleichung $g(x) = -\frac{10}{9}x^2 + \frac{5}{2}$.

a) Bestimmen Sie die Gleichung der äußeren Berandungsparabel f.

b) Wie viel m^3 Beton werden für den Bau des Tunnels benötigt?

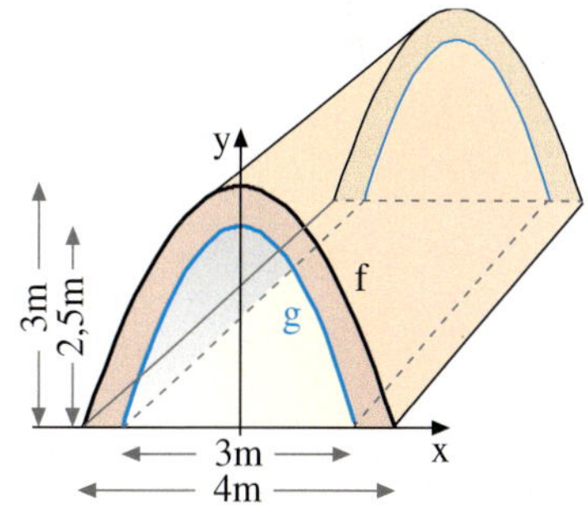

4. Wolfspopulation

Ein Rudel Wölfe hat sein Revier auf einer abgelegenen Halbinsel in Alaska gefunden. Die Wolfspopulation vermehrt sich nun mit der Wachstumsgeschwindigkeit $w'(t) = -0{,}024t^2 + 0{,}12t + 9{,}8$.
t: Zeit in Jahren; w′(t): Wachstumsgeschwindigkeit der Population zur Zeit t in Wölfen/Jahr.

a) Wie viele Wölfe kommen in den ersten zehn Jahren hinzu?

b) Nach 20 Jahren besteht die Population aus 172 Wölfen. Wie viele Tiere waren es zu Beginn?

5. Rekonstruktion einer Bestandsfunktion

Ein Heißluftballon befindet sich in 2000 m Höhe, als der Pilot die Landung einleitet. Die Sinkgeschwindigkeit kann durch die Funktion $v(t) = 0{,}0015t^2 - 0{,}3t$ erfasst werden.
t: Zeit in Sekunden; v(t): Geschwindigkeit in m/s.

a) Wie lautet die Gleichung der Funktion h(t), welche die Höhe des Ballons beschreibt?

b) In welcher Höhe ist der Ballon nach zwei Minuten? Wie schnell sinkt er dann?

c) Die Landung erfolgt weich, d. h. die Sinkgeschwindigkeit ist dann gleich null. Nach welcher Zeit und in welcher Höhe erfolgt die Landung?

Lösungen: S. 312

5. Das Volumen von Rotationskörpern

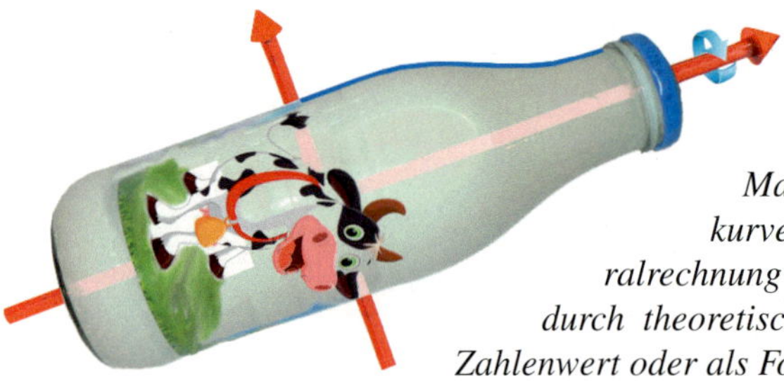

A. Die Rotationsformel

Zahlreiche Körper wie Flaschen, Gläser, Linsen und Kugeln sind rotationssymmtrisch. Man kann ihre Form durch Rotation ihrer Randkurve um die x-Achse erzeugen. Mit Hilfe der Integralrechnung ist es dann möglich, das Volumen des Körpers durch theoretische Rechnungen zu bestimmen, entweder als Zahlenwert oder als Formel.

Die Grundidee hierzu stammt schon von Archimedes. Analog zur Einschachtelung von Flächen durch Rechtecksstreifen kann man ***Rotationskörper*** *durch Zylinderscheiben einschachteln. Die folgende Gegenüberstellung verdeutlicht dies und führt zu einem sehr wirksamen Ergebnis, der* ***Rotationsformel****.*

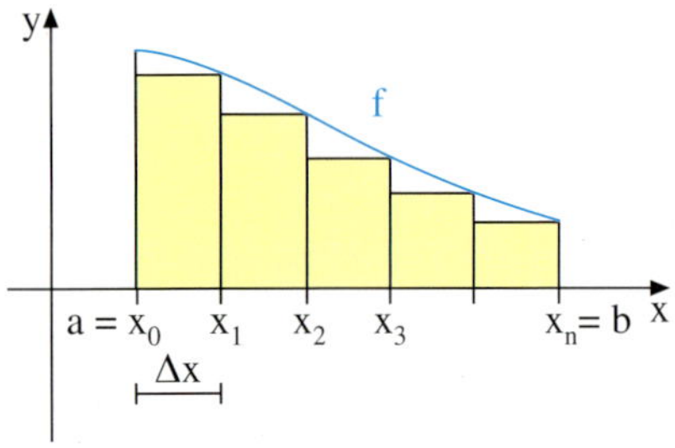

Die ***Fläche*** A unter dem Graphen von f über dem Intervall [a; b] wird nach Archimedes durch eine ***Treppenfläche*** aus n rechteckigen Streifen approximiert.

Der Inhalt dieser Treppenfläche ist eine Produktsumme der Gestalt

$$\sum f(x_i) \cdot \Delta x,$$

denn das Rechteck Nr. i besitzt den Inhalt $f(x_i) \cdot \Delta x$.
Lässt man die Anzahl n der Rechteckstreifen gegen unendlich und ihre Breiten Δx gegen null streben, so strebt die Produktsumme gegen das bestimmte Integral von f(x) in den Grenzen von a bis b.
Daher gilt für den Flächeninhalt A:

$$A = \int_a^b f(x)\,dx.$$

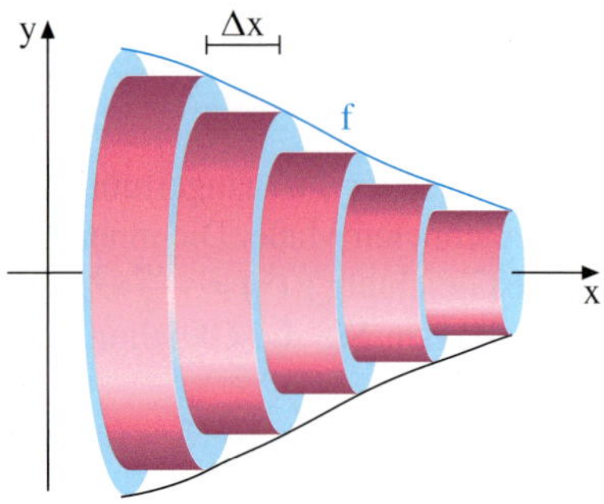

Das ***Volumen*** V des durch Rotation des Graphen von f um die x-Achse über dem Intervall [a; b] entstehenden Körpers wird durch einen ***Treppenkörper*** aus n zylindrischen Scheiben approximiert.
Das Volumen dieses Treppenkörpers ist eine Produktsumme der Gestalt

$$\sum \pi \cdot f^2(x_i) \cdot \Delta x,$$

denn die Scheibe Nr. i besitzt das Volumen $\pi \cdot f^2(x_i) \cdot \Delta x$.
Lässt man die Anzahl n der Scheiben gegen unendlich und ihre Höhe Δx gegen null streben, so strebt die Produktsumme gegen das bestimmte Integral von $\pi \cdot f^2(x)$ in den Grenzen von a bis b.
Daher gilt für das Rotationsvolumen V:

$$V = \pi \cdot \int_a^b (f(x))^2\,dx.$$

Wir fassen das Ergebnis der Betrachtung zur Zylinderscheibenmethode in der folgenden allgemeinen Formel zur Berechnung des Volumens von Rotationskörpern zusammen.

Volumenformel für Rotationskörper

f sei eine über dem Intervall [a; b] stetige und nicht negative oder nicht positive Funktion. Rotiert der Graph von f über dem Intervall [a; b] um die x-Achse, so entsteht ein Rotationskörper, dessen Volumen sich nach folgender Formel berechnen lässt:

$$V = \pi \cdot \int_a^b (f(x))^2\,dx$$

Der Integrand in der Volumenformel ist das Quadrat des Funktionsterms der Randkurve f des Rotationskörpers.

B. Grundlegende Beispiele

Beispiel: Rotation um die x-Achse
Die Parabel $f(x) = \frac{1}{2}x^2$ rotiert über dem Intervall [0; 1] um die x-Achse und erzeugt auf diese Weise einen Rotationskörper. Berechnen Sie das Volumen dieses Körpers.

Lösung:
Der entstehende Rotationskörper ist rechts abgebildet.
Er hat die Form eines Spitzhutes.
Sein Volumen beträgt nach der im Folgenden aufgeführten Rechnung exakt $V = \frac{\pi}{20}$.
Angenähert sind dies also ca. 0,16 VE (Volumeneinheiten).

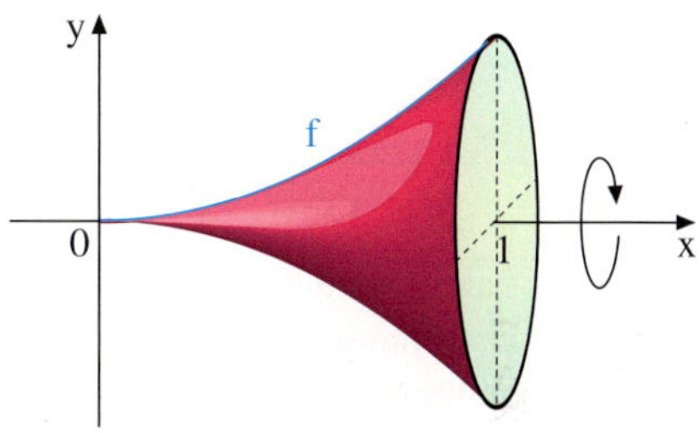

Rechnung:

$$V = \pi \cdot \int_a^b f^2(x)\,dx = \pi \cdot \int_0^1 \left(\tfrac{1}{2}x^2\right)^2 dx = \pi \cdot \int_0^1 \tfrac{1}{4}x^4\,dx = \pi \cdot \left[\tfrac{1}{20}x^5\right]_0^1 = \tfrac{\pi}{20} \approx 0{,}16$$

Übung 1 Die Wurzelfunktion
$f(x) = \frac{3}{2}\sqrt{x}$ rotiert über dem Intervall [0; 9] um die x-Achse. Fertigen Sie eine Skizze an und berechnen Sie das Volumen des entstehenden Rotationskörpers.

Übung 2 Jo-Jo
Das rechts dargestellte Jo-Jo hat eine parabelförmige Kontur. Bestimmen Sie die Parabelgleichung und berechnen Sie das Volumen des Körpers.

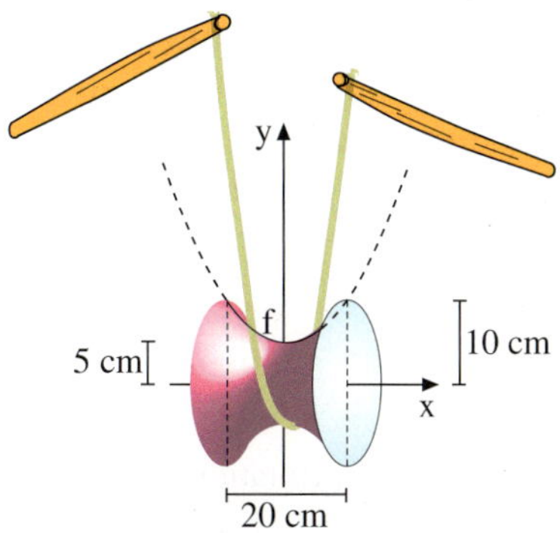

Beispiel: Scheinwerfer
Ein Parabolscheinwerfer hat das Randkurvenprofil $f(x)=\frac{3}{2}\sqrt{x}$. Der Scheinwerfer ist 4 cm lang.
Wie groß ist sein Luftvolumen?

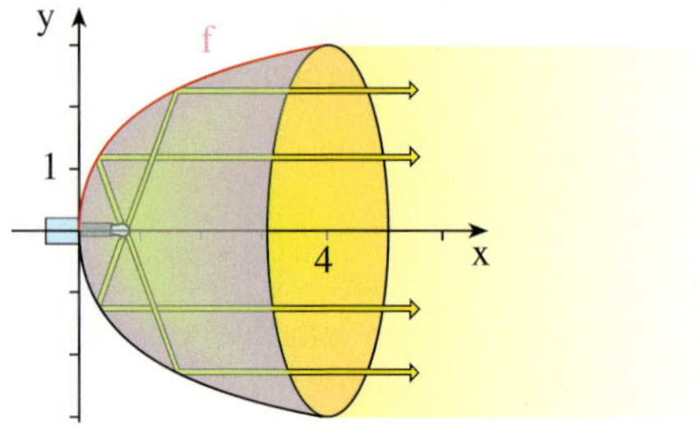

Lösung:
Das Rotationsvolumen berechnet sich folgendermaßen:

$$V=\pi\cdot\int_a^b (f(x))^2\,dx=\pi\cdot\int_0^4\left(\tfrac{3}{2}\sqrt{x}\right)^2 dx=\pi\cdot\int_0^4 \tfrac{9}{4}x\,dx=\pi\cdot\left[\tfrac{9}{8}x^2\right]_0^4=\pi\cdot 18\approx 56{,}55\,\text{cm}^3.$$

Rotiert ein Funktionsgraph statt um die horizontale Achse um eine senkrecht stehende Achse, kann das Volumen des Rotationskörpers ebenfalls berechnet werden. Dazu müssen allerdings die Koordinatenachsen so angeordnet sein, dass die x-Achse nach oben zeigt.

Beispiel: Eisbehälter
Ein Behälter zur Herstellung von Eis hat ein parabelförmiges Profil mit den angegebenen Maßen. Stellen Sie zunächst die Gleichung der Profilkurve auf. Verwenden Sie den Ansatz $f(x)=a\cdot\sqrt{x}$. Errechnen Sie sodann das Fassungsvermögen des Behälters.

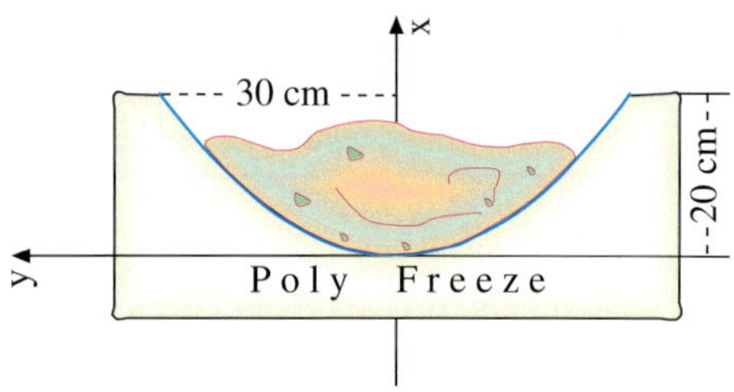

Lösung:
Zuerst ist der Parameter a in der Funktionsgleichung zu bestimmen.
Aus der Zeichnung entnehmen wir, dass f an der Stelle $x=20$ den Funktionswert 30 annimmt: $f(20)=30$.

Diese Werte werden in den Ansatz eingesetzt. Wir erhalten $a=3\sqrt{5}$ und somit die Funktionsgleichung $f(x)=3\sqrt{5x}$.
Nun wird das Rotationsvolumen mit der Rotationsformel berechnet.
Die nebenstehende Rechnung ergibt, dass der Behälter ein Volumen von ca. 28,3 Litern aufweist.

Bestimmung der Funktionsgleichung:
Ansatz: $f(x)=a\sqrt{x}$

$$f(20)=30\Rightarrow a\sqrt{20}=30$$
$$\Rightarrow a=\frac{15}{\sqrt{5}}=3\sqrt{5}$$

Berechnung des Rotationsvolumens:

$$V=\pi\cdot\int_0^{20}(3\sqrt{5x})^2\,dx=\pi\cdot\int_0^{20}45x\,dx$$
$$=9000\pi$$
$$\approx 28\,274{,}33$$
$$28\,274{,}33\,\text{cm}^3\approx 28{,}3\,\text{l}$$

Übung 3 Eiswaffel
Berechnen Sie mit der Rotationsformel das Volumen der Eiswaffel. Stellen Sie zunächst die Gleichung der Randkurve f auf.

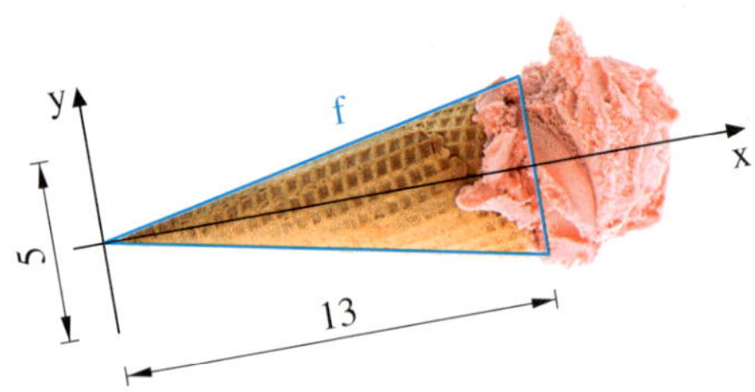

Übung 4 Space-Shuttle

Der Haupttreibstofftank des Space-Shuttle hat die Form eines ***Zylinders*** mit zwei Aufsätzen. Der untere Aufsatz ist näherungsweise ***halbkugelförmig***, der obere Aufsatz hat ***parabolische Form***.

Die Maße sind der Skizze zu entnehmen.

a) Bestimmen Sie zunächst die Gleichung des parabolischen Teils. Verwenden Sie den Ansatz $f(x) = a\sqrt{x}$.

b) Errechnen Sie das Volumen des parabolischen Teils mit der Rotationsformel.

c) Wie groß ist das Gesamtvolumen des Tanks? Verwenden Sie die Formeln für das Zylinder- und Kugelvolumen.

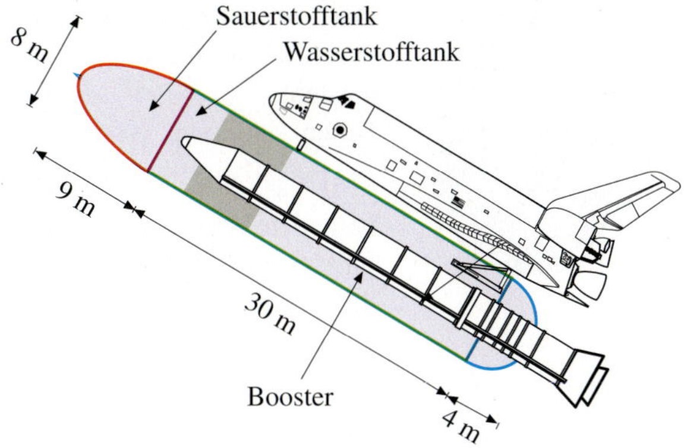

Beispiel: Sektglas

Welches Volumen hat das rechts dargestellte Glas? Die Randkurve ist eine quadratische Parabel vom Typ $f(x) = ax^2$. Hinweis: Beachten Sie, dass die x-Achse nach oben zeigt.

Bestimmung der Parabelgleichung

Aus der Zeichnung kann man ablesen, dass der Punkt $P(8|2)$ auf der Parabel liegt.
Daher gilt $f(8) = 2$, d.h. $64 \cdot a = 2$.
Hieraus folgt $a = \frac{1}{32}$ und $f(x) = \frac{1}{32}x^2$.

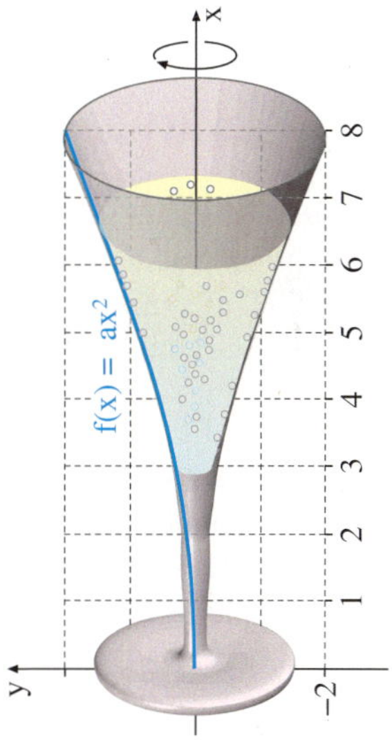

Berechnung des Rotationsvolumens

Das Flüssigkeitsvolumen reicht von $x = 3$ bis maximal $x = 8$.
Daher ergibt sich der Inhalt des Glases nach der Rotationsformel.

$$V = \pi \cdot \int_3^8 \left(\frac{1}{32}x^2\right)^2 dx = \pi \cdot \int_3^8 \frac{1}{1024}x^4\,dx$$

$$= \pi \cdot \left[\frac{1}{5120}x^5\right]_3^8 \approx 19{,}96\,\text{cm}^3$$

Übung 5 Rotation einer Flüssigkeit

Rotiert eine Flüssigkeit, so nimmt deren Oberfläche unter dem Einfluss der Schwerkraft ein parabelförmiges Profil an.

a) Modellieren Sie die Randkurve der Oberfläche durch die Wurzelfunktion $f(x) = a \cdot \sqrt{x}$.

b) Berechnen Sie das Flüssigkeitsvolumen.

c) Wie hoch steht die Flüssigkeit im Glas, wenn es nicht rotiert?
Hinweis: Die x-Achse zeigt nach oben.

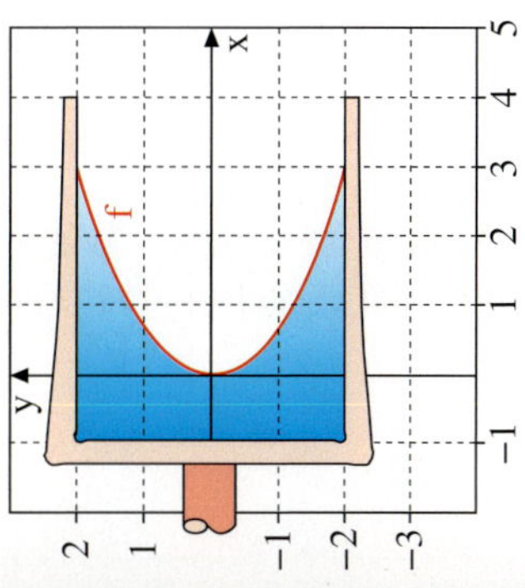

Wir untersuchen nun komplexere Körper. Wir betrachten den Fall, dass nicht nur eine Randkurve den Körper erzeugt, sondern zwei Randkurven, nämlich eine obere und eine untere Randkurve.

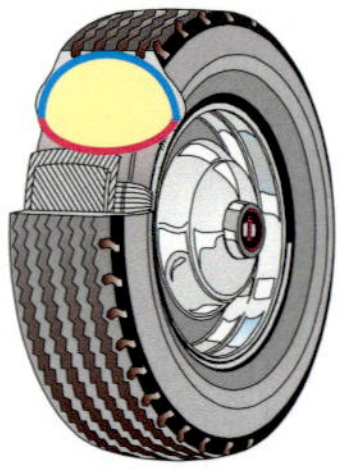

Beispiel: Das Volumen eines Reifens

Der Luftraum eines Reifens kann als Körper betrachtet werden, der durch Rotation der Querschnittsfläche des Reifens um die Radachse entsteht.

Unten ist eine von den Graphen von $f(x) = -\frac{1}{16}x^4 + 4$ und $g(x) = \frac{1}{4}x^2 + 2$ über dem Intervall $[-2;\ 2]$ nach oben bzw. unten berandete Fläche A dargestellt, die bei Rotation um die x-Achse ebenfalls einen reifenähnlichen Körper erzeugt. Gesucht ist das Volumen dieses Körpers. (1 LE = 1 dm)

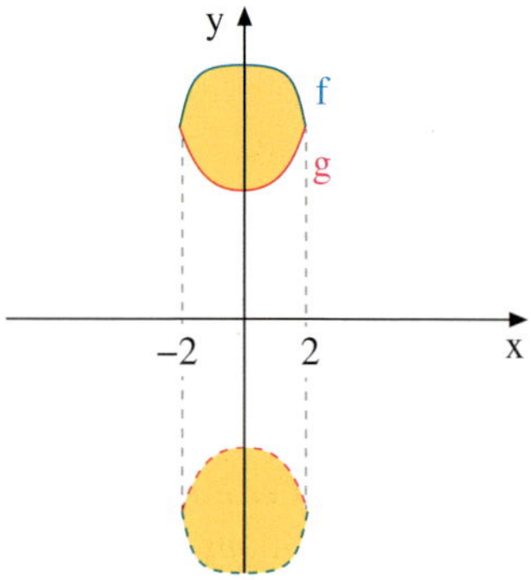

Lösung:
Wir berechnen zunächst das Volumen V_f des Körpers, der durch Rotation der oberen Randkurve f um die x-Achse entsteht.

$$V_f = \pi \cdot \int_{-2}^{2} \left(-\frac{1}{16}x^4 + 4\right)^2 dx = \pi\left[\frac{1}{256} \cdot \frac{x^9}{9} - \frac{1}{2} \cdot \frac{x^5}{5} + 16x\right]_{-2}^{2} \approx 182{,}35$$

Nun errechnen wir das Volumen V_g des Körpers, der durch Rotation der unteren Randkurve g entsteht.

$$V_g = \pi \cdot \int_{-2}^{2} \left(\frac{1}{4}x^2 + 2\right)^2 dx = \pi\left[\frac{1}{16} \cdot \frac{x^5}{5} + \frac{x^3}{3} + 4x\right]_{-2}^{2} \approx 69{,}53$$

Das Volumen V des durch Rotation der Fläche A um die x-Achse entstehenden Körpers ist dann gerade die Differenz:
$V = V_f - V_g \approx 112{,}82\,\text{dm}^3$.

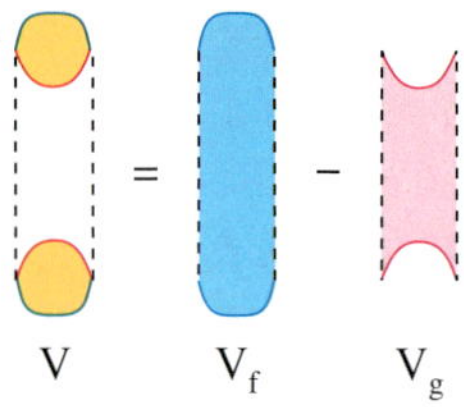

Übung 6 Rotation einer Fläche

Gesucht ist das Volumen des Körpers, der bei Rotation des markierten Flächenstücks A um die x-Achse entsteht. A wird begrenzt von den Funktionen $f(x) = \sqrt{x}$ und $g(x) = x^2$.

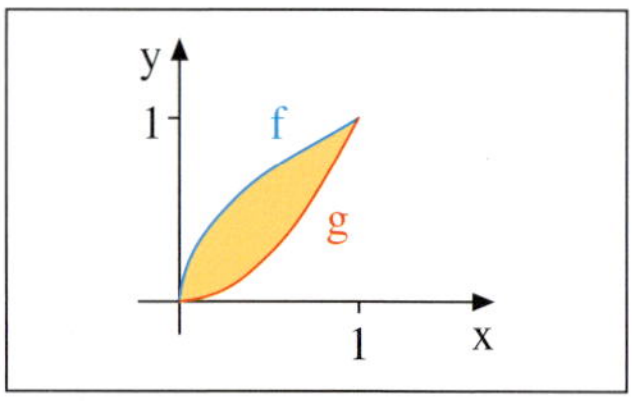

Übung 7 Drei Begrenzungskurven

Gegeben sind die Funktionen $f(x) = 3 - 2x^2$, $g(x) = x$ und $h(x) = 3$, die eine Fläche A umschließen.

a) Berechnen Sie die Begrenzungsschnittpunkte der Funktionen.
b) A rotiert um die x-Achse. Wie groß ist das Volumen des entstehenden Körpers.

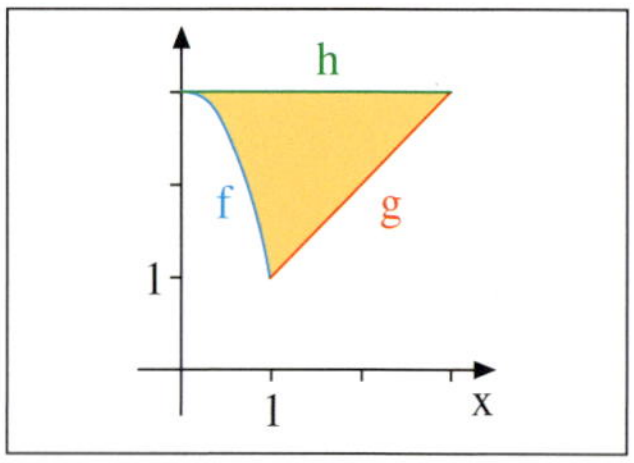

Übungen

8. Rotationsvolumen berechnen
Der Graph von f rotiert über dem Intervall [a; b] um die x-Achse. Bestimmen Sie das Volumen des dabei entstehenden Rotationskörpers.

a) $f(x) = \frac{1}{2}x + 1$ $a = 0, b = 4$
b) $f(x) = \frac{1}{x^2}$ $a = 1, b = 4$
c) $f(x) = \frac{1}{3}x^3 + \frac{2}{3}x$ $a = 1, b = 2$
d) $f(x) = \frac{1}{x^2}$ $a = 2, b = 10$
e) $f(x) = \sqrt{x + 1}$ $a = 0, b = 3$
f) $f(x) = \frac{6}{x}$ $a = 1, b = 6$

9. Rotation einer von zwei Graphen eingeschlossenen Fläche
Die Graphen von $f(x) = \frac{4}{x}$ und $g(x) = 5 - x$ schließen ein Flächenstück A ein, das um die x-Achse rotiert.
a) Ermitteln Sie die Schnittstellen von f und g manuell oder mit dem Rechner.
b) Bestimmen Sie das Volumen des durch Rotation von A entstehenden Körpers.

10. Rotation einer von zwei Graphen begrenzten Fläche
Ein um die x-Achse rotierendes Flächenstück A wird über dem Intervall [1; 3] nach oben durch den Graphen von $f(x) = x + 3$ und nach unten durch den Graphen von $g(x) = \frac{1}{3}x^2$ begrenzt. Seitlich bilden die senkrechten Geraden $x = 1$ und $x = 3$ den Abschluss. Berechnen Sie das Volumen des Rotationskörpers.

11. Rotation eines Dreiecks
Das Dreieck mit den Eckpunkten A(0|0), B(4|2) und C(0|2) rotiert um die x-Achse. Berechnen Sie das Volumen des entstehenden Rotationskörpers.

12. Rotation einer durch zwei Graphen und die x-Achse begrenzten Fläche
Die Funktion $f(x) = -x^2 + 6$, die Gerade $g(x) = x$ und die x-Achse schließen im ersten Quadranten ein Flächenstück A ein, das um die x-Achse rotiert.
Wie groß ist das Volumen des Rotationskörpers, der auf diese Weise erzeugt wird?

13. Zerlegung eines Rotationskörpers in gleich große Teilkörper
Der Graph von $g(x) = \sqrt{x}$ rotiert über dem Intervall [1; 4] um die x-Achse.
a) Berechnen Sie das Volumen des so erzeugten Rotationskörpers.
b) Der Körper aus a) wird durch einen zur x-Achse senkrechten Schnitt in zwei Hälften zerteilt. An welcher Stelle x zwischen 1 und 4 muss der Schnitt angesetzt werden, damit das Rotationsvolumen aus a) halbiert wird?

14. Ringförmiger Rotationskörper
Die rechts abgebildete Fläche A rotiert um die x-Achse und erzeugt dabei einen ringartigen Körper.
a) Bestimmen Sie die erforderlichen Schnittstellen von f, g und h.
b) Berechnen Sie das Volumen des Körpers

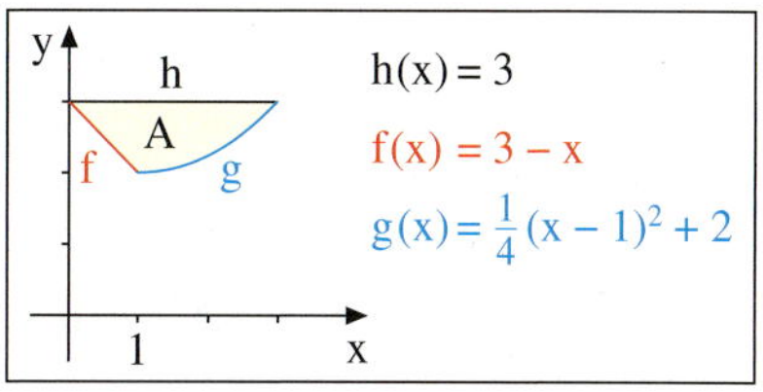

C. Allgemeine Volumenformeln

Mit der allgemeinen Volumenformel lassen sich zahlreiche Volumenformeln herleiten. Wir zeigen dies am Beispiel des ***Kegels*** und der ***Kugel***.

Beispiel: Das Volumen des Kegels
Die Formel für das Volumen eines geraden Kreiskegels mit dem Radius r und der Höhe h soll bestimmt werden.

Lösung:
Idee: Anwendung der allgemeinen Volumenformel auf eine Strecke.

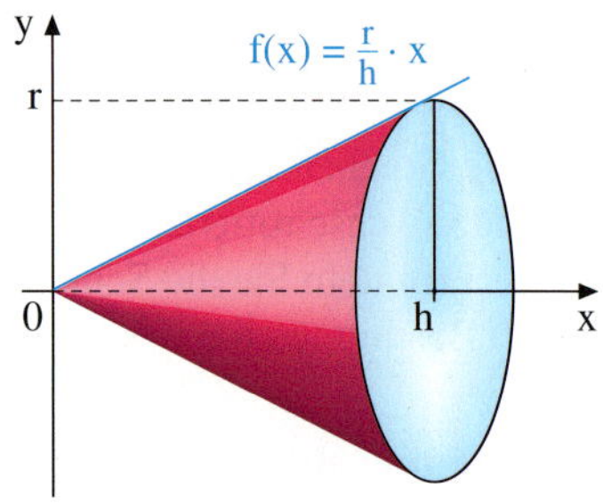

Wir legen einen Querschnitt des Kegels wie abgebildet in ein Koordinatensystem.
Die Randkurve f ist dann die Gerade $f(x) = mx$.
Die Steigung der Geraden ist $m = \frac{r}{h}$. Daher gilt für die Randkurve des Kegels: $f(x) = \frac{r}{h} \cdot x$.
Das Rotationsintervall ist [0; h]. Die allgemeine Volumenformel liefert uns nach folgender Rechnung die bekannte Volumenformel $V = \frac{1}{3}\pi r^2 h$ für den Kegel.

$$V = \pi \cdot \int_a^b f^2(x)\,dx = \pi \cdot \int_0^h \left(\frac{r}{h} \cdot x\right)^2 dx = \pi \cdot \int_0^h \frac{r^2}{h^2} \cdot x^2\,dx = \pi \cdot \left[\frac{r^2}{h^2} \cdot \frac{1}{3}x^3\right]_0^h = \frac{1}{3}\pi r^2 h$$

Beispiel: Das Volumen der Kugel
Eine Kugel mit dem Radius r hat das Volumen $V = \frac{4}{3}\pi r^3$. Leiten Sie diese Formel mit Hilfe der allgemeinen Volumenformel her.

Lösung:
Idee: Anwendung der allgemeinen Volumenformel auf einen Halbkreis.

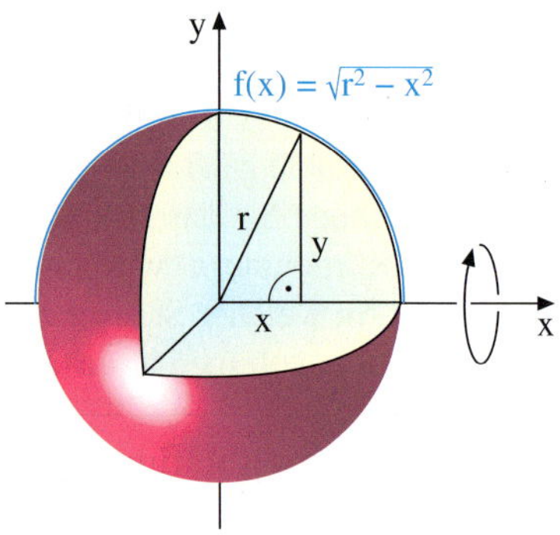

In der Zeichnung sieht man, dass der Radius r die Hypotenuse eines rechtwinkligen Dreiecks ist. Die beiden Katheten haben die Längen x und y. Also gilt nach dem Satz des Pythagoras $x^2 + y^2 = r^2$.
Auflösen nach y ergibt $y = \pm\sqrt{r^2 - x^2}$.
Der obere Halbkreis hat also die Funktionsgleichung $f(x) = \sqrt{r^2 - x^2}$.
Die Kugel entsteht durch Rotation des oberen Halbkreises um die x-Achse. Ihr Volumen erhalten wir daher mit der allgemeinen Volumenformel:

$$V = \pi \cdot \int_a^b f^2(x)\,dx = \pi \cdot \int_{-r}^r \left(\sqrt{r^2 - x^2}\right)^2 dx = \pi \cdot \int_{-r}^r (r^2 - x^2)\,dx = \pi \cdot \left[r^2 x - \frac{1}{3}x^3\right]_{-r}^r = \frac{4}{3}\pi r^3$$

Übungen

15. Zylindervolumen

Die Formel für das Volumen eines Zylinders mit dem Radius r und der Höhe h soll gewonnen werden.

a) Der ***Zylinder*** lässt sich als Rotationskörper darstellen. Begründen Sie dies anhand der Abbildung.

b) Stellen Sie mit Hilfe der Rotationsformel die Formel für das Volumen eines Zylinders auf.

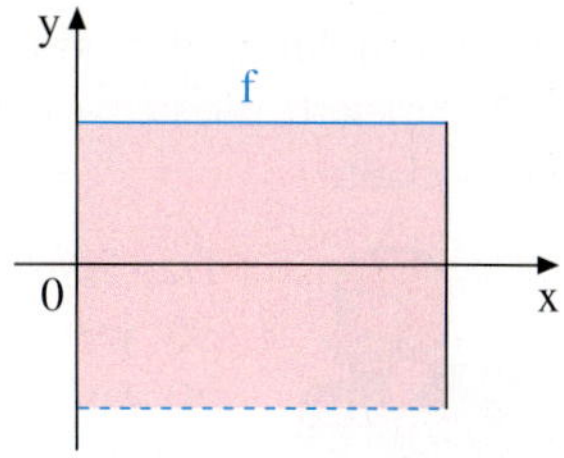

16. Kugelkappe

Die Formel für das Volumen einer ***Kugelkappe*** soll hergeleitet werden.

Der Radius der Kugel sei r, die Höhe der Kugelkappe sei h.

Verwenden Sie die Funktionsgleichung des oberen Halbkreises $f(x) = \sqrt{r^2 - x^2}$.

$$V = \pi \cdot \left(rh^2 - \frac{1}{3}h^3\right)$$

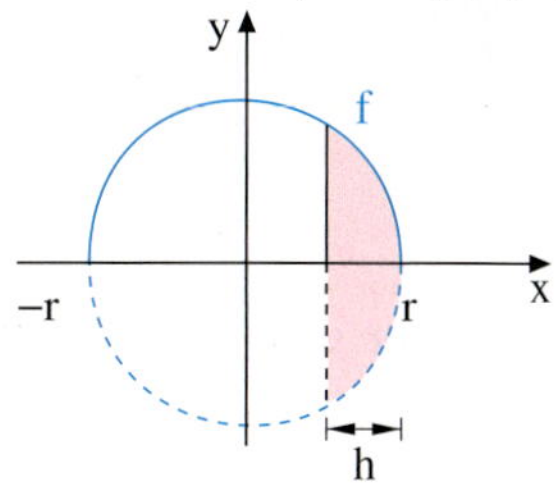

17. Ellipsoid

Eine Ellipse mit der großen Halbachse a und der kleinen Halbachse b hat die Gleichung

$\left(\frac{x}{a}\right)^2 + \left(\frac{y}{b}\right)^2 = 1.$

Auflösen nach y ergibt $y = \pm b \cdot \sqrt{1 - \left(\frac{x}{a}\right)^2}$.

Durch Rotation der oberen Halbellipse

$f(x) = b \cdot \sqrt{1 - \left(\frac{x}{a}\right)^2}$ um die x-Achse entsteht ein ***Ellipsoid***.

Leiten Sie eine Formel für das Volumen des Ellipsoiden mit Hilfe der Rotationsformel her.

$$V = \frac{4}{3}\pi \cdot b^2 a$$

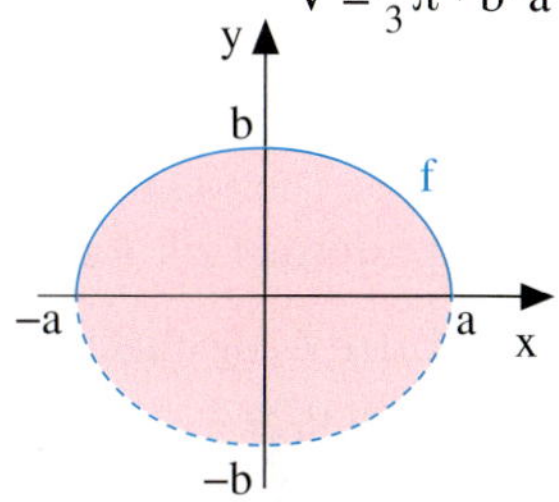

18. Fass

Das abgebildete ***Fass*** hat ein parabelförmiges gebogenes Randprofil f.

Der Minimaldurchmesser sei r, der Maximaldurchmesser sei R, die Höhe sei h.

Verwenden Sie für die obere Randkurve des Fasses den Ansatz $f(x) = ax^2 + b$.

Bestimmen Sie a und b in Abhängigkeit von r, R und h.

Leiten Sie dann die ***Keplersche Fassformel*** mit der Rotationsmethode her.

$$V = \frac{h}{15} \cdot \pi \cdot (8R^2 + 4Rr + 3r^2)$$

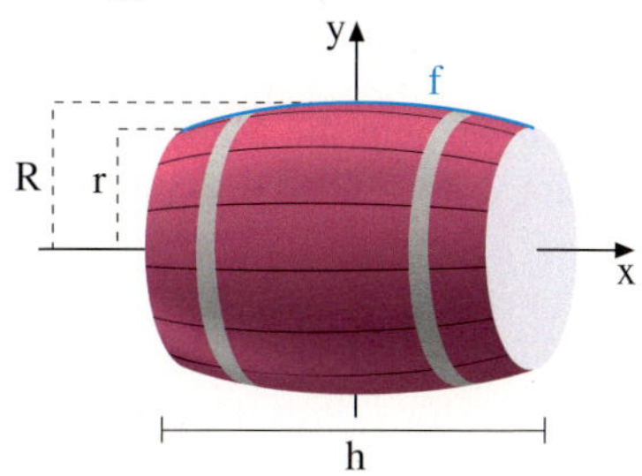

American Football

American Football ist eine Mannschaftssportart mit zwei Teams zu je 11 Spielern, die sich im 19. Jahrhundert aus dem englischen Rugby entwickelte.

Das Spielfeld ist ein Rechteck, 100 yards lang und 50 yards breit. Jede Mannschaft verteidigt eine 10 yards breite Endzone und versucht selbst, den Ball in die gegnerische Endzone zu tragen, zu passen oder zu treten.

Der Football ist ein eiförmiger Hohlball aus Leder mit einer luftgefüllten Gummiblase. Sein Durchmesser beträgt an der Längsachse 28,58 cm, an der Querachse 17,94 cm. Er ist zwischen 395 und 425 g schwer.

Volumen des Footballs

Der Football soll durch eine rotierende Parabel modelliert werden. Mit Hilfe dieses Modells soll das Volumen des Balles theoretisch bestimmt werden.

Lösungsansatz:
Man legt ein Koordinatensystem in die Ballmitte. Für die Parabel wird der Ansatz $f(x) = ux^2 + v$ verwendet. Die Koeffizienten u und v bestimmt man aus den Maßen des Balles. Dann kommt die Rotationsformel zur Anwendung.

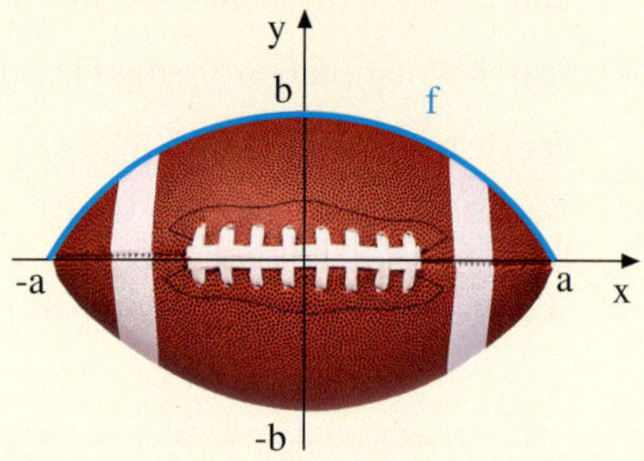

2a sei der Längsdurchmesser des Balles und 2b der Querdurchmesser.

Der Ansatz $f(x) = ux^2 + v$ führt dann wegen $f(0) = b$ und $f(a) = 0$ auf die Parabel $f(x) = -\frac{b}{a^2}x^2 + b$.

Die Berechnung des zugehörigen Rotationsvolumens lautet daher:

$$V = \pi \int_{-a}^{a} \left(-\frac{b}{a^2}x^2 + b\right)^2 dx = \pi \left[\frac{b^2}{a^4}\frac{x^5}{5} - \frac{2b^2}{a^2}\frac{x^3}{3} + b^2 x\right]_{-a}^{a} = \frac{16}{15}\pi \cdot b^2 a$$

Setzen wir nun die Maße des Footballs ein, d.h. $a = 14{,}29$ und $b = 8{,}97$, so erhalten wir als Volumen des Balles $V = 3853\,\text{cm}^2$.

Übung

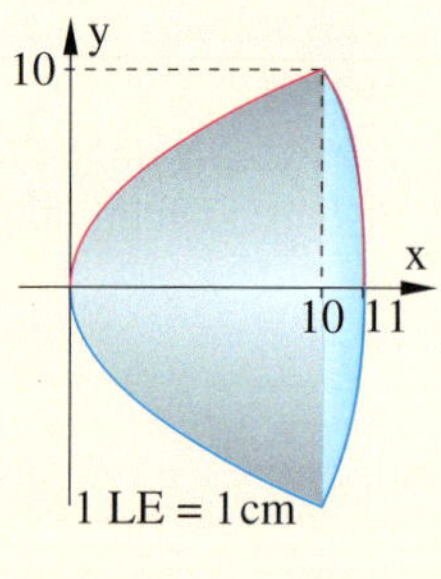

Scheinwerfer
Bestimmen Sie angenähert das Innenvolumen des rechts abgebildeten Scheinwerfers.
Modellieren Sie seine beiden Umrisse durch zwei Wurzelfunktionen der Form $f(x) = c \cdot \sqrt{x}$ und $g(x) = a \cdot \sqrt{b - x}$.

D. Das Eivolumen

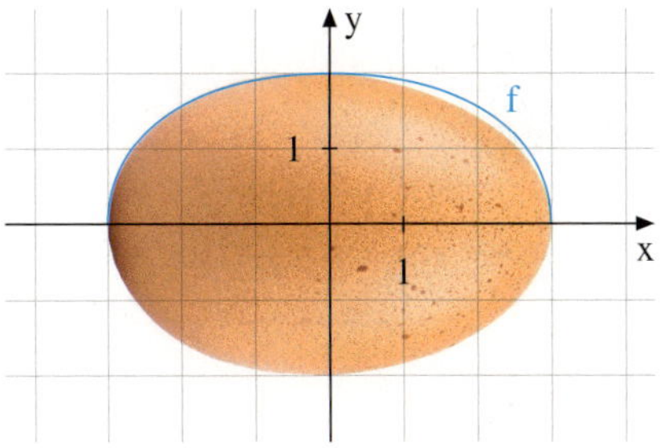

Ei als Ellipsoid
Foto eines Hühnereis 1 LE = 1 cm

Ein Ei lässt sich nur schwer in mathematischer Form beschreiben. Am nächsten kommen seiner Profilkurve noch die sog. Cassinischen Kurven, die der italienische Astronom Giovanni Domenico Cassini im 16. Jahrhundert zur Beschreibung von Planetenbahnen entwickelte. Leider ist die Theorie der Cassinischen Kurven zu kompliziert, um hier entwickelt werden zu können. Wie modellieren daher das Ei als Ellipse, was auch angenähert passt, oder mit Hilfe von Parabeln.

Beispiel: Das Volumen eines Hühnereies

Bestimmen Sie das Volumen des oben als Foto abgebildeten Eies. Gehen Sie davon aus, dass die obere Profilkurve des Eies angenähert eine Ellipse ist. Die Formel für eine Ellipse lautet $\left(\frac{x}{a}\right)^2 + \left(\frac{y}{b}\right)^2 = 1$, wobei a der horizontale und b der vertikale Halbmesser der Ellipse ist.

Lösung:

Wir machen zunächst aus der Ellipsengleichung einen Funktionsgleichung, indem wir diese nach y auflösen.

Wir erhalten für die obere Profilkurve der Ellipse nach nebenstehender Rechnung

$$f(x) = +b \cdot \sqrt{1 - \frac{x^2}{a^2}}.$$

Aus der Grafik oben lesen wir die Parameterwerte a = 3 und b = 2 ab, so dass folgt:

$$f(x) = 2 \cdot \sqrt{1 - \frac{x^2}{9}}.$$

Nun lassen wir diese Profilkurve um die x-Achse rotieren. Der entstehende Rotationskörper stellt das Ei dar.

Mit der Rotationsformel berechnen wir nun das Volumen des Eies.

Wir erhalten ein Volumen von ca. $50\,cm^3$, was der Realität* recht nahe kommt.

Funktionsgleichung zur Ellipse

$$\left(\frac{x}{a}\right)^2 + \left(\frac{y}{b}\right)^2 = 1$$

$$\left(\frac{y}{b}\right)^2 = 1 - \left(\frac{x}{a}\right)^2$$

$$\frac{y}{b} = \pm\sqrt{1 - \left(\frac{x}{a}\right)^2}$$

$$y = \pm b \cdot \sqrt{1 - \frac{x^2}{a^2}}$$

Volumen des Eies

$$V = \pi \cdot \int_{-3}^{3} \left(2 \cdot \sqrt{1 - \frac{x^2}{9}}\right)^2 dx$$

$$= \pi \cdot \int_{-3}^{3} 4 \cdot \left(1 - \frac{x^2}{9}\right) dx$$

$$= \pi \cdot \left[4x - \frac{4}{27}x^3\right]_{-3}^{3}$$

$$= \pi \cdot ((+8) - (-8))$$

$$= 16\pi \approx 50{,}26\,cm^3$$

Übung 19 Modellierung des Eies durch zwei Parabeln.

Die linke Hälfte des oben abgebildeten Eies soll durch eine Wurzelfunktion f_1 modelliert werden. Verwenden Sie den Ansatz $f_1(x) = a\sqrt{x+3}$, $-3 \le x \le 0$.

a) Begründen Sie die Form des Ansatzes. Berechnen Sie a.

b) Bestimmen Sie das Eivolumen mit Hilfe der Rotationsformel.

c) Vergleichen Sie mit dem Ergebnis der elliptischen Modellierung aus dem Beispiel oben. Welche Schwächen hat das Parabelmodell?

---

* Durchschnittsvolumen eines Hühnereies: ca. $53\,cm^3$

Übungen

20. Welche Methode ist richtig?

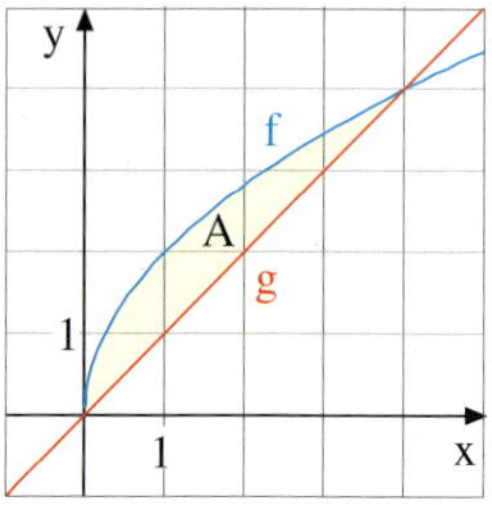

A sei die Fläche zwischen dem Graphen von $f(x) = 2\sqrt{x}$ und $g(x) = x$ über dem Intervall [0,4].
A rotiert um die x-Achse und erzeugt so einen Rotationskörper, dessen Volumen V berechnet werden soll.

a) Überprüfen Sie, welche der beiden angegebenen Lösungsformeln die Richtige ist.
Begründen Sie Ihre Einschätzung.

Formel 1: $V = \pi \cdot \int_0^4 ((f(x))^2 - (g(x))^2)\,dx$ Formel 2: $V = \pi \cdot \int_0^4 (f(x) - g(x))^2\,dx$

b) Berechnen Sie das gesuchte Volumen V.

c) Die falsche Formel aus a) liefert das Volumen eines anderen Rotationskörpers. Erläutern Sie, welche Fläche A_2 man in diesem Fall um die x-Achse rotieren lassen muss.

21. Design einer Flasche

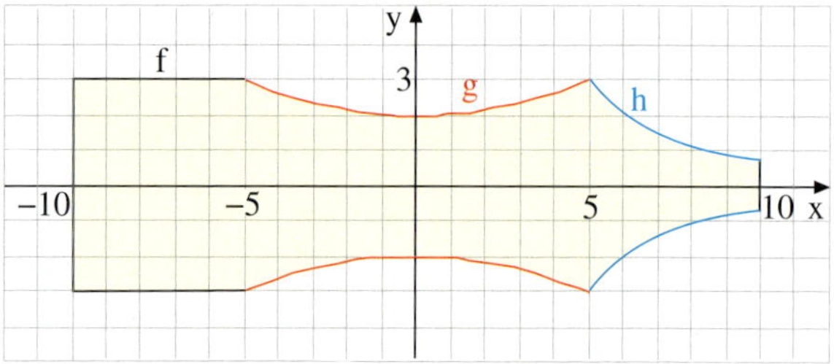

Ein neues Flaschenmodell wird durch einen 5 cm langen Zylinder f mit einem Durchmesser von 6 cm, einem 10 cm langen eingebuchteten Mittelteil g und einem 5 cm langen Flaschenhals h gebildet. Die Ausgussöffnung am Flaschenhals hat einen Durchmesser von 1,5 cm.
Die beiden Funktionen $g(x) = ax^2 + b$ und $h(x) = \frac{c}{x^2}$ modellieren dabei die gebogenen Randkurven f und g.

a) Bestimmen Sie die Parameter a und b in der Funktionsgleichung von g.

b) Bestimmen Sie den Parameter c in der Funktionsgleichung von h.

c) Berechnen Sie nun das Volumen der Flasche.

d) Wie groß ist die abgebildete, gelb markierte Querschnittsfläche A der Flasche?

22. Megaphon

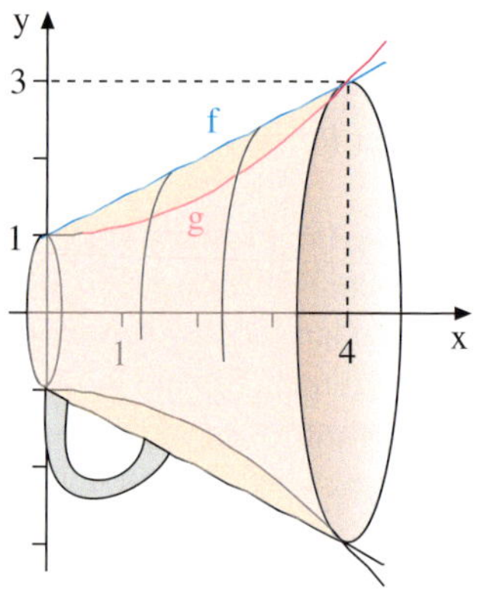

Ein Megaphon erhält ein Gehäuse aus Kunststoff.
Die äußere Begrenzungskurve des Rotationskörpers hat die Gestalt
$f(x) = mx + n.$
Die innere Begrenzungskurve lautet
$g(x) = ax^2 + b.$

a) Bestimmen Sie m, n, a und b.

b) Wie groß ist das massive Kunststoffvolumen des Lautsprechergehäuses?

23. Weinglas

Das Fassungsvermögen des Weinglases soll durch mathematische Modellierung angenähert bestimmt werden.

a) Bestimmen Sie eine Wurzelfunktion $f(x) = \sqrt{a\,x}$, die den inneren Rand des Weingefäßes mathematisch erfasst. Der Durchmesser des Glases beträgt 8 cm in einer Höhe von 6 cm.

b) Bestimmen Sie nun das Fassungsvermögen mit der Rotationsformel.

c) In welcher Höhe über dem tiefsten Punkt des Behälters muss der Eichstrich für $100\,\text{cm}^3$ Inhalt angebracht werden?

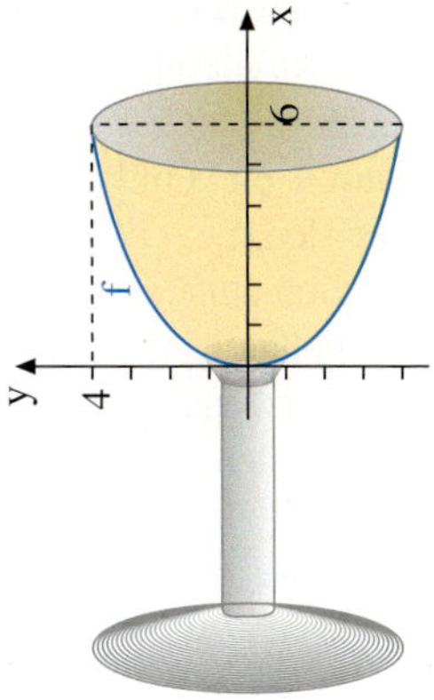

24. Öltank

Ein Öltank hat eine zylindrische Form mit kuppelartigem Boden. Die Maße stehen in der Zeichnung.

a) Schätzen Sie das Fassungsvermögen des Tanks.

b) Modellieren Sie das Bodenstück durch eine Wurzelfunktion $f(x) = \sqrt{a\,x}$. Legen Sie das Koordinatensystem hierzu in den tiefsten Punkt des Bodenstücks, wobei die x-Achse wie in der Übung zuvor senkrecht nach oben weist.

c) Bestimmen Sie nun das Fassungsvermögen des Bodenteils mit Hilfe der Rotationsformel. Welches Gesamtvolumen hat der Tank?

d) In den Behälter fließen beim Befüllen 2 l Öl pro Sekunde ein. Nach welcher Zeit ist der Tank gefüllt?

e) Zur Reinigung des Tanks wird das Bodenteil bis zur Hälfte seines Fassungsvermögens mit dem Spülmittel gefüllt. Wie hoch steht das Spülmittel über dem tiefsten Punkt?

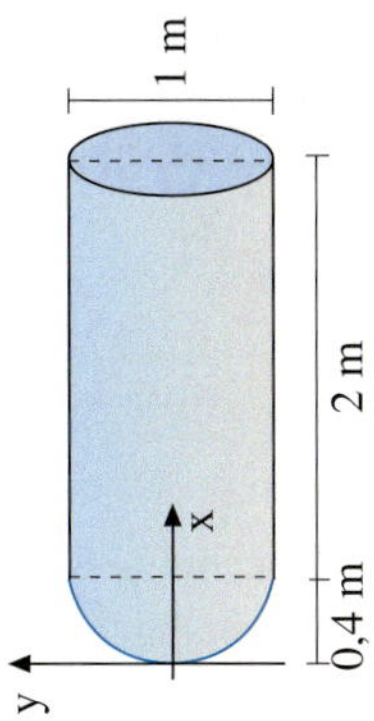

25. Hyperbolischer Körper

Durch Rotation von $f(x) = \frac{2}{x}$ um die x-Achse über dem Intervall $[1; u]$, $u > 1$, entsteht ein hyperbolischer Körper.

a) Wie groß ist das Volumen V des Körpers für $u = 4$?

b) Bestimmen Sie eine Formel für das Volumen $V(u)$ des entstehenden Rotationskörpers für beliebiges $u > 1$. Welcher Wert ergibt sich, wenn u gegen Unendlich strebt?

c) Wie groß muß u gewählt werden, wenn der Körper ein Volumen von 4 Volumeneinheiten besitzen soll?

d) Der Körper aus a) wird durch einen zur y-Achse parallelen Schnitt in zwei Teile zerlegt. An welcher Stelle v muss der Schnitt angebracht werden, damit die beiden Teile das gleiche Volumen besitzen?

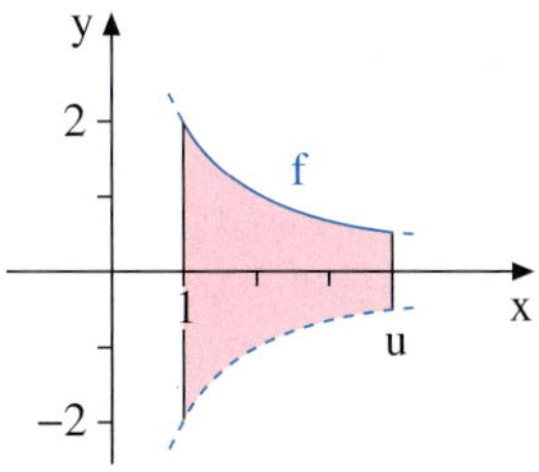

26. Kerzenständer*

Die Abbildung zeigt das Querschnittsdesign eines Kerzenständers für 3 cm dicke Kerzen. Seine Konturkurve kann durch die Funktion $f(x) = \frac{1}{8}x^2 + 2,\ 0 \le x \le 5$, dargestellt werden.

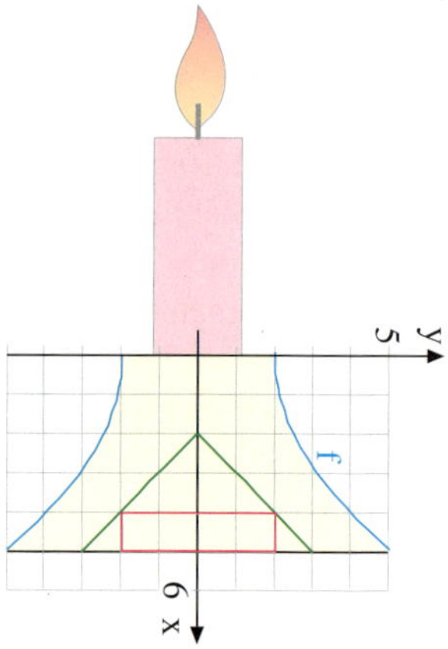

a) Berechnen Sie das massive Metallvolumen des 5 cm hohen Kerzenständers.

b) Der Kerzenständer soll noch wirtschaftlicher gestaltet werden. Dazu soll im Boden eine zylindrische Aussparung angeordnet werden (rot umrandet). Allerdings darf diese aus Stabilitätsgründen die eingezeichneten Grenzlinien (grün) nicht überschreiten.
Wie viel Material spart man, wenn die Aussparung einen vorgegebenen Durchmesser von 4 cm erhält?

c) Die Aussparung aus Aufgabenteil b) soll optimiert werden, d. h. sie soll ein möglichst großes Volumen haben. Wie groß muß ihr Durchmesser gewählt werden? Wie viel Material spart die optimale Aussparung?

27. Brunnen*

Ein steinerner Monumentalbrunnen hat den rechts abgebildeten Querschnitt. Er ist rotationssymmetrisch zur x-Achse. Die eingezeichneten Randkurven f und g können beschrieben werden durch die Funktionen $f(x) = 5\sqrt{\frac{x}{3} - 1}$ und $g(x) = \frac{x^2}{4} + 1$.

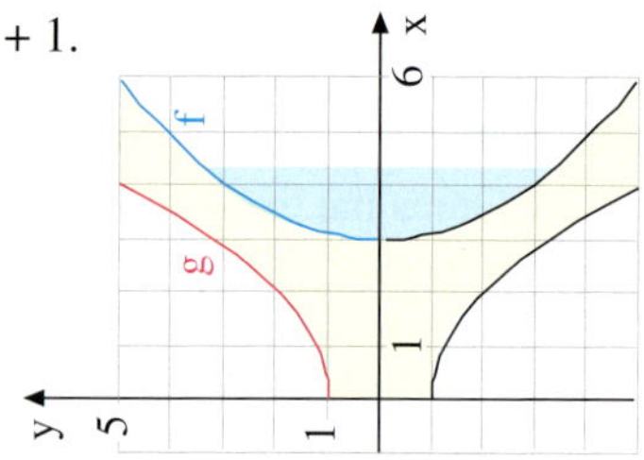

a) Berechnen Sie den Inhalt der abgebildeten Querschnittsfläche A des Brunnens.

b) Wie viel Wasser fasst der Brunnen maximal?

c) Wie hoch steht das Wasser im Brunnen, wenn man $50\,m^3$ einfüllt?

d) Berechnen Sie das massive Steinvolumen des Brunnens.

28. Zirkuszelt*

Das abgebildete Zirkuszelt entsteht durch Rotation des eingezeichneten Flächenstücks um die x-Achse. Der Grundkreisdurchmesser beträgt 20 m. Oben bleibt ein Lichtkreis mit 4 m Durchmesser offen. Die Flächenrandkurve f des Zeltdaches sei gegeben durch $f(x) = \frac{30}{x}$, $3 \le x \le 15$.

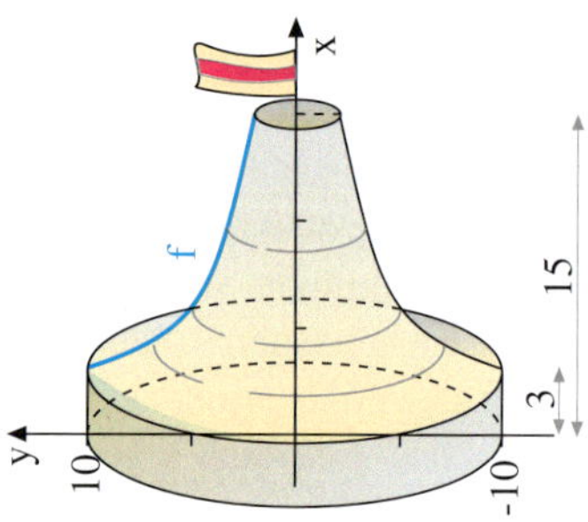

a) Welches Volumen hat das gesamte Zelt?

b) Wie viel Prozent des Volumens liegen in über 10 m Höhe?

c) Zwecks Einsparung von Heizenergie soll das Zeltdach abgeflacht werden. Dazu wird die neue Randkurve $f(x) = \frac{20}{x}$, $2 \le x \le 10$, verwendet. Der Grundkreis und der Lichtkreis behalten ihre Radien.
Um wie viel Prozent verringert sich das Volumen?

* Achten Sie bei den Übungen 26, 27 und 28 darauf, dass die x-Achse vertikal steht.

Die Querschnittsformel

Auch der Volumeninhalt von Körpern, die nicht rotationssymmetrisch sind, kann mithilfe der Integralrechnung bestimmt werden.

Wir stellen uns einen Körper, dessen Volumen bestimmt werden soll, so vor, dass er orthogonal zur x-Achse in dünne Scheiben der Dicke Δx zerschnitten ist.

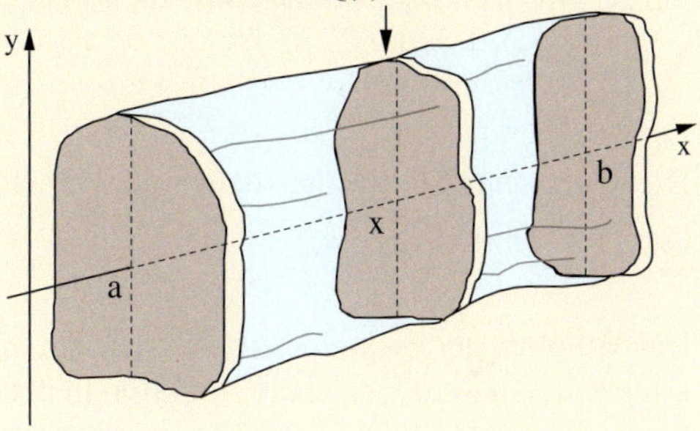

Die Grundfläche der an der Stelle x liegenden Scheibe ist praktisch die Querschnittsfläche $Q(x)$ des Körpers an der Stelle x.
Diese Scheibe hat also näherungsweise das Volumen $V_x = Q(x) \cdot \Delta x$.

Summieren wir alle Scheibenvolumina, so erhalten wir eine Produktsumme:
$\sum Q(x) \cdot \Delta x$.

Lassen wir nun die Anzahl n der Scheiben gegen unendlich und ihre Dicke Δx gegen null streben, so strebt die Produktsumme gegen das bestimmte Integral von $Q(x)$ in den Grenzen von a bis b.

Wir erhalten daher für das Volumen des Körpers die nachstehend aufgeführte Formel, die als ***Querschnittsformel*** bezeichnet wird.

Die Querschnittsformel
V sei der Inhalt des über dem Intervall [a; b] liegenden Volumenanteils eines Körpers. V kann durch Integration der Querschnittsflächenfunktion $Q(x)$ des Körpers bestimmt werden.

$$V = \int_a^b Q(x)\,dx$$

Diese Querschnittsscheibenmethode wurde bereits von dem italienischen Mathematiker und Astronomen ***Francesco Bonaventura Cavalieri*** (1598–1647) angewandt.

Das Prinzip des Cavalieri: Wenn zwei Körper in gleicher Höhe stets gleich große Querschnittsflächen besitzen, so sind ihre Volumina gleich.

Beispiel: Leiten Sie die Volumenformel für eine quadratische Pyramide mit der Grundlinienlänge a und der Höhe h her.

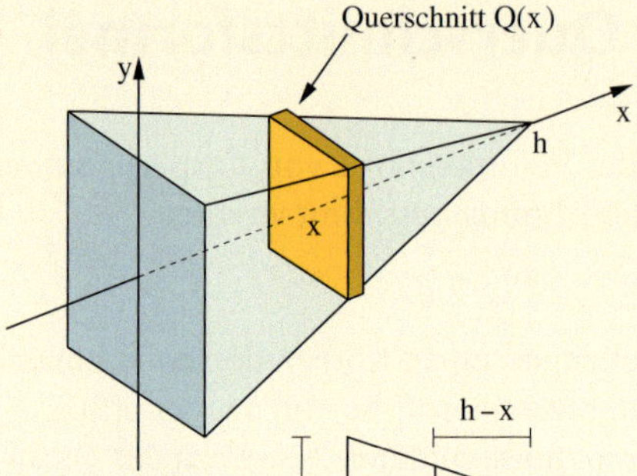

Lösung:
Wir betrachten den Querschnitt Q(x) der Pyramide an der Stelle x.
Es handelt sich um ein Quadrat, dessen Seitenlängen wir mit a_x bezeichnen.
Für a_x gilt nach dem Strahlensatz die Formel $a_x = \frac{a}{h}(h - x)$.

$$\frac{a_x}{a} = \frac{h-x}{h}$$

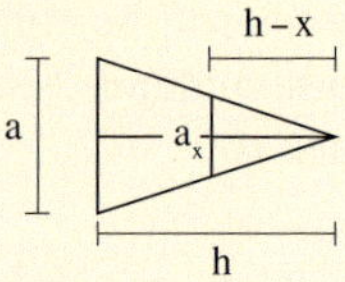

Die Querschnittsfläche hat daher den Inhalt $Q(x) = \frac{a^2}{h^2}(h - x)^2$.

Das Volumen der Pyramide erhalten wir durch Integration dieser Querschnittsfunktion in den Grenzen von 0 bis h.

Als Resultat ergibt sich $V = \frac{1}{3}a^2 \cdot h$, das heißt die schon aus der Mittelstufe bekannte Formel für das Volumen der quadratischen Pyramide.

$$V = \int_a^b Q(x)\,dx = \int_0^h \frac{a^2}{h^2}(h - x)^2\,dx$$
$$= \int_0^h \frac{a^2}{h^2}(h^2 - 2hx + x^2)\,dx$$
$$= \left[\frac{a^2}{h^2}\left(h^2x - hx^2 + \frac{1}{3}x^3\right)\right]_0^h$$
$$= \frac{a^2}{h^2} \cdot \frac{1}{3}h^3 = \frac{1}{3}a^2 h$$

Übungen

Übung 1
Gesucht ist das Volumen des abgebildeten Zeltes der Höhe h, dessen rechteckige Grundfläche die Seitenlängen a und b besitzen.

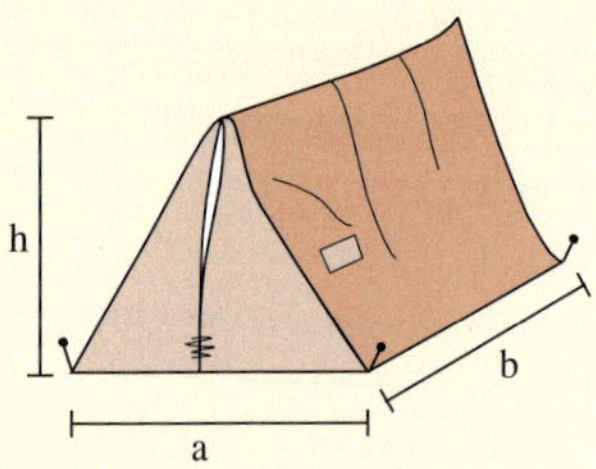

Übung 2
Ein Filter hat oben die Form eines Rechtecks (a = 10, b = 6) mit zwei angesetzten Halbkreisen (r = 3). Nach unten verjüngt sich der Filter wie abgebildet derart, dass die untere Auslassöffnung ein Kreis ist. Bestimmen Sie den Rauminhalt des Filters.

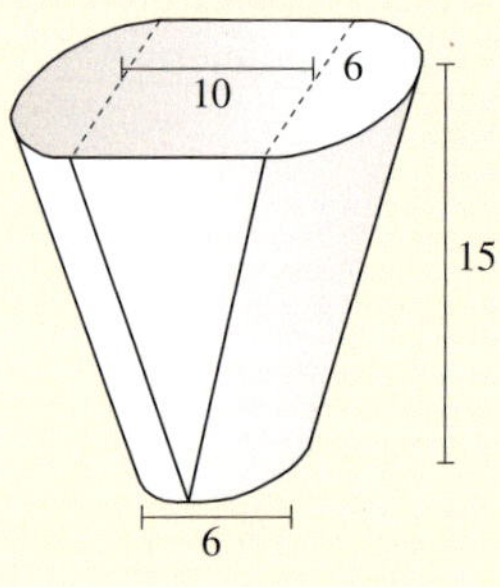

Übung 3
Leiten Sie die Formel für das Volumen eines regelmäßigen Tetraeders mit der Kantenlänge a her. Errechnen Sie zunächst die Höhe des Tetraeders.

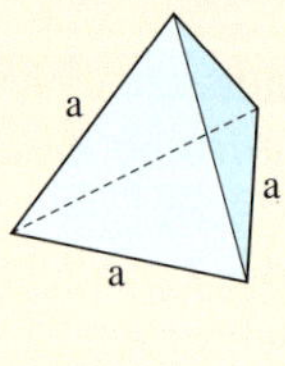

6. Uneigentliche Integrale

In diesem Abschnitt werden wir den Inhalt von Flächen untersuchen, die unbegrenzt sind und sich bis ins Unendliche ausdehnen.

Beispiel: Ein unendlich langer Zaun

Der obere Rand eines Bretterzaunes wird durch die Funktion $f(x) = 2 \cdot e^{-0,5\,x}$ beschrieben. Dabei ist 1 LE = 1 m. Der Zaun setzt sich nach rechts unbegrenzt bis ins Unendliche fort. Dabei wird er immer niedriger. Kann man den Zaun mit einer Dose roter Farbe (1 Liter) neu streichen?

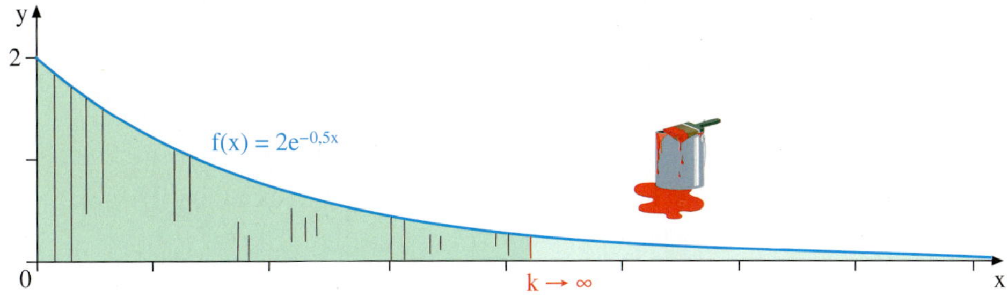

Lösung:

Wir müssen den Flächeninhalt A des unendlichen Zaunes berechnen.

Dazu berechnen wir zunächst einmal den Inhalt der Fläche A(k) unter f über dem endlichen Intervall [0; k] als bestimmtes Integral von f in den Grenzen von 0 bis k.

Wir erhalten $A(k) = 4 - \frac{4}{e^{0,5\,k}}$.

Nun lassen wir den rechten Flächenrand k gegen Unendlich streben. Der Term A(k) strebt dann gegen 4.

Flächeninhalt A (k) unter f über [0, k]:

$$A(k) = \int_0^k 2 \cdot e^{-0,5\,x}\,dx = \left[-4 \cdot e^{-0,5\,x}\right]_0^k$$
$$= (-4 \cdot e^{-0,5\,k}) - (-4) = 4 - \frac{4}{e^{0,5\,k}}$$

Grenzwert von A(k) für k → ∞:

$$\lim_{k \to \infty} A(k) = \lim_{k \to \infty} \left(4 - \frac{4}{e^{0,5\,k}}\right)$$
$$= 4 - 0 = 4$$

Der unendlich lange Zaun hat also überraschenderweise den endlichen Flächeninhalt $A = 4\,m^2$. Der Zaun kann daher mit dem Inhalt einer Literdose Farbe locker gestrichen werden.
Etwas mehr Probleme als mit der Menge der benötigten Farbe dürfte der Maler mit dem Zurücklegen des Weges längs des Zaunes bekommen, denn der ist unendlich lang.

Übung 1 Noch ein Zaun

Nun soll ein Zaun gebaut werden, der wiederum unendlich lang ist, aber dessen oberer Rand nun für $x \geq 1$ durch die Funktion $f(x) = \frac{2}{\sqrt{x}}$ erfasst wird.

Wie viel Holz wird benötigt?

Hinweis: $\int x^{-\frac{1}{2}}\,dx = 2\,x^{\frac{1}{2}} + C$ (Potenzregel)

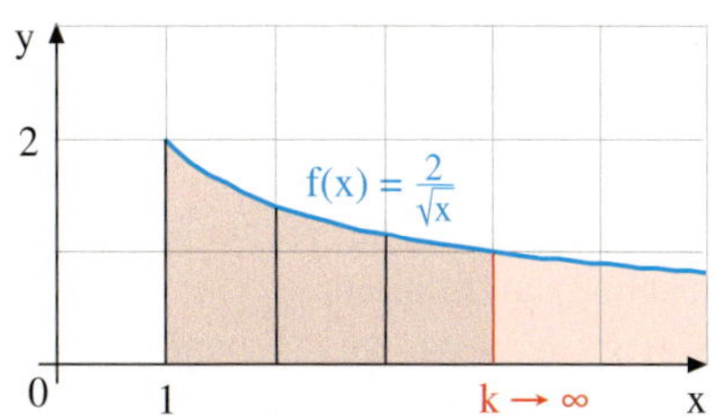

A. Uneigentliches Integral über einem unbeschränkten Intervall

Im vorhergehenden Beispiel haben wir die Fläche A (k) unter dem Graphen von f über einem Intervall [a; k] untersucht.

Für $k \to \infty$ strebte der Inhalt von A (k) gegen einen festen, endlichen Grenzwert.

Man bezeichnet diesen Grenzwert als ***uneigentliches Integral von f*** über $[a; \infty)$ und verwendet die rechts dargestellte symbolische Integralschreibweise.

Das uneigentliche Integral von f über dem nach links unbeschränkten Intervall $(-\infty; a]$ wird in analoger Weise definiert.

Uneigentliches Integral

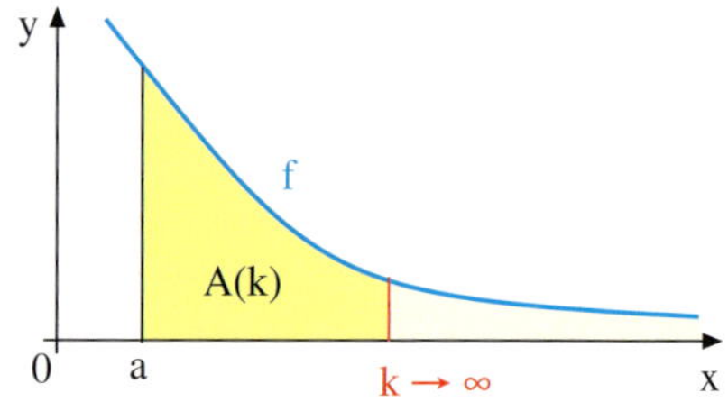

$$\int_a^{\infty} f(x)\,dx = \lim_{k \to \infty} \int_a^k f(x)\,dx$$

$$\int_{-\infty}^{a} f(x)\,dx = \lim_{k \to -\infty} \int_k^a f(x)\,dx$$

▶ **Beispiel: Unbeschränktes Integrationsintervall, endlicher Grenzwert**

Berechnen Sie das angegebene uneigentliche Integral. $\int_2^{\infty} \frac{4}{x^2}\,dx$

Lösung:
Wir bestimmen zunächst eine Stammfunktion von $f(x) = \frac{4}{x^2} = 4x^{-2}$. Nach der Potenzregel erhalten wir $F(x) = -4x^{-1} = -\frac{4}{x}$.
Damit können wir das gesuchte uneigentliche Integral wie rechts dargestellt berechnen. Es hat den Wert 2. ▶

Berechnung des uneigentlichen Integrals

$$\int_2^{\infty} \frac{4}{x^2}\,dx = \lim_{k \to \infty} \int_2^k \frac{4}{x^2}\,dx$$
$$= \lim_{k \to \infty} \left[-\frac{4}{x}\right]_2^k = \lim_{k \to \infty} \left(-\frac{4}{k} + 2\right)$$
$$= 0 + 2 = 2$$

▶ **Beispiel: Unbeschränktes Integrationsintervall, unendlicher Grenzwert**

Untersuchen Sie, ob das angegebene uneigentliche Integral einen endlichen Wert besitzt. $\int_1^{\infty} \frac{1}{\sqrt{x}}\,dx$

Lösung:
Wir bestimmen zunächst eine Stammfunktion von $f(x) = \frac{1}{\sqrt{x}} = x^{-\frac{1}{2}}$.
Nach der allgemeinen Potenzregel (s. S. 28) erhalten wir $F(x) = 2x^{\frac{1}{2}}$.
Damit lässt sich die rechts dargestellte Rechnung durchführen.
Sie zeigt, dass das angegebene uneigentliche Integral den Wert ∞ hat*. ▶

Wert des uneigentlichen Integrals

$$\int_1^{\infty} \frac{1}{\sqrt{x}}\,dx = \lim_{k \to \infty} \int_1^k x^{-\frac{1}{2}}\,dx$$
$$= \lim_{k \to \infty} \left[2x^{\frac{1}{2}}\right]_2^k = \lim_{k \to \infty} (2\sqrt{k} - 2\sqrt{2})$$
$$= \infty$$

* In diesem Fall sagt man auch: Das uneigentliche Integral **existiert nicht** (als endlicher Grenzwert).

Übung 2 Uneigentliche Integrale über einem unbeschränkten Intervall

Überprüfen Sie, ob das angegebene uneigentliche Integral einen endlichen Wert hat oder nicht.

a) $\int_1^{\infty} \frac{1}{x^3}\,dx$ b) $\int_2^{\infty} x^{-4}\,dx$ c) $\int_a^{\infty} \frac{a}{x^2}\,dx,\ a > 0$ d) $\int_4^{\infty} x^{-\frac{1}{2}}\,dx$ e) $\int_1^{\infty} \left(\frac{1}{x^2} + \frac{1}{x^3}\right)dx$

Übung 3 Flächeninhalt

Berechnen Sie den Inhalt der abgebildeten Fläche A, die nach rechts bis ins Unendliche reicht.

a)

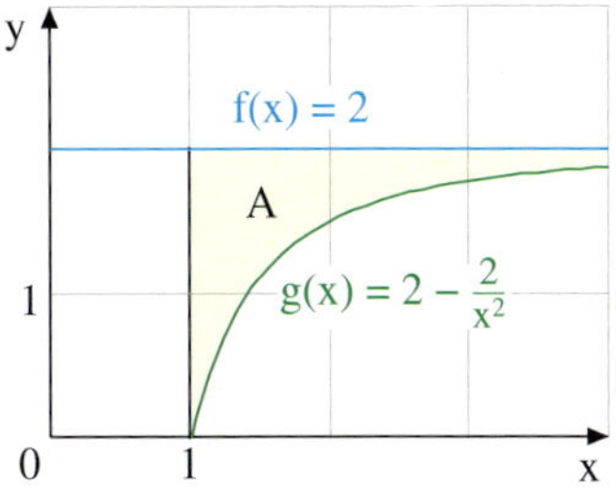

b)

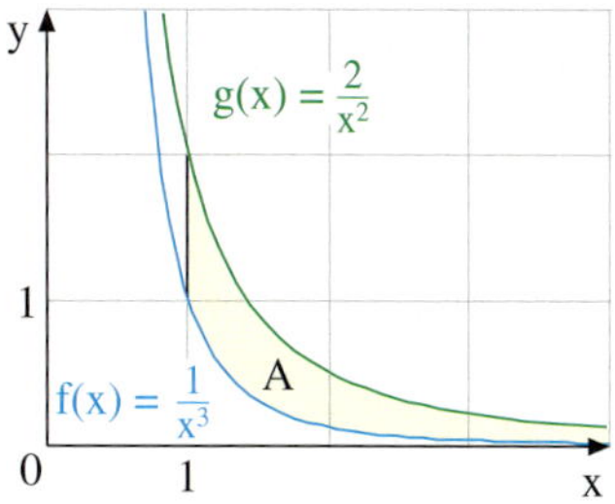

Auch bei Exponentialfunktionen treten ähnliche Flächeneffekte wie in den obigen Beispielen auf.

Beispiel: Exponentialfunktion

Gegeben ist die Funktion $f(x) = 3 \cdot e^{\frac{x}{3}}$. Bestimmen Sie den Inhalt der Fläche A unter dem Graphen von f, die sich im zweiten Quadranten längs der negativen x-Achse bis ins negative Unendliche erstreckt.

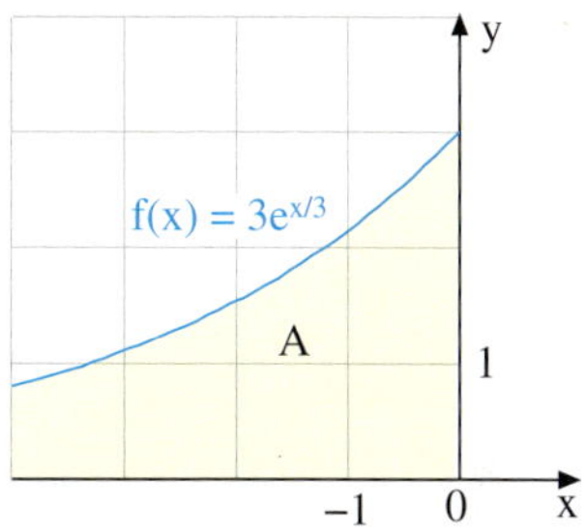

Lösung:

Wir bestimmen zunächst eine Stammfunktion F von f.

Stammfunktion F von f

$f(x) = 3 \cdot e^{\frac{x}{3}} \Rightarrow F(x) = 9 \cdot e^{\frac{x}{3}}$

Danach berechnen wir den Flächeninhalt unter f über dem Intervall I = [k; 0] (k < 0).

Ergebnis: $A(k) = 9 - 9e^{\frac{k}{3}}$.

Fläche unter f über I = [k; 0]

$$A(k) = \int_k^0 f(x)\,dx = F(0) - F(k) = 9 - 9e^{\frac{k}{3}}$$

Nun bilden wir den Grenzwert für $k \to -\infty$. Dabei geht der Term $9e^{\frac{k}{3}}$ gegen null.

Grenzwert für k → −∞

$$\lim_{k \to -\infty} (A(k)) = \lim_{k \to -\infty} \left(9 - 9e^{\frac{k}{3}}\right) = 9$$

Der Inhalt der Fläche A ist also gleich 9.

Übung 4 Uneigentliche Integrale von Exponentialfunktionen

Berechnen Sie die folgenden uneigentlichen Integrale.

a) $\int_0^{\infty} e^{-x}\,dx$ b) $\int_{-\infty}^{0} e^{2x}\,dx$ c) $\int_{-1}^{\infty} e^{1-\frac{x}{2}}\,dx$ d) $\int_{-\infty}^{3} \frac{1}{2}e^{\frac{x}{3}}\,dx$ e) $\int_1^{\infty} \frac{3}{e^{1,5x}}\,dx$

Beispiel: Zwei Flächenstücke

Gegeben sind die Funktionen $f(x) = 2x$ und $g(x) = 2 \cdot e^{1-x}$.

Bestimmen Sie den Inhalt der Fläche A, welche von den Graphen von f und g sowie der x-Achse begrenzt wird.

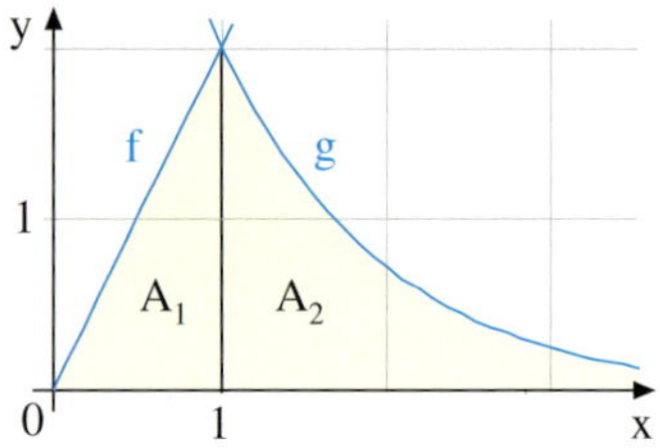

Lösung:

Die Schnittstelle von f und g kann rein algebraisch nicht exakt berechnet werden. Man erkennt jedoch am Graphen, dass sie ganzzahlig ist und bei $x = 1$ liegt.

Wir bestimmen nun den Inhalt der Fläche A_1 unter f über dem Intervall [0; 1] sowie den Inhalt der Fläche $A_2(k)$ unter g über dem Intervall [1; k].

Anschließend lassen wir k gegen Unendlich streben.

Der Grenzwert von $A_2(k)$ für $k \to \infty$ ist gleich 2. Damit gilt $A_2 = 2$.

Die Gesamtfläche hat den Inhalt $A = 3$.

Schnittpunkt von f und g

$f(1) = g(1) = 2 \Rightarrow$ Schnittpunkt $S(1|2)$

Flächeninhalt von A_1

$$A_1 = \int_0^1 2x\,dx = [x^2]_0^1 = 1$$

Flächeninhalt von A_2

$$A_2 = 2 \cdot \lim_{k \to \infty} \int_1^k e^{1-x}\,dx = 2 \cdot \lim_{k \to \infty} [-e^{1-x}]_0^k$$

$$= 2 \cdot \lim_{k \to \infty} (-e^{1-k} + 1) = 0 + 2 = 2$$

Gesamtfläche A

$A = A_1 + A_2 = 3$

Übung 5 Zwei Flächenstücke

Berechnen Sie den Inhalt der unbeschränkt ausgedehnten Fläche A, welche von den Graphen von f und g sowie der x-Achse begrenzt wird.

a)

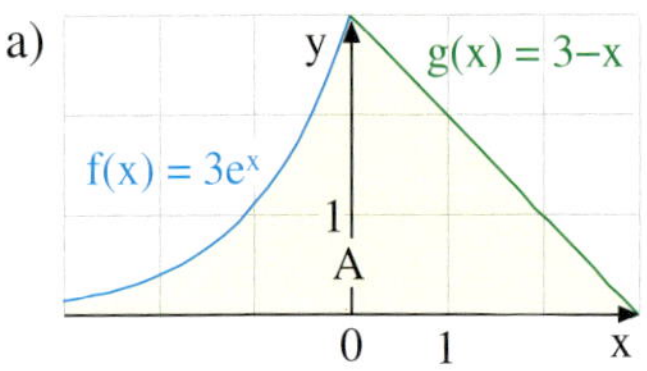

b)

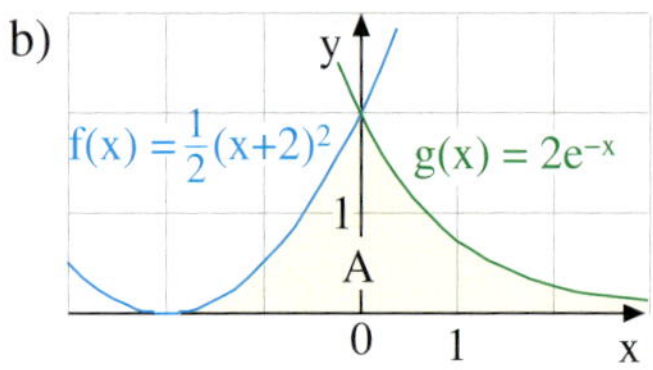

Übung 6 Uneigentliches Integral einer Sinusfunktion

$$\int_0^\infty \sin x\,dx$$

Zeigen Sie, dass das uneigentliche Integral nicht als fester Grenzwert existiert.

a) Fertigen Sie eine passende Skizze an und argumentieren sie anschaulich.

b) Führen Sie eine Grenzwertrechnung durch.

Übung 7 Uneigentliches Integral einer komplexen Exponentialfunktion

$$\int_{-\infty}^\infty x \cdot e^{-x^2}\,dx$$

Berechnen Sie die folgenden uneigentlichen Integrale.

a) Zeigen Sie durch Ableiten, dass $F(x) = -\frac{1}{2}e^{-x^2}$ eine Stammfunktion von $f(x) = x \cdot e^{-x^2}$ ist.

b) Berechnen Sie dann die unbestimmten Integrale von f über $(-\infty; 0]$ und über $[0; \infty)$.

c) Bestimmen Sie nun aus den Zwischenresultaten den Wert des gesuchten Integrals.

B. Uneigentliches Integral einer unbeschränkten Funktion

Bisher haben wir ins Unendliche ausgedehnte Flächen betrachtet, die als bestimmte Integrale über unbeschränkten Intervallen darstellbar waren. Unbegrenzte Flächen können aber auch über beschränkten Intervallen entstehen, wenn die Randfunktion dort unbeschränkt ist*.

Beispiel: Unbeschränkte Funktion, endlicher Grenzwert

Gegeben ist die Funktion $f(x) = \frac{1}{\sqrt{x}}$.

Berechnen Sie den Inhalt der Fläche A, die vom Graphen der Funktion f, der senkrechten Geraden x = 4 und den beiden Koordinatenachsen im 1. Quadranten begrenzt wird.

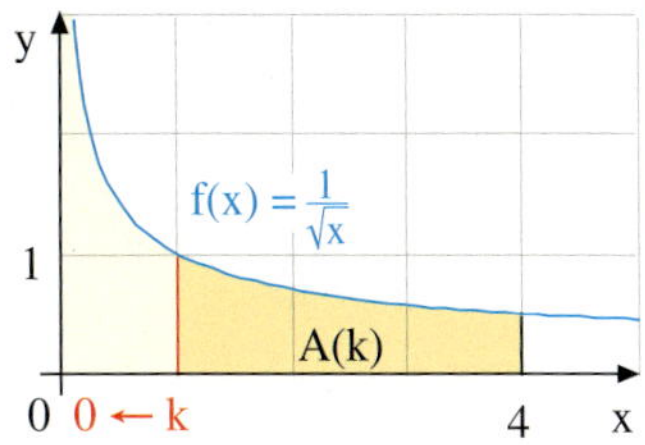

Lösung:

Die Funktion f ist über dem Intervall [0; 4] unbeschränkt. Bei x = 0 ist f nicht einmal definiert.

Die Fläche A dehnt sich daher bei Annäherung an die Stelle x = 0 nach oben unbeschränkt bis ins Unendliche aus.

Wir berechnen daher zunächst den Inhalt der Fläche A (k) unter f über dem Intervall [k; 4]. Wir erhalten $A(k) = 4 - 2\sqrt{k}$.

Nun lassen wir die linke Intervallgrenze k gegen 0 streben. A (k) strebt dann gegen den Grenzwert 4. Daher gilt für den Inhalt der gesuchten unbegrenzten Fläche: A = 4

Die Fläche A (k) unter f über [k; 4]

$$A(k) = \int_k^4 \frac{1}{\sqrt{x}}\,dx = \int_k^4 x^{-\frac{1}{2}}\,dx$$
$$= \left[2x^{\frac{1}{2}}\right]_k^4 = \left[2\sqrt{x}\right]_k^4$$
$$= 4 - 2\sqrt{k}$$

Die Fläche A unter f über [0; 4]

$$A = \lim_{k \to 0} A(k) = \lim_{k \to 0} \int_k^4 \frac{1}{\sqrt{x}}\,dx$$
$$= \lim_{k \to 0} (4 - 2\sqrt{k})$$
$$= 4$$

Ist also die Funktion f über dem Intervall [a; b] mit Ausnahme der Stelle a definiert, so bezeichnet man den Grenzwert

$$\int_a^b f(x)\,dx = \lim_{k \to a} \int_k^b f(x)\,dx$$

als ***uneigentliches Integral von f***, sofern er als endlicher Wert existiert. Analog geht man vor, wenn f bei b nicht definiert ist.

$$\int_a^b f(x)\,dx = \lim_{k \to a} \int_k^b f(x)\,dx$$

$$\int_a^b f(x)\,dx = \lim_{k \to b} \int_a^k f(x)\,dx$$

Übung 8 Fläche unter einer unbeschränkten Funktion

Berechnen Sie den Inhalt der Fläche unter der Funktion f über dem Intervall I.

a) $f(x) = \frac{5}{\sqrt{2x}}$, I = [0; 2] b) $f(x) = \frac{1}{\sqrt[3]{x^2}}$, I = [0; 8] c) $f(x) = \frac{1}{\sqrt{3x+1}}$, $I = [-\frac{1}{3}; 5]$

* In diesem Abschnitt wird die allgemeine Potenzregel der Integralrechnung (s. S. 28) benötigt.

Es kann auch vorkommen, dass das Integral einer unbeschränkten Funktion keinen endlichen Grenzwert annimmt.

Beispiel: Unbeschränkte Funktion, unendlicher Grenzwert

Gegeben ist die Funktion $f(x) = \frac{1}{x^2}$.

Untersuchen Sie die Fläche A, die vom Graphen der Funktion f, der senkrechten Geraden x = 3 und den beiden Koordinatenachsen im 1. Quadranten begrenzt wird.

Besitzt diese Fläche einen endlichen Inhalt oder ist sie unendlich groß?

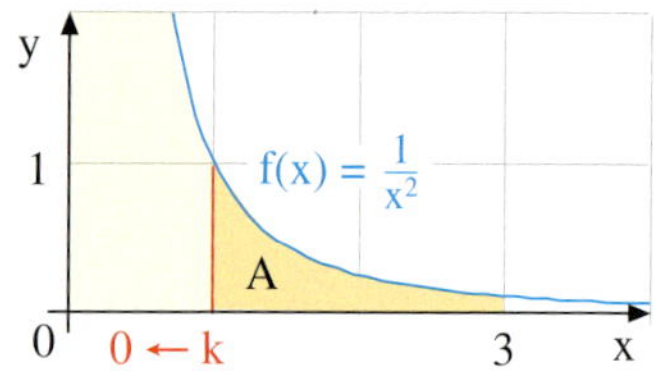

Lösung:

Die Funktion f ist über dem Intervall [0; 3] unbeschränkt. Bei x = 0 ist f nicht definiert. Für $x \to 0$ strebt $f(x) \to \infty$, f ist also unbeschränkt über dem Intervall [0; 3].

Wir berechnen zunächst wieder den Inhalt der Fläche A (k) unter f über dem Intervall [k; 3] und erhalten $A(k) = -3 + \frac{1}{k}$.

Der Grenzprozess $k \to 0$ ergibt, dass die gesuchte Fläche A keinen endlichen Inhalt hat. Es gilt vielmehr $A = \infty$.

Betrachtet man die Bilder aus diesem und dem letzten Beispiel, so ergibt sich doch bei ganz ähnlicher Optik ein völlig konträres Ergebnis.

Die Fläche A (k) unter f über [k; 3]

$$A(k) = \int_k^3 \frac{1}{x^2}\,dx = \int_k^3 x^{-2}\,dx = \left[-x^{-1}\right]_k^3 = \left[-\frac{1}{x}\right]_k^3 = -3 + \frac{1}{k}$$

Die Fläche A unter f über [0; 3]

$$A = \lim_{k \to 0} A(k) = \lim_{k \to 0} \int_k^3 \frac{1}{x^2}\,dx = \lim_{k \to 0}\left(-3 + \frac{1}{k}\right) = -3 + \infty = \infty$$

Übung 9 Endlicher oder unendlicher Flächeninhalt?

Untersuchen Sie, ob die Fläche A unter dem Graphen von f über dem Intervall I einen endlichen Inhalt hat, und geben Sie diesen ggf. an.*

a) $f(x) = \frac{2}{\sqrt[3]{x}}$, I = (0; 8] b) $f(x) = \frac{1}{\sqrt{x^3}}$, I = (0; 4] c) $f(x) = \frac{4}{\sqrt{\frac{1}{2}x}} + 1$, I = (0; 6]

Übung 10 Unbeschränkte Fläche zwischen zwei Graphen

Die Graphen der Funktionen f und g begrenzen über dem Intervall I eine Fläche A. Berechnen Sie den Inhalt von A. *

a) $f(x) = \frac{2}{\sqrt{x}}$, $g(x) = e^{-x}$, I = (0; 4] b) $f(x) = \frac{4}{\sqrt{2x}}$, $g(x) = \frac{1}{\sqrt[3]{x}}$, I = (0; 8]

* Wenden Sie zur Berechnung der erforderlichen Stammfunktionen die allgemeine Potenzregel an.

Übungen

11. Unbeschränkte Fläche

Untersuchen Sie, ob die gekennzeichnete Fläche einen endlichen Inhalt hat, und geben Sie diesen gegebenenfalls an.

a) 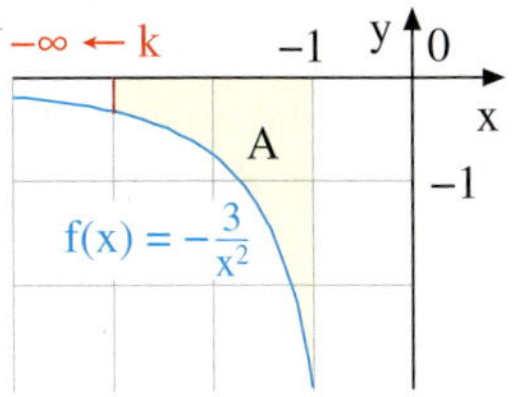

b) 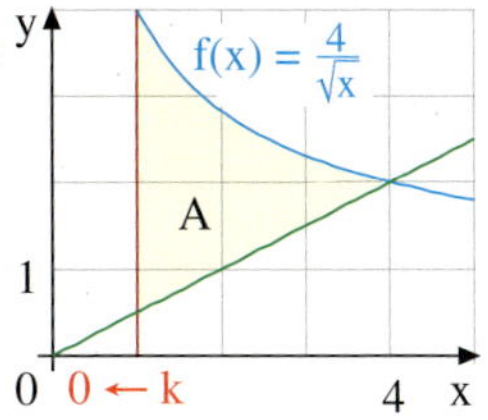

c) 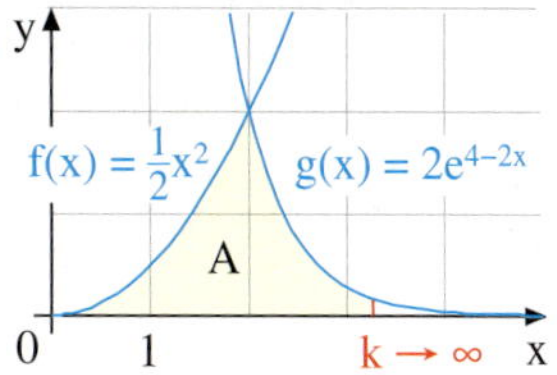

12. Beidseitig unbeschränkte Fläche

a) Weisen Sie nach:
$F(x) = -3\,e^{-\frac{x^2}{2}}$ ist eine Stammfunktion von $f(x) = 3\,x\,e^{-\frac{x^2}{2}}$.

b) Der Graph von f und die x-Achse begrenzen von $-\infty$ bis ∞ eine Fläche A. Berechnen Sie den Inhalt.

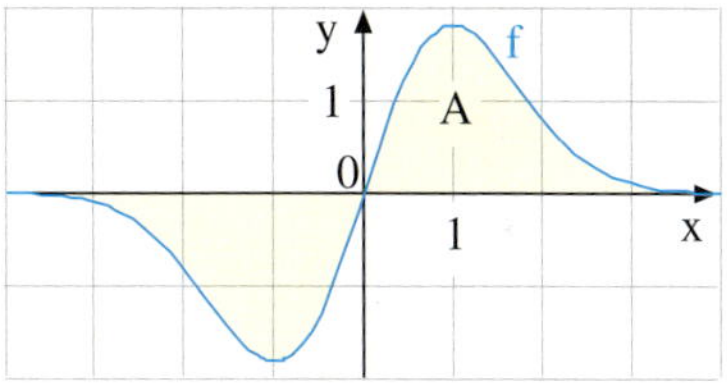

13. Zwei Flächenstücke

Die Graphen von $f(x) = 2\,x + 2$ und $g(x) = \frac{4}{x^3}$ begrenzen gemeinsam mit der x-Achse eine bis ins Unendliche reichende Fläche A. Fertigen Sie eine Skizze an und berechnen Sie den Inhalt von A.

14. Unbeschränkte Funktion

Berechnen Sie den Inhalt der Fläche A.

a) 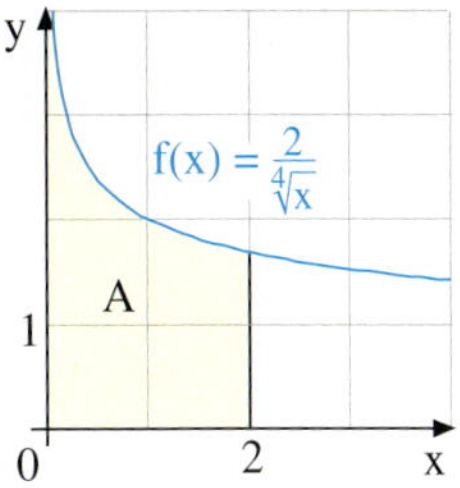

b) 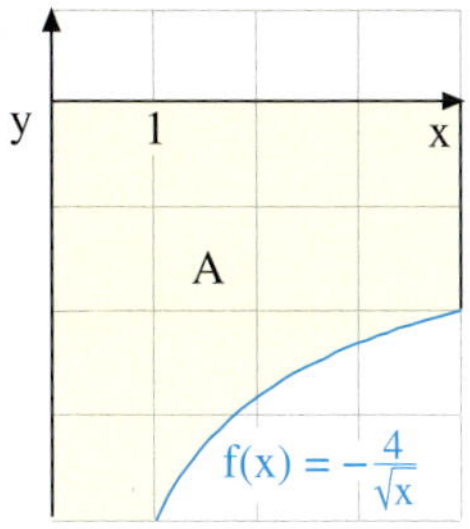

c) 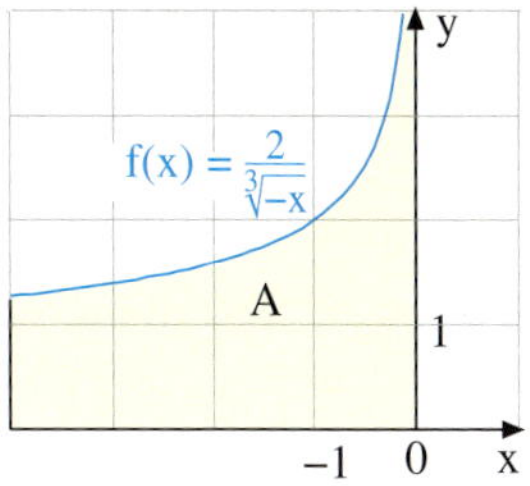

15. Fläche zwischen zwei Graphen

Die Graphen von $f(x) = x$ und $g(x) = \frac{x^3 + 1}{x^2}$ begrenzen für $x \geq 1$ eine bis ins Unendliche reichende Fläche A. Bestimmen Sie den Inhalt von A.

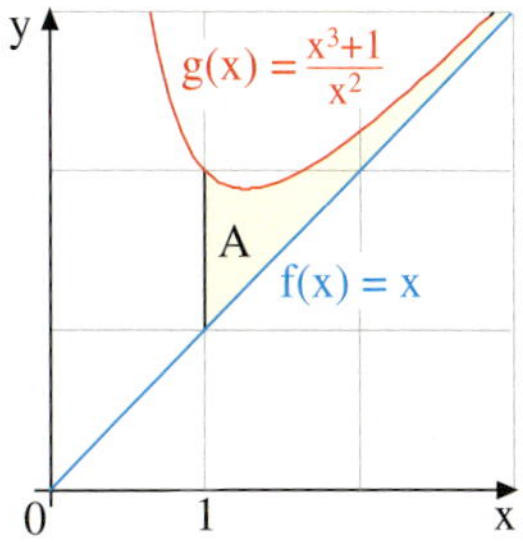

C. Uneigentliche Rotationskörper

Auch Körper können sich theoretisch bis ins Unendliche ausdehnen. Wenn es sich dabei um Rotationskörper handelt, kann ihr Volumen durch eine Kombination der Rotationsformel mit uneigentlichen Integralen bestimmt werden.

Beispiel: Unbeschränkter Körper

Berechnen Sie das Volumen des unendlich langen Körpers, der durch Rotation der Hyperbel $f(x) = \frac{2}{x}$ um die x-Achse über dem Intervall $I = [1; \infty)$ entsteht. Fertigen Sie eine Skizze an.

Lösung:

Wir berechnen zunächst das Volumen des Rotationskörpers über dem Intervall [1; b] (b > 1). Die Grenzwertbetrachtung $b \to \infty$ ergibt das gesuchte Volumen V:

$$V = \lim_{k\to\infty}\left(\pi \cdot \int_1^k (f(x))^2\,dx\right) = \lim_{k\to\infty}\left(\pi \cdot \int_1^k \frac{4}{x^2}\,dx\right)$$

$$= \lim_{k\to\infty}\left(\pi\left[-\frac{4}{x}\right]_1^k\right) = \lim_{k\to\infty}\left(\pi\left(4 - \frac{4}{k}\right)\right) = 4\pi$$

Resultat: $V = 4\pi \approx 12{,}56$

Skizze des Rotationskörpers

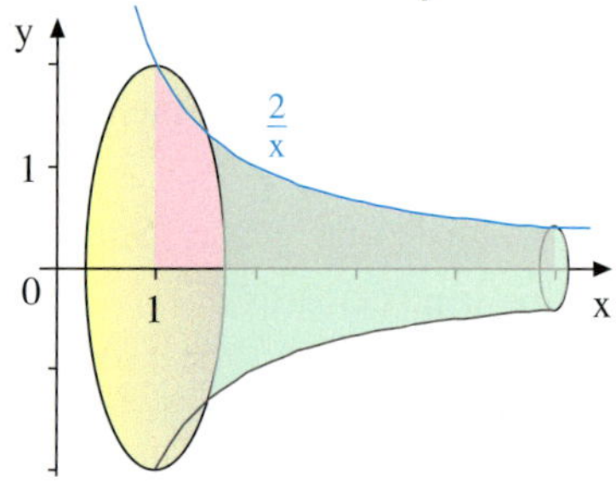

Beispiel: Exponentialfunktion

Durch Rotation des Graphen von $f(x) = e^{\frac{x}{3}}$ um die x-Achse über dem Intervall $I = (-\infty\,; 0]$ entsteht ein unendlich langer Körper. Berechnen Sie sein Volumen.

Lösung:

Zunächst berechnen wir des Rotationsvolumen über dem Intervall [−k; 0].

Danach erhalten wir mit dem Grenzübergang $k \to \infty$ das gesuchte Volumen V.

$$V = \lim_{k\to\infty}\left(\pi \cdot \int_{-k}^0 (f(x))^2\,dx\right) = \lim_{k\to\infty}\left(\pi \int_{-k}^0 e^{\frac{2}{3}x}\,dx\right)$$

$$= \lim_{k\to\infty}\left(\pi\left[\frac{3}{2}e^{\frac{2}{3}x}\right]_{-k}^0\right) = \lim_{k\to\infty}\left(\frac{3}{2}\pi\left(1 - e^{-\frac{2}{3}k}\right)\right) = \frac{3}{2}\pi$$

Resultat: $V = \frac{3}{2}\pi \approx 4{,}71$

Übung 16 Rotationsvolumen von Exponentialfunktionen

Bestimmen Sie das Rotationsvolumen des Körpers, der durch Rotation des Graphen von f über dem Intervall I entsteht.

a) $f(x) = 2e^{-\frac{x}{2}}$, $I = [1; \infty)$ b) $f(x) = \frac{1}{3}e^{2x}$, $I = (-\infty; 0]$ c) $f(x) = 6e^{-2x}$, $I = [1; \infty)$

Übung 17 Parameterbestimmung

Eine Funktion der Schar $f_a(x) = a \cdot e^{ax}$ $(a < 0)$ rotiert um die x-Achse über dem Intervall $I = [0; \infty)$. Bestimmen Sie den Parameter a so, dass ein Rotationsvolumen mit dem Inhalt $V = 2\pi$ entsteht.

Beispiel: Zusammengesetzter Körper
Die Graphen der beiden Funktionen $f(x) = \frac{1}{2} \cdot (x+2)^2 \quad (-2 \le x \le 0)$ und $g(x) = 2e^{-\frac{x}{2}}$ $(x \ge 0)$ rotieren über dem Intervall $I = [-2; \infty)$ um die x-Achse. Welches Volumen hat der hierbei entstehende Rotationskörper?

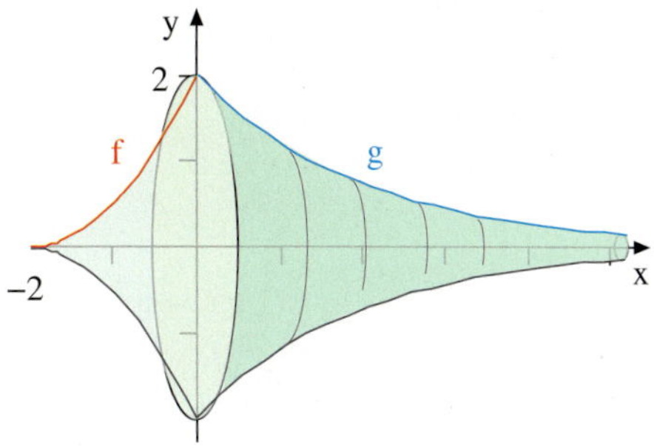

Lösung:
Durch Rotation des Graphen von f über dem Intervall $I = [-2; 0]$ entsteht ein Rotationskörper. Sein Volumen wird wie rechts ausgeführt mit der Rotationsformel berechet.
Ergebnis: $V_1 = \frac{8}{5}\pi \approx 5{,}03$.

Rotation von f über I = [−2; 0]

$$V_1 = \pi \cdot \int_{-2}^{0} (f(x))^2\,dx = \pi \cdot \int_{-2}^{0} \frac{1}{4} \cdot (x+2)^4\,dx$$
$$= \pi \cdot \left[\frac{1}{20}(x+2)^5\right]_{-2}^{0} = \frac{8}{5}\pi$$

Nun berechnen wir des Volumen des Körpers, der durch Rotation des Graphen von g über dem Intervall $I = [0; k]$ entsteht.

Rotation von g über I = [0; k]

$$V_2(k) = \pi \cdot \int_{0}^{k} (f(x))^2\,dx = \pi \cdot \int_{0}^{k} 4e^{-x}\,dx$$
$$= 4\pi\,(-e^{-x})_0^k = 4\pi\,(-e^{-k} + 1)$$

Der Grenzübergang $k \to \infty$ ergibt dann das Volumen V_2 des um die positive x-Achse rotierenden zweiten Teilkörpers: $V_2 = 4\pi$.

Grenzübergang k → ∞

$$V_2 = \lim_{k \to \infty} (V_2(k))$$
$$= \lim_{k \to \infty} (4\pi(-e^{-k} + 1)) = 4\pi$$

Das Gesamtvolumen des Rotationskörpers beträgt $V = \frac{8}{5}\pi + 4\pi = 5{,}6\pi \approx 17{,}59$.

Übung 18 Zusammengesetzte Körper
Berechnen Sie das Volumen des Rotationskörpers, der entsteht, wenn die Graphen von f und g über dem Intervall I um die x-Achse rotieren.

a) $f(x) = 3e^x \ (x \le 0)$

$g(x) = 3 - x \ (0 \le x \le 3)$

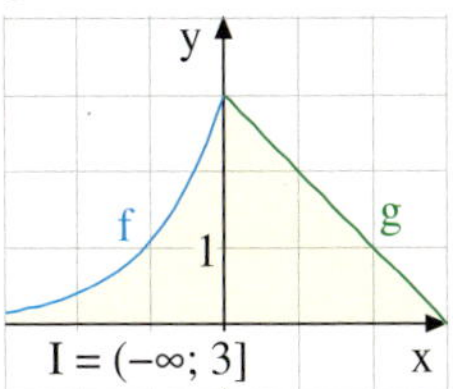

b) $f(x) = 2e^{\frac{x}{2}} \ (x \le 0)$

$g(x) = 2e^{-\frac{x}{3}} \ (x \ge 0)$

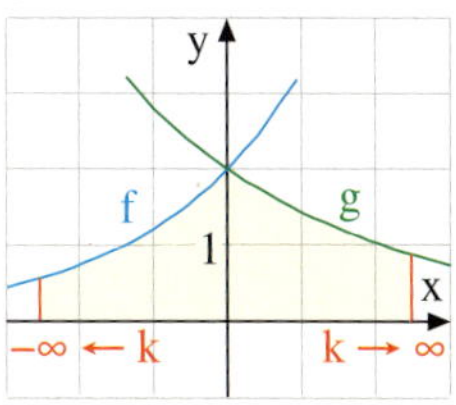

c) $f(x) = e^x \ (x \le 1)$

$g(x) = \frac{e}{x} \ (x \ge 1)$

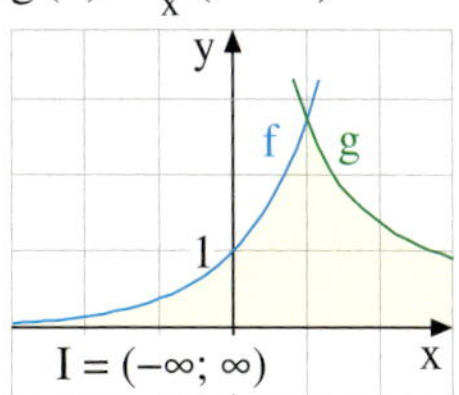

Übung 19 Parameteraufgaben
a) Eine Funktion der Schar $f_a(x) = \sqrt{a} \cdot e^{-ax}$ $(a > 0)$ rotiert um die x-Achse über dem Intervall $I = [0; \infty)$. Zeigen Sie: Das Volumen des Rotationskörpers ist unabhängig vom Parameter a.
b) Eine Funktion der Schar f_a rotiert mit einer Funktion $g_a(x) = x + \sqrt{a}$ über dem Intervall $I = [-\sqrt{a}; \infty)$ um die x-Achse. Für welchen Wert von a ist das Rotationsvolumen gleich 4π?

Überblick

Flächeninhalt unter einem Graphen

Fall 1:
$f(x) \geq 0$

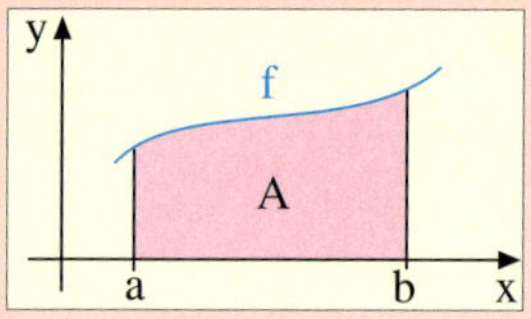

$$A = \int_a^b f(x)\,dx$$

Fall 2:
$f(x) \leq 0$

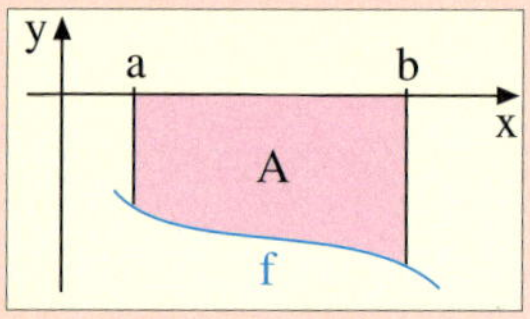

$$A = -\int_a^b f(x)\,dx$$

Fall 3:
f wechselt das Vorzeichen

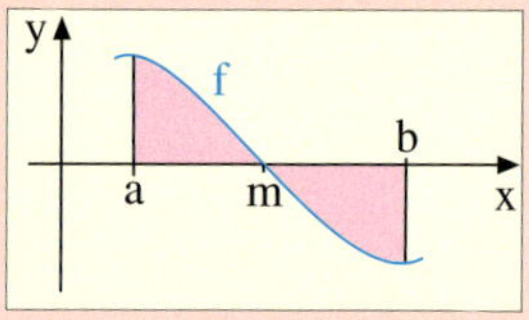

$$A = \int_a^m f(x)\,dx - \int_m^b f(x)\,dx$$

Flächeninhalt zwischen Graphen

Methode 1:
Flächendifferenz

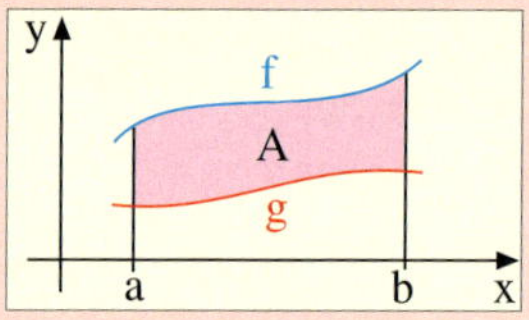

$$A = \int_a^b f(x)\,dx - \int_a^b g(x)\,dx$$

Methode 2:
Differenzfunktion

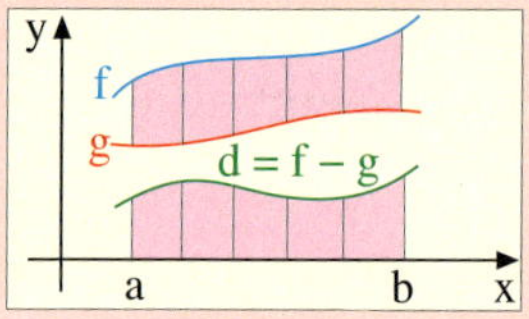

$$A = \int_a^b (f(x) - g(x))\,dx$$

Flächeninhalt bei geteilten Flächen

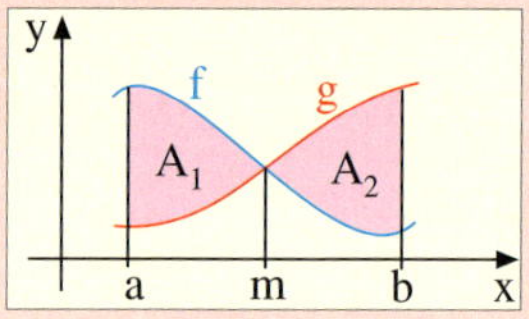

$$\begin{aligned} A &= A_1 + A_2 \\ &= \int_a^m (f(x) - g(x))\,dx \\ &\quad + \int_m^b (g(x) - f(x))\,dx \end{aligned}$$

Rekonstruktion der Bestandsfunktion f aus der Änderungsrate f'

Ist f' gegeben sowie ein Funktionswert $f(x_0)$ von f, so kann man die Funktion f mit Hilfe des unbestimmten Integrals von f' bestimmen. Der Funktionswert von f wird benötigt, um die Integrationskonstante C festzulegen.

$$f(x) = \int f'(x)\,dx + C$$

Rekonstruktion der Bestandsänderung Δf aus der Änderungsrate f'

Ist die Änderungsrate f' gegeben über dem Intervall [a; b], so kann man die Änderung Δf der Funktion f über dem Intervall mit Hilfe des bestimmten Integrals von f' über [a; b] berechnen.

$$\Delta f = \int_a^b f'(x)\,dx = f(b) - f(a)$$

Rotationsvolumen

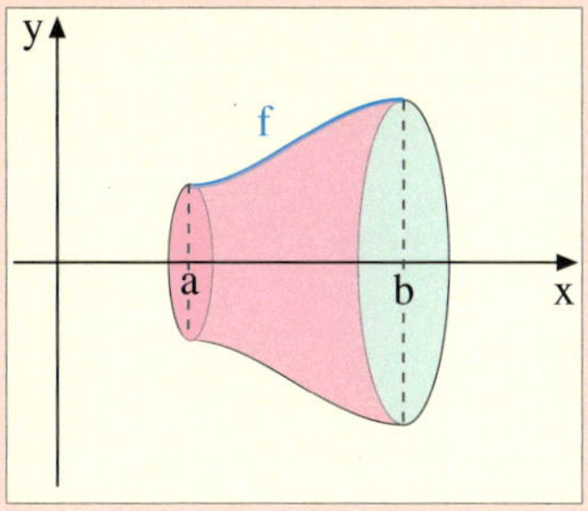

Die Funktion f sei über dem Intervall [a; b] differenzierbar und nicht negativ.
Rotiert der Graph von f über [a; b] um die x-Achse, so entsteht ein Rotationskörper mit dem Volumen

$$V = \pi \cdot \int_a^b (f(x))^2\,dx.$$

Uneigentliche Integrale

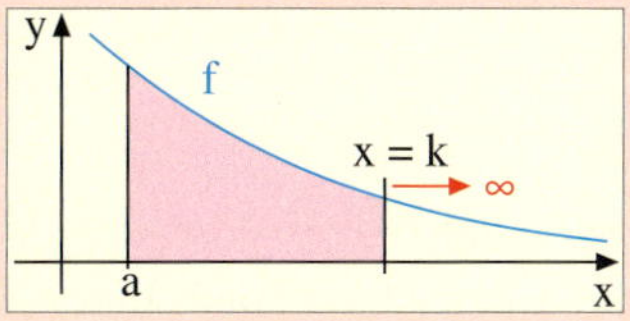

Typ 1: Unbeschränktes Intervall

$$\int_a^\infty f(x)\,dx = \lim_{k \to \infty} \int_a^k f(x)\,dx$$

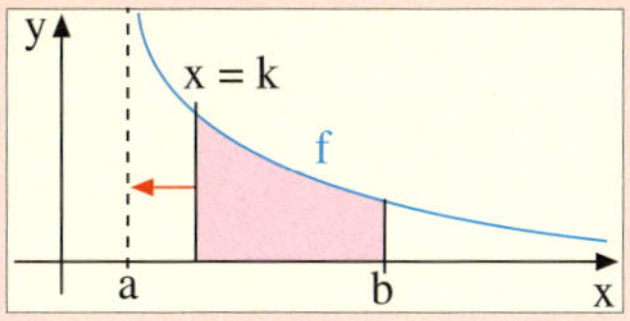

Typ 2: Unbeschränkte Funktionswerte

$$\int_a^b f(x)\,dx = \lim_{k \to a} \int_k^b f(x)\,dx$$

Test

Anwendungen der Integralrechnung (2)

1. Rotationskörper

Der Graph der Funktion $f(x) = \sqrt{5}\,x^2$ rotiert im Intervall [0; 2] um die x-Achse.

a) Berechnen Sie das Volumen des so entstehenden Rotationskörpers.

b) Nun rotiert der Graph von f über dem Intervall [0; a] um die x-Achse. Wie muss a gewählt werden, damit das Volumen des entstehenden Rotationskörpers nur 25 % des Volumens des Rotationskörpers aus Aufgabenteil a) beträgt?

2. Rotation einer von zwei Graphen eingeschlossenen Fläche

Die Graphen von $f(x) = \frac{1}{3}x$ und $g(x) = \sqrt{x}$ schließen ein Flächenstück A ein, welches um die x-Achse rotiert. Fertigen Sie eine Arbeitsskizze an und bestimmen Sie das Volumen des so entstehenden Rotationskörpers.

3. Volumen einer Kaffeetasse

Eine Kaffeetasse hat am Boden einen Durchmesser von 6 cm und an ihrer Öffnung einen Durchmesser von 12 cm. Die Kaffeetasse ist 10 cm hoch.

a) Stellen Sie die Gleichung einer Funktion $f(x) = \sqrt{ax + b}$ auf, welche den Rand der Tasse modelliert.

b) Wie viel Wasser benötigt man, um die Tasse bis auf 2 cm unterhalb ihrer Öffnung zu füllen?

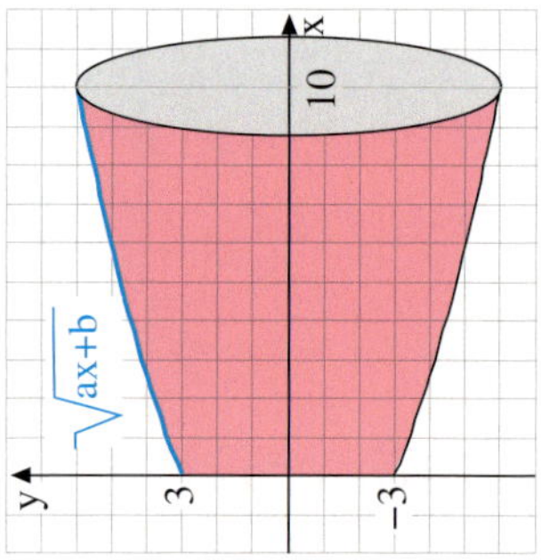

4. Flächen über unbeschränkten Intervallen

Bestimmen Sie den Inhalt der Fläche A unter f über dem Intervall I.
Untersuchen Sie, ob die Fläche A für $k \to \infty$ einen endlichen Wert besitzt.

a) $f(x) = e^{-\frac{1}{3}x + 1}$, $I = [0; k]$

b) $f(x) = \frac{2}{x^{\frac{3}{2}}}$, $I = [1; k]$

5. Uneigentliche Integrale

Gegeben ist die Funktion $f(x) = \frac{1}{\sqrt[3]{x}}$.

a) Berechnen Sie den Inhalt der Fläche A unter f über [a; b], $b > a > 0$.

b) Untersuchen Sie, ob die Fläche A für $b \to \infty$ bzw. für $a \to 0$ einen endlichen Wert besitzt.

6. Rotationskörper

Bestimmen Sie das Volumen des Rotationskörpers, der durch Rotation des Graphen von $f(x) = e^{-\frac{1}{4}x}$ über [0; k] entsteht.

a) Wie groß ist das Volumen für $k = 4$?

b) Wie muss k gewählt werden, damit das Volumen π Volumeneinheiten beträgt?

c) Berechnen Sie den Wert des Volumens für $k \to \infty$.

Lösungen: S. 313

III. Vertiefung der Differential- und Integralrechnung

1. Wiederholung: Regeln aus der Differentialrechnung

In diesem Kapitel wird neben der Integralrechnung die Differentialrechnung aus der Einführungsphase angewandt und vertieft. Aus diesem Anlass stellen wir hier einige der elementarsten Regeln und Kriterien aus der Differentialrechnung zum Nachlesen bereit.

Notwendige Bedingung für Extrema:
Liegt bei x_E ein lokales Extremum von f, so gilt die Bedingung $f'(x_E) = 0$.

Notwendige Bedingung für Wendepunkte:
Liegt bei x_W ein Wendepunkt von f, so gilt die Bedingung $f''(x_W) = 0$.

Hinreichende Bedingung für Extrema:
Gilt $f'(x_E) = 0$ und $f''(x_E) \neq 0$, so liegt bei x_E ein lokales Extremum von f.
$f''(x_E) < 0 \Rightarrow$ Maximum
$f''(x_E) > 0 \Rightarrow$ Minimum

Hinreichende Bedingung für Wendepunkte:
Gilt $f''(x_W) = 0$ und $f'''(x_W) \neq 0$, so liegt bei x_W ein Wendepunkt von f.
$f'''(x_W) > 0 \Rightarrow$ Rechts-Links-WP
$f'''(x_W) < 0 \Rightarrow$ Links-Rechts-WP

Gleichung der Tangente von f bei x_0:
$y_T(x) = f'(x_0) \cdot (x - x_0) + f(x_0)$.

Gleichung der Normalen von f bei x_0:
$y_N(x_0) = -\frac{1}{f'(x_0)} \cdot (x - x_0) + f(x_0)$.

Allgemeine Ableitungsregeln:
Summenregel (Kurzform): $[f + g]' = f' + g'$
Faktorregel: $[c \cdot f(x)]' = c \cdot f'(x)$
Konstantenregel: $c' = 0$
Produktregel (Kurzform): $[f \cdot g]' = f' \cdot g + f \cdot g'$
Kettenregel: $[f(g(x))]' = f'(g(x)) \cdot g'(x)$
Lineare Kettenregel: $[f(ax + b)]' = f'(ax + b) \cdot a$

Spezielle Ableitungsregeln:
Potenzregel: $(x^r)' = r \cdot x^{r-1}, r \in \mathbb{R}$
Reziprokenregel: $\left(\frac{1}{x}\right)' = -\left(\frac{1}{x^2}\right)$
Wurzelregel: $(\sqrt{x})' = \frac{1}{2\sqrt{x}}$
Exponentialregeln: $(e^x)' = e^x$, $(e^{-x})' = -e^{-x}$
Sinusregel: $(\sin x)' = \cos x$
Kosinusregel: $(\cos x)' = -\sin x$

Übungen

1. Untersuchen Sie die Funktion f auf lokale Extrema und Wendepunkte.
   a) $f(x) = \frac{1}{3}x^3 - 2x^2 + 3x$ b) $f(x) = \frac{1}{6}x^3 + x^2$ c) $f(x) = \frac{1}{2}x^4 - 3x^2 + 4$ d) $f(x) = x^4 - \frac{8}{3}x^3$

2. Bestimmen Sie die Ableitung von f.
   a) $f(x) = x^3 + x$ b) $f(x) = \sin(\pi x)$ c) $f(x) = 3 \cdot e^{2x}$ d) $f(x) = \frac{2}{x^2} + x$

3. Bestimmen Sie die Gleichungen der Tangente und der Normalen von f an der Stelle x_0.
   a) $f(x) = \frac{1}{x}$, $x_0 = 2$ b) $f(x) = e^{-x}$, $x_0 = 1$

4. Berechnen Sie die Steigung und den Steigungswinkel α von f an der Stelle x_0.
   a) $f(x) = x^2 + 2x$, $x_0 = 1$ b) $f(x) = e^{0,5x}$, $x_0 = 0$

2. Ganzrationale und trigonometrische Funktionen

A. Ganzrationale Funktionen

Ganzrationale Funktionen wurden bereits in den vorhergehenden Kapiteln und in der Einführungsphase untersucht. Die folgenden Beispiele greifen diese Thematik daher nur exemplarisch auf, um einige Techniken zu reaktivieren, auch im Anwendungszusammenhang.

Beispiel: Minigolf/Tangenten

Beim Minigolf soll eine gebogene Laufröhre durchlaufen werden, deren Mittelkurve $f(x) = -\frac{1}{6}(x^3 - 5x^2)$ ist.

a) Der Spieler wählt den Startpunkt S(5|4) und schlägt den Ball nach A(3|3). Trifft der Ball die Kurve f dort tangential?

b) Der Ball verlässt das Rohr im Punkt B(−1|1) tangential. Wie groß muss y sein, damit der Ball das Loch bei L(−2|y) trifft?

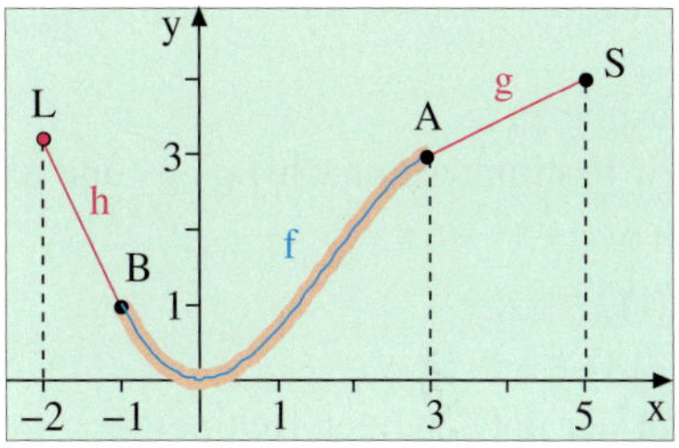

Lösung zu a:

Wir bestimmen zunächst die Steigung der Bahngeraden g durch die Punkte S und A mit Hilfe des Differenzenquotienten. Sie beträgt $m = \frac{1}{2}$. Die Steigung von f im Punkt A beträgt $f'(3) = \frac{1}{2}$. Damit stimmen die Steigungen von f und g im Punkt A überein. Die Gerade g trifft tangential auf die Mittelkurve f der Röhre.

Steigung der Geraden g

$m = \frac{\Delta y}{\Delta x} = \frac{y_S - y_A}{x_S - x_A} = \frac{4-3}{5-3} = \frac{1}{2}$

Steigung der Funktion f bei x = 3

$f'(x) = -\frac{1}{6}(3x^2 - 10x)$

$f'(3) = \frac{1}{2}$

$\Rightarrow$ g ist Tangente an f bei x = 3

Lösung zu b:

Wir bestimmen nun die Gleichung der Tangente t von f im Punkt B(−1|1). Dazu wenden wir die allgemeine Tangentengleichung $t(x) = f'(x_0) \cdot (x - x_0) + f(x_0)$ an.

Wir erhalten $t(x) = -\frac{13}{6}x - \frac{7}{6}$.

Nun berechnen wir $t(-2) = \frac{19}{6}$.

Daher muss $y = \frac{19}{6}$ gewählt werden, d. h. $L\left(-2\middle|\frac{19}{6}\right)$ ist der gesuchte Einlochpunkt.

Gleichung der Tangente t bei x = −1

Ansatz: $t(x) = f'(x_0) \cdot (x - x_0) + f(x_0)$

$t(x) = f'(-1) \cdot (x - (-1)) + f(-1)$

$= -\frac{13}{6}(x+1) + 1$

$= -\frac{13}{6}x - \frac{7}{6}$

Berechnung des y-Wertes von L

$t(-2) = -\frac{13}{6} \cdot (-2) - \frac{7}{6} = \frac{19}{6}$

$\Rightarrow$ Einlochpunkt: $L\left(-2\middle|\frac{19}{6}\right)$

Übung 1 Straßenverlauf

Ein Straßenstück wird für $-1 \le x \le 2$ beschrieben durch $f(x) = -\frac{1}{5}(x^3 - 4x^2)$ (1 LE = 1 km).

Für $x \le -1$ und $x \ge 2$ wird der Straßenverlauf durch zwei lineare Funktionen g und h beschrieben, die an den Stellen x = −1 bzw. x = 2 tangential an den Graphen von f anschließen.

Fertigen Sie eine Planskizze an und berechnen Sie die Gleichungen der Geraden g und h.

Beispiel: Abstrakte Kurvenuntersuchung

Gegeben sind die beiden Funktionen $f(x) = -2x^2 + 6x$ und $g(x) = \frac{1}{2}x^3 - 3x^2 + \frac{9}{2}x$, deren Graphen abgebildet sind.

a) Untersuchen Sie g auf Extrema und Wendepunkte.
b) Berechnen Sie die Schnittstellen von f und g.
c) Berechnen Sie den Inhalt der Fläche A, welche von f und g im ersten Quadranten umrandet wird.
d) Der Ursprung $O(0|0)$, der Punkt $Q(x|0)$ und der Punkt $P(x|g(x))$ $(0 < x < 3)$ sind Ecken eines bei Q rechtwinkligen Dreiecks. Für welchen Wert von x ist der Dreiecksinhalt B maximal?

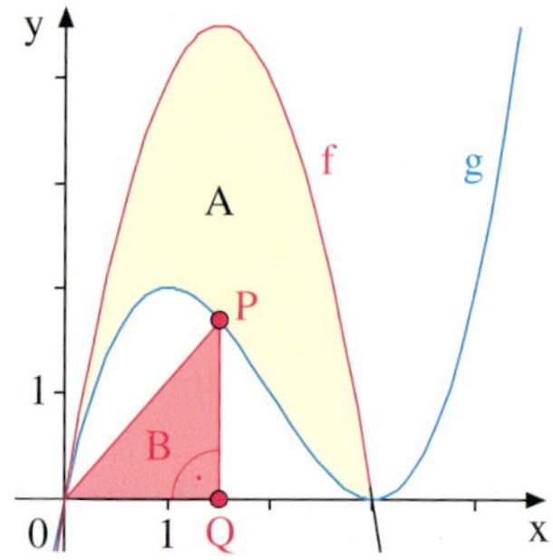

Lösung zu a:
Wir bestimmen zunächst g', g'' und g'''.

$g'(x) = \frac{3}{2}x^2 - 6x + \frac{9}{2}$
$g''(x) = 3x - 6$
$g'''(x) = 3$

Mit der notwendigen Bedingung $g'(x) = 0$ errechnen wir die Extremstellen von g. Sie liegen bei $x = 3$ und $x = 1$.
Die Überprüfung dieser potentiellen Extremstellen mit dem g''-Kriterium liefert den Tiefpunkt $T(3|0)$ und den Hochpunkt $H(1|2)$.

Analog errechnen wir mit der notwendigen Bedingung $g''(x) = 0$ die Lage der Wendestelle von g bei $x = 2$.
Die Überprüfung mit dem hinreichenden g'''-Kriterium ergibt einen Rechts-Links-Wendepunkt $W(2|1)$.

Lösung zu b:
Zur Berechnung der Schnittstellen von f und g muss die Ansatzgleichung $f(x) = g(x)$ gelöst werden. Die rechts dargestellte Rechnung liefert als Lösung drei Schnittstellen bei $x = -1$, $x = 0$ und $x = 3$.

Lösung zu c:
Um den Inhalt von A zu berechnen, nutzen wir die Differenzfunktion von f und g. Sie lautet $d(x) = -\frac{1}{2}x^3 + x^2 + \frac{3}{2}x$. Durch Integration der Differenzfunktion d in den Grenzen von 0 bis 3 erhalten wir den Inhalt von A.

Resultat: $A = 5{,}625$ FE

Extrema von g:

$$g'(x) = \frac{3}{2}x^2 - 6x + \frac{9}{2} = 0$$
$$x^2 - 4x + 3 = 0$$
$$x = 2 \pm \sqrt{4-3} = 2 \pm 1$$
$$x = 3,\ y = 0;\quad g''(3) = \ \ 3 > 0 \Rightarrow \text{Min}$$
$$x = 1,\ y = 2;\quad g''(1) = -3 < 0 \Rightarrow \text{Max}$$

Wendepunkt von g

$$g''(x) = 3x - 6 = 0$$
$$x = 2,\ y = 1$$
$$g'''(2) = 3 > 0 \Rightarrow \text{RL-Wp } W(2|1)$$

Schnittstellen von f und g

$$f(x) = g(x)$$
$$-2x^2 + 6x = \frac{1}{2}x^3 - 3x^2 + \frac{9}{2}x$$
$$\frac{1}{2}x^3 - x^2 - \frac{3}{2}x = 0$$
$$x^3 - 2x^2 - 3x = 0$$
$$x \cdot (x^2 - 2x - 3) = 0$$
$$x = 0 \text{ bzw. } x^2 - 2x - 3 = 0$$
$$x = 1 \pm \sqrt{1+3}$$
$$x = -1,\ x = 3$$

Flächeninhalt von A

$$A = \int_0^3 (f(x) - g(x))\,dx$$
$$= \int_0^3 \left(-\frac{1}{2}x^3 + x^2 + \frac{3}{2}x\right)dx$$
$$= \left[\left(-\frac{1}{8}x^4 + \frac{1}{3}x^3 + \frac{3}{4}x^2\right)\right]_0^3$$
$$= \left(-\frac{81}{8} + 9 + \frac{27}{4}\right) - (0) = \frac{45}{8} = 5{,}625$$

Lösung zu d:
Die Abbildung rechts verdeutlicht die Lage des eingesperrten Dreiecks.

Skizze des eingesperrten Dreiecks

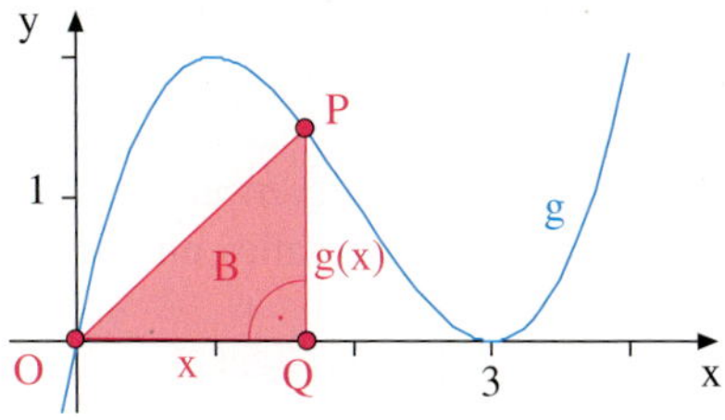

Der Flächeninhalt B des Dreiecks wird nach der altbekannten Formel $B = \frac{1}{2}g \cdot h$ bestimmt (g: Grundlinie; h: Höhe). Mit der Grundlinie x und der Höhe g (x) folgt also:
$B = \frac{1}{2}x \cdot g(x) = \frac{1}{4}x^4 - \frac{3}{2}x^3 + \frac{9}{4}x^2$

Die notwendige Bedingung für ein Extremum von B lautet $B'(x) = 0$. Damit ergibt sich die rechts aufgeführte Rechnung.

Bei $x = 0$ und $x = 3$ liegen offensichtlich Minimalstellen von B. Auf die hinreichende Bedingung für Extrema kann verzichtet werden, da die Lage völlig klar ist.

Bei $x = 1{,}5$ liegt das Maximum von B.
Für die maximale Fläche gilt daher:
$B_{MAX} = B(1{,}5) \approx 1{,}27$

Extremalrechnung

$B'(x) = 0$

$x^3 - \frac{9}{2}x^2 + \frac{9}{2}x = 0$

$x \cdot \left(x^2 - \frac{9}{2}x + \frac{9}{2}\right) = 0$

$x = 0 \quad \text{bzw.} \quad x = \frac{9}{4} \pm \sqrt{\frac{81}{16} - \frac{9}{2}}$

$x = 0 \quad \text{bzw.} \quad x = 3 \quad \text{bzw.} \quad x = 1{,}5$

$\Rightarrow$ Maximum von B bei $x = 1{,}5$

$B_{MAX} = B(1{,}5) \approx 1{,}27$

Übung 2 Kurvenuntersuchung

Gegeben sind zwei Funktionen f und g:
$f(x) = \frac{1}{4}x^3 - x$, $g(x) = \frac{1}{4}x^2 + \frac{1}{2}x$.

a) Berechnen Sie die Extrema und den Wendepunkt der Funktion f.
b) Ermitteln Sie die Schnittpunkte der Funktionen f und g.
c) Wie groß ist der Inhalt der Gesamtfläche A, welche von den Graphen von f und g eingeschlossen wird?

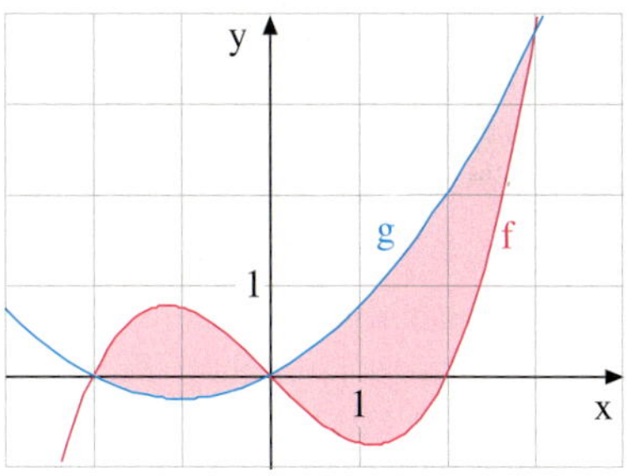

Übung 3 Polynomfunktion

Gegeben ist die Funktion $f(x) = \frac{1}{12}x^3 - \frac{1}{2}x^2$.

a) Erstellen Sie eine Wertetabelle und zeichnen Sie auf dieser Grundlage den Graphen von f.
b) Untersuchen Sie die Funktion f auf Nullstellen, Extrema und Wendepunkte.
c) Bestimmen Sie die Gleichung der Wendenormalen von f.
d) Wie groß ist der Inhalt der Fläche A, welche vom Graphen von f und der x-Achse im 4. Quadranten umschlossen wird?

Beispiel: Golf

Kurt spielt Golf. Ein Schlag kann durch die Bahnkurve $f(x) = -0{,}003\,x^2 + 0{,}36\,x$ beschrieben werden (1 LE = 1 m).
Untersuchen Sie den Kurvenverlauf. Berechnen Sie dazu die Flugweite des Balles und den Gipfelpunkt der Parabelbahn.
Wie groß ist der Abschlagwinkel α?

Lösung:

Wir berechnen durch Faktorisieren oder mit der p-q-Formel die Nullstellen von f. Sie liegen bei $x = 0$ und $x = 120$.
Der zweite Wert stellt die Flugweite dar. Diese beträgt 120 m.

Die Nullstellen von f

$f(x) = -0{,}003\,x^2 + 0{,}36\,x = 0$

$x \cdot (-0{,}003\,x + 0{,}36) = 0$

$x = 0$ bzw. $x = 120$

Das Maximum von f bestimmen wir mit Hilfe der notwendigen Bedingung für Extrema, indem wir $f'(x) = 0$ setzen. Die Parabel ist nach unten geöffnet. Also ist an der berechneten Stelle $x = 60$ das Maximum von f. Der Gipfelpunkt der Flugbahn ist $H(60|10{,}8)$.

Der Hochpunkt von f

$f'(x) = -0{,}006\,x + 0{,}36 = 0$

$x = 60$

$y = f(60) = 10{,}8$

$\Rightarrow H(60|10{,}8)$

Der Abschlag erfolgt bei $x = 0$.
Der Abschlagswinkel ist also der Steigungswinkel von f an der Stelle $x = 0$. Dieser ergibt sich aus der Formel
$\tan\alpha = f'(0) = 0{,}36$.
Es folgt $\alpha = \arctan(0{,}36) \approx 19{,}8°$.
Das ist ein recht flacher Winkel*.

Der Abschlagswinkel

$\tan\alpha = f'(0)$

$\tan\alpha = 0{,}36$

$\alpha = \arctan(0{,}36)$

$\alpha \approx 19{,}8°$

Übung 4 Bogenschützin

Eine Bogenschützin schießt ihren Pfeil testweise senkrecht nach oben. Die Steighöhe kann durch die Funktion $h(t) = 60\,t - 5\,t^2$ erfasst werden. t: Zeit in Sekunden; h: Höhe in Metern.

a) Wie groß ist die Abschussgeschwindigkeit?

b) Welche Gipfelhöhe wird erreicht? Wie lange fliegt der Pfeil bis zum Gipfelpunkt?

c) Wann ist die Geschwindigkeit des Pfeils auf ca. 100 km/h gesunken?

d) In einem zweiten Versuch schießt die Schützin fast horizontal ab. Die Flugbahn lautet nun $f(x) = 1{,}70 + 0{,}035\,x - 0{,}0005\,x^2$.
Wie groß ist der Abschusswinkel α? Welche Maximalhöhe erreicht der Pfeil?
Trifft er das Ziel, eine Kreisscheibe mit 10 cm Durchmesser um den Mittelpunkt $M(80|1{,}34)$?

* Der Abschlagswinkel α beim Golf wird durch die *Abschrägung* des Golfschlägers bestimmt.

In den folgenden Beispielen geht es um die Beschreibung von Prozessen und um Änderungsraten.

Beispiel: Konzentration eines Medikaments

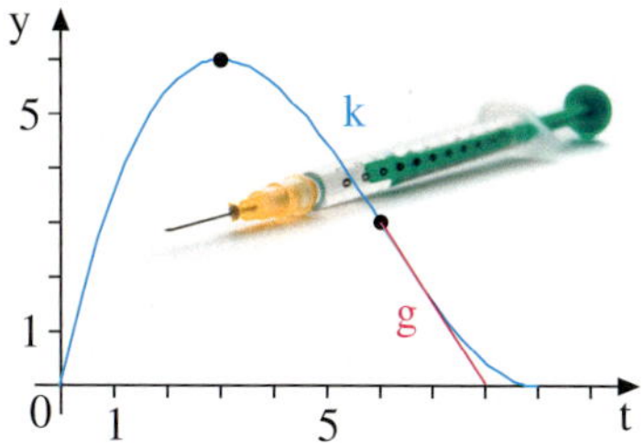

Nach der Einnahme eines Medikamentes wird die Konzentration des Wirkstoffs im Blut durch die Polynomfunktion $k(t) = \frac{1}{18}t \cdot (t-9)^2$ beschrieben (t: Zeit in Stunden; k: Konzentration in mg/ml).

a) Berechnen Sie die Maximalkonzentration. Zu welchem Zeitpunkt tritt sie auf?

b) Zu welchem Zeitpunkt t_W wird das Medikament im Blut am schnellsten abgebaut? Wie groß ist die Änderungsrate von k zu diesem Zeitpunkt?

c) Bestimmen Sie den Zeitpunkt, zu dem das Medikament vollständig abgebaut ist.

d) Ab dem Zeitpunkt t_W (s. Aufg.teil b) erhält der Patient ein Gegenmittel, welches bewirkt, dass die Konzentration nun linear abnimmt. Die beschreibende Gerade g schließt tangential an die Kurve k an. Stellen Sie die Gleichung von g auf und berechnen Sie, wann die Konzentration nun auf null gesunken ist.

Lösung zu a:
Wir multiplizieren zunächst den Funktionsterm von k aus und bestimmen anschließend die Ableitungen k′ und k″.

Die übliche Untersuchung auf Extrema ergibt einen Hochpunkt H(3|6) und einen Tiefpunkt T(9|0).

Die maximale Konzentration wird also nach drei Stunden erreicht und beträgt 6 mg/ml.

Berechnung des Maximums von k:

$k(t) = \frac{1}{18}(t^3 - 18t^2 + 81t)$

$k'(t) = \frac{1}{18}(3t^2 - 36t + 81)$

$k''(t) = \frac{1}{18}(6t - 36)$

$k'(t) = 0$

$3t^2 - 36t + 81 = 0$

$t^2 - 12t + 27 = 0$

$t = 6 \pm \sqrt{36 - 27}$

$t = 3, \quad k = 6, \quad k''(3) = -1 \Rightarrow \text{Max}$

$t = 9, \quad k = 0, \quad k''(9) = +1 \Rightarrow \text{Min}$

Lösung zu b:
Der stärkste Abfall der Konzentration liegt an der Wendestelle von k vor. Diese wird durch Nullsetzen von k″ ermittelt. Sie liegt bei t = 6.
Zu diesem Zeitpunkt wird das Minimum der Änderungsrate erreicht. Dieses Minimum beträgt k′(6) = −1,5 mg/ml pro Stunde.

Maximale Abnahmerate:

$k''(t) = \frac{1}{18}(6t - 36) = 0$

$6t - 36 = 0$

$t = 6 \quad$ (Minimum von k′)

$k'(6) = -1{,}5$ mg/ml pro Stunde

Lösung zu c:
Nun ist die rechte der beiden Nullstellen der Konzentration k gefragt. Sie liegt nach nebenstehender Rechnung bei t = 9.
Nach 9 Stunden ist das Medikament vollständig abgebaut.

Nullstelle von k:

$k(t) = 0$

$\frac{1}{9}t \cdot (t-9)^2 = 0$

$t = 0, t = 9$

Lösung zu d:

Die gesuchte Gerade g ist die Tangente der Konzentrationsfunktion k in deren Wendepunkt, also an der Stelle $t_W = 6$, wie in der Abbildung auf der vorigen Seite dargestellt.

Mit der allgemeinen Tangentengleichung $t(x) = f'(x_0) \cdot (x - x_0) + f(x_0)$ bestimmen wir die Gleichung von g (siehe rechts):

Wir erhalten $g(t) = -\frac{3}{2}t + 12$.

Bestimmung der Gleichung von g

Allgemeine Tangentengleichung:

$t(x) = f'(x) \cdot (x - x_0) + f(x_0)$

Gleichung von g:

$g(t) = k'(6) \cdot (t - 6) + k(6)$

$g(t) = -\frac{3}{2} \cdot (t - 6) + 3$

$g(t) = -\frac{3}{2}t + 12$

Die Nullstelle von g liegt bei t = 8. Nach 8 Stunden ist die Konzentration auf null gesunken, also eine Stunde früher als beim Verlauf ohne Gegenmittel.

Nullstelle der Tangente g

$g(t) = 0$

$-\frac{3}{2}t + 12 = 0$

$t = 8$

Übung 5 Diskuswurf

Einem Diskuswerfer gelingt ein sehr guter Wurf. Die Flugbahn des Diskus wird dabei erfasst durch $f(x) = -\frac{1}{144}x^2 + \frac{1}{2}x$.

(Von der Starthöhe des Diskus von ca. 1 m wird zwecks Vereinfachung abgesehen.)

(Alle Maße sind in Metern zu nehmen.)

a) Wie weit geht der Wurf?

b) Welche Höhe erreicht der Diskus?

c) In welchem Winkel erfolgt der Abwurf?

Übung 6 Skater-Parcours

Das Höhenprofil eines Skater-Parcours wird in einem Abschnitt beschrieben durch die Funktion $f(x) = \frac{1}{144}x^3 - \frac{3}{4}x$ $(-12 \le x \le 0)$.

a) Der Punkt B sei der höchste Punkt der Strecke. Wie groß ist der durchschnittliche Anstieg zwischen den Punkten $A(-12|f(-12))$ und B?

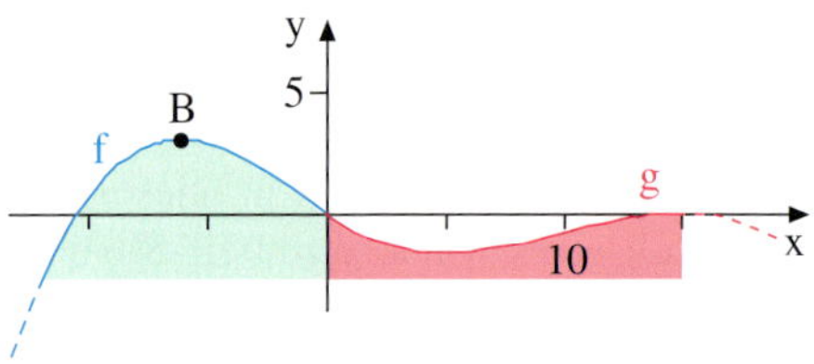

b) Unter welchem Winkel fährt der Skater im Koordinatenursprung abwärts?

c) Das Höhenprofil des Skater-Parcours wird für $0 \le x \le 15$ fortgesetzt durch die Funktion $g(x) = -\frac{1}{300}x^3 + \frac{1}{10}x^2 - \frac{3}{4}x$. Zeigen Sie, dass f und g ohne Knick ineinander übergehen.

d) Weisen Sie nach, dass g im Punkt $C(15|0)$ waagerecht verläuft.

e) Wo liegt die tiefste Stelle des Parcours im Bereich $0 \le x \le 15$?

f) In welchem Punkt ist die Steigung von g maximal?

Beispiel: Hochwasser

Bei einem Unwetter kann die Strömungsrate in einer überfluteten Straße durch $s(t) = 600 \cdot (9t^2 - t^3)$ erfasst werden.
(t: Zeit in Std.; s: Strömungsrate in m^3/h)
Skizzieren Sie den Graphen von s für $0 \le t \le 9$.
Wann ist die Strömung am stärksten?
Wann erhöht sich die Strömungsrate am schnellsten?
Welche Wassermenge passiert die Straße insgesamt?

Lösung:
Wir zeichnen den Graphen mit Hilfe einer Wertetabelle:

t	0	1	3	6	8	9
s	0	4800	32400	64800	38400	0

Man erkennt, dass das Hochwasser von $t = 0$ bis $t = 9$ dauert, denn dort liegen die Nullstellen von s.

Der Graph von s

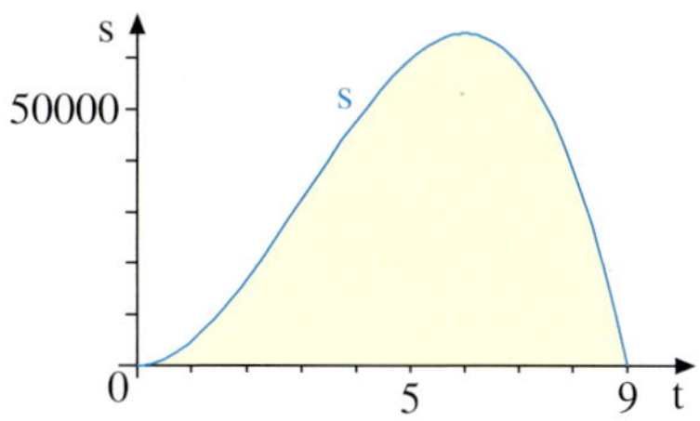

Das Maximum von s bestimmen wir mit Hilfe der notwendigen Bedingung für Extrema, indem wir $s'(t) = 0$ setzen.
Es liegt bei $t = 6$.
Die maximale Strömungsrate beträgt $64\,800\,m^3/h$. Das entspricht $18\,m^3/s$.

Die maximale Strömungsrate

$s(t) = 600 \cdot (9t^2 - t^3)$
$s'(t) = 600 \cdot (18t - 3t^2) = 0$
$t = 0$ (Min, da $s''(0) = 10\,800 > 0$)
$t = 6$ (Max, da $s''(6) = -10\,800 < 0$)
$\Rightarrow$ Hochpunkt $H(6|64\,800)$

Die Strömungsrate erhöht sich am schnellsten, wenn $s''(t) = 0$ gilt, d. h. im Wendepunkt der Funktion s. Dieser liegt bei $t = 3$.
Die Strömungsrate ändert sich dann pro Stunde um $16\,200\,m^3/h$. Pro Sekunde erhöht sie sich also um ca. $4{,}5\,m^3/h$.

Die größte Änderung der Strömungsrate

$s''(t) = 600 \cdot (18 - 6t) = 0$
$18 - 6t = 0$
$t = 3$
$s'(3) = 16\,200$

Die während des Unwetters durch die Straße geflossene Wassermenge S bestimmt man durch Integration von s in den Grenzen von 0 bis 9. Insgesamt sind $328\,050\,m^3$ durch die Straße geflossen.

Die geflossene Wassermenge

$$S = \int_0^9 s(t)\,dt = \int_0^9 (5\,400t^2 - 600t^3)\,dt$$
$$= [1\,800t^3 - 150t^4]_0^9 = (328\,050) - (0)$$
$$= 328\,050\,m^3$$

Übung 7 Schweinemast

Die Gewichtszunahme eines Mastschweins wird durch $f(t) = t^2 - \frac{1}{8}t^3$ beschrieben ($0 \le t \le 8$)
(t: Zeit in Monaten, f(t) Gewichtsänderung in kg/Monat).

a) Untersuchen Sie f auf Nullstellen, Extrema und Wendepunkte. Skizzieren Sie den Graphen von f. Wann steigt das Gewicht am schnellsten?

b) Am Beginn der Mast wiegt das Schwein 55 kg. Welches Endgewicht wird es erreichen?

B. Trigonometrische Funktionen

Wir betrachten nun elementare Probleme und Anwendungssituationen der Differential- und Integralrechnung, die bei trigonometrischen Funktionen auftreten können.

Beispiel: Tangente und Normale
Bestimmen Sie die Gleichung der Tangente und die Gleichung der Normalen an den Graphen von $f(x) = 2\sin(2x)$ an der Stelle $x_0 = \frac{\pi}{6}$.

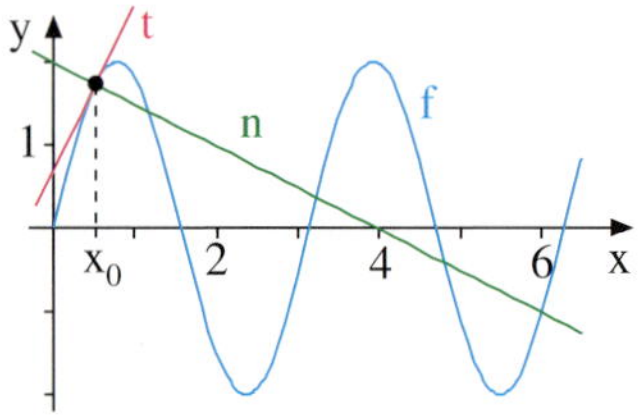

Lösung:
Wir wählen für die Tangentengleichung den Ansatz $t(x) = m(x - x_0) + y_0$, wobei gilt: $x_0 = \frac{\pi}{6}$, $y_0 = f(x_0)$ und $m = f'(x_0)$.

Mit diesen Werten erhalten wir die Tangentengleichung $t(x) \approx 2 \cdot x + 0{,}68$.

Für die Normalengleichung lautet der Ansatz ebenfalls $n(x) = m(x - x_0) + y_0$, wobei wieder $x_0 = \frac{\pi}{6}$ und $y_0 = f(x_0)$ gilt.
Für m allerdings gilt nun $m = -\frac{1}{f'(x_0)}$.

Mit diesen Werten erhalten wir die Normalengleichung $n(x) \approx -\frac{1}{2} \cdot x + 1{,}99$.

Gleichung der Tangente:
Ansatz: $t(x) = m(x - x_0) + y_0$,
$x_0 = \frac{\pi}{6}$
$y_0 = f(x_0) = f\left(\frac{\pi}{6}\right) = 2\sin\left(\frac{\pi}{3}\right) = \sqrt{3}$
$m = f'(x_0) = f'\left(\frac{\pi}{6}\right) = 4\cos\left(\frac{\pi}{3}\right) = 2$
$\Rightarrow t(x) = 2 \cdot \left(x - \frac{\pi}{6}\right) + \sqrt{3} \approx 2x + 0{,}68$

Gleichung der Normalen:
Ansatz: $n(x) = m(x - x_0) + y_0$,
$x_0 = \frac{\pi}{6}$
$y_0 = f(x_0) = f\left(\frac{\pi}{6}\right) = 2\sin\left(\frac{\pi}{3}\right) = \sqrt{3}$
$m = -\frac{1}{f'(x_0)} = -\frac{1}{4\cos\left(\frac{\pi}{3}\right)} = -\frac{1}{2}$
$\Rightarrow n(x) = -\frac{1}{2}\left(x - \frac{\pi}{6}\right) + \sqrt{3} \approx -\frac{1}{2}x + 1{,}99$

Übung 8 y-Achsenabschnitt von Tangente und Normale
Wie groß sind die y-Achsenabschnitte der Tangente bzw. der Normalen an den Graphen von $f(x) = \cos x$ an der Stelle $x = \frac{\pi}{4}$?

Beispiel: Flächeninhalt
Welchen Inhalt A hat die Fläche unter einem einzelnen Bogen des Graphen der Funktion $f(x) = 2\sin(2x)$?

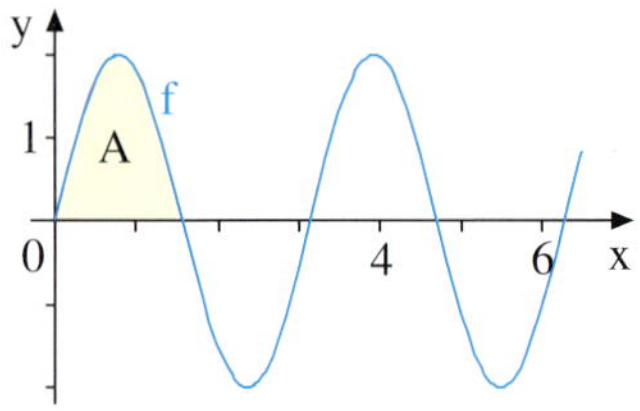

Lösung:
Die erste positive Nullstelle der Funktion $f(x) = 2\sin(2x)$ liegt bei $x_0 = \frac{\pi}{2}$. Daher ist das bestimmte Integral von f in den Grenzen von 0 bis $\frac{\pi}{2}$ zu berechnen. Sein Wert beträgt A = 2. Das Ergebnis ist überraschenderweise ganzzahlig.

Flächeninhalt:

$$A = \int_0^{\frac{\pi}{2}} 2 \cdot \sin(2x)\,dx$$
$$= [-\cos(2x)]_0^{\frac{\pi}{2}} = (-\cos\pi) - (-\cos 0)$$
$$= 1 - (-1) = 2$$

Übung 9 Flächeninhalt

a) Zeigen Sie, dass sich die Graphen von $f(x) = \sin x$ und $g(x) = \cos x$ an der Stelle $x = \frac{\pi}{4}$ schneiden. Fertigen Sie dann eine Skizze an.

b) Berechnen Sie den Inhalt des ersten Flächenstücks A, das von den Graphen von f und g und der x-Achse im ersten Quadranten umschlossen wird.

Beispiel: Fläche zwischen zwei Graphen
Berechnen Sie den Inhalt der Fläche A, die von den Graphen von $f(x) = \cos\left(\frac{x}{2}\right)$ und $g(x) = x \cdot (x - \pi)$ und der y-Achse im ersten und vierten Quadranten begrenzt wird. Orientieren Sie sich an der Skizze.

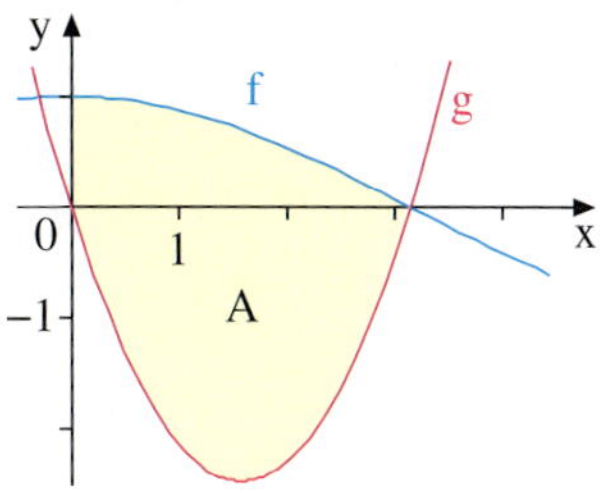

Lösung:
Man erkennt, dass die Funktionen sich bei $x = \pi$ schneiden. Durch Einsetzen kann man das nachweisen.
Die Integrationsgrenzen sind also 0 und π.
Daher wird das Integral der Differenzfunktion $f(x) - g(x)$ von 0 bis π berechnet.
Resultat: $A \approx 7{,}17$

Flächeninhalt:

$$A = \int_0^{\pi} \left(\cos\left(\tfrac{x}{2}\right) - (x^2 - \pi x)\right) dx$$
$$= \left[2\sin\left(\tfrac{x}{2}\right) - \left(\tfrac{1}{3}x^3 - \tfrac{1}{2}\pi x^2\right)\right]_0^{\pi}$$
$$= \left(2 + \tfrac{1}{6}\pi^3\right) - (0)$$
$$= 2 + \tfrac{1}{6}\pi^3 \approx 7{,}17$$

Übung 10 Flächenberechnung

$f(x) = \sin x$ und $g(x) = 2 \sin x \cos x = \sin(2x)$ schließen die abgebildete Fläche A ein. Berechnen Sie den rechten Schnittpunkt der Graphen sowie den Inhalt der Fläche A.

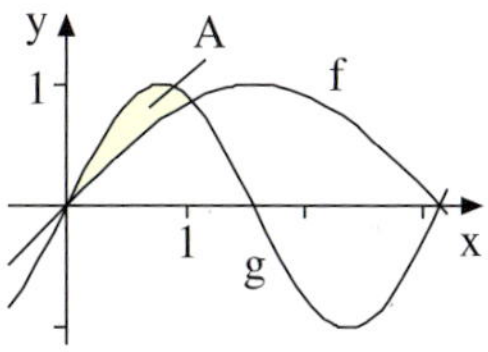

Beispiel: Flächeninhalt
Gesucht ist der Inhalt der Fläche A, die vom ersten Bogen der Sinusfunktion $f(x) = \sin x$ und der horizontalen Geraden $g(x) = 0{,}5$ umschlossen wird ($0 \le x \le \pi$).

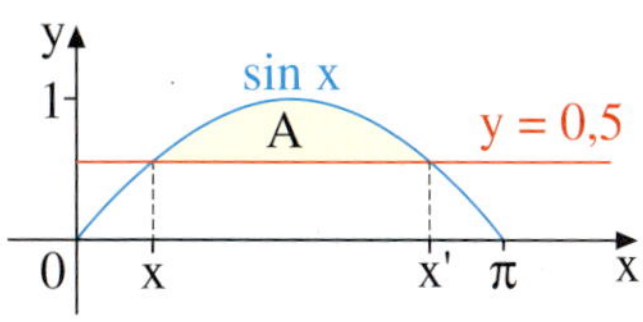

Lösung:
Wir errechnen zunächst die Schnittstellen von f und g durch Gleichsetzen der Funktionsterme. Sie liegen bei 0,5236 und 2,6180.

Anschließend integrieren wir die Differenzfunktion $d(x) = \sin x - 0{,}5$ in den berechneten Grenzen.*

Resultat: $A \approx 0{,}68$.

Schnittstellen von f und g:

$\sin x = 0{,}5$
$x \approx 0{,}5236$
$x' = \pi - x = \pi - 0{,}5236 \approx 2{,}6180$

Flächeninhalt:

$$A \approx \int_{0{,}5236}^{2{,}6180} (\sin x - 0{,}5)\, dx$$
$$= [-\cos x - 0{,}5x]_{0{,}5236}^{2{,}6180} \approx 0{,}68$$

* Das bestimmte Integral kann man auch mit den erweiterten Funktionen des Taschenrechners berechnen.

Übungen

11. Kurvenuntersuchung

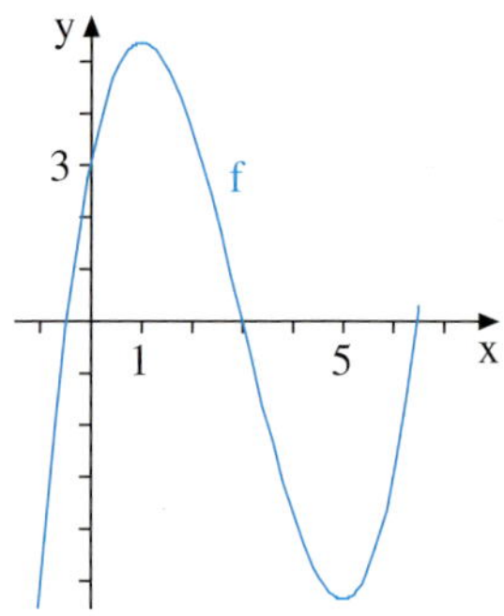

Gegeben ist die Funktion $f(x) = \frac{1}{3}x^3 - 3x^2 + 5x + 3$.

a) Ermitteln Sie die Gleichung der Tangente t an den Graphen von f an der Stelle $x_0 = 0$.
Welchen Winkel bildet die Tangente t mit der y-Achse?

b) Berechnen Sie die Extrema von f.

c) An welcher Stelle fällt die Funktion f am stärksten? Wie groß ist dort die Steigung von f?

d) Zeigen Sie, dass eine Nullstelle von f bei $x = 3$ liegt. Ermitteln Sie den Inhalt der Fläche A, welche vom Graphen von f und den beiden Koordinatenachsen im ersten Quadranten begrenzt wird.

12. Funktionenschar

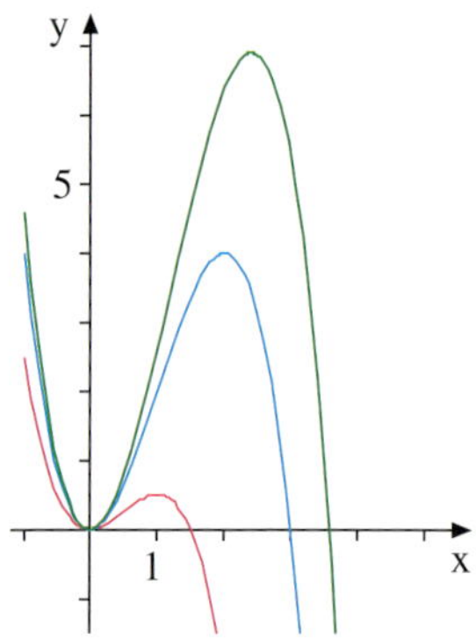

Von der Funktionenschar $f_a(x) = -x^3 + 3ax^2$ $(a > 0)$ sind rechts die Graphen für $a = 0{,}5$, $a = 1$ und $a = 1{,}2$ abgebildet.

a) Ordnen Sie die Graphen den passenden Parametern zu.

b) Berechnen sie die Nullstellen, Extrema und Wendepunkte der Scharkurven in Abhängigkeit vom Parameter a.

c) Für welchen Wert von a ist die Steigung in der rechten Nullstelle von f_a gleich -1?
Wie lauten die Gleichungen der Tangente t und der Normalen n an dieser Stelle?

d) Welche Funktion der Schar hat im Wendepunkt die Steigung 2?

e) Der Graph einer Scharkurve f_a und die x-Achse umschließen eine Fläche A. Für welchen Wert von a hat das Flächenstück A den Inhalt $\frac{4}{3}$?

13. Segelflugzeug

Die Startbahn eines Segelflugplatzes liegt in 300 m Höhe. Ein Segelflugzeug wird im Motorschlepp auf 1200 m Höhe geschleppt und startet dort seinen freien Flug $(t = 0)$. Seine Flughöhe h ändert sich mit der Geschwindigkeit $h'(t) = 13{,}5t^2 - 162t + 270$ (t in min, h′ in m/min).

a) Wie lautet die Gleichung der Höhenfunktion h?

b) Welche maximale Flughöhe erreicht der Segler?

c) Wann ist der Höhenverlust am stärksten?

d) Am Ende des Fluges setzt das Flugzeug auf der Startbahn weich auf.
Berechnen Sie die Zeitdauer des eigenständigen Fluges.

14. Neubausiedlung
Ein Baugrundstück wird durch zwei Straßen f und g und die Parallelen $x = 10$ und $x = -10$ begrenzt (1 LE = 10 m). Die Straße f wird durch die Funktion $f(x) = 0{,}004\,x^3 - 1{,}2\,x$ erfasst, die Straße g durch $g(x) = 10 - 0{,}5\,x$. Berechnen Sie die Größe des Grundstücks auf zwei Wegen, über bestimmte Integrale und ohne Integrale. Vergleichen Sie beide Ansätze.

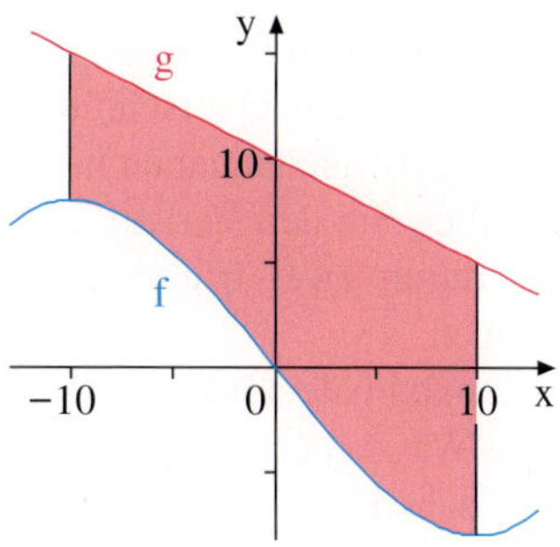

15. Steigungswinkel
Welchen Steigungswinkel besitzt der Graph von $f(x) = \sin\left(\frac{\pi}{4}x\right)$ bei $x = 0$?

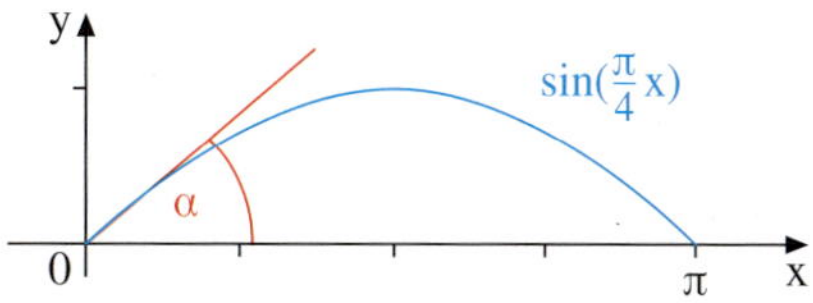

16. Flächenberechnung
Berechnen Sie den Inhalt der abgebildeten Fläche A zwischen dem Graphen der Kosinusfunktion, dem Graphen von $g(x) = x - x^2$ und der x-Achse.

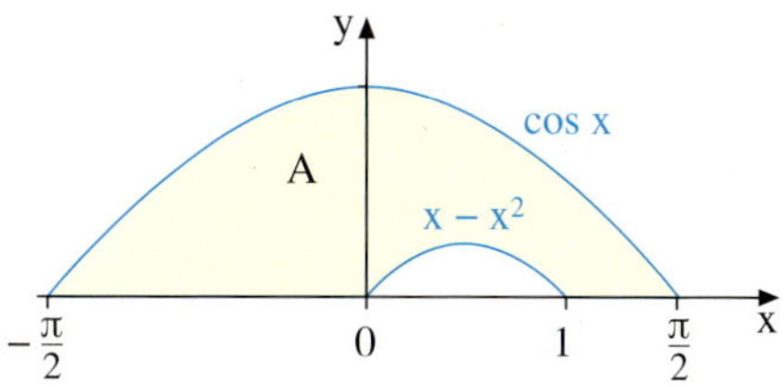

17. Flächenberechnung mit drei Funktionen
Wie groß ist der Inhalt der abgebildeten Fläche A?
A wird von den Graphen der drei Funktionen $f(x) = \sin x$, $g(x) = 2\sin x$, $h(x) = 4x - x^2$ sowie von der x-Achse begrenzt.

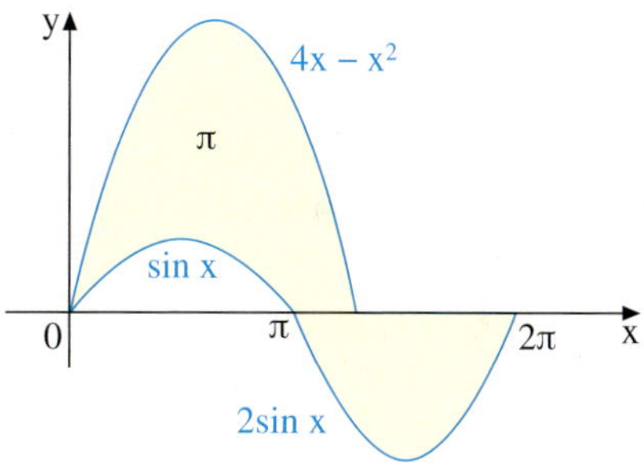

18. Parabel und Sinusfunktion
Eine zur y-Achse achsensymmetrische Parabel läuft durch den ersten Hochpunkt der Sinusfunktion rechts des Ursprungs. Sie umschließt mit dieser eine Fläche A. Welchen Inhalt besitzt A?

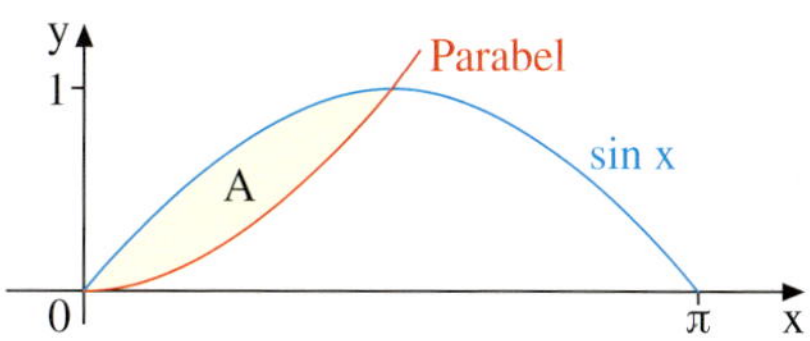

19. Flächenberechnung mit Rechnereinsatz
Gegeben ist die Funktion $f(x) = 3\sin(2x - 2) + 1$. Bestimmen Sie den Inhalt der Fläche A, die zwischen den beiden kleinsten positiven Nullstellen von f vom Graphen und der x-Achse berandet wird.

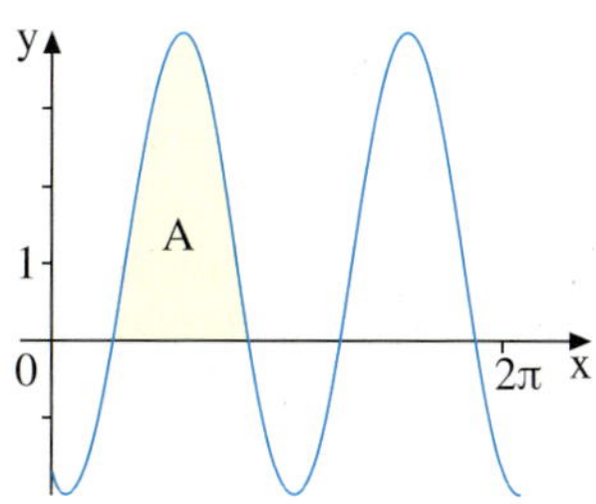

Beispiel: Wasser im Stausee

Die Skizze zeigt den Querschnitt durch einen Stausee (Längenangaben in m).

a) Beschreiben Sie den Verlauf des Seebodens durch zwei trigonometrische Funktionen.

b) Welche maximale Querschnittsfläche kann das Wasser bei vollständig gefülltem See haben?

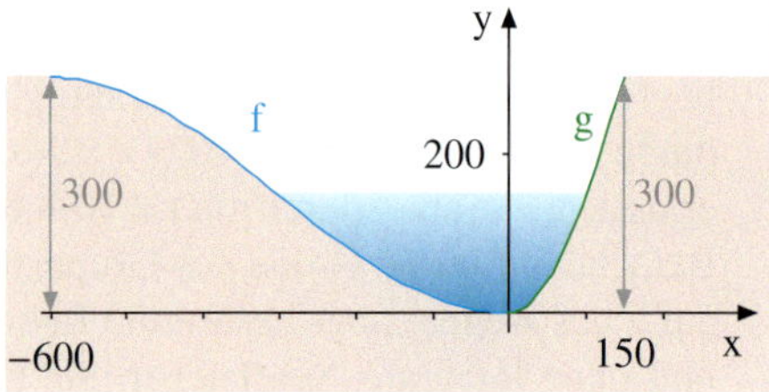

c) Die Wassertiefe beträgt momentan an der tiefsten Stelle 150 m. Berechnen Sie zur Abschätzung der Wassermenge im See die Querschnittsfläche des Wassers.

Lösung zu a:

Die Bodenkontur links der y-Achse lässt sich durch eine sinusförmige Funktion, die auf der Hälfte ihrer Periode benötigt wird, beschreiben. Daher ist die Periode der Funktion gleich 1200.

Die Amplitude ist gleich der halben Differenz der extremalen Funktionswerte, also gleich 150.

Die Verschiebungen in x-Richtung und in y-Richtung sind so zu wählen, dass der minimale Funktionswert im Ursprung liegt, also gleich –900 bzw. gleich 150.

Damit ergibt sich die Funktionsgleichung $f(x) = 150 \cdot \sin\left(\frac{\pi}{600}(x + 900)\right) + 150$.

Gleichung der linken Randkurve:

Ansatz: $f(x) = a\sin(b(x + c)) + d$

Amplitude: $a = 150$

Periode: 1200

$b = \frac{2\pi}{1200} = \frac{\pi}{600}$

x-Verschiebung: –900

$c = 900$

y-Verschiebung: +150

$d = 150$

Funktionsgleichung von f:

$f(x) = 150 \cdot \sin\left(\frac{\pi}{600}(x + 900)\right) + 150$

Die sinusförmige Funktion rechts von der y-Achse wird für $0 \le x \le 150$ benötigt. Dieser Bereich entspricht einem Viertel ihrer Periode. Diese ist also gleich 600.

Die Amplitude ist gleich 300. Die x-Verschiebung ist +150, die y-Verschiebung ist 300. Hieraus ergibt sich die Gleichung $g(x) = 300 \cdot \sin\left(\frac{\pi}{300}(x - 150)\right) + 300$.

Gleichung der rechten Randkurve:

Amplitude: $a = 300$

Periode: 600

$b = \frac{2\pi}{600} = \frac{\pi}{300}$

x-Verschiebung: +150

$c = -150$

y-Verschiebung: +300

$d = 300$

Funktionsgleichung von g:

$g(x) = 300 \cdot \sin\left(\frac{\pi}{300}(x - 150)\right) + 300$

Lösung zu b:

Die y-Achse teilt die Querschnittsfläche in zwei Teile A_1 und A_2. Der Inhalt der linken Teilfläche A_1 ist gleich dem Integral von $300 - f(x)$ über dem Intervall $[-600; 0]$.

Er beträgt $90\,000\,\text{m}^2$.

Inhalt der linken Teilfläche A_1:

$$A_1 = \int_{-600}^{0} (300 - f(x))\,dx$$
$$= \left[150x + 150 \cdot \frac{600}{\pi}\cos\left(\frac{\pi}{600}(x + 900)\right)\right]_{-600}^{0}$$
$$= 90\,000$$

Der Inhalt der rechten Teilfläche A_2 ist gleich dem Integral von $300 - g(x)$ über dem Intervall [0; 150].
Sie beträgt ca. $28\,648\,m^2$.

Der Flächeninhalt der Gesamtquerschnittsfläche ist gleich der Summe der berechneten Flächeninhalte. Er beträgt daher ca. $118\,648\,m^2$.

Inhalt der rechten Teilfläche A_2:

$$A_2 = \int_0^{150} (300 - g(x))\,dx = \left[300 \cdot \frac{300}{\pi}\cos\left(\frac{\pi}{300}(x - 150)\right)\right]_0^{150} = \frac{90\,000}{\pi} \approx 28\,648$$

Inhalt der Querschnittsfläche A:

$A = A_1 + A_2 \approx 118\,648\,m^2$

Lösung zu c:
Bei einer Wassertiefe von nur 150 m ist der Stausee nicht vollständig gefüllt. Nun sind die Integrationsgrenzen neu zu wählen.
Links der y-Achse gilt:
Die linke Integrationsgrenze erhält man als Lösung der Gleichung $f(x) = 150$ oder direkt aus der Skizze, sie liegt bei –300. Die rechte Integrationsgrenze liegt im Ursprung.
Rechts der y-Achse gilt:
An der rechten Integrationsgrenze muss $g(x) = 150$ gelten. Diese Gleichung hat die Lösung $x = 100$.
Nun sind die Terme $150 - f(x)$ über dem Intervall [–300; 0] und $150 - g(x)$ über dem Intervall [0; 100] zu integrieren.
Die Querschnittsfläche B ist ca. $38\,458\,m^2$ groß.

Inhalt der linken Teilfläche B_1:

$$B_1 = \int_{-300}^{0} (150 - f(x))\,dx = \left[150 \cdot \frac{600}{\pi}\cos\left(\frac{\pi}{600}(x + 900)\right)\right]_{-300}^{0} \approx 28\,648$$

Inhalt der rechten Teilfläche B_2:

$$B_2 = \int_0^{100} (150 - g(x))\,dx = \left[-150x + 300 \cdot \frac{300}{\pi}\cos\left(\frac{\pi}{300}(x - 150)\right)\right]_0^{100} \approx 9\,810$$

Inhalt der Querschnittsfläche B:

$B = B_1 + B_2 \approx 38\,458\,m^2$

20. Rutschbahn

Eine Rutschbahn im Adventure-Park wird im Querschnitt dargestellt von zwei sinusförmigen Teilen, jeweils auf der Länge einer halben Periode.

a) Entwickeln Sie zwei trigonometrische Funktionen f (für $-10 \le x \le 0$) und g (für $0 \le x \le 8$), die zusammen das Profil der Rutsche beschreiben.

b) Bestimmen Sie das maximale Gefälle auf der Rutsche und das durchschnittliche Gefälle sowie die zugehörigen Neigungswinkel.

c) Eine Firma möchte eine Werbefläche von mindestens $60\,m^2$ mieten. Würde eine seitliche Verkleidung der Rutsche dieser Anforderung genügen?

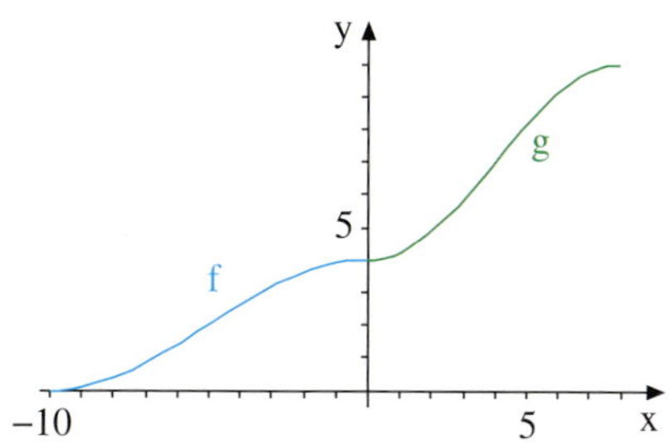

21. Logo

Gegeben sind $f(x) = 2 \cdot \sin\left(\frac{\pi}{2}x\right) + 3$ und $g(x) = -4 \cdot \sin\left(\frac{\pi}{4}x\right) + 3,\ 0 \le x \le 4$.

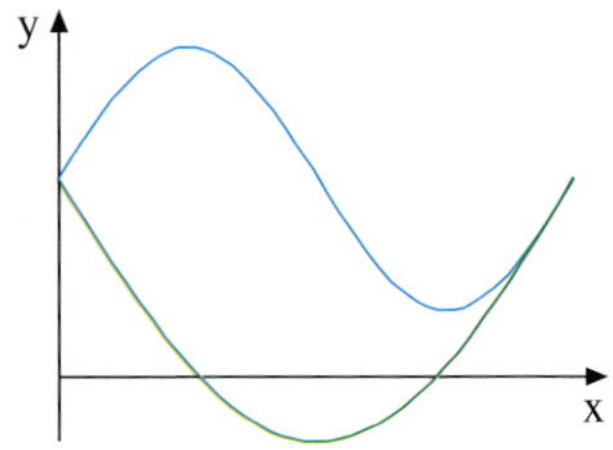

a) Welche Perioden besitzen f und g? Bestimmen Sie die Nullstellen von g. Bestimmen Sie die Extrema von f. Zeichnen Sie die Graphen von f und g.

b) Welchen Steigungswinkel hat der Graph von f im Schnittpunkt mit der y-Achse? Wann fällt der Steigungswinkel des Graphen von f erstmals auf 45°?

c) Der von den Graphen von f und g umschlossene Bereich soll als Vorlage für ein Firmenlogo verwendet werden. Bestimmen Sie die Fläche des Logos (Längeneinheit: 1 cm).

d) Jemand behauptet: Die Gerade durch den Hochpunkt des Graphen von f und den Tiefpunkt des Graphen von g halbiert die Fläche des Logos. Untersuchen Sie, ob dies stimmt.

22. Spiegelung und Flächenberechnung

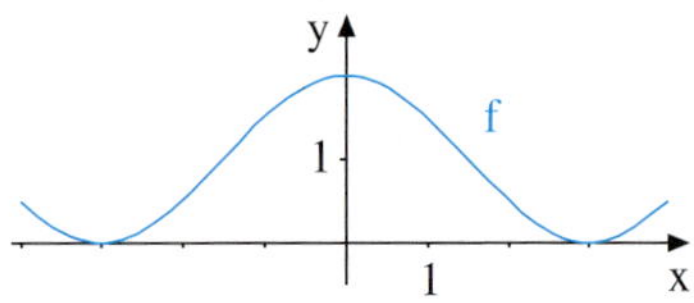

a) Rechts dargestellt ist der Graph einer Funktion $f(x) = a + \cos(bx)$. Geben Sie mögliche Werte für die Parameter a und b an.

b) Wie groß ist die maximale Steigung, wie groß die durchschnittliche Steigung im Intervall $[-3; 0]$?

c) Welche Fläche bildet der Graph von f mit der x-Achse über $[-3; 3]$?

d) Der Graph von f wird an der Parallelen zur x-Achse durch $y = 3$ gespiegelt, wodurch der Graph einer Funktion g entsteht. Zeichnen Sie den Graphen von g und geben Sie die Funktionsgleichung an.

e) Ein Biologe hat einen exotischen Schmetterling vergeblich gejagt. Angenähert wird der Schmetterling mit ausgebreiteten Flügeln durch die Funktionen f und g für $-3 \le x \le 3$ dargestellt. Wie groß ist angenähert die Flügelfläche des Schmetterlings?

23. Gegeben ist die Funktion $f(x) = x + 2\cos x$ für $-4 \le x \le 4$.

a) Untersuchen Sie die Funktion auf Extrema und Wendepunkte im angegebenen Intervall.

b) Erstellen Sie eine geeignete Wertetabelle und zeichnen Sie den Graphen für $-4 \le x \le 4$.

c) Bestimmen Sie die Gleichung der Tangente t an den Graphen von f an der Stelle $x = \frac{\pi}{2}$.

d) Die Koordinatenachsen, der Graph von f und die in c) bestimmte Tangente t begrenzen ein Flächenstück A. Berechnen Sie den Inhalt von A.

e) Die Geschwindigkeit eines Schwimmers im Training wird beschrieben durch die Funktion $v(t) = 1 - \frac{1}{4}\sin\left(\frac{\pi}{30}t\right)$, (t in s, v(t) in m/s). Welche Strecke legt er in 2 Minuten zurück?

f) Sei allgemein $f_a(x) = x + a\cos x$. Für welche Werte des Parameters a gibt es waagerechte Tangenten an den Graphen von f_a?

24. Straßenplanung

Die Landstraße verläuft geradlinig durch A(–4|1) zum Punkt B(–2|0). Zwischen B und C(2|0) soll die Straße erneuert werden. Danach verläuft sie wieder geradlinig von C durch Punkt D(4|1).

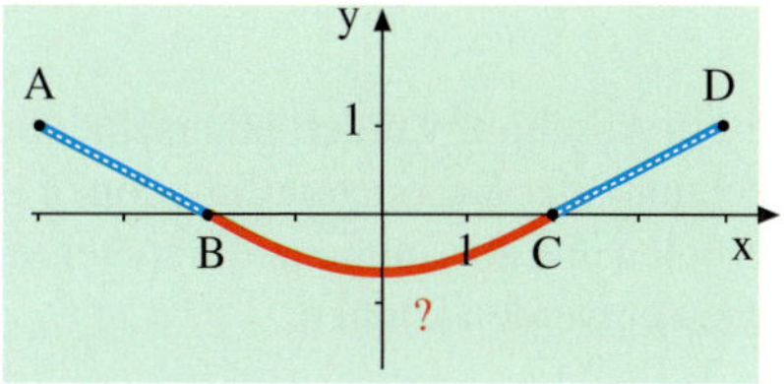

Der neue Straßenabschnitt zwischen B und C soll im Punkt C „ohne Knick" in den Abschnitt CD übergehen.

a) Zur Modellierung des Abschnitts BC werden folgende Funktionstypen betrachtet: $f(x) = ax^2 + b$, $g(x) = ae^{-x^2} + b$.
Bestimmen Sie für jeden Funktionstyp die Parameter a und b so, dass die Funktion den Straßenverlauf zwischen den Punkten B und C beschreibt.

b) Begründen Sie, dass Ihre Lösungen auch im Punkt B „ohne Knick" die Straßenstücke verbinden.

c) Zeichnen Sie den Straßenverlauf mit Ihren Lösungen und leiten Sie aus der Zeichnung eine begründete Entscheidung über den besten Straßenverlauf zwischen B und C ab.

25. Strandpromenade

Der Aufgang der Strandpromenade zu einem 8 m hohen Deich soll in der Waagerechten 20 m lang sein. Das Planungsbüro erwägt mehrere Varianten.

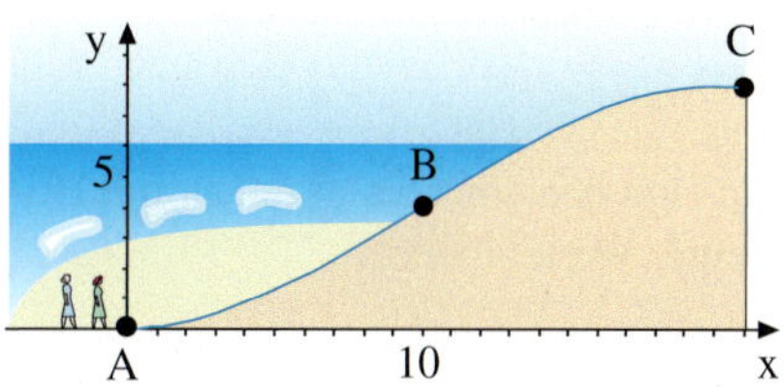

a) Variante 1:
Die Trassenführung wird durch eine trigonometrische Funktion durch die Punkte A und C realisiert. Dabei soll die Funktion in den Anschlusspunkten A und C die Steigung null haben. Geben Sie die Funktionsgleichung für diese Variante an.
Zur Kontrolle: $f(x) = 4 \cdot \sin\left(\frac{\pi}{20}(x - 10)\right) + 4$

b) Variante 2:
Die Trassenführung wird durch eine ganzrationale Funktion realisiert, die in den Anschlusspunkten A und C die Steigung null hat. Bestimmen Sie die Funktionsgleichung.

c) Berechnen Sie für beide Lösungen den stärksten Anstieg.

d) Der Aufgang soll 2 m breit sein. Bei welcher Trasse wird weniger Sand als Untergrund benötigt?

e) Variante 3:
Diese Variante sieht vor, die Punkte A und B durch eine Funktion $h_1(x) = e^{ax} - b$ und die Punkte B und C durch eine Funktion $h_2(x) = 10 - ce^{-dx}$ zu verbinden. Stellen Sie die Funktionsgleichungen auf.

f) Variante 3 soll nur dann vorgeschlagen werden, wenn in den Übergangspunkten A, B und C der Winkel zwischen den beiden Trassenteilen bzw. zwischen jeweils einem Trassenteil und der unteren bzw. oberen Ebene kleiner als 10° ist. Prüfen Sie, ob diese Bedingung erfüllt ist.

3. Exponentialfunktionen

In diesem Abschnitt werden unterschiedliche Problemstellungen aus der Differential- und Integralrechnung der Exponentialfunktionen exemplarisch angesprochen, um Lösungsprinzipien zu wiederholen und zu sammeln, die später im Rahmen umfassender Kurvenuntersuchungen gezielt angewendet werden können.

A. Funktionswerte und Graphen

Beispiel: Gegeben sei die Funktion $f(x) = 2 \cdot e^{-0,5x} + 1$.

a) Skizzieren Sie den Graphen von f für $-1 \leq x \leq 4$.

b) An welcher Stelle hat die Funktion den Wert 2?

c) Untersuchen Sie das Verhalten der Funktion für $x \to \infty$.

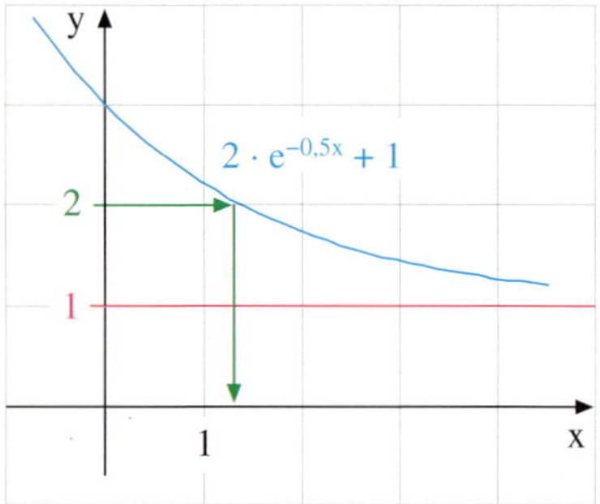

Lösung:

a) Den Graphen von f erstellen wir mit Hilfe einer Wertetabelle.

Wertetabelle:

x	−1	0	1	2	3	4
y	4,30	3,00	2,21	1,74	1,45	1,27

b) Der Funktionswert y = 2 wird etwa bei x = 1,3 angenommen, was wir der Zeichnung entnehmen können. Genauer ist das rechnerische Resultat, das sich aus dem Ansatz f(x) = 2 durch Logarithmieren ergibt: $x \approx 1,39$.

Berechnung des x-Wertes zu f(x) = 2:

$$f(x) = 2$$
$$2 \cdot e^{-0,5x} + 1 = 2$$
$$e^{-0,5x} = 0,5$$
$$-0,5x = \ln 0,5$$
$$x = \frac{\ln 0,5}{-0,5} \approx 1,39$$

c) Mit zunehmendem x-Wert verläuft der Graph von f zusehends flacher.
Er schmiegt sich der horizontalen Geraden y = 1 von oben immer dichter an. Dies liegt daran, dass sich der Exponentialterm $e^{-0,5x}$ mit wachsendem x dem Grenzwert 0 asymptotisch nähert.

Bestimmung des Grenzwertes für $x \to \infty$:

$$\lim_{x \to \infty} (2 \cdot e^{-0,5x} + 1) = 1$$

Übung 1

Gegeben ist die Funktion $f(x) = e^{2x} + 1$.

a) Skizzieren Sie den Graphen von f für $-3 \leq x \leq 0,5$.

b) Welche Wertemenge hat f? Untersuchen Sie das Verhalten der Funktion für $x \to -\infty$.

c) In welchem Bereich sind die Funktionswerte von f kleiner als 1,1?

d) Für welches x gilt $f(x) \approx 1000$?

B. Schnittpunkte von Graphen

Beispiel: Schnittpunkte von Graphen
Gegeben seien die Funktionen $f(x) = e^x$ und $g(x) = 3 \cdot e^{-x}$.
Berechnen Sie, in welchem Punkt sich die Graphen von f und g schneiden.

Zeichnerische Lösung (genähert):
Wir zeichnen die Funktionsgraphen und lesen den Schnittpunkt S ab. Er liegt etwa bei S(0,5|1,7).

Rechnerische Lösung (exakt):
Wir verwenden die Bestimmungsgleichung $f(x) = g(x)$ für die Schnittstelle x.
Durch Umformung und Logarithmieren können wir die Gleichung nach x auflösen.
Die Schnittstelle liegt bei $x \approx 0{,}55$.
Der zugehörige y-Wert beträgt $y \approx 1{,}73$.

Graph

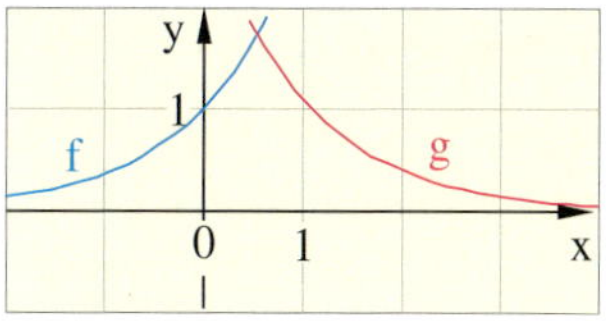

Rechnung

$$f(x) = g(x)$$
$$e^x = 3 \cdot e^{-x}$$
$$e^{2x} = 3$$
$$2x = \ln 3$$
$$x = \frac{\ln 3}{2} \approx 0{,}55,\ y = f(0{,}55) \approx 1{,}73$$

Der Schnittpunkt zweier Funktionen kann bei Bedarf mit dem Rechner bestimmt werden.

Beispiel: Schnittpunktbestimmung mit dem Rechner
Ermitteln Sie den Schnittpunkt der Funktionen $f(x) = e^x$ und $g(x) = 4 - x$ angenähert.

Lösung mit dem GTR:
Die beiden Funktionen werden eingegeben und im Graphikfenster dargestellt.
Nun kann der Schnittpunkt angenähert bestimmt werden. Resultat: S(1,07|2,93)

Lösung mit dem WTR:
Die Option zum numerischen Lösen von Gleichungen (num-solv) wird aufgerufen, die Gleichung wird eingegeben, ein Startwert gewählt und die Berechnung gestartet.
Resultat: $x \approx 1{,}07$; S(1,07|2,93).

Lösung mit dem GTR

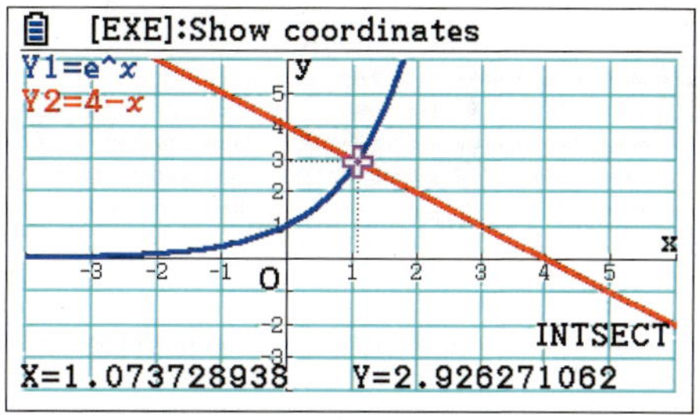

Lösungen mittels WTR

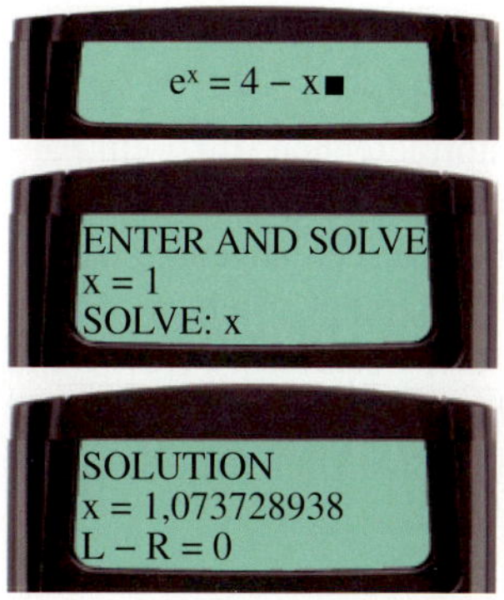

Übung 2
Gesucht ist der Schnittpunkt der Funktionen $f(x) = 2{,}5 \cdot e^x$ und $g(x) = e^{2x}$.

Übung 3
Bestimmen Sie die kleinste positive Schnittstelle von $f(x) = e^x$ und $g(x) = 2x^2$ angenähert.

C. Tangenten

In diesem Abschnitt werden Tangentenprobleme bei Exponentialfunktionen untersucht.

Beispiel: Holzproduktion

Der abgebildete Graph der Funktion $h(t) = \frac{1}{10}(50 - t) \cdot e^{\frac{1}{20}t}$ zeigt die Planung des monatlichen Holzeinschlags in einem Urwaldgebiet, $0 \le t \le 50$.

t: Zeit in Monaten; h(t): Holzeinschlag in Kubikmeter pro Hektar im Monat t.

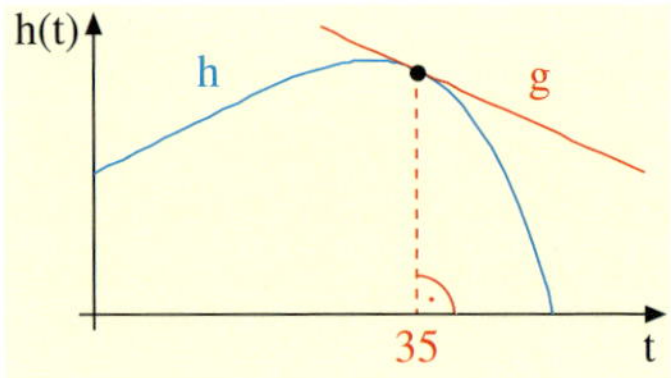

Nach 35 Monaten wird der Plan geändert: Der Holzeinschlag soll von nun an linear als Tangente von h zurückgeführt werden (Funktion g). Wie lange wird die Zeitdauer des Holzeinschlags durch diese Maßnahme verlängert?

Lösung:

Wir bestimmen durch Anwendung der Produktregel und der Kettenregel die Ableitung von h: $h'(t) = (0{,}15 - 0{,}005t) \cdot e^{0{,}05t}$.

Ableitung der Funktion h:

$$h(t) = (5 - 0{,}1t) \cdot e^{0{,}05t}$$
$$h'(t) = (-0{,}1) \cdot e^{0{,}05t} + (5 - 0{,}1t) \cdot (0{,}05 \cdot e^{0{,}05t})$$
$$= (0{,}15 - 0{,}005t) \cdot e^{0{,}05t}$$

Anschließend ermitteln wir die Gleichung der Tangente g bei $t_0 = 35$.
Dazu wenden wir die allgemeine Formel für die Tangente an. Sie lautet:
$g(t) = h'(t_0) \cdot (t - t_0) + h(t_0)$.
Wir erhalten angenähert das Resultat:
$g(t) \approx -0{,}144t + 13{,}672$

Gleichung der Tangente g bei $t_0 = 35$:

$$g(t) = h'(t_0) \cdot (t - t_0) + h(t_0) \quad \text{(Ansatz)}$$
$$g(t) = h'(35) \cdot (t - 35) + h(35)$$
$$g(t) \approx -0{,}144 \cdot (t - 35) + 8{,}632$$
$$g(t) \approx -0{,}144t + 13{,}672$$

Nun bestimmen wir die Nullstelle dieser Tangente. Sie liegt angenähert an der Stelle $t = 95$.

Nullstelle der Tangente g:

$$g(t) = 0$$
$$-0{,}144t + 13{,}672 = 0$$
$$t \approx 95$$

Insgesamt wird also die Dauer des Holzeinschlags von 50 auf 95 Monate ausgeweitet, d. h. um 45 Monate verlängert.

Übung 4 Tangente

Bei einem Motorradrennen stürzt ein Fahrer unglücklich im Wendepunkt W der Kurve. Das Motorrad rutscht tangential weiter. Landet es in der Auffangbarriere aus Stroh, die zwischen den Positionen A(2|1) und B(2|2) aufgebaut ist?
Der Kurvenverlauf wird durch die Funktion $f(x) = (1 - x) \cdot e^x$ beschrieben.

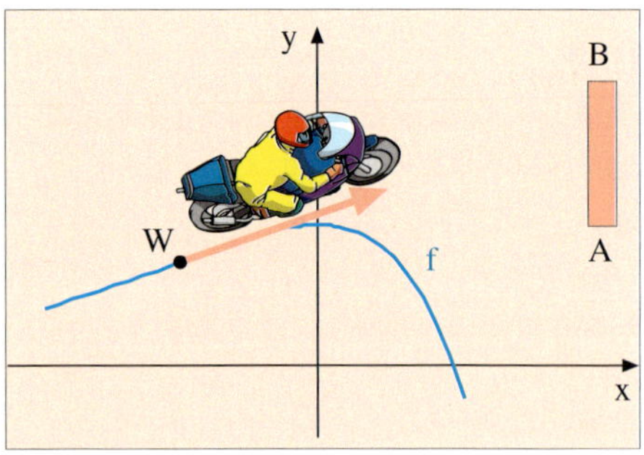

D. Extrema und Wendepunkte

Mit Hilfe der bekannten notwendigen und hinreichenden Bedingungen untersuchen wir nun exemplarisch einfache Exponentialfunktionen auf Extrema und Wendepunkte.

Beispiel: Skizzieren Sie den Graphen der Funktion $f(x) = e^x - 2x$ und errechnen Sie anschließend die genaue Lage des Extremums der Funktion.

Lösung:
Der mit einer Wertetabelle oder durch Überlagerung von e^x und $-2x$ erstellte Graph zeigt ein Minimum bei $x \approx 0,5$.

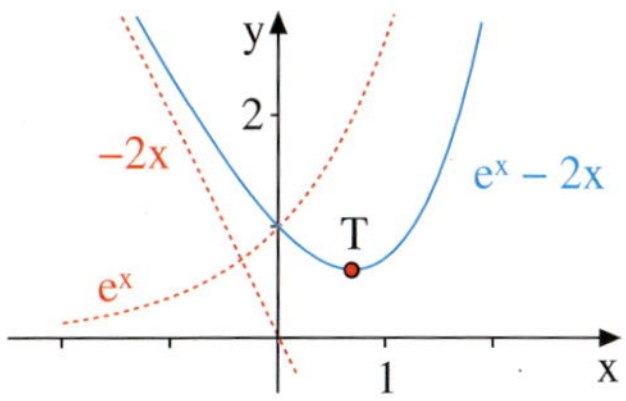

Notwendige Bedingung:

$$f'(x) = 0$$
$$e^x - 2 = 0$$
$$e^x = 2$$
$$x = \ln 2 \approx 0,69$$

Zugehöriger Funktionswert:

$$y = e^{\ln 2} - 2 \cdot \ln 2 \approx 0,61$$

Überprüfung mit f'':

$f''(\ln 2) = e^{\ln 2} = 2 > 0 \Rightarrow$ Minimum

Resultat:
Tiefpunkt bei $T(0,69|0,61)$

Beispiel: Skizzieren Sie den Graphen der Funktion $f(x) = x \cdot e^x$ für $-3 \le x \le 1$. Berechnen Sie die genaue Lage des Wendepunktes der Funktion.

Lösung:
Mit einer Wertetabelle erhalten wir den Graphen, der im 3. Quadranten einen Rechts-Links-Wendepunkt aufweist.

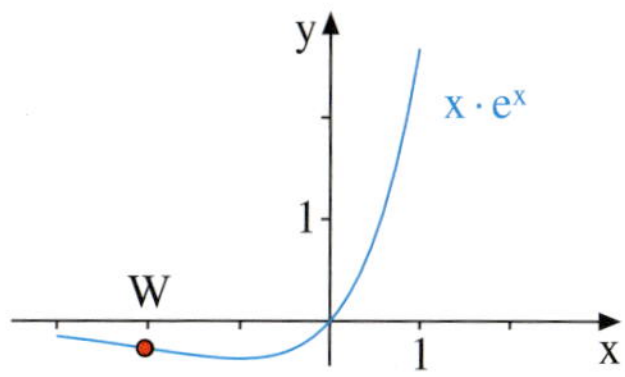

Notwendige Bedingung:

$$f''(x) = 0$$
$$(x + 2) \cdot e^x = 0$$
$$(x + 2) = 0, \text{ da } e^x > 0$$
$$x = -2$$

Zugehöriger Funktionswert:

$$y = -2 \cdot e^{-2} \approx -0,27$$

Überprüfung mit f''':

$f'''(-2) = 1 \cdot e^{-2} > 0 \Rightarrow$ Rechts-Links-WP

Resultat:
Wendepunkt bei $W(-2|-0,27)$

Übung 5

Untersuchen Sie die Funktion f auf lokale Extrempunkte.
Skizzieren Sie den Graphen oder stellen Sie ihn mit dem TR/Computer dar.

a) $f(x) = x - 2 + e^{-x}$
b) $f(x) = x^2 \cdot e^{x+1}$

Übung 6

Untersuchen Sie die Funktion f auf Wendepunkte. Skizzieren Sie den Graphen oder stellen Sie ihn mit dem TR/Computer dar.

a) $f(x) = 2 \cdot e^x - e^{-x}$
b) $f(x) = (x^2 - 1) \cdot e^{-0,5x}$

E. Flächenberechnungen mit einfachen Exponentialfunktionen

Jeder Ableitungsregel für Exponentialfunktionen entspricht eine Integrationsregel.

Ableitungsregel:	**Integrationsregel:**
$(e^x)' = e^x$	$\int e^x dx = e^x + C$
$(e^{-x})' = -e^{-x}$	$\int e^{-x} dx = -e^{-x} + C$
$(e^{ax+b})' = a \cdot e^{ax+b}$	$\int e^{ax+b} = \frac{1}{a} e^{ax+b} + C$

Diese Integrationsregeln ermöglichen die Berechnung des Inhalts von Flächenstücken, die durch einfache Exponentialfunktionen begrenzt sind.

Beispiel: Fläche unter Graphen
Gegeben ist die Funktion $f(x) = \frac{1}{2} \cdot e^{-x}$. Wie groß ist der Inhalt des abgebildeten Flächenstücks?

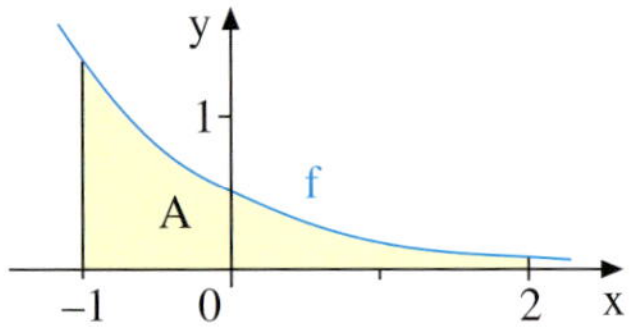

Lösung:
Wir bestimmen zunächst eine Stammfunktion F von f: $F(x) = -\frac{1}{2} \cdot e^{-x}$.
Nun berechnen wir das bestimmte Integral von f in den Grenzen von – 1 bis 2 und erhalten so den gesuchten Flächeninhalt.
Er lautet $A \approx 1{,}29$.

$$A = \int_{-1}^{2} \frac{1}{2} \cdot e^{-x} dx = \left[-\frac{1}{2} \cdot e^{-x}\right]_{-1}^{2}$$
$$= -\frac{1}{2} \cdot e^{-2} + \frac{1}{2} \cdot e^{1} \approx 1{,}29$$

Beispiel: Fläche zwischen Graphen
Gesucht ist der Inhalt der Fläche A, die von den Graphen der Funktionen $f(x) = 2 \cdot e^{\frac{1}{4}x}$ und $g(x) = e^{\frac{5}{4}x - 1}$ sowie der y-Achse begrenzt wird.

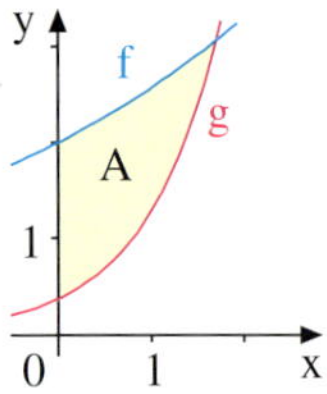

Lösung:
Zunächst fertigen wir eine Planungsskizze an. So können wir die Lage der betrachteten Fläche grob einschätzen.
Dort können wir sehen, dass f die obere und g die untere Randfunktion von A ist. Für die genaue Lage der rechten Begrenzung berechnen wir die Schnittstelle von f und g: $x \approx 1{,}69$.

Nun verwenden wir die rechts dargestellte Differenzfunktion $h(x) = f(x) - g(x)$.

Der gesuchte Flächeninhalt ergibt sich dann als Wert des bestimmten Integrals der Funktion h in den Grenzen von 0 bis 1,69.
Resultat: $A \approx 2{,}07$

1. Schnittstelle von f und g

$$2 \cdot e^{\frac{1}{4}x} = e^{\frac{5}{4}x - 1}$$
$$2 = e^{\frac{5}{4}x - \frac{1}{4}x - 1}$$
$$2 = e^{x-1}$$
$$\ln 2 = x - 1$$
$$x = \ln 2 + 1 \approx 1{,}69$$

2. Angeben der Differenzfunktion

$$h(x) = f(x) - g(x) = 2 \cdot e^{\frac{1}{4}x} - e^{\frac{5}{4}x - 1}$$

3. Flächeninhaltsberechnung

$$A = \int_{0}^{1{,}69} \left(2 \cdot e^{\frac{1}{4}x} - e^{\frac{5}{4}x - 1}\right) dx$$
$$= \left[8 \cdot e^{\frac{1}{4}x} - \frac{4}{5} \cdot e^{\frac{5}{4}x - 1}\right]_0^{1{,}69} \approx 2{,}07$$

Das folgende Beispiel zeigt, dass auch ein unendlich langes Flächenstück einen endlichen Flächeninhalt besitzen kann (vgl. S. 103 ff.).

Beispiel: Unbegrenzte Fläche
Gesucht ist der Inhalt des nach rechts unbegrenzten Flächenstückes, das im 1. Quadranten zwischen dem Graphen von $f(x) = e^{-x}$ und der x-Achse liegt.

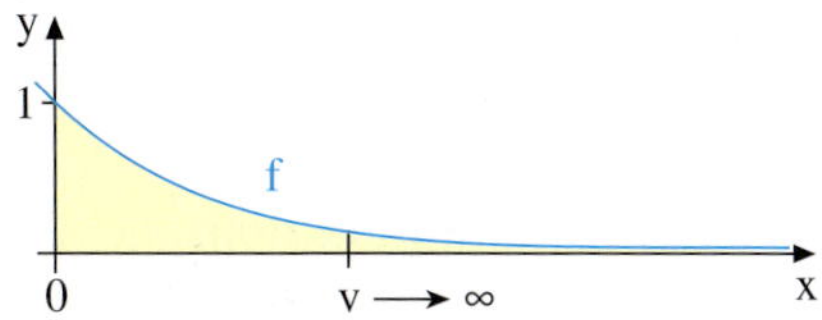

Lösung:
Wir berechnen zunächst den Inhalt der Fläche unter f über dem endlichen Intervall [0; v]. Er ist $A(v) = 1 - e^{-v}$.
Nun schieben wir v immer weiter nach rechts, d. h. wir betrachten den Grenzwert für $v \to \infty$.
Wir erhalten $A = \lim\limits_{v \to \infty} (1 - e^{-v}) = 1$.

1. Fläche unter f über [0; v]:

$$A(v) = \int_0^v e^{-x}dx = (-e^{-x})_0^v = 1 - e^{-v}$$

2. Fläche unter f über [0; ∞):

$$A = \lim_{v \to \infty} A(v) = \lim_{v \to \infty} (1 - e^{-v}) = 1$$

Beispiel: Anwendung
Welches Luftvolumen hat das abgebildete Festzelt?
$f(x) = 20 \cdot e^{-\frac{1}{40}x}$ und $g(x) = 20 \cdot e^{\frac{1}{40}x}$ sind die Randfunktionen des Zeltdaches.

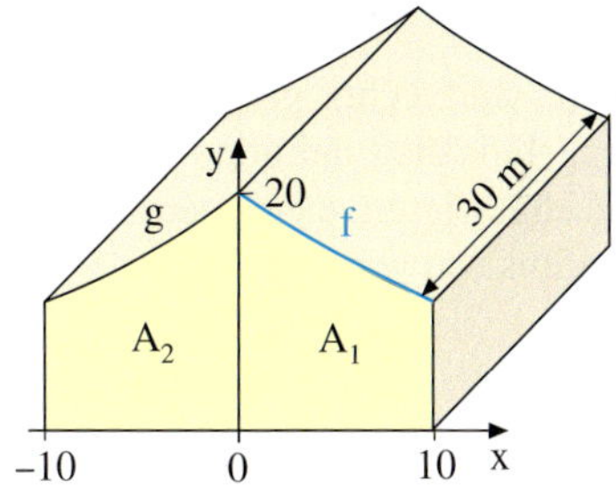

Lösung:
Wir berechnen die Querschnittsfläche A des Zeltes. Sie beträgt ca. 353,92 m². Diese multiplizieren wir mit der Tiefe des Zeltes, die 30 m beträgt.
Das Volumen beträgt ca. 10 618 m².

Querschnittsfläche:

$$A_1 = \int_0^{10} 20 \cdot e^{-\frac{1}{40}x} dx = \left[-800 \cdot e^{-\frac{1}{40}x}\right]_0^{10}$$

$$\approx 176{,}96$$

$$A = A_1 + A_2 = 2A_1 \approx 353{,}92$$

Luftvolumen:

$$V = A \cdot 30 \approx 10\,617{,}6$$

Übung 7

Gegeben sind die Funktionen $f(x) = e^x$ und $g(x) = e^{1-x}$. Diese begrenzen gemeinsam mit der x-Achse und den beiden senkrechten Geraden $x = -1$ und $x = 1$ ein Flächenstück. Skizzieren Sie dieses und berechnen Sie seinen Flächeninhalt.

Übung 8

Gesucht ist der Inhalt derjenigen Fläche A, die von den Graphen der Funktionen f und g sowie der y-Achse begrenzt wird. Fertigen Sie zunächst eine Grobskizze an.

a) $f(x) = \frac{1}{4}(e^x - 1)$, $g(x) = 2 - e^x$

b) $f(x) = \frac{1}{2}e^{\frac{1}{2}x}$, $g(x) = e^{1-\frac{1}{4}x}$

Übung 9

Gesucht ist der Inhalt des im 1. Quadranten liegenden Flächenstückes zwischen den Graphen von $f(x) = e^{-x}$ und $g(x) = e^{-2x}$, das nach rechts unbegrenzt ist.

F. Integration durch direkten Nachweis bzw. mittels Formansatz

Mit den Methoden, die uns im Grundkurs zur Verfügung stehen, ist es nicht möglich, kompliziert aufgebaute Funktionen zu integrieren. Ersatzweise stehen aber zwei Methoden zur Verfügung, die es gestatten, unter bestimmten *Vorgaben* dennoch Stammfunktionen aufzufinden.

Methode 1: Stammfunktionsnachweis
Bei diesem einfachsten Verfahren ist die gesuchte Stammfunktion F der zu untersuchenden Funktion f bereits vorgegeben. Der Nachweis wird durch Differenzieren erbracht. Es wird gezeigt, dass $F'(x) = f(x)$ gilt.
Beispiel: Zeigen Sie, dass $F(x) = (x^2 - x)e^{2x}$ eine Stammfunktion von $f(x) = (2x^2 - 1)e^{2x}$ ist.

Lösung:
Wir leiten die Funktion F mit der Produktregel und der Kettenregel der Differentialrechnung ab.
Wir erhalten, wie rechts genauer ausgeführt, als Ergebnis die Funktion f.
Damit ist nachgewiesen, dass F tatsächlich eine Stammfunktion von f ist.

Nachweis: F' = f

$$F'(x) = [\underbrace{(x^2 - x)}_{u} \cdot \underbrace{e^{2x}}_{v}]'$$
$$= [\underbrace{(2x - 1)}_{u'} \cdot \underbrace{e^{2x}}_{v}] + [\underbrace{(x^2 - x)}_{u} \cdot \underbrace{2e^{2x}}_{v'}]$$
$$= (2x^2 - 1) \cdot e^{2x} = f(x)$$

Übung 10 Stammfunktionsnachweis durch Differenzieren
Ordnen Sie jeder Funktion f die passende Stammfunktion F zu. Führen Sie den Nachweis.

A: $f(x) = (3x - 1 - x^2)e^{-x}$

B: $f(x) = -x e^{1-x}$

C: $f(x) = (x - 1)e^{1-x}$

I: $F(x) = -x e^{1-x}$

II: $F(x) = (x^2 - x)e^{-x}$

III: $F(x) = (1 + x)e^{1-x}$

Methode 2: Formansatz
Vorgegeben ist ein sog. ***Formansatz*** für die Gestalt des Funktionsterms einer Stammfunktion von f. Dieser Ansatz enthält einige zunächst noch unbekannte Koeffizienten. Diese Koeffizienten können dann durch einen Koeffizientenvergleich der Funktionsterme von F' und von f berechnet werden.
Beispiel: Gesucht ist eine Stammfunktion F von $f(x) = (4x - 4) \cdot e^{2x}$. Verwenden Sie für die Stammfunktion F den Formansatz $F(x) = (ax + b) \cdot e^{2x}$. Berechnen Sie a und b.

Lösung:
Wir differenzieren den vorgegebenen Formansatz $F(x) = (ax + b) \cdot e^{2x}$ und erhalten $F'(x) = (2ax + a + 2b) \cdot e^{2x}$.
Diese Ableitung F' muss mit der Funktion $f(x) = (4x - 4) \cdot e^{2x}$ übereinstimmen, da bekanntlich $F'(x) = f(x)$ gilt.

Formansatz

$$F(x) = (ax + b) \cdot e^{2x}$$
$$F'(x) = a \cdot e^{2x} + (ax + b) \cdot 2e^{2x}$$
$$= (2ax + a + 2b) \cdot e^{2x}$$

Insbesondere müssen die Koeffizienten von x, also 2a im Term von F′ und 4 im Term von f, übereinstimmen.
Gleiches gilt für die konstanten Koeffizienten, also für a + 2b im Term von F′ und −4 im Term von f.

Koeffizientenvergleich

$F'(x) = f(x)$

$\Rightarrow (2ax + a + 2b) \cdot e^{2x} = (4x - 4) \cdot e^{2x}$

Diese Überlegung führt also auf ein Gleichungssystem mit zwei Gleichungen und zwei Variablen. Das System lässt sich einfach lösen. Die Lösung lautet a = 2, b = −3.

$\Rightarrow$ I: $2a = 4$
II: $a + 2b = -4$

$\Rightarrow a = 2,\ b = -3$

Durch Einsetzen in den Formansatz erhalten wir die Funktion $F(x) = (2x - 3) \cdot e^{2x}$ als eine Stammfunktion von f.

$\Rightarrow F(x) = (2x - 3) \cdot e^{2x}$

Wir rechnen ein weiteres, etwas komplizierteres Beispiel zu der wichtigen Methode des Formansatzes. Hier enthält der Ansatzterm einen quadratischen Teil.

Beispiel: Bestimmen Sie eine Stammfunktion F von $f(x) = (1 - 2x^2) \cdot e^{-2x}$. Verwenden Sie als Formansatz für die Stammfunktion $F(x) = (ax^2 + bx + c) \cdot e^{-2x}$.

Lösung:
Ableiten des gegebenen Formansatzes $F(x) = (ax^2 + bx + c) \cdot e^{-2x}$ ergibt $F'(x) = (-2ax^2 + (2a-2b)x + b - 2c) \cdot e^{-2x}$. Wegen F′ = f muss dieser Term mit dem Term von f übereinstimmen.

Formansatz

$F(x) = (ax^2 + bx + c) \cdot e^{-2x}$

$F'(x) = (2ax + b) \cdot e^{-2x} + (ax^2 + bx + c) \cdot (-2e^{-2x})$
$= (-2ax^2 + (2a - 2b)x + b - 2c) \cdot e^{-2x}$

Ein Koeffizientenvergleich des Funktionsterms von F′ mit dem Funktionsterm von f liefert ein Gleichungssystem mit drei Gleichungen und drei Variablen a, b und c.

Koeffizientenvergleich

$F'(x) = f(x)$

$\Rightarrow [-2ax^2 + (2a - 2b)x + b - 2c]e^{-2x} = (1 - 2x^2) \cdot e^{-2x}$

Die Lösung des Gleichungssystems ist einfach und ergibt a = 1, b = 1 und c = 0. Daher ist $F(x) = (x^2 + x) \cdot e^{-2x}$ eine Stammfunktion von f.

$\Rightarrow$ I: $-2a = -2$
II: $2a - 2b = 0$
III: $b - 2c = 1$

$\Rightarrow a = 1,\ b = 1,\ c = 0$

$\Rightarrow F(x) = (x^2 + x) \cdot e^{-2x}$

Übung 11 Vorgegebener Formansatz

Berechnen Sie mit dem gegebenen Formansatz eine Stammfunktion von f.

a) $f(x) = (2x - 3) \cdot e^{3x}$, $F(x) = (ax + b) \cdot e^{3x}$ b) $f(x) = -x \cdot e^{-0{,}5x}$, $F(x) = (ax + b) \cdot e^{-0{,}5x}$

c) $f(x) = x^2 \cdot e^{-x}$, $F(x) = (ax^2 + bx + c) \cdot e^{-x}$ d) $f(x) = x \cdot e^{2x} + e^{-2x}$, $F(x) = (ax + b) \cdot e^{2x} + c \cdot e^{-2x}$

Erläutern Sie in einem kurzen Text, wie man mit Formansätzen Stammfunktionen berechnen kann.

Übung 12 Formansatz gesucht

Stellen Sie zunächst einen geeigneten Formansatz auf. Berechnen Sie dann mit Hilfe des Formansatzes eine Stammfunktion F.

a) $f(x) = (5 - 3x) \cdot e^{-x}$ b) $f(x) = x \cdot e^x - e^{2x}$ c) $f(x) = (x^2 - x) \cdot e^{-x}$

Erläutern Sie, wie man bei Produkten aus Exponentialfunktionen und ganzrationalen Funktionen passende Formansätze zur Integration aufstellen kann.

Eine weitere Methode zur Bestimmung von Stammfunktionen ist die sog. ***Rückschlussmethode****.

Methode 3: Die Rückschlussmethode

Bei diesem Verfahren wird die gegebene Funktion f mehrfach differenziert. Aus der Gestalt der Ableitungsterme kann auf den Funktionsterm einer Stammfunktion F zurückgeschlossen werden.

Beispiel: Bestimmen Sie mittels Rückschluss eine Stammfunktion F von $f(x) = (2x + 3) \cdot e^x$.

Lösung:

Die Ableitungen lassen ein klares Bildungsgesetz erkennen. Bei jedem Differentiationsschritt erhöht sich der reine Zahlterm des linearen Faktors im Funktionsterm um 2. In Analogie dazu kann man annehmen, dass der Zahlterm sich bei der Integration um 2 verringert. Das führt im Rückschluss auf $F(x) = (2x + 1) \cdot e^x$. Durch Bildung der Ableitung F′ bestätigt sich, dass F tatsächlich eine Stammfunktion von f ist.

Ableitungen von f

$f(x) = (2x + 3) \cdot e^x$

$f'(x) = (2x + 5) \cdot e^x$

$f''(x) = (2x + 7) \cdot e^x$

Rückschluss auf F

$F(x) = (2x + 1) \cdot e^x$

Prüfung durch Ableitung von F

$F'(x) = 2e^x + (2x + 1)e^x = (2x + 3)e^x = f(x)$

Übung 13 Stammfunktionsnachweis

Weisen Sie durch Differenzieren von F nach, das F eine Stammfunktion von f ist.

a) $f(x) = 2x^3$, $F(x) = \frac{1}{2}x^4 + 2$
b) $f(x) = 4e^{2x-4} + 1$, $F(x) = 2e^{2x-4} + x$
c) $f(x) = 2x - \frac{6}{x^2}$, $F(x) = x^2 + \frac{6}{x} + 1$
d) $f(x) = 24x^2 + 24x + 6$, $F(x) = (2x + 1)^3$
e) $f(x) = (x + 1)^2 \cdot e^x$, $F(x) = x^2 \cdot e^x + e^x$
f) $f(x) = x \cdot \sin x$, $F(x) = \sin x - x \cdot \cos x$

Übung 14 Rückschluss

Bestimmen Sie eine Stammfunktion F von f. Berechnen Sie dazu f′ und f″ und schließen Sie aus den Funktionsgleichungen von f, f′ und f″ auf die Funktionsgleichung von F zurück.

a) $f(x) = (4x + 3) \cdot e^x$ b) $f(x) = -x \cdot e^{-x}$ c) $f(x) = (3x + 2) \cdot e^x$
d) $f(x) = \left(\frac{1}{2}x - 1\right) \cdot e^x$ e) $f(x) = x \cdot e^x - 2e^{-x}$ f) $f(x) = (3 - 5x) \cdot e^{-x}$

Übung 15 Formansatz

Bestimmen Sie eine Stammfunktion F von f. Verwenden Sie den vorgegebenen Formansatz.

a) $f(x) = (1 - x) \cdot e^x$, $F(x) = (ax + b) \cdot e^x$
b) $f(x) = (6x - 1) \cdot e^{2x}$, $F(x) = (ax + b) \cdot e^{2x}$
c) $f(x) = (6 - 4x) \cdot e^{0,5x}$, $F(x) = (ax + b) \cdot e^{0,5x}$
d) $f(x) = (3x^2 - 7x + 1) \cdot e^{-x}$, $F(x) = (ax^2 + bx + c) \cdot e^{-x}$
e) $f(x) = (6x^2 + 4x - 3) \cdot e^{3x}$, $F(x) = (ax^2 + bx + c) \cdot e^{3x}$
f) $f(x) = (1 - x^2) \cdot e^{0,5x}$, $F(x) = (ax^2 + bx + c) \cdot e^{0,5x}$

* Die Rückschlussmethode ist nur für Funktionen der Art $f(x) = (ax + b) \cdot e^{\pm x}$ geeignet.

4. Untersuchungen von Exponentialfunktionen

Im Folgenden werden Kurven untersucht, deren Funktionsgleichungen Terme enthalten, die aber etwas komplizierter aufgebaut sind als die bisherigen elementaren Beispiele. Zu den Routineuntersuchungspunkten – Ableitungen, Nullstellen, Extrema, Wendepunkte, Verhalten für $x \to \infty$, Graph – werden zusätzlich individuelle Aufgabenstellungen angeboten, deren Lösungen Transferleistungen erfordern.

Das erste Beispiel dient als Musteraufgabe ohne Verwendung von Hilfsmitteln. Daher werden hier mehrere Zusatzaufgaben angeboten.

A. Exponentialfunktionen

Beispiel: Kurvendiskussion

Gegeben ist die Funktion $f(x) = x \cdot e^{1-x}$. Untersuchen Sie f auf Nullstellen, Extrema und Wendepunkte. Prüfen Sie, wie sich die Funktionswerte für $x \to \infty$ bzw. $x \to -\infty$ verhalten. Zeichnen Sie den Graphen von f für $-1 \leq x \leq 3$.

Lösung:

1. Ableitungen:

Wir bestimmen die ersten drei Ableitungen, die wir zur Untersuchung auf Nullstellen, Extrema und Wendepunkte benötigen. Dabei wenden wir die Produktregel und die Kettenregel an.

Ableitungen

$$f(x) = x \cdot e^{1-x}$$
$$f'(x) = 1 \cdot e^{1-x} - x \cdot e^{1-x} = (1-x) \cdot e^{1-x}$$
$$f''(x) = -1 \cdot e^{1-x} + (1-x) \cdot (-e^{1-x}) = (x-2) \cdot e^{1-x}$$
$$f'''(x) = 1 \cdot e^{1-x} + (x-2) \cdot (-e^{1-x}) = (3-x) \cdot e^{1-x}$$

2. Nullstellen:

Die notwendige und hinreichende Bedingung für Nullstellen lautet $f(x) = 0$. Wir finden die einzige Nullstelle bei $x = 0$.

Nullstellen

$f(x) = 0$

$x \cdot e^{1-x} = 0$

$x = 0$, da $e^{1-x} > 0$

3. Extrema:

Die notwendige Bedingung lautet $f'(x) = 0$. Dies führt auf ein mögliches Extremum bei $x = 1$ mit dem y-Wert $y = 1$. Die Überprüfung mit Hilfe der zweiten Ableitung zeigt, dass es sich um ein Maximum handelt: Hochpunkt $H(1|1)$.

Extrema

$f'(x) = 0$

$(1-x) \cdot e^{1-x} = 0$

$1 - x = 0$, da $e^{1-x} > 0$

$x = 1$, $y = 1$

Überprüfung mit f'':

$f''(1) = -1 < 0 \Rightarrow$ Maximum

4. Wendepunkte:

Die notwendige Bedingung lautet $f''(x) = 0$. Damit ergibt sich ein möglicher Wendepunkt bei $x = 2$, $y = \frac{2}{e}$.

Die Überprüfung mit Hilfe der dritten Ableitung ergibt, dass es sich um einen Rechts-Links-Wendepunkt handelt: $W\left(2\middle|\frac{2}{e}\right)$.

Wendepunkte

$f''(x) = 0$

$(x-2) \cdot e^{1-x} = 0$

$x - 2 = 0$, da $e^{1-x} > 0$

$x = 2$, $y = \frac{2}{e} \approx 0{,}74$

$f'''(2) = \frac{1}{e} > 0 \Rightarrow$ R-L-Wendepunkt

5. *Verhalten für $x \to \pm\infty$:*
Wir verwenden Wertetabellen, um das Verhalten von f für $x \to \infty$ bzw. $x \to -\infty$ zu untersuchen. Wir erhalten folgende Resultate:

$\lim\limits_{x \to \infty} x \cdot e^{1-x} = 0$

$\lim\limits_{x \to -\infty} x \cdot e^{1-x} = -\infty$

Verhalten für $x \to \infty$

x	1	5	10	$\to \infty$
f(x)	1	0,09	0,0012	$\to 0$

Verhalten für $x \to -\infty$

x	−1	−5	−10	$\to -\infty$
f(x)	−7,39	$-2 \cdot 10^3$	$-6 \cdot 10^5$	$\to -\infty$

6. *Graph von f:*
Der Graph von f verläuft rechtsgekrümmt durch den Ursprung bis zum Hochpunkt H(1|1). Dann fällt er weiterhin rechtsgekrümmt bis zum Wendepunkt W(2|0,74). Anschließend fällt er linksgekrümmt weiter und schmiegt sich dabei von oben an die x-Achse, der er beliebig nahe kommt.

Graph:

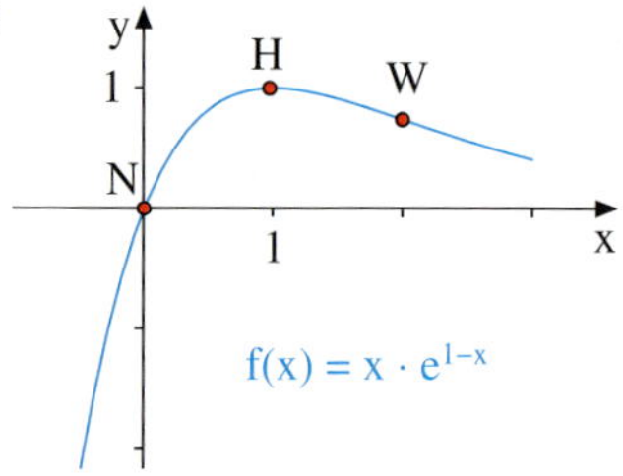

Zusatzaufgaben zum vorhergehenden Beispiel

Wir untersuchen nun einige Zusatzprobleme zum vorhergehenden Beispiel, die auch bei zukünftigen Aufgabenstellungen von Interesse sind, wie Tangenten, Flächeninhalte etc.

Beispiel: Tangente

Die Funktion $f(x) = x \cdot e^{1-x}$ stellt eine Straße dar. Im Punkt $P\left(2 \middle| \frac{2}{e}\right)$ soll tangential eine gerade Ausfahrt abgehen.
Wie lautet die Gleichung der Ausfahrt?
Wo überquert die Ausfahrt den Fluss?

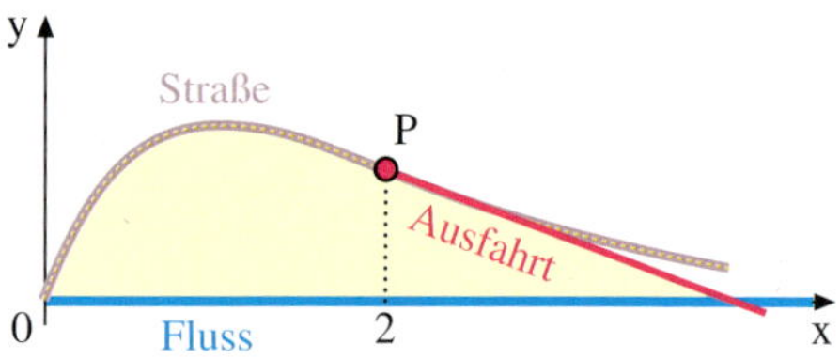

Lösung:
Wir verwenden als Ansatz die allgemeine Gleichung der Tangente von f im Punkt $P(x_0|f(x_0))$.
Wir kennen $x_0 = 2$ und $f(x_0) = f(2) = \frac{2}{e}$.
Mit Hilfe der Produkt- und der Kettenregel berechnen wir $f'(x) = (1-x) \cdot e^{1-x}$.
Daher gilt $f'(x_0) = f'(2) = -\frac{1}{e}$.
Durch Einsetzen dieser Daten in die allgemeine Tangentengleichung erhalten wir die Gleichung der Tangente (Ausfahrt).
$t(x) = -\frac{1}{e}x + \frac{4}{e}$.
Die Ausfahrt schneidet die x-Achse, d.h. den Fluss, an der Stelle x = 4.

Allgemeine Tangentengleichung
$t(x) = f'(x_0) \cdot (x - x_0) + f(x_0)$

Steigung der Tangente
$f(x) = x \cdot e^{1-x}$
$f'(x) = (1-x) \cdot e^{1-x}$
$f'(2) = -\frac{1}{e}$

Gleichung der Tangente
$t(x) = -\frac{1}{e}(x-2) + \frac{2}{e}$
$t(x) = -\frac{1}{e}x + \frac{4}{e}$

Schnittpunkt mit der x-Achse
$t(x) = -\frac{1}{e}x + \frac{4}{e} = 0,\ x = 4$

Beispiel: Flächeninhalt

Die Straße $f(x) = x \cdot e^{1-x}$, der Fluss längs der x-Achse und der vertikale Verbindungsweg vom Punkt P zum Fluss begrenzen ein Grundstück, das mit Obstbäumen bepflanzt werden soll (1 LE = 100 m). Ein Obstbaum benötigt $20\,m^2$. Wie viele Bäume können gepflanzt werden? Zeigen Sie zunächst, dass $F(x) = (-1-x) \cdot e^{1-x}$ eine Stammfunktion von f ist.

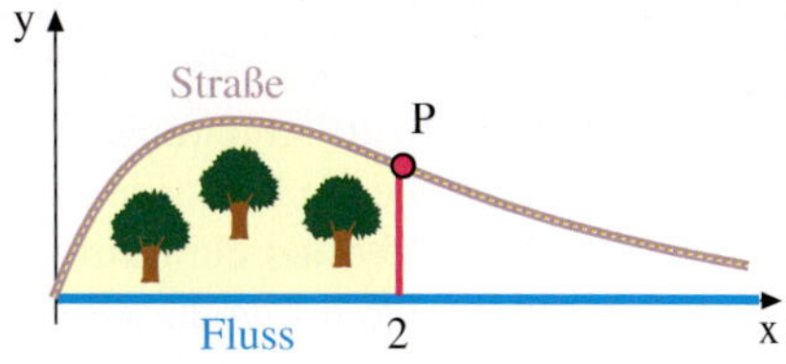

Lösung:
Durch Ableiten von F mit Hilfe der Produkt- und der Kettenregel wird nachgewiesen, dass F eine Stammfunktion von f ist.

Stammfunktionsnachweis

$$F(x) = (-1-x) \cdot e^{1-x}$$
$$F'(x) = (-1) \cdot e^{1-x} + (-1-x) \cdot (-e^{1-x}) = x \cdot e^{1-x} = f(x)$$

Anschließend berechnen wir den Inhalt der Fläche A unter f über [0; 2].
Resultat: $A \approx 1{,}61$
Das entspricht $16\,100\,m^2$.

Flächeninhalt

$$A = \int_0^2 f(x)\,dx = \int_0^2 x \cdot e^{1-x}\,dx = [(-1-x) \cdot e^{1-x}]_0^2 = -\frac{3}{e} + e \approx 1{,}61$$

Diese Fläche reicht bei $20\,m^2$ pro Baum für ca. 805 Bäume.

Zahl der Bäume

$$B = \frac{16\,100}{20} = 805$$

Beispiel: Extremalproblem

Der Punkt $P(x|y)$ mit $x > 0$ liegt im ersten Quadranten auf dem Graphen von $f(x) = x \cdot e^{1-x}$ und ist die rechte obere Ecke eines achsenparallelen Rechtecks, dessen linke untere Ecke der Ursprung ist. Wie muss die Punktabszisse x gewählt werden, wenn der Flächeninhalt A des Rechtecks maximal werden soll?

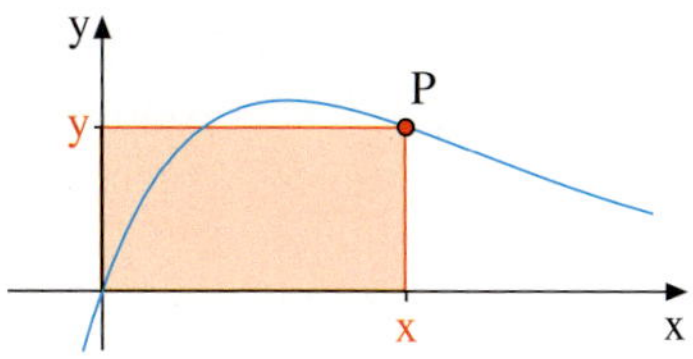

Lösung:
Wir stellen zunächst den Inhalt A als Funktion von x dar: $A(x) = x^2 \cdot e^{1-x}$.
Dann bilden wir die Ableitung A' von A und setzen diese null. Wir erhalten zwei Nullstellen von A' bei $x = 0$ und $x = 2$. Die erste kommt nicht in Frage, die zweite ist die gesuchte Maximalstelle, was man durch Überprüfen mittels A'' bestätigen könnte.
Resultat: Der Punkt $P\left(2\middle|\frac{2}{e}\right)$ führt zum Rechteck mit der Maximalfläche $\frac{4}{e} \approx 1{,}47$.

$$A = x \cdot y = x \cdot f(x) = x \cdot x e^{1-x} = x^2 \cdot e^{1-x}$$

$$A'(x) = 2x e^{1-x} + x^2 \cdot (-e^{1-x}) = (2x - x^2) \cdot e^{1-x}$$

$$A' = 0{:}\quad (2x - x^2) \cdot e^{1-x} = 0$$
$$2x - x^2 = 0$$
$$x = 0 \text{ (Min)},\ x = 2 \text{ (Max)}$$
$$y = f(2) = \frac{2}{e}$$

$$A_{Max} = x \cdot y = 2 \cdot \frac{2}{e} = \frac{4}{e} \approx 1{,}47$$

Übungen

1. Kurvendiskussion

Gegeben ist die Funktion $f(x) = (x - 1) \cdot e^x$.

a) Bestimmen Sie die Ableitungen f′, f″ und f‴.

b) Untersuchen Sie die Funktion f auf Nullstellen.

c) Die Funktion f besitzt ein Extremum und einen Wendepunkt. Wo liegen diese Punkte?

d) Untersuchen Sie das Verhalten von f für $x \to -\infty$ bzw. $x \to \infty$ mit einer Tabelle.

e) Skizzieren Sie den Graphen von $f(-3 \le x \le 2)$.

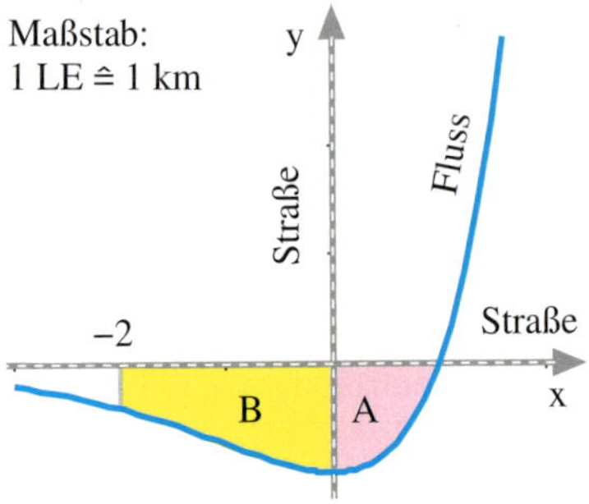

2. Flächeninhalt

Die Funktion $f(x) = (x - 1) \cdot e^x$ (s. Bild oben) beschreibt den Verlauf eines Flusses, der von zwei Straßen überbrückt wird, die längs der Koordinatenachsen laufen. (1 LE = 1 km)
Die beiden Straßen und der Fluss schließen im 4. Quadranten ein Grundstück A ein, welches für 80 € pro m^2 zum Kauf angeboten wird.

a) Zeigen Sie, dass $F(x) = (x - 2) \cdot e^x$ eine Stammfunktion von f ist.

b) Berechnen Sie den Verkaufspreis für das Grundstück A.

c) Wie groß ist das im 3. Quadranten liegende Grundstück B, welches durch die Straßen, den Fluss und den Fußweg bei $x = -2$ begrenzt wird?

3. Tangenten

Gegeben ist die Funktion $f(x) = e^x - x$. Sie beschreibt den Verlauf einer Autobahn. (1 LE = 1 km)

a) Besitzt f Extrem- und Wendepunkte?

b) Schließen Sie aus den Ergebnissen, dass f keine Nullstellen besitzt.

c) Vom Bahnhof B(0|0) führt ein Zubringer zum Punkt P(1|f(1)) der Autobahn. Zeigen Sie, dass dieser Zubringer tangential in die Autobahn mündet.
Wie lange benötigt ein 30 km/h schneller Transporter vom Bahnhof bis zur Autobahn?

d) Wie viel Hektar Fläche hat das Grundstück zwischen Straße, Zubringer und Bahnlinie? (1 Hektar = 10 000 m^2)

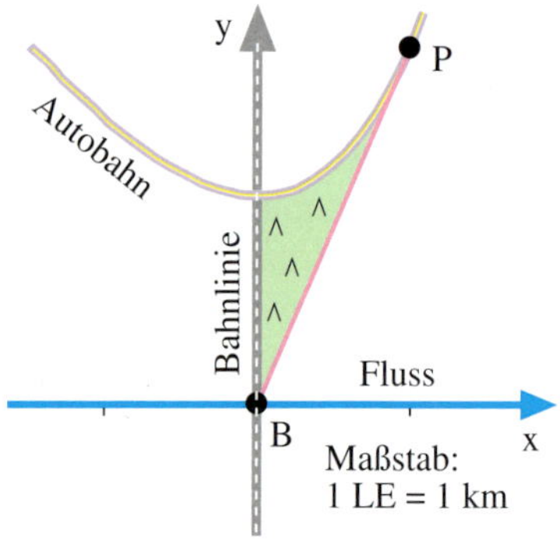

4. Kurvenuntersuchung

Gegeben ist die Funktion $f(x) = x \cdot e^{x+1}$.

a) Untersuchen Sie f auf Nullstellen, Extrem- und Wendepunkte.

b) Zeichnen Sie den Graphen von f für $-3 \le x \le 0{,}5$.

c) Der Ursprung wird mit dem Punkt P(−1|f(−1)) durch eine Strecke s verbunden.
Wie groß ist das Flächenstück zwischen Kurve f und Strecke s?
(*Hinweis:* Bestimmen Sie mit dem Formansatz $F(x) = (ax + b) \cdot e^{x+1}$ eine Stammfunktion von f.)
Wie lang ist die Strecke s?

Beispiel: Kurvendiskussion Untersuchen Sie die Funktion $f(x) = (x^2 - 2x) \cdot e^{0,5x}$ auf Nullstellen, Extrema und Wendepunkte. Wie verhält sich die Funktion für $x \to \infty$ bzw. $x \to -\infty$? Zeichnen Sie den Graphen von f für $-7 \le x \le 2,5$.

Lösung:

1. Ableitungen:

Die Ableitungen werden mit der Produktregel und der Kettenregel bestimmt.

$$f'(x) = \left[(x^2 - 2x) \cdot e^{0,5x}\right]'$$
$$= (2x-2) \cdot e^{0,5x} + (x^2-2x) \cdot (0,5\,e^{0,5x})$$
$$= \left(\tfrac{1}{2}x^2 + x - 2\right) \cdot e^{0,5x}$$
$$f''(x) = \left(\tfrac{1}{4}x^2 + \tfrac{3}{2}x\right) \cdot e^{0,5x}$$
$$f'''(x) = \left(\tfrac{1}{8}x^2 + \tfrac{5}{4}x + \tfrac{3}{2}\right) \cdot e^{0,5x}$$

6. Graph:

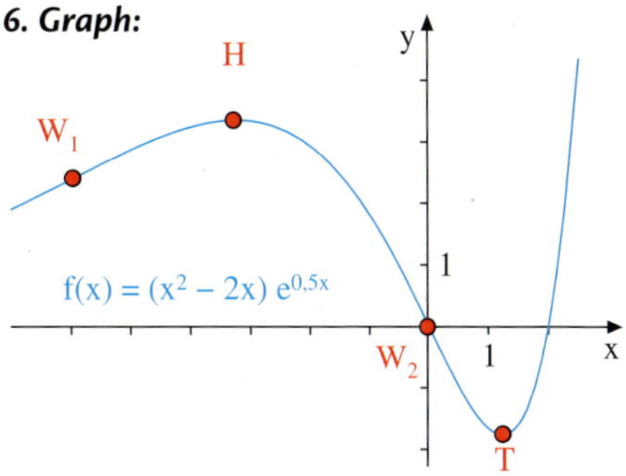

2. Nullstellen:

Die Funktion besitzt zwei Nullstellen, nämlich bei $x = 0$ und $x = 2$.

$f(x) = 0$:
$$(x^2 - 2x) \cdot e^{0,5x} = 0$$
$$x^2 - 2x = 0$$
$$x(x-2) = 0$$
$$\mathbf{x = 0;\ x = 2}$$

3. Extrema:

Die Ableitung f′ hat zwei Nullstellen, bei $x = -1 - \sqrt{5} \approx -3,24$ und $x = -1 + \sqrt{5} \approx 1,24$. Die Überprüfung mittels f″ ergibt ein Maximum im ersten Fall und ein Minimum im zweiten Fall. Nach Berechnung der zugehörigen y-Werte erhalten wir einen Hochpunkt $H(-3,24|3,36)$ sowie einen Tiefpunkt $T(1,24|-1,75)$.

$f'(x) = 0$:
$$\left(\tfrac{1}{2}x^2 + x - 2\right) \cdot e^{0,5x} = 0$$
$$\tfrac{1}{2}x^2 + x - 2 = 0$$
$$x^2 + 2x - 4 = 0$$
$$x = -1 \pm \sqrt{5} \approx -1 \pm 2,24$$

$\mathbf{x \approx -3,24}$	$\mathbf{x \approx 1,24}$
$y \approx 3,36$	$y \approx -1,75$
$\underbrace{f''(-3,24) < 0}$	$\underbrace{f''(1,24) > 0}$
⇒ Maximum	⇒ Minimum

4. Wendepunkte:

Die Nullstellen von f″ liegen bei $x = 0$ und $x = -6$. Nach Überprüfung mit Hilfe von f‴ und nach Berechnung der zugehörigen y-Werte erhalten wir einen Links-Rechts-Wendepunkt $W_1(-6|2,39)$ und einen Rechts-Links-Wendepunkt $W_2(0|0)$.

$f''(x) = 0$:
$$\left(\tfrac{1}{4}x^2 + \tfrac{3}{2}x\right) \cdot e^{0,5x} = 0$$
$$\tfrac{1}{4}x^2 + \tfrac{3}{2}x = 0$$
$$x\left(\tfrac{1}{4}x + \tfrac{3}{2}\right) = 0$$

$\mathbf{x = 0}$	$\mathbf{x = -6}$
$y = 0$	$y \approx 2,39$
$\underbrace{f'''(0) > 0}$	$\underbrace{f'''(-6) < 0}$
⇒ R-L-WP	⇒ L-R-WP

5. Verhalten für $x \to \pm\infty$:

Wir überprüfen das Grenzverhalten von f durch Testeinsetzungen. Ergebnis:

Für $x \to -\infty$ streben die Funktionswerte gegen 0. Der Graph von f schmiegt sich von oben an die negative x-Achse.

Für $x \to \infty$ steigt der Graph von f steil an und wächst über alle Grenzen.

x	–1	–5	–10	$\to -\infty$
f(x)	1,82	2,87	0,81	$\to 0$

x	1	5	10	$\to \infty$
f(x)	–1,65	182,7	$1,2 \cdot 10^4$	$\to \infty$

Übungen

5. Kurvendiskussionen

Führen Sie eine Kurvendiskussion durch. Überprüfen Sie hierzu f auf Nullstellen, Extrema und Wendepunkte. Untersuchen Sie, wie f sich für $x \to \pm\infty$ verhält. Skizzieren Sie den Graphen von f in einem sinnvollen Bereich. Überprüfen Sie Ihre Skizze mit dem TR/Computer.

a) $f(x) = (2x + 2) \cdot e^{-0,5x}$ b) $f(x) = (1 - x) \cdot e^{2-x}$ c) $f(x) = e^{x} - 2e^{-x}$

6. Graph und Funktionsterm

Ordnen Sie jedem Funktionsterm den passenden Graphen zu. Begründen Sie.

$f(x) = e^{-x} - 1$

$g(x) = x + e^{x+1}$

$h(x) = (1 - x^2)e^{-x}$

$k(x) = -(1 + x)e^{-x}$

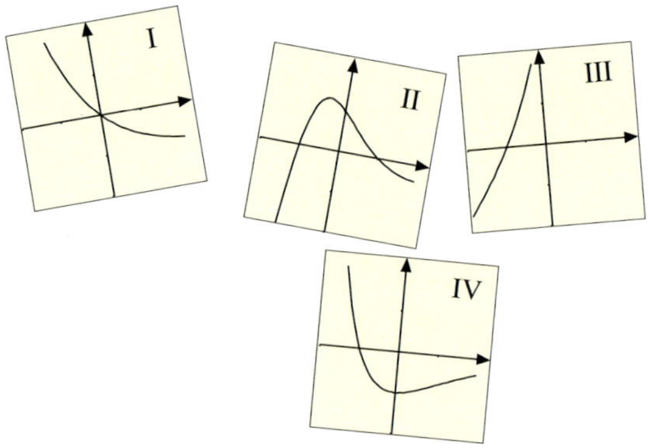

7. Funktion und Stammfunktion

Ordnen Sie jeder Funktion f die passende Stammfunktion F zu. Führen Sie den Nachweis.

A: $f(x) = x - e^{2x}$

B: $f(x) = x \cdot e^{2x}$

C: $f(x) = (1 - 2x)e^{-2x}$

D: $f(x) = 1 + 2e^{-2x}$

I: $F(x) = xe^{-2x}$

II: $F(x) = 0,5x^2 - 0,5e^{2x}$

III: $F(x) = (0,5x - 0,25)e^{2x}$

IV: $F(x) = x - e^{-2x}$

8. Kanalprofil

Das Querschnittsprofil eines 400 m langen Kanals kann durch die Funktion $f(x) = 2x\,e^{-0,25x^2}$ modelliert werden. ($0 \le x \le 5$, 1 LE = 1 m)

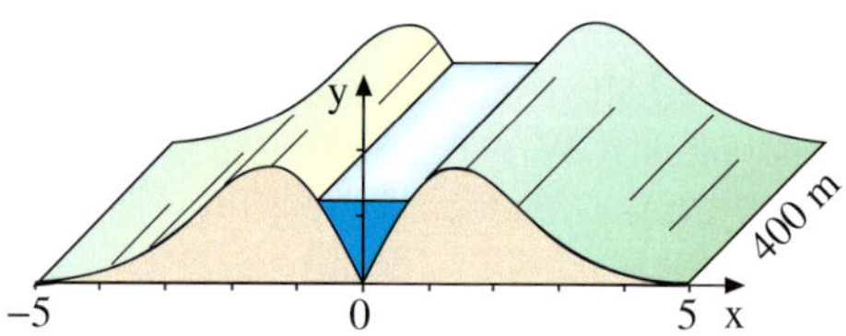

a) Wie hoch ist die Dammkrone? Wie breit ist die Wasserrinne?

b) Zeigen Sie durch Ableiten, dass $F(x) = -4e^{-0,25x^2}$ eine Stammfunktion von f ist. Verwenden Sie die allgemeine Kettenregel von S. 116.

c) Berechnen Sie das maximale Fassungsvermögen des Kanals.

d) Der städtische Hangrasenmäher hat eine maximale Steigfähigkeit von 40°. Kann der Hang des Dammes damit bis zur Dammkrone befahren werden?

9. Kurvendiskussion

Gegeben ist die Funktion $f(x) = 4x \cdot e^{-0{,}5x}$.

a) Untersuchen Sie f auf Nullstellen. Wie verhält sich f für $x \to \pm\infty$?

b) Bestimmen Sie den Extremalpunkt und den Wendepunkt von f. Beschreiben Sie das Monotonieverhalten und das Krümmungsverhalten von f.

c) Bestimmen Sie die Gleichung der Wendetangente t von f. $\left(\text{Kontrolle: } t(x) = -\frac{4}{e^2}x + \frac{32}{e^2}\right)$

d) Zeichnen Sie die Graphen von f und t für $-1 \le x \le 8$.

10. Kurvenuntersuchung

Gegeben sind die Funktionen $f(x) = e^{0{,}5x}$ und $g(x) = e^{1{,}5 - 0{,}25x}$.

a) Skizzieren Sie die Graphen von f und g in einem Koordinatensystem für $-2 \le x \le 4$.

b) Bestimmen Sie die Ableitungen f′ und g′.

c) Wo schneiden sich die Graphen von f und g? Wie groß ist ihr Schnittwinkel?

d) Eine Ursprungsgerade h berührt den Graphen von f als Tangente. Wo liegt der Berührpunkt von f und h? Wie lautet die Gleichung von h?

e) Wie groß ist die Fläche A, welche von f und g und der y-Achse umschlossen wird?

11. Flächeninhalt

Die Abbildung rechts zeigt den Graphen von $f(x) = 4x e^{-0{,}5x}$.

Die Normale n im Wendepunkt $W\left(4 \,\middle|\, \frac{16}{e^2}\right)$ hat die Gleichung $n(x) = \frac{e^2}{4}x - e^2 + \frac{16}{e^2}$.

a) Zeigen Sie, dass $F(x) = (-8x - 16)e^{-0{,}5x}$ eine Stammfunktion von f ist.

b) Berechnen Sie den Inhalt der markierten Fläche.

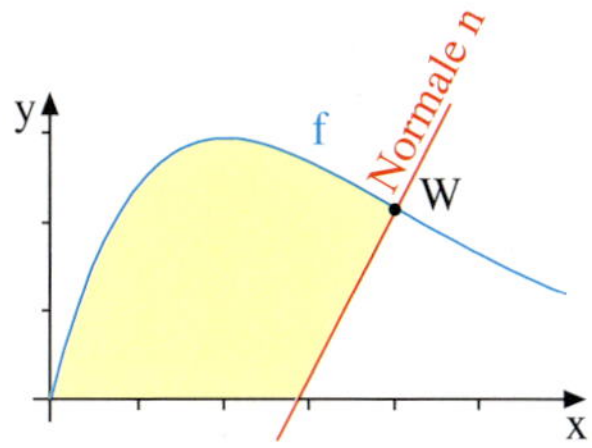

12. Extremalproblem

Auf dem Graphen von $f(x) = 4x \cdot e^{-0{,}5x}$ wandert der Punkt $P(u \mid f(u))$, $u > 0$.

Wie muss u gewählt werden, damit der Inhalt des markierten achsenparallelen Rechtecks maximal wird?

Was passiert, wenn u gegen ∞ strebt?

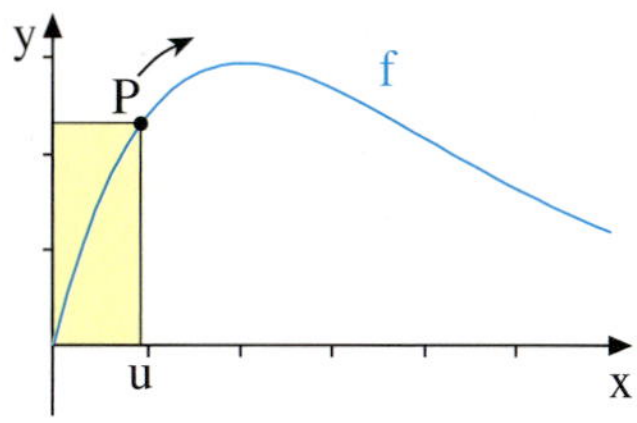

13. Fledermausgaube

Die Abbildung zeigt eine Fledermausgaube, die 4 m breit ist. Das obere Randprofil wird durch die Funktion $f(x) = 2e^{-\frac{1}{8}x^2}$ für $-2 \le x \le 2$ modelliert.

a) Wie hoch ist die Gaube an ihrer höchsten Stelle?

b) An welchen Stellen ist das Profil am steilsten? Wie groß ist dort der Steigungswinkel?

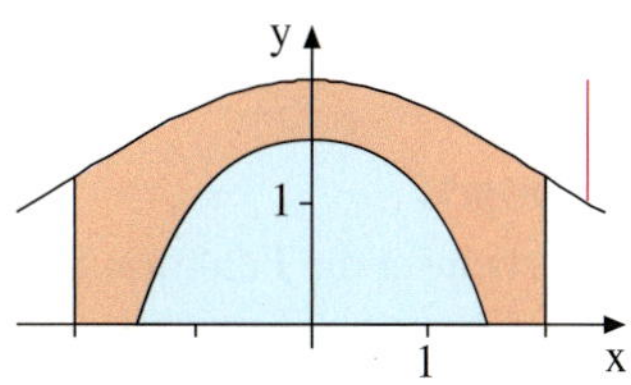

c) Die Gaube besitzt ein parabelförmiges Fenster. Es ist 3 m breit und 1,5 m hoch. Wie lautet die Gleichung der Fensterparabel? Wie groß ist die Glasfläche?

d) Am Gaubenrand soll eine Antenne (im Bild rot) von 1 m Höhe stehen. Sie soll die Gaubenspitze nicht überragen. In welchem Bereich kann sie aufgestellt werden?

5. Anwendungen von Exponentialfunktionen

A. Die Kettenlinie

Eine an zwei Aufhängepunkten befestigte Kette nimmt unter der Last ihres eigenen Gewichts eine ganz bestimmte Form an.
Diese Kurvenform wird als ***Kettenlinie*** *bezeichnet. Kettenlinien können bei geeigneter Wahl eines Koordinatensystems durch eine Funktionsgleichung der Form*

$$f_a(x) = \frac{a}{2} \cdot \left(e^{\frac{x}{a}} + e^{-\frac{x}{a}}\right), \ a > 0,$$

dargestellt werden. Der Parameter a hängt nur von der Lage der Aufhängepunkte und von der Kettenlänge ab.

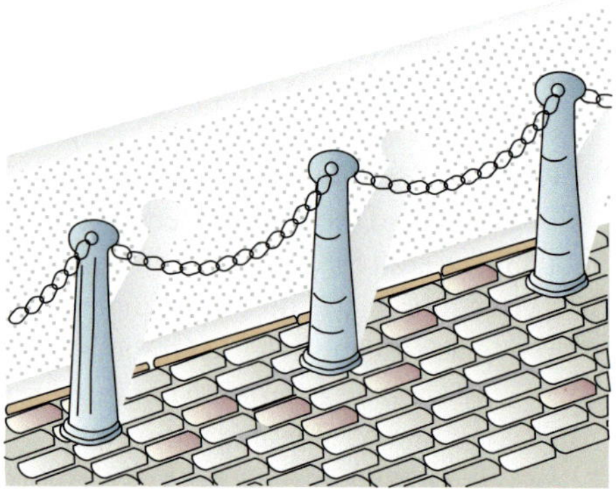

Beispiel: Eine Kettenlinie

Diskutieren Sie die Kettenlinienfunktion $f(x) = \frac{1}{2} \cdot (e^x + e^{-x})$. Zeichnen Sie den Graphen der Funktion für $-2 \le x \le 2$.

Lösung:
Die Funktion f ist achsensymmetrisch zur y-Achse. Sie hat keine Nullstellen, da die Teilterme e^x und e^{-x} beide positiv sind.
Die Ableitungen lauten:

$$f'(x) = \frac{1}{2} \cdot (e^x - e^{-x})$$
$$f''(x) = \frac{1}{2} \cdot (e^x + e^{-x})$$

f' hat eine Nullstelle bei $x = 0$. Dort liegt ein Extremum. Der Punkt $P(0\,|\,1)$ ist ein Tiefpunkt. f'' hat keine Nullstellen. Daher gibt es keine Wendepunkte.

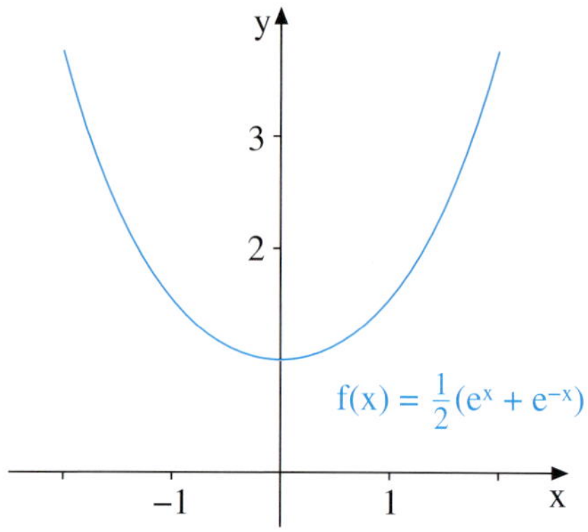

Übung 1

Gegeben sei die Funktion $f(x) = \frac{1}{4}e^x + 2e^{-x}$.

a) Diskutieren Sie die Funktion (Nullstellen, Extrema, Wendepunkte, Graph für $-0{,}5 \le x \le 2{,}5$).
b) Bestimmen Sie eine Stammfunktion von f.
c) Gesucht ist der Inhalt der Fläche A zwischen dem Graphen von f und der x-Achse über dem Intervall [0; 1].
d) Wie muss a gewählt werden, wenn das relative Extremum von $f_a(x) = \frac{1}{4}e^x + a\,e^{-x}$ an der Stelle $x = 0{,}5$ liegen soll?

Beispiel: Gleichung einer Kettenlinie

Eine Kette hat – bezogen auf ein bestimmtes Koordinatensystem – folgende Koordinatenpunkte.

x	−2	−1	0	1	2
y	3,04	1,85	1,5	1,85	3,04

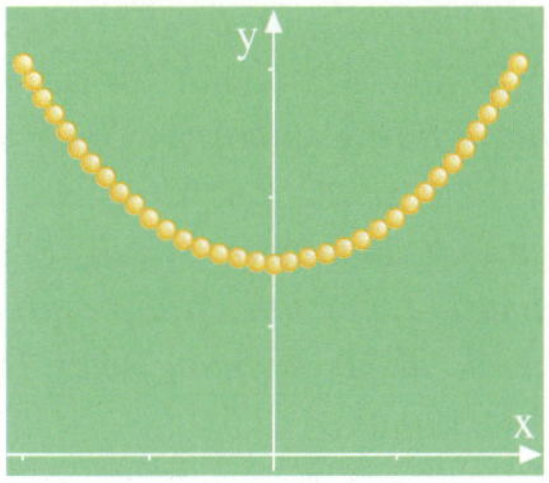

Bestimmen Sie die Gleichung der Kettenlinie.
Verwenden Sie den Ansatz $f_a(x) = \frac{a}{2} \cdot \left(e^{\frac{x}{a}} + e^{-\frac{x}{a}}\right)$.
Überprüfen Sie die Tabellenwerte.

Lösung:
Zur Bestimmung von a verwenden wir den Messwert bei x = 0, der 1,5 beträgt. Also gilt $f_a(0) = 1{,}5$.
Daraus folgt a = 1,5, d. h. $f_{1,5}(x) = \frac{3}{4}\left(e^{\frac{x}{1,5}} + e^{-\frac{x}{1,5}}\right)$.
Dann gilt $f_{1,5}(0) = 1{,}5$, $f_{1,5}(\pm 1) \approx 1{,}85$, $f_{1,5}(\pm 2) \approx 3{,}04$

$f_a(0) = 1{,}5$
$\frac{a}{2} \cdot (e^0 + e^{-0}) = 1{,}5$
$a = 1{,}5$
$f_{1,5}(x) = \frac{3}{4} \cdot \left(e^{\frac{x}{1,5}} + e^{-\frac{x}{1,5}}\right)$

Übung 2

Die Einfahrt zu einer Autowaschstraße ist mit einer Spritzschutzschürze aus Kunststoff versehen, die wiederum an einer Kette befestigt ist. Die Kettenlinie sei gegeben durch $f(x) = e^{\frac{x}{2}} + e^{-\frac{x}{2}}$.

a) Wie hoch ist die Türöffnung?
b) Wie groß ist der Durchhang d der Kette?
c) Unter welchem Winkel α gegen die Horizontale hängt die Kette?
d) Welchen Flächeninhalt A hat die Schürze?

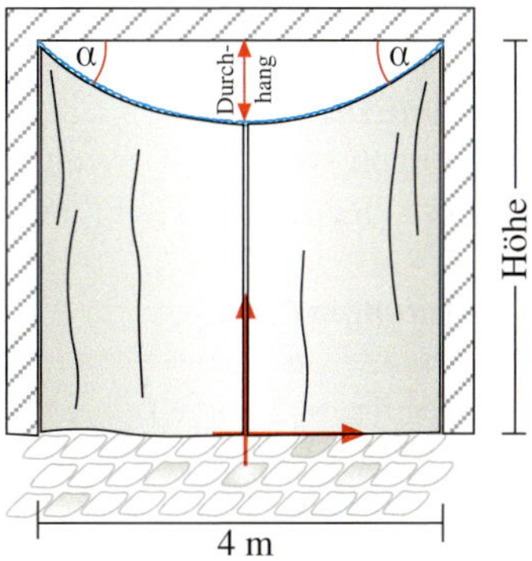

Übung 3

In St. Louis steht der Gateway-Arch. Er hat die Gestalt einer umgekehrten Kettenlinie, die den stabilsten aller Tragebögen darstellt. Die äußere Randkurve ist 180 m hoch und an der Basis 180 m breit. Die innere Randkurve ist 175 m hoch und an der Basis 150 m breit. Die Gleichungen der Randkurven können jeweils in der Form
$f(x) = b - \frac{a}{2} \cdot \left(e^{\frac{x}{a}} + e^{-\frac{x}{a}}\right)$ modelliert werden:
Äußere Kurve: a = 36,5 und b = 216,5
Innere Kurve: a = 28,14 und b = 203,14

a) In welcher Höhe beträgt der Abstand der beiden inneren Bogenseiten 100 m?
b) Unter welchem Winkel trifft der äußere Bogen auf den Boden?
c) Der Winddruck auf den Bogen wird durch die Fläche zwischen den Randkurven bestimmt. Wie groß ist der Inhalt dieser Fläche?

B. Die Glockenkurve

***Carl Friedrich Gauß** (1777–1855) gilt als einer der größten Mathematiker aller Zeiten. Der in Braunschweig geborene Sohn einfacher Leute entdeckte schon im Alter von 17 Jahren das nach ihm benannte Gauß'sche Fehlergesetz, welches er vier Jahre später mit Hilfe der Wahrscheinlichkeitsrechnung auch theoretisch absichern konnte.*

*Die zugehörige **Gauß'sche Glockenkurve** spielt in der Wahrscheinlichkeitsrechnung der Normalverteilung eine entscheidende Rolle. Ihre Gleichung lautet:*

$$\varphi(x) = \frac{1}{\sqrt{2\pi}} \cdot e^{-\frac{1}{2}x^2}.$$

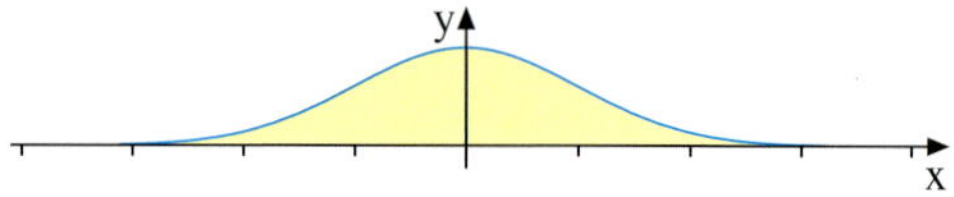

Beispiel: Eine Glockenkurve
Diskutieren Sie die Glockenfunktion $f(x) = e^{-x^2}$ und zeichnen Sie deren Graphen.

Lösung:

1. Symmetrie:
Der Graph von f ist symmetrisch zur y-Achse, denn es gilt $f(-x) = f(x)$.

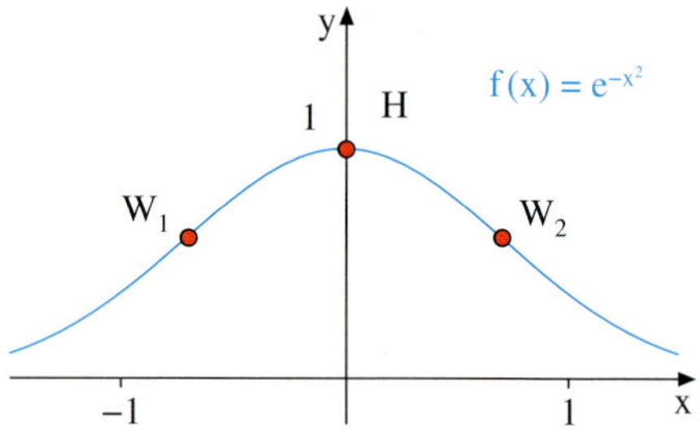

2. Ableitungen:*

$f'(x) = -2x \cdot e^{-x^2}$

$f''(x) = (4x^2 - 2) \cdot e^{-x^2}$

$f'''(x) = (-8x^3 + 12x) \cdot e^{-x^2}$

3. Nullstellen:
Die Funktion hat keine Nullstellen.

$f(x) = e^{-x^2} > 0$

4. Extrema:
f hat ein Maximum bei $x = 0$.
Hochpunkt: $H(0\,|\,1)$

$f'(x) = -2x \cdot e^{-x^2} = 0 \Rightarrow x = 0, y = 1$

$f''(0) = -2 < 0 \quad \Rightarrow$ Maximum

5. Wendepunkte:

$W_1\left(-\frac{1}{\sqrt{2}} \,\middle|\, \frac{1}{\sqrt{e}}\right) \approx W_1(-0{,}71\,|\,0{,}61)$

$W_2\left(\frac{1}{\sqrt{2}} \,\middle|\, \frac{1}{\sqrt{e}}\right) \approx W_2(0{,}71\,|\,0{,}61)$

$f''(x) = (4x^2 - 2) \cdot e^{-x^2} = 0$

$x = \pm\frac{1}{\sqrt{2}}, \quad y = e^{-\frac{1}{2}} = \frac{1}{\sqrt{e}}$

$f'''\left(\pm\frac{1}{\sqrt{2}}\right) = \pm\frac{8}{\sqrt{2}} \cdot e^{-\frac{1}{2}} \neq 0 \quad \Rightarrow$ Wendepunkt

6. Verhalten für $x \to \infty$ und $x \to -\infty$:
Für $x \to -\infty$ und $x \to \infty$ schmiegt sich der Graph von f an die x-Achse.

x	1	5	10	$\to \infty$
f(x)	0,37	$1{,}4 \cdot 10^{-11}$	$3{,}7 \cdot 10^{-44}$	$\to 0$

* Nach der Kettenregel gilt: $(e^{f(x)})' = f'(x) \cdot e^{f(x)}$, also z. B.: $(e^{-x^2})' = -2x \cdot e^{-x^2}$

Übung 4

Für einen Film soll eine Landschaft digitalisiert werden. Hierbei wird das Profil eines Berges durch eine Glockenkurve der Form $f(x) = a + b \cdot e^{-x^2}$ modelliert.

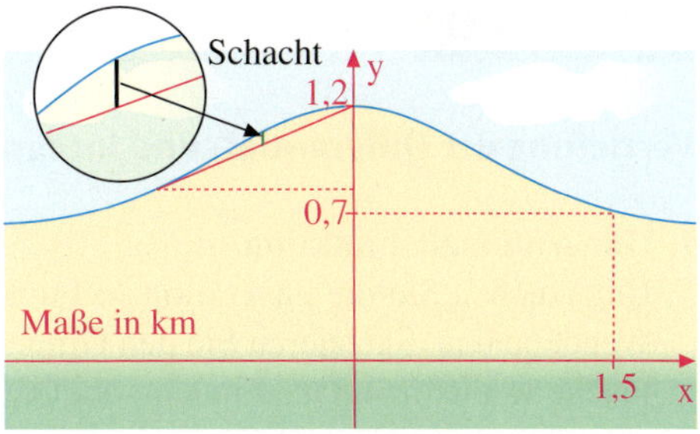

a) Bestimmen Sie mit Hilfe der Daten aus der Abbildung die Werte von a und b.

b) An welcher Stelle ist der Berg am steilsten? Wie groß ist der Anstieg dort?

c) Auf dem westlichen Bergrücken beginnt in 800 m Höhe ein gerader Tunnel durch den Berg, der bis zur Spitze geht. Wo liegt der Tunneleingang? Wie lang ist der Tunnel?

d) Aus der Mitte des Tunnels soll ein senkrechter Schacht zur Oberfläche des Berges führen. Wie lang wird dieser Schacht?

Übung 5 Tangente und Normale

Betrachtet wird $f(x) = e^{-x^2}$.

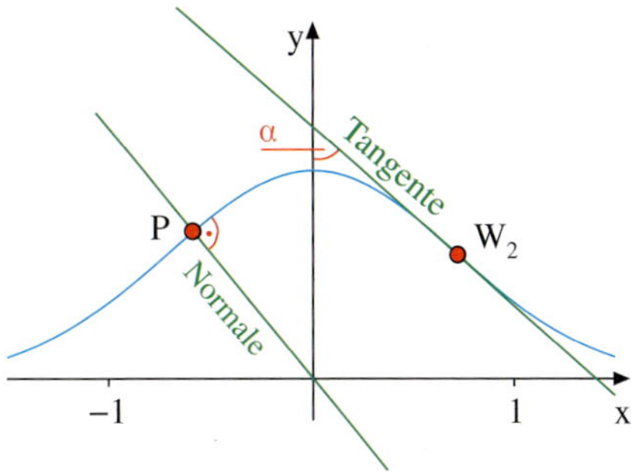

a) Wie lautet die Gleichung der Wendetangente im Wendepunkt W_2 (vgl. Abb.)?

b) Unter welchem Winkel α schneidet die Wendetangente aus a) die y-Achse?

c) Zeigen Sie, dass die Normale an den Graphen von f im Punkt $P\left(-\sqrt{\frac{\ln 2}{2}}\,\middle|\,\sqrt{\frac{1}{2}}\right)$ durch den Ursprung geht.

Übung 6 Extremalproblem

Unter dem Graphen von $f(x) = e^{-x^2}$ wird ein achsenparalleles Rechteck mit den Eckpunkten $A(-z|0)$, $B(z|0)$, $C(z|f(z))$, $D(-z|f(-z))$ einbeschrieben.
Wie muss z gewählt werden, wenn der Flächeninhalt des Rechtecks maximal werden soll?

Übung 7 Approximation durch Parabel

Betrachtet wird die Glockenkurve

$$f(x) = e^{-x^2} \text{ für } -\frac{1}{\sqrt{2}} \le x \le \frac{1}{\sqrt{2}}.$$

Diese soll durch eine quadratische Parabel g approximiert werden, deren Graph durch das Maximum und die beiden Wendepunkte von f verläuft.

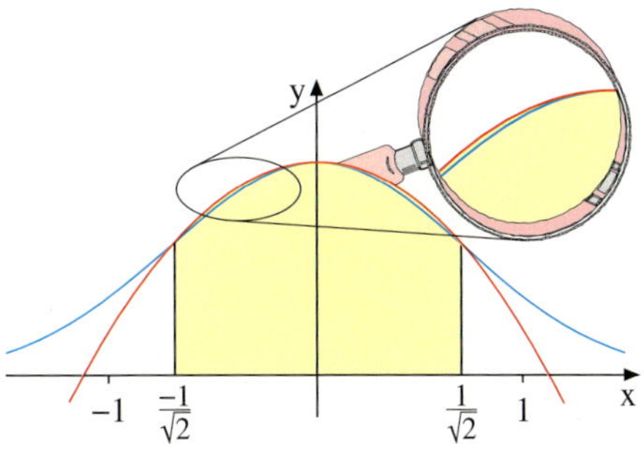

a) Wie lautet die Gleichung der Parabel (Kontrolle: $g(x) = -0{,}79\,x^2 + 1$)?

b) Berechnen Sie die maximale Abweichung von g und f im Approximationsintervall.

c) Wie groß ist der Inhalt der markierten Fläche A?

Test

Vertiefung der Differential- und Integralrechnung (1)

1. Ganzrationale Funktion
Untersuchen Sie die ganzrationale Funktion $f(x) = \frac{1}{2}x^3 - \frac{3}{2}x^2$ auf Nullstellen, Extrema und Wendepunkte. Skizzieren Sie den Graphen von f für $-1 \leq x \leq 4$. Berechnen Sie den Inhalt der Fläche A, die im 4. Quadranten vom Graphen von f und der x-Achse umschlossen wird.

2. Trigonometrische Funktionen
Gegeben sind $f(x) = 5 \cdot \cos\left(\frac{\pi}{4}x\right)$ und $g(x) = x(x-2)$.
a) Wie lautet die Gleichung der Tangente an den Graphen von f an der Stelle x = 2?
b) Die Graphen von f und g und die y-Achse begrenzen im ersten und vierten Quadranten die Fläche A. Berechnen Sie deren Inhalt.

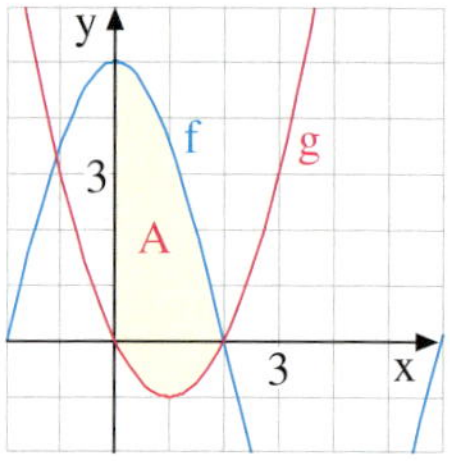

3. Exponentialfunktionen
a) Berechnen Sie das Extremum und den Wendepunkt der Funktion $f(x) = x \cdot e^{2-x}$.
b) Wie lauten die Gleichungen der Wendetangente t und der Wendenormale n?
c) Berechnen Sie mit Hilfe des Formansatzes $F(x) = (ax + b) \cdot e^{2-x}$ eine Stammfunktion von f.
d) Wie groß ist der Inhalt der Fläche A, die vom Graphen von f und der x-Achse über dem Intervall [0; 4] eingeschlossen wird?

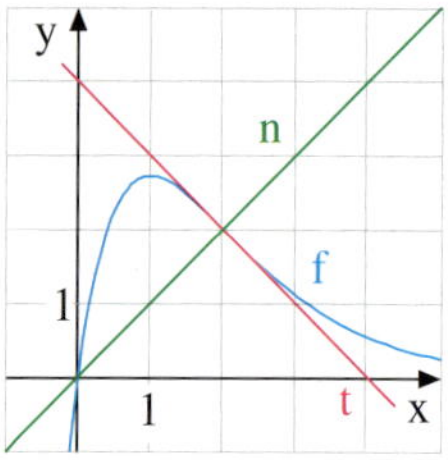

4. Extremalproblem
Ein Punkt P(u|f(u)) (u > 0) bewegt sich auf dem Graphen der Funktion $f(x) = 3x \cdot e^{-\frac{x}{3}}$. Wie muss u gewählt werden, damit der Inhalt des eingezeichneten achsenparallelen Rechtecks maximal wird?

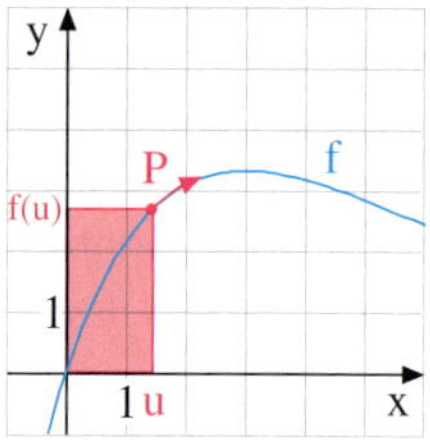

5. Bestandsrekonstruktion
In einem Revier wird die Änderungsrate des Wolfsbestands durch $N'(t) = (20 - 20t) \cdot e^{-t}$ beschrieben (t: Zeit in Jahren, N(t): Bestand an Wölfen). Zu Beginn des Beobachtungszeitraumes betrug der Bestand 40 Wölfe.
a) Bestimmen Sie die Bestandsfunktion $N(t) = a + (bt + c) \cdot e^{-t}$.
b) Welchen Maximalbestand erreicht die Wolfspopulation?

Lösungen: S. 314

6. Exponentielle Wachstums- und Zerfallsprozesse

Mit Exponentialfunktionen kann man zahlreiche Wachstums- und Zerfallsprozesse beschreiben. Dabei treten drei unterschiedliche Arten des exponentiellen Wachstums auf.

Beim ***unbegrenzten Wachstum*** verläuft ein exponentieller Wachstumsprozess nach der Funktion $f(t) = c \cdot e^{kt}$ ab. Ein Zerfallsprozess verläuft analog nach der Funktion $f(t) = c \cdot e^{-kt}$.
Es handelt sich um streng monotone Funktionsgraphen ohne Krümmungswechsel. Beispiele sind das Wachstum von Populationen in ihrer Anfangsphase oder der Prozess des radioaktiven Zerfalls. Typisch für solche Prozesse ist das Vorhandensein einer festen Verdoppelungszeit bzw. Halbwertszeit.

Kapitalwachstum durch Verzinsung
Legt man ein Startkapital $K_0 = 1000$ € zu einem Zinssatz von p = 5 % für n Jahre mit Zinseszins an, so beträgt das Endkapital $K_n = 1000 \cdot 1{,}05^n$ bzw. $K(n) = 1000 \cdot e^{0{,}0488\,n}$.

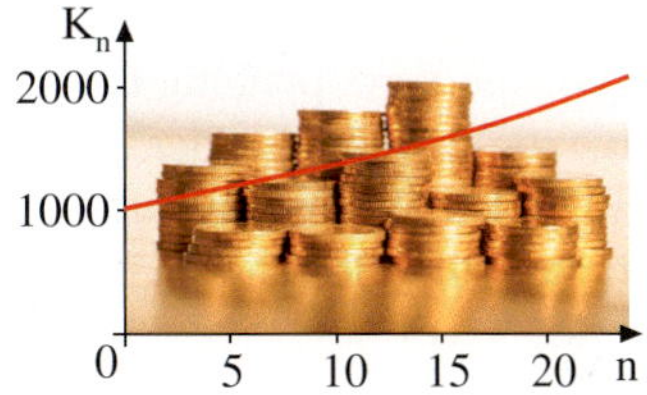

Kein Wachstumsprozess kann endlos voranschreiten, weil irgendwann die für das Wachstum erforderlichen Ressourcen zur Neige gehen. Bei einem Populationswachstum reicht irgendwann der zur Verfügung stehende Platz nicht mehr aus, die erforderlichen Nahrungsreserven gehen zur Neige oder konkurrierende Populationen tauchen auf. Das Wachstum schwächt sich sodann ab und bewegt sich auf eine Grenze zu. Wachstum dieser Art bezeichnet man auch als ***begrenztes Wachstum***. Es kann durch Funktionen der Gestalt $f(t) = a + b \cdot e^{-kt}$ erfasst werden. Hier handelt es sich um streng monotone Funktionen ohne Krümmungswechsel.

Ölförderung in der Nordsee
In einem maritimen Ölfeld wird die Gesamtfördermenge F in Tonnen durch $F(t) = 4\,000\,000 - 4\,000\,000 \cdot e^{-0{,}05\,t}$ erfasst (t: Zeit in Jahren).

Schließlich kann auch ein Mischprozess auftreten, bei dem nach einem Beginn mit unbegrenztem Wachstum ein Übergang zum begrenzten Wachstum eintritt. Man erhält hierbei s-förmige Verlaufskurven mit Krümmungswechsel und spricht vom ***logistischen Wachstum***. Zur Beschreibung dieser dritten Prozessart sind Funktionen des Typs $f(t) = \frac{a}{1 + b \cdot e^{-kt}}$ geeignet.

Algenbefall in einem Waldsee
Auf dem 40 000 m² großen Waldsee vermehrt sich eine anfangs 400 m² große Algenfläche A nach der Formel
$A(t) = \frac{40\,000}{1 + 99 \cdot e^{-0{,}2\,t}}$. t: Tage; A(t): m²

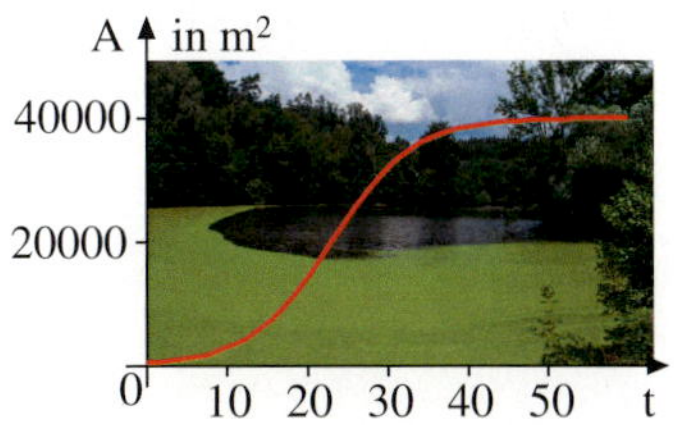

A. Unbegrenztes Wachstum und ungestörter Zerfall

Im Idealfall verläuft ein Wachstumsprozess völlig ungestört. Es gibt weder Mangel an Platz und Raum noch an Nahrung, Energie und Zeit. Dann ist meistens eine Wachstumsfunktion der Form $N(t) = c \cdot e^{kt}$ zur Beschreibung des Prozesses gut geeignet.

Man spricht in diesem Fall von einem ***unbegrenzten Wachstum***. Die Größe c ist der Anfangsbestand zur Zeit $t = 0$. Der Faktor k im Exponenten beeinflusst die Wachstumsgeschwindigkeit.

Man kann die Eignung der Funktionsgleichung $N(t) = c \cdot e^{kt}$ gut begründen:
Es ist klar, dass eine Verdoppelung des Bestandes N auch zur Verdopplung der Wachstumsrate N′ führt. Die Wachstumsrate N′ ist also proportional zum Bestand N. Es gilt daher $N'(t) = k \cdot N(t)$.
Diese Wachstumsgleichung wird – wie man leicht durch Einsetzen von N und N′ überprüfen kann – durch die Wachstumsfunktion $N(t) = c \cdot e^{kt}$ erfüllt.

Typisch für einen unbegrenzten Wachstumsprozess ist die ***Verdopplungszeit***.
In einer festen Zeitspanne $T_2 = \frac{\ln 2}{k}$ verdoppelt sich der Bestand N jeweils.

Ganz analog verhalten sich ungestörte exponentielle ***Zerfalls-*** oder ***Abnahmeprozesse*** wie der radioaktive Zerfall oder die Abnahme einer Medikamentenkonzentration im Blut.
Sie beruhen auf der „negativen“ Proportionalität $N'(t) = -k \cdot N(t)$ und werden durch $N(t) = c \cdot e^{-kt}$ beschrieben.
Vom Anfangsbestand $N(0) = c$ ausgehend fällt der Bestand und nähert sich asymptotisch dem Wert null.

Zerfallsprozesse besitzen eine typische ***Halbwertszeit*** $T_{1/2} = \frac{\ln 0{,}5}{-k}$, in welcher die Bestandsfunktion N sich halbiert.

Modell des ungestörten Wachstums

Unbegrenztes Wachstum wird durch folgende Wachstumsfunktion erfasst:

$$\mathbf{N(t) = c \cdot e^{kt},\ k > 0.}$$

c ist der Anfangsbestand zur Zeit $t = 0$.

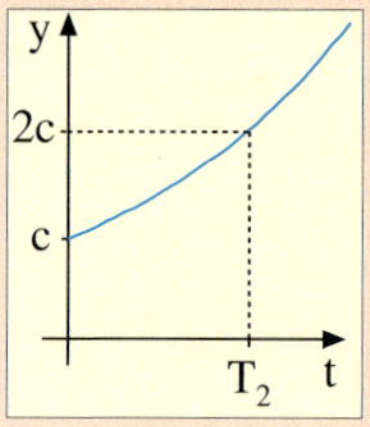

Verdopplungszeit

$$T_2 = \frac{\ln 2}{k}$$

Modell des ungestörten Zerfalls

Ein ungestörter Zerfalls- oder Abnahmeprozess wird durch folgende Bestandsfunktion erfasst:

$$\mathbf{N(t) = c \cdot e^{-kt},\ k > 0.}$$

c ist der Anfangsbestand zur Zeit $t = 0$.

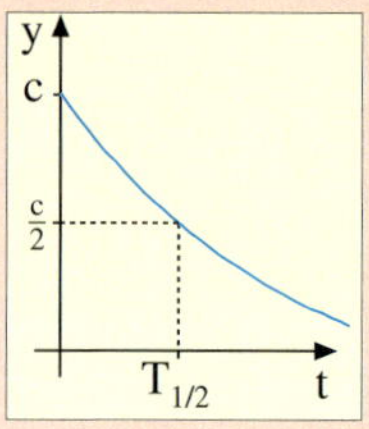

Halbwertszeit

$$T_{1/2} = \frac{\ln 0{,}5}{-k}$$

B. Beispiele zum unbegrenzten Wachstum und Zerfall

Beispiel: Bevölkerungswachstum der USA

Die Tabelle gibt die Bevölkerungsentwicklung der Vereinigten Staaten von Nordamerika in der ersten Hälfte des 19. Jahrhunderts wieder. Damals lag nahezu unbegrenztes Wachstum vor.

a) Stellen Sie die Wachstumsfunktion auf.
b) In welcher Zeitspanne verdoppelte sich die Bevölkerung?
c) Wie groß war die momentane Wachstumsrate 1790 bzw. 1850?
Wie groß war die mittlere Wachstumsrate?

Jahr	1790	1800	1810	1820	1830	1840	1850
Mio.	3,9	5,3	7,2	9,6	12,9	17,1	23,4

Lösung zu a:
Wir verwenden den Ansatz des unbegrenzten Wachstums $N(t) = c \cdot e^{kt}$. Dabei ist t die Zeit in Jahren seit 1790.
$c = N(0) = 3{,}9$ ist der Anfangsbestand.
Um k zu berechnen, verwenden wir eine zweite Information aus der Tabelle, z. B. $N(60) = 23{,}4$. Dies führt auf $k \approx 0{,}03$.
Resultat: $N(t) = 3{,}9 \cdot e^{0{,}03t}$

Bestimmung von N_0:
$c = N(0) = 3{,}9$ Mio.

Bestimmung von k:
Ansatz: $N(60) = 23{,}4$

$$3{,}9 \cdot e^{60k} = 23{,}4$$
$$e^{60k} = 6$$
$$60k = \ln 6$$
$$k \approx 0{,}03$$

Lösung zu b:
Wir verwenden den Ansatz $N(t) = 2c$, d. h. $N(t) = 7{,}8$. Dies führt auf eine Verdoppelungszeit von 23,1 Jahren.
Alle 23,1 Jahre verdoppelte sich die amerikanische Bevölkerung.

Verdoppelungszeit:
Ansatz: $N(t) = 2c$

$$3{,}9 \cdot e^{0{,}03t} = 7{,}8$$
$$e^{0{,}03t} = 2$$
$$0{,}03t = \ln 2$$
$$t \approx 23{,}1 \text{ Jahre}$$

Lösung zu c:
Die momentanen Wachstumsgeschwindigkeiten (Zuwachsraten) berechnen wir mit Hilfe der Ableitung N′.
Die Dynamik ist deutlich zu erkennen.

Momentane Wachstumsraten:

$N'(t) = 0{,}117 \cdot e^{0{,}03t}$
$N'(0) = 0{,}117$ Mio./Jahr = 321 Pers./Tag
$N'(60) = 0{,}708$ Mio./Jahr = 1939 Pers./Tag

Die mittlere Zuwachsrate berechnen wir mit dem Differenzenquotienten $\frac{\Delta N}{\Delta t}$.

Sie beträgt ca. 325 000 Personen/Jahr, das sind 27 083 Pers./Monat bzw. 890 Pers./Tag.
Das ist also eine Kleinstadt pro Monat.

Mittlere Zuwachsrate von 1790–1850:

$$\frac{\Delta N}{\Delta t} = \frac{N(60) - N(0)}{60 - 0} = \frac{23{,}4 - 3{,}9}{60}$$
$= 0{,}325$ Mio./Jahr
$= 27\,083$ Pers./Monat
$= 890$ Pers./Tag

Beispiel: Radioaktiver Zerfall

Beim Reaktorunfall von Fukushima im März des Jahres 2011 in Japan wurden zahlreiche radioaktive Isotope freigesetzt, unter anderem das Cäsiumisotop 137 Cs, durch das Pflanzen und Tiere und über die Nahrungskette auch der Mensch kontaminiert wurden.

Eine Probe mit 100 Mikrogramm des radioaktiven Isotops Cäsium, das eine Halbwertszeit von ca. 30 Jahren hat, soll untersucht werden.

a) Wie lautet die Zerfallsfunktion?

b) Wann ist die Aktivität auf 1 % des Ausgangswertes abgesunken?

Lösung zu a:

Für die Zerfallsfunktion verwenden wir den Ansatz $N(t) = c \cdot e^{-kt}$, $k > 0$.

$c = N(0) = 100\,\mu g$ ist vorgegeben.

k errechnen wir anhand der bekannten Halbwertszeit von 30 Jahren: $k \approx 0{,}0231$.

Resultat: $N(t) = 100 \cdot e^{-0{,}0231 \cdot t}$

Zerfallsfunktion:

$$N(0) = 100 \Rightarrow c = 100\,\mu g$$
$$N(30) = \tfrac{1}{2} N(0) = 50$$

$$100 \cdot e^{-30k} = 50$$
$$e^{-30k} = 0{,}5$$
$$-30k = \ln 0{,}5$$
$$k \approx 0{,}0231$$
$$\Rightarrow N(t) = 100 \cdot e^{-0{,}0231 \cdot t}$$

Lösung zu b:

Der Ansatz $N(t) = \frac{1}{100} \cdot c$ führt auf eine Abklingzeit von knapp 200 Jahren. Nach dieser Zeit beträgt die Strahlung nur noch 1 % des Anfangswertes. In der Praxis sinkt die Aktivität durch Verdunstungs- und Ausschwemmprozesse aber stärker.

Abklingen auf 1 %:

$$N(t) = 0{,}01 \cdot N(0)$$
$$100 \cdot e^{-0{,}0231 \cdot t} = 1$$
$$e^{-0{,}0231 \cdot t} = 0{,}01$$
$$-0{,}0231 \cdot t = \ln 0{,}01$$
$$t \approx 199{,}36 \text{ Jahre}$$

Übung 1 Abnahmeprozess

Während einer Konjunkturflaute sinkt der Absatz eines Autoherstellers im Verlauf von 6 Monaten von 27 000 Autos pro Monat auf 20 000 Autos pro Monat.

a) Wie lautet die Abnahmefunktion, wenn der Rückgang dem exponentiellen Modell $f(t) = c \cdot e^{-kt}$ folgt? (t: Zeit in Monaten; f(t): Anzahl der monatlich abgesetzten Autos).

b) Wann hat sich der Absatz halbiert?

c) Um wie viele Autos sinkt der Absatz im Verlauf des 6. Monats?

Übungen

2. Ameisenkolonie

Eine Ameisenkolonie von 10000 Tieren wächst jährlich um 10%. Wie lautet die Wachstumsfunktion? Wann ist eine Bevölkerung von 1 Million erreicht?

3. Radioaktivität

Eine Probe des radioaktiven Isotops Actinium 225 zerfällt gemäß dem Gesetz $N(t) = 1000 \cdot e^{-0,069\,t}$ (t: Zeit in Tagen; N(t): Rad. Substanz in mg).

a) Wie groß ist der Anfangsbestand? Wie groß ist der Bestand nach einem Tag? Welcher prozentuale Anteil der Probe zerfällt täglich?

b) Wie groß ist die Halbwertszeit? Eine Probe wird als ausgebrannt betrachtet, wenn die Strahlung auf 1% des Ausgangswerts gefallen ist. Schätzen Sie die Zeit hierfür mit Hilfe der Halbwertszeit ab.

4. Städte

Die Einwohnerzahl einer Stadt wird modellhaft beschrieben durch $N_1(t) = 30\,000 \cdot e^{-0,0513\,t}$. Dabei ist t die Zeit in Jahren und $N_1(t)$ die Einwohnerzahl zum Zeitpunkt t.

a) Welche Einwohnerzahl liegt nach fünf Jahren vor?

b) Wann fällt die Einwohnerzahl auf 20000 Einwohner?

c) Wie groß ist die momentane Abnahmerate zu Beginn des Prozesses bzw. nach 10 Jahren?

d) Die Einwohnerzahl einer anderen Stadt wird beschrieben durch $N_2(t) = 10\,000 \cdot e^{0,09531\,t}$. Wann sind beide Städte gleich groß? Wie groß sind sie dann?

e) Wann ist die Summe der Einwohnerzahlen beider Städte minimal?

5. Blutalkohol

Ein Zecher hat sich um 24^{00} Uhr einen Alkoholspiegel von 1,8 Promille angetrunken. Nach einer linearen Faustformel werden stündlich 0,2 Promille abgebaut. Ein anderes exponentielles Modell geht davon aus, dass stündlich ca. 20% des aktuellen Gehaltes abgebaut werden.

a) Stellen Sie für das lineare Modell eine Abnahmefunktion a(t) auf.

b) Weisen Sie nach, dass das zweite exponentielle Modell durch die Funktion $b(t) = 1,8 \cdot e^{-0,2231\,t}$ erfasst wird. Zeichnen Sie beide Graphen in ein System.

c) Welchen Alkoholspiegel hat der Mann morgens um 6.00 Uhr nach dem linearen Modell? Darf er nun wieder fahren (Die erlaubte Grenze beträgt 0,5 Promille)?

d) Wann wird die Grenze von 0,5 Promille nach dem exponentiellen Modell erreicht?

e) Zu welchem Zeitpunkt ist der Unterschied zwischen den Modellen maximal?

f) Bestimmen Sie graphisch, durch Probieren oder mit einem Näherungsverfahren, zu welchem Zeitpunkt beide Modelle ungefähr den gleichen Alkoholspiegel anzeigen.

6. Luftdruck

Auf Meereshöhe beträgt der Luftdruck p 1013 mbar. Die Funktion p erfüllt die Gleichung $p'(h) = -0,000\,13 \cdot p(h)$. h: Höhe in m, p: Luftdruck in mbar.

a) Begründen Sie, dass $p(h) = 1013\,e^{-0,000\,13\,h}$ die Abnahmefunktion ist.

b) Wie groß ist der Luftdruck in 2000 m Höhe bzw. auf dem Mount Everest?

c) Untrainierte Menschen benötigen ab 500 mbar Luftdruck eine Sauerstoffzufuhr per Maske. Ab welcher Höhe ist dies erforderlich?

C. Begrenztes exponentielles Wachstum

Reales Wachstum ist meistens begrenzt. Es gibt eine Obergrenze, die nicht überschritten werden kann. Eine Bevölkerung kann nicht endlos wachsen, ein Baum kann nur eine bestimmte Höhe erreichen, und eine Epidemie ist spätestens zu Ende, wenn alle Einwohner erfasst sind.

Rechts ist der typische Verlauf des sog. ***begrenzten Wachstums*** dargestellt. Ausgehend von einem gewissen Anfangsbestand zur Zeit $t = 0$ steigt der Bestand N an, wobei sich die Wachstumsgeschwindigkeit N' zunehmend verkleinert. Schließlich nähert sich die Wachstumsfunktion einer Obergrenze a, die man als ***Grenzbestand*** oder auch als ***Sättigungsgrenze*** bezeichnet.

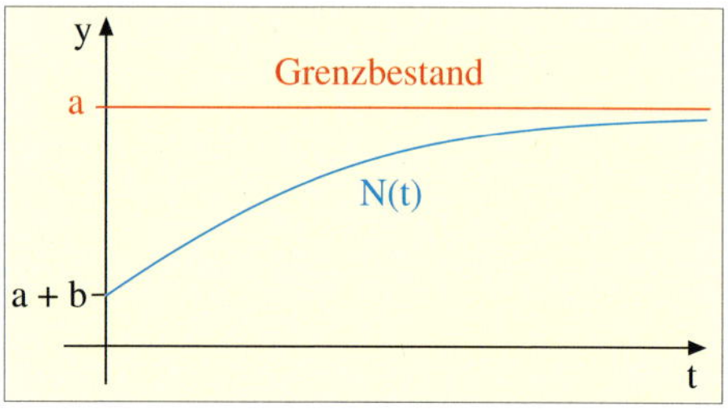

Das begrenzte Wachstum* wird durch eine Bestandsfunktion der Gestalt $N(t) = a + b \cdot e^{-kt}$ beschrieben, wobei a positiv, b negativ und k positiv ist.

a stellt dabei den Grenzbestand oder auch die Sättigungsgrenze dar.

Der Anfangsbestand ist $N(0) = a + b$.

Modell des begrenzten Wachstums

Begrenztes Wachstum kann durch folgende Funktion beschrieben werden.

$$\mathbf{N(t) = a + b \cdot e^{-kt},\ k > 0.}$$

Dabei ist a die Sättigungsgrenze und $N(0) = a + b$ der Anfangsbestand.

Beispiel: Die Höhe eines Kaktus

Ein kleiner Kaktus wird gepflanzt. Seine Höhe wird durch die Wachstumsfunktion $h(t) = 9{,}90 - 9{,}85 \cdot e^{-0{,}01\,t}$ beschrieben (t: Zeit in Jahren; h: Höhe in m).
Wie groß war die Pflanzhöhe des Kaktus? Welche Größe kann er maximal erreichen? Nach welcher Zeit wird der Kaktus 2 m hoch sein?

Lösung:
Die Anfangshöhe ist:
$h(0) = 9{,}90\,\text{m} - 9{,}85\,\text{m} = 0{,}05\,\text{m}$.

Die Grenzhöhe ergibt sich, wenn t immer weiter vergrößert wird und schließlich gegen unendlich strebt. Dabei strebt der Teilterm $e^{-0{,}01\,t}$ gegen 0. Die Funktion h strebt gegen die Grenzhöhe 9,90 m.

Der Kaktus erreicht ca. 22 Jahre nach der Pflanzung die Höhe von 2 Metern, wie die Rechnung rechts zeigt.

Anfangshöhe:

$h(0) = 9{,}90 - 9{,}85 \cdot e^0 = 9{,}90 - 9{,}85 = 0{,}05$

Grenzhöhe:

$\lim\limits_{t \to \infty} h(t) = \lim\limits_{t \to \infty} (9{,}90 - 9{,}85 \cdot e^{-0{,}01\,t}) = 9{,}90$

Berechnung der Zeit:

$$\begin{aligned} h(t) &= 2 \\ 9{,}90 - 9{,}85 \cdot e^{-0{,}01\,t} &= 2 \\ e^{-0{,}01\,t} &= \frac{7{,}90}{9{,}85} \approx 0{,}802 \\ -0{,}01\,t &= \ln 0{,}802 \\ t &\approx 22{,}06 \end{aligned}$$

* Dem Modell des begrenzten Wachstums liegt die Annahme zugrunde, dass die Wachstumsrate N' proportional zur Differenz $a - N$ ist.

Beispiel: Tropfinfusion

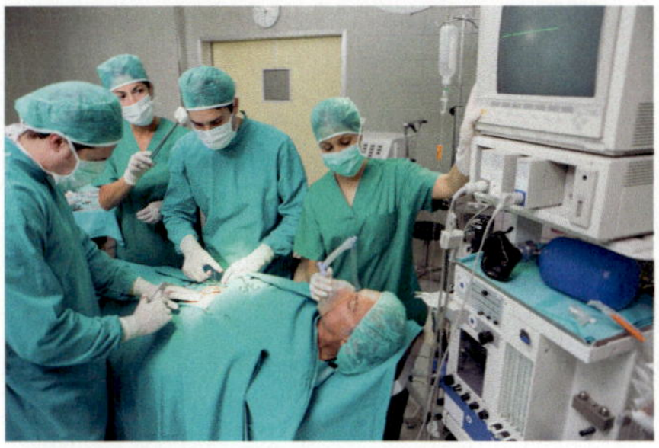

Ein Medikament wird dem Patienten per Tropfinfusion zugeführt. Die Konzentration im Blut steigt gemäß der Funktion $k(t) = a - a e^{-0,04t}$ (t: Zeit in min; k(t): Konzentration zur Zeit t in μg/ml).
Nach 23 Minuten beträgt die Konzentration 30,07 μg/ml.

a) Wie lautet die Wachstumsfunktion?
b) Welche Grenzkonzentration kann nicht überschritten werden?
c) Wann wird die therapeutische Wirkschranke von 40 μg/ml erreicht?
d) Wie groß ist die Anstiegsgeschwindigkeit zu Beginn des Prozesses?

Lösung zu a):
Hier muss a bestimmt werden. Die Information $k(23) = 30,07$ führt nach nebenstehender Rechnung auf $a \approx 50$.
Die Gleichung der Wachstumsfunktion lautet daher $k(t) = 50 - 50 e^{-0,04t}$.

Gleichung der Wachstumsfunktion:

$$k(23) = 30,07$$
$$a - a \cdot e^{-0,04 \cdot 23} = 30,07$$
$$a(1 - e^{-0,92}) = 30,07$$
$$a = \frac{30,07}{1 - e^{-0,92}} \approx 49,99$$
$$a \approx 50$$

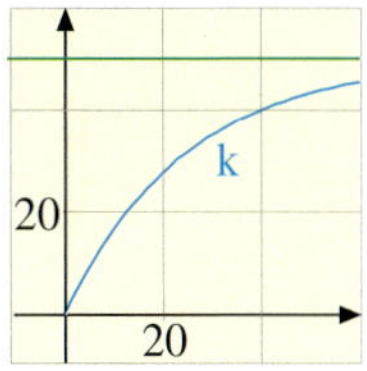

Lösung zu b:
Die Konzentration nähert sich langfristig, d. h. für $t \to \infty$, einer oberen Grenze an. Da der exponentielle Teilterm $e^{-0,04t}$ dabei gegen null strebt, nähert sich die Wachstumsfunktion k der Grenze 50 an.

Grenzkonzentration:

$$\lim_{t \to \infty} k(t) = \lim_{t \to \infty} (50 - 50 e^{-0,04t}) = 50$$

Lösung zu c:
Die Schranke, ab der die gewünschte therapeutische Wirkung einsetzt, liegt bei 40 mg/ml. Der Ansatz $k(t) = 40$ führt nach einer logarithmischen Rechnung auf die Zeit $t \approx 40,24$ Minuten.

Therapeutische Schranke:

$$k(t) = 40$$
$$50 - 50 \cdot e^{-0,04 \cdot t} = 40$$
$$50 \cdot e^{-0,04 \cdot t} = 10$$
$$e^{-0,04 \cdot t} = 0,2$$
$$-0,04t = \ln 0,2$$
$$t = \frac{\ln 0,2}{-0,04} \approx 40,24$$

Lösung zu d:
Die Wachstumsgeschwindigkeit der Konzentration k ist deren Ableitung k′.
Mit der Kettenregel folgt $k'(t) = 2 \cdot e^{-0,04t}$.
Hieraus ergibt sich $k'(0) = 2$ μg/ml.

Anstiegsgeschwindigkeit zu Beginn:

$$k'(t) = (50 - 50 \cdot e^{-0,04 \cdot t})'$$
$$= (0 - 50 \cdot e^{-0,04 \cdot t}) \cdot (-0,04)$$
$$= 2 \cdot e^{-0,04 \cdot t}$$
$$k'(0) = 2$$

Übung 7 **Wachstum von Pilzen**

Die Masse eines Pilzes wächst nach der Formel $m(t) = 40 - 25 e^{-kt}$ (t: Tage, m: Gramm), wobei k vom Nährboden abhängt (Boden A: k = 0,10; Boden B: k = 0,20).
Skizzieren Sie beide Graphen im gleichen Koordinatensystem. Wann werden 30 Gramm erreicht? Vergleichen Sie die Wachstumsgeschwindigkeiten zur Zeit t = 0 und t = 10.

Das Newtonsche Abkühlungsgesetz

Heiße Körper geben Wärme an die kältere Umgebung ab und kühlen so im Laufe der Zeit auf die Umgebungstemperatur ab. Der berühmte Physiker Isaac Newton (1643–1727) stellte auch ein Gesetz auf, das die exponentielle Abnahme der Temperatur bei Abkühlungsvorgängen erfasst.

T(t) sei die Temperatur eines sich abkühlenden Körpers zur Zeit t. Die Temperatur kann nicht niedriger werden als die Umgebungstemperatur.
Daher liegt auch hier das Modell der begrenzten Abnahme vor. Es kann also der Ansatz $T(0) = a + b e^{-kt}$ verwendet werden.
Dabei ist $T(0) = a + b$ die Anfangstemperatur des Körpers zu Beginn des Abkühlungsprozesses.
Weiter strebt T(t) mit zunehmender Zeitdauer, also für $t \to \infty$, offensichtlich gegen den Wert a. Also muss a die Umgebungstemperatur sein.
So erhalten wir das rechts dargestellte Newtonsche Abkühlungsmodell.

Modell des Abkühlungsprozesses

Ein Abkühlungsprozess kann durch die folgende *Abkühlungsfunktion* beschrieben werden.

$$\mathbf{T(t) = a + b \cdot e^{-kt},\ k > 0}$$

Dabei gelten zwei Zusammenhänge:

a + b ist die Anfangstemperatur T(0).
a ist die Umgebungstemperatur, der sich T langfristig annähert.

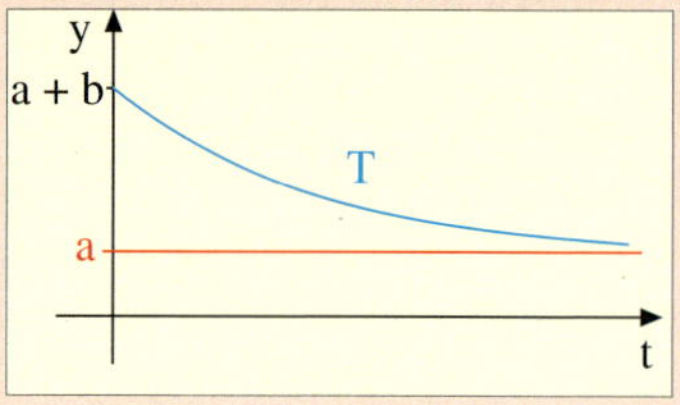

Beispiel: Teatime

Peter Pim hat 15 Minuten Pause. Die Temperatur in seiner Teekanne fällt in den ersten beiden Minuten von 98 °C auf 88 °C. Schnell errechnet Peter, wie heiß der Tee in der Kanne am Ende seiner Pause noch ist. Übrigens, im Raum ist es 20 °C warm.

Lösung:
Zunächst muss die Abkühlungsfunktion $T(t) = a + b e^{-kt}$ bestimmt werden.
a ist die Umgebungstemperatur, also gilt $a = 20$. Wegen $T(0) = a + b = 98$ folgt damit $b = 78$.
Nun muss noch k bestimmt werden.
Der Ansatz $T(2) = 88$ führt laut der rechts aufgeführten logarithmischen Rechnung auf den Wert $k = 0{,}069$. Damit ist die Abkühlungsfunktion komplett:
$T(t) = 20 + 78 \cdot e^{-0{,}069t}$

Ansatz: $T(t) = a + b e^{-kt}$
a = Umgebungstemperatur = 20
a + b = Anfangstemperatur = 98 ⇒ b = 78

Zwischenergebnis:

$$\begin{aligned} T(2) = 88 \Rightarrow 20 + 78 e^{-2k} &= 88 \\ e^{-2k} &= 0{,}5 \\ -2k &= \ln 0{,}8718 \\ k &\approx 0{,}069 \end{aligned}$$

Endergebnis: $T(t) = 20 + 78 \cdot e^{-0{,}069t}$

Nun können wir die Temperatur nach 15 Minuten bestimmen. Sie beträgt ca. 48°. Der Tee ist also gut zu genießen.

Temperatur nach 15 Minuten:

$T(15) = 20 + 78 \cdot e^{-0{,}069 \cdot 15} \approx 47{,}71\,°C$

Übungen

8. Population

Der Bestand einer Population wird durch die Funktion $N(t) = 10 - 8 \cdot e^{-0{,}2t}$ erfasst. Dabei gibt t die Zeit in Stunden seit Beobachtungsbeginn an und N (t) die Anzahl der Individuen in Tausend.

a) Zeichnen Sie den Graphen von N mit Hilfe einer Wertetabelle ($0 \le t \le 20$, Schrittweite 5).
b) Bestimmen Sie den Anfangsbestand und den Grenzbestand der Population.
c) Welcher Bestand liegt zur Zeit $t = 3$ vor?
d) Nach welcher Zeit hat sich der Anfangsbestand vervierfacht?
e) Wie groß ist die Wachstumsgeschwindigkeit (gemessen in Tausend Individuen pro Stunde) zu Beginn des Wachstumsprozesses bzw. nach 10 Stunden?

9. Stausee

Ein neuer natürlicher Stausee wird angelegt. Er wird durch einen konstanten Zufluss gefüllt, verliert aber mit zunehmender Füllung aufgrund des steigenden Wasserdrucks wieder Wasser durch den undichten Seeboden.
Berechnungen ergaben, dass die Erstbefüllung durch die Funktion W erfasst werden kann:
$W(t) = 1\,000\,000 \cdot (1 - e^{-0{,}025t})$
(t: Zeit in Std., W: Wasservolumen in m^3)

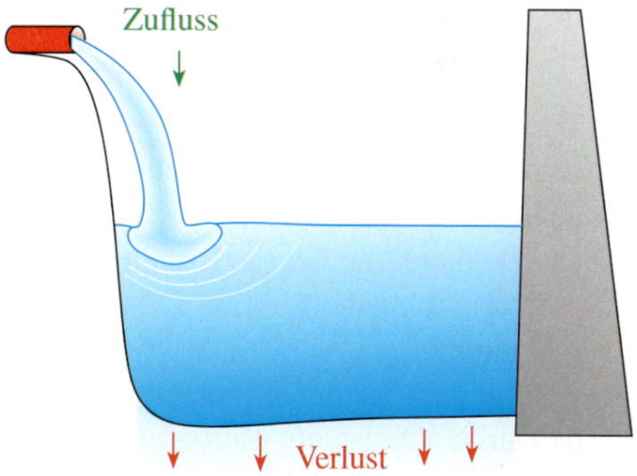

a) Fertigen Sie eine Wertetabelle für die Funktion W an ($0 \le t \le 100$, Schrittweite 20). Skizzieren Sie den Graphen von W.
b) Wie groß wird das Wasservolumen nach 50 bzw. nach 200 Stunden sein? Welches Wasservolumen wäre maximal erreichbar?
c) Der See hat ein Leervolumen von $1\,200\,000\,m^3$. Kann er völlig gefüllt werden? Nach welcher Zeit ist er zur Hälfte gefüllt?
d) Mit welcher Geschwindigkeit (in m^3/h) füllt sich der See zur Zeit $t = 20$? Wie stark ist der konstante Zufluss?

10. Eisenschmelze

Eisen schmilzt bei 1538 °C. Eine glühende Eisenschmelze kühlt sich bei einer Umgebungstemperatur von 20 °C innerhalb von 10 Minuten von 2000 °C auf 1800 °C ab.

a) Wie lautet die Abkühlungsfunktion?
b) Wie lange dauert es bis zur Erstarrung des Eisens?
c) Wie groß ist die Abkühlungsrate zu Beginn des Prozesses?

11. Chinesisch

Anja möchte China besuchen. Daher nimmt sie an einem Chinesisch-Kurs teil. Erfahrungsgemäß beginnen die Teilnehmer ohne Vorkenntnisse und besitzen eine maximale Lernkapazität von 500 Vokabeln. Ein durchschnittlicher Teilnehmer beherrscht nach einer Stunde 40 Vokabeln.

a) Wie lautet die Lernkurve eines durchschnittlichen Teilnehmers?
(t: Stunden, L(t): Anzahl der Vokabeln)

b) Wie lange benötigt ein Teilnehmer für die Hälfte der maximalen Kapazität?

c) Anja beherrscht nach einer Stunde schon 50 Vokabeln, nach zwei Stunden sind es sogar 98 Vokabeln.
Wie lautet ihre persönliche Lernkurve?
Wo liegt ihre Kapazitätsgrenze?

d) Wann sinkt die Lernrate eines durchschnittlichen Teilnehmers auf 10 Vokabeln/Stunde? Welche Lernrate hat Anja zur Zeit $t = 10$?

12. Wölfe

In einem Waldgebiet ist Revierplatz vorhanden für maximal 800 Wölfe. Zu Beobachtungsbeginn werden 500 Wölfe gezählt. Nach drei Jahren sind es schon 700 Tiere.

a) Wie lautet die Bestandsfunktion N(t)?

b) Wie viele Wölfe gibt es nach fünf Jahren?

c) Zeichnen Sie den Graphen von N.

d) Durch intensivere Beforstung beginnt die Wolfspopulation seit Beginn des zehnten Jahres um 10% pro Jahr zu sinken.
Wann unterschreitet sie 100 Tiere?

13. Fanmeile

Die Fanmeile zur Fußball-WM wurde 60 Minuten vor Spielbeginn geöffnet. Nach 5 Minuten wurden bereits 32 135 Personen eingelassen. Es wird angenommen, dass die Anzahl der eingelassenen Personen durch $P(t) = 300\,000(1 - e^{-kt})$ beschrieben werden kann (t: Zeit in Minuten, P(t): Personenzahl).

a) Bestimmen Sie den Koeffizienten k.

b) Wie viele Personen sind nach 30 Minuten auf der Fanmeile?

c) Wie groß ist die Maximalkapazität der Meile? Wann erreicht die Auslastung 90%?

d) Wie groß ist die Einlassgeschwindigkeit zu Beginn bzw. nach 30 Minuten?

D. Logistisches Wachstum

Zahlreiche exponentielle Wachstumsprozesse verlaufen zunächst unbegrenzt, um später in begrenztes Wachstum überzugehen, weil sich die Wachstumsbedingungen allmählich verschlechtern. Die Nahrungsversorgung wird schwieriger, die Transportwege länger, das Raumreservoir wird kleiner.

Man spricht von ***logistischem Wachstum***. Auch bei diesem Modell gibt es einen Grenzbestand a, der nicht überschritten wird.

Der Bestandszuwachs ΔN ist proportional zum Zeitintervall Δt (Δt klein), zum Bestand N(t) und zum sog. Reservoir $a - N(t)$. Dazu passt die Wachstumsgleichung

$N'(t) = k \cdot N(t) \cdot (a - N(t))$.

Man kann durch Ableiten und Einsetzen zeigen, dass die zugehörige Wachstumsfunktion

$N(t) = \frac{a}{1 + b \cdot e^{-akt}}$ lautet, wobei $\frac{a}{1+b}$ der Anfangsbestand und a der Grenzbestand ist. Der Graph der Funktion besitzt einen typischen s-förmigen Verlauf (siehe Abb.).

Modell des logistischen Wachstums

Die Wachstumsgeschwindigkeit N′(t) ist proportional zum Bestand N(t) und zur Differenz $a - N(t)$, wobei a die Obergrenze für den Bestand N ist.

Die Wachstumsgleichung lautet:

$$\mathbf{N'(t) = k \cdot N(t) \cdot (a - N(t)),\ k > 0}$$

Die Wachstumsfunktion lautet:

$$\mathbf{N(t) = \frac{a}{1 + b \cdot e^{-akt}}}$$

Anfangsbestand: $\mathbf{N_0 = N(0) = \frac{a}{1+b}}$

Grenzbestand: $\mathbf{\lim_{t \to \infty} N(t) = a}$

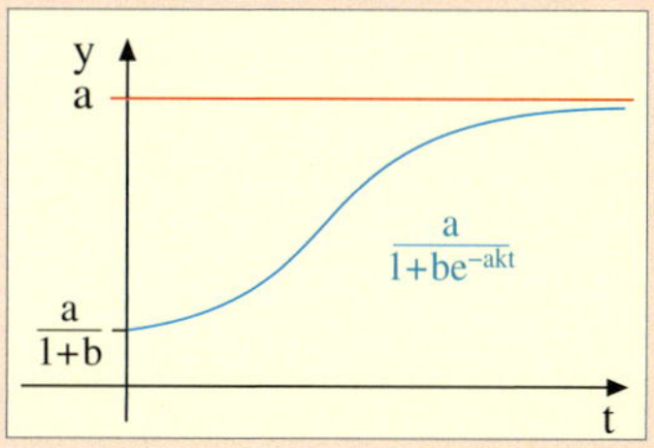

Beispiel: Wachstum einer Hefezellenkultur

Das Wachstum einer Hefekultur wird durch die logistische Funktion $V(t) = \frac{800}{1 + 7 \cdot e^{-0,5t}}$ erfasst. Dabei ist t die Zeit in Stunden und V(t) das Kulturvolumen in mm^3. Berechnen Sie den Anfangsbestand und den Grenzwertbestand. Skizzieren Sie dann den Graphen von V.

Lösung:
Den Anfangsbestand V_0 erhalten wir durch Einsetzen von t = 0 in die Wachstumsfunktion V: $V_0 = V(0) = \frac{800}{1+7} = 100\,mm^3$.

Der Grenzbestand ergibt sich, wenn wir den Grenzwert von V(t) für $t \to \infty$ bilden:

$G = a = \lim_{t \to \infty} \frac{800}{1 + 7 \cdot e^{-0,5t}} = 800\,mm^3$.

Der Graph von V ist rechts dargestellt.

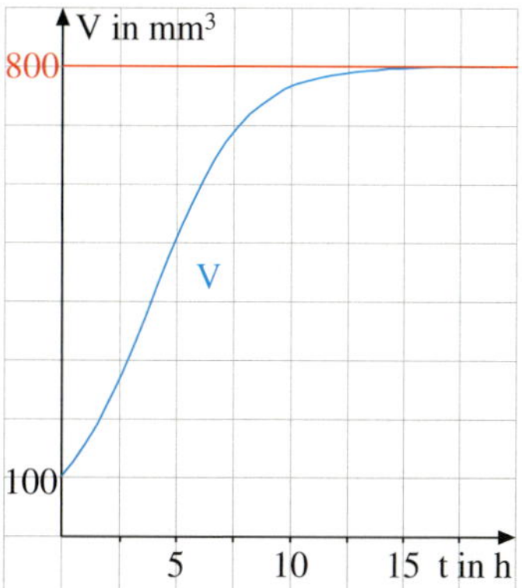

Sind Anfangs- und Grenzbestand bekannt oder durch Schätzung ermittelbar, so genügt eine weitere Information, um die Wachstumsfunktion ermitteln zu können.

Beispiel: Sonnenblume

Eine Sonnenblume wird als 10 cm hohes Pflänzchen gesetzt. Sie kann 200 cm hoch werden.
Eine Messung nach einer Woche ergibt 24,6 cm Höhe.

a) Wie lautet die Wachstumsfunktion?
b) Wann ist die Blume 100 cm hoch?

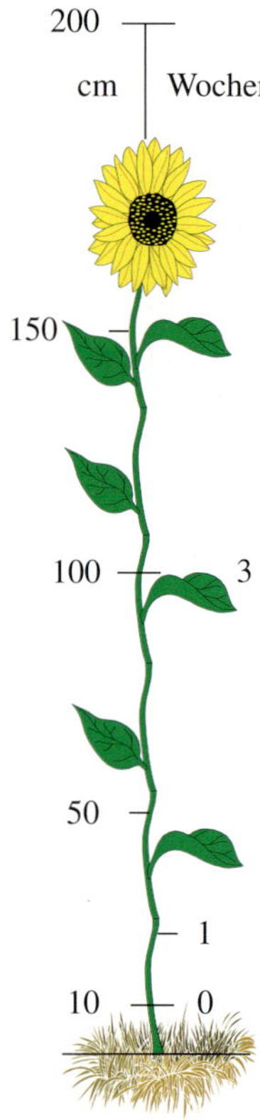

Lösung zu a:
Wir verwenden den logistischen Wachstumsansatz:

$$H(t) = \frac{a}{1 + b \cdot e^{-kt}}$$

Wir kennen die Anfangshöhe $H_0 = H(0) = 10\,\text{cm}$ und die Grenzhöhe $G = 200\,\text{cm}$. Hieraus folgt:

$$H(t) = \frac{200}{1 + 19 \cdot e^{-kt}}$$

Als weitere Information ist $H(1) = 24{,}6\,\text{cm}$ bekannt:

$$24{,}6 = \frac{200}{1 + 19 \cdot e^{-k}}$$

Das Auflösen dieser Gleichung nach k ergibt $k \approx 0{,}98$.
Durch Einsetzen erhalten wir die Wachstumsfunktion:

$$H(t) = \frac{200}{1 + 19 \cdot e^{-0{,}98t}}$$

Lösung zu b:
Der Ansatz $H(t) = 100$ bedeutet $\frac{200}{1 + 19 \cdot e^{-0{,}98t}} = 100$.
Auflösen der Gleichung nach t ergibt t = 3 Wochen.

Exkurs: Der Wendepunkt beim logistischen Wachstum

Beim logistischen Wachstum ist der Wendepunkt besonders interessant, da er die Stelle der größten Wachstumsgeschwindigkeit darstellt. Er liegt interessanterweise stets dort, wo der Bestand gleich der Hälfte des Grenzbestandes a ist.

Dies kann man leicht beweisen, wenn man aus der Wachstumsgleichung
$N'(t) = k \cdot a \cdot N(t) - k \cdot N(t)^2$
die zweite Ableitung mit der Kettenregel berechnet und null setzt:
$N'' = k \cdot a \cdot N' - 2k \cdot N \cdot N'$.
Setzen wir diesen Term gleich null und klammern k und N′ aus, folgt:
$kN' \cdot (a - 2N) = 0$.
Hieraus folgt $a - 2N = 0$, d. h. $N = \frac{a}{2}$.

Wendepunkt beim logistischen Wachstum

Der Wendepunkt W der logistischen Wachstumsfunktion N liegt dort, wo der halbe Grenzbestand erreicht ist, also $N(t_w) = \frac{a}{2}$.

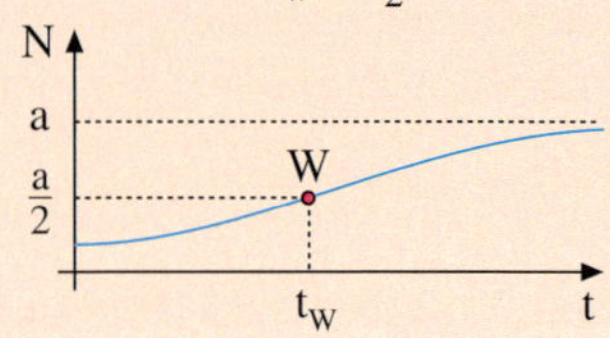

Beispiel: Wendepunkt beim logistischen Wachstum

In Deutschland werden seit einigen Jahren sog. segways verkauft. Der Bestand kann angenähert durch die folgende Funktion beschrieben werden:

$$N(t) = \frac{200}{1 + 19 \cdot e^{-0,95t}}.$$

Dabei ist t die Zeit in Jahren seit 2016 und N(t) die Zahl der Fahrzeuge in Tausend.

a) Wie groß war der Anfangsbestand? Wie groß ist die Sättigungsgrenze des Marktes?

b) Wann wird die maximale Zuwachsrate erreicht?

Lösung zu a:

Der Anfangsbestand zu Beginn des Jahres 2016 ist $N_0 = 10$, d.h. es sind 10000 Fahrzeuge.
Der Grenzbestand ergibt sich als Grenzwert der Bestandsfunktion N für $t \to \infty$.
Er beträgt 200, d.h. 200000 Fahrzeuge.
Mehr Fahrzeuge nimmt der Markt nicht auf.

Anfangsbestand:

$$N_0 = N(0) = \frac{200}{1+19} = 10$$

Grenzbestand:

$$a = \lim_{t \to \infty} \frac{200}{1 + 19 \cdot e^{-0,95t}} = 200$$

Lösung zu b:

Die momentane Zuwachsrate N′(t) nimmt ihr Maximum im Wendepunkt von N an. Dort ist der Graph von N am steilsten.
Der Wendepunkt einer logistischen Funktion ist durch die Bestimmungsgleichung $N(t) = \frac{a}{2}$ charakterisiert. Die Auflösung dieser Gleichung nach t ergibt $t \approx 3,1$ Jahre. Also steigert sich der Absatz zunehmend bis zur Trendwende Anfang 2019.

Wendepunkt von N:

Bedingung: $N(t) = \frac{a}{2}$

$$\Rightarrow \quad \frac{200}{1 + 19 \cdot e^{-0,95t}} = 100$$

$$\Rightarrow \quad 200 = 100 + 1900 \cdot e^{-0,95t}$$

$$\Rightarrow \quad e^{-0,95t} \approx 0,0526$$

$$\Rightarrow \quad -0,95t = \ln 0,0526$$

$$\Rightarrow \quad t \approx 3,1$$

Übung 14 **Kirschbaum**

Die Höhe eines Kirschbaums wird durch $h(t) = \frac{10}{1 + b \cdot e^{-0,3t}}$ beschrieben (t in Jahren, h(t) in Metern). Nach 2 Jahren ist der Baum 0,875 m hoch.

a) Berechnen Sie den Parameter b.

b) Wie hoch war der Baum zu Beobachtungsbeginn?

c) Welche Grenzhöhe wird der Baum erreichen?

d) Wann wird der Baum am schnellsten wachsen?

e) Nach welcher Zeit ist der Baum zu 90% ausgewachsen?

Übung 15 **Körpergröße**

Ein Kind wird mit einer Größe von 50 cm geboren. Aufgrund der Körpergröße seiner Eltern wird geschätzt, dass es 1,80 m groß wird. An seinem ersten Geburtstag ist es 59,5 cm groß.

a) Bestimmen Sie die Wachstumsfunktion h und fertigen Sie eine Skizze an für $0 \leq t \leq 20$.

b) Wie groß ist das Kind mit 10 Jahren?

c) Wann ist das Kind 1 m groß?

d) In welchem Alter wächst das Kind am schnellsten?

Übungen

16. Logistische Kurvenuntersuchung

Die Funktion $N(t) = \frac{12}{1 + 5 \cdot e^{-0{,}5t}}$ beschreibt einen Wachstumsprozess (t: Tage; N: Individuen).

a) Skizzieren Sie den Graphen von N für $-4 < t \leq 10$, Schrittweite 2.

b) Wie groß ist der Anfangsbestand zu Beobachtungsbeginn? Wie groß ist der Grenzbestand, d.h. die obere Grenze für den Bestand?

c) Bestimmen Sie die Ableitungsfunktion N′ und skizzieren Sie deren Graphen. Ermitteln Sie aus der Zeichnung angenähert die maximale Wachstumsgeschwindigkeit.

17. Bevölkerungswachstum

Ein Land hat zu Beobachtungsbeginn 20 Millionen Einwohner. Nach fünf Jahren sind es 23 Millionen. Es wird erwartet, dass die obere Grenze bei 100 Millionen liegt.

a) Stellen Sie die Wachstumsfunktion auf und skizzieren Sie den Graphen für $0 < t \leq 100$. Verwenden Sie den logistischen Ansatz $N(t) = \frac{a}{1 + b \cdot e^{-kt}}$ (t in Jahren, N in Millionen).

b) Welcher Prozentsatz des Grenzbestandes ist nach 50 Jahren erreicht? Nach welcher Zeit sind 95 % des Grenzbestandes erreicht?

18. Wachstumsvergleich

Zwei Staaten A und B wollen ihre Bevölkerungszahl durch Steuerungsmaßnahmen im Rahmen logistischer Wachstumsmodelle gezielt erhöhen. Staat A geht von der Wachstumsfunktion $N_A(t) = \frac{60}{1 + 2 \cdot e^{-0{,}048t}}$ aus, Staat B von der Funktion $N_B(t) = \frac{60}{1 + 5 \cdot e^{-0{,}084t}}$ (in Mio.).

a) Skizzieren Sie die Graphen von N_A und N_B für $0 < t \leq 100$.

b) Welche Anfangsbestände und welche Grenzbestände liegen vor?

c) Nach welcher Zeit sind die beiden Populationen gleich stark?

19. Messreihenmodellierung

Das logistische Höhenwachstum einer Indianerlilie wird in einer Messreihe erfasst.

t in Tagen	0	2	4	6	8	10	12	14
H(t) in cm	4,0	8,1	13,0	16,7	18,6	19,5	19,8	19,9

a) Skizzieren Sie den Graphen der Wachstumsfunktion h.

b) Wie groß war die Pflanze zu Beginn des Wachstumsprozesses?

c) Welche Maximalhöhe erreicht die Lilie offensichtlich?

d) Bestimmen Sie die Gleichung der Wachstumsfunktion. Ansatz: $H(t) = \frac{a}{1 + b \cdot e^{-kt}}$

e) Wie hoch ist die Pflanze nach 5 Tagen? Nach welcher Zeit erreicht die Pflanze die Hälfte der Maximalhöhe?

f) Mit welcher Geschwindigkeit (in cm/Tag) wächst die Lilie zu Beginn des Beobachtungsprozesses bzw. am zehnten Tag nach Beobachtungsbeginn? Wie groß ist die durchschnittliche Wachstumsrate in den ersten 10 Tagen?

7. Modellierung mit Exponentialfunktionen

A. Randkurven

Die Form eines Grundstücks, der Querschnitt eines Gegenstands, der Verlauf einer Straße und das Höhenprofil eines Berges haben eines gemeinsam: Sie können durch **Randkurven** beschrieben werden. Der Vorteil besteht darin, dass diverse Eigenschaften der so erfassten realen Objekte rechnerisch mit den Methoden der Differential- und Integralrechnung untersucht werden können. Exemplarisch verdeutlichen wir am Beispiel des folgenden Inselproblems, was gemeint ist.

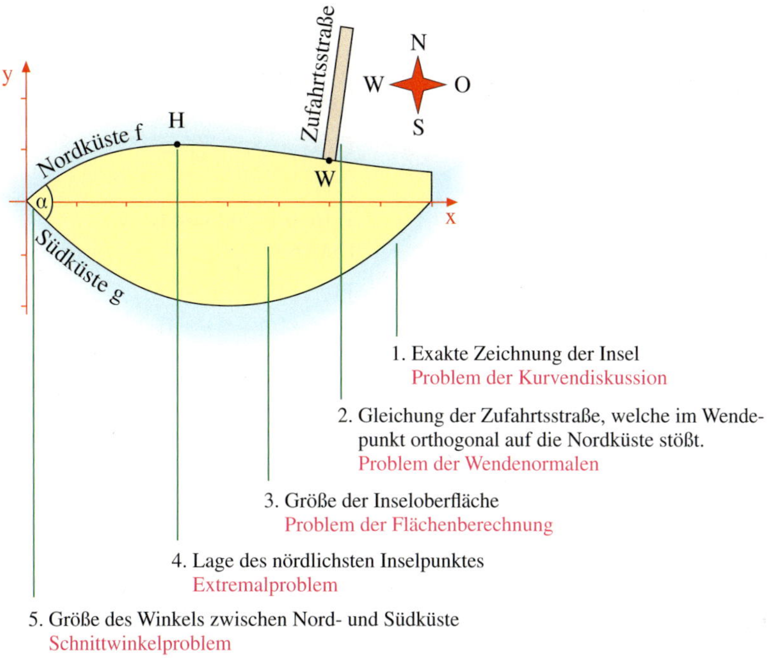

Beispiel: Inselproblem

Wie groß ist die abgebildete Insel, wenn die Nordküste durch die Randkurve $f(x) = x \cdot e^{-\frac{1}{3}x}$ und die Südküste durch die Randkurve $g(x) = \frac{1}{8}x^2 - x$ erfasst wird (1 LE = 1 km)?

Hinweis: Verwenden Sie, dass $F(x) = (-3x - 9) \cdot e^{-\frac{1}{3}x}$ eine Stammfunktion von f ist.

Lösung:

Die Stammfunktion F der Nordküste ist gegeben. Die Südküste $g(x) = \frac{1}{8}x^2 - x$ hat die Stammfunktion $G(x) = \frac{1}{24}x^3 - \frac{1}{2}x^2$.

Nun können wir durch Integration den Inhalt des nördlichen Inselteils und den Inhalt des südlichen Teils bestimmen (6,71 km² bzw. 10,67 km²).

Die Insel hat also eine Gesamtfläche von $A = 17{,}38\,\text{km}^2$.

$$\int_0^8 f(x)\,dx = [F(x)]_0^8 = F(8) - F(0) = \left(-33\,e^{-\frac{8}{3}}\right) - (-9) \approx 6{,}71$$

$$\int_0^8 g(x)\,dx = [G(x)]_0^8 = G(8) - G(0) = \left(-\frac{32}{3}\right) - (0) \approx -10{,}67$$

$$A = 6{,}71 + 10{,}67 = 17{,}38$$

Wir erweitern nun das Inselproblem um einige typische Untersuchungspunkte.

Beispiel: Inselproblem, Teil 2

Eine Insel wird nach Norden durch die Randkurve $f(x) = x \cdot e^{-\frac{1}{3}x}$ und nach Süden durch $g(x) = \frac{1}{8}x^2 - x$ begrenzt ($0 \leq x \leq 8$, 1 LE = 1 km).

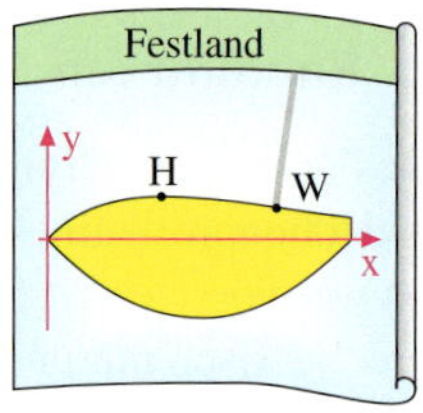

a) Bestimmen Sie f′ und f″.
b) Wo liegt der nördlichste Inselpunkt?
c) Eine vom Festland kommende Zufahrtsbrücke trifft im Wendepunkt W auf die Nordküste. Wie lautet die Geradengleichung der Brücke?

Lösung zu a:
Wir bestimmen f′ mit Produkt- und Kettenregel, ausgehend von
$f(x) = u \cdot v = x \cdot e^{-\frac{1}{3}x}$.
$f'(x) = u' \cdot v + u \cdot v' = 1 \cdot e^{-\frac{1}{3}x} + x \cdot \left(-\frac{1}{3}\, e^{-\frac{1}{3}x}\right)$
$f'(x) = \left(1 - \frac{1}{3}x\right) e^{-\frac{1}{3}x}$

Lösung zu b:
Der nördlichste Inselpunkt ist der Hochpunkt der Randkurve f. Diesen bestimmen wir mit Hilfe der notwendigen Bedingung $f'(x) = 0$. Er liegt bei $H(3\,|\,1{,}10)$.
Die Überprüfung mit der hinreichenden Bedingung $f'(x) = 0$, $f''(x) < 0$ ergibt, dass es sich tatsächlich um ein Maximum handelt.

Lösung zu c:
Die Brücke schneidet die Kurve im Wendepunkt orthogonal. Also handelt es sich um die Wendenormale von f.
Wir berechnen zunächst den Wendepunkt von f. Er liegt bei $W(6\,|\,0{,}81)$. Als nächstes wird die Steigung von f an der Wendestelle bestimmt: $f'(6) = -e^{-2} \approx -0{,}135$.
Nun werden diese Ergebnisse in die allgemeine Normalengleichung eingesetzt.
Resultat: $n(x) \approx 7{,}39\,x - 43{,}52$

1. Ableitungen

$f'(x) = \left(1 - \frac{1}{3}x\right) \cdot e^{-\frac{1}{3}x}$

$f''(x) = \left(\frac{1}{9}x - \frac{2}{3}\right) \cdot e^{-\frac{1}{3}x}$

2. Hochpunkt von f

$f'(x) = 0$

$\left(1 - \frac{1}{3}x\right) \cdot e^{-\frac{1}{3}x} = 0$

$1 - \frac{1}{3}x = 0$

$x = 3,\ y = 3 \cdot e^{-1} \approx 1{,}10$

Hochpunkt $H(3\,|\,1{,}10)$

3. Wendepunkt von f

$f''(x) = 0$

$\frac{1}{9}x - \frac{2}{3} = 0$

$x = 6,\ y = 6e^{-2} \approx 0{,}81$

Wendepunkt $W(6\,|\,0{,}81)$

4. Wendenormale

$n(x) = -\frac{1}{f'(x_0)}(x - x_0) + f(x_0)$

$n(x) = e^2(x - 6) + 6e^{-2}$

$n(x) \approx 7{,}39\,x - 43{,}52$

Übung 1 Zoo

Ein Tiergehege wird durch einen Zaun $f(x) = (4 - x) \cdot e^{\frac{x}{2}}$, einen Wassergraben und eine Mauer bei $x = -4$ wie abgebildet begrenzt (1 LE = 100 m).

a) Wie groß ist die maximale Nord-Süd-Ausdehnung des Geheges? Wie lang ist die Begrenzungsmauer?
b) Bestimmen Sie den Parameter a so, dass $F(x) = (a - 2x) \cdot e^{\frac{x}{2}}$ eine Stammfunktion von f ist. Welchen Flächeninhalt hat das Gehege?

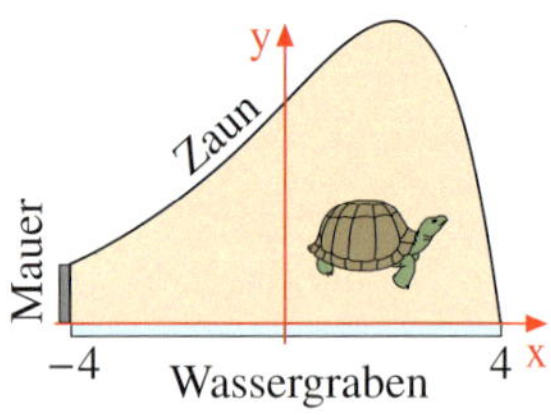

Beispiel: Pagode

Eine Pagode hat ein achsensymmetrisches Dach mit dem Profil $f(x) = 6 \cdot e^{-0,5x} + 1,\ 0 \le x \le 6$.
Das parabelförmige Tor ist 4 m breit und 3 m hoch.
Die Fenstermaße sind jeweils 1 m × 0,5 m.
Die Vorderfront auf der Giebelseite soll mit Blattgold 0,1 mm stark vergoldet werden. Wie viel cm^3 Blattgold werden benötigt?

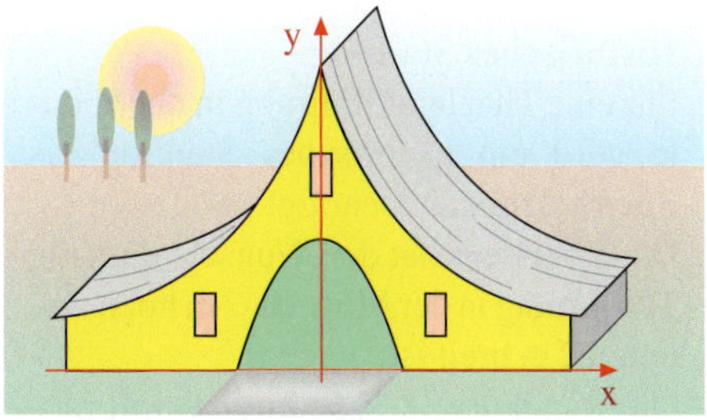

Lösung:
Zu bestimmen ist die Fläche der Giebelseite abzüglich der Flächen von Tor und Fenstern.
Der Inhalt der Giebelwand beträgt laut nebenstehender Integration 34,81 m^2.

Flächeninhalt der Giebelseite

$$A_1 = 2 \cdot \int_0^6 (6 \cdot e^{-0,5x} + 1)\,dx$$
$$= 2 \cdot [-12 \cdot e^{-0,5x} + x]_0^6 = 34{,}81\ m^2$$

Die Gleichung des Tores wird mit dem Parabelansatz $g(x) = ax^2 + b$ bestimmt.
Resultat: $g(x) = -\frac{3}{4}x^2 + 3$

Gleichung des Tores

Ansatz: $g(x) = ax^2 + b$
$g(0) = 3 \Rightarrow b = 3$
$g(2) = 0 \Rightarrow 4a + 3 = 0 \Rightarrow a = -\frac{3}{4}$
$g(x) = -\frac{3}{4}x^2 + 3$

Das Tor hat einen Flächeninhalt von 8 m^2, wie die Integration rechts zeigt.

Flächeninhalt des Tores

$$A_2 = 2 \cdot \int_0^2 \left(-\frac{3}{4}x^2 + 3\right)dx$$
$$= 2 \cdot \left[-\frac{1}{4}x^3 + 3x\right]_0^2 = 8$$

Da die drei Fenster jeweils einen Inhalt von 0,5 m^2 besitzen, ergibt sich für die zu vergoldende Fläche ein Inhalt von 25,31 m^2.

Multiplizieren wir diesen Wert mit der Dicke der Blattgoldschicht, wobei wir vorher alle Einheiten in cm umwandeln, so erhalten wir für das gesuchte Volumen 2531 cm^3, also etwas über 2,5 Liter.

Zu vergoldende Fläche und Goldvolumen

A = Giebel − Tor − drei Fenster
= 34,81 − 8 − 1,5 = 25,31

V = Fläche · Dicke = 25,31 m^2 · 0,1 mm
= 253 100 cm^2 · 0,01 cm = 2531 cm^3

Übung 2 Lampenprofil

Die Abbildung zeigt das Querschnittsprofil einer Lampe.
Das Exponentialprofil des Schirmes ist unten 20 cm breit, oben dagegen nur 4 cm. Der Schirm ist 20 cm hoch. Berechnen Sie den Flächeninhalt des Schirmquerschnittes.

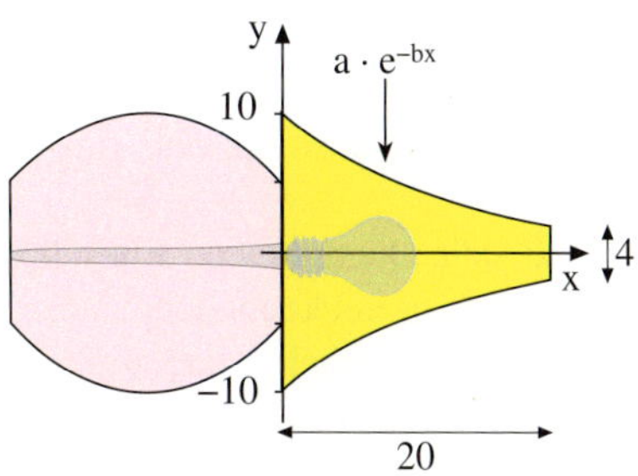

Übungen

3. Historisches Stadttor

Für eine Theateraufführung in der Schule wird ein historisches Stadttor aus Sperrholzplatten benötigt.
Der Regisseur hat den Wunsch, dass die Toröffnung in der Mitte ca. 2 m hoch und unten 2 m breit ist.
Die Randkurve des Torbogens soll modelliert werden durch die Funktion
$f(x) = 2{,}4 - 0{,}2\,(e^{2{,}5x} + e^{-2{,}5x})$.

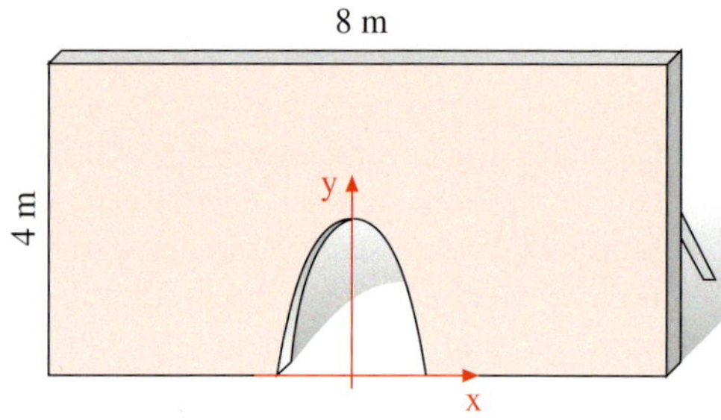

a) Werden die Vorgaben des Regisseurs in etwa eingehalten?
b) In welchem Winkel muss die Säge beim Ausschneiden des Torbogens angesetzt werden?
c) Der Aufbau wird nach dem Ausschneiden des Tors gestrichen. Wie groß ist die zu streichende Fläche?

4. Inseln

In Dubai werden im Meer künstliche Inseln aufgeschüttet. Die Küsten einer Insel werden wie abgebildet durch die Funktionen f (Strand) und g (Wohnen) beschrieben.
(1 LE = 100 m)

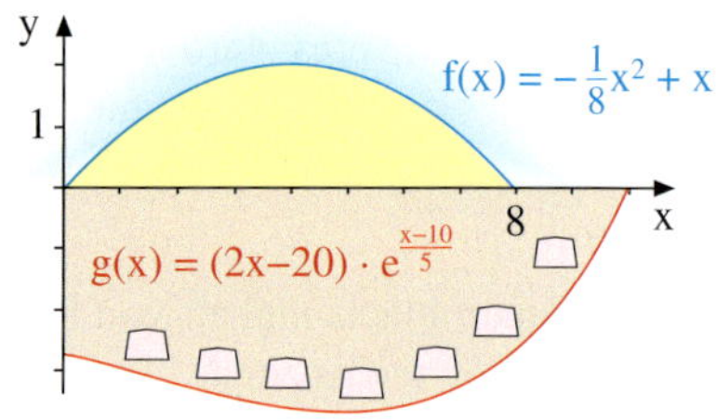

a) Zeigen Sie, dass $G(x) = (10x - 150) \cdot e^{\frac{x-10}{5}}$ eine Stammfunktion von g ist. Berechnen Sie den Flächeninhalt der Insel.
b) Welche maximale Nord-Süd-Ausdehnung hat der untere Teil der Insel, d. h. das Wohngebiet?

5. Schwimmbad

Ein Wasserbecken wird durch die beiden Geraden $x = 4$ und $y = 4$ sowie die Funktion $f(x) = -10x \cdot e^{-x-1}$ begrenzt (1 LE = 10 m).

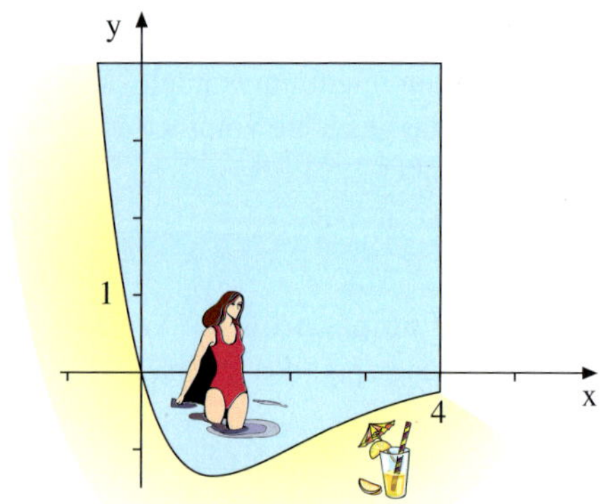

a) Wie lang ist der rechte Beckenrand? Zeigen Sie, dass der obere Beckenrand ca. 46 m lang ist.
b) An welcher Stelle ist die vertikale Ausdehnung des Beckens am größten?
c) Wie viele Quadratmeter Fliesen werden für den Beckenboden benötigt? Zeigen Sie zunächst, dass die Funktion $F(x) = 10(x + 1)e^{-x-1}$ Stammfunktion von f ist.

B. Exkurs: Steckbriefaufgaben zur Modellierung

Im Folgenden werden Anwendungsprobleme durch Funktionsterme modelliert, von denen man zunächst nur den Typ kennt. Die unbekannten Parameter müssen wie bei Steckbriefaufgaben berechnet werden.

Beispiel: Halfpipe

Eine Halfpipe soll gebaut werden. Ihre Profilkurve setzt sich aus einem Exponentialterm und einer linearen Funktion zusammen, wie auf der nichtmaßstäblichen Skizze rechts dargestellt. Der Übergang an der Stelle $x = 3$ soll glatt verlaufen, d. h. ohne Knick.

a) Bestimmen Sie a und k.

b) Wie hoch und wie breit wird die Halfpipe?

c) Wo ist die Halfpipe am steilsten? Wie groß ist dort der Steigungswinkel?

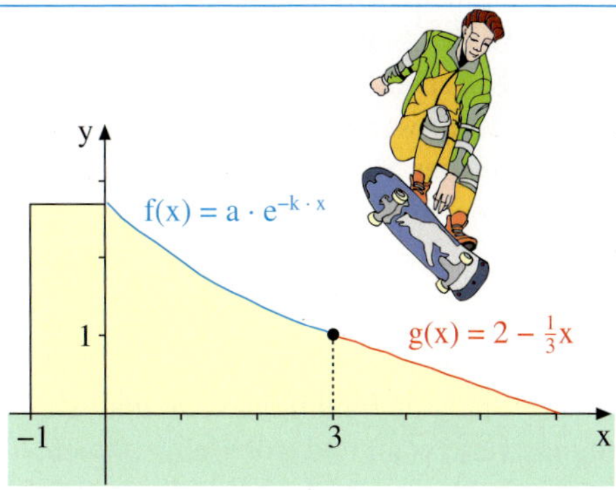

Lösung zu a:
Die beiden beteiligten Randfunktionen $f(x) = a \cdot e^{-kx}$ und $g(x) = 2 - \frac{1}{3}x$ müssen an der Stelle $x = 3$ übereinstimmende Funktionswerte und übereinstimmende Steigungen haben, damit weder ein Sprung noch ein Knick entsteht.
Dies führt auf die Gleichungen I und II.

Bestimmung von a und k

$f(3) = g(3) \Rightarrow \text{I}: a \cdot e^{-3k} = 1$

$f'(3) = g'(3) \Rightarrow \text{II}: -k \cdot a \cdot e^{-3k} = -\frac{1}{3}$

Aus I: $a = e^{3k}$

In II: $-k = -\frac{1}{3} \Rightarrow k = \frac{1}{3}$

In I: $a = e$

Mit dem Einsetzungsverfahren können wir das so entstandene nichtlineare Gleichungssystem lösen. Wir erhalten $a = e$ und $k = \frac{1}{3}$.
Daher gilt: $f(x) = e \cdot e^{-\frac{1}{3}x} = e^{1-\frac{1}{3}x}$.

$\Rightarrow f(x) = e \cdot e^{-\frac{1}{3}x} = e^{1-\frac{1}{3}x}$

Lösung zu b:
Die Höhe der Halfpipe beträgt ca. 2,72 m. Zur Bestimmung ihrer Breite benötigen wir die Nullstelle der Funktion g. Sie liegt bei $x = 6$. Die gesuchte Breite beträgt 7 m.

Höhe der Halfpipe

Höhe $= f(0) = e \approx 2{,}72\,\text{m}$

Breite der Halfpipe

$g(x) = 0 \Rightarrow 2 - \frac{1}{3}x = 0 \Rightarrow x = 6$

$\Rightarrow$ Breite $= 1 + 6 = 7$

Lösung zu c:
Die Halfpipe ist bei $x = 0$ am steilsten. Ihre Steigung dort beträgt $f'(0) \approx -0{,}9061$. Daraus ergibt sich mit Hilfe der Arcustangensfunktion des Taschenrechners ein Steigungswinkel von $-42{,}18°$.

Steigungswinkel

$f'(x) = -\frac{1}{3}e^{1-\frac{1}{3}x}$

$f'(0) = -\frac{1}{3}e \approx -0{,}9061$

$\alpha \approx \arctan(-0{,}9061) \approx -42{,}18°$

Beispiel: Rutsche

Im Stadtbad soll eine neue Wasserrutsche gebaut werden. Sie ist 5 m lang und kann nach beiden Seiten benutzt werden. Die Vorsichtigen rutschen nach links, wo $f(x) = e^x$ den Rand bildet. Die Mutigen rutschen nach rechts, wo $g(x) = ax^2 + bx + c$ einen höheren und steileren Hang bildet. Bei $x = 0$ gehen die Kurven knickfrei ineinander über (x, y in m).

a) Bestimmen Sie a, b und c.

b) Die beiden Seitenwände der Rutsche sind mit Kunststoff verkleidet. Wie viele m^2 Kunststoff werden benötigt?

c) An welchen Stellen weist die Rutsche eine Neigung von 45° auf?

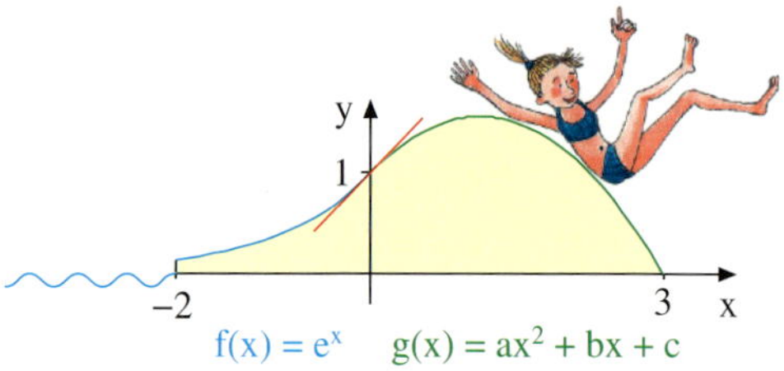

Lösung zu a:
Bei $x = 0$ müssen Funktionswerte und Ableitungswerte von f und g übereinstimmen, damit kein Sprung und kein Knick entsteht. Bei $x = 3$ muss g eine Nullstelle besitzen. Diese Bedingungen führen auf das rechts dargestellte lineare Gleichungssystem mit der Lösung $a = -\frac{4}{9}$, $b = 1$ und $c = 1$. Daher gilt $g(x) = -\frac{4}{9}x^2 + x + 1$.

Bestimmung von a, b und c

$g(0) = f(0) \Rightarrow$ I: $c = 1$

$g'(0) = f'(0) \Rightarrow$ II: $b = 1$

$g(3) = 0 \Rightarrow$ III: $9a + 3b + c = 0$

I und II in III: $\Rightarrow a = -\frac{4}{9}$

$\Rightarrow g(x) = -\frac{4}{9}x^2 + x + 1$

Lösung zu b:
Um den gesuchten Flächeninhalt zu bestimmen, integrieren wir f über dem Intervall $[-2; 0]$ und g über dem Intervall $[0; 3]$. Wie erhalten $0{,}86\,m^2$ bzw. $3{,}50\,m^2$. Insgesamt werden daher zweimal $4{,}36\,m^2$, also $8{,}72\,m^2$ Kunststoff benötigt.

Flächeninhalt über dem Intervall [−2; 3]

$$A_f = \int_{-2}^{0} e^x\,dx = [e^x]_{-2}^{0} = (1) - (e^{-2}) \approx 0{,}86$$

$$A_g = \int_0^3 \left(-\tfrac{4}{9}x^2 + x + 1\right)dx$$

$$= \left[-\tfrac{4}{27}x^3 + \tfrac{1}{2}x^2 + x\right]_0^3$$

$$= 3{,}5 - 0 = 3{,}5$$

Lösung zu c:
Eine Neigung von 45° bedeutet eine Steigung von 1 ***oder*** von −1.
Der Ansatz $f'(x) = 1$ führt auf $x = 0$.
Wegen $f'(x) > 0$ entfällt der Ansatz $f'(x) = -1$.
Der Ansatz $g'(x) = 1$ führt auch auf $x = 0$.
Der Ansatz $g'(x) = -1$ führt auf $x = 2{,}25$.

Neigung von 45°

$f'(x) = 1 \Rightarrow \quad e^x = 1 \Rightarrow x = 0$

$f'(x) = -1 \Rightarrow \quad e^x = -1 \Rightarrow$ keine Lös.

$g'(x) = 1 \Rightarrow -\frac{8}{9}x + 1 = 1 \Rightarrow x = 0$

$g'(x) = -1 \Rightarrow -\frac{8}{9}x + 1 = -1 \Rightarrow x = \frac{9}{4} = 2{,}25$

Übung 6 Straße

Ein Fluss verläuft längs der x-Achse. Der Verlauf einer Straße wird beschrieben durch die Funktion $f(x) = x \cdot e^{2-x}$ $(0 \le x \le 2)$ sowie eine quadratische Funktion g, die an f im Punkt $P(2|2)$ ohne Knick anschließt und auf den Fluss im Punkt $Q(6|0)$ trifft. Ermitteln Sie die Funktionsgleichung von g. Weisen Sie nach, dass $F(x) = -(x+1) \cdot e^{2-x}$ eine Stammfunktion von f ist. Wie groß ist die von Fluss und Straße eingeschlossene Fläche (LE: 1 km)?

C. Modellierung mit exponentiellen Termen

Beispiel: Wachstum von Kletterbohnen

Die Höhe zweier Kletterbohnensorten I, II wird durch folgende Funktionen erfasst:
$h_1(t) = 180 - 150\,e^{-0{,}05t}$, $h_2(t) = 10\,e^{0{,}1t}$ (t in Tagen, h in cm)

a) Wann ist eine Bohne der Sorte I 1 m hoch? Bestimmen Sie einen Näherungswert für den Zeitpunkt, an dem beide Sorten gleich hoch gewachsen sind.
b) Sorte I wächst zur Zeit t = 0 mit einer Geschwindigkeit von 7,5 cm/Tag. Wann erreicht Sorte II diese Geschwindigkeit?
c) Zu welchem Zeitpunkt sind die Wachstumsgeschwindigkeiten beider Sorten gleich?

Lösung zu a:
Der Ansatz $h_1(t) = 100$ führt nach nebenstehender Rechnung auf eine Zeit von ca. 12,57 Tagen.

Zeit für 1 m Höhe bei Sorte I:

$h_1(t) = 180 - 150\,e^{-0{,}05t} = 100$
$e^{-0{,}05t} \approx 0{,}5333$
$t \approx 12{,}57$ Tage

Die Lösungen der Gleichung $h_1(t) = h_2(t)$ können rechnerisch nicht bestimmt werden. Man legt eine Wertetabelle mit dem TR/Computer an und probiert. Beide Sorten sind am 27. Tag gleich hoch.
Genauer Wert: 26,38 Tage

Zeit für gleiche Höhe beider Sorten:

t	25	26	27
$h_1(t)$	137,02	139,12	141,11
$h_2(t)$	121,82	134,67	148,80

Lösung zu b:
Gesucht sind die Lösungen der Gleichung $h_2'(t) = 7{,}5$, d. h. $e^{0{,}1t} = 7{,}5$.
Nach ca. 20 Tagen wächst die Sorte II mit der Geschwindigkeit 7,5 cm/Tag.

Zeit für Geschwindigkeit 7,5 cm/Tag:

$h_2'(t) = h_1'(0)$
$= e^{0{,}1t} = 7{,}5$
$0{,}1\,t = \ln 7{,}5$
$t \approx 20{,}15$ Tage

Lösung zu c:
Die Ansatzgleichung $h_1'(t) = h_2'(t)$ hat die Lösung $t \approx 13{,}43$ Tage. Zu diesem Zeitpunkt wachsen beide Sorten gleich schnell.

Zeitpunkt gleicher Geschwindigkeit:

$h_1'(t) = h_2'(t)$
$7{,}5\,e^{-0{,}05t} = e^{0{,}1t}$
$e^{0{,}15t} = 7{,}5$
$t \approx 13{,}43$ Tage

Übung 7

Die Masse einer Hefekultur wird erfasst durch $m(t) = 20 - 18\,e^{-0{,}12t}$ (t in Stunden, m in mg)
a) Nach welcher Zeit werden 15 mg Masse erreicht?
b) Wie groß ist die Wachstumsgeschwindigkeit zum Zeitpunkt t = 0 bzw. t = 24?

Beispiel: Aufstellen der Wachstumsfunktion

Die Höhe eines Kirschbaumes wird angenähert durch die Funktion $h(t) = 4 - a e^{-kt}$ modelliert, wobei t die Zeit in Jahren seit der Pflanzung und h(t) die Baumhöhe in Metern angibt.
5 Jahre nach der Pflanzung war der Baum 1,8 m hoch, nach weiteren 5 Jahren hatte er eine Höhe von 2,6 m.

a) Bestimmen Sie die Parameter a und k sowie die Gleichung der Funktion h.
b) Wie hoch war der Baum zum Zeitpunkt der Pflanzung? Wann erreicht er die Höhe 3 m?
c) Welches durchschnittliche Höhenwachstum hatte der Baum während der ersten 5 Jahre? Welches momentane Höhenwachstum hat er zu Beginn des 6. Jahres?

Lösung zu a:
Aus den beiden Bedingungen $h(5) = 1{,}8$ und $h(10) = 2{,}6$ erhalten wir ein Gleichungssystem mit den Variablen a und k.

Das Gleichungssystem wird, wie nebenstehend angegeben, gelöst. Die Lösungen sind $a \approx 3{,}46$ und $k \approx 0{,}0904$. Die Gleichung für die Funktion h lautet:
$h(t) = 4 - 3{,}46\, e^{-0{,}0904\,t}$.

Bestimmung der Parameter k und a

$h(5) = 1{,}8$: I: $4 - a e^{-5k} = 1{,}8$
$h(10) = 2{,}6$: II: $4 - a e^{-10k} = 2{,}6$
II nach a auflösen: III: $a = 1{,}4\, e^{10k}$
III in I einsetzen: $4 - 1{,}4\, e^{5k} = 1{,}8$
$e^{5k} = \frac{11}{7}$
$k \approx 0{,}0904$
Rückeinsetzen von $k = 0{,}0904$ in I:
$4 - a e^{-0{,}452} = 1{,}8 \Rightarrow a \approx 3{,}46$
$\Rightarrow h(t) = 4 - 3{,}46\, e^{-0{,}0904\,t}$

Lösung zu b:
Für $t = 0$ erhalten wir die Höhe $h(0) = 0{,}54$. Der Baum war zu Beginn 0,54 m hoch.

Aus dem Ansatz $h(t) = 3$ erhalten wir, dass der Baum nach ca. 13,73 Jahren eine Höhe von 3 m erreicht.

Baumhöhe zur Zeit t = 0

$t = 0$: $h(0) = 4 - 3{,}46 = 0{,}54$ m

Bestimmung von t mit h(t) = 3

$h(t) = 4 - 3{,}46\, e^{-0{,}0904\,t} = 3$
$e^{-0{,}0904\,t} \approx 0{,}289$
$t \approx 13{,}73$ Jahre

Lösung zu c:
Zu berechnen ist die mittlere Änderungsrate im Zeitintervall [0; 5].
Sie beträgt etwa 0,25 m/Jahr.

Mittlere Wachstumsgeschwindigkeit

$$\frac{\Delta h}{\Delta t} = \frac{h(5) - h(0)}{5 - 0} \approx \frac{1{,}80 - 0{,}54}{5 - 0} \approx 0{,}25 \text{ m/Jahr}$$

Die lokale Änderungsrate zur Zeit $t = 5$ beträgt nur noch 0,20 m/Jahr.

Momentane Wachstumsgeschwindigkeit

$h'(t) = 0{,}31\, e^{-0{,}0904\,t}$
$h'(5) \approx 0{,}20$ m/Jahr

Übung 8

Die Flughöhe eines Flugzeugs in einer 10-minütigen Flugphase ist in der nebenstehenden Tabelle für zwei Zeitpunkte erfasst. Beschreiben Sie die Flughöhe durch eine Funktion $h(t) = 4 + a e^{-kt}$. Wie groß sind die durchschnittliche sowie die maximale Sinkgeschwindigkeit während der Flugphase?

t (in min)	2	5
h (in km)	4,69	4,47

Übungen

9. Höhenwachstum einer Pfingstrose

Das Höhenwachstum einer Pfingstrose wurde in einer Messreihe erfasst.

t (in Tage)	0	4	8	12	16
h(t) (cm)	2,0	3,5	6,13	10,73	18,79

a) Zeichnen Sie den Graphen der Funktion h.
b) Zeigen Sie, dass eine Funktion der Form $h(x) = c \cdot e^{kx}$ das Höhenwachstum beschreibt. Berechnen Sie c und k.
c) Wie groß ist die mittlere Wachstumsgeschwindigkeit in den ersten 10 Tagen und die momentane zu Beginn des 10. Tages?
d) Wann erreicht die Pflanze eine Höhe von 40 cm?

10. Desinfektion

Durch Zugabe eines Desinfektionsmittels soll die Anzahl der Keime (in Mio. pro ml) in einem Erlebnisbad verringert werden. Die danach vorhandene Keimanzahl wird nach Ansicht eines Experten beschrieben durch $h_1(t) = 5 + 10e^{-0{,}02t}$ (t in Stunden). Ein zweiter Experte vertritt die Meinung, dass die Funktion $h_2(t) = 15 - 0{,}12t$ die Anzahl der Keime zutreffend angibt.
a) Welche Anzahl von Keimen enthält 1 ml Wasser in beiden Modellen 10 Stunden nach der Desinfektion?
b) Wann ist in beiden Modellen die Keimzahl auf die Hälfte des Anfangsstandes gefallen?
c) Für welchen Zeitpunkt ist der Unterschied beider Prognosen am größten?

11. Wachstum von Krokodilen

Ein Zoologe stellt fest, dass das Längenwachstum eines Krokodils durch $L(t) = 3 - ae^{-kt}$ ($0 < t < 12$, t in Monaten, L in Metern) erfasst wird. Zu Beginn ($t = 0$) war das Krokodil 1,8 m lang, ein Jahr später wurde seine Länge mit 2,48 m gemessen.
a) Berechnen Sie a und k.
b) Welche maximale Länge könnte das Krokodil langfristig fast erreichen?
c) Wann hat es 75 % seiner maximalen Länge erreicht? Wie groß ist zu diesem Zeitpunkt seine momentane Wachstumsgeschwindigkeit?
d) Das Längenwachstum eines zweiten Krokodils wird modelliert durch die Funktion $L_2(t) = 2{,}5 - 2e^{-0{,}2t}$. Zeichnen Sie beide Graphen in ein gemeinsames Koordinatensystem. Wann ist die Größendifferenz beider Krokodile am geringsten?

12. Drosophila, das Haustier der Genforscher

Im Labor wurde eine kleine Population der Fruchtfliege Drosophila angelegt, deren Bestand angenähert durch $N(t) = 40t^2 \cdot e^{1 - 0{,}4t}$ beschrieben wird (t in Tagen, $t > 0$).
a) Bestimmen Sie für die Bestandsfunktion die Nullstellen, Extrema und Wendepunkte. Zeichnen Sie den Graphen für $0 < t < 20$.
b) Zu welchem Zeitpunkt ist die Population am stärksten? Wie groß ist sie dann?
c) Zu welchem Zeitpunkt wächst bzw. verringert sich der Bestand besonders stark?

8. Exponentielle Prozesse

A. Beschreibung von Prozessen

Im Folgenden werden Prozesse untersucht, deren zeitlicher Ablauf durch Exponentialfunktionen erfasst werden kann. Beispiele sind das Höhenwachstum einer Pflanze, der Temperaturverlauf bei einem Aufheizvorgang oder auch die Populationsentwicklung einer Tierart. Mit Hilfe der Differentialrechnung können dann Aussagen über diverse Aspekte des beobachteten Prozesses gewonnen werden. Exemplarisch verdeutlichen wir am Beispiel des folgenden Wildschweinproblems, was gemeint ist.

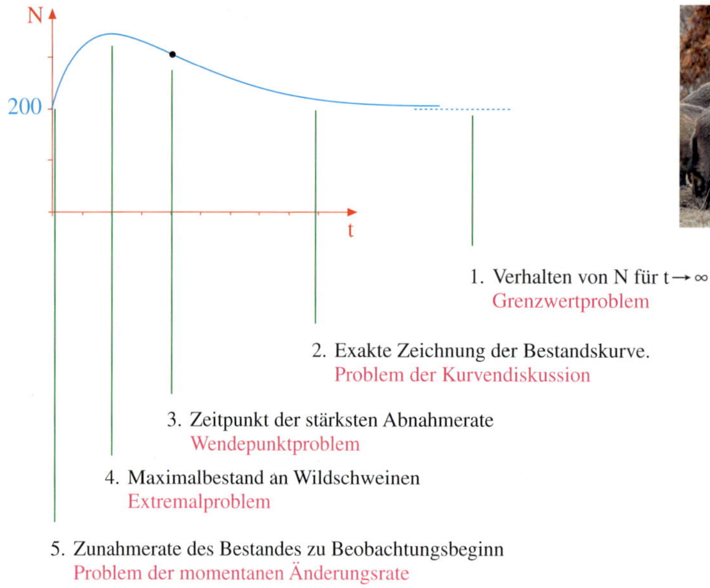

Beispiel: Wildschweinplage

Im Stadtgebiet breiten sich die Wildschweine aus. Durch ein Wildpflegeprogramm hofft man, der Plage Herr zu werden. Der Bestand soll sich damit kontrolliert gemäß der Funktion $N(t) = 200 + 200t \cdot e^{-0,5t}$ entwickeln (t: Jahre; N(t): Anzahl der Schweine).
Zu welchem Zeitpunkt nimmt der Bestand am stärksten ab? Wie groß ist die momentane Änderungsrate zu diesem Zeitpunkt?

Lösung:
Im Wendepunkt der Bestandsfunktion ist die Abnahmerate am größten. Wir bestimmen diesen Punkt, indem wir N″ gleich null setzen (notwendige Bedingung).

Dies führt auf die Wendestelle t = 4.

Die momentane Änderungsrate an dieser Stelle erhalten wir durch Berechnen von N′(4): Sie beträgt −27,07 Tiere/Jahr, was gleichbedeutend ist mit −2,26 Tiere/Monat.

Ableitungen von N

$N'(t) = (200 - 100t) \cdot e^{-0,5t}$
$N''(t) = (50t - 200) \cdot e^{-0,5t}$

Wendepunkt von N

$N''(t) = 0$
$(50t - 200) \cdot e^{-0,5t} = 0$
$50t - 200 = 0$
$t = 4$
$N'(4) = -27,07 \frac{\text{Tiere}}{\text{Jahr}} = -2,26 \frac{\text{Tiere}}{\text{Monat}}$

Beispiel: Wildschweinplage (Teil 2)

Ein Wildschweinbestand entwickelt sich gemäß der Bestandsfunktion $N(t) = 200 + 200t \cdot e^{-0,5t}$.
t: Zeit in Jahren; N(t): Bestand an Schweinen

a) Mit welcher Geschwindigkeit wächst der Bestand zu Beobachtungsbeginn? Wie groß ist die mittlere Zuwachsrate in den ersten beiden Jahren?
b) Welcher Maximalbestand wird erreicht?
c) Welchem Grenzbestand nähert sich der Bestand langfristig?

Lösung zu a:
Die momentane Änderungsrate zur Zeit $t = 0$ errechnen wir mit der Ableitungsfunktion N'. Resultat: Zu Beginn wächst die Population um ca. 17 Tiere pro Monat.

Momentane Wachstumsrate zur Zeit t = 0

$N'(t) = (200 - 100t) \cdot e^{-0,5t}$

$N'(0) = 200\,\frac{\text{Tiere}}{\text{Jahr}} \approx 16{,}67\,\frac{\text{Tiere}}{\text{Monat}}$

Die mittlere Zuwachsrate in den ersten zwei Jahren errechnen wir mit dem Differenzenquotienten. Sie beträgt 6 Tiere pro Monat.

Mittlere Wachstumsrate in 2 Jahren

$\frac{N(2) - N(0)}{2 - 0} \approx \frac{347{,}15 - 200}{2} \approx 73{,}58\,\frac{\text{Tiere}}{\text{Jahr}}$

$\approx 6{,}13\,\frac{\text{Tiere}}{\text{Monat}}$

Lösung zu b:
Mithilfe der notwendigen Bedingung für Extrema $(N'(t) = 0)$ bestimmen wir die Lage des Maximums von N. Es liegt bei $t = 2$. Die Anzahl der Schweine beträgt maximal 347.

Maximaler Bestand

$N'(t) = (200 - 100t) \cdot e^{-0,5t}$

$N'(t) = 0$

$200 - 100t = 0,\ t = 2$

$N(2) = 347{,}15$ Schweine

Lösung zu c:
Wir erkennen anhand einer Tabelle, dass die Bestandsfunktion N(t) sich mit wachsendem t dem Wert 200 nähert. Dies ist der langfristige Grenzbestand.

Grenzbestand t → ∞

t	0	1	10	20	→ ∞
N(t)	200	321,3	213,5	200,2	→ 200

$\lim_{t \to \infty} N(t) = 200$

Übung 1

Ein Handwerker hat versehentlich aus einer Flasche mit einer giftigen Flüssigkeit getrunken. Eine erste Untersuchung ergibt eine Konzentration von 2 µg/dl im Blut. Bei einer Kontrolluntersuchung eine Stunde später sind es sogar 3 µg/dl.
Man weiß, dass es ab 6 µg/dl gefährlich wird. Außerdem ist bekannt, dass die Konzentration sich nach dem Gesetz $h(t) = (at + b) \cdot e^{-0,1t}$ entwickelt (t in Stunden, h in µg/dl).

a) Bestimmen Sie a und b.
b) Berechnen Sie die Maximalkonzentration. Kommt der Handwerker in die Gefahrenzone?
c) Wann fällt die Konzentration am stärksten ab?
d) Nach welcher Zeit ist die Ausgangskonzentration wieder erreicht? (Näherung)

Eine weitere Untersuchungsmöglichkeit besteht darin, zwei ähnliche Prozesse miteinander zu vergleichen, z. B. um herauszufinden, welcher Prozess sich günstiger verhält.

Beispiel: Labortemperatur

In einem Forschungsinstitut wird der Einfluss der Umgebungstemperatur auf das Wachstum von Pflanzen untersucht.

In Labor 1 verläuft die Temperatur gemäß der Funktion $f(t) = 6t \cdot e^{\frac{1}{2}(2-t)}$, in Labor 2 gemäß $g(t) = 12 \cdot e^{\frac{1}{2}(2-t)}$.

(t: Zeit in Tagen; f(t), g(t): Temp. in °C)

a) Zeichnen Sie die Graphen von f und g mit dem TR/Computer für $0 \le t \le 10$.

b) Bestimmen Sie, wann die Temperatur in Labor 1 die Temperatur in Labor 2 maximal übertrifft.

Lösung zu a:

Wir zeichnen die Graphen für $0 \le t \le 10$. Man sieht, dass die Temperatur in Labor 1 von 0 °C ausgehend bis auf ein Maximum steigt, um dann zunächst schnell und später eher langsam abzusinken. In Labor 2 sinkt die Temperatur kontinuierlich und auch zunehmend langsamer ab.

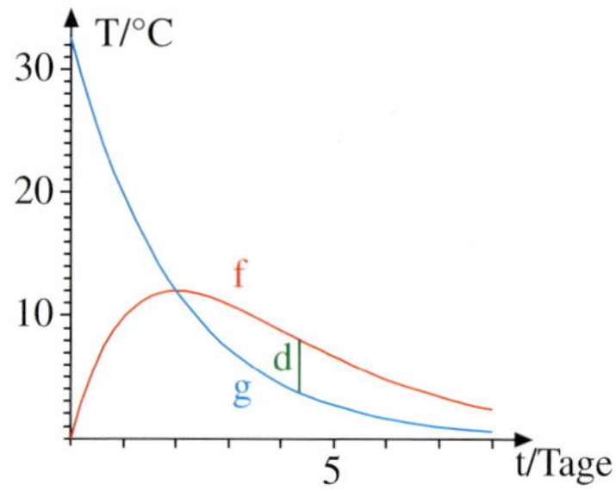

Lösung zu b:

Zu Beginn des Prozesses beträgt die Temperaturdifferenz maximal 32,62 °C zugunsten von Labor 2.

Für $t \ge 2$ ist es jedoch in Labor 1 wärmer. Die Differenz ist am größten, wenn die Differenzfunktion $d(t) = f(t) - g(t)$ ihr Maximum annimmt. Dies ist für $t = 4$ der Fall. Die Differenz beträgt dann 4,41 °C.

Maximale Temperaturdifferenz

Differenzfunktion:

$$d(t) = f(t) - g(t)$$
$$d(t) = (6t - 12) \cdot e^{\frac{1}{2}(2-t)}$$

Lokales Maximum:

$$d'(t) = (-3t + 12) \cdot e^{\frac{1}{2}(2-t)} = 0$$
$$-3t + 12 = 0, \; t = 4$$

Maximale Differenz: $d(4) \approx 4{,}41$ °C

Übung 2 Höhenwachstum

Eine Großgärtnerei vergleicht das Höhenwachstum zweier Kaiserkronensorten während der Blütezeit. Blume 1 wächst nach dem Gesetz $h_1(t) = 10 \cdot e^{0,1t}$, Blume 2 nach dem Gesetz $h_2(t) = 50 - 40 \cdot e^{-0,1t}$ (t in Tagen, h in cm, $0 \le t \le 20$).

a) Zeichnen Sie die Graphen von h_1 und h_2.

b) Wann erreichen die Blumen 20 cm Höhe?

c) Wann wächst Blume 2 mit der Rate 1 cm/Tag?

d) Wann ist die Höhendifferenz während der ersten 10 Tage maximal?

e) Wann sind die Blumen gleich hoch?

Übungen

3. Kapitalanlage

Franz hat sein gesamtes Sparguthaben bei der Sparkasse abgehoben und in einige Hasen investiert, die nun bei ihm zuhause leben. Die Hasen vermehren sich schnell, aber es kommt auch zunehmend zu Fluchtvorgängen. Insgesamt verändert sich die Population nach der Formel $h(t) = (240 + 20t) \cdot e^{-0{,}05t}$ (t: Monate; h(t): Anzahl der Hasen zur Zeit t).

a) Wie viele Hasen hat Franz gekauft? Wie viele sind es nach einem Jahr?
b) Mit welcher Rate wächst die Hasenpopulation zu Beginn (in Hasen/Monat)?
c) Wann erreicht die Population ihr Maximum?
d) Zu welchem Zeitpunkt verringert sich die Population am stärksten?

4. Grippeepidemie

Die jährliche Grippeepidemie hat gerade begonnen. Aus den ersten eingehenden Meldungen modellieren die Epidemiologen des Robert-Koch-Instituts eine Prognosefunktion für die Entwicklung der Erkranktenzahlen in Mio.: $N(t) = (6t - t^2) \cdot e^{t-6}$ $(t \geq 0)$.
Ihr Graph ist rechts grob skizziert.

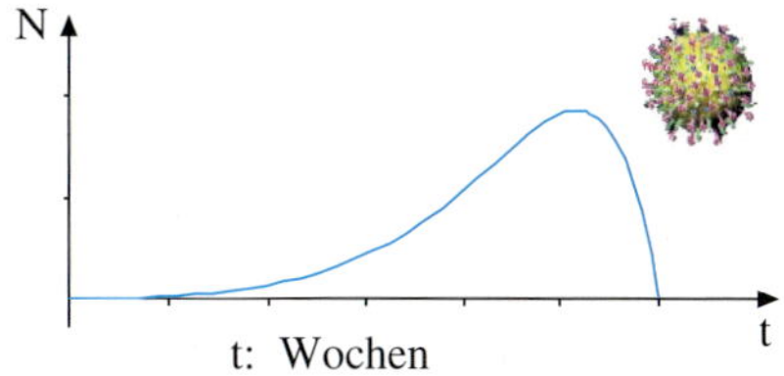

t: Wochen
N: Erkrankte in Mio.

a) Wie lange wird die Epidemie dauern?
b) Wann ist das Maximum erreicht? Wie groß ist die maximale Erkranktenzahl?
c) Wann nimmt die Anzahl der Erkrankten am schnellsten zu? Wie groß ist sie zu diesem Zeitpunkt? Wie groß ist zu diesem Zeitpunkt die momentane Zunahmerate?

5. Segelflug

Ein Segelflugzeug wird in 100 m Höhe ausgeklinkt. Seine vertikale Steig- bzw. Sinkgeschwindigkeit in den ersten zehn Minuten nach dem Ausklinken wird durch die Funktion $v(t) = 100 - 100t \cdot e^{-0{,}5(t-1)}$ beschrieben (t: Zeit in Minuten, v(t): Steiggeschwindigkeit in Meter/min).

a) Begründen Sie, dass das Flugzeug in der ersten Minute steigt, in den anschließenden 2,51 Minuten sinkt und danach wieder steigt.
b) Wann ist die Sinkgeschwindigkeit am größten? Zeichnen Sie den Graphen von v.
c) Weisen Sie nach, dass $V(t) = (2t + 4)e^{-0{,}5(t-1)}$ eine Stammfunktion von $v(t) = -te^{-0{,}5(t-1)}$ ist.
Leiten Sie hieraus die Funktion h(t) her, welche angibt, in welcher Höhe sich das Flugzeug zum Zeitpunkt t nach dem Ausklinken befindet $(0 \leq t \leq 10)$.
Welche Höhe erreicht es vor dem Absinken? Welches ist seine geringste Höhe nach der Sinkphase? In welcher Höhe fliegt es 10 Minuten nach dem Ausklinken?

B. Rekonstruktion von Beständen

Bei manchen Prozessen kennt man die Bestandsfunktion f des Prozesses nicht unmittelbar, wohl aber deren Änderungsrate bzw. Ableitung f'.
Beispielsweise ist bei einem fahrenden Schiff der zurückgelegte Weg s nicht so leicht zu ermitteln wie dessen Änderungsrate v, die Momentangeschwindigkeit.
In solchen Fällen kann man die Bestandsfunktion f jedoch durch Integration von f' rekonstruieren, wenn man einen Funktionswert von f kennt, den sogenannten Anfangswert.

Beispiel: Großtanker

Ein großes Öltankschiff führt eine Bremsung durch. Die Geschwindigkeit v wird dabei gemäß der Formel $v(t) = 8 \cdot e^{-0{,}005\,t} - 1$ bis zum Stillstand erniedrigt (t in s, v in m/s).

a) Wie lange dauert der Bremsvorgang?
b) Wie lautet die Weg-Zeit-Funktion des Schiffes?
c) Wie groß ist der Bremsweg?

Lösung zu a:
Das Schiff steht, wenn die Geschwindigkeit auf 0 gesunken ist. Der Ansatz $v(t) = 0$ führt auf die Bremszeit $t = 415{,}89$ s.
Der Bremsvorgang dauert ca. 7 Minuten.

1. Bremszeit

$$v(t) = 0$$
$$8 \cdot e^{-0{,}005t} - 1 = 0$$
$$e^{-0{,}005t} = 0{,}125$$
$$t \approx 415{,}89$$

Lösung zu b:
Durch Integration der Geschwindigkeit-Zeit-Funktion v erhalten wir die Weg-Zeit-Funktion s.
Sie lautet hier
$s(t) = -1600\,e^{-0{,}005\,t} - t + C$.
C ist zunächst unbekannt. Da aber $s(0) = 0$ gilt (Anfangswert), folgt $C = 1600$.

2. Weg-Zeit-Funktion

$$s(t) = \int v(t)\,dt = \int (8 \cdot e^{-0{,}005\,t} - 1)\,dt$$
$$= -1600\,e^{-0{,}005\,t} - t + C$$
$$s(0) = 0 \Rightarrow -1600 + C = 0 \Rightarrow C = 1600$$
$$s(t) = -1600\,e^{-0{,}005\,t} - t + 1600$$

Lösung zu c:
Die Länge des Bremsweges des Schiffes beträgt $s(415{,}89) = 984{,}11$, d.h. ca. 1 km.

3. Bremsweg

$$s(415{,}89) \approx 984{,}11\text{ m} \approx 1\text{ km}$$

Übung 6 **Schnellstart**

Ein Sportwagen erhöht seine Geschwindigkeit bei einem Test aus dem Stand nach der Formel $v(t) = 20t \cdot e^{-0{,}1\,t}$ $(0 \leq t \leq 30$, t in s, v in m/s).

a) Wie groß ist seine Maximalgeschwindigkeit?
b) Zeigen Sie: Die Weg-Zeit-Funktion lautet: $s(t) = (-200t - 2000) \cdot e^{-0{,}1t} + 2000$.
c) Welche Strecke legt das Auto in den ersten 30 Sekunden zurück?

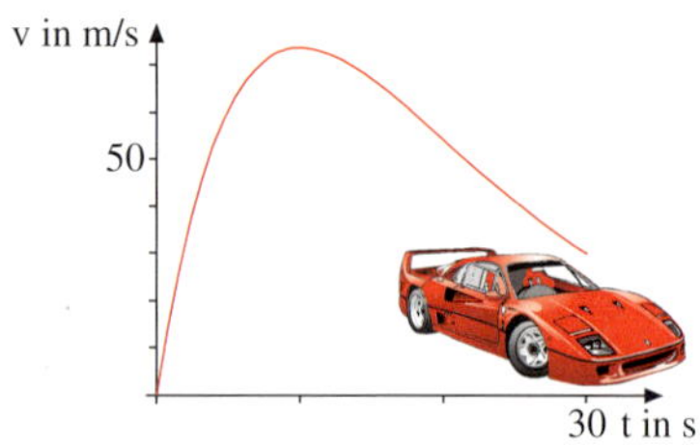

Beispiel: Rekonstruktion der Bestandsfunktion aus deren Änderungsrate

Ein Sammelbehälter für Regenwasser enthält $20\,m^3$ Wasser. Während eines siebenstündigen Unwetters wird die Zuflussrate durch die Formel $z(t) = 4 - \frac{t}{2} - 4 \cdot e^{-t}$ beschrieben, wobei t die Zeit in Stunden seit Beginn des Unwetters ist und z(t) die Zuflussrate in m^3/h.

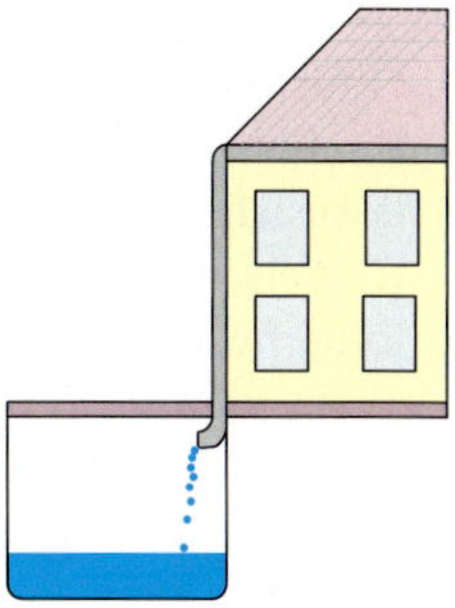

a) Wie lautet die Bestandsfunktion V(t) für das Wasservolumen?

b) Wie viel Wasser läuft insgesamt in den sieben Stunden in den Behälter ein?

Lösung zu a:
Die Zuflussrate z(t) ist die Änderungsrate des Volumens V(t). Es gilt also $V'(t) = z(t)$. Daher kann V(t) durch Integration von z(t) gewonnen werden.

Wir erhalten durch unbestimmte Integration $V(t) = 4t - \frac{t^2}{4} + 4 \cdot e^{-t} + C$.
C ist die Integrationskonstante. Aus der Anfangsbedingung $V(0) = 20$ folgt $C = 16$. Daher gilt $V(t) = 4t - \frac{t^2}{4} + 4 \cdot e^{-t} + 16$.

Bestandsfunktion

$$V(t) = \int z(t)\,dt$$
$$= \int \left(4 - \frac{t}{2} - 4 \cdot e^{-t}\right) dt$$
$$= 4t - \frac{t^2}{4} + 4 \cdot e^{-t} + C$$
$$V(0) = 20 \Rightarrow 4 + C = 20$$
$$\Rightarrow C = 16$$
$$V(t) = 4t - \frac{t^2}{4} + 4 \cdot e^{-t} + 16$$

Lösung zu b:
Die zugelaufene Wassermenge ergibt sich als Differenz aus Endbestand und Anfangsbestand. Das sind ca. $11{,}75\,m^3$.

Zugelaufene Wassermenge

$$\Delta V = V(7) - V(0)$$
$$\approx 31{,}75 - 20$$
$$= 11{,}75$$

Übung 7 Ein Umweltproblem

Am Ufer eines Sees wird eine giftige Lauge ausgelassen. Sie sickert mit abnehmender Geschwindigkeit über den Boden in den See. Die Sickerrate wird beschrieben durch die Funktion $s(t) = 3 \cdot e^{-0{,}5t}$ $(0 \le t \le 12$, t in Stunden, s in Gramm pro Stunde).

a) Wie lautet die Funktion G(t), welche die Menge der Giftlauge in Gramm beschreibt, die zur Zeit t in den See geflossen ist?
b) Wie viel Gift fließt in der ersten Stunde in den See? Wie viel Gift ist es in der zweiten Stunde?
c) Wie groß ist die gesamte Giftmenge in den ersten 12 Stunden?
d) Entwickeln Sie einen Ansatz, um die mittlere Sickerrate in den ersten 5 Stunden angenähert zu berechnen.

Übungen

8. Ölförderung

Ein Erdölproduzent besitzt eine Ölquelle, die langsam versiegt. Die Fördergeschwindigkeit lässt sich durch die Funktion $m'(t) = 1 + 10 \cdot e^{-0{,}01\,t}$ beschreiben (t: Tage, m′(t): Tonnen/ Tag). Gesucht ist die Funktion m(t), welche die Ölmenge beschreibt, die bis zum Zeitpunkt t gefördert wird, beginnend zur Zeit t = 0.

a) Bestimmen Sie m(t) als Stammfunktion von m′(t) mit m(0) = 0.

b) Die Ölquelle wird stillgelegt, wenn die Fördergeschwindigkeit auf 3 Tonnen/Tag absinkt. Wann ist dies der Fall? Wie viel Öl wird bis zu diesem Zeitpunkt gefördert?

9. Keine Geldsorgen

In Dagoberts Geldspeicher (30 m hoch) liegen die Taler 20 m hoch. Die Zuwachsrate der Höhenfunktion h beträgt $h'(t) = e^{-0{,}05\,t}$ (t: Tage, h′(t): m/Tag):

a) Wie lautet die Gleichung der Höhenfunktion?

b) Wann läuft Dagoberts Geldspeicher über?

10. Gletscherlänge

Ein Gletscher, der zu Beginn 30 km lang ist, verkürzt sich mit der Zeit. Die Änderungsrate seiner Länge L ist $L'(t) = -0{,}4 \cdot e^{-0{,}02\,t}$.
(t: Jahre, L′(t): km/Jahr)

a) Wie lautet die Funktion L(t), welche die Länge des Gletschers beschreibt?

b) Wann ist der Gletscher nur noch 15 km lang?

11. Kernbrennstab

Mit einem Messinstrument wird die Zerfallsrate z(t) eines Kernbrennstoffes gemessen. Die Messwerte sind in der Tabelle protokolliert. (t in Stunden, z(t) in mg pro Stunde)

t	0	1	2	3	4
z(t)	20,00	18,09	16,37	14,82	13,41

a) Stellen Sie eine Funktion auf, welche die Zerfallsrate beschreibt. Verwenden Sie den Ansatz $z(t) = c \cdot e^{-kt}$.

b) Wann hat sich die Zerfallsrate halbiert?

c) Zu Beginn sind es 1 000 mg. Bestimmen Sie die Bestandsfunktion M(t) für die Masse der seit Beobachtungsbeginn zerfallenen Substanz.

d) Wie viel Masse ist nach 24 Stunden insgesamt zerfallen?

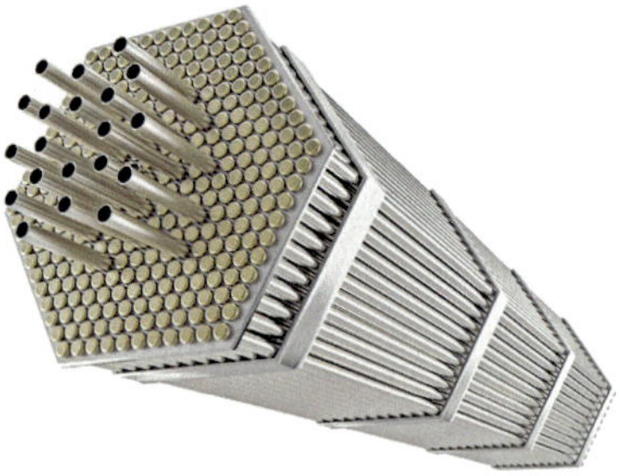

12. Elefantenbestand

In einem großen afrikanischen Nationalpark wird der Elefantenbestand kontrolliert und geschützt. Dadurch wächst die Population, die zum Zeitpunkt $t = 0$ bei 2500 Elefanten liegt, mit einer Wachstumsrate, welche durch die Funktion $f(t) = 0{,}5\,t \cdot e^{-0{,}25\,t}$ beschrieben wird.

($t \geq 0$: Zeit in Jahren, $f(t)$: Zuwachsrate in Tausend/Jahr)

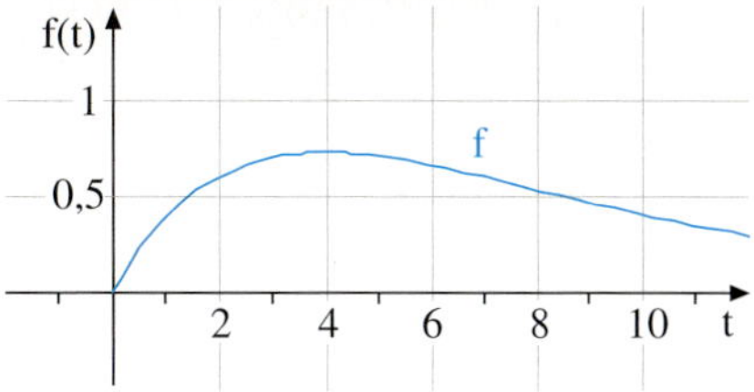

a) Ermitteln Sie den Funktionswert von f an der Stelle $t = 10$. Erläutern Sie das Ergebnis.

b) Beschreiben Sie anhand des rechts dargestellten Graphen von f, wie sich die Elefantenpopulation entwickelt.

c) Wann wächst die Elefantenpopulation am stärksten?

d) Weisen Sie nach, dass die Funktion $F(t) = -2\,e^{-0{,}25\,t}\,(t + 4)$ eine Stammfunktion von f ist.

e) Welche Funktion $G(t)$ beschreibt den Bestand der Elefantenpopulation zum Zeitpunkt t?

f) Welche Populationsgröße wird sich langfristig einstellen?

13. Fernsehshow

In einer Fernsehshow werden die Zuschauer dazu animiert, eine eingeblendete Telefonnummer anzurufen. Unter allen Anrufern wird ein Luxuswagen verlost.

Die Anrufrate der Zuschauer wird modellhaft durch $f(t) = 500\,t \cdot e^{-0{,}1\,t}$ beschrieben. ($t \geq 0$: Minuten, $f(t)$: Anrufe/min)

Der Graph von f ist rechts dargestellt.

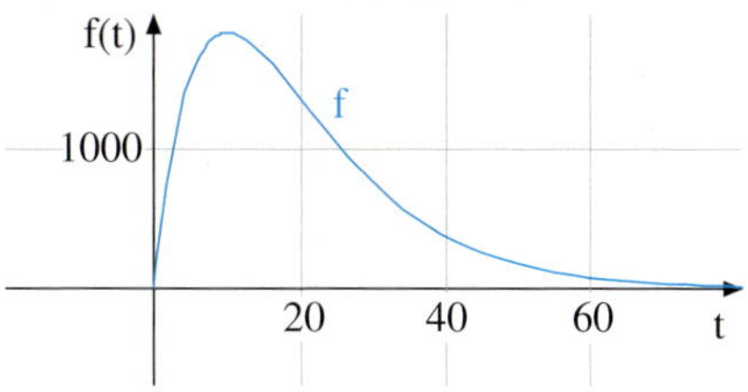

a) Bestimmen und interpretieren Sie $f(5)$.

b) Ermitteln Sie die maximale Anrufrate.

c) Um die nach einiger Zeit fallende Anrufrate wieder zu steigern, wird erwogen, die Zuschauer erneut zum Anrufen aufzufordern, wenn die Anrufrate auf die Hälfte ihres Maximalwertes gefallen ist. Ermitteln Sie näherungsweise, wann das der Fall ist.

d) Alternativ wird erwogen, die Zuschauer erneut zum Anrufen aufzufordern, wenn die Anrufrate am stärksten fällt. Ermitteln Sie den geeigneten Zeitpunkt.

e) Weisen Sie nach, dass $F(t) = -5000 \cdot e^{-0{,}1\,t}\,(t + 10)$ eine Stammfunktion von f ist. Ermitteln Sie die Gesamtzahl der eingehenden Anrufe in der ersten *Stunde* nach der Aufforderung zum Anrufen.

9. Exkurs: Umkehrfunktionen

A. Definition der Umkehrfunktion

In den USA und Großbritannien wird die Fahrenheit-Skala verwendet, die der deutsche Physiker Fahrenheit 1712 einführte. Der Gefrierpunkt des Wassers liegt auf dieser Skala bei 32 °F und die Temperaturdifferenz zwischen Gefrierpunkt und Siedepunkt des Wassers ist in 180 Fahrenheitgrade eingeteilt.
Einer Temperaturdifferenz von 1 Grad auf der Celsius-Skala entsprechen also 1,8 Grad auf der Fahrenheitskala.

Ein amerikanischer Tourist auf einer Europareise benötigt eine Umrechnungsvorschrift, um sich orientieren zu können.
Die lineare Funktion $f(x) = 1{,}8x + 32$ gestattet diese Umrechnung von Celsius in Fahrenheit. Dabei ist x die Celsius-Temperatur und f(x) die zugeordnete Fahrenheit-Temperatur.

Auf der rechten Seite ist eine Wertetabelle dieser Funktion aufgeführt.

Umgekehrt würde ein deutscher Tourist in den USA eine Umrechnung von Fahrenheit in Celsius benötigen. Dazu liest man einfach die Wertetabelle rückwärts. Man kehrt die Funktion f um und gelangt so zu ihrer Umkehrfunktion f^{-1}.

Graphisch bedeutet der Übergang von der Funktion zur Umkehrfunktion eine Spiegelung an der Winkelhalbierenden des 1. Quadranten. In der Abbildung rechts ist diese Spiegelung dargestellt.

Die ***Umkehrfunktion*** *einer Funktion f wird gewöhnlich mit dem Symbol f^{-1} belegt (gelesen: f oben −1).*

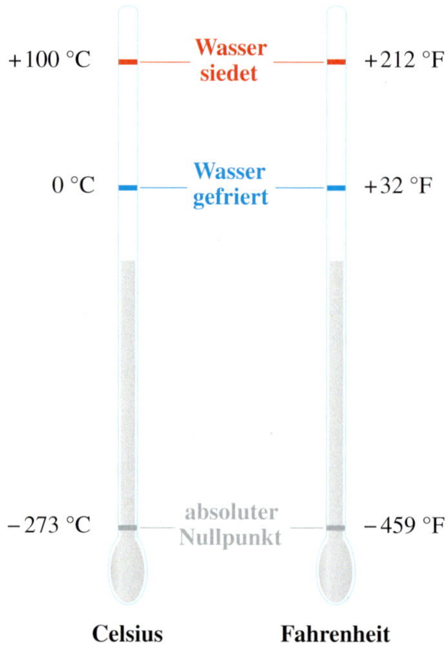

Funktion f: °C → °F

°C	−20	−10	0	10	20	30
°F	−4	14	32	50	68	86

Umkehrfunktion f^{-1}: °F → °C

°F	−4	14	32	50	68	86
°C	−20	−10	0	10	20	30

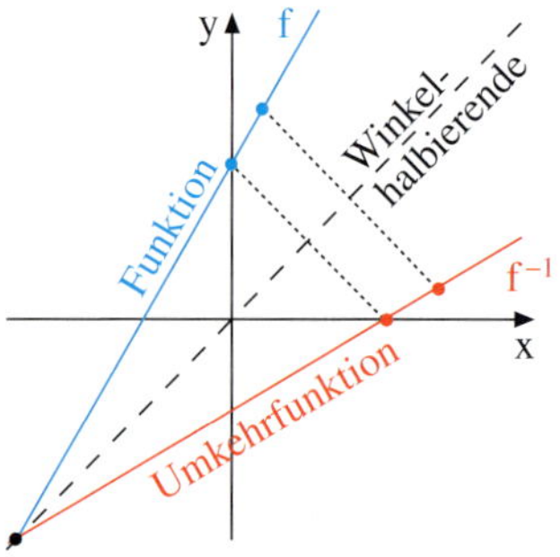

B. Berechnung der Umkehrfunktion

Wir wissen nun, dass der Graph der Umkehrfunktion f^{-1} durch Spiegelung des Graphen der Funktion f an der Winkelhalbierenden konstruiert werden kann. Wie aber gewinnt man die Gleichung der Umkehrfunktion rechnerisch?

Beispiel: Umkehrfunktion einer Geraden
Gegeben ist die Funktion $f(x) = 2x + 2$. Gesucht ist die Gleichung ihrer Umkehrfunktion f^{-1}.

Lösung:
Im ersten Schritt des Verfahrens kürzen wir f(x) durch den Buchstaben y ab.
Dann vertauschen wir die Variablen x und y, denn das y der Funktion ist das x der Umkehrfunktion und das x der Funktion ist das y der Umkehrfunktion.
Nun lösen wir nach dem neuen y auf .
Schließlich ersetzen wir dieses durch $f^{-1}(x)$.
Resultat: $f^{-1}(x) = 0{,}5x - 1$

$f(x) = 2x + 2$	f(x) durch y ersetzen
$y = 2x + 2$	x und y vertauschen
$x = 2y + 2$	nach y auflösen
$y = \frac{x-2}{2}$	
$y = 0{,}5x - 1$	y durch $f^{-1}(x)$ ersetzen
$f^{-1}(x) = 0{,}5x - 1$	

Beispiel: Umkehrfunktion einer Hyperbel
Gegeben ist die Funktion $f(x) = \frac{1}{x}$ mit $x > 0$. Wie lautet die Gleichung von f^{-1}?

Lösung:
Die Berechnung liefert in diesem Beispiel ein erstaunliches Ergebnis. Funktion und Umkehrfunktion stimmen hier überein.
Der Grund: f ist achsensymmmetrisch zur Winkelhalbierenden und wird daher auf sich selbst gespiegelt.

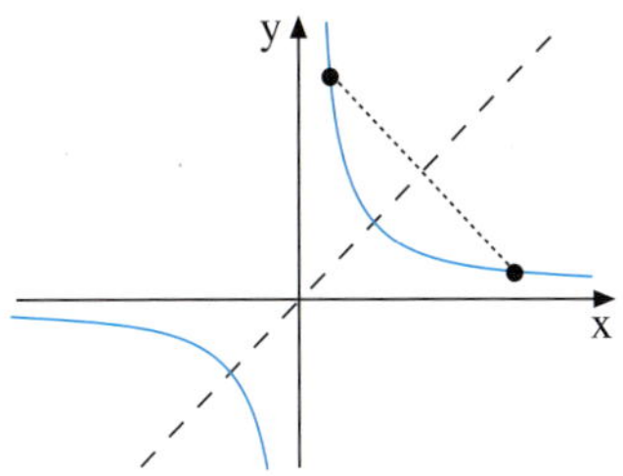

$f(x) = \frac{1}{x},\ x > 0$	f(x) durch y ersetzen
$y = \frac{1}{x}$	x und y vertauschen
$x = \frac{1}{y}$	nach y auflösen
$y = \frac{1}{x}$	y durch $f^{-1}(x)$ ersetzen
$f^{-1}(x) = \frac{1}{x},\ x > 0$	

Berechnung der Umkehrfunktion
1. Schreibe die Gleichung von f auf.
2. Ersetze darin f(x) durch y.
3. Vertausche nun die Variablen x und y.
4. Löse dann nach y auf.
5. Ersetze nun y durch $f^{-1}(x)$.

Übung 1
Berechnen Sie die Gleichung der Umkehrfunktion von f und fertigen Sie eine Skizze an.
a) $f(x) = 2x - 3,\ D_f = \mathbb{R}$ b) $f(x) = 4 - 0{,}5x,\ D_f = \mathbb{R}$ c) $f(x) = 1 + \frac{1}{x},\ x > 0$

Übung 2
Die Funktion $f(x) = \frac{9}{5}x + 32$ rechnet ° Celsius in ° Fahrenheit um. Welche Gleichung hat die Funktion, welche ° Fahrenheit in ° Celsius überführt (siehe vorige Seite)?

C. Eigenschaften der Umkehrfunktion

In diesem Abschnitt stellen wir einige wichtige theoretische Eigenschaften von Umkehrfunktionen dar. Wir verzichten hier auf Beispiele, um Zeit zu gewinnen für praktische Probleme.

1. Definitions- und Wertemenge von f^{-1}
Jede Funktion f besitzt eine Definitionsmenge D_f und eine Wertemenge W_f. Es ist ziemlich klar, dass bei der Umkehrfunktion f^{-1} Wertemenge und Definitionsmenge einfach nur vertauscht sind.
Es gilt also $D_{f^{-1}} = W_f$ und $W_{f^{-1}} = D_f$.

Satz III.1
Bei einer Funktion f und ihrer Umkehrfunktion f^{-1} sind Definitionsmenge und Wertemenge paarweise vertauscht.
Es gilt $D_{f^{-1}} = W_f$ und $W_{f^{-1}} = D_f$.

2. Umkehrbarkeit von f
Jedem Element der Definitionsmenge von f muss exakt ein Element der Wertemenge zugeordnet sein, und dies muss auch umgekehrt gelten. Man bezeichnet diese Voraussetzung für die Existenz der Umkehrfunktion f^{-1} als *umkehrbare Eindeutigkeit von f.*

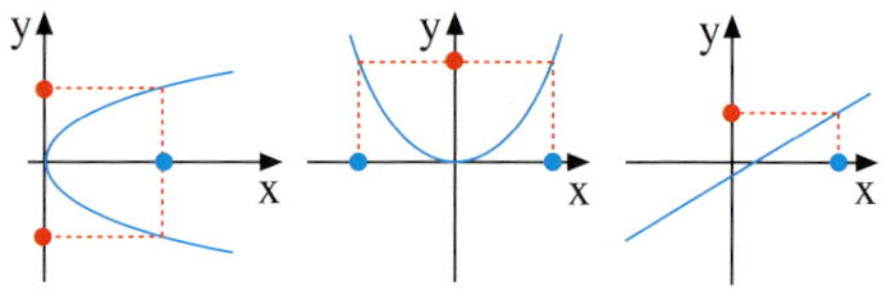

verboten	**verboten**	**erlaubt**
f ist keine Funktion.	f^{-1} ist keine Funktion.	zu jedem x-Wert genau ein y-Wert und umgekehrt

3. Verkettung von f und f^{-1}
Wenn man Funktion und Umkehrfunktion direkt verkettet, d. h. hintereinander ausführt, so heben sie sich in ihrer Wirkung gegenseitig auf.
Es gilt $f(f^{-1}(x)) = x$ und $f^{-1}(f(x)) = x$.

Satz III.2
Funktion und Umkehrfunktion heben sich bei direkter Verkettung auf.

$$\mathbf{f(f^{-1}(x)) = x}$$
$$\mathbf{f^{-1}(f(x)) = x}$$

Übung 3
Skizzieren Sie den Graphen von f über dem als Definitionsmenge angegebenen Intervall. Konstruieren Sie den Graphen der Umkehrfunktion f^{-1} durch Spiegelung an der Winkelhalbierenden. Geben Sie für f und für f^{-1} jeweils die Definitionsmenge und die Wertemenge an.
a) $f(x) = 2x - 3$, $D_f = [-1; 4]$ b) $f(x) = x^2 + 1$, $D_f = [0; 3]$ c) $f(x) = x^3$, $D_f = [-2; 2]$

Übung 4
Welche der abgebildeten Funktionen besitzen eine Umkehrfunktion?

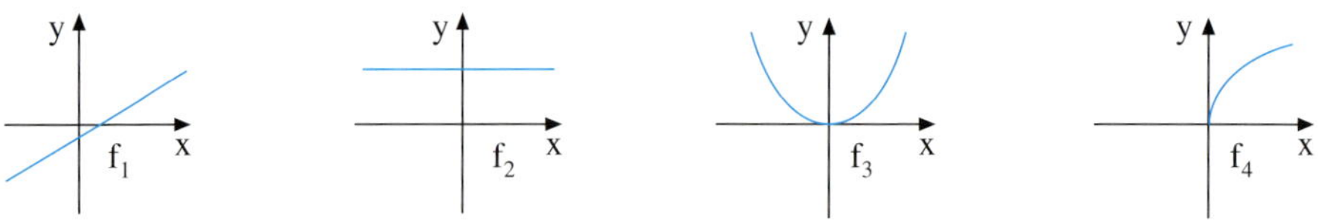

Übung 5
Überprüfen Sie die Aussagen von Satz III.2 an folgenden Beispielen:
a) $f(x) = \frac{9}{5}x + 32$ und $f^{-1}(x) = \frac{5}{9}(x - 32)$ b) $f(x) = \frac{2}{7}(x - 1)$ und $f^{-1}(x) = \frac{7}{2}x + 1$

D. Die Ableitung der Umkehrfunktion

Wir entwickeln nun eine Formel, mit deren Hilfe man die Ableitung einer Umkehrfunktion f^{-1} bestimmen kann, wenn die Ableitung der Funktion f bekannt ist.

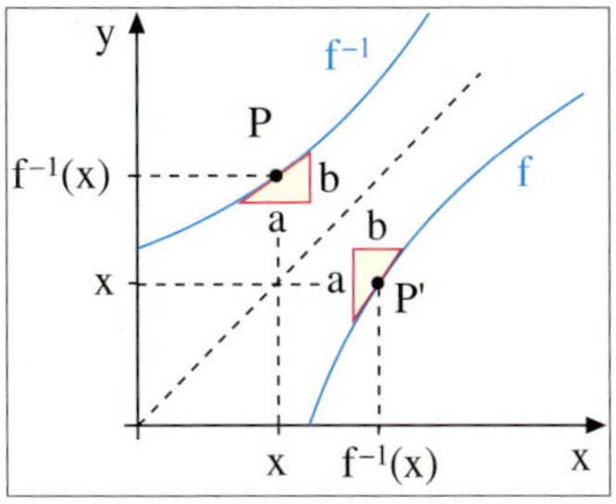

Wir spiegeln den Punkt $P(x|f^{-1}(x))$ des Graphen von f^{-1} an der Winkelhalbierenden. Der Spiegelpunkt $P'(f^{-1}(x)|x)$ liegt dann auf dem Graphen von f.

In P und P′ zeichnen wir jeweils ein Tangentenstück mit Steigungsdreieck ein. Die Steigungsdreiecke sind ebenfalls spiegelgleich.

f hat in P′ die Steigung $f'(f^{-1}(x)) = \frac{a}{b}$.
f^{-1} hat in P die Steigung $(f^{-1})'(x) = \frac{b}{a}$.

Die Steigung von f^{-1} an der Stelle x ist also gleich dem Kehrwert der Steigung von f an der Stelle $f^{-1}(x)$.
Das ergibt exakt die rechts dargestellte Umkehrformel.

Die Umkehrformel*

f sei eine umkehrbare Funktion und f^{-1} ihre Umkehrfunktion. f sei an der Stelle $f^{-1}(x)$ differenzierbar mit $f'(f^{-1}(x)) \neq 0$. Dann gilt für die Ableitung von f^{-1}:

$$\mathbf{(f^{-1})'(x) = \frac{1}{f'(f^{-1}(x))}}.$$

Die Ableitung der Umkehrfunktion f^{-1} an der Stelle x ist gleich dem Kehrwert der Ableitung von f an der Stelle $f^{-1}(x)$.

Beispiel: Die Ableitung von $\sqrt{x}$

Die Funktion $f(x) = x^2$ hat die Umkehrfunktion $f^{-1}(x) = \sqrt{x}$ $(x \geq 0)$.
Bestimmen Sie mit Hilfe der Umkehrformel die Ableitung der Quadratwurzelfunktion $\sqrt{x}$.

Lösung:
Die Normalparabel $f(x) = x^2$ hat die Umkehrfunktion $f^{-1}(x) = \sqrt{x}$ und die Ableitung $f'(x) = 2x$.
Daher gilt $f'(f^{-1}(x)) = f'(\sqrt{x}) = 2\sqrt{x}$.
Damit folgt nach der Umkehrformel
$(f^{-1})'(x) = \frac{1}{2\sqrt{x}}$, d.h. $(\sqrt{x})' = \frac{1}{2\sqrt{x}}$.

Funktion und Umkehrfunktion
$f(x) = x^2$ $f^{-1}(x) = \sqrt{x}$

Ableitung der Umkehrfunktion

$$(f^{-1})'(x) = \frac{1}{f'(f^{-1}(x))} = \frac{1}{f'(\sqrt{x})} = \frac{1}{2\sqrt{x}}$$

Übung 6 Die Ableitung von $\sqrt[3]{x}$

Die Funktion $f(x) = x^3$ hat die Umkehrfunktion $f^{-1}(x) = \sqrt[3]{x}$ $(x \geq 0)$.
Bestimmen Sie mit Hilfe der Umkehrformel die Ableitung der Kubikwurzelfunktion $f(x) = \sqrt[3]{x}$.

* Hinweis: Die Umkehrformel wird auch zum Ableiten der Logarithmusfunktion benötigt (S. 191 f.).

10. Die natürliche Logarithmusfunktion

A. ln x als Umkehrfunktion von e^x

Die Exponentialfunktion $f(x) = e^x$ zur Eulerschen Basis e ist streng monoton steigend und daher umkehrbar.

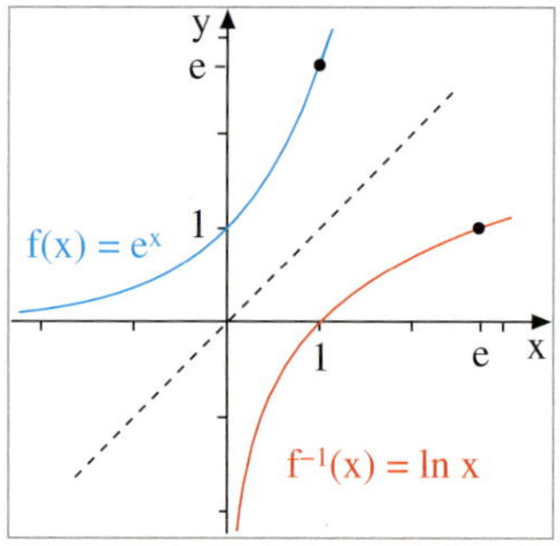

Durch Spiegelung an der Winkelhalbierenden erhält man den Graphen ihrer Umkehrfunktion $f^{-1}(x) = \ln x$, die als ***natürliche Logarithmusfunktion*** bezeichnet wird.

Die Definitionsmenge von ln x ist gleich der Wertemenge von e^x, also gleich $\mathbb{R}^+$.
Die Wertemenge von ln x entspricht der Definitionsmenge von e^x, ist also gleich $\mathbb{R}$.
Der Graph von ln x liegt im 1. und 4. Quadranten. Er ist streng monoton steigend.
Zunächst steigt er im 4. Quadranten dicht an die y-Achse geschmiegt steil empor, schneidet dann bei x = 1 die x-Achse, geht schließlich durch den Punkt P(e|1), um danach immer langsamer anzusteigen.
Die Funktion ln x ist für $x \to \infty$ eine der am schwächsten steigenden Funktionen (vgl. Übung 1)

Funktionswerte der Logarithmusfunktion werden in der Regel mit dem Taschenrechner berechnet, der eine Taste [ln x] besitzt.*

Eigenschaften von ln x

Die natürliche Logarithmusfunktion ln x hat folgende Eigenschaften:
Definitionsmenge: $\mathbb{R}^+$
Wertemenge: $\mathbb{R}$
Monotonie: Streng monoton steigend
Nullstelle: x = 1
Charakteristischer Punkt: P(e|1)
Grenzverhalten: $\lim\limits_{x \to 0} \ln x = -\infty$
$\lim\limits_{x \to \infty} \ln x = \infty$

Einige Funktionswerte von ln x:

$\ln\frac{1}{2} \approx -0{,}69$	$\ln 1 = 0$
$\ln 2 \approx 0{,}69$	$\ln e = 1$
$\ln 3 \approx 1{,}10$	$\ln 1000 \approx 6{,}91$

Übung 1 Funktionswerte von ln x

Die Funktion ln x wächst unglaublich langsam an. Man kann das durch einen Vergleich veranschaulichen. Wir denken uns den Graphen der Funktion auf einen Papierbogen aufgetragen, der die Erde am Äquator so umspannt, dass dieser die x-Achse bildet. Eine Längeneinheit sei 1 cm.

a) Welche Höhe hat der Graph von ln x nach einer Umrundung der Erde erreicht? Der Erdradius beträgt 6370 km.
b) In welcher Höhe verläuft der Graph nach zwei Umrundungen?
c) Welcher Höhengewinn wird bei der elften Umrundung erzielt ?
d) Nach wie vielen Umrundungen ist der Graph höher als 30 cm?

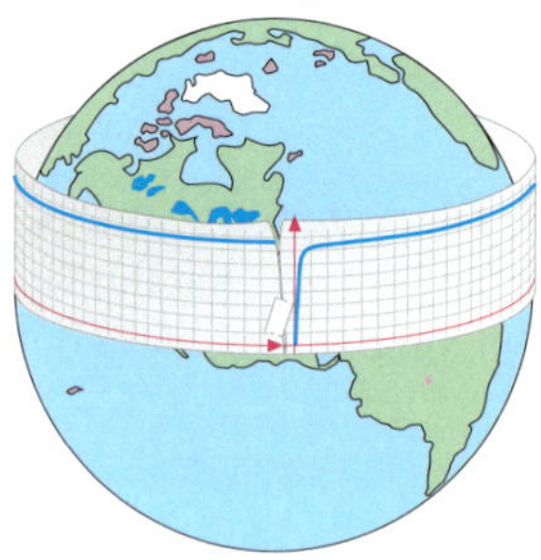

* Das Funktionssymbol **ln** steht für **l**ogarithmus **n**aturalis.

Für natürliche Logarithmen (ln x) gelten im Prinzip die gleichen Rechengesetze wie für Zehnerlogarithmen (log x).

Rechts sind diese Gesetze aufgeführt. Sie beruhen auf den Rechengesetzen für Potenzen. Man benötigt sie zur Durchführung logarithmischer Rechnungen und zur Auflösung von logarithmischen Gleichungen und Exponentialgleichungen.

Rechengesetze für natürliche Logarithmen

(1) $\ln(a \cdot b) = \ln a + \ln b$

(2) $\ln\left(\frac{a}{b}\right) = \ln a - \ln b$

(3) $\ln(a^b) = b \cdot \ln a$

(4) $\ln(e^x) = x$

(5) $e^{\ln x} = x$

(6) $\ln 1 = 0$

Beispiel: Termvereinfachung

Vereinfachen Sie den gegebenen Term mit Hilfe der Rechengesetze für Logarithmen.

a) $\ln(e^{-x})$ b) $\ln\left(\sqrt[3]{x}\right)$ c) $e^{x \cdot \ln 3}$

Lösung zu a:
ln und e heben sich nach Gesetz (4) in ihrer Wirkung auf. Daher bleibt nur der Term $-x$.

$\ln(e^{-x}) = -x$

Lösung zu b:
Wir schreiben den Term $\sqrt[3]{x}$ als Potenz $x^{\frac{1}{3}}$. Dann lässt sich das Gesetz (3) anwenden und wir erhalten als Resultat $\frac{1}{3} \cdot \ln x$.

$\ln\left(\sqrt[3]{x}\right) = \ln\left(x^{\frac{1}{3}}\right) = \frac{1}{3} \cdot \ln x$

Lösung zu c:
Hier wenden wir zunächst Gesetz (3) rückwärts an und anschließend Gesetz (5).

$e^{x \cdot \ln 3} = e^{\ln 3^x} = 3^x$

Resultat: 3^x

Beispiel: Exponentielle und logarithmische Gleichungen

Lösen Sie die gegebene Gleichung.

a) $2e^{2x-1} = 4$ b) $\ln(x^2) = -1 + \ln x$

Lösung zu a:

$$2e^{2x-1} = 4$$
$$e^{2x-1} = 2$$
$$2x - 1 = \ln 2$$
$$x = \frac{\ln 2 + 1}{2} \approx 0{,}85$$

Lösung zu b:

$$\ln(x^2) = -1 + \ln x$$
$$2 \cdot \ln x = -1 + \ln x$$
$$\ln x = -1$$
$$x = e^{-1} \approx 0{,}37$$

Übung 2 Natürliche Logarithmen

a) Berechnen Sie mit dem Taschenrechner: $\ln 3$, $\ln(e^{-1})$, $\ln 5$, $\ln(e^2)$, $\ln 2981$, $\ln 1\,000\,000\,000$

b) Vereinfachen Sie: $\ln(e^{2x}) - x$, $x - \ln(\sqrt{e^x})$, $e^{2 \cdot \ln 2}$, $\ln(x^2) - \ln x$, $e^{\ln(x^2+2x) - \ln x} - x$

c) Lösen Sie die folgende Gleichung: $2\ln(x+1) = 4$.

d) Lösen Sie die folgende Gleichung: $5e^{2x} - 1 = 36$.

Übungen

3. Funktionswerte von ln x

Ergänzen Sie die Wertetabelle der natürlichen Logarithmusfunktion $f(x) = \ln x$.

x	0,1	0,25	0,5	1	2	e	5	10	100
ln x									

4. x-Werte von ln x

An welcher Stelle x hat $f(x) = \ln x$ den Funktionswert y?

a) $y = 0{,}5$ b) $y = 1$ c) $y = 2$ d) $y = 10$ e) $y = -1$ f) $y = -100$

5. Das Wachstum der Logarithmusfunktion

Welchen Funktionswert würde die Funktion $f(x) = \ln x$ erreichen, wenn man auf der x-Achse die Entfernung von der Erde bis zur äußeren Grenze des Weltalls auftragen würde?
Die auf den Achsen verwendete Maßeinheit sei Zentimeter.
Informationen: Es soll angenommen werden, dass die äußere Grenze des Weltalls 10 Milliarden Lichtjahre entfernt ist. Ein Lichtjahr ist die Strecke, die das Licht in einem Jahr (365 Tage) zurücklegt. Die Lichtgeschwindigkeit im Vakuum beträgt ca. 300 000 km/s.

6. Vereinfachung von Funktionstermen

Für das Rechnen mit natürlichen Logarithmen gelten die weiter oben angegebenen logarithmischen Rechengesetze. Vereinfachen Sie mit Hilfe der Rechengesetze den Funktionsterm von f.

a) $f(x) = \ln(e^{2x})$ b) $f(x) = \ln(\sqrt{x})$ c) $f(x) = \ln\left(\frac{1}{x}\right)$

d) $f(x) = \ln(x^2)$ e) $f(x) = \ln(x \cdot e^x)$ f) $f(x) = \ln\left(\frac{x+1}{e}\right)$

g) $f(x) = e^{\ln(x+1) - \ln x}$ h) $f(x) = e^{x \cdot \ln 2}$ i) $f(x) = \ln\left(\frac{x}{e^{3x}}\right)$

7. Berechnung von Funktionswerten

Berechnen Sie die folgenden Werte des natürlichen Logarithmus mit Hilfe der Rechengesetze für den Logarithmus und der rechts aufgeführten Werte der Logarithmen von 2, 3, 5 und 7.

a) exakt: $\ln(e^2)$ $\ln\left(\frac{1}{e}\right)$ $\ln(\sqrt{e})$ $\ln(e^e)$

b) genähert: $\ln(6)$ $\ln(125)$ $\ln(10^6)$ $\ln(315\,000)$

$\ln 2 \approx 0{,}693$
$\ln 3 \approx 1{,}099$
$\ln 5 \approx 1{,}609$
$\ln 7 \approx 1{,}946$

8. Logarithmische Gleichungen/Exponentialgleichungen

Lösen Sie die Gleichung.

a) $\ln x = 2$ b) $\ln x = -1$ c) $\ln(x^2 + e^2 - 1) = 2$ d) $\ln(x+1) = 1 + \ln x$

e) $e^{2x} = 5$ f) $e^x = 2e^{-x}$ g) $0{,}1 \cdot 2^x = 5$ h) $3^x = 4 \cdot 2^x$

9. Superball

Ein Superball fällt aus 2 m Höhe zu Boden und springt dann einige Male. Seine maximale Sprunghöhe gehorcht dem Gesetz $h(n) = 2 \cdot 0{,}95^n$, wobei n die Nummer des Sprungs und h die Sprunghöhe in Metern ist.
Wie lautet die Umkehrfunktion von h?
Nach welcher Zahl von Sprüngen erreicht der Ball nur noch eine Höhe von 10 cm ?

B. Die Ableitung von f(x) = ln x

Die Ableitung der natürlichen Logarithmusfunktion kann nicht rechnerisch mit Hilfe des Differentialquotienten bestimmt werden, wie es z. B. für Potenzfunktionen und Polynome möglich war. Es ist aber möglich, sie zeichnerisch zu konstruieren und sie rechnerisch mit der Umkehrformel zu bestimmen.

1. Zeichnerische Konstruktion des Graphen der Ableitung von f(x) = ln x

Beispiel: Die Ableitung von ln x
Zeichnen Sie den Graphen von $f(x) = \ln x$ für $0 < x \leq 4$. Lesen Sie an einigen geeigneten Stellen die Steigung ab und skizzieren Sie dann auf dieser Basis den Graphen von f′.
Welche Vermutung ergibt sich aufgrund der Skizze für die Funktionsgleichung von f′?

Lösung:
Zum Ablesen der Steigung von f tragen wir an den Stellen $x = 0{,}5$, $x = 1$, $x = 2$, $x = 3$ und $x = 4$ kleine Tangentenstücke mit jeweils einem Steigungsdreieck ein.
Wir erhalten so die folgenden Steigungen:

x	0,5	1	2	3	4
f′(x)	2	1	0,5	0,3	0,25

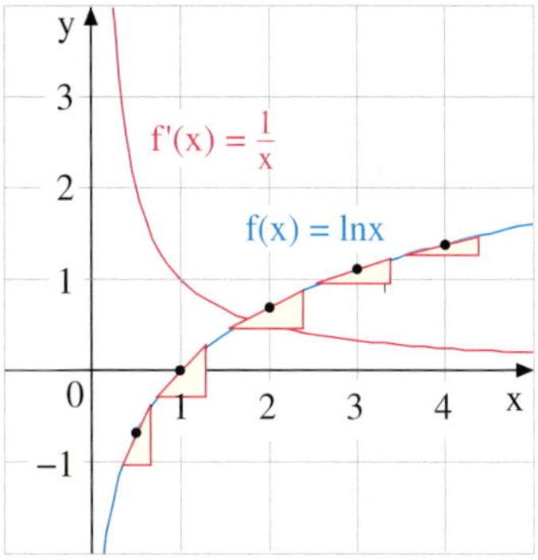

Durch Eintragen dieser Punkte in die Zeichnung und anschließendes Verbinden erhalten wir den Graphen der Ableitung f′.

Anhand seines Ausssehen liegt die Vermutung nahe, dass es sich um die Hyperbel $\frac{1}{x}$ handelt.*

Also gilt: $f'(x) = (\ln x)' = \frac{1}{x}$

Die logarithmische Ableitung

Die natürliche Logarithmusfunktion $f(x) = \ln x$ ist für $x > 0$ differenzierbar.
Ihre Ableitung lautet:

$$(\ln x)' = \frac{1}{x}.$$

Übung 10 Anwendung der logarithmischen Differentiation

a) Berechnen Sie die Steigung der Funktion $f(x) = \ln x$ an den folgenden Stellen.
$x = 0{,}01$ $x = 0{,}1$ $x = 1$ $x = e$ $x = 1000$

b) An welcher Stelle hat $f(x) = \ln x$ die angegebene Steigung m?
$m = 0{,}01$ $m = 0{,}1$ $m = 1$ $m = 2$ $m = 10$

c) Wie lautet die Gleichung der Tangente an den Graphen von $f(x) = \ln x$ an der Stelle $x = 2$?

d) Gegeben ist die Gerade $n(x) = -3x + C$. Wie muss C gewählt werden, damit n eine Normale des Graphen von $f(x) = \ln x$ ist?

e) Welchen Steigungswinkel hat $f(x) = \ln x$ bei $x = 2$? Wo steigt f unter $\alpha = 30°$ an?

f) Zeigen Sie: Die Funktion $f(x) = \ln x$ ist streng monoton steigend.

g) Zeigen Sie: Die Funktion $f(x) = \ln x$ ist rechtsgekrümmt und besitzt keinen Wendepunkt.

* Der rechnerische Nachweis für die Gültigkeit der Vermutung folgt auf der nächsten Seite.

2. Berechnung der Ableitung von $f(x) = \ln x$ mit der Umkehrformel

Der rechnerische Nachweis der Gültigkeit der Regel für die Ableitung der natürlichen Logarithmusfunktion $\ln x$ kann mit Hilfe der Formel für die Ableitung der Umkehrfunktion geführt werden.

Die Ableitung der Funktion $f(x) = e^x$ ist uns bekannt. Sie lautet $f'(x) = e^x$.
Weiter ist $f^{-1}(x) = \ln x$.

Setzen wir diese drei Identitäten in die Umkehrformel ein, so erhalten wir laut nebenstehender Rechnung die Formel für die logarithmische Ableitung $(\ln x)' = \frac{1}{x}$.

Beweis der logarithmischen Ableitungsregel:

$$(f^{-1})'(x) = \frac{1}{f'(f^{-1}(x))} \quad \text{(Umkehrformel)}$$

$$\begin{aligned} f(x) &= e^x \\ f^{-1}(x) &= \ln x \\ f'(x) &= e^x \\ f'(f^{-1}(x)) &= f'(\ln x) = e^{\ln x} = x \\ (f^{-1})'(x) &= \frac{1}{f'(f^{-1}(x))} = \frac{1}{x} \end{aligned}$$

$$(\ln x)' = \frac{1}{x}$$

Ableitungsübungen

Wir üben nun das Differenzieren von Funktionen, deren Gleichungen logarithmische Terme enthalten. Dabei wenden wir bereits bekannte Regeln wie Produkt- und Kettenregel an.

Beispiel: Bestimmen Sie die Ableitungsfunktion f' von f. Dabei gelte stets $x > 0$.
a) $f(x) = \ln(2x)$ b) $f(x) = \ln(x^3)$ c) $f(x) = x \cdot \ln(2x)$

Lösung zu a und zu b:
Wir verwenden hierbei die Kettenregel.

a) $f'(x) = [\ln(2x)]' = \frac{1}{2x} \cdot 2 = \frac{1}{x}$

b) $f'(x) = [\ln(x^3)]' = \frac{1}{x^3} \cdot 3x^2 = \frac{3}{x}$

Lösung zu c:
Wir verwenden Produkt- und Kettenregel.

c) $f'(x) = [x \cdot \ln(2x)]'$
$= 1 \cdot \ln(2x) + x \cdot \frac{1}{2x} \cdot 2$
$= \ln(2x) + 1$

Übung 11

Bestimmen Sie die Ableitungsfunktionen f' und f''. Nennen Sie jeweils die Definitionsmenge.

a) $f(x) = \ln(5x)$ b) $f(x) = \ln(x^2)$ c) $f(x) = x + \ln(2x)$

d) $f(x) = x^2 \cdot \ln(x)$ e) $f(x) = \frac{\ln x}{x}$ f) $f(x) = \ln(\sqrt{x})$

g) $f(x) = \ln(2e^{2x})$ h) $f(x) = (\ln x)^3$ i) $f(x) = \sqrt{\ln x}$

Übung 12

Berechnen Sie $[\ln(x^n)]'$, $\left[\ln\left(\frac{1}{x}\right)\right]'$ und $[\ln(ax)]'$ auf zwei verschiedene Arten ($x > 0$, $a > 0$, $n \in \mathbb{N}$).

Beispiel: Für $x > 0$ gilt $[\ln(x^2)]' = \frac{1}{x^2} \cdot 2x = \frac{2}{x}$, aber auch $[\ln(x^2)]' = [2 \cdot \ln x]' = 2 \cdot \frac{1}{x} = \frac{2}{x}$.

C. Die logarithmische Integration

Die Funktion $g(x) = \frac{1}{x} = x^{-1}$ war die einzige Potenzfunktion, die sich nicht mit Hilfe der verallgemeinerten Potenzregel integrieren ließ. Das unbestimmte Integral dieser Funktion und das unbestimmte Integral einer Funktion der Form $g(x) = \frac{f'(x)}{f(x)}$ lassen sich jedoch mit Hilfe der natürlichen Logarithmusfunktion darstellen. Wir begründen dies nun genauer.

Für $x > 0$ gilt: $[\ln x]' = \frac{1}{x}$.
Daher ist $F(x) = \ln x$ für $x > 0$ eine Stammfunktion von $f(x) = \frac{1}{x}$.
Für $x < 0$ gilt: $[\ln(-x)]' = \frac{1}{-x} \cdot (-1) = \frac{1}{x}$.
Also ist $F(x) = \ln(-x)$ für $x < 0$ eine Stammfunktion von $f(x) = \frac{1}{x}$.

Diese beiden Aussagen können wir folgendermaßen zusammenfassen:

Die logarithmische Integration

Für $x \neq 0$ ist $f(x) = \frac{1}{x}$ integrierbar:

$$\int \frac{1}{x}\,dx = \ln|x| + C.$$

Für $f(x) > 0$ gilt nach der Kettenregel
$[\ln f(x)]' = \frac{1}{f(x)} \cdot f'(x) = \frac{f'(x)}{f(x)}$.
Daher ist $F(x) = \ln(f(x))$ für $f(x) > 0$ eine Stammfunktion von $\frac{f'(x)}{f(x)}$.
Für $f(x) < 0$ ist analog $F(x) = \ln(-f(x))$ eine Stammfunktion von $\frac{f'(x)}{f(x)}$.

Dies führt auf die folgende Verallgemeinerung der logarithmischen Integration:

Verallgemeinerte logarithmische Integration

f sei eine differenzierbare Funktion, die nicht null wird. Dann gilt:

$$\int \frac{f'(x)}{f(x)}\,dx = \ln|f(x)| + C.$$

Beispiel: Gesucht ist jeweils der Inhalt der abgebildeten Fläche A.

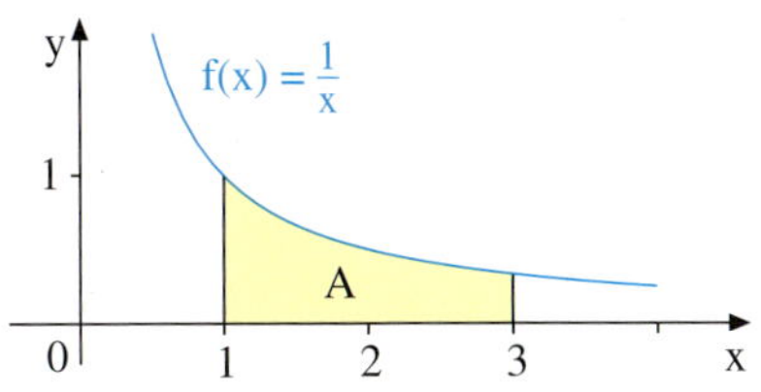

Lösung:
$F(x) = \ln|x|$ ist eine Stammfunktion von $f(x) = \frac{1}{x}$. Daher gilt:

$$A = \int_1^3 \frac{1}{x}\,dx = [\ln|x|]_1^3 = \ln 3 - \ln 1 \approx 1{,}099 - 0 \approx 1{,}1$$

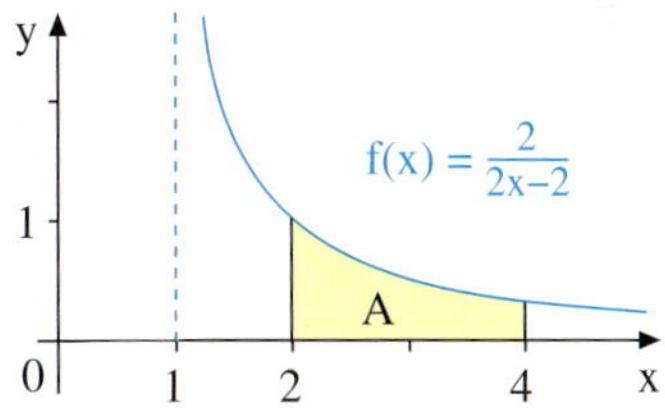

Lösung:
Der Zählerterm 2 ist die Ableitung des Nennerterms $2x - 2$, daher kann logarithmisch integriert werden:

$$A = \int_2^4 \frac{2}{2x-2}\,dx = [\ln|2x-2|]_2^4$$
$$= \ln 6 - \ln 2 \approx 1{,}79 - 0{,}69 = 1{,}1$$

D. Exkurs: Flächeninhaltsbestimmungen mit logarithmischer Integration

Mit der logarithmischen Integration lassen sich Flächenprobleme für den Fall lösen, dass die Randkurven einfache gebrochen-rationale Funktionen sind.

Beispiel: Gegeben sind die Funktionen $g(x) = \frac{3}{2}x$ und $h(x) = \frac{6}{2x+2}$ $(x > 0)$ sowie die vertikale Gerade k mit der Gleichung $x = 4$.
Welchen Inhalt hat die Fläche A, die von den drei Graphen von g, h und k sowie der x-Achse umschlossen wird?
Fertigen Sie zunächst eine Skizze an.

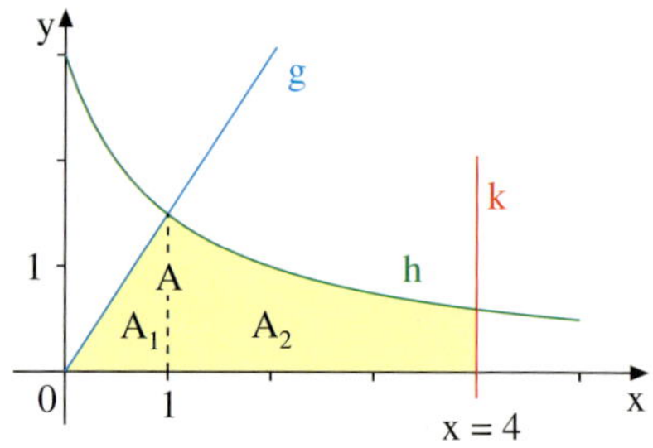

Lösung:
Anhand der Skizze erkennen wir, dass die Fläche A in die Teilflächen A_1 und A_2 zerlegbar ist.
Die Schnittstelle der Funktionen g und h liegt bei $x = 1$.

Schnittstellen von g und h:

$$\frac{3}{2}x = \frac{6}{2x+2}$$
$$6x^2 + 6x = 12$$
$$x^2 + x - 2 = 0$$
$$x = 1, (x = -2)$$

A_1 hat den Inhalt 0,75.
Zur Berechnung des Inhaltes von A_2 müssen wir im Integranden $\frac{6}{2x+2}$ den Faktor 3 ausklammern, um einen Bruchterm der Form $\frac{f'(x)}{f(x)}$ zu erhalten, den wir mittels logarithmischer Integration behandeln können.
A_2 hat den Inhalt 2,75.

Flächeninhalte:

$$A_1 = \int_0^1 \frac{3}{2}x\,dx = \left[\frac{3}{4}x^2\right]_0^1 = 0{,}75$$

$$A_2 = \int_1^4 \frac{6}{2x+2}\,dx = 3 \cdot \int_1^4 \frac{2}{2x+2}\,dx$$
$$= 3 \cdot [\ln|2x+2|]_1^4 = 3(\ln 10 - \ln 4)$$
$$\approx 2{,}75$$

Als Gesamtinhalt erhalten wir $A \approx 3{,}5$.

Resultat: $A = A_1 + A_2 \approx 3{,}5$

Übung 13

Berechnen Sie den Inhalt der Fläche A unter dem Graphen von f über dem Intervall I.

a) $f(x) = \frac{1}{x+3}$; $I = [0; 4]$ b) $f(x) = \frac{4x}{x^2+2}$, $I = [0; 3]$ c) $f(x) = \frac{e^x}{e^x+1}$, $I = [-2; 2]$

Übung 14

Die Graphen von f und g schließen eine Fläche A ein. Bestimmen Sie deren Inhalt.
Hinweis: Sie können zur Schnittstellenbestimmung in c) den Rechner nutzen.

a) $f(x) = \frac{10}{2x+1}$
$g(x) = -5x + 10$

b) $f(x) = \frac{1}{2x}$
$g(x) = -\frac{5}{6}x + \frac{8}{3}$

c) $f(x) = 3x^2 - 10x + 9$
$g(x) = \frac{2}{x}$

Übung 15

Bestimmen Sie den Inhalt der Fläche A, die von den Graphen der Funktionen $f(x) = \frac{12}{3x+1}$ und $g(x) = x^2 + 2$, der vertikalen Geraden $x = 3$ und den Koordinatenachsen umschlossen wird.

Übungen

16. Ableitung von Logarithmusfunktionen
Bestimmen Sie die Ableitungsfunktion f′.

a) $f(x) = \ln(3x)$ b) $f(x) = \ln(x^3)$ c) $f(x) = \ln(x^2 + 1)$
d) $f(x) = \ln(e^x)$ e) $f(x) = \ln(\sqrt{x})$ f) $f(x) = \ln(3x + 1)$
g) $f(x) = \ln(\ln x)$ h) $f(x) = \sqrt{\ln x}$ i) $f(x) = x \cdot \ln x$

17. Zuordnung von Funktion und Stammfunktion
Entscheiden Sie, welche Stammfunktion F für x > 0 jeweils zur Funktion f gehört.

A. $f(x) = \frac{4}{4x+2}$
B. $f(x) = \ln x$
C. $f(x) = \frac{2}{x}$
D. $f(x) = \frac{4}{2x+1}$

IV. $F(x) = \ln(2x+1)$
II. $F(x) = \ln(x^2)$
I. $F(x) = 2\ln(2x+1)$
III. $F(x) = x \cdot \ln x - x$

18. Schwierige Ableitung
Bestimmen Sie die Ableitungsfunktion von $f(x) = x^x$ für $x > 0$.
Hinweis: Schreiben Sie den Funktionsterm als Potenz mit der Basis e.

19. Fehlersuche
Prüfen Sie die Berechnungen. Benennen Sie die Fehler und korrigieren Sie diese.

a) $((x + 2) \cdot \ln(x^2))' = \ln(x^2) + (x + 2) \cdot \frac{1}{x^2}$ b) $\left(\ln\left(\frac{2}{x}\right)\right)' = \frac{x}{2} \cdot \frac{2}{x^2} = \frac{1}{x}$
c) $\int \frac{6x+2}{x^2} dx = \int\left(\frac{6}{x} + \frac{2}{x^2}\right) dx = 6\ln x + \frac{2}{x}$ d) $\int \frac{1}{2x} dx = \ln(2x) + C$

20. Logarithmische Integration
Berechnen Sie mittels logarithmischer Integration eine Stammfunktion von f.

a) $f(x) = \frac{2x}{x^2 + 3}$ b) $f(x) = \frac{6}{3x - 9}$ c) $f(x) = \frac{4x + 2}{x^2 + x}$
d) $f(x) = \frac{\ln x + 1}{x \cdot \ln x}$ e) $f(x) = \frac{1 + e^x}{x + e^x}$ f) $f(x) = \frac{\cos x}{\sin x}$

21. Flächenberechnung
Ermitteln Sie den Inhalt A der farbigen Fläche.

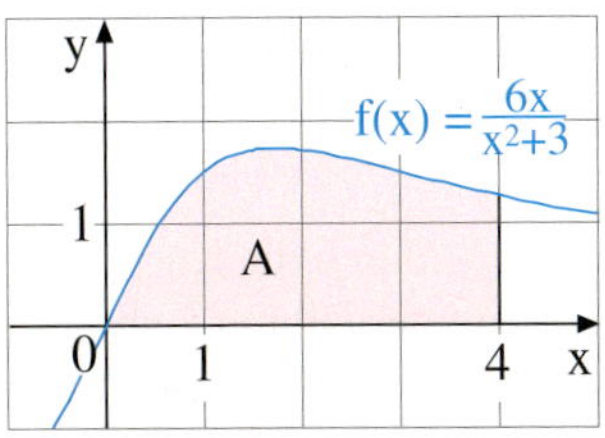

22. Flächeninhalt
Berechnen Sie den Inhalt der Fläche A unter dem Graphen von f über dem Intervall I.

a) $f(x) = \frac{1}{x + 2}$, I = [0; 4]
b) $f(x) = \frac{4x + 4}{x^2 + 2x}$, I = [1; 6]
c) $f(x) = \frac{e^{2x}}{1 + e^{2x}}$, I = [10; 11]

11. Approximation von Funktionen

A. Die lineare Approximation einer Funktion

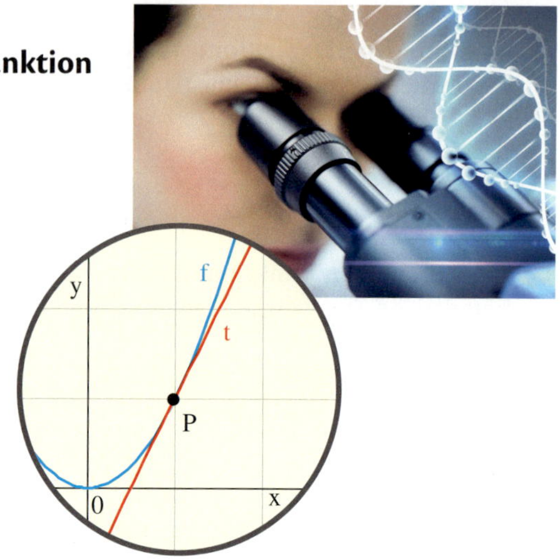

Differenzierbare Funktionen verlaufen lokal, also in einem kleinen Bereich, fast linear. Man sagt: Eine Funktion f kann in der Nähe des Kurvenpunktes $P(x_0|f(x_0))$ durch die Kurventangente t im Punkt P recht genau approximiert werden.

Beispiel: Lineare Approximation
Wie lautet die Gleichung der Tangente der Funktion $f(x) = x^2$ im Punkt $P(1|1)$? Wie groß ist die maximale Abweichung von Tangente und Kurve im Intervall [0,9; 1,1]?

Lösung:
Die allgemeine Tangentengleichung lautet $t(x) = f'(x_0) \cdot (x - x_0) + f(x_0)$.

Allgemeine Tangentengleichung
$t(x) = f'(x_0) \cdot (x - x_0) + f(x_0)$

Durch Einsetzen von $x_0 = 1$ erhalten wir die Tangentengleichung $t(x) = 2x - 1$.

Tangente von $f(x) = x^2$ bei $x_0 = 1$
$t(x) = f'(1) \cdot (x - 1) + f(1)$
$= 2 \cdot (x - 1) + 1$
$= 2x - 1$

Die maximale Abweichung von f und t wird an den Rändern des Intervalls [0,9; 1,1] erreicht. Sie beträgt $\Delta y = 0{,}01$.
Wir können also die Funktionswerte von f angenähert durch die leichter zu errechnenden Funktionswerte von t ersetzen.

Maximale Abweichung in [0,9; 1,1]
$\Delta y = 1{,}1^2 - (2 \cdot 1{,}1 - 1) = 0{,}01$
$\Delta y = 0{,}9^2 - (2 \cdot 0{,}9 - 1) = 0{,}01$

Übung 1 Lineare Approximation der Sinusfunktion
Die Sinusfunktion $f(x) = \sin x$ soll in der Umgebung von $x_0 = 0$ durch die Tangente t an der Stelle $x_0 = 0$ linear approximiert werden.
a) Wie lautet die Gleichung von t?
b) Wie groß ist die maximale Abweichung im Intervall [−1; 1]?
c) Bestimmen Sie angenähert, an welchen Stellen die Abweichung ca. 0,02 ist.

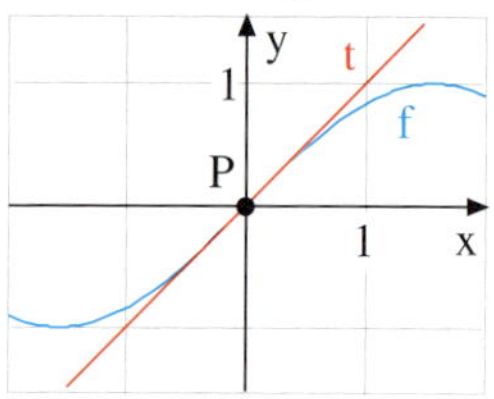

Übung 2 Lineare Approximation der Exponentialfunktion
Approximieren Sie die Funktion $f(x) = e^x$ in der Umgebung von $x_0 = 1$ durch die Kurventangente t an dieser Stelle. Wie groß ist die maximale Abweichung in einem Intervall mit dem Radius 1 um die Stelle $x_0 = 1$. Wie muss der Intervallradius verkleinert werden, um die maximale Abweichung auf 1 % des Funktionswertes von f bei $x_0 = 1$ zu reduzieren?

B. Taylorpolynome

Die Funktionswerte komplexer Funktionen wie Sinusfunktion und Logarithmusfunktion konnten nicht elementar berechnet werden. Man suchte also nach Möglichkeiten zur angenäherten Berechnung. **Brook Taylor** (1685–1731) löste das Problem. Er zeigte, dass man eine Funktion f an der Stelle x_0 und in deren naher Umgebung durch eine Gerade oder ein Polynom approximieren kann. Ein solches Polynom nennt man ***Taylorpolynom*** oder ***Schmiegpolynom***.

Als erstes Beispiel wählen wir die gewöhnliche Sinusfunktion. Der Einfachheit halber wählen wir als Approximationsstelle, auch ***Entwicklungsstelle*** genannt, die Stelle $x_0 = 0$.
Als einfachstes Schmiegepolynom kommt eine Gerade (Polynom ersten Grades) in Frage. Für eine flexiblere Anschmiegung muss man den Polynomgrad erhöhen. Ein Polynom zweiten Grades ist zur Approximation der Sinusfunktion wenig geeignet (vgl. nächste Seite, unten), sodass ein Polynom dritten Grades als nächstbessere Möglichkeit in Frage kommt.

Beispiel: Lineare und kubische Approximation
Gesucht ist ein Polynom, das sich an der Stelle $x_0 = 0$ möglichst gut an den Graphen der Funktion $f(x) = \sin x$ anschmiegt. Bestimmen Sie
a) ein Polynom 1. Ordnung. b) ein Polynom 3. Ordnung.

Lösung:
Taylors Idee war folgende Überlegung: Eine gute Anschmiegung wird erreicht, wenn das Polynom an der Stelle $x_0 = 0$ nicht nur denselben Funktionswert hat wie die Funktion f, sondern dort auch in allen von null verschiedenen Ableitungen mit der Funktion f übereinstimmt. Jede Ableitung stellt nämlich die Änderungsrate der vorhergehenden Funktion dar, und übereinstimmende Änderungsraten fördern die Anschmiegung. Daher gehen wir folgendermaßen vor:

Taylorpolynom 1. Ordnung
Ansatz:
$g_1(x) = ax + b$
$g_1'(x) = a$

Schmiegbedingungen:
$g_1(0) = f(0) \quad \Rightarrow b = 0$
$g_1'(0) = f'(0) \quad \Rightarrow a = 1$

Schmiegpolynom:
$g_1(x) = x$

In diesem Fall handelt es sich um die Tangente von $f(x) = \sin x$ an der Stelle $x_0 = 0$. Die Tangente ist die optimale Schmieggerade, was nicht anders zu erwarten war.

Taylorpolynom 3. Ordnung
Ansatz:
$g_3(x) = ax^3 + bx^2 + cx + d$
$g_3'(x) = 3ax^2 + 2bx + c$
$g_3''(x) = 6ax + 2b$
$g_3'''(x) = 6a$

Schmiegbedingungen:
$g_3(0) = f(0) \Rightarrow d = \sin 0 \Rightarrow d = 0$
$g_3'(0) = f'(0) \Rightarrow c = \cos 0 \Rightarrow c = 1$
$g_3''(0) = f''(0) \Rightarrow 2b = -\sin 0 \Rightarrow b = 0$
$g_3'''(0) = f'''(0) \Rightarrow 6a = -\cos 0 \Rightarrow a = -\frac{1}{6}$

Schmiegpolynom:
$g_3(x) = -\frac{1}{6}x^3 + x$

Stellt man für die Funktion $f(x) = \sin x$ an der Stelle $x_0 = 0$ weitere Taylorpolynome ungerader Ordnung auf, so erkennt man, dass jedes Polynom aus dem vorhergehenden durch Addition eines einzigen Terms hervorgeht, der eine verbesserte Anschmiegung bei $x_0 = 0$ und außerdem eine größere „Reichweite“ der Approximation bewirkt.

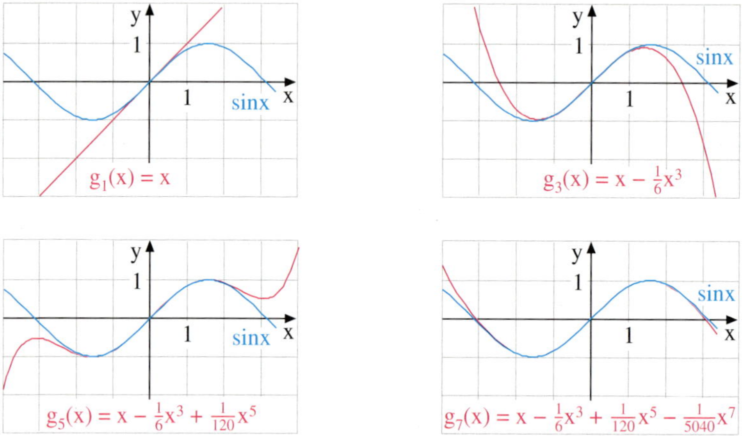

Beobachtung: Stellt man für die Sinusfunktion Taylorpolynome gerader Ordnung auf, so ergibt sich gegenüber dem jeweils vorhergehenden ungeraden Fall keine Verbesserung. Die Entwicklung der Sinusfunktion an der Stelle $x_0 = 0$ enthält daher stets nur ungerade Potenzen von x.

Beispiel: Taylorpolynom 2. Ordnung

Versuchen Sie, die Funktion $f(x) = \sin x$ an der Stelle $x_0 = 0$ durch das Taylorpolynom 2. Ordnung zu approximieren.

Lösung:
Der rechts aufgeführte quadratische Ansatz erfüllt die Taylor'schen Schmiegbedingungen nur dann, wenn $a = 0$ ist. Also stimmt das Taylorpolynom 2. Ordnung mit dem Taylorpolynom 1. Ordnung überein.
Es gilt $g_2(x) = x$ und $g_1(x) = x$.

Eine verbesserte Approximation ergibt sich daher erst mit dem Taylorpolynom 3. Ordnung $g_3(x) = x - \frac{1}{6}x^3$.

Ansatz:
$g_2(x) = ax^2 + bx + c$

Schmiegbedingungen:
$g_2(0) = f(0) \Rightarrow c = \sin 0 \Rightarrow c = 0$
$g_2'(0) = f'(0) \Rightarrow b = \cos 0 \Rightarrow b = 1$
$g_2''(0) = f''(0) \Rightarrow 2a = -\sin 0 \Rightarrow a = 0$

Schmiegpolynom:
$g_2(x) = x$

Übung 3 Taylorentwicklungen

Stellen Sie die Taylorpolynome 1. und 2. Ordnung um die Entwicklungsstelle $x_0 = 0$ auf. Fertigen Sie jeweils eine Zeichnung an wie oben auf dieser Seite.

a) $f(x) = \cos x$ b) $f(x) = e^x$ c) $f(x) = e^{-x}$

Die Taylorsche Formel

Man kann die Approximation komplexer Funktionen durch Schmiegpolynome so verallgemeinern, dass eine universal anwendbare Formel entsteht, die für eine vorgegebene Funktion f das Taylorpolynom n-ter Ordnung um eine beliebige Entwicklungsstelle x_0 liefert.

Formel von Taylor: Taylorpolynom n-ter Ordnung

f sei eine beliebige Funktion, die an der Stelle x_0 n-mal differenzierbar ist.
Dann kann f in der näheren Umgebung der Stelle x_0 durch das folgende Taylorpolynom vom Grad n approximiert werden.

$$g_n(x) = \frac{f(x_0)}{0!} + \frac{f'(x_0)}{1!} \cdot (x - x_0) + \ldots + \frac{f^{(n)}(x_0)}{n!} \cdot (x - x_0)^n$$

Beweisidee:
Wir begründen die Formel von Taylor exemplarisch für $n = 3$ und $x_0 = 0$.

Ansatz

$g_3(x) = a x^3 + b x^2 + c x + 1 \cdot d$

Wir verwenden als Ansatz das Polynom 3. Grades $g_3(x) = a x^3 + b x^2 + c x + d$.

Für die Schmiegbedingungen benötigen wir die Ableitungen f′, f″ und f‴, die wir als erstes bestimmen.
Dabei entstehen durch die wiederholten Ableitungsvorgänge Faktoren, die Fakultäten bilden, wie sie in der Formel von Taylor auftreten: $1 = 0!$, $1 = 1!$, $2 = 2!$, $6 = 3!$

Ableitungen

$g_3'(x) = 3 \cdot a x^2 + 2 \cdot b x + 1 \cdot c$
$g_3''(x) = 3 \cdot 2 \cdot a x + 1 \cdot 2 \cdot b$
$g_3'''(x) = 1 \cdot 2 \cdot 3 \cdot a$

Nun stellen wir die Schmiegbedingungen auf, d. h. g_3 und f sowie deren erste drei Ableitungen stimmen an der Stelle $x_0 = 0$ überein.
Aus diesen Bedingungen lassen sich die Koeffizienten a, b, c und d errechnen.

Schmiegbedingungen

$g_3(0) = f(0) \Rightarrow d = f(0) \Rightarrow d = \frac{f(0)}{0!}$
$g_3'(0) = f'(0) \Rightarrow 1 \cdot c = f'(0) \Rightarrow c = \frac{f'(0)}{1!}$
$g_3''(0) = f''(0) \Rightarrow 1 \cdot 2 \cdot b = f''(0) \Rightarrow b = \frac{f''(0)}{2!}$
$g_3'''(0) = f'''(0) \Rightarrow 1 \cdot 2 \cdot 3 \cdot a = f'''(0) \Rightarrow a = \frac{f'''(0)}{3!}$

Setzen wir diese in den Ansatz ein, so erhalten wir das gewünschte Approximationspolynom 3. Grades. Die Übereinstimmung mit der Formel von Taylor für $n = 3$ und $x_0 = 0$ ist offensichtlich.

Taylorpolynom 3. Ordnung

$$g_3(x) = \frac{f(0)}{0!} + \frac{f'(0)}{1!} \cdot x + \frac{f''(0)}{2!} \cdot x^2 + \frac{f'''(0)}{3!} \cdot x^3$$

Übung 4: Taylorpolynom 4. Ordnung
Bestimmen Sie für eine beliebige Funktion f das Taylorpolynom 4. Ordnung um den Entwicklungspunkt $x_0 = 0$. Gehen Sie wie in der Beweisidee zum Satz von Taylor vor.

Übung 5: Taylorpolynome für $f(x) = \sin x$
Bestimmen Sie mit der Formel die Taylorpolynome 1., 3. und 5.Ordnung für $f(x) = \sin x$ bei Entwicklung um $x_0 = 0$. Vergleichen Sie mit den Ergebnissen auf den vorhergehenden Seiten.

Anwendungen der Taylor'schen Formel

Wir behandeln nun Anwendungen der Taylor'schen Formel auf konkrete Funktionen.

Beispiel: Taylorpolynome von $f(x) = e^{-x}$
Gegeben ist die Funktion $f(x) = e^{-x}$. Bestimmen Sie das Taylorpolynom 3. Ordnung von f bei Entwicklung um $x_0 = 0$. Wie lauten die Taylorpolynome 0. bis 2. Ordnung?
Fertigen Sie eine Skizze von f und den Taylorpolynomen an. Interpretieren Sie die Graphik.

Lösung:
Wir wenden die Taylor'sche Formel für $n = 3$ und $x_0 = 0$ an.
Wegen $f(x) = e^{-x}$, $f'(x) = -e^{-x}$, $f''(x) = e^{-x}$ und $f'''(x) = -e^{-x}$ erhalten wir:
$f(0) = 1$, $f'(0) = -1$, $f''(0) = 1$ und $f'''(0) = -1$
Setzen wir dies in die Taylor'sche Formel der Ordnung 3 ein, so erhalten wir als Resultat $g_3(x) = 1 - x + \frac{1}{2}x^2 - \frac{1}{6}x^3$.

Das Taylorpolynom 3. Ordnung von f

$$g_3(x) = \frac{f(0)}{0!} + \frac{f'(0)}{1!} \cdot x + \frac{f''(0)}{2!} \cdot x^2 + \frac{f'''(0)}{3!} \cdot x^3$$
$$= \frac{1}{0!} + \frac{-1}{1!} \cdot x + \frac{1}{2!} \cdot x^2 + \frac{-1}{3!} \cdot x^3$$
$$= 1 - x + \frac{1}{2}x^2 - \frac{1}{6}x^3$$

Aus dem Taylorpolynom 3. Ordnung lassen sich die Taylorpolynome 2., 1. und 0. Ordnung durch Weglassen von Gliedern sofort ablesen, da um $x_0 = 0$ entwickelt wird.
Sie sind rechts aufgeführt.

Die Taylorpolynome 0. bis 2. Ordnung

$g_3(x) = 1 - x + \frac{1}{2}x^2 - \frac{1}{6}x^3$

$g_2(x) = 1 - x + \frac{1}{2}x^2$

$g_1(x) = 1 - x$

$g_0(x) = 1$

Die graphische Darstellung ist etwas zeitaufwendig, wenn man sie manuell erstellt. Man kann gut erkennen, dass Güte und Reichweite der Approximation mit steigender Ordnung des Taylorpolynoms zunehmen.
g_0 erscheint relativ ungeeignet, die Tangente g_1 approximiert nur in der unmittelbaren Umgebung von $x_0 = 0$ gut, die quadratische Parabel g_2 schmiegt sich weit besser an f an und die kubische Parabel g_3 hat schon eine recht große Reichweite.

Graphische Darstellung

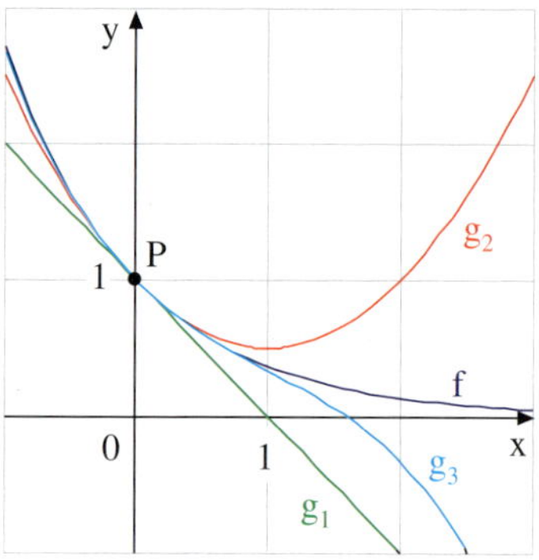

Übung 6 Taylorentwicklung von $f(x) = e^x$
a) Bestimmen Sie für $f(x) = e^x$ das Taylorpolynom 3. Ordnung bei Entwicklung um $x_0 = 0$.
b) Wie lauten die Taylorpolynome 0. bis 2. Ordnung?

Übung 7 Taylorpolynome für $f(x) = \cos x$
a) Bestimmen Sie für $f(x) = \cos x$ das Taylorpolynom 4. Ordnung bei Entwicklung um $x_0 = 0$.
b) Wie lauten die Taylorpolynome 0. bis 3. Ordnung? Was fällt Ihnen auf ?

Mit Taylorentwicklungen kann man sehr schöne Ergebnisse erzielen, wie das folgende Beispiel zeigt, wo demonstriert wird, wie die Eulersche Zahl e mit hoher Genauigkeit und, wenn man will, mit beliebiger Genauigkeit berechnet werden kann.

Beispiel: Taylorentwicklung n-ter Ordnung von $f(x) = e^x$ und Approximation von e

Gegeben ist die natürliche Exponentialfunktion $f(x) = e^x$.

a) Stellen Sie das Taylorpolynom der Ordnung n bei Entwicklung um $x_0 = 0$ auf.

b) Berechnen Sie mit dem Taylorpolynom 5. Ordnung angenähert die Eulersche Zahl e. Wie viele Nachkommastellen sind exakt? Wie groß ist der absolute Fehler?

Lösung zu a):

Wir gehen von der allgemeinen Taylor'schen Formel aus, allerdings für die Entwicklungsstelle $x_0 = 0$, die wir einsetzen.

$$g_n(x) = \frac{1}{0!} + \frac{x}{1!} + \frac{x^2}{2!} + \ldots + \frac{x^n}{n!}$$

f hat einfachste Ableitungen. Aus $f(x) = e^x$ folgt: $f'(x) = e^x$, $f''(x) = e^x, \ldots, f^{(n)}(x) = e^x$. Damit gilt $f(0) = 1, f'(0) = 1, \ldots, f^{(n)}(x) = 1$.

Setzen wir diese Werte in die Formel ein, so erhalten wir als Lösung eine sehr einprägsame Formel für das Taylorpolynom von f.

Das Taylorpolynom n. Ordnung von f

$$\begin{aligned} g_n(x) &= \frac{f(x_0)}{0!}\cdot(x-x_0)^0 + \ldots + \frac{f^{(n)}(x_0)}{n!}\cdot(x-x_0)^n \\ &= \frac{f(0)}{0!} + \frac{f'(0)}{1!}\cdot x + \ldots + \frac{f^{(n)}(0)}{n!}\cdot x^n \\ &= \frac{1}{0!} + \frac{1}{1!}\cdot x + \ldots + \frac{1}{n!}\cdot x^n \\ &= \frac{1}{0!} + \frac{x}{1!} + \frac{x^2}{2!} + \ldots + \frac{x^n}{n!} \end{aligned}$$

Taylorentwicklung von e^x um $x_0 = 0$

$$e^x \approx \frac{1}{0!} + \frac{x}{1!} + \frac{x^2}{2!} + \ldots + \frac{x^n}{n!}$$

Lösung zu b):

Wir berechnen e mit der Taylorentwicklung von e^x um $x_0 = 0$, indem wir $g_5(1)$ berechnen.

Wir erhalten $e \approx 2{,}716\,666\,666\ldots$.

Das ist schon ein recht gutes Ergebnis.

Beim Vergleich mit dem exakten Wert* von e zeigt sich, dass die ersten drei Stellen exakt sind, d. h. zwei Nachkommastellen.

Der absolute Fehler beträgt sogar nur 0,001 615 161 791… . Das sind nur 0,6 Promille des exakten Wertes.

Approximation von e mit $g_5(1)$

$$\begin{aligned} e = e_1 \approx g_5(1) &= \frac{1}{0!} + \frac{1}{1!} + \frac{1^2}{2!} + \frac{1^3}{3!} + \frac{1^4}{4!} + \frac{1^5}{5!} \\ &= \frac{1}{1} + \frac{1}{1} + \frac{1}{2} + \frac{1}{6} + \frac{1}{24} + \frac{1}{120} \\ &= \frac{326}{120} \approx 2{,}716\,666\,666\ldots \end{aligned}$$

Richtige Nachkommastellen/Absolutfehler

Exakter Wert von e: $e = 2{,}718\,281\,828\ldots$

Näherung von e: $g_3(1) \approx 2{,}716\,666\,666\ldots$

Absoluter Fehler:

$$e - g_3(1) \approx 0{,}001\,615\,162$$

Übung 8 Taylorpolynom und Approximation

Stellen Sie das Taylorpolynom 5. Ordnung der Funktion f um die Entwicklungsstelle $x_0 = 0$ auf. Ermitteln Sie näherungsweise den Wert von f an der Stelle a.

a) $f(x) = \sin x$, $a = 0{,}5$

b) $f(x) = \cos x$, $a = -0{,}7$

c) $f(x) = e^{-x}$, $a = 1$

d) $f(x) = e^{0{,}5x}$, $a = 2$

* Exakter Wert von e: 2,718 281 828 459 045 235 360 287 471 352 662 497 757 247 093 699 9 …

Taylorpolynome um eine beliebige Entwicklungsstelle x_0

In den obigen Beispielen war stets $x_0 = 0$ die Entwicklungsstelle für das Taylorpolynom. Manchmal ist es erforderlich, eine andere, von 0 verschiedene Entwicklungsstelle x_0 zu verwenden. Wenn man die Exponentialfunktion $f(x) = e^x$ in der Nähe der Stelle $x = 1$ approximieren möchte, dann ist es günstig, auch $x_0 = 1$ zu wählen. Ein weiterer Grund: Manche Funktionen sind bei $x = 0$ gar nicht definiert oder dort nicht differenzierbar wie z. B. $f(x) = \ln x$ oder $f(x) = \sqrt{x}$.

Beispiel: Taylorentwicklung von $f(x) = \ln x$ um $x_0 = 1$
Gegeben ist die natürliche Logarithmusfunktion $f(x) = \ln x$. Approximieren Sie f durch ein Taylorpolynom g_3 3. Ordnung in der Umgebung der Entwicklungstelle $x_0 = 1$.
Wie lauten die Taylorpolynome 1. und 2. Ordnung, also g_1 und g_2?
Fertigen Sie eine Skizze mit f, g_1, g_2 und g_3 an und interpretieren Sie diese.

Lösung:
Wir stellen die Taylorformel 3. Ordnung mit der Entwicklungsstelle $x_0 = 1$ auf.

Die Ableitungen bis zur Ordnung 3 der natürlichen Logarithmusfunktion lauten:

$f(x) = \ln x,\ f'(x) = \frac{1}{x},\ f''(x) = -\frac{1}{x^2},\ f'''(x) = \frac{2}{x^3}$

Durch Einsetzen von $x = 1$ erhalten wir daraus:
$f(1) = 0,\ f'(1) = 1,\ f''(1) = -1,\ f'''(x) = 2$

Durch Einsetzen in die Taylorentwicklung ergibt sich das Approximationspolynom

$g_3(x) = 0 + \frac{x-1}{1} - \frac{(x-1)^2}{2} + 2\frac{(x-1)^3}{6}$

Das Taylorpolynom 2. Ordnung erhalten wir aus g_3 durch Weglassen des kubischen Gliedes.

$g_2(x) = 0 + \frac{x-1}{1} - \frac{(x-1)^2}{2}$

Durch zusätzliches Weglassen des quadratischen Gliedes erhalten wir dann auch g_1.

$g_1(x) = 0 + \frac{x-1}{1}$

Die Graphik zeigt, wie mit dem Grad des Taylorpolynoms die Approximationsgüte und die Reichweite ansteigen.
Der Wert ln 2 kann z. B. durch g_3 besser als durch g_1 und g_2 approximiert werden.

Das Taylorpolynom g_3 um $x_0 = 1$

$$g_3(x) = \frac{f(1)}{0!} + \frac{f'(1)}{1!}\cdot(x-1) + \ldots + \frac{f'''(1)}{3!}\cdot(x-1)^3$$
$$= \frac{\ln 1}{0!} + \frac{1}{1!}(x-1) + \frac{-1}{2!}(x-1)^2 + \frac{2}{3!}(x-1)^3$$
$$= 0 + \frac{x-1}{1} - \frac{(x-1)^2}{2} + 2\frac{(x-1)^3}{6}$$

Das Taylorpolynom g_2 und g_1 um $x_0 = 1$

$g_2(x) = 0 + \frac{x-1}{1} - \frac{(x-1)^2}{2}$

$g_1(x) = 0 + \frac{x-1}{1}$

Graphische Veranschaulichung

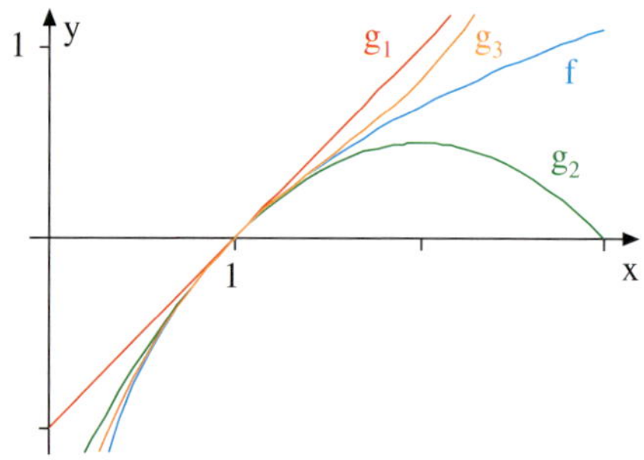

Approximation von ln 2 mittels g_3

Exakter Wert: $\ln 2 = 0{,}693\,147\,180\,5\ldots$
Approximation: $\ln 2 \approx 0{,}833\,333\,333\,3\ldots$

Übung 9 Taylorentwicklung von $f(x) = \sqrt{x}$
Gegeben ist die Quadratwurzelfunktion $f(x) = \sqrt{x}$.
a) Approximieren Sie f durch ein Taylorpolynom 4. Grades um die Entwicklungsstelle $x_0 = 1$.
b) Wie lauten die Taylorpolynome 0., 1., 2. und 3. Grades?
c) Bestimmen Sie $\sqrt{2}$ angenähert mit dem Taylorpolynom g_4. Bestimmen Sie den Fehler.

Exkurs: Entwicklung für den Einheitskreis

Beispiel: Einheitskreis
Bestimmen Sie eine Taylorentwicklung 2. Grades für die obere Hälfte des Einheitskreises, d.h. Mittelpunkt im Ursprung, Radius r = 1.

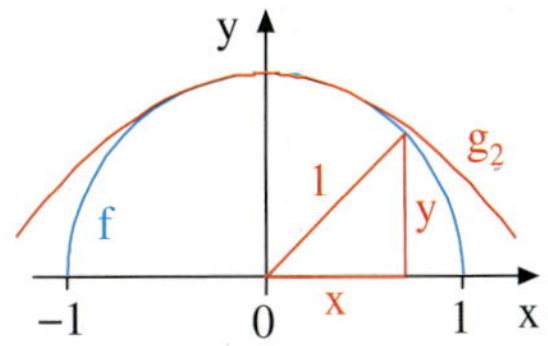

Lösung:
Für den Einheitskreis gilt die Beziehung $x^2 + y^2 = 1$.
Wir lösen diese Gleichung nach y auf und erhalten einen Wurzelterm.
Mit Hilfe der Kettenregel bestimmen wir zunächst y′.
Dann bestimmen wir zusätzlich mit der Produktregel y″.

$$x^2 + y^2 = 1$$
$$y = \sqrt{1 - x^2}$$
$$y' = \frac{-x}{\sqrt{1 - x^2}}$$
$$y'' = \frac{-1}{\sqrt{1 - x^2}} - (-x) \cdot \frac{1}{1 - x^2} \cdot \frac{-x}{\sqrt{1 - x^2}}$$
$$= \frac{-1}{\sqrt{1 - x^2}} + x \cdot \frac{1}{1 - x^2} \cdot \frac{-x}{\sqrt{1 - x^2}}$$

Damit sind die Voraussetzungen für ein Taylorpolynom 2. Grades gegeben.
Entwickelt wird um $x_0 = 0$.
Durch Einsetzen der Werte
$f(0) = 1$, $f'(0) = 0$ und $f''(0) = -1$
erhalten wir das Resultat: $g_2(x) = 1 - \frac{1}{2}x^2$.

$$g_2(x) = \frac{f(0)}{0!} + \frac{f'(0)}{1!}x + \frac{f''(0)}{2!}x^2$$
$$= \frac{1}{1} + \frac{0}{1}x + \frac{-1}{2}x^2$$
$$= 1 - \frac{1}{2}x^2$$

Übung 10 Differentiation eines Taylorpolynoms

a) Approximieren Sie $f(x) = \cos x$ durch ein Taylorpolynom 6. Grades um $x_0 = 0$.
b) Bilden Sie die Ableitung des Taylorpolynoms von $f(x) = \cos x$.
Welche Funktion wird durch das Ergebnis dargestellt? Vergleichen Sie mit S. 198.

Übung 11 Verschiebung eines Taylorpolynoms

a) Approximieren Sie $f(x) = \sin x$ durch ein Taylorpolynom 6. Grades um $x_0 = \frac{\pi}{2}$.
b) Verschieben Sie das Polynom um $-\frac{\pi}{2}$ in x-Richtung.
Welche Funktion wird nun approximiert? Vergleichen Sie mit g_5 von S. 198.

Übung 12 Integration eines Taylorpolynoms

a) Approximieren Sie $f(x) = \frac{1}{x}$ durch ein Taylorpolynom 2. Grades um $x_0 = 1$.
b) Integrieren Sie das Polynom. Welche Funktion wird nun approximiert?
Vergleichen Sie dazu Ihren Term mit dem Beispiel auf der vorigen Seite.

Übung 13 Approximation einer Potenz

a) Approximieren Sie $f(x) = x^3$ durch ein Taylorpolynom 3. Grades um $x_0 = 0$.
b) Approximieren Sie $f(x) = x^3$ durch ein Taylorpolynom 3. Grades um $x_0 = 1$.
Lösen Sie die Klammern auf und vereinfachen Sie.

Übung 14 Eigenschaften der Entwicklung von e^x
Betrachten Sie die Taylorentwicklung n-ter Ordnung von e^x im roten Kasten auf S. 201.
a) Bilden Sie die ersten drei Ableitungen der Entwicklung. Was fällt Ihnen auf?
b) Bilden Sie das unbestimmte Integral der Entwicklung.

Übung 15 Verschiebung einer Entwicklung
Bestimmen Sie die Taylorentwicklung der Funktion $f(x) = \sin x$ um die Stelle $x_0 = \pi$.
Vergleichen Sie mit der Taylorentwicklung von $f(x) = \sin x$ um $x_0 = 0$ auf S. 198.

Exkurs: Die Wachstumsgeschwindigkeit der Fakultät n!

Beim Arbeiten mit Fakultäten erkennt man, dass schnell große Zahlen angenommen werden. Rechts ist ein Vergleich mit anderen Wachstumstermen dargestellt.
Bei den meisten Taschenrechnern ist bei n = 70 Schluss mit der Berechnung von n! Die Rechnerkapazität ist überschritten.

n	1	2	3	4	7
n!	1	2	6	24	5040
2^n	2	4	8	16	128
3^n	3	9	27	81	2187

Also liegt die Vermutung nahe, dass n! schneller wächst als jede Potenz der Form a^n ($a \in \mathbb{R}^+$, $a > 1$).

Das lässt sich exemplarisch so begründen: Vergleichen wir z. B. n! mit der Potenz 100^n, so überwiegt zunächst 100^n, aber ab n = 100 ist jeder Faktor, der mit steigendem n bei n! hinzukommt, größer als der konstante Faktor 100 bei der Potenz 100^n.
So übersteigt die Fakultät n! die Potenz 100^n, sobald man nur n genügend groß macht.
Ab $n = 269$ gilt $n! > 100^n$.

$$\begin{aligned} n! &= \underbrace{1 \cdot 2 \cdot \ldots \cdot 100}_{100^n \text{ überwiegt}} \cdot \underbrace{101 \cdot 102 \cdot \ldots \cdot n}_{n! \text{ überwiegt}} \\ 100^n &= 100 \cdot 100 \cdot \ldots \cdot 100 \cdot 100 \cdot 100 \cdot \ldots \cdot 100 \end{aligned}$$

$$268! < 100^{268}$$
$$269! > 100^{269}$$

Satz III.3: Das Wachstum von n!
n! wächst schneller als jede Potenz a^n, $a \in \mathbb{R}^+$, d. h. es gilt: $\frac{a^n}{n!} \to 0$ für $n \to \infty$.

Beweis:
Wir teilen den Term $\frac{a^n}{n!}$ in zwei Teilterme.
Teilstelle ist ein $n_0 > 2a$.
Wir schätzen a im Zähler durch $\frac{n_0}{2}$ nach oben ab und $(n_0 + i)$ im Nenner durch n_0 nach unten.
Dann kürzen wir mit n_0, fassen die konstanten Anteile zusammen und erhalten einen Folgenterm, der gegen den Grenzwert 0 strebt. Das beweist den Satz.

Für $n_0 > 2a$ gilt: $a < \frac{n_0}{2}$

$$\begin{aligned} \frac{a^n}{n!} &= \frac{a^{n_0}}{n_0!} \cdot \frac{a}{n_0+1} \cdot \frac{a}{n_0+2} \cdot \ldots \cdot \frac{a}{n_0+n-n_0} \\ &< \frac{a^{n_0}}{n_0!} \cdot \frac{n_0}{2(n_0+1)} \cdot \frac{n_0}{2(n_0+2)} \cdot \ldots \cdot \frac{n_0}{2n} \\ &< \frac{a^{n_0}}{n_0!} \cdot \frac{n_0}{2n_0} \cdot \frac{n_0}{2n_0} \cdot \ldots \cdot \frac{n_0}{2n_0} \\ &= \frac{a^{n_0}}{n_0!} \cdot \frac{1}{2} \cdot \frac{1}{2} \cdot \ldots \cdot \frac{1}{2} = \frac{a^{n_0}}{n_0!} \cdot \left(\frac{1}{2}\right)^{n-n_0} \\ &= \frac{a^{n_0}}{n_0!} \cdot \left(\frac{1}{2}\right)^{-n_0} \cdot \left(\frac{1}{2}\right)^{n} \\ &= k_1 \cdot k_2 \cdot \left(\frac{1}{2}\right)^{n} \to 0 \quad \text{für} \quad n \to \infty \end{aligned}$$

Überblick

1. Ableitungs- und Integrationsregeln trigonometrischer und exponentieller Funktionen

Sinusregel
$(\sin x)' = \cos x$ $\int \sin x \, dx = -\cos x + C$

Kosinusregel
$(\cos x)' = -\sin x$ $\int \cos x \, dx = \sin x + C$

Regeln für exponentielle Funktionen
$(e^x)' = e^x$ $\int e^x \, dx = e^x + C$

$(e^{ax+b})' = a\, e^{ax+b}$ $\int e^{ax+b} \, dx = \frac{1}{a} \cdot e^{ax+b} + C$

2. Bedingungen für lokale Extrema und Wendepunkte

Notwendige Bedingung für lokale Extrema
f sei an der Stelle x_E differenzierbar. Dann gilt:
Ist x_E lokale Extremstelle von f, so gilt $f'(x_E) = 0$.

Hinreichendes Kriterium für lokale Extrema: f''- Kriterium
f sei in einer Umgebung von x_E zweimal differenzierbar. Dann gilt:
Ist $f'(x_E) = 0$ und $f''(x_E) \neq 0$, so hat f bei x_E eine lokale Extremstelle.

Genauer: $f'(x_E) = 0$ und $f''(x_E) < 0 \Rightarrow$ lokales Maximum bei x_E
$f'(x_E) = 0$ und $f''(x_E) > 0 \Rightarrow$ lokales Minimum bei x_E

Hinreichendes Kriterium für lokale Extrema: Vorzeichenwechselkriterium
f sei in einer Umgebung von x_E differenzierbar und $f'(x_E) = 0$.
Wechselt f' bei x_E das Vorzeichen, so ist x_E lokale Extremstelle.

Genauer: f' wechselt von + nach − $\Rightarrow$ lokales Maximum bei x_E
f' wechselt von − nach + $\Rightarrow$ lokales Minimum bei x_E

Notwendige Bedingung für Wendepunkte
f sei an der Stelle x_W zweimal differenzierbar. Dann gilt:
Wenn x_W eine Wendestelle von f ist, so gilt $f''(x_W) = 0$.

Hinreichendes Kriterium für Wendepunkte: f'''-Kriterium
f sei in einer Umgebung von x_W dreimal differenzierbar. Dann gilt:
Ist $f''(x_W) = 0$ und $f'''(x_W) \neq 0$, so hat f bei x_W eine Wendestelle.

Genauer: $f''(x_W) = 0$ und $f'''(x_W) < 0 \Rightarrow$ Links-Rechts-WP
$f''(x_W) = 0$ und $f'''(x_W) > 0 \Rightarrow$ Rechts-Links-WP

Hinreichendes Kriterium für Wendepunkte: Vorzeichenwechselkriterium
f sei in einer Umgebung von x_E zweimal differenzierbar
und es sei $f''(x_W) = 0$.
Wechselt f'' bei x_W das Vorzeichen, so ist x_W eine Wendestelle.

Genauer: f'' wechselt von + nach − $\Rightarrow$ Links-Rechts-WP
f'' wechselt von − nach + $\Rightarrow$ Rechts-Links-WP

3. Stammfunktionen ermitteln

Stammfunktionsnachweis

Ist eine Stammfunktion F von f bekannt oder vorgegeben, so erfolgt der Stammfunktionsnachweis durch Differenzieren, d. h. es wird gezeigt, dass die Ableitung von F gleich f ist ($F' = f$).

Stammfunktion einer exponentiellen Funktion durch Formansatz ermitteln

Die Funktion f sei das Produkt einer ganzrationalen Funktion 1. oder 2. Grades und einer Exponentialfunktion. Dann kann eine Stammfunktion F von f mit dem folgenden Ansatz ermittelt werden.

Funktionsgleichung	Formansatz für die Stammfunktion
$f(x) = (ax + b) \cdot e^{kx}$	$F(x) = (Ax + B) \cdot e^{kx}$
$f(x) = (ax^2 + bx + c) \cdot e^{kx}$	$F(x) = (Ax^2 + Bx + C) \cdot e^{kx}$

Der Formansatz für F wird differenziert und das Ergebnis mit der Funktion f verglichen (Koeffizientenvergleich).

Die Koeffizienten der Potenzen in den Funktionstermen von F′ und f müssen übereinstimmen.
Diese Forderung führt auf ein lineares Gleichungssystem für die Koeffizienten A, B bzw. A, B, C des Formansatzes.
Die Lösung des linearen Gleichungssystems liefert die passenden Werte für A, B bzw. A, B und C.

4. Exponentielle Wachstumsprozesse

Unbegrenztes Wachstum

Unbegrenztes Wachstum wird durch eine Funktion der Form
$N(t) = a \cdot e^{kt}$ $(a, k > 0)$ beschrieben.
a: Anfangsbestand zur Zeit $t = 0$; $a = N(0)$

Unbegrenzter Zerfall

Unbegrenzter Zerfall wird durch eine Funktion der Form
$N(t) = a \cdot e^{-kt}$ $(a, k > 0)$ beschrieben.
a: Anfangsbestand zur Zeit $t = 0$; $a = N(0)$

Begrenztes Wachstum

Begrenztes Wachstum wird durch eine Funktion der Form
$N(t) = a + b \cdot e^{-kt}$ $(k > 0, b < 0)$ beschrieben.
a + b: Anfangsbestand
a: Sättigungsgrenze

Logistisches Wachstum

Logistisches Wachstum wird durch eine Funktion der Form
$N(t) = \frac{a}{1 + b \cdot e^{-akt}}$ $(a, b, k > 0)$ beschrieben.
$\frac{a}{1+b}$: Anfangsbestand
a: Sättigungsgrenze

Umkehrfunktion

Der Graph der Umkehrfunktion f^{-1} einer Funktion f ensteht durch Spiegeln des Graphen von f an der Winkelhalbierenden des 1. und 3. Quadranten.

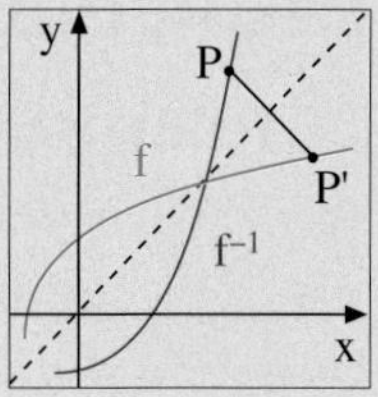

Eigenschaften der Umkehrfunktion

Definitionsmenge: $D_{f^{-1}} = W_f$,

Wertemenge: $W_{f^{-1}} = D_f$

Umkehrgleichungen: $f^{-1}(f(x)) = x$

$f(f^{-1}(x)) = x$

Die Umkehrformel (Ableitung der Umkehrfunktion)

Umkehrformel: $(f^{-1})'(x) = \frac{1}{f'(f^{-1}(x))}$

Die natürliche Logarithmusfunktion ln x und ihre Eigenschaften

$f(x) = \ln x$ ist für $x > 0$ die Umkehrfunktion von e^x. ln x ist streng monoton steigend, hat eine Nullstelle bei $x = 1$ und geht durch den Punkt $P(e|1)$. Für das Grenzverhalten gilt:

$\lim\limits_{x \to 0} \ln x = -\infty \qquad \lim\limits_{x \to \infty} \ln x = \infty$

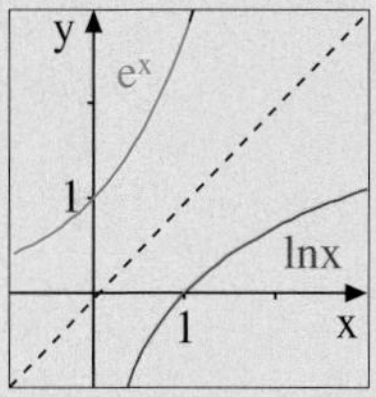

Logarithmische Rechengesetze

(1) $\ln(a \cdot b) = \ln a + \ln b$ (4) $\ln(e^x) = x$

(2) $\ln\left(\frac{a}{b}\right) = \ln a - \ln b$ (5) $e^{\ln x} = x$

(3) $\ln(a^b) = b \cdot \ln a$ (6) $\ln 1 = 0$

Die Ableitung von ln x

Die natürliche Logarithmusfunktion $f(x) = \ln x$ ist für $x > 0$ differenzierbar. Es gilt:

$$(\ln x)' = \frac{1}{x}$$

Logarithmische Integration

$\int \frac{1}{x}dx = \ln|x| + C \qquad \int \frac{f'(x)}{f(x)}dx = \ln|f(x)| + C$

Lineare Approximation einer Funktion

Die differenzierbare Funktion f kann in der Umgebung der Stelle x_0 durch die Tangente t in x_0 linear approximiert werden. Es gilt:

$$t(x_0) = f'(x_0) \cdot (x - x_0) + f(x_0)$$

Die Taylor- Formel

Das Taylor-Polynom g_n der Ordnung n approximiert die Funktion f in der Umgebung der Stelle x_0. Seine Gleichung lautet:

$$g_n(x) = \frac{f(x_0)}{0!} + \frac{f'(x_0)}{1!} \cdot (x - x_0)^1 + \ldots + \frac{f^{(n)}(x_0)}{n!} \cdot (x - x_0)^n$$

Die Radiokarbonmethode zur radioaktiven Altersbestimmung

Der amerikanische Chemiker Willard Frank Libby (1908–1980) entwickelte 1947 die sogenannte C-14-Methode zur radioaktiven Altersbestimmung prähistorischer organischer Überreste. Hierfür erhielt er 1960 den Nobelpreis für Chemie. Mit der C-14-Methode sind archäologische, anthropologische und geologische Datierungen möglich, die bis zu ca. 50 000 Jahre in die Vergangenheit zurückreichen.

Im Kohlendioxid der Luft und in den Körpern von Organismen kommt Kohlenstoff als *Isotopengemisch* vor. Das Gemisch besteht zu ca. 98,89 % aus dem stabilen Isotop ${}^{12}_{6}C$, zu 1,11 % aus dem stabilen Isotop ${}^{13}_{6}C$ und zu ca. $3 \cdot 10^{-11}$ % aus dem radioaktiven Isotop ${}^{14}_{6}C$ (Radiokarbon).

Das ${}^{14}C$ entsteht in den oberen Schichten der Atmosphäre ständig neu. Durch Neutronenbeschuss aus der kosmischen Strahlung wird Luftstickstoff ${}^{14}N$ in ${}^{14}C$ umgewandelt:

$${}^{14}_{7}N + {}^{1}_{0}n \rightarrow {}^{14}_{6}C + {}^{1}_{1}p.$$

Das so entstandene ${}^{14}C$ verbindet sich mit dem Luftsauerstoff O_2 zu Kohlenstoffdioxid CO_2, welches sich sodann in der Atmosphäre verteilt, in der sich im Laufe der Zeiten durch Neubildung und Zerfall ein stabiles Gleichgewicht der Isotope im oben angegebenen Mischungsverhältnis herausbildet.

Das Kohlendioxid kommt schließlich über die Atmung in die Körper von Pflanzen und über die Nahrung und das Wasser auch in die Körper von Tieren und Menschen.

In den Organismen kommt Kohlenstoff daher im exakt gleichen Isotopenmischungsverhältnis vor wie in der Atmosphäre bzw. im Meer.

Allerdings gilt dies nur, solange der Organismus lebt. Nach dem Tode des Organismus wird das radioaktiv zerfallende ${}^{14}C$ nicht mehr von außen ersetzt, sodass sein Anteil im Laufe der Zeit im Vergleich zu den Anteilen der stabilen Isotope ${}^{12}C$ und ${}^{13}C$ schrumpft.

Da die Zerfallsrate des ${}^{14}C$ bekannt ist (Halbwertszeit 5730 Jahre), ist es möglich, das Alter eines fossilen Organismus aus dem ${}^{14}C$-Anteil, der in seinen Überresten feststellbar ist, zu errechnen.

Diese Art der Altersbestimmung wird als ***Radiokarbonmethode*** oder als ***C-14-Uhr*** bezeichnet.

Die fehlerfreie Verwendung der Radiokarbonmethode zur Altersbestimmung in der Archäologie und der Paläontologie setzt allerdings voraus, dass sowohl die kosmische Höhenstrahlung als auch der Stickstoffgehalt der hohen atmosphärischen Schichten über extrem lange Zeiträume nahezu gleich geblieben sind. Schwankungen* können die Zuverlässigkeit beeinträchtigen. Da ^{14}C ohnehin recht schnell zerfällt, wächst die Unsicherheit der Methode mit dem Alter der untersuchten Probe.

Beispiel: Das radioaktive Isotop ^{14}C des Kohlenstoffs zerfällt unter β-Strahlung mit einer Halbwertszeit von ca. 5730 Jahren. Stellen Sie das exponentielle Zerfallsgesetz auf.

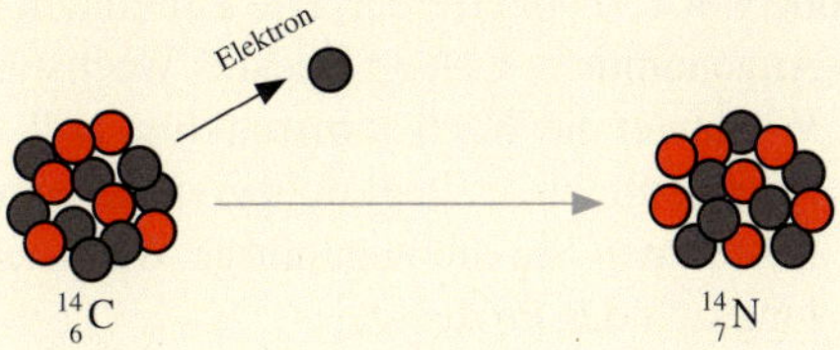

Lösung:
Mit der Formel für die Halbwertszeit bestimmen wir die Zerfallskonstante k. Es ergibt sich $k \approx 0{,}00012$.

Der Ansatz $N(t) = N_0 \cdot e^{-kt}$ liefert dann das nebenstehende Zerfallsgesetz.

$$k = \frac{\ln 2}{T_{1/2}} \approx \frac{0{,}6931}{5730} \approx 0{,}00012.$$

$$N(t) = N_0 \cdot e^{-0{,}00012\,t} \text{ (t in Jahren)}$$

Beispiel: Im Moor wird beim Abstich von Torf ein Tierskelett gefunden. Die Überprüfung des Kohlenstoffgehalts ergibt, dass der Anteil des radioaktiven Isotops ^{14}C am Gesamtkohlenstoff im Laufe der Zeit auf $0{,}2 \cdot 10^{-11}\,\%$ abgesunken ist. Wie alt ist das Fundstück?

Lösung:
Der ^{14}C-Gehalt ist von $3 \cdot 10^{-11}\,\%$ auf $0{,}2 \cdot 10^{-11}\,\%$ gesunken, also auf $\frac{1}{15}$ des Ausgangswertes.
Die Berechnung von $T_{1/15}$ ergibt ein Alter von etwa 22 600 Jahren.

$$T_{1/15} = \frac{\ln 15}{k} \approx \frac{2{,}7081}{0{,}00012} \approx 22\,567 \text{ Jahre}$$

Übung

Ein Kunsthändler preist das Bild eines alten Meisters an, der vor 600 Jahren gewirkt hat. Ein Kunde möchte die Echtheit des Gemäldes mit der Radiokarbonmethode prüfen lassen.
Welcher prozentuale ^{14}C-Anteil am Gesamtkohlenstoff müsste sich bei der Untersuchung des in der Leinwand enthaltenen Kohlenstoffes ergeben, wenn das Bild keine Fälschung ist?

* Fehlerquellen bei der Radiokarbonmethode: **1.** Schwankungen des Radiokarbonspiegels in früheren Jahrhunderten. Diese sind anhand von Baumringen feststellbar und eichbar. **2.** Seit 1952 ist durch atmosphärische Atomtests der ^{14}C-Gehalt angestiegen. Der Vorgang ist ebenfalls bekannt und eichbar. **3.** Wird ein Skelett von Flüssigkeit durchsickert, so setzt sich Kalziumkarbonat fest, das den schon abgesunkenen ^{14}C-Gehalt wieder erhöht. Solche Prozesse und labortechnische Verunreinigungen stellen das größte Problem dar.

Test

Vertiefung der Differential- und Integralrechnung (2)

1. Lineares und exponentielles Wachstum

Zu Beobachtungsbeginn ist ein Kaktus 90 cm hoch, ein Jahr später hat er eine Höhe von 150 cm erreicht. Die Zeiteinheit sei 1 Monat.

a) Angenommen, es liegt lineares Wachstum vor. Wie lautet die Wachstumsfunktion N_1?

b) Angenommen, es liegt unbegrenztes exponentielles Wachstum vor. Bestimmen Sie die zugehörige Wachstumsfunktion N_2 und die Verdoppelungszeit des Prozesses.

c) Wann ist der Höhenunterschied zwischen den Modellen N_1 und N_2 im Verlauf des Jahres am größten?

2. Begrenztes Wachstum

Bei einer Tropfinfusion kann die zur Zeit t im Blut vorhandene Wirkstoffmenge durch die Funktion $N(t) = 50 - 50e^{-0{,}04t}$ beschrieben werden (t in Minuten, N(t) in mg).

a) Wie groß ist die Wirkstoffmenge nach 10 Minuten? Nach welcher Zeit wird eine Wirkstoffmenge von 30 mg erreicht? Welche Wirkstoffmenge kann maximal erreicht werden?

b) Mit welcher Geschwindigkeit wächst die Wirkstoffmenge zum Zeitpunkt $t = 0$? Wann hat die Wachstumsgeschwindigkeit $N'(t)$ einen Wert von 1 mg pro Minute?

c) Nach einer Stunde wird die Infusion abgebrochen. Nun kann die Wirkstoffmenge durch $N_1(t) = N_0 \cdot e^{-0{,}04(t-60)}$ neu erfasst werden. Wie groß ist N_0? Wie lange dauert es, bis die Wirkstoffmenge auf 5 mg abgesunken ist?

3. Logistisches Wachstum

Eine Population von Erdmännchen besteht zu Beobachtungsbeginn aus 300 Tieren. Ein Jahr später ist sie auf 340 Tiere angewachsen. Es wird geschätzt, dass das Revier langfristig maximal 3000 Tieren Nahrung und Raum geben kann. Die Population wächst nach dem Modell des logistischen Wachstums $N(t) = \frac{a}{1 + b e^{-kt}}$ (t in Jahren).

a) Bestimmen Sie a, b und k und zeichnen Sie den Graphen von N.

b) Wann sind nach diesem Modell 1500 Tiere erreicht?

c) Zeigen Sie, dass $M(t) = 21\,429 \cdot \ln(e^{0{,}14t} + 9)$ eine Stammfunktion der Wachstumsfunktion N aus a) ist.

d) Der Nahrungsbedarf eines Erdmännchens beträgt 200 g/Tag. Berechnen Sie die Nahrungsmenge, welche die Kolonie in den ersten 10 Beobachtungsjahren verbraucht.

4. Ableitung von Logarithmusfunktionen

Bestimmen Sie die Ableitungsfunktion f′.

a) $f(x) = \ln(2x + 3)$ b) $f(x) = x^2 \cdot \ln(4 - 3x)$

5. Logarithmische Integration

Bestimmen Sie den Inhalt des abgebildeten Flächenstücks.

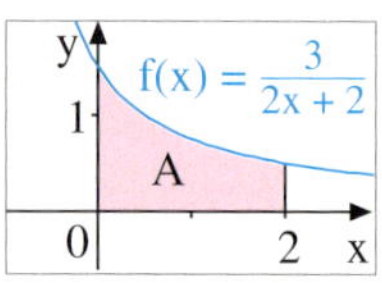

6. Taylor-Approximation

Bestimmen Sie die Taylor-Polynome 1. und 2. Ordnung von $f(x) = 3 \cdot e^{-0{,}5x}$ um die Entwicklungsstelle $x_0 = 0$. Wie groß ist der maximale Fehler im Intervall [−1; 1]? Fertigen Sie eine Skizze an.

Lösungen: S. 315

IV. Funktionenscharen

1. Ganzrationale Funktionenscharen

A. Funktionenscharen zweiten Grades

1. Diskussion einer Kurvenschar:
Die Funktionsgleichung $f_a(x) = x^2 - ax$ $(a \in \mathbb{R})$ beschreibt nicht eine einzelne Funktion, sondern gleich eine ganze ***Kurvenschar***, denn für jeden Wert von a erhält man eine andere Funktion. a heißt ***Scharparameter*** der Kurvenschar f_a.

Beispiel: Parabelschar
Führen Sie eine Kurvenuntersuchung der Kurvenschar $f_a(x) = x^2 - ax$ $(a \in \mathbb{R})$ durch.
Berechnen Sie die Lage der Nullstellen und Extrema von f_a in Abhängigkeit vom Parameter a.
Skizzieren Sie die Graphen der speziellen Scharfunktionen f_1, f_3 und $f_{-1,5}$.
Beschreiben Sie, wie der Parameter a die Lage des Scheitelpunktes der Parabel beeinflusst.

Lösung:

Ableitungen:
$f_a(x) = x^2 - ax$
$f_a'(x) = 2x - a$
$f_a''(x) = 2$

Nullstellen:
$f_a(x) = x^2 - ax = x(x - a) = 0$
$\Rightarrow x = 0$ und $x = a$

Extrema:
$f_a'(x) = 2x - a = 0 \Rightarrow x = \frac{a}{2}$
$f_a''\left(\frac{a}{2}\right) = 2 > 0 \Rightarrow$ Minimum
Tiefpunkt: $T\left(\frac{a}{2}\middle|-\frac{a^2}{4}\right)$

Graphen der Schar:

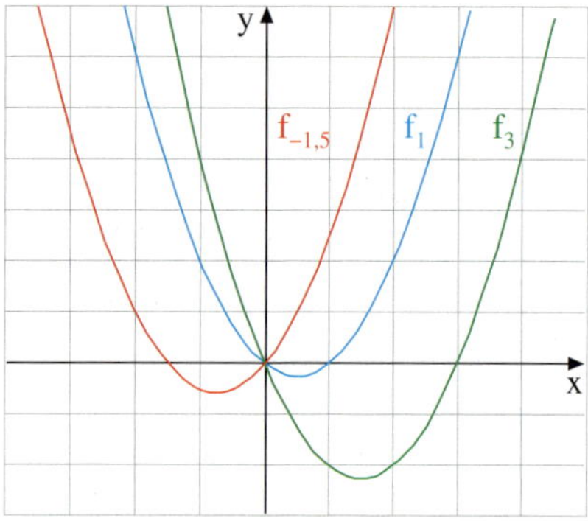

Einfluss des Parameters auf die Lage des Scheitelpunktes:
Der Scheitelpunkt der Parabel ist ihr Tiefpunkt. Dessen Lage ist vom Parameter a abhängig:
$a < 0$: Je kleiner a wird, desto weiter bewegt sich der Scheitelpunkt nach links unten,
$a > 0$: Je größer a wird, desto weiter bewegt sich der Scheitelpunkt nach rechts unten.

Häufig steht man vor der Aufgabe, aus einer Kurvenschar diejenige Kurve auszusortieren, die eine bestimmte, vorgegebene Eigenschaft hat.

Beispiel: Parameter gesucht
a) Welche Kurve der Schar $f_a(x) = x^2 - ax$ hat an der Stelle $x = 3$ die Steigung 1?
b) Gibt es eine Kurve der Schar f_a, die genau eine Nullstelle besitzt?

Lösung zu a):
Eine Kurve der Schar f_a hat an der Stelle $x = 3$ die Steigung 1, wenn $f_a'(3) = 1$ gilt.
Daraus folgt:
$f_a'(3) = 6 - a = 1 \Rightarrow a = 5.$
$f_5(x) = x^2 - 5x$ ist die gesuchte Funktion.

Lösung zu b):
Im obigen Beispiel wurde bereits gezeigt, dass die Nullstellen bei $x = 0$ und $x = a$ liegen. Für $a = 0$ gibt es also nur genau eine Nullstelle. Folglich besitzt die Funktion $f_0(x) = x^2$ genau eine Nullstelle.

2. Zusatzprobleme:

Wir untersuchen nun ***Zusatzprobleme*** zum vorigen Beispiel, die bei der Untersuchung von Scharen eine Rolle spielen, z. B. Tangenten, Normalen, Integrationsprobleme.

Beispiel: Tangentengleichung

Die Funktion $f_a(x) = x^2 - ax$ ($a \in \mathbb{R}$, $a \neq 0$) hat eine Nullstelle bei $x = a$. Bestimmen Sie die Gleichung der Tangente von f_a in dieser Nullstelle in Abhängigkeit vom Parameter a.

Lösung:

Wir verwenden für die Tangente bei $x = a$ den Ansatz $t_a(x) = mx + n$.

Wegen $f_a'(x) = 2x - a$ gilt $m = f_a'(a) = a$. Daraus folgt $t_a(x) = ax + n$ als revidierter Ansatz.

Aus $t_a(a) = f_a(a) = 0$ folgt nun $a^2 + n = 0$, d. h. $n = -a^2$.

Einsetzen in den revidierten Ansatz liefert das Endresultat: $t_a(x) = ax - a^2$.

Ansatz für die Tangente

$t_a(x) = mx + n$

Berechnung der Steigung m

$f_a'(x) = 2x - a$

$m = f_a'(a) = a \Rightarrow t_a(x) = ax + n$

Berechnung des Achsenabschnitts n

$t_a(a) = f_a(a) = 0 \Rightarrow a^2 + n = 0 \Rightarrow n = -a^2$

Resultat: $t_a(x) = ax - a^2$

Beispiel: Normale

Die Funktion $f_a(x) = x^2 - ax$ ($a \in \mathbb{R}$, $a \neq 0$) geht durch den Punkt $P_a(a|0)$.
Bestimmen Sie die Gleichung der Kurvennormalen von f_a im Punkt P_a in Abhängigkeit von a.
Zeigen Sie, dass die Normale unabhängig von a stets durch den Punkt $Q(0|1)$ geht.
Veranschaulichen Sie die Ergebnisse in einer Graphik.

Lösung zu:

Wir verwenden für die Normale bei $x = a$ ebenfalls den Ansatz $n_a(x) = mx + n$.

Die Steigung der Normalen n_a bei $x = a$ ist gleich dem negativen Kehrwert der Kurvensteigung, d. h. $m = -\frac{1}{a}$.

Daher gilt $n_a(x) = -\frac{1}{a}x + n$.

Da n_a durch den Punkt $P_a(a|0)$ gehen soll, muss $n = 1$ gelten.

Resultat: $n_a(x) = -\frac{1}{a}x + 1$

Setzen wir die Koordinaten des Punktes $Q(0|1)$ in die Gleichung von n_a ein, so ergibt sich $n_a(0) = -\frac{1}{a} \cdot 0 + 1 = 1$.

n_a geht also unabhängig von a durch den Punkt $Q(0|1)$. Die Graphik verdeutlicht dies.

Normalengleichung

Ansatz: $n_a(x) = mx + n$

$m = -\frac{1}{f_a'(a)} = -\frac{1}{a} \Rightarrow n_a(x) = -\frac{1}{a}x + n$

$n_a(a) = f_a(a) = 0 \Rightarrow -1 + n = 0 \Rightarrow n = 1$

Resultat: $n_a(x) = -\frac{1}{a}x + 1$

Graphische Veranschaulichung

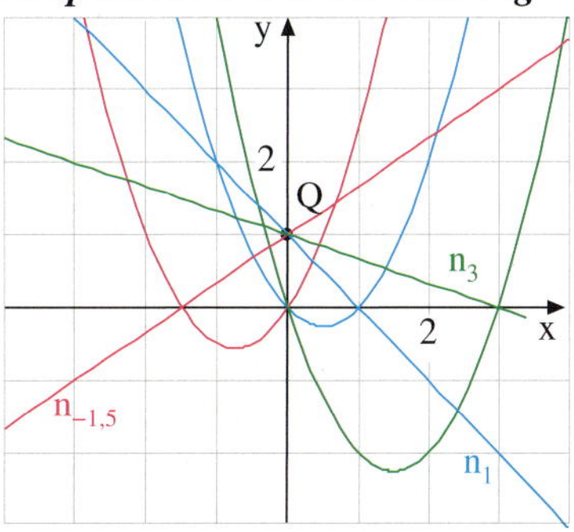

Beispiel: Flächeninhalt

Berechnen Sie den Inhalt des Flächenstücks A_a, welches vom Graphen von $f_a(x) = x^2 - ax$ und der x-Achse begrenzt wird ($a > 0$).
Ermitteln Sie, für welchen Wert von a das Flächenstück A_a den Inhalt 4,5 hat.

Lösung:
Das Flächenstück A_a liegt unterhalb der x-Achse. Es wird durch die beiden Nullstellen $x = 0$ und $x = a$ nach links und rechts begrenzt. Die Nullstellen von f_a sind also gleichzeitig die Integrationsgrenzen.

Veranschaulichung

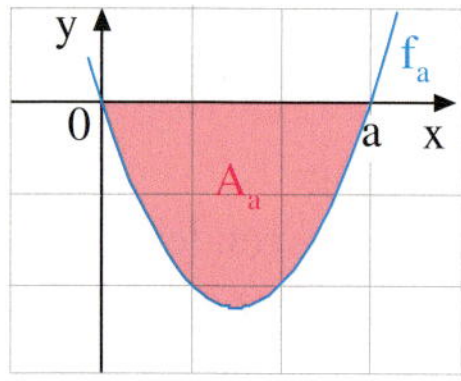

Die Integration von f_a in den Grenzen von 0 bis a ist relativ leicht.
Die Integration liefert als Resultat den von a abhängigen Flächeninhalt $A_a = \frac{1}{6}a^3$.

Inhalt des Flächenstücks A_a

$$\int_0^a (x^2 - ax)\,dx = \left[\tfrac{1}{3}x^3 - \tfrac{1}{2}ax^2\right]_0^a$$
$$= \left(-\tfrac{1}{6}a^3\right) - (0) = -\tfrac{1}{6}a^3$$
$$\Rightarrow A_a = \tfrac{1}{6}a^3$$

Der Inhalt 4,5 liegt vor, wenn $A_a = 4{,}5$ gilt. Dies führt nach der rechts ausgeführten Rechnung auf $a = 3$.

Fläche mit dem Inhalt 4,5

Ansatz: $A_a = \frac{1}{6}a^3 = 4{,}5$
$a^3 = 27$
$a = 3$

Übung 1 Untersuchung einer Kurvenschar

Gegeben ist die Kurvenschar $f_a(x) = x^2 - (a+1)\cdot x + a$ $(a \in \mathbb{R}, a \geq 1)$.

a) Untersuchen Sie f_a auf Nullstellen und Extremstellen.
b) Skizzieren Sie die Graphen von f_1, f_2 und f_3 für $-1 \leq x \leq 4$.
c) Welche Kurve der Schar f_a hat an der Stelle $x = 2$ ein lokales Extremum?
d) Welche Kurve der Schar f_a hat genau eine Nullstelle?
e) Berechnen Sie eine Stammfunktion von f_a.
f) Wie groß ist der Inhalt des Flächenstücks A_a, welches im 1. Quadranten vom Graphen von f_a und den beiden Koordinatenachsen eingeschlossen wird?
g) Für welchen Wert von a hat das Flächenstück A_a aus Teil f) den Inhalt $\frac{4}{3}$?

Übung 2 Untersuchung einer Kurvenschar

Gegeben ist die Kurvenschar $f_a(x) = x^2 - ax - \frac{3}{4}a^2$ $(a \in \mathbb{R}, a \geq 0)$.

a) Führen Sie eine Kurvenuntersuchung von f_a durch (Nullstellen, Extrema).
b) Skizzieren Sie die Graphen von f_0, f_1 und $f_{1,5}$ für $-2 \leq x \leq 3$.
c) Welche Kurve der Schar f_a hat an der Stelle $x = 2$ ein lokales Extremum?
d) Welche Kurve der Schar f_a hat genau eine Nullstelle?
e) Wie lautet die Gleichung der Tangente t_a in der Nullstelle bei $x = \frac{3}{2}a$?
Für welches a schneidet die Tangente t_a die y-Achse bei -3?
f) Berechnen Sie den Inhalt der Fläche A, die von $f_{1,5}$ und den Koordinatenachsen im 4. Quadranten eingeschlossen wird.

3. Ortskurven

Im folgenden Beispiel geht es um die ***Ortskurve*** der Extrema einer Kurvenschar. Das ist diejenige Kurve, auf der alle lokalen Extrema der Schar liegen.

Beispiel: Ortskurve
Die Funktionenschar $f_a(x) = -\frac{1}{4}x^2 + ax$ $(a > 0)$ soll untersucht werden. Zeichnen Sie die Graphen für $a = 1$, $a = 2$ und $a = 3$ in das gleiche Koordinatensystem. Bestimmen Sie außerdem diejenige Kurve y, auf der alle Hochpunkte von f_a liegen, und zeichnen Sie deren Graph ein.

Lösung:

1. Nullstellen:
$f_a(x) = -\frac{1}{4}x^2 + ax = 0$
$-\frac{1}{4}x \cdot (x - 4a) = 0$
$x = 0$ oder $x = 4a$

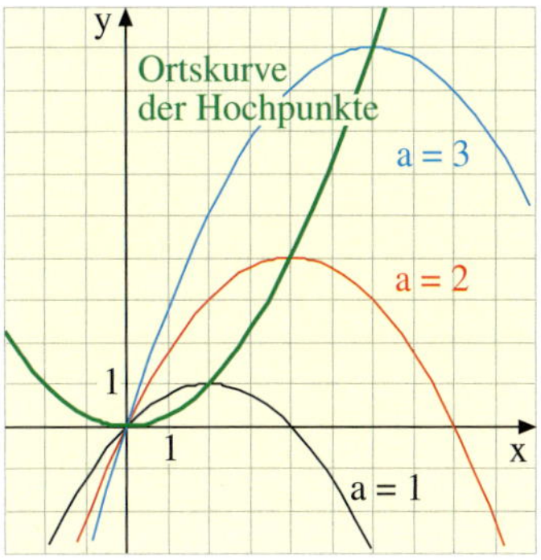

2. Extrema:
$f'_a(x) = -\frac{1}{2}x + a = 0$
$x = 2a$
$y = a^2$
$f''_a(a) = -\frac{1}{2} < 0 \Rightarrow$ Hochpunkt $H(2a|a^2)$

3. Wendepunkte:
$f''_a(x) = -\frac{1}{2} \neq 0$
$\Rightarrow$ keine Wendepunkte

4. Ortskurve der Hochpunkte:
Der Hochpunkt hat die beiden Koordinaten $x = 2a$ und $y = a^2$.
Wir lösen die Gleichung für die x-Koordinate nach a auf, d.h. $a = \frac{x}{2}$. Wir setzen dieses Zwischenergebnis in die Gleichung für die y-Koordinate ein:
$y = a^2 = \left(-\frac{x}{2}\right)^2 = \frac{1}{4}x^2$
Das Endergebnis $y = \frac{1}{4}x^2$ stellt die gesuchte Ortskurve der Hochpunkte dar.
In der Graphik ist sie grün dargestellt.

Koordinaten des Hochpunktes:
x-Koordinate: $x = 2a$
y-Koordinate: $y = a^2$

Auflösen der x-Koordinate nach a:
$x = 2a \Rightarrow a = \frac{x}{2}$

Einsetzen in die y-Koordinate:
$y = a^2 \Rightarrow y = \left(\frac{x}{2}\right)^2 \Rightarrow y = \frac{1}{4}x^2$

Gleichung der Ortskurve:
$y = \frac{1}{4}x^2$

Rezept zur Bestimmung der Ortskurve eines Extrempunktes
1. Bestimmen Sie die beiden Koordinaten des Extrempunktes in Abhängigkeit von a.
2. Lösen Sie die Gleichung für die x-Koordinate nach dem Parameter a auf.
3. Setzen Sie den so gewonnenen Term für a in die Gleichung für die y-Koordinate ein.

Übung 3 Ortskurve
Untersuchen Sie Schar $f_a(x) = ax^2 - x$ $(a > 0)$ auf Nullstellen und Extrema. Skizzieren Sie f_1, f_2 und f_3. Bestimmen und zeichnen Sie die Ortskurve der Extrema.

Übung 4 Ortskurve
Es sei $f_a(x) = -\frac{1}{4}(x^2 - ax - 2a^2)$, $a > 0$.
Berechnen Sie die Extrema von f_a.
Ermitteln Sie die Ortskurve der Extrema.
Skizzieren Sie f_1, f_2, f_3 und die Ortskurve.

4. Identifizierung von Scharkurven:

Manchmal müssen einzelne Kurven einer Schar anhand von Zeichnungen ***identifiziert*** werden wie im folgenden Beispiel.

Beispiel: Identifizieren von Funktionen

Gegeben ist die Funktionenschar

$f_a(x) = ax^2 - 4ax$, $(a \in \mathbb{R}, a \neq 0)$.

a) Bestimmen Sie den Parameter a zu den abgebildeten Funktionen u, v und w.

b) Wie groß ist der Inhalt des Flächenstücks A, welches von $f_{0,5}$ und f_1 eingeschlossen wird?

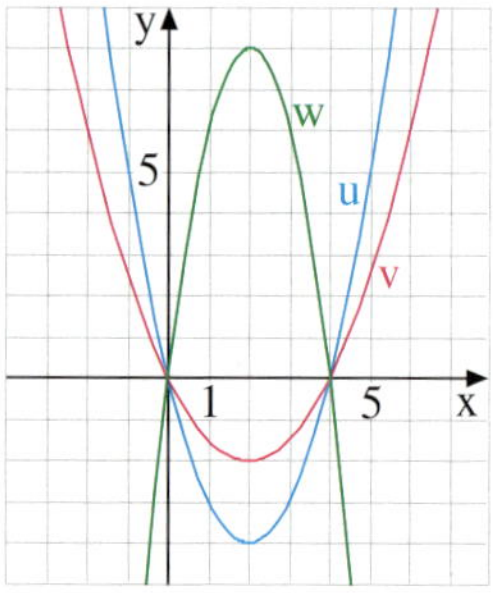

Lösung zu a):

Da alle Funktionen die gleichen Nullstellen haben, sind diese zur Identifikation nicht geeignet. Daher untersuchen wir die Extrempunkte von f_a, deren Lage wir durch Nullsetzen der Ableitungsfunktion f_a' errechnen. Sie liegen nach nebenstehender Rechnung bei $T(2|-4a)$ $(a > 0)$ und $H(2|-4a)$ $(a < 0)$.

Graph u hat einen Tiefpunkt bei $T(2|-4)$. Also gilt $-4a = -4$, d.h. $a = 1$ und $u = f_1$. Analog lassen sich v und w identifizieren: $v = f_{0,5}$ und $w = f_{-2}$.

Lösung zu b):

Das Flächenstück A liegt im 4. Quadranten. Die Schnittpunkte der Randkurven $f_{0,5}$ und f_1 sind deren Nullstellen $x = 0$ und $x = 4$. Wir integrieren daher die Differenzfunktion $d(x) = f_{0,5}(x) - f_1(x)$ in den Grenzen von 0 bis 4.

Unser Resultat lautet $A = 5\frac{1}{3} \approx 5{,}33$.

Extrema von f_a

$f_a'(x) = 2ax - 4a$, $f_a''(x) = 2a$

$$f_a'(x) = 0$$
$$2ax - 4a = 0$$
$$x = 2,\ y = -4a$$

$f_a''(2) = 2a \Rightarrow$ Minimum, falls $a > 0$
Maximum, falls $a < 0$

Tiefpunkt: $T(2|-4a)$, falls $a > 0$
Hochpunkt: $H(2|-4a)$, falls $a < 0$

Flächeninhalt (Fläche zwischen $f_{0,5}$ und f_1)

$$A = \int_0^4 (f_{0,5}(x) - f_1(x))\,dx$$
$$= \int_0^4 ((0{,}5x^2 - 2x) - (x^2 - 4x))\,dx$$
$$= \int_0^4 (-0{,}5x^2 + 2x)\,dx$$
$$= \left[-\tfrac{1}{6}x^3 + x^2\right]_0^4 = \left(\tfrac{32}{6}\right) - (0) \approx 5{,}33$$

Übung 5 Identifizieren von Funktionen

Gegeben ist die Funktionenschar

$f_a(x) = \frac{1}{4}x^2 - ax + \frac{7}{16}a^2$, $a \geq 0$.

a) Berechnen Sie Nullstellen und Extrema.

b) Bestimmen Sie die Parameter a zu den abgebildeten Scharkurven u, v und w.

c) Welche Scharkurve schneidet die y-Achse unter einem Winkel von 45°?

d) Wie groß ist die Fläche A zwischen dem Graphen von f_1 und der x-Achse?

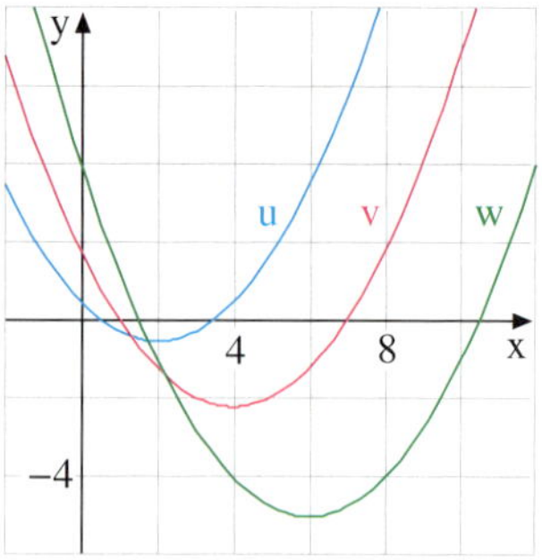

Übungen

6. Untersuchung von Funktionenscharen

Untersuchen Sie die Schar f_a auf Nullstellen und Extrema. Zeichnen Sie f_a. Es gelte $a > 0$.

a) $f_a(x) = -\frac{1}{a}x^2 + ax$, Graph für $a = 1$ und $a = 2$ $(-1 \le x \le 5)$.

b) $f_a(x) = -\frac{1}{2}x^2 + ax + \frac{3}{2}a^2$, Graph für $a = 1$ und $a = 2$ $(-3 \le x \le 7)$.

c) $f_a(x) = 2x^2 - 4ax - 8 + 2a^2$, Graph für $a = 1$ und $a = 3$ $(-2 \le x \le 6)$.

d) $f_a(x) = -(x-a)^2 + 4 - a$, Graph für $a = 1$ und $a = 4$ $(-2 \le x \le 6)$.

7. Funktionsuntersuchung mit Parameterfragen

Gegeben ist die Funktionenschar $f_a(x) = ax^2 + x - \frac{2}{a}$, $a \in \mathbb{R}$, $a \neq 0$.

a) Untersuchen Sie f_a auf Nullstellen.

b) Bestimmen Sie den Extrempunkt von f_a.
Hängt die Art des Extrempunktes vom Parameter a ab?

c) Skizzieren Sie die Graphen von f_1 und f_2 für $-2{,}5 \le x \le 1{,}5$.

d) Für welchen Wert von a haben die Nullstellen von f_a den Abstand 2 voneinander?

e) Für welche Werte von a verläuft der Graph von f_a durch den Punkt $P(1|0)$?

f) Weisen Sie nach: Alle Graphen f_a schneiden die y-Achse unter dem gleichen Winkel.

g) Für welchen Wert von a hat f_a an der Stelle $x = 1$ die Steigung 2?

h) Bestimmen Sie $a > 0$ so, dass der Inhalt des von f_a und der x-Achse eingeschlossenen Flächenstücks den Wert 4,5 hat.

8. Parameterfragen/Ortskurve

Gegeben ist die Funktionenschar $f_a(x) = ax^2 + a^2x$, $a \neq 0$.

a) Untersuchen Sie f_a auf Nullstellen und Extrema.
Hängt die Art des Extrempunktes vom Parameter a ab?

b) Ermitteln Sie die Gleichung der Ortskurve der Extrema von f_a.

c) Skizzieren Sie die Graphen von f_{-1} und f_2 für $-2{,}5 \le x \le 1{,}5$.

d) Bestimmen Sie den Parameterwert a so, dass f_a durch den Punkt $P(2|0)$ verläuft.

9. Kurven einer Schar identifizieren

Gegeben ist die Funktionenschar.
$f_a(x) = -x^2 + 4ax + 2a - 4a^2$

a) In der Abbildung sind drei Kurven u, v und w der Schar f_a dargestellt. Entscheiden Sie, welcher Parameterwert a zu welcher Kurve gehört. Begründen Sie.

b) Bestimmen Sie den Hochpunkt von f_a.

c) Die Hochpunkte von f_a liegen auf einer Geraden g. Bestimmen Sie die Gleichung von g.

d) Die Graphen von f_1 und f_2 und die x-Achse umschließen im 1. Quadranten ein Flächenstück A.
Berechnen Sie den Inhalt von A.

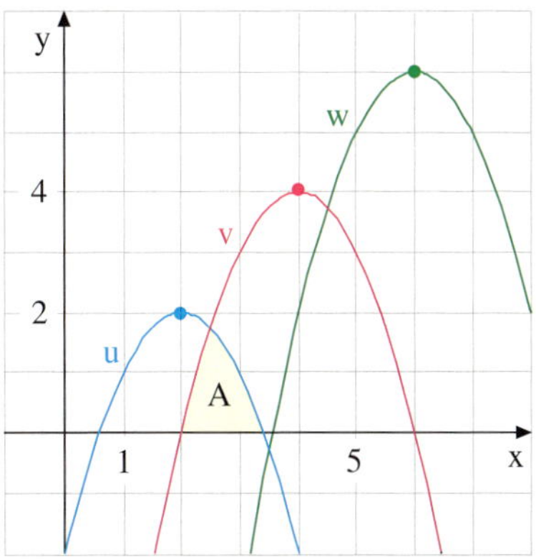

B. Funktionenscharen dritten und höheren Grades

1. Diskussion einer Kurvenschar:

Beispiel: Gegeben sei die Kurvenschar $f_a(x) = x^3 - 3ax^2$ ($a \in \mathbb{R}$, $a > 0$).
Untersuchen Sie f_a auf Nullstellen, Extrema und Wendepunkte.
Skizzieren Sie f_1, $f_{0,6}$ und $f_{1,2}$.

Lösung:

Ableitungen:

$f_a(x) = x^3 - 3ax^2 = x^2 \cdot (x - 3a)$
$f_a'(x) = 3x^2 - 6ax = 3x \cdot (x - 2a)$
$f_a''(x) = 6x - 6a = 6 \cdot (x - a)$
$f_a'''(x) = 6$

Nullstellen:

$f_a(x) = x^3 - 3ax^2 = x^2 \cdot (x - 3a) = 0$
$\Rightarrow\ x = 0$ und $x = 3a$

Extrema:

$f_a'(x) = 3x^2 - 6ax = 3x \cdot (x - 2a) = 0$
$\Rightarrow\ \left.\begin{matrix} x = 0 \\ y = 0 \end{matrix}\right\}$ Hochpunkt, denn $f_a''(0) = -6a < 0$;
$\Rightarrow\ \left.\begin{matrix} x = 2a \\ y = -4a^3 \end{matrix}\right\}$ Tiefpunkt, denn $f_a''(2a) = 6a > 0$

Wendepunkte:

$f_a''(x) = 6x - 6a = 6(x - a) = 0$
$\Rightarrow\ \left.\begin{matrix} x = a \\ y = -2a^3 \end{matrix}\right\}$ R-L-Wendepunkt, denn $f_a'''(a) = 6 > 0$

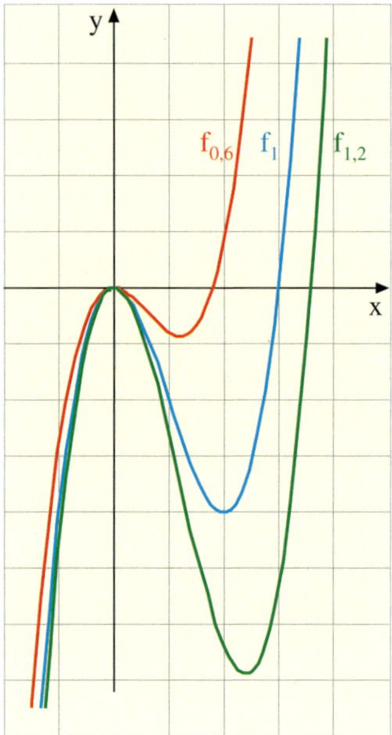

Beispiel: Wendetangente

Die Schar $f_a(x) = x^3 - 3ax^2$ hat den Wendepunkt $W(a|-2a^3)$. Stellen Sie fest, für welchen Parameterwert a die Wendetangente von f_a durch den Punkt $P(0|8)$ geht ($a \in \mathbb{R}$, $a > 0$).

Lösung:

Die Steigung im Wendepunkt $W(a|-2a^3)$ lautet $f'(a) = -3a^2$. Für die Wendetangente kann daher der Ansatz $t(x) = -3a^2x + n$ verwendet werden.

Setzen wir hier die Koordinaten des Wendepunktes ein, so erhalten wir $n = a^3$.

Die Gleichung der Wendetangente lautet also exakt $t(x) = -3a^2x + a^3$.

Da t durch den Punkt $P(0|8)$ gehen soll, muss $a^3 = 8$ gelten, woraus $a = 2$ folgt.

Also ist $f_2(x) = x^3 - 6x^2$ die gesuchte Kurve.

Gleichung der Tangente in $W(a|-2a^3)$

Ansatz: $t(x) = mx + n$ mit $m = f'(a) = -3a^2$
$t(x) = -3a^2x + n$

Berechnung von n:
$W(a|-2a^3)$ liegt auf $t \Rightarrow t(a) = -2a^3$
$-3a^3 + n = -2a^3$
$n = a^3$

Wendetangente: $t(x) = -3a^2x + a^3$

Wendetangente durch $P(0|8)$

Ansatz: $t(0) = 8 \Rightarrow a^3 = 8 \Rightarrow a = 2$

2. Zusatzprobleme:

Beispiel: Schnittwinkel mit der x-Achse

Die Funktion $f_a(x) = x^3 - 3ax^2$ ($a \in \mathbb{R}$, $a \neq 0$) hat eine Nullstelle bei $x = 3a$ und eine doppelte Nullstelle bei $x = 0$. Untersuchen Sie, für welches a der Graph von f_a die x-Achse unter einem Winkel von 45° schneidet.

Lösung:

Wir bestimmen zunächst die Ableitungsfunktion f_a': $f_a'(x) = 3x^2 - 6ax$

Der Winkel von 45° kann nur bei der Nullstelle $x = 3a$ vorliegen, denn in der doppelten Nullstelle bei $x = 0$ wird die x-Achse mit einem Winkel von 0° berührt.

Daher muss gelten: $f_a'(3a) = \tan 45°$.
Dies führt auf die Gleichung $9a^2 = 1$, aus der $a = \pm\frac{1}{3}$ folgt.

Möglicher Schnittpunkt mit der x-Achse

Ableitung von f_a: $f_a'(x) = 3x^2 - 6ax$

$P(0|0)$: $f_a'(0) = 0$ kommt nicht in Frage
$P(3a|0)$: $f_a'(3a) = 27a^2 - 18a^2 = 9a^2$

Bestimmung des Parameterwertes a

Ansatz: $\alpha = 45°$
$\tan\alpha = 1$
$f'(3a) = 9a^2 = 1$
$a = \pm\frac{1}{3}$

Beispiel: Integration

Gegeben ist wieder die Funktion $f_a(x) = x^3 - 3ax^2$ ($a \in \mathbb{R}$, $a \neq 0$).

a) Berechnen Sie das unbestimmte Integral von f_a.

b) Bestimmen Sie für $a > \frac{2}{3}$ den Inhalt der Fläche A_a zwischen dem Graphen von f_a und der x-Achse über dem Intervall [0; 2] in Abhängigkeit von a.

c) Für welchen Wert von a ist der Inhalt der Fläche A_a aus b) gleich 4?

Lösung zu a)

Das unbestimmte Integral $\int f_a(x)\,dx$ lautet:

$\int (x^3 - 3ax^2)\,dx = \frac{1}{4}x^4 - ax^3 + C$

Lösung zu b)

Für $a > \frac{2}{3}$ ist f_a im Intervall [0; 2] negativ. Das bestimmte Integral von f_a über [0; 2] hat den Wert $4 - 8a$. Daher gilt für den Inhalt der Fläche A_a: $A_a = 8a - 4$.

Lösung zu c)

Der Ansatz $A_a = 4$ führt auf $a = 1$.

Das unbestimmte Integral von f_a

$F_a(x) = \int (x^3 - 3ax^2)\,dx = \frac{1}{4}x^4 - ax^3 + C$

Fläche unter f_a über [0; 2]

$\int_0^2 (x^3 - 3ax^2) = \left[\frac{1}{4}x^4 - ax^3\right]_0^2 = 4 - 8a$
$\Rightarrow A_a = 8a - 4$

Bestimmung des Parameterwertes

Ansatz: $A_a = 8a - 4 = 4 \Rightarrow a = 1$

Übung 10 Kubische Funktionenschar

Es sei $f_a(x) = \frac{1}{2}ax^2 - \frac{1}{4}x^3$ ($a \in \mathbb{R}$, $a \neq 0$).

a) Untersuchen Sie f_a auf Nullstellen, Extrema und Wendepunkte.

b) Skizzieren Sie f_1, f_2, f_3 und f_{-1}, $-4 \le x \le 6$.

c) Für welches $a > 0$ ist die Fläche zwischen Kurve und x-Achse gleich $\frac{16}{3}$?

Übung 11 Schar vom Grad 4

Es sei $f_a(x) = \frac{1}{2}x^4 - \frac{1}{2}ax^2$, $a > 0$.

a) Untersuchen Sie f_a auf Nullstellen, Extrema und Wendepunkte.

b) Skizzieren Sie f_1, f_2, f_3 für $-2 \le x \le 2$.

c) Welche Funktion f_a hat Wendepunkte mit dem y-Wert −2,5?

3. Identifizieren von Scharkurven:

Manchmal müssen einzelne Kurven einer Schar anhand von Zeichnungen ***identifiziert*** werden wie im folgenden Beispiel.

Beispiel: Identifizieren von Funktionen

Gegeben ist die Funktionenschar

$f_a(x) = \frac{1}{6}x^3 - \frac{1}{2}a^2x$ ($a \in \mathbb{R}$, $a > 0$).

a) Bestimmen Sie den Parameterwert a zu den abgebildeten Funktionen u, v und w.
b) Welche Scharfunktion f_a hat einen Hochpunkt mit der Ordinate $y = 9$?
c) Bestimmen Sie die Gleichung der Normalen von f_1 im Ursprung.
d) Für welchen Wert des Parameters a geht die Wendetangente von f_a durch den Punkt $P(4|-0{,}5)$?
e) Wie groß ist der Inhalt des Flächenstücks A, welches von f_2, f_1 und der x-Achse im 2. Quadranten umschlosssen wird?

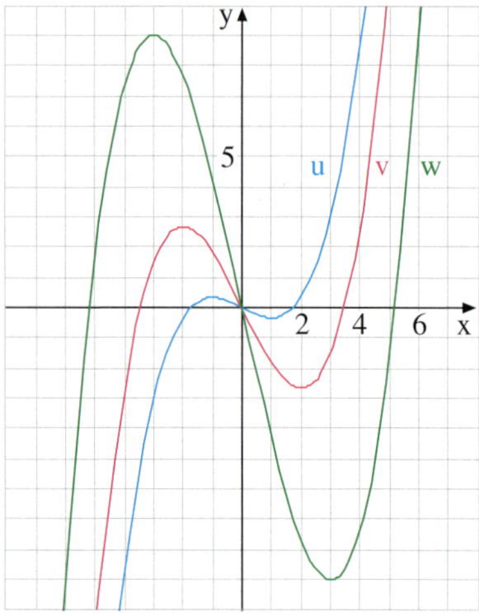

Lösung zu a:

Als Hilfsmittel zur Identifizierung stellen wir zunächst die Ableitungsfunktion $f_a{}'$ auf.

$f_a{}'(x) = \frac{1}{2}x^2 - \frac{1}{2}a^2$

Durch Nullsetzen von $f_a{}'$ erhalten wir die Extrema von f_a bei $x = -a$ und $x = a$.

Da die Extremstellen von u, v und w laut Zeichnung bei $x = \pm 1$, $x = \pm 2$ und $x = \pm 3$ liegen, können wir darauf schließen, dass gilt: $u = f_1$, $v = f_2$ und $w = f_3$.

Extremstellen von f_a

$f_a{}'(x) = \frac{1}{2}x^2 - \frac{1}{2}a^2$

$f_a{}''(x) = x$

$$f_a{}'(x) = 0$$
$$\frac{1}{2}x^2 - \frac{1}{2}a^2 = 0$$
$$x = \pm a$$

$x = +a$: $f_a{}''(\ a) = \ a > 0 \Rightarrow$ Minimum

$x = -a$: $f_a{}''(-a) = -a < 0 \Rightarrow$ Maximum

Lösung zu b:

Laut Lösung zu a) liegt das Maximum von f_a bei $x = -a$. Die Berechnung des zugehörigen y-Wertes ergibt $y = \frac{1}{3}a^3$.

Für $a = 3$ nimmt y den Wert 9 an. Also hat f_3 den Hochpunkt $H(-3|9)$ mit der Ordinate 9.

Hochpunkt von f_a

Abszisse des Hochpunktes: $x = -a$

Ordinate des Hochpunktes:

$y = f_a(-a) = \frac{1}{3}a^3$

Ansatz: $y = 9$

$\Rightarrow \quad \frac{1}{3}a^3 = 9 \Rightarrow a^3 = 27 \Rightarrow a = 3$

Lösung zu c:

Wir verwenden den Ansatz $n(x) = m \cdot x$ mit $m = -\frac{1}{f_1{}'(0)} = 2$. Damit ergibt sich als Resultat: $n(x) = 2x$

Normale im Ursprung

$n(x) = m \cdot x$

$$m = -\frac{1}{f_1{}'(0)} = -\frac{1}{-\frac{1}{2}1^2} = 2$$

$\Rightarrow \quad n(x) = 2x$

Lösung zu d:
Durch Nullsetzen von $f_a''(x) = x$ errechnen wir zunächst die Lage der Wendestelle von f_a. Sie liegt bei $x = 0$.
Bei $W(0|0)$ liegt also ein Rechts-Links-Wendepunkt von f_a.

Die Wendetangente t_a ist eine Ursprungsgerade. Der Ansatz lautet also $t_a(x) = m \cdot x$. m ist die Steigung von f_a im Ursprung $W(0|0)$.
Daher gilt $m = f_a'(0) = -\frac{1}{2}a^2$.
Resultat: $t_a(x) = -\frac{1}{2}a^2 x$
Um a zu ermitteln, setzen wir die Koordinaten von P in die Gleichung von t_a ein.
Resultat: $a = 0{,}5$

Wendepunkt von f_a
Ableitungen: $f_a''(x) = x, \quad f_a'''(x) = 1$

$f_a''(x) = 0$ (notw. Bed. für Wendestelle)
$x = 0, \quad y = 0$

$f_a'''(0) = 1 > 0 \Rightarrow$ R-L-WP $\quad W(0|0)$

Wendetangente von f_a
$t_a(x) = m \cdot x$
$m = f_a'(0) = -\frac{1}{2}a^2$
$\Rightarrow t_a(x) = -\frac{1}{2}a^2 x$

Bestimmung von a
$t_a(4) = -0{,}5$
$-2a^2 = -0{,}5$
$a = 0{,}5$

Lösung zu e:
Wir betrachten zwei Flächen im zweiten Quadranten: A_2 sei die Fläche zwischen $v = f_2$ und der x-Achse, A_1 sei die Fläche zwischen $u = f_1$ und der x-Achse:

Für den Inhalt der gesuchten Fläche A gilt dann offensichtlich: $A = A_2 - A_1$

Die Integrationsgrenzen sind Nullstellen von f_2 (Nullstellen: $-2\sqrt{3}$ und 0) und Nullstellen von f_1 (Nullstellen: $-\sqrt{3}$ und 0).

Rechts steht die Rechnung zur Integration. Endresultat: Die gesuchte Fläche A hat einen Inhalt von ca. 5,625 Flächeneinheiten.

Flächeninhalt
Graphik:

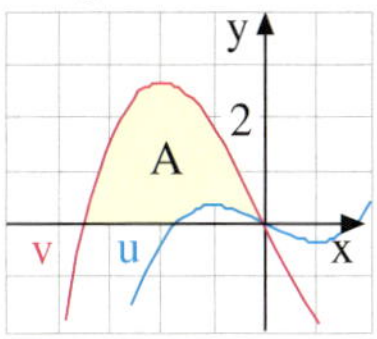

Nullstellen von f_a:
$f_a(x) = \frac{1}{6}x^3 - \frac{1}{2}a^2 x = 0$
$x^3 - 3a^2 x = 0$
$x \cdot (x^2 - 3a^2) = 0$
$x = 0, \; x = \pm a\sqrt{3}$

Integration:
$A = A_2 - A_1$
$= \int_{-2\sqrt{3}}^{0} f_2(x)\,dx - \int_{-\sqrt{3}}^{0} f_1(x)\,dx$
$= \left[\frac{1}{24}x^4 - x^2\right]_{-2\sqrt{3}}^{0} - \left[\frac{1}{24}x^4 - \frac{1}{4}x^2\right]_{-\sqrt{3}}^{0}$
$= 6 - \frac{3}{8} = \frac{45}{8} = 5{,}625$

Übung 12 Identifizieren von Funktionen
Gegeben ist die Funktionenschar
$f_a(x) = \frac{1}{4}x^4 - \frac{a}{2}x^3 \; (a \in \mathbb{R}, a > 0)$

a) Bestimmen Sie den Parameterwert a zu den Scharfunktionen u, v und w.
b) Welche Scharfunktion f_a hat einen Tiefpunkt bei $x = 2$?
c) Ermitteln Sie die Gleichung der Normalen von f_a in der positiven Nullstelle.
d) Für welches a geht die Wendetangente von f_a an der positiven Wendestelle durch den Punkt $P(0|4)$?

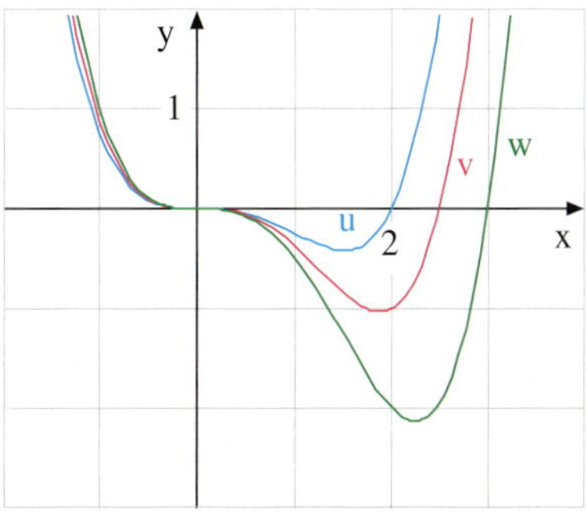

4. Ortskurven:

Im folgenden Beispiel bestimmen wir die Ortskurve der Extrema einer Kurvenschar 3. Grades.

Beispiel: Ortskurve ermitteln

Berechnen Sie die Extrema der Kurvenschar $f_a(x) = \frac{1}{3}a^2x - x^3$, $a > 0$. Bestimmen Sie die Ortskurve y der Hochpunkte von f_a. Zeichnen Sie nun den Graphen von y und anschließend die Graphen von f_a für a = 1,5, a = 2 und a = 3.

Lösung:

Wir berechnen die ersten beiden Ableitungen von f_a.

1. Ableitungen

$f_a(x) = \frac{1}{3}a^2x - x^3$

$f_a'(x) = \frac{1}{3}a^2 - 3x^2$

$f_a''(x) = -6x$

Durch Nullsetzen von f_a' ermitteln wir die Extremstellen von f_a.

Mit Hilfe von f_a'' prüfen wir, ob es sich um Maxima oder Minima handelt.

2. Extrema

$f_a'(x) = \frac{1}{3}a^2 - 3x^2 = 0$

$\Rightarrow x = \pm\frac{1}{3}a,\ y = \pm\frac{2}{27}a^3$

$f_a''\left(\frac{1}{3}a\right) = -2a\ (< 0) \Rightarrow H\left(\frac{1}{3}a \middle| \frac{2}{27}a^3\right)$

$f_a''\left(-\frac{1}{3}a\right) = 2a\ (> 0) \Rightarrow T\left(-\frac{1}{3}a \middle| -\frac{2}{27}a^3\right)$

Wir erhalten einen Hochpunkt und einen Tiefpunkt: $H\left(\frac{1}{3}a \middle| \frac{2}{27}a^3\right)$, $T\left(-\frac{1}{3}a \middle| -\frac{2}{27}a^3\right)$.

Die Ortskurve der Hochpunkte erhalten wir, indem wir die Gleichung der x-Koordinate des Hochpunktes nach a auflösen und das Ergebnis a = 3x in die y-Koordinate des Hochpunktes einsetzen.

3. Ortskurve der Hochpunkte

x-Koordinate: $x = \frac{1}{3}a \Rightarrow a = 3x$

y-Koordinate: $y = \frac{2}{27}a^3$

Ortskurve: $y = \frac{2}{27}a^3 = \frac{2}{27}(3x)^3 = 2x^3$

So ergibt sich als Ortskurve der Hochpunkte die Funktion $y = 2x^3$.

Wir zeichnen den Graphen der Ortskurve y. Anschließend zeichnen wir die Hochpunkte von $f_{1,5}$, f_2 und f_3 ein, die alle auf der Ortskurve y liegen. Nach Einzeichnen der Tiefpunkte und der Nullstellen können wir die Graphen der drei Scharkurven ebenfalls problemlos einzeichnen.

4. Graphen für a = 1,5, a = 2 und a = 3

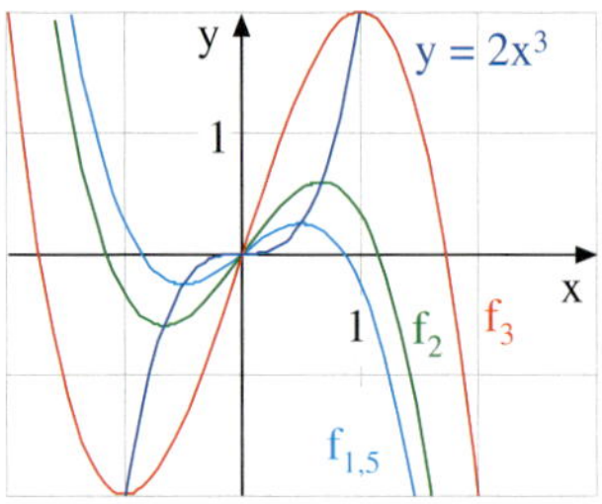

Übung 13 Kubische Schar

Gegeben ist die Funktionenschar $f_a(x) = 3x - a^2x^3$ $(a > 0)$.

a) Bestimmen Sie die Nullstellen und die Extrema der Schar in Abhängigkeit von a.

b) Weisen Sie nach, dass alle Scharfunktionen eine gemeinsame Wendetangente t haben.

c) Bestimmen Sie die Ortskurve der Hochpunkte der Schar f_a.

d) Welche Scharkurve umschließt mit der x-Achse im 1. Quadranten eine Fläche mit dem Inhalt 9?

Übungen

14. Scharkurve – Funktionsuntersuchung

Untersuchen Sie die gegebene Funktionenschar auf Nullstellen, Extrema und Wendepunkte. Zeichnen Sie die Graphen für das angegebene x-Intervall. Es gelte stets $a > 0$.

a) $f_a(x) = \frac{1}{3}x^3 - \frac{a}{9}x^2$ Graph für $a = 3$, Intervall: $-1 \le x \le 3{,}5$

b) $f_a(x) = \frac{3}{2a}x^3 + 3x^2 + \frac{3a}{2}x$, Graph für $a = 3$, Intervall: $-4{,}5 \le x \le 1$

c) $f_a(x) = x^4 - ax^2$, Graph für $a = 2$, Intervall: $-1{,}5 \le x \le 1{,}5$

15. Zusatzprobleme

Gegeben ist die Funktionenschar $f_a(x) = -\frac{1}{a}x^3 + 2x^2 - ax, \quad a > 0$.

a) Untersuchen Sie f_3 auf Nullstellen, Extrema und Wendepunkte. Skizzieren Sie den Graphen von f_3 für $-1 \le x \le 4$.

b) An welchen Stellen hat die Scharkurve f_a die Steigung $-a$?

c) Bestimmen Sie die Gleichungen der Wendetangente sowie der Wendenormalen von f_a.

d) Tangente und Normale aus c) bilden für $a = 3$ mit der y-Achse ein Dreieck. Berechnen Sie den Flächeninhalt dieses Dreiecks.

e) Bestimmen Sie eine Stammfunktion von f_a. Berechnen Sie den Inhalt der Fläche A, welche von f_3 und der x-Achse im 4. Quadranten umschlossen wird.

16. Parameterfragen

Gegeben ist die Funktionenschar $f_a(x) = \frac{1}{4a}x^4 - \frac{1}{2}x^3, \quad a > 0$.

a) Skizzieren Sie den Graphen von f_a für $a = 0{,}5$ im Intervall $-1 \le x \le 2{,}5$ mittels Wertetabelle.

b) Für welchen Wert von a hat f_a ein Extremum bei $x = 9$?

c) Zeigen Sie, dass jede Funktion der Schar im Ursprung einen Sattelpunkt besitzt.

d) Welche Funktion der Schar hat einen Wendepunkt der Gestalt $W(u|-u)$ $(u \neq 0)$?

e) Zeigen Sie, dass die Tiefpunkte der Schar alle auf dem Graphen von $y(x) = -\frac{1}{8}x^3$ liegen.

17. Kurven einer Schar identifizieren

Gegeben ist die ganzrationale Funktionenschar $f_a(x) = x^3 - ax^2$.

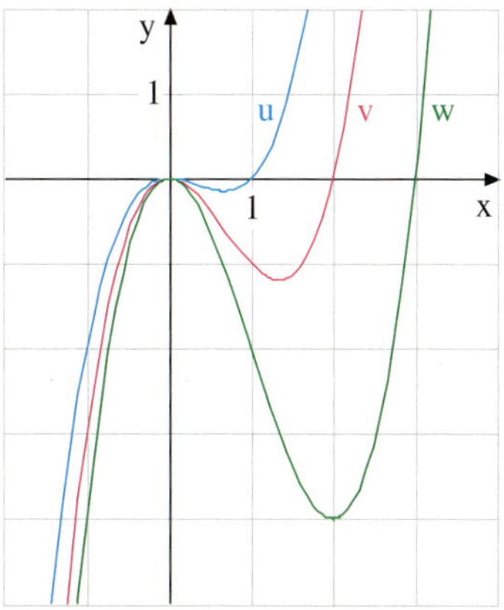

a) Welcher der drei abgebildeten Graphen stellt die Scharkurve f_2 dar? Begründen Sie Ihre Antwort stichhaltig.

b) Für welches a hat f_a bei $x = 1$ einen Tiefpunkt?

c) Ermitteln Sie die Ortskurve der Tiefpunkte der Schar.

d) Für welches a hat f_a einen Wendepunkt mit der Ordinate $y = -2$?

e) Welcher Graph der Schar hat die Wendetangente $y(x) = -12x + 8$?

f) Die Graphen von f_2 und f_3 schließen im 4. Quadranten mit der x-Achse ein Flächenstück A ein. Berechnen Sie den Inhalt von A.

18. Untersuchung einer Schar 2. Grades

Gegeben ist die Funktionenschar $f_a(x) = \frac{1}{4}(x^2 - (2a + 4)x + 8a)$, $a > 0$.

a) Zeigen Sie, dass f_a die Nullstellen $x = 2a$ und $x = 4$ besitzt.
b) Untersuchen Sie f_a auf Extremstellen.
c) Alle Scharkurven besitzen einen gemeinsamen Punkt P. Berechnen Sie die Lage von P.
d) Skizzieren Sie die Graphen von f_1 und f_2 für $-2 \le x \le 8$.
e) Bestimmen Sie den Inhalt des Flächenstücks A, das von den Graphen von f_1 und f_2 sowie der beiden Koordinatenachsen im ersten Quadranten eingeschlossen wird.

19. Untersuchung einer Schar 3. Grades

Gegeben ist die Funktionenschar $f_a(x) = ax^3 - \frac{1}{a}x$, $a > 0$.

a) Untersuchen Sie f_a auf Symmetrie, Nullstellen, Extrema und Wendepunkte.
b) Skizzieren Sie die Graphen von $f_{1/2}$ und $f_{1/3}$ für $-2{,}5 \le x \le 2{,}5$.
c) Bestimmen Sie die Gleichungen der Wendetangente sowie der Wendenormalen.
d) Wie groß ist der Inhalt der von f_a und der x-Achse im 4. Quadranten eingeschlossenen Fläche A_a? Für welchen Wert von a beträgt der Inhalt der Fläche A_a 2 FE?

20. Einfache gebrochen-rationale Funktionenschar

Gegeben ist die Funktionenschar $f_a(x) = \frac{a^2}{x} + x$, $a > 0$.

a) Untersuchen Sie f_a auf Symmetrie und geben Sie die Definitionsmenge an.
b) Bestimmen Sie Nullstellen und Extrema von f_a.
Zeigen Sie, dass f_a keine Wendepunkte besitzt.
c) Untersuchen Sie das Verhalten von f_a für $x \to \pm\infty$?
d) Skizzieren Sie den Graphen von f_1 für $-4 \le x \le 4$.
e) Die Tangente an f_a im Punkt $P(x_0|f(x_0))$ schneidet die y-Achse bei $y = 1$.
Bestimmen sie die Koordinaten von P in Abhängigkeit von a.
f) Welcher Punkt Q auf f_a hat den kürzesten Abstand zum Ursprung $(x > 0)$?
Hinweis: Es handelt sich nicht um den Tiefpunkt.

21. Identifizierung von Funktionen bei einer Schar 3. Grades

Gegeben ist die ganzrationale Funktionenschar $f_a(x) = ax^3 - 2x^2$, $a \in \mathbb{R}$.

a) Untersuchen Sie f_a auf Nullstellen, Extrema und Wendepunkte.
b) Stellen Sie fest, welche Parameterwerte a zu den abgebildeten Graphen u, v und w gehören. Begründen Sie ihre Aussagen.
c) Berechnen Sie eine Stammfunktion von f_a.
d) Ermitteln Sie dasjenige a, für das die Fläche, die im 4. Quadranten von f_a und der x-Achse umschlossen wird, den Wert $\frac{4}{3}$ hat.

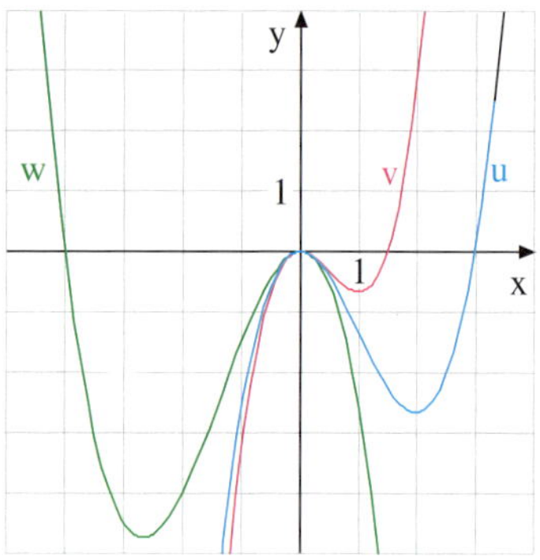

2. Exkurs: Nicht-ganzrationale Funktionenscharen

Im Folgenden soll anhand eines Beispiels ein kurzer Einblick in Funktionenscharen betrachtet werden, deren Funktionsterm kein Polynom ist, sondern ein Bruch oder eine Wurzel.

Beispiel: Hyperbelschar

Abgebildet sind drei Kurven der Schar $f_a(x) = \frac{a}{x^2} + \frac{1}{4a^2}x$ ($a \in \mathbb{R}$, $a > 0$).

a) Untersuchen Sie f_a auf Extrema.

b) Bestimmen Sie zu jeder der drei Kurven den zugehörigen Parameterwert a.

c) Berechnen Sie den Inhalt der Fläche A unter dem Graphen von f_1 über dem Intervall [2; 4].

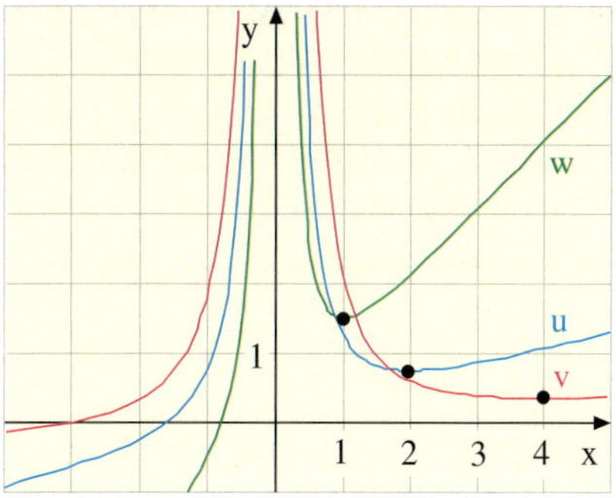

Lösung zu a):
Wir bestimmen unter Verwendung der Potenzregel für negative Exponenten die ersten beiden Ableitungen von f_a.
Durch Anwenden der notwendigen Bedingung und der hinreichenden Bedingung für Extrema errechnen wir einen Tiepunkt $T\left(2a \middle| \frac{3}{4a}\right)$.

Ableitungen

$f_a'(x) = -2\frac{a}{x^3} + \frac{1}{4a^2}$, $f_a''(x) = 6\frac{a}{x^4}$

Extremum

$$f_a'(x) = -2\frac{a}{x^3} + \frac{1}{4a^2} = 0 \quad | \cdot 4a^2x^3$$
$$-8a^3 + x^3 = 0$$
$$\Rightarrow x = 2a,\ y = \frac{3}{4a}$$
$$f_a''(2a) = \frac{3}{8} \cdot \frac{1}{a^3} > 0 \Rightarrow \text{Tiefpunkt } T\left(2a \middle| \frac{3}{4a}\right)$$

Lösung zu b)
Man kann der Zeichnung entnehmen, dass die Extremstellen bei 1, 2 und 4 liegen.
Das führt nach Aufgabenteil a) auf die Parameterwerte a = 1 für u, a = 2 für v und a = 0,5 für die Kurve w.

Zuordnung der Parameter

$T\left(2a \middle| \frac{3}{4a}\right)$: $a = 1 \Rightarrow T\left(2 \middle| \frac{3}{4}\right) \Rightarrow$ Kurve u

$a = 2 \Rightarrow T\left(4 \middle| \frac{3}{8}\right) \Rightarrow$ Kurve v

$a = 0{,}5 \Rightarrow T\left(1 \middle| \frac{3}{2}\right) \Rightarrow$ Kurve w

Lösung zu c)
Mit der Potenzregel der Integralrechnung für ganzzahlige Exponenten erhält man $F_1(x) = -\frac{1}{x} + \frac{1}{8}x^2$ als Stammfunktion von $f_1(x) = \frac{1}{x^2} + \frac{1}{4}x$. Das Einsetzen der Grenzen x = 2 und x = 4 führt auf A = 1,75.

Integration und Flächeninhalt

$$\int_2^4 f_1(x)\,dx = \int_2^4 \left(\frac{1}{x^2} + \frac{1}{4}x\right)dx$$
$$= \left[-\frac{1}{x} + \frac{1}{8}x^2\right]_2^4$$
$$= \left(-\frac{1}{4} + 2\right) - \left(-\frac{1}{2} + \frac{1}{2}\right) = \frac{7}{4} = 1{,}75$$

Übung 1 Gebrochen-rationale Funktionenschar

Gegeben ist die Funktionenschar $f_a(x) = \frac{2}{x^2} + \frac{a}{x^3}$ ($a > 0$).

a) Bestimmen Sie die Nullstellen und Extrema der Schar in Abhängigkeit von a.

b) Zeichnen Sie den Graphen von f_1 für $-4 \le x \le 4$.

c) Bestimmen Sie die Gleichung der Tangente t_a in der Nullstelle von f_a.
Welche dieser Tangenten t_a schneidet die y-Achse bei $y = -0{,}5$?

d) Der Graph von f_1 umschließt mit der x-Achse im zweiten Quadranten eine bis ins Unendliche reichende Fläche A. Hat A einen endlichen Inhalt?

Beispiel: Wurzelfunktion

Gegeben ist die Kurvenschar $f_a(x) = a\sqrt{x} - x$, $a > 0$.

a) Bestimmen Sie die Definitionsmenge und die Nullstellen von f_a.

b) Untersuchen Sie f_a auf Extrema (Lage und Art) und Wendepunkte.

c) Bestimmen Sie die Ortskurve y der Extrema von f_a.

d) Skizzieren Sie die Graphen von y, f_2 und f_3.

Lösung zu a):
Die Funktion a ist definiert für $x \geq 0$, da dort der Wurzelradikand nicht negativ ist. Nach nebenstehender Rechnung gibt es zwei Nullstellen bei $x = 0$ und $x = a^2$.

1. Nullstellen

$$f_a(x) = a\sqrt{x} - x = 0$$
$$a\sqrt{x} = x$$
$$a^2 x = x^2 \Rightarrow x = 0,\ x = a^2$$

Lösung zu b):
Die Ableitungen lassen sich mit Hilfe der verallgemeinerten Potenzregel einfach bestimmen. Sie sind für $x > 0$ definiert.

2. Ableitungen

$$f_a(x) = a\sqrt{x} - x = a \cdot x^{\frac{1}{2}} - x$$
$$f'_a(x) = \tfrac{a}{2} x^{-\frac{1}{2}} - 1 = \frac{a}{2\sqrt{x}} - 1$$
$$f''_a(x) = -\tfrac{a}{4} x^{-\frac{3}{2}} = -\frac{a}{4\sqrt{x^3}}$$

Durch Nullsetzen von f_a' ermitteln wir die Lage der Extremstellen von f_a.

Mit Hilfe von f_a'' prüfen wir, ob es sich um ein Maximum oder ein Minimum handelt. Wir erhalten einen Hochpunkt $H\left(\frac{a^2}{4}\middle|\frac{a^2}{4}\right)$.

3. Extrema

$$f'_a(x) = \frac{a}{2\sqrt{x}} - 1 = 0$$
$$\Rightarrow \frac{a^2}{4x} = 1 \Rightarrow x = \frac{a^2}{4},\quad y = \frac{a^2}{4}$$
$$f''_a\left(\tfrac{a^2}{4}\right) = -\tfrac{a}{4}\left(\tfrac{a^2}{4}\right)^{-\frac{3}{2}} < 0 \Rightarrow \text{Max}$$

Lösung zu c):
Die Ortskurve der Hochpunkte erhält man normalerweise, indem man die Gleichung der x-Koordinate des Hochpunktes nach a auflöst und das Ergebnis in die y-Koordinate des Hochpunktes einsetzt.
Hier ist es einfacher. Man sieht sofort, dass $y = x$ gilt. Die Ortskurve der Hochpunkte ist also $y(x) = x$.

4. Ortskurve der Hochpunkte

x-Koordinate: $x = \frac{a^2}{4}$

y-Koordinate: $y = \frac{a^2}{4}$

Ortskurve: $y(x) = x$

Lösung zu d):
Wendepunkte gibt es nicht, da die 2. Ableitung $f''(x) = -\frac{a}{4\sqrt{x^3}}$ nicht null werden kann.

5. Graphen für von y, f_2 und f_3

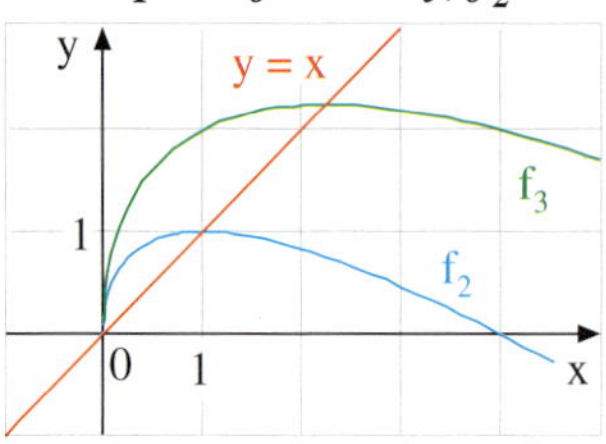

Übung 2 Tangente und Flächeninhalt

Gegeben ist die Kurvenschar $a(x) = a\sqrt{x} - x$, $a > 0$ aus dem obigen Beispiel.

a) Bestimmen Sie die Gleichung der Tangente an den Graphen von f_a in der positiven Nullstelle. Für welchen Wert von a schneidet diese Tangente die y-Achse im Punkt P(0|3)?

b) Der Graph von f_a schließt mit der x-Achse im 1. Quadranten ein Flächenstück ein. Berechnen Sie dessen Inhalt. Für welchen Wert von a beträgt dieser Inhalt 216 FE?

3. Anwendungen und weitere Übungen

1. Parabelschar

Gegeben ist die Funktionenschar $f_a(x) = x^2 - (a + 1)x$.

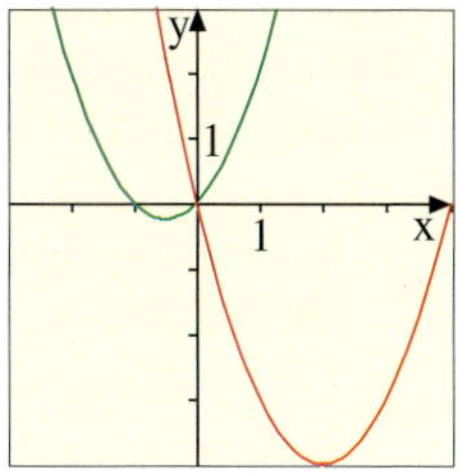

a) Untersuchen Sie die Schar für $a > 0$ auf Nullstellen und Extrema.
b) Skizzieren Sie die Graphen von f_1 und f_2 für $-1 \leq x \leq 4$.
c) Welcher Graph der Schar f_a hat ein Extremum bei $x = 2$?
d) Für welchen Wert von a hat f_a genau eine Nullstelle?
e) Zeigen Sie, dass alle Extrema von f_a auf der Parabel $y = -x^2$ liegen.
f) Welche Graphen zeigt die Abbildung?

2. Kubische Schar

Gegeben ist die Funktionenschar $f_a(x) = x - a^2x^3$, $a > 0$.

a) Führen Sie eine Kurvendiskussion von f_a durch (Symmetrie, Nullstellen, Extrempunkte, Wendepunkte).
b) Zeichnen Sie die Graphen von $f_{\frac{1}{3}}$, $f_{\frac{1}{2}}$ und f_1 in ein Koordinatensystem.
c) Zeigen Sie: Alle Graphen der Schar haben einen gemeinsamen Punkt P.
d) Ermitteln Sie die Ortskurve der Hochpunkte der Schar.

3. Kubische Schar

Gegeben ist die Funktionenschar $f_a(x) = x^3 - 3a^2x + 2a^3$.

a) Untersuchen Sie f_a auf Extrema und Wendepunkte.
b) Zeigen Sie, dass $x = -2a$ eine Nullstelle von f_a ist.
c) Skizzieren Sie die Graphen von f_1 und f_{-1}.
d) Zeigen Sie, dass alle Graphen der Schar die x-Achse berühren.
e) Zeigen Sie, dass f_a und f_{-a} symmetrisch zueinander sind.

4. Nicht-ganzrationale Schar

Gegeben ist die Funktionenschar $f(x) = x - 2a + \frac{a}{x}$, $a > 0$.

a) Für welche a existieren zwei, eine bzw. keine Nullstellen?
b) Untersuchen Sie f_a auf Extrema.
c) Skizzieren Sie den Graphen von f_1.
d) Zeigen Sie, dass keine Scharfunktion einen Wendepunkt hat.
e) Zeichnen Sie den Graphen von f_2.
f) Unter welchen Winkeln schneidet der Graph von f_2 die x-Achse?

5. Motorrad-Stunt

Auf dem Parkhausdach stehen 6 Autos von jeweils 5 m Länge und 2 m Höhe. Ein Stuntman beschleunigt über die Rampe auf die Geschwindigkeit v (in m/s) und versucht, die Autos zu überspringen. Seine Flugbahn lautet $y_v(x) = \frac{1}{2}x - \frac{5}{v^2}x^2$.

a) Welche Geschwindigkeit v muss er erreichen, um eine Maximalhöhe von 5 m zu erzielen?
b) Wie groß ist dann die Sprungweite?
c) Kann er so die Autos überspringen?
d) Wie groß ist der Absprungwinkel?

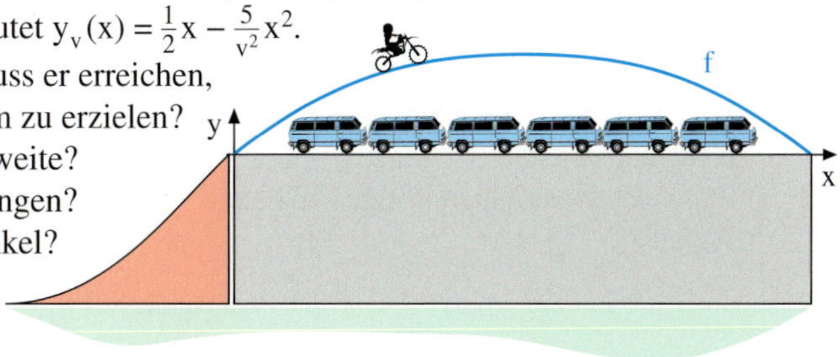

6. Golf

Ein Golfspieler steht im Ursprung des Koordinatensystems und wird einen Ball schlagen, der im Punkt $P(x_0|0)$ vor ihm liegt. Sein Ziel ist es, den Ball über die Sandfläche zu schlagen, die sich in einer Entfernung von 5 bis 21 m vom Spieler erstreckt.
Die Flugbahn des Golfballes wird durch $f_a(x) = -\frac{1}{a}(x^2 - (a+2)x + (a+1))$, $a > 0$ beschrieben, wobei a von der Geschwindigkeit abhängt, mit welcher der Ball getroffen wird (1 LE = 1 m).

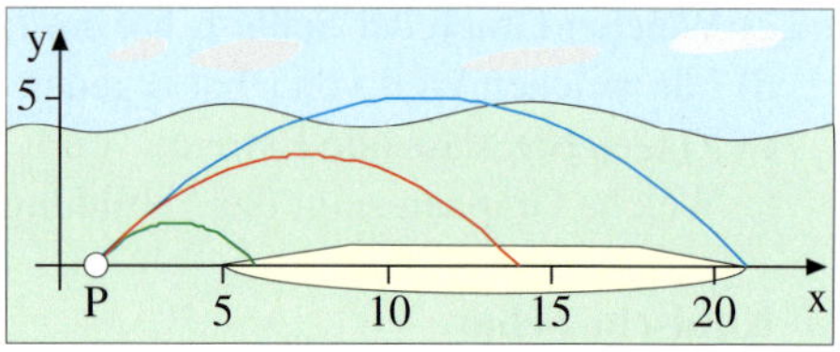

a) Zeigen Sie, dass der Abschlagpunkt P die Abszisse $x_0 = 1$ hat.
b) Sei a = 8. An welcher Stelle landet der Ball in diesem Fall? Welche maximale Höhe erreicht er im Flug? Wie groß ist der Abschlagwinkel?
c) Zeigen Sie, dass die Schar f_a den Hochpunkt $H\left(\frac{a+2}{2}, \frac{a}{4}\right)$ besitzt.
d) Zeigen Sie, dass der Ball für jedes a unter einem Winkel von 45° abgeschlagen wird.
e) Zeigen Sie, dass die Funktion f_a die Nullstellen x = 1 und x = a + 1 besitzt.
f) Für welches a erreicht der Ball exakt das Ende des Sandbunkers?

7. Aktie

Eine Aktie hat einen Wert von 50 $. Ihr möglicher Kursverlauf wird beschrieben durch die Funktion $f_a(t) = -0{,}01\,a\,t^3 + 0{,}3\,a\,t^2 + 50$, $a \in \mathbb{R}$. t: Zeit in Monaten, f: Wert in $.

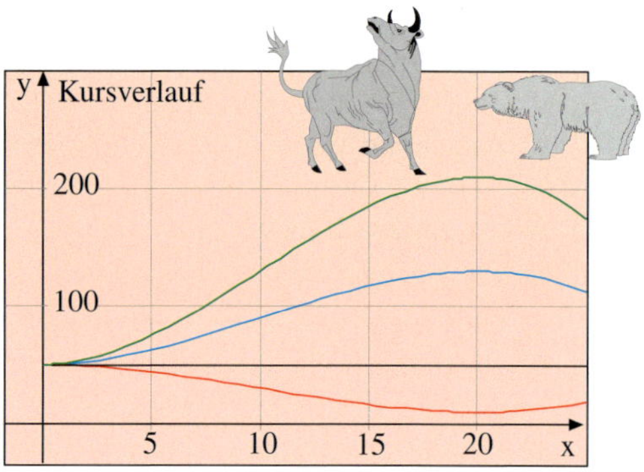

a) Untersuchen Sie den Kursverlauf für a = 2. Welcher maximale Kurs wird erreicht? Zu welchem Zeitpunkt ist die Kursänderung am größten? Mit welcher Geschwindigkeit (in $/Monat) steigt der Kurs zu diesem Zeitpunkt.
b) Welcher ganzzahlige Wert von a entspricht der grünen Kurve? Begründen Sie stichhaltig.
c) Der Fall a = −1 entspricht dem roten Kursverlauf. Wann hat sich der Kurs halbiert? Lösen Sie dies angenähert.

8. Wellenmaschine

Eine Wellenmaschine erzeugt Wellen der Form $f_a(x) = -\frac{1}{a^2}x^3 + \frac{1}{a}x^2$ (s. Abb.).

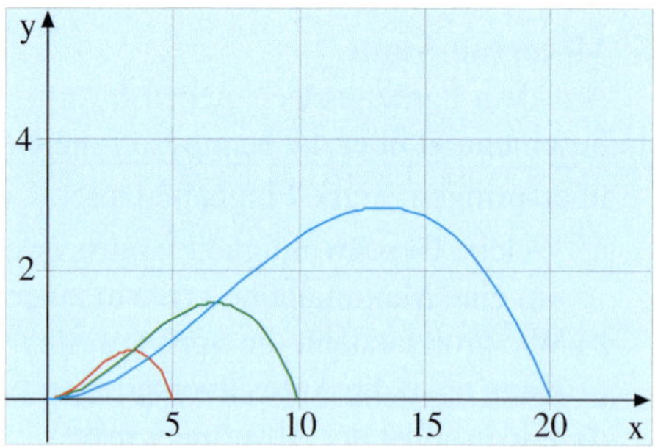

a) Wie lang und hoch ist die Welle a = 15? Skizzieren Sie den Graphen.
b) Welche Wellen sind dargestellt?
c) Wo ist die Welle a = 15 an ihrem linken Hang am steilsten?
d) Für welches a erhält man eine 4 m hohe Welle?

9. Gegeben sei die Funktionenschar
$f_a(x) = 2ax^3 + (2 - 4a)x,\ a \in \mathbb{R},\ a \neq 0.$

a) Führen Sie für $a = -0{,}25$ eine Kurvendiskussion durch (Nullstellen, Extrema, Wendepunkte) und skizzieren Sie anschließend den Graphen von $f_{-0,25}$ für $-3 \leq x \leq 3$.

b) Zeigen Sie, dass alle Graphen zu f_a durch den Hochpunkt H der Kurve $f_{-0,25}$ gehen (s. Abb.).

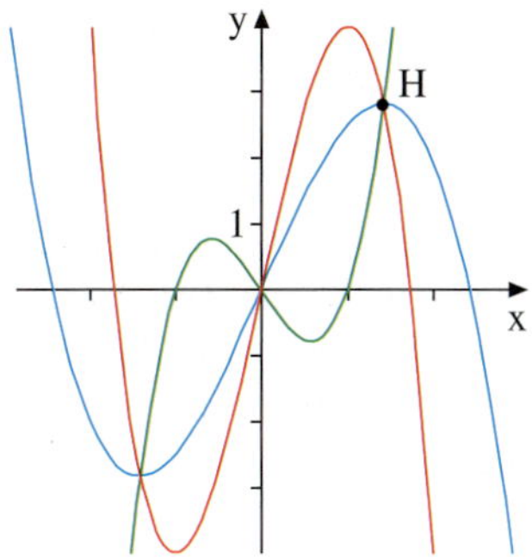

c) Für welches a hat f_a im Punkt H die Steigung 6?

d) Für welche $a \in \mathbb{R}$ hat f_a keine lokalen Extrema?

e) Für welches a hat die Wendenormale von f_a die Steigung 0,5?

10. Gegeben sei die Funktionenschar
$f_a(x) = \frac{1}{12a}x^3 - x^2 + 3ax,\ a \in \mathbb{R},\ a > 0.$

a) Untersuchen Sie die Schar auf Nullstellen und Extrema.

b) Der Punkt $P(z|f_1(z))$ bildet mit dem Ursprung und dem Punkt $Q(z|0)$ ein achsenparalleles Dreieck $(0 \leq z \leq 6)$.
Bestimmen Sie die Koordinaten von P so, dass das Dreieck maximalen Inhalt hat.

c) Die Tangente durch $W\left(4a\middle|\frac{4}{3}a^2\right)$ schließt mit den Koordinatenachsen ein Dreieck ein. Für welches a hat das Dreieck den Inhalt 384?

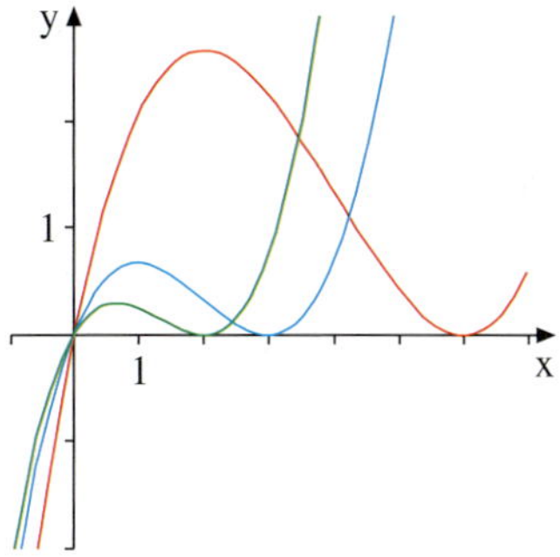

11. Gegeben sei die Funktionenschar
$f_a(x) = x^3 + (3 - 3a)x^2 - 12ax,\ a \in \mathbb{R},\ a > 0.$

a) Zeigen Sie, dass f_a den Hochpunkt $H(-2|4 + 12a)$ besitzt.

b) Zeigen Sie, dass f_a den Wendepunkt $W(a - 1|-2a^3 - 6a^2 + 6a + 2)$ besitzt.

c) Bestimmen Sie die Gleichung der Wendetangente von f_1.

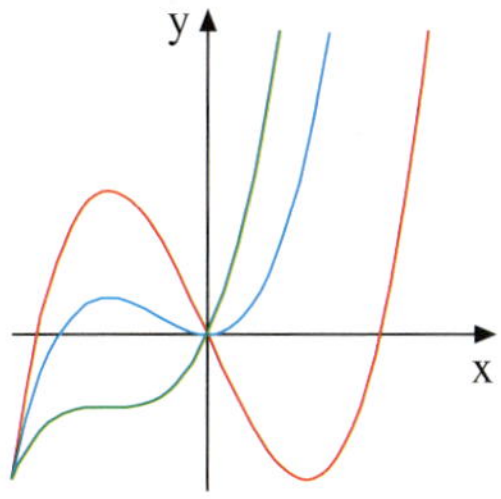

d) Für welches $a \in \mathbb{R}$ besitzt f_a einen Sattelpunkt, d. h. einen Wendepunkt mit waagerechter Tangente? Geben Sie ihn an.

12. Olympiafackel

Für die Olympischen Spiele soll eine große metallische Fackel konstruiert werden.

Sie soll 7,5 m hoch sein. Oben beträgt ihre Breite 8 m, unten nur 2 m.

Die Profilkurve der symmetrischen Fackel kann durch eine Funktion der Gestalt $f(x) = a - \frac{b}{x^2}$ beschrieben werden.

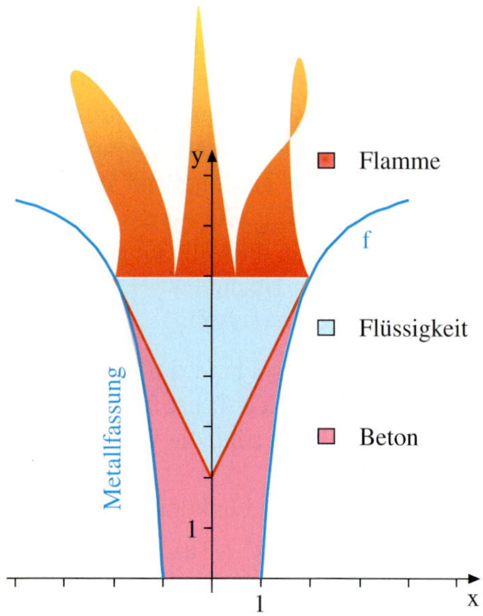

a) Bestimmen Sie die Parameter a und b. Kontrollergebnis: a = 8, b = 8

b) In welcher Höhe über dem Erdboden beträgt die Neigung der Innenwand exakt 45°?

c) Der Hohlraum im Innern der Fackel ist – wie abgebildet – in seinem unteren Bereich kegelförmig ausgebildet.
Die Mantellinien des Kegels schließen tangential an das äußere Randprofil der Fackel an.
Der Kegel ist an seiner Basis 4 m breit.
Wie lauten die Gleichungen der beiden Mantellinien?
Welches Volumen hat der Kegel?

d) Wie steil fällt die Innenwand der Fackel an ihrem äußeren oberen Rand?
Wie groß ist die maximale Steilheit der Innenwand?

13. Erdhügel

Abgebildet ist die Profilkurve $f(x) = a \cdot \sqrt{x}$ eines 18 m hohen Hanges.

a) Bestimmen Sie a.

b) Wie steil ist der Hügel am oberen Ende?
Wo ist die Steigung des Hügels gleich $\frac{3}{10}$?

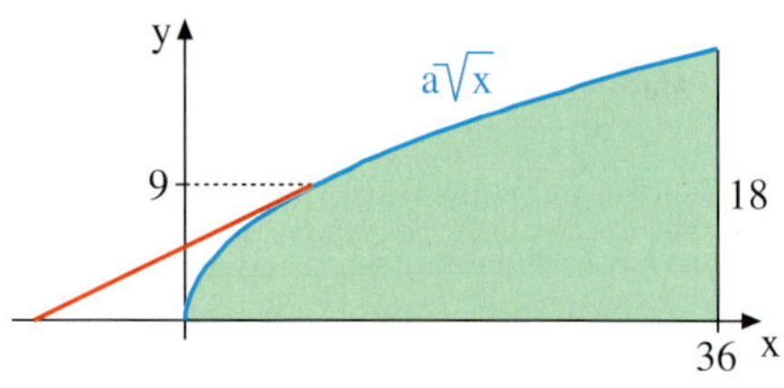

c) Eine tangential auf dem Hügel in 9 m Höhe endende Rampe wird geplant. Bestimmen Sie:
(1) die Steigung der Rampe,
(2) die Gleichung der Rampe,
(3) die Länge der Rampe.

4. Weitere Funktionenscharen und Ortskurven

Beispiel: Exponentielle Kurvenschar
Gegeben ist die Kurvenschar $f_a(x) = e^{2x} - a \cdot e^x$, $a > 0$.
Untersuchen Sie f_a auf Nullstellen, Extrema, Wendepunkte, Verhalten für $x \to \pm\infty$.
Zeichnen Sie die Graphen f_2 und f_3 für $-3 \le x \le 1{,}2$.

Lösung:

1. Ableitungen:
Die Ableitungen sind mit der Kettenregel relativ einfach zu gewinnen.
Es ist günstig, jeweils den Faktor e^x auszuklammern.

Ableitungen:
$$f_a(x) = e^{2x} - a \cdot e^x = e^x \cdot (e^x - a)$$
$$f_a'(x) = 2e^{2x} - a \cdot e^x = e^x \cdot (2e^x - a)$$
$$f_a''(x) = 4e^{2x} - a \cdot e^x = e^x \cdot (4e^x - a)$$
$$f_a'''(x) = 8e^{2x} - a \cdot e^x = e^x \cdot (8e^x - a)$$

2. Nullstellen:
Die Funktion f_a hat genau eine Nullstelle bei $x = \ln a$.

Nullstellen:
$$f_a(x) = e^x \cdot (e^x - a) = 0$$
$$e^x - a = 0$$
$$x = \ln a$$

3. Extrema:
Bei $x = \ln \frac{a}{2}$ liegt eine Nullstelle von f_a', d. h. eine Stelle mit waagerechter Tangente.

Der y-Wert beträgt $y = -\frac{a^2}{4}$. Die Überprüfung mittels f_a'' ergibt ein Minimum.

Resultat: Tiefpunkt $T\left(\ln \frac{a}{2} \middle| -\frac{a^2}{4}\right)$

Extrema:
$$f_a'(x) = e^x \cdot (2e^x - a) = 0$$
$$2e^x - a = 0$$
$$x = \ln \frac{a}{2}$$

$$y = f_a\left(\ln \frac{a}{2}\right) = e^{\ln \frac{a}{2}} \cdot \left(e^{\ln \frac{a}{2}} - a\right) = \frac{a}{2}\left(\frac{a}{2} - a\right)$$
$$= -\frac{a^2}{4}$$
$$f_a''\left(\ln \frac{a}{2}\right) = \frac{a^2}{2} > 0 \quad \Rightarrow \quad \text{Minimum}$$

4. Wendepunkte:
Mit Hilfe der notwendigen Bedingung für Wendepunkte $f_a'' = 0$ errechnen wir einen Wendepunkt mit Rechts-links-Krümmung.

Resultat: $W\left(\ln \frac{a}{4} \middle| -\frac{3}{16}a^2\right)$

Wendepunkte:
$$f_a''(x) = e^x(4e^x - a) = 0$$
$$x = \ln \frac{a}{4}$$
$$y = -\frac{3}{16}a^2$$
$$f_a'''\left(\ln \frac{a}{4}\right) = \frac{a^2}{4} > 0 \quad \Rightarrow \quad \text{R-L-Wendepunkt}$$

5. Verhalten für $x \to \pm\infty$:
Für $x \to \infty$ überwiegt der Teilterm e^{2x}.
Er strebt gegen unendlich und damit auch der Gesamtterm von f_a.
Für $x \to -\infty$ streben beide Teilterme e^{2x} und e^x gegen null und damit auch die Funktion f_a.
Der Graph von f_a schmiegt sich also für $x \to -\infty$ an die x-Achse.

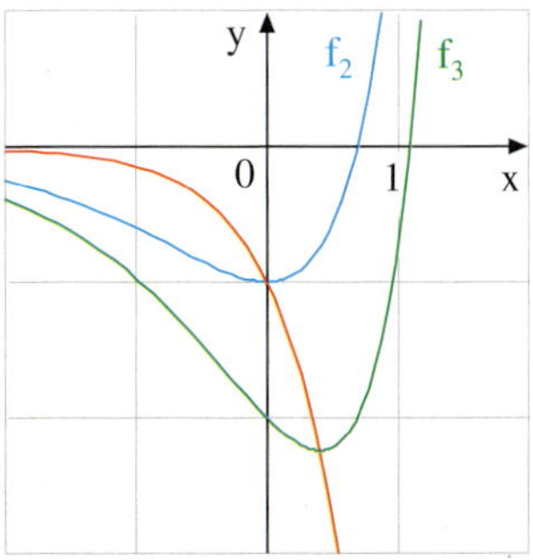

Übung 1
Gegeben ist die Schar $f_a(x) = e^{2x} - a \cdot e^x$ $(a > 1)$ aus dem obigen Beispiel. Berechnen Sie den Inhalt des Flächenstücks A_a, welches im 4. Quadranten von f_a und den Koordinatenachsen umschlossen wird, in Abhängigkeit von a. Für welchen Wert von a hat A_a den Inhalt 4,5?

Übung 2

Gegeben ist die Schar $f_a(x) = e^{2x} - a \cdot e^x$ aus dem vorhergehenden Beispiel für $a > 0$. Verwenden Sie zur Bearbeitung dieser Aufgabe die bereits dort errechneten Resultate.

a) Welche Scharkurve schneidet die y-Achse bei $y = -2$?

b) Welche Scharkurve schneidet die y-Achse unter einem Winkel von 45°?

c) Welche Scharkurve hat eine Nullstelle bei $x = 1$?

d) Welche Scharkurve hat einen Wendepunkt auf der y-Achse?

e) Welche Scharkurven haben als Wertemenge alle reellen Zahlen größer oder gleich -1?

Beispiel: Ortskurve der Extrema

Gegeben ist die Schar $f_a(x) = e^{2x} - a \cdot e^x$ $(a > 0)$ aus dem vorhergehenden Beispiel. Bestimmen Sie die Ortskurve der Extrempunkte von f_a.

Lösung:

Der Tiefpunkt von f_a besitzt die Abszisse $x = \ln \frac{a}{2}$ und die Ordinate $y = -\frac{a^2}{4}$.

Gesucht ist der funktionale Zusammenhang zwischen y und x.

Man erhält diesen Zusammenhang, wenn man die Abszissengleichung $x = \ln \frac{a}{2}$ nach a auflöst und das Ergebnis in die Ordinatengleichung $y = -\frac{a^2}{4}$ einsetzt.

Resultat: $y(x) = -e^{2x}$ ist die gesuchte Ortskurve, auf der alle Tiefpunkte liegen.

Abszissengleichung: $x = \ln \frac{a}{2}$

Auflösen nach a: $e^x = \frac{a}{2}$

(*) $a = 2e^x$

Ordinatengleichung: $y = -\frac{a^2}{4}$

Einsetzen von (*): $y = -\frac{(2e^x)^2}{4}$

$\mathbf{y = -e^{2x}}$

Diese Ortskurve ist in der Zeichnung auf Seite 231 rot eingezeichnet. Sie veranschaulicht, wie sich die Lage des Tiefpunktes ändert, wenn der Parameterwert a geändert wird. So kann man z. B. ohne weitere Rechnung erkennen, dass eine Vergrößerung des Parameters a den Tiefpunkt von f_a immer weiter nach unten rechts wandern lässt.

Übung 3 **Ortskurve der Wendepunkte**

Gegeben ist die Schar $f_a(x) = e^{2x} - a \cdot e^x$. Bestimmen Sie in Analogie zur Herleitung der Ortskurve der Extremalpunkte (Beispiel, oben) die Gleichung der Ortskurve der Wendepunkte.

Übung 4 **Scharuntersuchung**

Gegeben ist die Kurvenschar $f_a(x) = e^x - ax \cdot e^x$, $a > 0$.

a) Führen Sie eine Kurvendiskussion von f_a durch (Ableitungen, Nullstellen, Extrema, Wendepunkte, Verhalten für $x \to \pm\infty$).

b) Zeichnen Sie die Graphen von f_1 $(-3 \le x \le 1{,}5)$ und von $f_{0,5}$ $(-3 \le x \le 2{,}5)$ in ein System.

c) Welche Scharfunktion f_a hat einen Wendepunkt an der Stelle $x = 3$?

d) Welche Scharfunktion schneidet die y-Achse unter einem Winkel von 30°?

e) Zeigen Sie, dass $F_a(x) = e^x - a(x - 1)e^x$ eine Stammfunktion von f_a ist.

f) Berechnen Sie den Inhalt des Flächenstücks A, welches von f_1 und den Koordinatenachsen im 1. Quadranten umschlossen wird.

Beispiel: Untersuchung einer Schar

Untersuchen Sie $f_a(x) = a^2x \cdot e^{-ax}$, $a > 0$, auf Nullstellen, Extrema und Wendepunkte sowie das Verhalten für $x \to \pm\infty$. Zeichnen Sie die Graphen von f_1 und f_2 für $-0{,}5 \le x \le 4$.

Lösung:

1. Ableitungen:

Die Ableitungen bestimmen wir unter Verwendung der Produkt- und der Kettenregel. Es ist günstig, den Faktor e^{-ax} jeweils auszuklammern.

Ableitungen:

$$f_a(x) = a^2x \cdot e^{-ax}$$
$$f_a'(x) = (a^2 - a^3x) \cdot e^{-ax}$$
$$f_a''(x) = (-2a^3 + a^4x) \cdot e^{-ax}$$
$$f_a'''(x) = (3a^4 - a^5x) \cdot e^{-ax}$$

2. Nullstellen:

Die Funktion besitzt eine Nullstelle bei $x = 0$. Sie ist bei allen Funktionen der Schar gleich.

Nullstellen:

$$f_a(x) = a^2x \cdot e^{-ax} = 0$$
$$a^2x = 0$$
$$x = 0$$

3. Extrema:

Die Ableitung f_a' besitzt eine Nullstelle bei $x = \frac{1}{a}$. Die Überprüfung mit f_a'' zeigt, dass es sich um ein Maximum handelt.

Resultat: Hochpunkt $H\left(\frac{1}{a}\middle|\frac{a}{e}\right)$

Extrema:

$$f_a'(x) = (a^2 - a^3x) \cdot e^{-ax} = 0$$
$$a^2 - a^3x = 0$$
$$x = \frac{1}{a}, \quad y = a \cdot e^{-1}$$
$$f_a''\left(\frac{1}{a}\right) = -a^3 \cdot e^{-1} < 0 \Rightarrow \text{Maximum}$$

4. Wendepunkte:

f_a'' besitzt eine Nullstelle bei $x = \frac{2}{a}$. Die Überprüfung mit f_a''' zeigt, dass dort ein Rechts-Links-Wendepunkt liegt.

Resultat: $W\left(\frac{2}{a}\middle|\frac{2a}{e^2}\right)$

Wendepunkte:

$$f_a''(x) = (-2a^3 + a^4x) \cdot e^{-ax} = 0$$
$$-2a^3 + a^4x = 0$$
$$x = \frac{2}{a}, \quad y = 2a \cdot e^{-2}$$
$$f_a'''\left(\frac{2}{a}\right) = a^4 \cdot e^{-2} > 0 \quad \Rightarrow \quad \text{RL – WP.}$$

5. Verhalten für $x \to \pm\infty$:

Mithilfe des TR können Wertetabellen für verschiedene Parameterwerte bestimmt werden. Anhand dieser erkennt man, dass unabhängig von der Wahl des Parameters a

$$\lim_{x \to \infty} \frac{a^2x}{e^{ax}} = 0 \quad \text{und} \quad \lim_{x \to -\infty} \frac{a^2x}{e^{ax}} = -\infty$$

gilt.

Graphen:

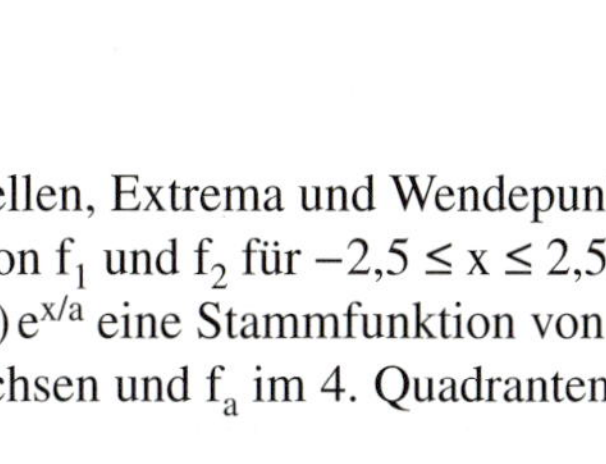

Übung 5

Untersuchen Sie $f_a(x) = (x - a)e^{x/a}$, $a > 0$ auf Nullstellen, Extrema und Wendepunkte sowie das Verhalten für $x \to \pm\infty$. Skizzieren Sie die Graphen von f_1 und f_2 für $-2{,}5 \le x \le 2{,}5$.
Bestimmen Sie mit dem Formansatz $F_a(x) = (bx + c)e^{x/a}$ eine Stammfunktion von f_a.
Berechnen Sie den Inhalt der von den Koordinatenachsen und f_a im 4. Quadranten eingeschlossenen Fläche. Welcher Wert ergibt sich für $a = 1$?

Beispiel: Die Ortskurve der Hochpunkte

Gegeben ist die Schar $f_a(x) = a^2 x \cdot e^{-ax}$ aus dem vorhergehenden Beispiel. Bestimmen Sie die Gleichung der Ortskurve der Hochpunkte. Beschreiben Sie, wie der Hochpunkt H seine Lage auf der Ortskurve y verändert, wenn der Wert von a verkleinert wird.

Lösung:

Der Hochpunkt H hat die Koordinaten $H\left(\frac{1}{a}\middle|\frac{a}{e}\right)$, d.h. die Abszisse $x = \frac{1}{a}$ und die Ordinate $y = \frac{a}{e}$.
Die Ortskurve erhält man, indem man die Abszissengleichung nach a auflöst und das Ergebnis in die Ordinatengleichung einsetzt. Resultat:
$y = \frac{1}{e \cdot x}$ ist Ortskurve der Hochpunkte

Hochpunkt:	$H\left(\frac{1}{a}\middle|\frac{a}{e}\right)$
Abszisse:	$x = \frac{1}{a}$
Auflösen nach a:	$a = \frac{1}{x}$ (*)
Ordinate:	$y = \frac{a}{e}$
Einsetzen von (*):	$y = \frac{1}{e \cdot x}$

Diese Ortskurve ist auf der vorherigen Seite in der Zeichnung rot gepunktet eingezeichnet. Sie veranschaulicht, wie sich die Lage des Hochpunktes ändert, wenn man den Parameter a ändert. Eine Verkleinerung von a lässt den Hochpunkt auf der Ortskurve nach rechts/unten wandern.

Die folgenden Übungen beziehen sich ebenfalls noch auf das gerade vorgestellte Beispiel. Sie enthalten zusätzliche Aufgabenstellungen.

Übung 6 Integration

Zeigen Sie, dass $F_a(x) = (-ax - 1) \cdot e^{-ax}$ eine Stammfunktion der Funktion $f_a(x) = a^2 x \cdot e^{-ax}$ aus dem vorigen Beispiel ist.
Errechnen Sie den Inhalt der Fläche A, welche im 1. Quadranten vom Graphen von f_1, der x-Achse und der senkrechten Geraden $x = 1$ umschlossen wird.

Übung 7 Schnittpunkt und Schnittwinkel

Die Funktionen f_1 und f_2 der Schar $f_a(x) = a^2 x \cdot e^{-ax}$ schneiden sich im Ursprung und an der Stelle $x_s > 0$ innerhalb des 1. Quadranten. Berechnen Sie x_s und den Schnittwinkel in x_s.

Übung 8 Tangente und Steigung

Wie lautet die Gleichung der Ursprungstangente von $f_a(x) = a^2 x \cdot e^{-ax}$?
Für welchen Wert von a hat $f_a(x) = a^2 x \cdot e^{-ax}$ im Ursprung einen Steigungswinkel von 45° bzw. von 60°?

Übung 9 Ortskurve der Wendepunkte

Bestimmen Sie die Ortskurve der Wendepunkte von $f_a(x) = a^2 x \cdot e^{-ax}$.

Übungen

10. Gegeben ist die Funktionenschar $f_a(x) = (x - a) \cdot e^x,\ a > 0$.

a) Untersuchen Sie die Schar auf Nullstellen, Extrema und Wendepunkte.
b) Skizzieren Sie die Graphen von f_1 und f_2 für $-2{,}5 \le x \le 2{,}5$.
c) Ermitteln Sie eine Stammfunktion F_a von f_a. *Tipp:* Nutzen Sie die Rückschlussmethode.
d) Bestimmen Sie den Inhalt der vom Graphen von f_a und den Koordinatenachsen im 4. Quadranten eingeschlossenen Fläche A.
e) Welcher Graph der Schar schneidet die x-Achse unter 60°?
f) Bestimmen Sie die Ortskurve der Extrema.

11. Gegeben ist die Funktionenschar $f_a(x) = 2x \cdot e^{ax},\ a > 0$.

a) Untersuchen Sie die Schar auf Nullstellen, Extrema und Wendepunkte. Untersuchen Sie f_a für $x \to \pm\infty$.
b) Skizzieren Sie den Graphen von $f_{1/2}$ für $-5 \le x \le 1$.
c) Bestimmen Sie die Gleichung der Nullstellennormalen.
d) Ein achsenparalleles Rechteck mit einer Ecke im Ursprung und der gegenüberliegenden Ecke im 3. Quadranten auf f_a soll maximalen Inhalt haben. Ermitteln Sie den Punkt $P_a(x_a | f(x_a))$.
e) Bestimmen Sie mit dem Formansatz $F_a(x) = (bx + c)e^{ax}$ die Koeffizienten b und c einer Stammfunktion von f_a. Bestimmen Sie den Inhalt der Fläche unter f_a über $\left[-\frac{a}{2}; 0\right]$. Hat die insgesamt unter f_a im 3. Quadranten liegende Fläche einen endlichen Inhalt?
f) Zeigen Sie, dass die Ortskurven der Extrema und der Wendepunkte Ursprungsgeraden sind. Unter welchem Winkel schneiden sie sich?

12. Gegeben ist die Kurvenschar $f_a(x) = ax + e^{-x},\ a > 0$.

a) Führen Sie eine Kurvendiskussion durch (Ableitungen, Extrema, Wendepunkte, Verhalten für $x \to \pm\infty$).
b) Zeichnen Sie die Graphen von f_1 und f_2 für $-2 \le x \le 3$.
c) Wie lautet die Gleichung der Tangente an f_a im Schnittpunkt mit der y-Achse?
d) Bestimmen Sie die Gleichung der Ortslinie der Extrema von f_a.
e) Bestimmen Sie eine Stammfunktion von f_a.
f) Gesucht ist der Inhalt der Fläche A_a, die im 1. Quadranten zwischen dem Graphen von f_a, dem Graphen von $g_a(x) = a + e^{-x}$ und der y-Achse liegt. Für welchen Wert von a hat diese Fläche den Inhalt 1?

13. Gegeben ist die Kurvenschar $f_a(x) = x + a \cdot e^{-x},\ a \neq 0$.

a) Untersuchen Sie die Funktion f_a auf Extrema und Wendepunkte. Begründen Sie, weshalb es nur für positive Werte von a Extrempunkte gibt.
b) Welche Scharkurve f_a besitzt ein auf der x-Achse liegendes Extremum und welche Scharkurve hat ihr Extremum auf der y-Achse?
c) Alle Extrempunkte der Schar liegen auf ein und derselben Geraden g. Wie lautet die Gleichung dieser Geraden?
d) Zeichnen Sie die Graphen von f_1, $f_{0,5}$ und f_{-1} für $-2 \le x \le 3$.

Test

Funktionenscharen

1. Wasserspielplatz

Auf dem Wasserspielplatz gibt es eine Bodendüse, aus der mit wechselnder Geschwindigkeit a Wasserstrahlen ausgestoßen werden, deren Parabelbahnen erfasst werden durch die Schar $f_a(x) = -\frac{10}{a^2}x^2 + x$, $a > 0$. Dabei ist a die Ausstoßgeschwindigkeit des Wassers in m/s.

a) Für welches a hat der Wasserstrahl eine Reichweite von exakt 10 m?

b) Für welches a steigt der Strahl 10 m hoch?

c) Zeigen Sie: Alle Wasserstrahlen werden unter dem gleichen Winkel α ausgestoßen.

d) In 8 m Entfernung steht ein 1,60 m großes Kind und badet. Für welches a trifft der Strahl genau auf seinen Kopf?

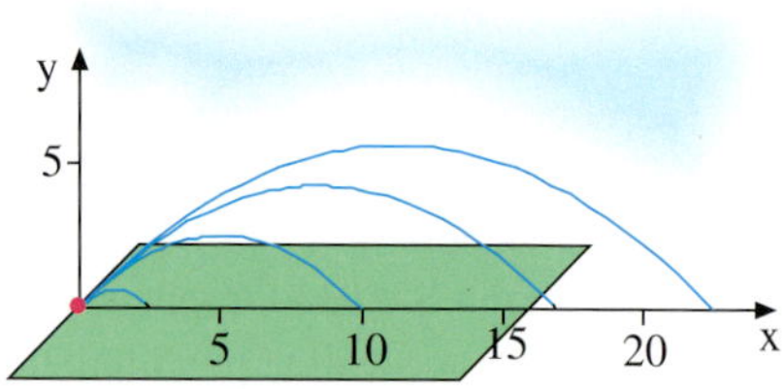

2. Untersuchung einer Schar 3. Grades

Gegeben ist die Funktionenschar $f_a(x) = x^3 - a^2x$, $a > 0$.

a) Untersuchen Sie f_a auf Nullstellen, Extremstellen und Wendepunkte.

b) Skizzieren Sie die Graphen von f_1 und $f_{1,5}$ für $-2 \le x \le 2$.

c) Bestimmen Sie die Gleichung der Wendetangente t_a von f_a.

d) Berechnen Sie, für welches a die Wendetangente t_a durch den Punkt $P(1|-4)$ geht.

e) Bestimmen Sie eine Stammfunktion F_a von f_a.

f) Berechnen Sie, für welchen Wert von a der Graph von f_a im zweiten Quadranten über dem Intervall $[-1, 0]$ ein Flächenstück A mit dem Inhalt 4,25 einschließt.

3. Gebrochen-rationale Funktionenschar

a) Berechnen Sie die Extrema der Funktionenschar $f_a(x) = 2x - a + \frac{a^3}{x^2}$, $a > 0$.

b) Zeichnen Sie die Graphen der Funktionen f_1 und f_2.

c) Bestimmen Sie die Ortskurve der Extrema der Funktionenschar.

d) Wie groß ist der Inhalt der Fläche A unter f_a über dem Intervall $I = [1; 2]$?
Für welchen Parameterwert a hat die Fläche A den Inhalt 5?

e) Wie lautet die Gleichung der Tangente t_a an den Graphen von f_a an der Stelle $x = 1$?
Welche dieser Tangenten hat die Steigung $m = \frac{7}{4}$?

4. Exponentielle Funktionenschar

Gegeben ist die Funktionenschar $f_a(x) = e^x - a \cdot e^{2x}$, $a > 0$.

a) Berechnen Sie die Nullstellen, Extrema und Wendepunkte der Scharkurven.

b) Zeichnen Sie die Graphen der Scharkurven $f_{0,5}$ und f_1 für $-3 \le x \le 2$.

c) Bestimmen Sie die Ortskurve der Extrema und die Ortskurve der Wendepunkte der Schar.

d) Für welche Scharkurve hat die Tangente in der Nullstelle der Kurve die Steigung -2?

e) Untersuchen Sie, ob die oberhalb der x-Achse liegende und bis ins Unendliche reichende Fläche A_a zwischen dem Graphen von f_a und der x-Achse für alle Scharkurven einen endlichen Inhalt hat.

Lösungen: S. 316

V. Approximation

1. Interpolationsverfahren

A. Stützpolynome und Interpolation

In der technischen Praxis können zahlreiche Vorgänge aufgrund ihrer Komplexität nicht durch physikalische Formeln, sondern nur durch Messreihen erfasst werden.
Für die zwischen den Messpunkten liegenden Bereiche hat man dann keine Informationen. Man versucht, diese Bereiche durch eine sogenannte ***Interpolation*** zu erfassen. Hierzu benötigt man ein sogenanntes ***Stützpolynom***, auf dessen Graphen alle Messpunkte liegen.

Beispiel: Stützpolynom

In einem Windkanal wird ein Objekt mit verschiedenen Strömungsgeschwindigkeiten angeströmt. Die auf den Gegenstand wirkende Kraft wird gemessen. Dabei ergibt sich folgende Messtabelle:

x: Geschw. (1 m/s)	1	3	5
y: Kraft (100 N)	1	4	9

Gesucht ist ein Stützpolynom.

Lösung:
Die Messreihe enthält drei Stützpunkte. Im Allgemeinen legen zwei Stützpunkte eine Gerade fest, drei Stützpunkte ein Polynom 2. Grades, vier Stützpunkte ein Polynom 3. Grades usw.
Wir setzen daher ein Polynom 2. Grades an, d.h. $f(x) = ax^2 + bx + c$.
Durch Einsetzen der Stützpunkte erhalten wir ein lineares Gleichungssystem für die drei Parameter a, b und c, welches wir in der üblichen Weise lösen.
Wir erhalten als Resultat das Stützpolynom $f(x) = \frac{1}{4}x^2 + \frac{1}{2}x + \frac{1}{4}$.

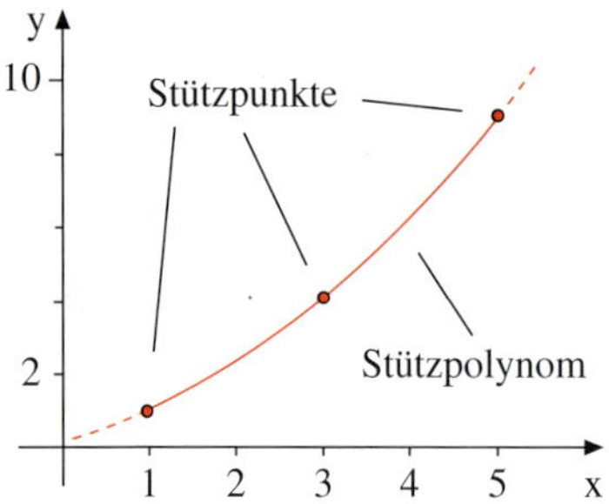

Ansatz
$f(x) = ax^2 + bx + c$

Stützpunkte
$f(1) = 1$
$f(3) = 4$
$f(5) = 9$

Gleichungssystem
I. $a + b + c = 1$
II. $9a + 3b + c = 4$
III. $25a + 5b + c = 9$

Lösung des Gleichungssystems
II – I = IV: $8a + 2b = 3$
III – I = V: $24a + 4b = 8$
V – 2 · IV = VI: $8a = 2 \Rightarrow a = \frac{1}{4}$
in IV: $8 \cdot \frac{1}{4} + 2b = 3 \Rightarrow b = \frac{1}{2}$
in I: $\frac{1}{4} + \frac{1}{2} + c = 1 \Rightarrow c = \frac{1}{4}$

Resultat
$f(x) = \frac{1}{4}x^2 + \frac{1}{2}x + \frac{1}{4}$

Mit Hilfe des Stützpolynoms kann man interpolieren, d.h. auf mögliche Werte in den Bereichen zwischen den eigentlichen Messpunkten schließen.
Rechts ist eine solche ***Interpolation*** für unser Beispiel aufgeführt.

Interpolation für x = 2

$f(2) = \frac{1}{4} \cdot 2^2 + \frac{1}{2} \cdot 2 + \frac{1}{4} = 2{,}25$

Bei einer Windgeschwindigkeit von $2\,\frac{m}{s}$ beträgt die auf das Objekt wirkende Windkraft ca. 225 N.

Übung 1 Stützpolynom

Bestimmen Sie manuell ein Stützpolynom, welches durch die angegebenen Stützpunkte geht.

a) Ansatz $f(x) = ax^2 + bx + c$

x	−2	1	2
y	4	1	8

b) Ansatz: $f(x) = ax^3 + bx^2 + cx + d$

x	−2	−1	1	2
y	−1	3	−1	7

Bemerkung: Mit der Anzahl der gegebenen Punkte wächst der Grad des Stützpolynoms und damit die Anzahl der Gleichungen und Variablen im Gleichungssystem. Bei drei Stützpunkten kann man manuell vorgehen oder einen Taschenrechner mit erweiterter Funktionalität verwenden. Bei höherer Zahl von Stützpunkten sind ein Computerprogramm oder ein CAS-Rechner sinnvoll.

Beispiel: Stützpolynom mit dem Rechner

Der Benzinverbrauch eines Automodells wurde für mehrere Geschwindigkeiten gemessen. Bestimmen Sie ein Stützpolynom.

Geschwindigk. in km/h	30	60	90
Verbrauch in l/100 km	5,05	5,20	6,25

Lösung:
Zunächst wird – ausgehend vom quadratischen Ansatz $f(x) = ax^2 + bx + c$ – aus den Stützpunkten das lineare Gleichungssystem aufgestellt.

Dann wird am Taschenrechner die Option zum Lösen eines 3×3-Systems aufgerufen. Nach Eingabe der Koeffizienten des Gleichungssystems gibt der Rechner die Lösung aus:

Endresultat: $f(x) = 0{,}0005\,x^2 - 0{,}04\,x + 5{,}8$

Ansatz für das Stützpolynom

$f(x) = ax^2 + bx + c$

Lineares Gleichungssystem

$$900a + 30b + c = 5{,}05$$
$$3600a + 60b + c = 5{,}20$$
$$8100a + 90b + c = 6{,}25$$

Lösung: $a = 0{,}0005,\ b = -0{,}04,\ c = 5{,}8$

Polynom: $f(x) = 0{,}0005\,x^2 - 0{,}04\,x + 5{,}8$

Übung 2 Taschenrechnereinsatz

Bei einem starken Regen wird der Pegelstand eines Flusses gemessen. Bestimmen Sie ein geeignetes Stützpolynom. Wie hoch war der Maximalpegel?

Zeit t in h	1	2	6
Pegel h in m	1,8	2,8	2,8

Übung 3 Einsatz von TR/Computer

Ermitteln Sie das Stützpolynom zur Messwerttabelle mit einem Computerprogramm oder mit einem geeigneten Taschenrechner.

x	−2	0	2	4
y	3	2	1	6

B. Newtonsche Stützpolynome

***Sir Isaac Newton** (1643–1727) – der berühmte englische Physiker – entwickelte eine besonders elegante Methode zur Bestimmung von Stützpolynomen.*

Sein Verfahren hat zwei große Vorteile:
1. Der Rechenaufwand ist gering.
2. Das Stützpolynom muss nur geringfügig verändert werden, wenn weitere Stützpunkte nachträglich hinzukommen.

Newton verwendete bei n gegebenen Stützpunkten $P_1, P_2, \ldots, P_n$ – wie nicht anders zu erwarten – ein Polynom vom Grad n – 1 mit n Koeffizienten $a_0, a_1, \ldots, a_{n-1}$. Allerdings hat das Newtonsche Interpolationspolynom einen ganz besonderen, raffinierten Faktoraufbau.

Formel des Newtonschen Stützpolynoms

Gegeben seien n Stützpunkte $P_1(x_1|y_1), P_2(x_2|y_2), \ldots, P_n(x_n|y_n)$.
Gesucht ist ein Polynom f vom Grad n – 1, welches exakt durch die Punkte $P_1, P_2, \ldots, P_n$ geht.

Dann ist laut Newton das folgende Polynom vom Grad n – 1 ein geeigneter Ansatz für f.

$$f(x) = a_0 + a_1(x - x_1) + a_2(x - x_1)(x - x_2) + \ldots + a_{n-1}(x - x_1)(x - x_2)\ldots(x - x_{n-1})$$

Beispiel: Newtonsches Stützpolynom

Gesucht ist ein Polynom, auf dessen Graph die drei Messpunkte der rechts aufgeführten Tabelle liegen.

x	0	2	3
y	3	1	6

Lösung:
Wir haben hier die drei Stützpunkte:
$P_1(0|3)$, $P_2(2|1)$ und $P_3(3|6)$.
Wir verwenden entsprechend der Formel für das Newtonsche Stützpolynom den Ansatz
$f(x) = a_0 + a_1(x - x_1) + a_2(x - x_1)(x - x_2)$
$f(x) = a_0 + a_1(x - 0) + a_2(x - 0)(x - 2)$.

Setzen wir die Koordinaten der drei Stützpunkte in diese Ansatzgleichung ein, so erhalten wir ein lineares Gleichungssystem mit drei Gleichungen und drei Variablen. Das Gleichungssystem hat eine Dreiecksform, sodass es sehr einfach zu lösen ist.

Gegebene Stützpunkte
$P_1(0|3)$, $P_2(2|1)$ und $P_3(3|6)$.

Ansatz für das Newtonsche Stützpolynom
$f(x) = a_0 + a_1(x - x_1) + a_2(x - x_1)(x - x_2)$
$f(x) = a_0 + a_1(x - 0) + a_2(x - 0)(x - 2)$

Gleichungssystem
$f(0) = 3 \Rightarrow$ I: $a_0 = 3$
$f(2) = 1 \Rightarrow$ II: $a_0 + 2a_1 = 1$
$f(3) = 6 \Rightarrow$ III: $a_0 + 3a_1 + 3a_2 = 6$

Die Lösung ist rechts dargestellt.
Aus Gleichung I gewinnt man $a_0 = 3$.
Dies setzt man in Gleichung II ein und gewinnt aus dieser $a_1 = -1$.
Aus III gewinnt man nach Einsetzen dieser beiden Werte $a_2 = 2$.
Durch Einsetzen der Koeffizienten in den Ansatz für das Stützpolynom erhalten wir als Resultat: $f(x) = 2x^2 - 5x + 3$.
Eine Probe zeigt, dass alle Stützpunkte tatsächlich auf dem Graphen von f liegen.

Lösung des Gleichungssystems

aus I: $\Rightarrow\ a_0 = 3$
in II: $\Rightarrow\ 3 + 2a_1 = 1 \quad \Rightarrow\ a_1 = -1$
in III: $\Rightarrow\ 0 + 3a_2 = 6 \quad \Rightarrow\ a_2 = 2$

Newtonsches Stützpolynom

$f(x) = a_0 + a_1(x-0) + a_2(x-0)(x-2)$
$f(x) = 3 - 1(x-0) + 2(x-0)(x-2)$

$f(x) = 2x^2 - 5x + 3$

Bei vier und mehr Stützpunkten wird das Newtonsche Stützpolynom ebenso bestimmt. Das lineare Gleichungssystem ist aber wegen seiner Dreiecksform auch dann manuell leicht zu lösen.

Hinzunahme weiterer Stützpunkte zu einer bestehenden Tabelle

Ein Vorteil des Newtonschen Verfahrens besteht darin, dass man weitere, nachträglich aufgenommene Messwerte leicht einbeziehen kann, ohne alles neu rechnen zu müssen.
Wir zeigen nun, wie man mit der *Hinzunahme* eines oder mehrerer weiterer Messpunkte umgeht.

Beispiel: Hinzunahme eines weiteren Stützpunktes

Gesucht ist ein Polynom, auf dessen Graph die drei Messpunkte aus dem vorigen Beispiel und ein weiterer Messpunkt liegen.

x	0	2	3	4
y	3	1	6	23

Lösung:
Da die ersten drei Stützpunkte $P_1(0|3)$, $P_2(2|1)$, $P_3(3|6)$ dem vorigen Beispiel entsprechen und lediglich ein vierter, rot gekennzeichneter Stützpunkt $P_4(4|23)$ hinzugekommen ist, kann man das Ergebnispolynom aus dem vorigen Bespiel übernehmen und einfach nur einen weiteren Ansatzterm anfügen:
$f(x) = 2x^2 - 5x + 3 + a_3(x-0)(x-2)(x-3)$
Durch Einsetzen der Koordinaten des neuen Stützpunktes $P_4(4|23)$ in diesen erweiterten Ansatz erhält man $a_3 = 1$ (vgl. rechts).
Resultat: $f(x) = x^3 - 3x^2 + x + 3$

Gegebene Stützpunkte

$P_1(0|3)$, $P_2(2|1)$, $P_3(3|6)$ und $P_4(4|23)$

Ansatz für das Newtonsche Stützpolynom

$f(x) = 2x^2 - 5x + 3 + a_3(x-0)(x-2)(x-3)$

Bestimmung von a_3

$f(4) = 23 \quad \Rightarrow \quad 15 + 8a_3 = 23 \Rightarrow a_3 = 1$

Newtonsches Stützpolynom

$f(x) = x^3 - 3x^2 + x + 3$

Übung 4 Newtonsches Stützpolynom

Bestimmen Sie das Newtonsche Stützpolynom zur folgenden Tabelle.

x	0	1	2
y	3	2	3

Übung 5 Hinzunahme eines Stützpunktes

Zu den Punkten aus Übung 4 kommt ein weiterer hinzu. Wie lautet das Stützpolynom?

x	0	1	2	3
y	3	2	3	0

Interpolation von Zwischenwerten

Ein Hauptgrund für die Erstellung von Stützpolynomen ist der Wunsch, Zwischenpunkte bestimmen zu können, die in der Messwerttabelle nicht auftreten, weil sie nicht gemessen wurden. Die angenäherte Bestimmung solcher *nicht erfasster Zwischenpunkte* wird als ***Interpolation**** bezeichnet. Man kann diese Zwischenpunkte mit linearer oder mit Newtonscher Interpolation bestimmen.

Beispiel: Lineare Interpolation

Der Wasserstand eines Flusses über Normalpegel verändert sich regelmäßig. Die Tabelle gibt einige Wasserstandshöhen an. (t: Zeit in Std.; h: Höhe über Pegel in cm)

t	1	2	4	5
h	36	48	24	0

Interpolieren Sie den Wasserstand zum nicht gemessenen Zeitpunkt t = 3
a) durch Annahme eines linearen Verlaufs von h zwischen t = 2 und t = 4.
b) mit Hilfe des Newtonschen Interpolationspolynoms vom Grad 3.

Lösung zu a):
Die lineare Interpolation verwendet die Gerade g durch die Punkte $P_2(2|48)$ und $P_3(4|24)$.
g hat die Gleichung $g(t) = -12t + 72$.
Es gilt $g(3) = 36$. Zur Zeit t = 3 ergibt sich also die Wasserstandshöhe h(3) = 36 cm.

Lösung zu b):
Für das Newtonsche Interpolationspolynom vom Grad 3 ergibt sich mit einer Rechnung analog zu den obigen Beispielen die Gleichung $f(t) = t^3 - 15t^2 + 50t$.
Zur Zeit t = 3 liefert dieses Modell eine Wasserstandshöhe von f(3) = 42 cm.

Der Unterschied ist in diesem Fall erheblich, was auch die Zeichnung verdeutlicht. Das Newtonsche Stützpolynom beschreibt den Prozess im besagten Bereich offenbar besser als die Interpolationsgerade.

Lineare Interpolation
Gerade durch $P_2(2|48)$ und $P_3(4|24)$
$g(t) = -12t + 72$
$g(3) = 36$ cm

Newtonsche Interpolation
$f(t) = t^3 - 15t^2 + 50t$
$f(3) = 42$ cm

Graphischer Vergleich

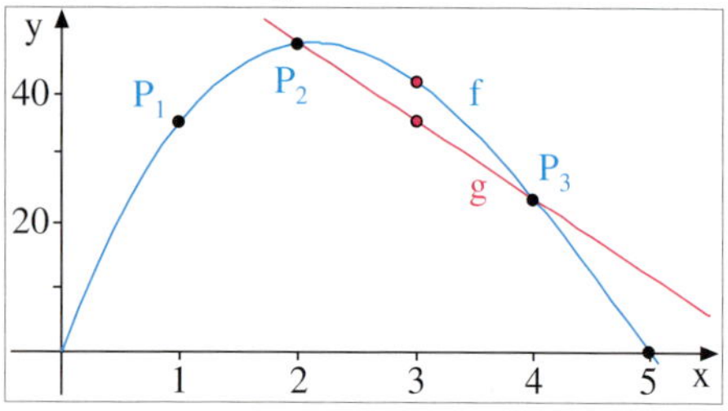

Übung 6 Interpolation

Gegeben ist eine Messwertabelle (rechts).
a) Bestimmen Sie den nicht erfassten Punkt $P(x_0|f(x_0))$ durch lineare Interpolation.
b) Bestimmen Sie den nicht erfassten Punkt $P(x_0|f(x_0))$ mit Newtonscher Interpolation.
c) Vergleichen Sie die Ergebnisse, indem Sie Stützpunkte, lineare Näherungsgerade g und Newtonsches Stützpolynom f in ein Koordinatensystem einzeichnen.

Tabelle I:

t	1	2	3	5
h	36	48	??	0

Tabelle II:

t	1	2	4	5	6
h	36	48	??	0	16

* Interpolieren bedeutet: Einen unbekannten Wert *zwischen* zwei bekannten Werten angenähert bestimmen.

Übungen

7. Stützpolynom: Standardansatz

Bestimmen Sie ein Stützpolynom, welches durch die angegebenen Stützpunkte geht.

a)

x	1	2	5
y	–3	–5	1

b)

x	–2	–1	0	2
y	–4	2	2	8

c)

x	–2	0	2	4
y	–10	0	2	20

8. Stützpolynom: Newton'scher Ansatz

Verwenden Sie die Methode von Newton (S. 240), um ein Stützpolynom zu bestimmen, das die folgenden Stützpunkte durchläuft.

a)

x	1	2	5
y	1	2	11

b)

x	–2	0	2	4
y	–6	–2	2	30

c)

x	–1	0	2	4
y	$\frac{9}{4}$	2	3	16

9. Stützpolynom: Erweiterung für zusätzliche Messpunkte

Das rechts aufgeführte Messprotokoll enthielt zunächst drei Messwerte (schwarz). Erst später wurde ein vierter Messwert (rot) aufgenommen.

x	1	3	5	6
y	1	4	9	16

a) Bestimmen Sie das Newtonsche Stützpolynom für die ursprüngliche Tabelle

b) Bestimmen Sie das Newtonsche Stützpolynom für die neue Tabelle (4 Werte). Erweitern Sie hierzu Ihren ursprünglichen Ansatz und die zugehörige Rechnung.

10. Grad des Stützpolynoms

a) Errechnen Sie das Stützpolynom für die ersten drei Messpunkte der rechts dargestellten Tabelle I.

b) Errechnen Sie nun das Stützpolynom für die vollständige Tabelle I.

c) Wiederholen Sie die Berechnungen aus a) und b) für die Tabelle II.
Kommentieren Sie Ihr Resultat.

I

x	0	1	2	3
y	0	0	8	30

II

x	0	1	2	4
y	2	0	0	6

11. Funktionsapproximation/Interpolation

Die Funktion $h(x) = 2^x$ soll im abgebildeten Bereich durch ein Stützpolynom f approximiert werden.

a) Errechnen Sie das Stützpolynom f. Verwenden Sie die vier eingezeichneten Stützpunkte.

b) Bestimmen Sie $h\left(\frac{1}{2}\right)$ und $h(3)$ durch Interpolation mittels f. Vergleichen Sie mit den wahren Werten, indem Sie den prozentualen Fehler errechnen.
Interpretieren Sie Ihre Resultate.

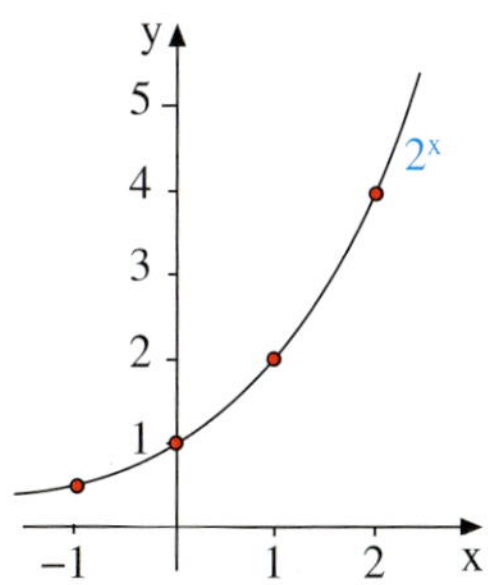

Die Lagrange-Approximation

Ein weiteres Approximationsverfahren wurde von dem französischen Mathematiker Joseph Louis Lagrange (1735–1813) entwickelt.

Grundlage seines Verfahrens sind die sogenannten Lagrange-Polynome.

Sind n Messpunkte $P_1(x_1|y_1), \dots P_n(x_n|y_n)$ bekannt, so lauten die Lagrange-Polynome wie folgt*:

$$L_k(x) = \prod_{\substack{i=1 \\ i \neq k}}^{n} \frac{x - x_i}{x_k - x_i} \quad (k = 1, \dots, n).$$

Alle Lagrange-Polynome haben die Eigenschaften $L_k(x_k) = 1$ und $L_k(x_i) = 0$ $(i \neq k)$.

Daher liegen alle Messpunkte $P_1, \dots, P_n$ auf dem Graphen des nebenstehenden Lagrange-Stützpolynoms.

Stützpolynom nach Lagrange:
$$f(x) = y_1 L_1(x) + \dots + y_n L_n(x)$$

Beispiel: Das Lagrange-Stützpolynom
Wie lautet das Lagrange-Stützpolynom durch die Punkte $P_1(1|3)$, $P_2(2|5)$, $P_3(4|2)$ und $P_4(6|3)$?

Lösung:
Der Vorteil des Lagrange-Verfahrens ist, dass die vier Lagrange-Polynome und das daraus gebildete Stützpolynom wie rechts angegeben unmittelbar gebildet werden können.
Es erfordert allerdings viel Rechenarbeit, aus dieser Produktdarstellung die normale Darstellung des Stützpolynoms zu entwickeln, sodass hier ein Ausmultiplizieren mittels Rechnereinsatz sinnvoll ist.
Das Ergebnis der Approximation ist rechts angegeben. Das Stützpolynom lautet:
$f(x) = \frac{1}{3}x^3 - \frac{7}{2}x^2 + \frac{61}{6}x - 4.$

Lagrange-Polynome:

$$L_1(x) = \frac{(x-2)\cdot(x-4)\cdot(x-6)}{(1-2)\cdot(1-4)\cdot(1-6)} = \frac{(x-2)\cdot(x-4)\cdot(x-6)}{(-1)\cdot(-3)\cdot(-5)}$$

$$L_2(x) = \frac{(x-1)\cdot(x-4)\cdot(x-6)}{(2-1)\cdot(2-4)\cdot(2-6)} = \frac{(x-1)\cdot(x-4)\cdot(x-6)}{(+1)\cdot(-2)\cdot(-4)}$$

$$L_3(x) = \frac{(x-1)\cdot(x-2)\cdot(x-6)}{(4-1)\cdot(4-2)\cdot(4-6)} = \frac{(x-1)\cdot(x-2)\cdot(x-6)}{(+3)\cdot(+2)\cdot(-2)}$$

$$L_4(x) = \frac{(x-1)\cdot(x-2)\cdot(x-4)}{(6-1)\cdot(6-2)\cdot(6-4)} = \frac{(x-1)\cdot(x-2)\cdot(x-4)}{(+5)\cdot(+4)\cdot(+2)}$$

Stützpolynom nach Lagrange:
$f(x) = 3 \cdot L_1(x) + 5 \cdot L_2(x) + 2 \cdot L_3(x) + 3 \cdot L_4(x)$
$f(x) = \frac{1}{3}x^3 - \frac{7}{2}x^2 + \frac{61}{6}x - 4$

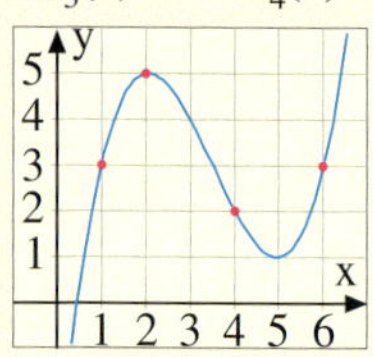

Übung Lagrange-Approximation
Bestimmen Sie das Lagrange-Stützpolynom durch die Punkte P_1, P_2, und P_3.
a) $P_1(2|1)$, $P_2(4|-2)$, $P_3(6|2)$
b) $P_1(2|-2)$, $P_2(4|0)$, $P_3(5|3)$

---
* $\prod$ ist das Produktzeichen; Es gilt $\prod_{i=1}^{n} a_i = a_1 \cdot a_2 \cdot \dots \cdot a_n$

Vergleich der Stützpolynome nach Newton und Lagrange

Im Folgenden vergleichen wir die beiden Methoden zur Bestimmung von Stütz- bzw. Interpolationspolynomen nach Newton und Lagrange. Dazu rechnen wir zunächst das obige Beispiel noch einmal mit dem Newtonschen Ansatz.

Beispiel: Das Newton-Stützpolynom

Wie lautet das Newton-Stützpolynom durch die Punkte $P_1(1|3)$, $P_2(2|5)$, $P_3(4|2)$ und $P_4(6|3)$?

Lösung:

Hier liegen vier Stützpunkte vor. Das Newtonsche Polynom hat also den Grad 3. Die Ansatzformeln lauten daher:

Gegebene Stützpunkte

$P_1(1|3)$, $P_2(2|5)$, $P_3(4|2)$ und $P_4(6|3)$

$$f(x) = a_0 + a_1 \cdot (x - x_1) + a_2 \cdot (x - x_1) \cdot (x - x_2) + a_3 \cdot (x - x_1) \cdot (x - x_2) \cdot (x - x_3)$$
$$f(x) = a_0 + a_1 \cdot (x - 1) + a_2 \cdot (x - 1) \cdot (x - 2) + a_3 \cdot (x - 1) \cdot (x - 2) \cdot (x - 4)$$

Setzen wir hier die Stützstellen $x = 1$, $x = 2$, $x = 4$ sowie $x = 6$ ein, so erhalten wir ein lineares Gleichungssystem. Wegen seiner Dreiecksform ist es ganz einfach zu lösen. Die gesuchten Koeffizienten lauten:

$a_0 = 3,\ a_1 = 2,\ a_2 = -\frac{7}{6},\ a_3 = \frac{1}{3}$

Lineares Gleichungssystem

$$\begin{aligned} f(1) = 3 &\Rightarrow \text{I: } a_0 &= 3\\ f(2) = 5 &\Rightarrow \text{II: } a_0 + a_1 &= 5\\ f(4) = 2 &\Rightarrow \text{III: } a_0 + 3a_1 + 6a_2 &= 2\\ f(6) = 3 &\Rightarrow \text{IV: } a_0 + 5a_1 + 20a_2 + 40a_3 &= 3 \end{aligned}$$

Nun müssen wir diese Koeffizienten in die Ansatzgleichung einsetzen und deren zahlreiche Linearfaktoren anschließend ausmultiplizieren und dann zusammenfassen, was doch recht mühselig ist.

Lösung des LGS

$a_0 = 3,\ a_1 = 2,\ a_2 = -\frac{7}{6},\ a_3 = \frac{1}{3}$

$$f(x) = 3 + 2(x - 1) - \frac{7}{6}(x - 1)(x - 2) + \frac{1}{3}(x - 1)(x - 2)(x - 4)$$

Erwartungsgemäß* erhalten wir das gleiche Stützpolynom wie beim Lagrange-Verfahren.

Rechts ist der Graph des Stützpolynoms dargestellt. Man erkennt gut, dass er harmonisch zu den Stützpunkten passt.

Bewertung: Insgesamt war das Ergebnis mit dem Newtonschen Verfahren deutlich leichter zu erzielen als mit Lagrange.

Hinzu kommt, dass das Newtonsche Verfahren viel einfacher die Integration weiterer, zusätzlicher Messwerte gestattet.

Stützpolynom und Graph

$f(x) = \frac{1}{3}x^3 - \frac{7}{2}x^2 + \frac{61}{6}x - 4$

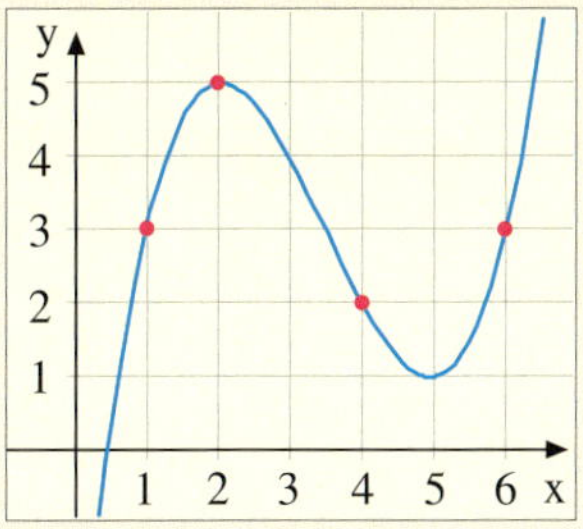

Übung Lagrange und Newton

Bestimmen Sie das Stützpolynom einmal nach Lagrange und einmal nach Newton.

a) $P_1(-3|-1)$, $P_2(-1|-1)$, $P_3(2|4)$

b) $P_1(-3|-1)$, $P_2(-1|-1)$, $P_3(2|4)$ und $P_4(3|3)$

* Ein Polynom 3. Grades ist durch 4 Stützpunkte eindeutig festgelegt.

C. Exkurs: Trassierung

Die Planung des Verlaufs von Eisenbahnstrecken oder Autobahnen wird als ***Trassierung*** bezeichnet. Im Folgenden wird die Trassierung von Fahrbahnen mit einfachen mathematischen Mitteln modelliert. Zwei parallel verlaufende Trassen sollen durch ein s-förmiges Kurvenstück so verbunden werden, dass ein harmonischer, d. h. ruckfreier Übergang entsteht.

Beispiel: Trassierung eines Gleises

Zwei Gleise h und g verlaufen wie abgebildet im Abstand von 4 LE parallel zueinander. Eine s-förmige Kurve f soll die beiden Gleise auf einer Strecke von 20 LE verbinden. Die Ansatzpunkte sollen möglichst ruckfrei durchfahren werden können. Überprüfen Sie, ob eine Polynomfunktion f dritten Grades hierfür geeignet ist. (1 LE = 10 m)

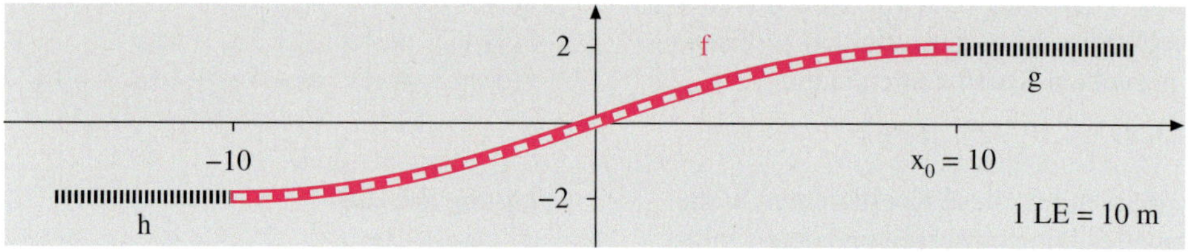

Lösung:

Wir legen das Koordinatensystem zentral in die Mitte der Anordnung. Dann ist $g(x) = 2$. Die Funktion f ist punktsymmetrisch zum Ursprung. Sie enthält dann nur Potenzen mit ungeraden Exponenten, sodass der Ansatz lautet: $f(x) = ax^3 + bx$.

Ansatz für die Funktion f:

f ist punktsymmetrisch zum Ursprung:

$f(x) = ax^3 + bx$

$f'(x) = 3ax^2 + b$

Folgende Forderungen muss die Funktion f erfüllen:

An der Anschlussstelle $x_0 = 10$ müssen f und g exakt aneinanderstoßen. Es darf kein gefährlicher Versatz entstehen.
Dies führt auf Gleichung I.

An der Anschlussstelle darf auch kein Knick entstehen.
Dies führt auf Gleichung II.

Forderungen an f:

Übergang ohne Versatz: $f(x_0) = g(x_0)$

$f(10) = g(10)) \Rightarrow$ I: $1000a + 10b = 2$

Übergang ohne Knick: $f'(x_0) = g'(x_0)$

$f'(10) = g'(10)) \Rightarrow$ II: $300a + b = 0$

Wir erhalten also ein Gleichungssystem mit zwei Gleichungen in zwei Variablen.

Gleichungssystem:

I: $1000a + 10b = 2$

II: $300a + \quad b = 0$

Wir lösen das Gleichungssystem nach dem Additions- oder dem Einsetzungsverfahren und erhalten $a = -0{,}001$ und $b = 0{,}3$.

Lösung des Gleichungssystems
III = 10 · II–I: $2000\,a = -2 \Rightarrow a = -0{,}001$
in II: $-0{,}3 + b = 0 \Rightarrow b = 0{,}3$

Also ist $f(x) = -0{,}001\,x^3 + 0{,}3\,x$ die gesuchte versatz- und knickfreie Trasse.

Resultat für die Trasse
$f(x) = -0{,}001\,x^3 + 0{,}3\,x$

Diese Trasse ist allerdings nicht optimal. Die Funktion f dritten Grades hat bei $x_0 = 10$ ein Maximum. Sie schließt daher zwar versatz- und knickfrei an g an, hat aber dort im Gegensatz zu g eine Krümmung (Bild 1). Stellt man sich einen Radfahrer vor, der die Kurve f befährt, so müsste dieser beim Erreichen der Stelle x_0 den Lenker aus der Kurvenfahrt ruckartig in eine gerade Stellung reißen, um auf die Gerade g einzuschwenken. Man spricht hier von einem ***Krümmungsruck***. Mathematisch erkennt man diesen daran, dass $f''(10) = -0{,}06 < 0$ (Rechtskrümmung) gilt, aber $g''(10) = 0$ (keine Krümmung).

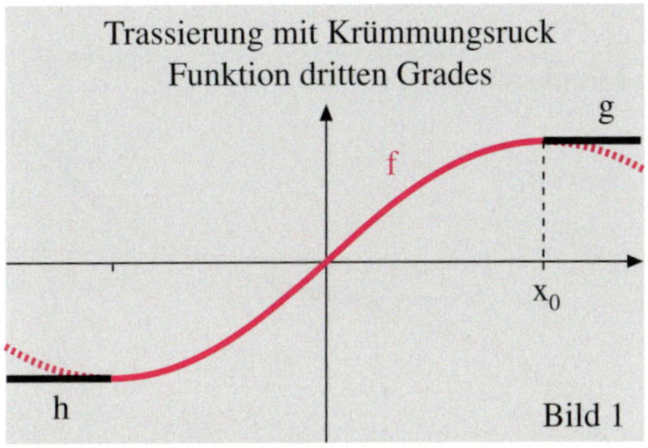

Bild 1

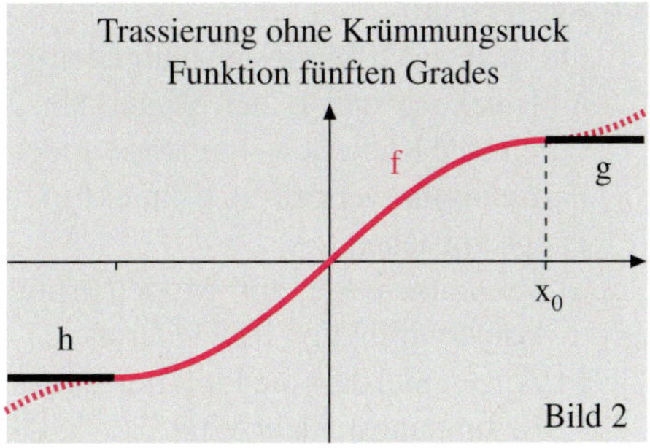

Bild 2

Um den Krümmungsruck zu vermeiden, kann man eine Funktion fünften Grades verwenden. Diese kann in der Übergangsstelle $x_0 = 10$ einen Wendepunkt haben, sodass $f''(10) = 0 = g''(10)$ gilt und es nicht zu einem Krümmungsruck kommt (Bild 2, vgl. auch Übung 12).

Man kann zeigen, dass folgendes Kriterium für eine ruckfreie Trassierung gilt:

Trassierungskriterium

Die „ruckfreie" Verbindung zweier Trassen f und g ist möglich, wenn an der Verbindungsstelle x_0 folgende Bedingungen erfüllt sind:

I:	$\mathbf{f(x_0) = g(x_0)}$	versatzfreier Übergang
II:	$\mathbf{f'(x_0) = g'(x_0)}$	knickfreier Übergang
III:	$\mathbf{f''(x_0) = g''(x_0)}$	Übergang ohne Krümmungsruck

Übung 12 Ideale ruckfreie Trassierung

Lösen Sie das Trassierungsproblem aus dem Beispiel oben mit einer Polynomfunktion fünften Grades $f(x) = a\,x^5 + b\,x^3 + c\,x$. Wenden Sie das Trassierungskriterium an.
Kontrollergebnis: $f(x) = 0{,}0000075\,x^5 - 0{,}0025\,x^3 + 0{,}375\,x$
Zeigen Sie am Ergebnis, dass kein Krümmungsruck vorliegt.

Übungen

13. Radschikane

Für eine Fahrradbahn wird das abgebildete Höhenprofil geplant.

a) Wie könnte die Gleichung der Profilkurve lauten, wenn die Übergangspunkte versatz- und knickfrei sein sollen?

b) Die Bahn soll nirgends steiler als 60° sein. Wird diese Auflage erfüllt?

c) Entscheiden Sie, ob die Funktion $f(x) = \frac{1}{4}x^2 + x - 1$ geeignet ist, a) und b) zu erfüllen.

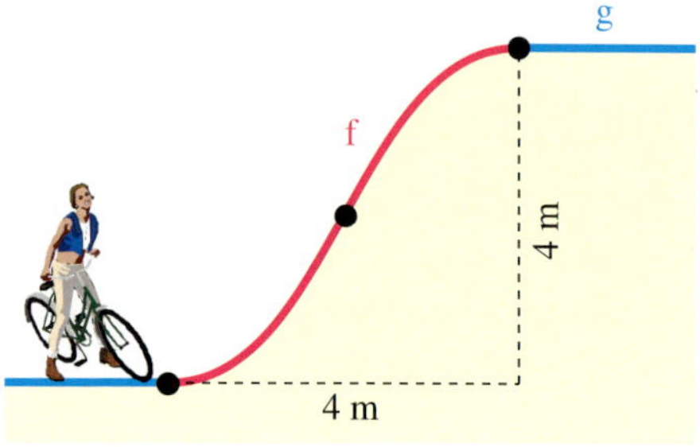

14. Skaterbahn*

Die exakt nach Nordosten laufenden geraden Teilstücke g und h der Skaterbahn sollen durch eine Kurve so verbunden werden, dass harmonische versatz- und knickfreie Übergänge entstehen.

a) Verwenden Sie zur Modellierung eine Polynomfunktion dritten Grades.

b) Zeigen Sie, dass die Funktion aus a) einen Krümmungsruck erzeugt.

c) Verwenden Sie zur Vermeidung des Krümmungsrucks eine Funktion fünften Grades.

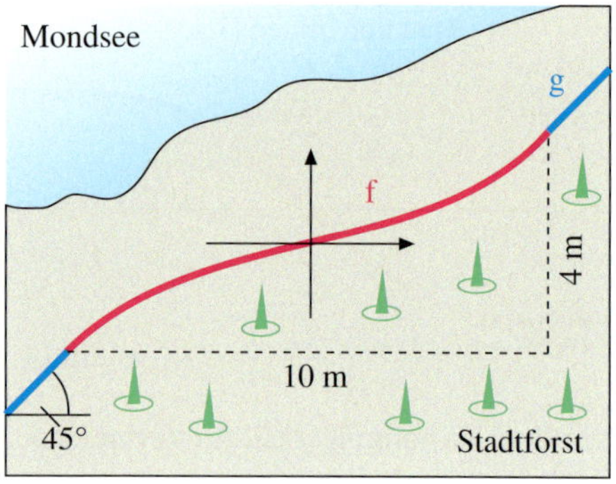

15. Verkehrinsel*

Die neue Straße soll über den Punkt P(0|10) um eine kleine Verkehrsinsel herumgeleitet werden. Modellieren Sie den Umleitungsbogen auf drei verschiedenen Arten.

a) mit einer quadratischen Parabel,

b) mit einem Polynom 4. Grades,

c) mit einem Polynom 6. Grades.

Vergleichen Sie die drei Modelle.

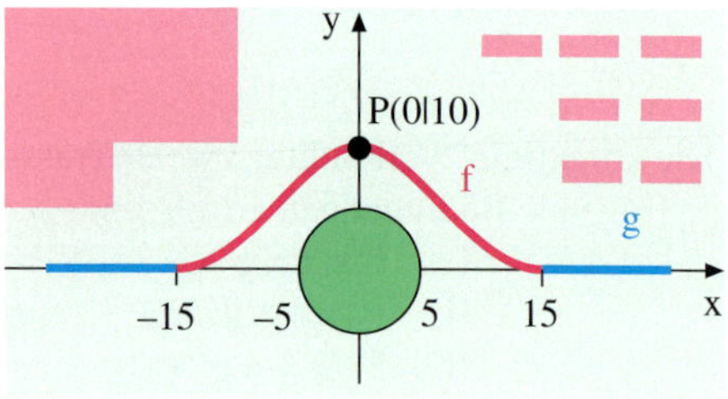

16. Skiloipe*

Die beiden geradlinigen Ansatzstücke einer Skiloipe sollen so durch eine Polynomfunktion f verbunden werden, dass das Trassierungskriterium erfüllt ist.

Wo liegen die Wendepunkte der Loipe?

Wie dicht rückt die Loipe an den Fluss heran?

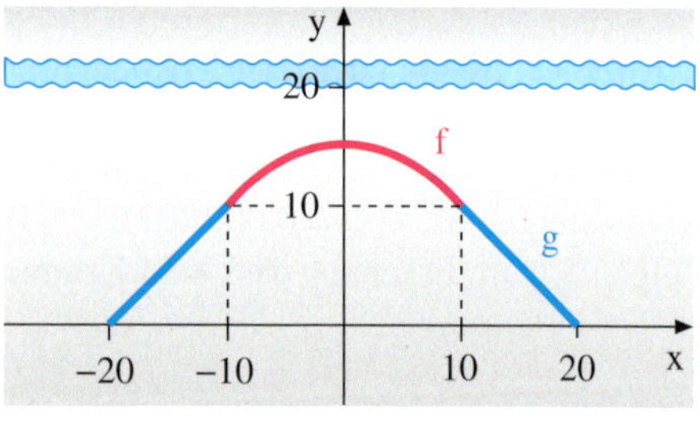

* Zum Lösen der Gleichungssysteme ist der Einsatz eines Rechners sinnvoll.

2. Die lineare Regression

Besteht zwischen zwei Größen ein linearer Zusammenhang, der durch die Darstellung von Messwertpaaren im Koordinatensystem veranschaulicht werden kann, so liegen die entsprechenden Punkte meistens nicht genau auf einer Geraden. Sie streuen durch Nebeneinflüsse als ***Punktwolke*** um eine Gerade. Man sucht eine ***Ausgleichsgerade***, von der die Punkte nur wenig abweichen.

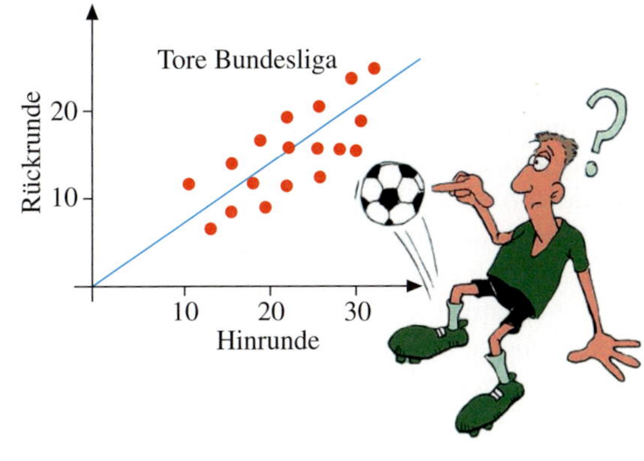

A. Die optimale Ausgleichsgerade bei proportionaler Zuordnung

Sind nur zwei Punkte gegeben, so geht die Ausgleichsgerade natürlich exakt durch diese Punkte. Sind mehr als zwei Punkte gegeben, muss man ein Gütekriterium für die Ausgleichsgerade festlegen. Es liegt nahe, dass die *Summe der vertikalen Abstände* zwischen den Punkten und der Ausgleichsgeraden möglichst klein sein sollte.

Beispiel: Vertikale Abstände als Kriterium für die Ausgleichsgerade

Gegeben sind die Messpunkte $P_1(3|1)$, $P_2(4|3{,}7)$ und $P_3(6|3{,}3)$ sowie die Geraden $f(x) = 0{,}5\,x$ und $g(x) = 0{,}8\,x$.
Entscheiden Sie mit Hilfe der vertikalen Abstände der Punkte zu den Geraden f und g, welche der beiden Geraden als Ausgleichsgerade besser geeignet ist.

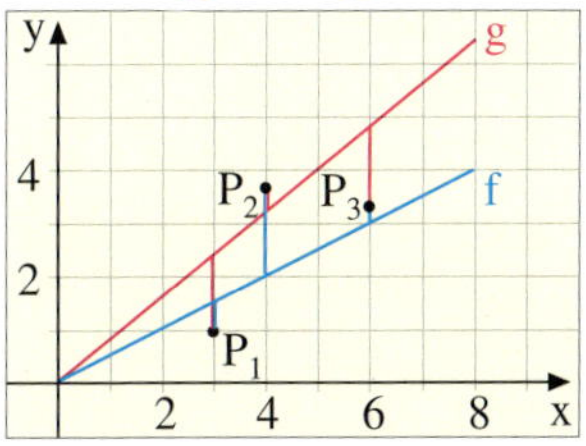

Lösung:
Wir berechnen zuerst die Funktionswerte der Geraden f und g an den Stützpunkten.

Funktionswerte:
f: $f(3) = 1{,}5$; $f(4) = 2$; $f(6) = 3$
g: $g(3) = 2{,}4$; $g(4) = 3{,}2$; $g(6) = 4{,}8$

Dann kann die Summe der vertikalen Abstände berechnet werden.

Summe der Abstände:
f: $|f(3) - 1| + |f(4) - 3{,}7| + |f(6) - 3{,}3|$
$= 0{,}5 + 1{,}7 + 0{,}3 = 2{,}5$
g: $|g(3) - 1| + |g(4) - 3{,}7| + |g(6) - 3{,}3|$
$= 1{,}4 + 0{,}5 + 1{,}5 = 3{,}4$

Diese Summe ist bei f kleiner als bei g. Daher ist f die bessere Ausgleichsgerade.

Obwohl der vertikale Abstand des Punktes P_2 von der Geraden f im Beispiel größer als alle anderen Abstände ist, erweist sich die Gerade f als die besser geeignete Ausgleichsgerade, wenn man als Gütekriterium die Summe der senkrechten Abstände verwendet, die minimal sein sollte.

Übung 1 Untersuchung zweier Ausgleichsgeraden

Entscheiden Sie, welche der beiden Geraden $f(x) = 0{,}7\,x$ oder $g(x) = x$ besser als Ausgleichsgerade zur Punktwolke aus den Punkten $P_1(3|4)$, $P_2(7|6)$ und $P_3(9|8)$ geeignet ist.

Um unerwünscht große Abstände von Punkten zur Ausgleichsgeraden zu vermeiden, muss man sie in der Minimierungsrechnung mit höherem Gewicht versehen, indem man die Abstände quadriert.
Dieser Ansatz führt zum Gütekriterium der ***Methode der kleinsten Quadrate***.
Das Verfahren stammt von dem deutschen Mathematiker ***Carl Friedrich Gauß***. Er verwendete die Summe der *Quadrate der vertikalen Abstände* als Gütekriterium.
Das Bild rechts veranschaulicht dies.

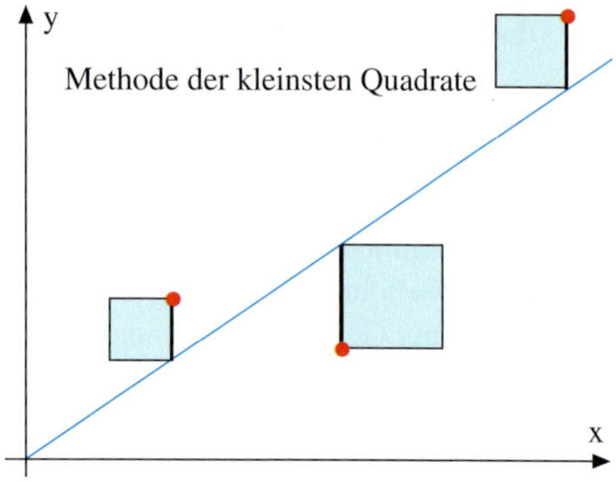

Beispiel: Abstandsquadrate als Kriterium
Gegeben sind die Punkte $P_1(3|2)$, $P_2(6|4)$ und $P_3(10|8)$ sowie die beiden Ausgleichsgeraden $f(x) = x$ und $g(x) = 0{,}5x$.
Entscheiden Sie mit der Methode der kleinsten Quadrate, welche der beiden Geraden die bessere Ausgleichsgerade ist.

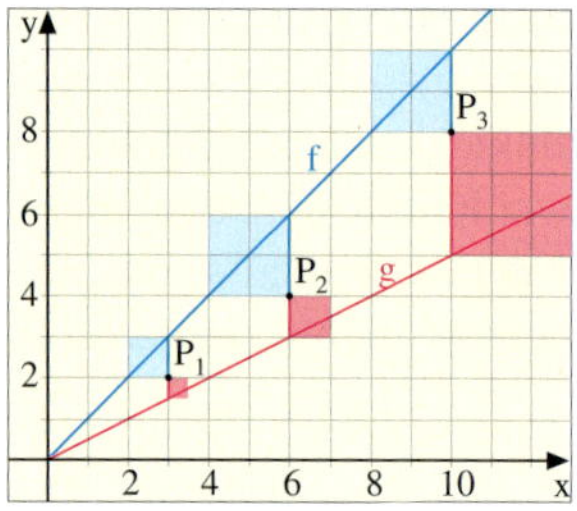

Lösung:
Wir berechnen die Funktionswerte der beiden Geraden f und g an den gegebenen Stellen sowie die vertikalen Abstandsquadrate.

Funktionswerte:
f: $f(3) = 3$; $f(6) = 6$; $f(10) = 10$
g: $g(3) = 1{,}5$; $g(6) = 3$; $g(10) = 5$

Die Rechnung ergibt für die Summe der Quadrate bei der Geraden f den Wert 9 und bei g den Wert 10,25. Daher ist f als Ausgleichsgerade nach der Methode der kleinsten Quadrate besser geeignet.

Summe der Abstandsquadrate:
f: $(f(3) - 2)^2 + (f(6) - 4)^2 + (f(10) - 8)^2$
$= 1^2 + 2^2 + 2^2 = 9$
g: $(g(3) - 2)^2 + (g(6) - 4)^2 + (g(10) - 8)^2$
$= 0{,}5^2 + 1^2 + 3^2 = 10{,}25$

Übung 2 Untersuchung zweier Ausgleichsgeraden mit Hilfe von Abstandsquadraten

a) Weisen Sie nach, dass mit Hilfe der vertikalen Abstandsquadrate nicht entschieden werden kann, ob die Gerade $f(x) = 1{,}5x$ oder die Gerade $g(x) = 2x$ besser als Ausgleichsgerade zur Punktwolke mit den Punkten $P_1(2|2)$, $P_2(4|7)$ und $P_3(6|11)$ geeignet ist.
b) Ist mit Hilfe der Summe der vertikalen Abstände eine Entscheidung möglich?

Übung 3 Untersuchung dreier Ausgleichsgeraden

a) Schätzen Sie ohne Rechnungen ein, ob f, g oder h die beste Wahl für eine Ausgleichsgerade ist.
b) Untersuchen Sie mit Hilfe der Summe vertikaler Abstände, welche der drei eingezeichneten Ausgleichsgeraden die beste Wahl ist.

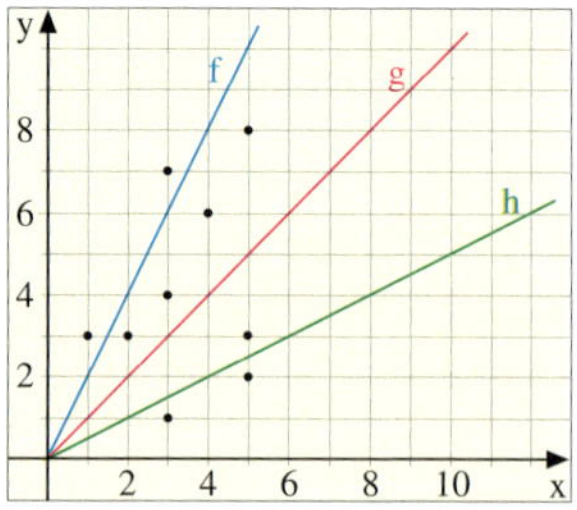

Die Methode der kleinsten Quadrate

Bisher wurden Ausgleichsgeraden vorgegeben und auf ihre Eignung untersucht. Nun soll zu gegebenen Punkten $P_1, \ldots, P_n$ die *optimale Ausgleichsgerade* ermittelt werden.
Wir erläutern das Verfahren zunächst für drei Punkte $P_1(x_1|y_1)$, $P_2(x_2|y_2)$ und $P_3(x_3|y_3)$.
Gesucht ist die Gerade der Form $f(x) = mx$, bei der die Summe der vertikalen Abstandsquadrate, d.h. $q(m) = (f(x_1) - y_1)^2 + (f(x_2) - y_2)^2 + (f(x_3) - y_3)^2 = (mx_1 - y_1)^2 + (mx_2 - y_2)^2 + (mx_3 - y_3)^2$, minimal ist. Das Minimum von q kann mit der Differentialrechnung bestimmt werden.
Wir bilden dazu die Ableitung q′ der Summe q der Abstandsquadrate und setzen sie null.
Also: $q'(m) = 2x_1(mx_1 - y_1) + 2x_2(mx_2 - y_2) + 2x_3(mx_3 - y_3) = 0$

Durch Auflösen dieser Gleichung nach m ermitteln wir den optimalen Wert von m. Die Rechnung ist rechts dargestellt.
Wegen $q''(m) = 2x_1^2 + 2x_2^2 + 2x_3^2 > 0$ liegt tatsächlich ein Minimum vor.
Man kann dieses Verfahren und auch die Formel auf n Messpunkte verallgemeinern.

Bestimmung des Minimums von q

$q'(m) = 0$

$2x_1(mx_1 - y_1) + 2x_2(mx_2 - y_2) + 2x_3(mx_3 - y_3) = 0$

$2(mx_1^2 - x_1y_1 + mx_2^2 - x_2y_2 + mx_3^2 - x_3y_3) = 0$

$m(x_1^2 + x_2^2 + x_3^2) - (x_1y_1 + x_2y_2 + x_3y_3) = 0$

$$\Rightarrow m = \frac{x_1 \cdot y_1 + x_2 \cdot y_2 + x_3 \cdot y_3}{x_1^2 + x_2^2 + x_3^2}$$

Die optimale Ausgleichsgerade nach der Methode der kleinsten Quadrate

Sind n Messpunkte $P_1(x_1|y_1), \ldots, P_n(x_n|y_n)$ gegeben, so gilt für für die optimale Ausgleichsgerade f die Formel rechts.

Optimale Ausgleichsgerade

$$f(x) = m \cdot x \text{ mit } m = \frac{x_1 \cdot y_1 + x_2 \cdot y_2 + \ldots + x_n \cdot y_n}{x_1^2 + x_2^2 + \ldots + x_n^2}$$

Der Physiker Georg Simon Ohm (1789–1854) entdeckte die Gesetzmäßigkeit, dass elektrische Spannung U und Stromstärke I proportionale Größen sind, die Messwertpaare (U|I) also auf einer Geraden durch den Koordinatenursprung liegen. In einem Beispiel wird diese Gerade bestimmt.

Beispiel: Ohm'sches Gesetz

Bei einem Schülerexperiment wurde an einen Kostantandraht eine elektrische Spannung U von zunächst 1 Volt angelegt, schrittweise um 1 Volt erhöht und jeweils die Stromstärke I gemessen.

U (in Volt)	1	2	3	4
I (in Ampere)	0,22	0,42	0,64	0,86

Lösung:
Bei vier Messwertpaaren gilt die Formel

$$m = \frac{x_1y_1 + x_2y_2 + x_3y_3 + x_4y_4}{x_1^2 + x_2^2 + x_3^2 + x_4^2}.$$

Die Einsetzung der Messwerte führt auf die lineare Funktion $I(U) = 0{,}214\,U$ für den Zusammenhang zwischen I und U.

Berechnung der Steigung

$$m = \frac{1 \cdot 0{,}22 + 2 \cdot 0{,}42 + 3 \cdot 0{,}64 + 4 \cdot 0{,}86}{1^2 + 2^2 + 3^2 + 4^2} = \frac{6{,}42}{30} = 0{,}214$$

Optimale Ausgleichsgerade

$g(x) = 0{,}214 \cdot x$; d.h. $I(U) = 0{,}214 \cdot U$

Übungen

4. Untersuchung von Ausgleichsgeraden mit Hilfe von vertikalen Abständen

Entscheiden Sie mit Hilfe der vertikalen Abstände, welche der beiden Ursprungsgeraden $f(x) = 0{,}6x$ oder $g(x) = 0{,}7x$ besser als Ausgleichsgerade zu den Punkten der gegebenen Punktwolke geeignet ist.

a) $P_1(3|3)$, $P_2(7|4)$, $P_3(11|8)$

b) $P_1(2|3)$, $P_2(4|4)$, $P_3(6|3)$, $P_4(9|4)$, $P_5(11|7)$

c)

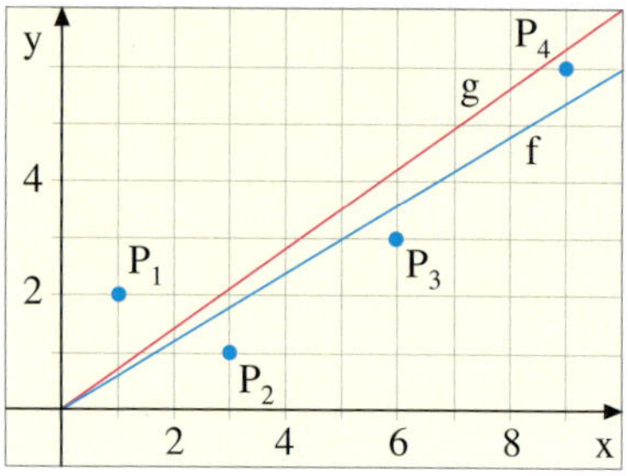

5. Untersuchung von Ausgleichsgeraden mit Hilfe von Abstandsquadraten

Untersuchen Sie mit Hilfe der Summe der vertikalen Abstandsquadrate, ob die Gerade $f(x) = 0{,}9x$ oder die Gerade $g(x) = 1{,}2x$ besser als Ausgleichsgerade zu der gegebenen Punktwolke geeignet ist.

a) $P_1(2|1)$, $P_2(4|3)$, $P_3(6|8)$

b) $P_1(3|4)$, $P_2(5|4)$, $P_3(6|6)$, $P_4(9|10)$

6. Optimale Ausgleichsgerade

Bestimmen Sie die optimale Ausgleichsgerade $f(x) = mx$ zur angegebenen Punktwolke.

a) $P_1(2|3)$, $P_2(5|4)$
$P_3(7|6)$, $P_4(10|7)$

b)

x	2	5	7	9	11
y	3	2	4	6	8

c)

x	1	3	4	5	7
y	3	4	5	6	9

d)

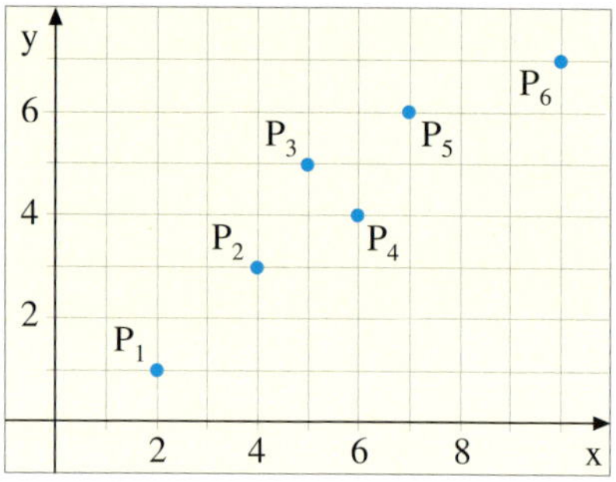

7. Hooke'sches Gesetz

Nach dem Hooke'schen Gesetz (Sir Robert Hooke, 1635–1703) ist die Verlängerung einer Spiralfeder proportional zum angehängten Gewicht. Eine Messung liefert folgende Tabelle.

Gewichtskraft G (in N)	0,5	1	1,5	2	2,5	3
Verlängerung d (in cm)	2,3	4,5	6,8	9,1	11,4	13,7

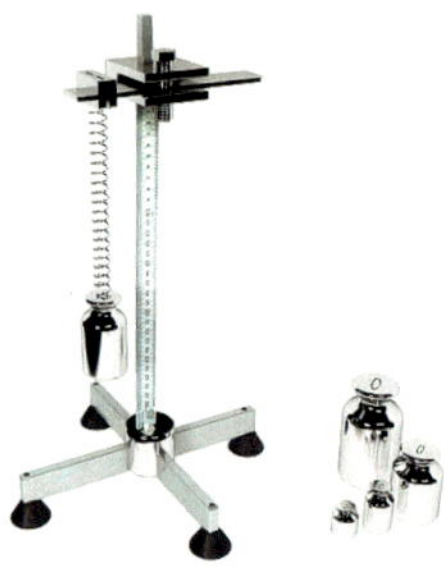

a) Veranschaulichen Sie die Wertepaare in einem Koordinatensystem.

b) Berechnen Sie die optimale Ausgleichsgerade g.

c) Statt 13,7 wird versehentlich 15 gemessen. Wie ändert sich g?

B. Die allgemeine lineare Regression

Im vorhergehenden Abschnitt ging es um die optimale Ausgleichsgerade bei Messpunktwolken, die zu proportionalen Vorgängen gehörten. Die Ausgleichsgerade war dabei stets eine Ursprungsgerade $g(x) = mx$. Nun soll es um Vorgänge gehen, bei denen auch ein linearer Zusammenhang besteht, aber nicht unbedingt eine Proportionalität. Die Gleichung der optimalen Ausgleichsgeraden hat dann die allgemeinere Gestalt $g(x) = mx + n$. Sie wird als ***Regressionsgerade*** bezeichnet.

Die optimale Ausgleichsgerade geht durch den ***Schwerpunkt*** $S(\overline{x}|\overline{y})$ der ***Punktwolke****. Dabei sind $\overline{x}$ und $\overline{y}$ jeweils die arithmetischen Mittelwerte der x-Koordinaten bzw. der y-Koordinaten der Punkte.
Die Steigung m wird so bestimmt, dass die Summe der vertikalen Abstandsquadrate minimal wird.
Man kann zeigen, dass folgender Satz** gilt.

Die lineare Regressionsgerade

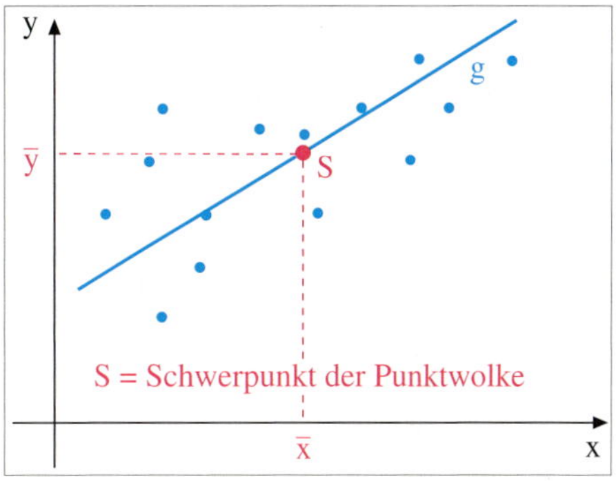

Die Gleichung der Regressionsgeraden

Gegeben seien n Messwertpaare $P_1(x_1|y_1), P_2(x_2|y_2), \ldots, P_n(x_n|y_n)$.

Dann lautet die Gleichung der *optimalen Ausgleichsgeraden* $g(x) = m \cdot (x - \overline{x}) + \overline{y}$.

Dabei gilt: (1) $\overline{x} = \frac{x_1 + x_2 + \ldots + x_n}{n}, \ \overline{y} = \frac{y_1 + y_2 + \ldots + y_n}{n}$ (Schwerpunkt der Punktwolke)

(2) $m = \frac{(x_1 - \overline{x})(y_1 - \overline{y}) + \ldots + (x_n - \overline{x})(y_n - \overline{y})}{(x_1 - \overline{x})^2 + \ldots + (x_n - \overline{x})^2}$ (optimale Steigung der Ausgleichsgeraden)

Wir demonstrieren nun die Anwendung des Satzes anhand eines einfachen Beispiels, bei dem die Punktwolke nur drei Punkte enthält und alle Rechnungen manuell ausgeführt werden können.

Lösung:

Beispiel: Lineare Regression
Gesucht ist die optimale Ausgleichsgerade für die durch die Messtabelle gegebene Punktwolke.

x	1	3	8
y	2	4	3

Wir berechnen zunächst den Schwerpunkt der Punktwolke, indem wir Formel (1) aus dem Satz oben anwenden.
Wir erhalten $\overline{x} = 4$ und $\overline{y} = 3$ als Schwerpunktkoordinaten.

Schwerpunkt der Punktwolke

$$\overline{x} = \frac{x_1 + x_2 + x_3}{3} = \frac{1 + 3 + 8}{3} = 4$$

$$\overline{y} = \frac{y_1 + y_2 + y_3}{3} = \frac{2 + 4 + 3}{3} = 3$$

* Die *Punktwolke* wird auch als *Streudiagramm* bezeichnet.

** Der Beweis ist kompliziert.

Anschließend berechnen wir die Steigung m der Regressionsgeraden. Sie wird nach Formel (2) aus dem obigen Satz errechnet. Wir erhalten $m = \frac{1}{13}$.

Die Steigung der Regressionsgeraden

$$m = \frac{(x_1 - \overline{x})(y_1 - \overline{y}) + (x_2 - \overline{x})(y_2 - \overline{y}) + (x_3 - \overline{x})(y_3 - \overline{y})}{(x_1 - \overline{x})^2 + (x_2 - \overline{x})^2 + (x_3 - \overline{x})^2}$$

$$= \frac{(1-4)(2-3) + (3-4)(4-3) + (8-4)(3-3)}{(1-4)^2 + (3-4)^2 + (8-4)^2} = \frac{1}{13}$$

Damit können wir die Gleichung der Regressionsgeraden aufstellen.
Sie lautet $g(x) = \frac{1}{13}x + \frac{35}{13}$

Die Gleichung der Regressionsgeraden

$$g(x) = m(x - \overline{x}) + \overline{y}$$
$$= \frac{1}{13}(x-4) + 3 = \frac{1}{13}x + \frac{35}{13}$$

Zwecks Veranschaulichung stellen wir Punktwolke und Regressionsgerade wie rechts abgebildet graphisch dar.

Man kann deutlich erkennen, dass die Regressionsgerade g mit gut angepasster Steigung mitten durch die Punktwolke P_1, P_2, P_3 geht, wobei sie durch deren Schwerpunkt S verläuft.

Graphische Darstellung der Regression

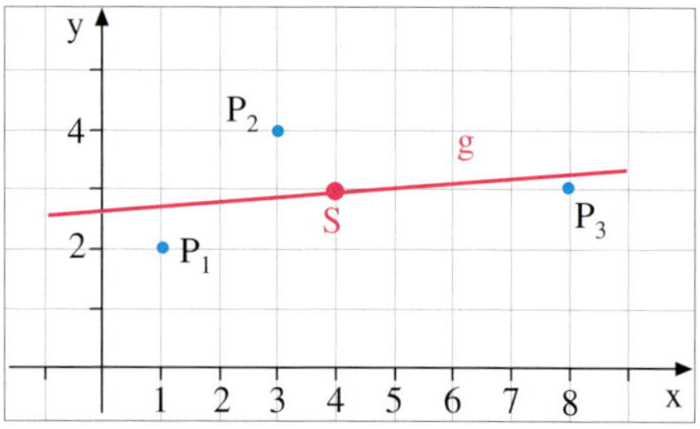

Übung 8 Allgemeine lineare Regression
Bestimmen Sie die Gleichung der linearen Regressionsgeraden zur angegebenen Messwerttabelle. Berechnen Sie zunächst den Schwerpunkt der Punktwolke und anschließend die Steigung der Regressionsgeraden. Veranschaulichen Sie abschließend Aufgabe und Ergebnis in einer Graphik.

a)

x	0	2	4
y	3	1	2

b)

x	1	4	6	9
y	3	2	5	6

c)

x	1	2	3	4	5	6	7	12
y	6	4	3	5	2	4	2	−2

Übung 9 Lineare Regression
Die Graphik zeigt die Punktwolke einer Messreihe.

a) Übertragen Sie die Zeichnung in ihr Heft. Zeichnen Sie dann nach Gefühl eine zur Wolke passende Ausgleichsgerade h ein.
b) Berechnen Sie den Schwerpunkt S der Punktwolke und die Steigung m von g und zeichnen Sie g ein.
c) Beurteilen Sie die Güte ihrer nach Gefühl gezeichnenten Geraden h im Vergleich zur exakten Regressionsgeraden g.

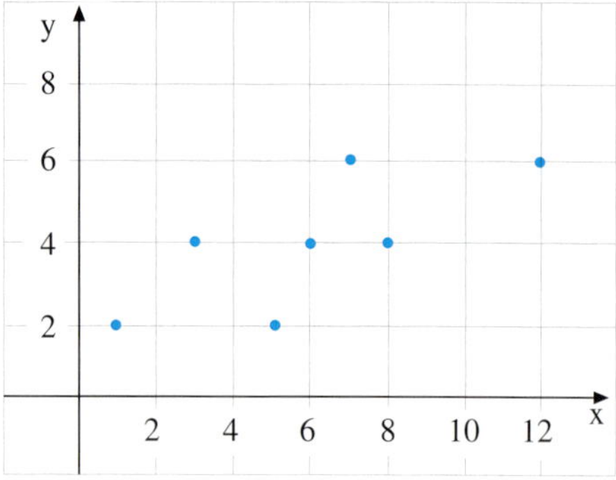

C. Bestimmung der linearen Regressionsgeraden mit dem Rechner

Lineare Regressionsgeraden kann man mit geeigneten Taschenrechnern oder Computerprogrammen bestimmen. Man muss dazu im Prinzip lediglich die Messreihenwerte eingeben.

Beispiel: Lineare Regression mit dem Rechner

Berechnen Sie die Regressionsgerade zur abgebildeten Messwerttabelle automatisiert mit Hilfe eines Taschenrechners.

x	1	3	5	7	10	12
y	6	3	4	1	1	–1

Lösung:

Wir rufen die statistische Dateneingabe für Listen auf. Dort tragen wir in Liste 1 die x-Werte ein, also 1, 3, 5, 7, 10 und 12.

In Liste 2 tragen wir die zugehörigen y-Werte ein, d.h. 6, 3, 4, 1, 1 und –1. Nun starten wir die Berechnung der linearen Regression.

Wir erhalten als Ergebnis die Regressionsgerade $g(x) = -0{,}56x + 5{,}86$.

Der zusätzlich angegebene Wert $r = -0{,}93$ heißt ***Korrelationskoeffizient****. Er beschreibt die Qualität des Zusammenhangs zwischen den x-Werten und y-Werten der Punktwolke.

Bedeutung des Korrelationskoeffizienten

$r = \pm 1$: Perfekter linearer Zusammenhang
$r = 0$: Keinerlei linearer Zusammenhang
Je näher r an ±1 liegt, umso enger ist der lineare Zusammenhang von x und y.
$r > 0$: Zusammenhang mit pos. Steigung
$r < 0$: Zusammenhang mit neg. Steigung

In unserem Fall liegt also ein relativ starker negativer Regressionszusammenhang vor, was durch die Graphik bestätigt wird.

Listeneingabe

Regressionsgerade

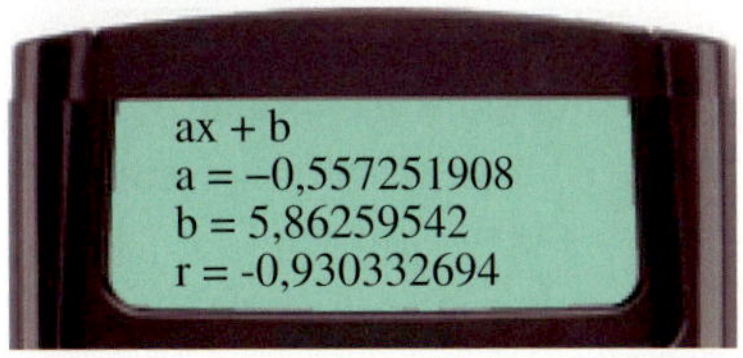

$\Rightarrow g(x) \approx -0{,}56x + 5{,}86$

Graphische Darstellung

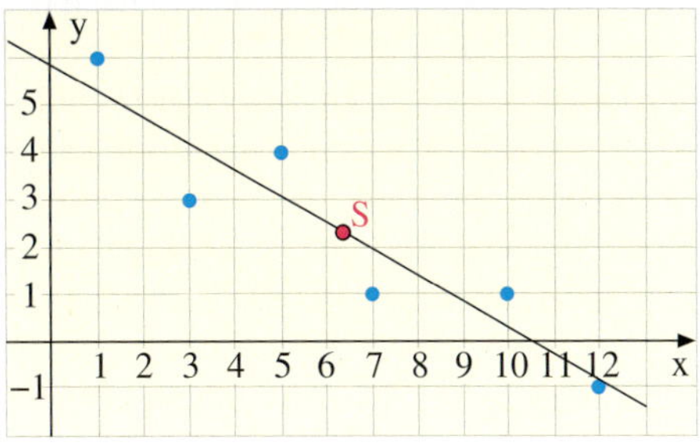

Übung 10 Lineare Regression

Bestimmen Sie die Gleichung der Regressionsgeraden g mit einem Rechner. Interpretieren Sie den angegebenen Wert für r. Fertigen Sie eine Skizze an.*

a)

x	1	3	4	5	8	9
y	2	1	3	3	5	4

b)

x	1	2	5	8	9
y	5	2	1	2	5

* vgl. S. 258, Übung 18

D. Die Regressionsanalyse

Mit Hilfe der linearen Regression kann man analysieren, ob zwischen zwei Realgrößen ein einfacher linearer Zusammenhang besteht. Das folgende Beispiel ist typisch, wenn auch idealisiert.

Beispiel: Intelligenzquotient und Schulleistung

Zehn zufällig ausgewählte Schüler der Klasse 10 werden auf ihren Intelligenzquotienten (IQ) getestet. Zugleich wird ihr Notendurchschnitt ermittelt. Es soll untersucht werden, ob ein Zusammenhang besteht und wie stark dieser ist. Erstellen und interpretieren Sie die Graphik.

Schüler	Nr.	1	2	3	4	5	6	7	8	9	10
Intelligenzquotient	x	102	100	95	90	108	99	104	111	106	122
Durchschnittsnote	y	2,2	2,4	3,1	3,5	3,0	2,3	2,0	1,5	2,2	1,1

Lösung:
Wir berechnen die Regressionsgerade mit dem Rechner, da dieser auch den Korrelationskoeffizienten r liefert.
Nach Eingabe der beiden Listen für x (IQ) und y (Note) wird die lineare Regression aufgerufen und liefert die Regressionsgerade $g(x) = -0{,}068\,x + 9{,}40$.
Für die Stärke r des Regressionszusammenhangs wird $r = -0{,}84$ angezeigt.

Graphische Darstellung

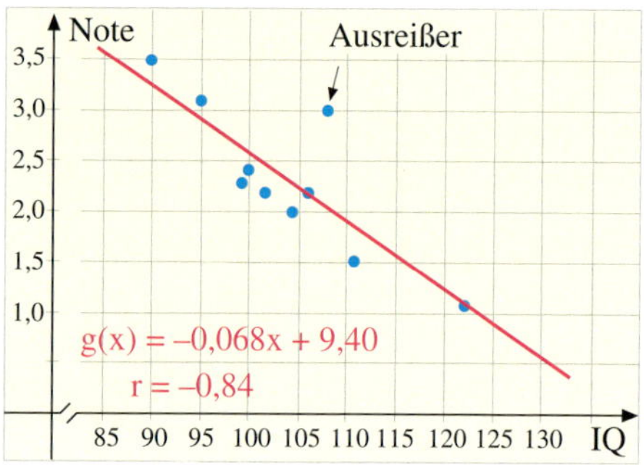

Interpretation:
Es besteht ein relativ starker (negativer) linearer Zusammenhang zwischen dem IQ und der Durchschnittsnote, was logisch ist.

Die Graphik zeigt einen ***Ausreißer*** (Schüler Nr. 5). Dieser Schüler schneidet schlechter als erwartet ab. Vielleicht fehlt es ihm an Fleiß. Rechnet man die Regression ohne ihn, so ergibt sich $h(x) = -0{,}075\,x + 9{,}98$ mit $r = -0{,}95$. Der Zusammenhang ist nun noch stärker. Für den Ausreißer errechnet sich damit eine zu erwartende Note von 1,88.

Regressionsgerade ohne den Ausreißer
$h(x) = -0{,}075\,x + 9{,}98$
$r = -0{,}95$

Normale Erwartung für den Ausreißer
$h(108) = -0{,}075 \cdot 108 + 9{,}98 = 1{,}88$*
Zu erwarten war also die Durchschnittsnote 1,88 statt der erreichten 3,0.

Übung 11 Systolischer und diastolischer Blutdruck
Untersuchen Sie, ob der systolische Blutdruck (oberer Blutdruckwert) linear vom diastolischen Blutdruck (unterer Blutdruckwert) abhängt. Zeichnen und interpretieren Sie die Ergebnisse.

Patient	Nr.	1	2	3	4	5	6	7	8	9	10
Diastolischer Druck	x	80	100	90	95	75	80	65	90	80	85
Systolischer Druck	y	120	160	150	145	120	125	110	160	140	110

* Die Koeffizenten sind gerundet. Mit den ungerundeten Koeffizienten erhält man ≈ 1,90.

Übungen

12. Regressionsgerade

Bestimmen Sie die lineare Regressionsgerade zur angegebenen Messwertreihe manuell. Zeichnen Sie das Streudiagramm mit der Regressionsgeraden.

a)

x	1	4	7
y	7	3	2

b)

x	1	4	6	9
y	2	3	5	6

c)

x	1	3	4	5	7
y	7	6	3	3	1

d)

x	2	4	6	8	8	14
y	1	3	3	4	5	8

13. Punktwolken

Welche der abgebildeten Punktwolken deuten auf einen linearen Zusammenhang zwischen y und x hin und welche nicht? Bestimmen Sie beim Vorliegen eines Zusammenhangs die Regressionsgerade und den Korrelationskoeffizienten. Der Rechnereinsatz ist hier sinnvoll.

a) 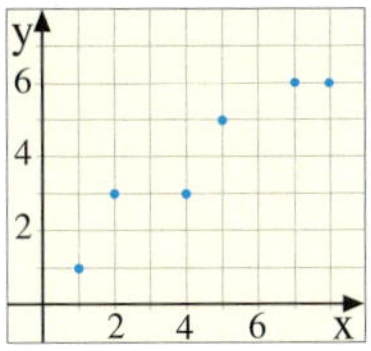

b) 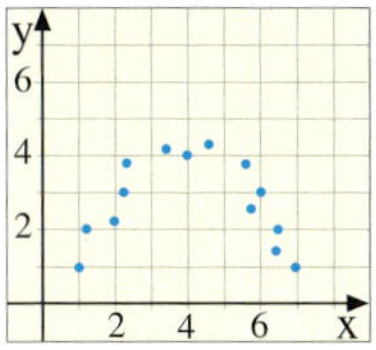

c) 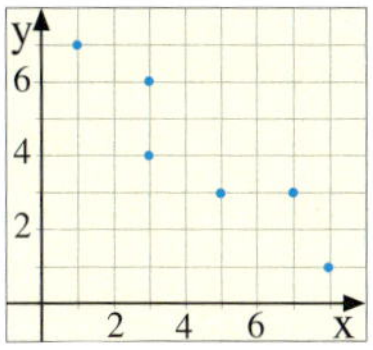

d) 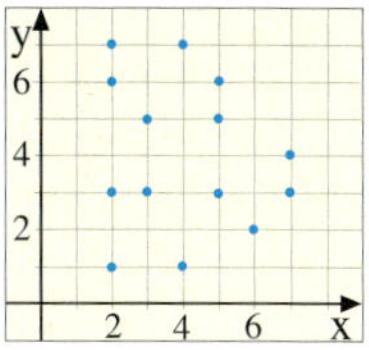

14. Lineare Regression mit dem Rechner

Verwenden Sie Ihren Rechner, um die Regressionsgerade zur dargestellten Messwertreihe zu bestimmen. Bestimmen Sie auch den Korrelationskoeffizienten. Zeichnen Sie das Streudiagramm und interpretieren Sie Ihre Ergebnisse.

x	1	3	4	4	5	7	9	10	10
y	2	3	2	4	4	4	5	4	5

15. Regressionsanalyse

Bekanntlich hängt der Kraftstoffverbrauch von der Motorleistung des Fahrzeugs ab.

Ein Hersteller testet sechs seiner Fahrzeuge mit unterschiedlicher Motorleistung.

Motor Nr.	1	2	3	4	5	6
Leistung in kW	50	75	80	85	100	150
Verbrauch in l/100 km	5,5	6,5	7	8	9	12

a) Zeichnen Sie das Streudiagramm. Ist ein linearer Zusammenhang erkennbar?

b) Berechnen Sie den Schwerpunkt $P(\overline{x}|\overline{y})$ der Datenwolke.

c) Bestimmen Sie die Gleichung der Regressionsgeraden und zeichnen Sie diese in das Streudiagramm ein.

d) Bestimmen Sie den Korrelationskoeffizienten r manuell. Verwenden Sie dazu die Formel aus Übung 18 auf der nächsten Seite. Alternativ kann man die Regressionsoption des Taschenrechners verwenden. Interpretieren Sie die Bedeutung des Wertes von r.

e) Welche Verbrauchsprognose ergibt sich für ein 200 kW starkes Fahrzeug?

16. Linearer Regressionszusammenhang?

Zeichnen Sie das Streudiagramm zur Messwertabelle. Entscheiden Sie anhand der Form der Punktwolke, ob ein linearer Regressionszusammenhang vorliegen kann oder nicht. Bestimmen Sie mittels Rechner die Regressionsgerade g und den Korrelationskoeffizienten r und überprüfen Sie Ihre Vermutung.

a)

x	1	3	5	7	9
y	1	2	3	4	5

b)

x	1	1	3	5	6	8
y	7	5	6	6	3	3

c)

x	1	4	7	10	13
y	4	7	8	7	4

d)

x	1	2	3	6	8	10
y	3	5	3	5	3	5

17. Regressionsgeraden

x	2	3	5	6	8	12
y	1	3	4	5	4	7

a) Zeichnen Sie zur Tabelle rechts ein Streudiagramm.
Bestimmen Sie manuell die Gleichung der Regressionsgeraden und zeichnen Sie diese ein.

b) Bestimmen Sie den Korrelationskoeffizienten r mit dem Rechner und interpretieren Sie ihn.

18. Die Formel für den Korrelationskoeffizienten

Der Korrelationskoeffizient r für die lineare Regression kann nach der unten aufgeführten Formel manuell bestimmt werden.

$$r = \frac{(x_1 - \overline{x}) \cdot (y_1 - \overline{y}) + \ldots + (x_n - \overline{x}) \cdot (y_n - \overline{y})}{\sqrt{(x_1 - \overline{x})^2 + \ldots + (x_n - \overline{x})^2} \cdot \sqrt{(y_1 - \overline{y})^2 + \ldots + (y_n - \overline{y})^2}} \qquad \overline{x} = \frac{x_1 + x_2 + \ldots + x_n}{n} \qquad \overline{y} = \frac{y_1 + y_2 + \ldots + y_n}{n}$$

Dabei sind $P(x_i|y_i)$, $1 \leq i \leq n$, sind die Punkte der Punktwolke.
Berechnen Sie als Anwendung der Formel r für die Messwerttabelle aus Übung 17.

19. Regressionsanalyse

Vermutet wird ein linearer Zusammenhang zwischen Körpergröße x und Gewicht y. In einer Testgruppe von zehn 20-jährigen Männern werden die dargestellten Messdaten gewonnen.

a) Stellen Sie die Messdaten im Streudiagramm dar. Schätzen Sie anhand der Graphik ein, ob ein linearer Regressionszusammenhang bestehen kann und ob er stark oder schwach ist.

b) Bestimmen Sie unter Verwendung des Rechners die Regressionsgerade und den Korrelationskoeffizienten r. Zeichnen Sie die Gerade in die Graphik. Interpretieren Sie den Wert von r.

c) Prognostizieren Sie das Gewicht eines 20-jährigen Mannes, der 2,00 m groß ist.

Testperson	Nr.	1	2	3	4	5	6	7	8	9	10
Körpergröße in m	x	1,60	1,70	1,80	1,85	1,75	1,60	1,75	1,90	1,80	1,70
Gewicht in kg	y	53	68	76	78	66	50	72	88	73	60

20. Schuhgröße und Matheleistung

Zehn Schüler der Sekundarstufe I werden auf dem Schulhof zufällig ausgewählt. Ihre Schuhgröße x wird gemessen und sie werden einem einfachen Mathematiktest unterzogen. Die erreichte Punktzahl sei y. Führen Sie eine Regressionsanalyse durch. Interpretieren Sie das Ergebnis.

Schüler	Nr.	1	2	3	4	5	6	7	8	9	10
Schuhgröße	x	36	38	41	43	37	38	39	40	39	36
Punktzahl im Test	y	53	62	82	86	52	65	72	88	67	58

3. Die quadratische Regression

Viele Prozesse verlaufen nichtlinear. Oft gibt es gute Gründe, von einem quadratischen oder einem exponentiellen Prozess auszugehen. Dann muss das Regressionsmodell entsprechend angepasst werden. Die im Folgenden verwendeten ***quadratischen*** und ***exponentiellen Regressionsmodelle*** beruhen wie die lineare Regression theoretisch auf der Methode der kleinsten Quadrate.
Wir führen diese Regressionen hier nicht mehr manuell, sondern mit dem Taschenrechner aus.

Beispiel: Bremsweg – Quadratische Regression

Der Bremsweg s eines neuen Sportwagenmodells wird vom Hersteller einem Test unterzogen: Die Messwerttabelle lautet:

v in m/s	0	10	20	30	40
s in m	0	2,5	10	25	40

Es wird ein quadratischer Zusammenhang zwischen der Geschwindigkeit v in m/s und dem Bremsweg s in m vermutet.

a) Wie lautet die quadratische Regressionsfunktion g, die den Zusammenhang zwischen der Geschwindigkeit v in m/s und dem zugeordneten Bremsweg s in m beschreibt?
b) Die Teststrecke ist für Geschwindigkeiten von 50 m/s und 60 m/s zu kurz. Welche Vorhersagen/Prognosen ergeben sich für die Bremswege für diese Geschwindigkeiten?

Lösung zu a:
Wir rufen auf dem Rechner die Listeneingabe auf. In Liste 1 tragen wir die Geschwindigkeitswerte 0, 10, 20, 30 und 40 ein, in Liste 2 die Bremswege 0, 2.5, 10, 25 und 40.
Nun starten wir das quadratische Regressionsmodell $g(x) = ax^2 + bx + c$.
Als Resultat erhalten wir die Regressionsfunktion $g(v) \approx 0{,}023\,v^2 + 0{,}096\,v - 0{,}375$.
An die Stelle des Korrelationskoeffizienten r, der nur für die lineare Regression gilt, tritt hier das sog. ***Bestimmtheitsmaß**** r^2.
Es beträgt $r^2 \approx 0{,}9965$, was sehr nah bei 1 liegt, und bedeutet, dass ein starker Zusammenhang vorliegt.

Listeneingabe

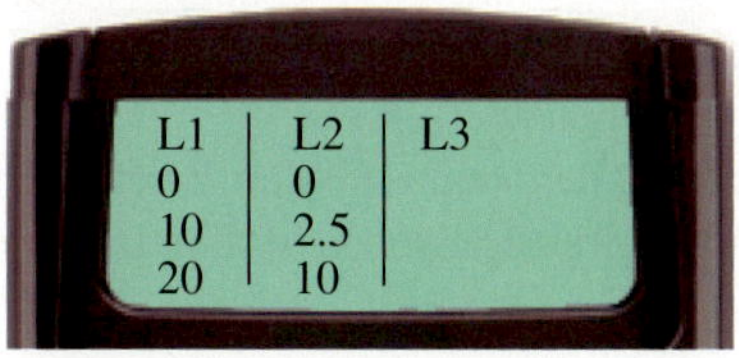

Quadratische Regressionsfunktion

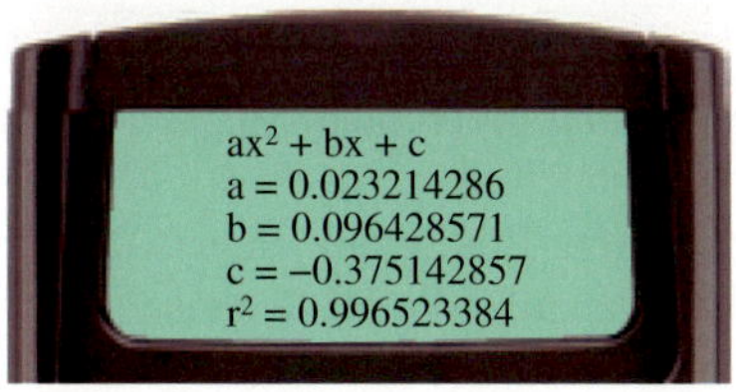

$\Rightarrow g(v) \approx 0{,}023\,v^2 + 0{,}096\,v - 0{,}375$
$\Rightarrow r^2 \approx 0{,}997$ (starker Zusammenhang)

Lösung zu b:
Wir extrapolieren nun die beiden in der Tabelle nicht erfassten Messungen: Für 50 m/s wird ein Bremsweg von ca. 62 m prognostiziert und für 60 m/s sind es bereits 88 m.

Extrapolation

$v = 50\,\frac{m}{s} \Rightarrow s = s(50) = 61{,}925 \approx 62\,m$

$v = 60\,\frac{m}{s} \Rightarrow s = s(60) = 88{,}185 \approx 88\,m$

*Bei der quadratischen Regression zeigt das Bestimmtheitsmaß r^2 die Stärke des Zusammenhangs an.

Zeichnen wir nun den Graphen der Regressionsfunktion g und die Tabellenmesswerte (blau) sowie auch die beiden Prognosewerte (rot) in ein Koordinatensystem, so können wir auch optisch eine gute Passung des quadratischen Modells feststellen.
Die Tabellemesswerte liegen alle nahe an der Regressionskurve, die Prognosewerte natürlicherweise exakt auf der Kurve.
Diese hohe Passgenauigkeit entpricht dem hohen Zahlenwert des Bestimmtheitsmaßes r^2, das nahe bei 1 liegt.

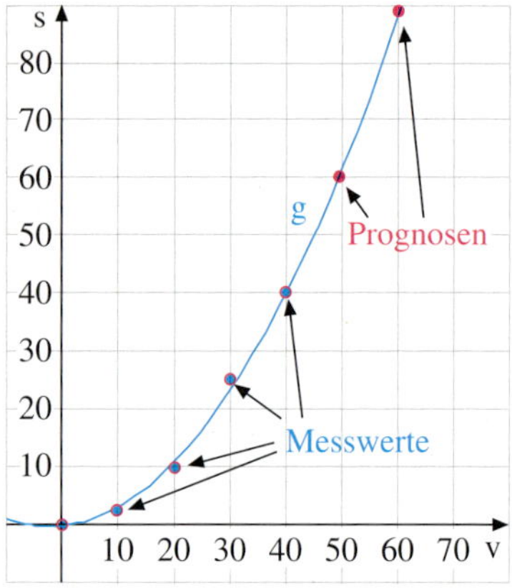

Es kann natürlich auch anders aussehen. Die Passung der Messpunkte kann schlechter ausfallen. Sie können teilweise weiter weg von der Regressionskurve liegen. Dann ist das Regressionsmodell evtl. nicht optimal geeignet. Das Bestimmtheitsmaß r^2 wird dies wahrscheinlich durch einen kleineren Zahlenwert anzeigen.
Auch sehr weit von der Regressionskurve entfernt liegende Messpunkte sind möglich. Sie können dann als ***Messausreißer*** (fehlerhaft aufgenommene Messpunkte) interpretiert und evtl. nachträglich ganz aus der Messung und der Auswertung herausgenommen werden.

Übung 1 Baseball
Die Tabelle zeigt die von einem Baseballspieler erzielte Schlagweite w in Abhängigkeit vom Schlagwinkel α, unter dem der Ball getroffen wird. Die Abschlaggeschwindigkeit ist stets gleich.
Physikalisch liegt ein schiefer Wurf vor. Also wird ein quadratisches Modell favorisiert.

α in Grad	20	30	34	48	50	58	60	64
w in Metern	57	77	82	85	82	74	71	55

a) Bestimmen Sie mittels Taschenrechner die quadratische Regressionsfunktion g.
b) Extrapolation: Berechnen Sie, welche Schlagweite voraussichtlich bei einem Abschlagwinkel von 10° erreicht wird?
c) Interpolation: Ein Spieler steht 30 m, ein anderer 60 m vom Schlagmann entfernt. Dieser will den Ball genau in die Mitte zwischen diese Spieler schlagen. Der Schlagmann und die beiden Spieler stehen auf einer Linie. Welchen Winkel α muss der Schlagmann wählen?
d) Passt die aufgefundene Regressionsfunktion gut auf die Datenmenge? Zeichnen Sie hierzu auch ein Diagramm mit der Regressionskurve und den Datenpunkten.

Übung 2 Ausreißer
a) Erzeugen Sie die quadratische Regressionsfunktion g_1 für die Messwerttabelle.
b) Fertigen Sie eine Graphik an.
c) Zeigen Sie, dass es einen Ausreißer gibt. Streichen Sie diesen. Wie lautet die „bereinigte“ Regressionsfunktion g_2?

x	10	30	40	45	50	55	62
y	17,5	37,5	40	43	37,5	34,4	27,9

Übungen

3. Messwertreihen

Gegeben sind zwei Messwertreihen in Tabellenform.

a) Stellen Sie zu jeder Tabelle eine lineare und eine quadratische Regressionsfunktion auf.

b) Fertigen Sie eine Skizze mit den Funktionen und den Messpunkten an.

c) Beurteilen Sie die Passgenauigkeit anhand der Skizze und der Werte von r und r^2.

I

x	0	1	2	3	4	5	6	7	8
y	1	2	3	2	1	1	1	1	1

II

x	0	1	2	3	4
y	2	3	4	5	6

4. Wählen eines Regressionsmodells nach der Form der Punktwolke

Gegeben ist eine Punktwolke.

Legen Sie ein sinnvolles Regressionsmodell fest, bestimmen und zeichnen Sie die Regressionsfunktion. Beurteilen Sie die Passgenauigkeit.

a)

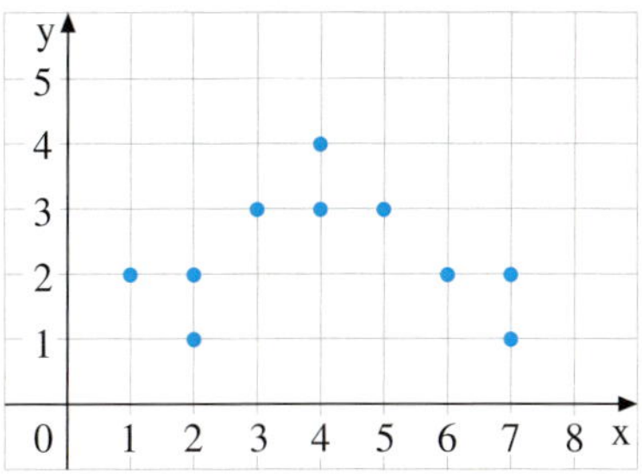

b)

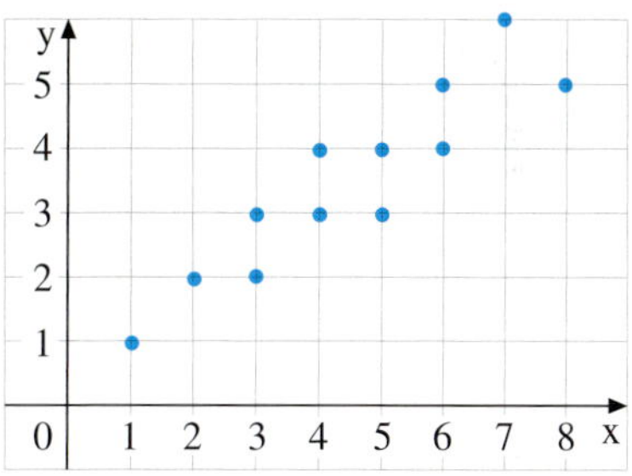

5. Historisches Tor vermessen

Mit Hilfe eines Fotos wollen Peer und Sylvester einige Daten des 11,8 m breiten historischen Stadttors bestimmen. Mit dem Geodreieck wird das Foto vermessen. So findet man die folgenden Bogenpunkte.

Peer

x	0	3	10
y	6	8,2	7,5

Sylvester

x	2	3	11
y	7,8	8,1	6,8

a) Verwenden Sie alle Daten, um ein Regressionsmodell des Torbogens zu erstellen.

b) Wie hoch ist das Tor maximal?

c) Welchen Winkel bildet der Parabelbogen mit der senkrechten Mauer?

d) Es soll ein schützendes Holztor eingebaut werden.
Wieviel m^2 Holz werden benötigt?

6. Flachdach-Modellierung

Das Flachdach eines Hochhauses weist eine Krümmung auf, damit der Regen abfließen kann. Der gekrümmte Bereich ist aus Asphalt hergestellt.

a) Bestimmen Sie mittels quadratischer Regression eine Funktion f, die den Oberflächenverlauf beschreibt. Verwenden Sie die roten Messpunkte.

b) Das im Querschnitt (nicht maßstäblich) abgebildete Dach ist 20 m lang. Wie groß ist der Asphaltverbrauch?

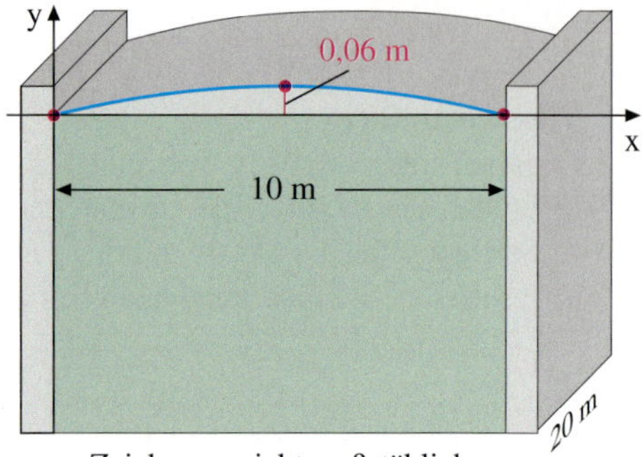

Zeichnung nicht maßstäblich

7. Sportabzeichen

Für die Prüfung zum Deutschen Sportabzeichen kann im Bereich Schnelligkeit ein Fahrradsprint über 200 m gewählt werden. Gegenwind und Rückenwind beeinträchtigen bzw. begünstigen die gefahreren Zeiten. Die Tabelle zeigt einige gemessene Zeitnachteile und Zeitvorteile für die Altersklasse der 16-jährigen an, die mit einer Fahrzeit von 17 Sekunden Gold erreichen.

	Gegenwind					Rückenwind		
Windgeschwindigkeit in m/s	−6	−3	−2	−1	0	1	3	5
Zeitdifferenz in Sekunden	3	1,2	0,8	0,3	0	−0,5	−1,2	−1,8

a) Fertigen Sie eine Skizze der Messpunkte im Koordinatensystem an.

b) Bestimmen Sie mittels Taschenrechner sowohl eine lineare als auch eine quadratische Regressionsfunktion für die Zeitdifferenz. Zeichnen Sie diese Funktionen in die Graphik aus a) ein. Schätzen Sie die Passgenauigkeit der beiden Modelle ein.

c) Welcher Zeitvorteil ergibt sich bei 2 m/s bzw. 8 m/s Rückenwind bei quadratischer Regression?

d) Bei welchem Gegenwind ergibt sich bei quadratischer Regression ein Zeitnachteil von 4 s?

8. Golden Gate Bridge

Mit Hilfe eines Fotos wurde die Position von vier Aufhängepunkten der Stahlhänger im Hauptfeld der Golden Gate Bridge am Trageseil festgestellt. Die Ergebnisse stehen in der Tabelle. Dabei ist x der Abstand des Hängers vom linken Pfeiler, y ist seine Länge (x, y in m).

a) Ermitteln Sie eine quadratische Regressionsparabel für das Tragseil.

b) Wie groß ist der Abstand der Pfeiler?

x	15	45	75	900
y	137	125	112	24

4. Die exponentielle Regression

A. Exponentielle Regression der Form $a \cdot b^x$

Natürliche Wachstums- und Zerfallsprozesse verlaufen überwiegend exponentiell. Daher kann in diesem Bereich das ***exponentielle Regressionsmodell*** $f(x) = a \cdot b^x$ verwendet werden, um Messergebnisse zu modellieren und auszuwerten.

Beispiel: Bevölkerung von Nigeria

Nigerias Bevölkerung wächst stark.

a) Bestimmen Sie eine exponentielle Regressionsfunktion auf der Basis der Werte aus der Vergangenheit.

b) Wie lautet die Prognose für 2015?

c) Wann hat sich die Bevölkerungszahl von 1950 verzehnfacht?

t = 0	(1950)	Britische Kolonie Nigeria	38 Mio
t = 10	(1960)	Nigeria wird unabhängig	45 Mio
t = 26	(1976)	Großbritannien eingeholt	56 Mio
t = 31	(1981)	Bevölkerung verdoppelt	76 Mio
t = 32	(1982)	Deutschland eingeholt	80 Mio
t = 50	(2000)	Jahrtausendwende 2000	123 Mio

Lösung zu a:
Nach Eintragen der Zeitdaten und der Bevölkerungszahlen in zwei Listen wenden wir die exponentielle Regression $a \cdot b^x$ an. Der Taschenrechner liefert die Regressionsfunktion $N(t) \approx 35{,}70 \cdot 1{,}0241^t$.

Exponentielle Regression

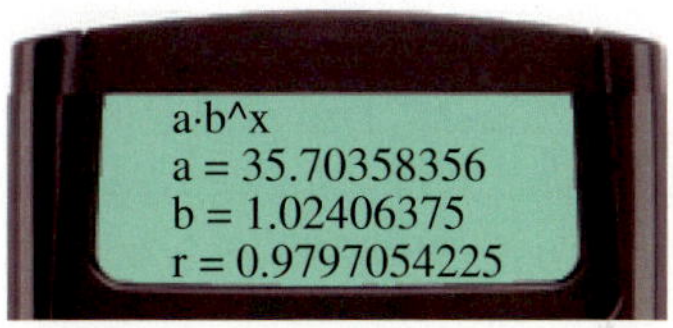

$\Rightarrow f(x) \approx 35.70 \cdot 1.0241^x$
$N(t) \approx 35{,}70 \cdot 1{,}0241^t$

Lösung zu b:
Die Prognose für das Jahr 2015 ($t = 65$) beträgt $N(65) \approx 167{,}85$ Mio. Einwohner. Der reale Wert lag bei ca. 180 Millionen.

Prognose für 2015

$N(65) \approx 167{,}85$ Mio.

Lösung zu c:
Der Ansatz $N(t) = 380$ Mio führt nach kurzer logarithmischer Rechnung auf $t \approx 99$, also auf das Jahr 2049.

Verzehnfachung der Bevölkerung

$$N(t) = 38 \cdot 10$$
$$35{,}70 \cdot 1{,}0241^t = 380$$
$$t = \frac{\ln 10{,}64}{\ln 1{,}0241} \approx 99{,}31$$

Übung 1 Vogelkolonie

Auf einer neu entstandenen Vulkaninsel siedelt sich eine Vogelkolonie an. Die Tabelle gibt die Bestandsentwicklung wieder.

Zeit t (Jahre)	5	24	42	55
Koloniegröße	16	39	91	173

a) Bestimmen Sie eine exponentielle Regressionsfunktion f für den Bestand.

b) Nach welcher Zeit hatte sich der Bestand verdoppelt?

c) Wie groß wird der Bestand im Jahr 75 nach der Erstbeobachtung (Jahr 0) sein?

Beispiel: Vergleich: Quadratisches und exponentielles Regressionsmodell

Die Bundesregierung peilt bis 2020 in Deutschland einen Bestand von 1 Million Elektroautos an. Überprüfen Sie anhand der Bestandszahlen von 2010 bis 2016, wie realistisch dieses Vorhaben ist. Verwenden Sie sowohl ein quadratisches als auch ein exponentielles Regressionsmodell und fertigen Sie zur Beurteilung eine Graphik an.

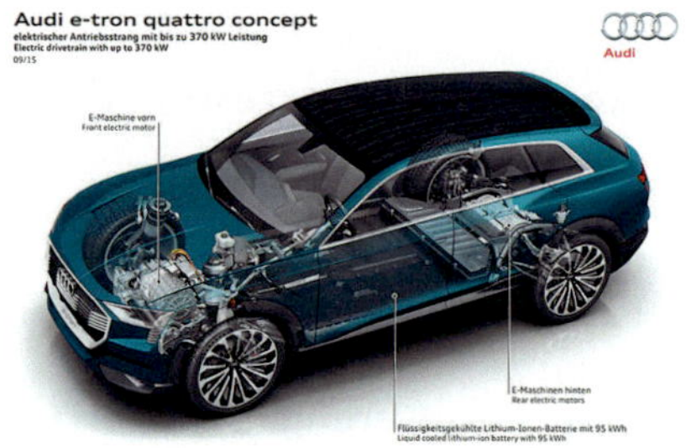

Jahr (2010 = 0)	0	1	2	3	4	5	6
Autos	1588	2307	4541	7114	12156	18948	25502

Lösung:
Wir geben die Tabellendaten in zwei Listen ein und rufen die quadratische und die exponentielle Regression des Taschenrechners auf.
Die quadratische Regressionsfunktion lautet $f(x) = 677{,}42\,x^2 - 41{,}68\,x + 1626{,}62$ mit dem Bestimmtheitsmaß $r^2 \approx 0{,}9985$.
Die exponentielle Regressionsfunktion lautet $g(x) = 1604{,}15 \cdot 1{,}621^x$ mit dem Bestimmtheitsmaß $r^2 \approx 0{,}9923$.
Beide Modelle passen für den Beobachtungszeitraum recht gut. Das exponentielle Modell dürfte aber einen solchen Wachstumsprozess besser beschreiben. Die Zielvorgabe der Bundesregierung erscheint dennoch unrealistisch. Um sie zu erreichen, müssten wohl noch gewaltige Kaufanreize gesetzt werden.

Die Graphen von f und g
$f(x) = 677{,}42\,x^2 - 41{,}68\,x + 1626{,}62$
$g(x) = 1604{,}15 \cdot 1{,}621^x$

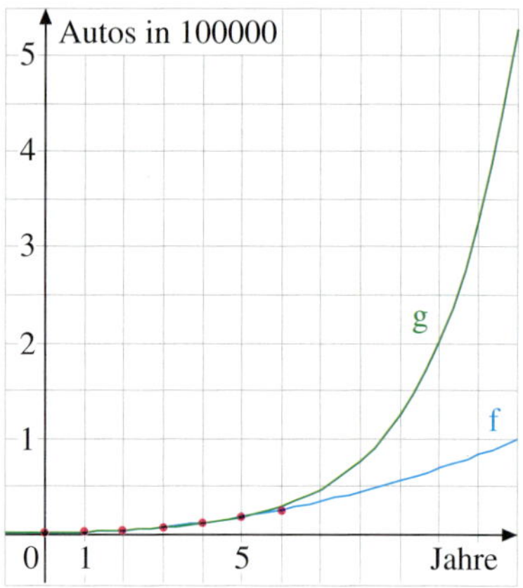

Übung 2 Prognose der Entwicklung des DAX
Die Tabelle zeigt anhand gerundeter Einstiegswerte zum jeweiligen Jahresbeginn die Entwicklung des deutschen Aktienindexes DAX in den Jahren von 1980 bis 2015. Es soll eine Prognosefunktion für die zukünftige Entwicklung gewonnen werden.

Jahr (1980 = 0)	0	5	10	15	20	25	30	35
DAX-Wert	500	800	1800	2000	7000	4300	6000	9700

a) Stellen Sie eine quadratische und eine exponentielle Regressionsfunktion auf. Fertigen Sie eine Graphik an.
b) Welche prozentuale jährliche Steigerungsrate liegt im exponentiellen Modell vor?
c) Geben Sie eine Begründung an, die für das exponentielle Wachstumsmodell spricht.
d) Stellen Sie mit beiden Modellen Prognosen für die Jahre 2020 und 2030 auf.
e) Welche zukünftig möglichen Ereignisse könnten die Prognosen verderben?

B. Das exponentielle Regressionsmodell $c + a \cdot b^x$

Abkühlungsprozesse bei Flüssigkeiten verlaufen exponentiell. Allerdings lautet das Modell hier nicht $f(x) = a \cdot b^x$, sondern $f(x) = c + a \cdot b^x$ $(0 < b < 1)$, wobei c die Umgebungstemperatur ist. Im Beispiel wird gezeigt, wie man diese Regression auf die einfache Form $a \cdot b^x$ zurückführt.

Beispiel: Abkühlung von Kaffee

In einem Schnellrestaurant wird der Kaffee in Pappbechern ausgegeben. Die Temperatur beträgt zu Beginn 96° C bei einer Umgebungstemperatur von 20° C.

Mit einer Messreihe wurde der Abkühlungsprozess untersucht.

Zeit t in Minuten	0	3	4	15
Temperatur T in °C	96	80	76	45

a) Bestimmen Sie eine geeignete exponentielle Regressionsfunktion T.

b) Um die Verbrühungsgefahr zu verringern, soll der Kaffee erst dann an den Kunden ausgegeben werden, wenn seine Temperatur 70° C beträgt. Wie lange muss gewartet werden?

Lösung zu a:

Da die Temperatur sich langfristig der Umgebungstemperatur von 20° C annähert, muss der Ansatz $T(t) = 20 + a \cdot b^t$ verwendet werden. Nun kommt ein kleiner Trick: Durch eine Absenkung aller Temperaturwerte der Tabelle um 20° C können wir das übliche Regressionsmodell $f(t) = a \cdot b^t$ verwenden, welches der Taschenrechner beherrscht.

Der Rechner liefert $f(t) = 75{,}41 \cdot 0{,}9289^t$.

Nun korrigieren wir zurück durch Addition von 20° C: $T(t) = 20 + 75{,}41 \cdot 0{,}9289^t$.

Tabelle mit reduzierter Temperatur

Zeit t	0	3	4	15
Red. Temp. f	76	60	56	25

Regressionsfunktion f

$f(t) = 75{,}41 \cdot 0{,}9289^t$

Bestimmtheitsmaß $r^2 = 0{,}9998$

Regressionsfunktion T

$T(t) = 20 + 75{,}41 \cdot 0{,}9289^t$

Lösung zu b:

Der Ansatz $T(t) = 70$ führt nach einer kurzen logarithmischen Rechnung auf eine Wartezeit von knapp 6 Minuten. Nach dieser Sicherheitsspanne ist die Gefahr einer versehentlichen Verbrühung stark verringert.

Wartezeit t

$$T(t) = 70$$
$$20 + 75{,}41 \cdot 0{,}9289^t = 70$$
$$0{,}9289^t \approx 0{,}6630$$
$$t \cdot \ln 0{,}9289 \approx \ln 0{,}6630$$
$$t \approx 5{,}57$$

Übung 3 Ein Abkühlungsprozess*

Eine heiße Tasse Kakao (90° C) wird zwecks schneller Abkühlung in den Kühlschrank gestellt, der auf −6° C eingestellt ist. Nach 5 Minuten zeigt das Thermometer nur noch 60° C an.

a) Wie lange muss gewartet werden, bis die gewünschte Trinktemperatur von 50° C erreicht ist?

b) Als der Kühlschrank verspätet geöffnet wird, ist der Kakao gefroren. Wie lange stand er mindestens im Kühlschrank?

c) Wie groß war die Abkühlungsrate des Getränks zu Beginn, wie groß war sie nach 5 Minuten?

* Modellierungsaufgabe (vgl. S. 160), die alternativ mittels Regression gelöst werden kann.

Übungen

4. Vergleich von Regressionsmodellen

Gegeben ist die folgende Messreihe.

x	1	2	3	4	5	6	7
y	0,90	1,67	3,23	4,74	6,45	9,08	11,70

a) Skizzieren Sie den Graphen der Punktwolke der Messreihe im Koordinatensystem.
b) Welches Regressionsmodell schlagen Sie aufgrund des Bildes aus a) vor, das lineare, das quadratische oder das exponentielle Modell?
c) Bestimmen Sie nun die Funktionsgleichung zur linearen, zur quadratischen und zur exponentiellen Regression.
d) Zeichnen Sie die Regressionsfunktionen in die Graphik aus a) ein.
e) Entscheiden Sie nun aufgrund der graphischen Darstellung aus d) und der berechneten Werte für r^2, welches Regressionsmodell am vorteilhaftesten erscheint.

5. Lineare, quadratische oder exponentielle Regression

Überprüfen Sie, ob die folgenden Messreihen eher eine lineare, eine quadratische oder eine exponentielle Regression aufweisen. Bestimmen Sie dazu die Regressionsfunktionen und zeichnen Sie diese zusammen mit der Punktwolke in eine Graphik ein.

a)

x	0	1	1	2	2	3	4	5	6	6	7	7	8	9	9	10
y	7	4	5	3	4	2	1	1	1	2	2	3	3	4	5	8

b)

x	0	2	4	6	6	8	8	10	20
y	100	64	41	25	26	16	17	11	1

6. Schwangerschaftsdauer und Lebenserwartung bei Primaten

Bei Primaten gibt es einen positiven Zusammenhang zwischen der Schwangerschaftsdauer (Wochen) und der Lebenserwartung (Jahre), der in der folgenden Tabelle deutlich erkennbar ist.

Art	Schwangerschaftswochen	Lebenserwartung
Lemur	18	18
Makak	24	26
Gibbon	30	30
Schimpanse	34	40
Mensch	38	70

a) Stellen Sie die Daten in einer Graphik dar.
b) Bestimmen Sie eine lineare und eine exponentielle Regressionsfunktion. Zeichnen Sie diese Funktionen in die bestehende Graphik ein.
c) Beurteilen Sie die Passgenauigkeit der beiden Regressionsfunktionen.
d) Mit welcher Lebenserwartung ist bei Primaten mit 36 Wochen Schwangerschaft zu rechnen?

7. Höhenmessung in der Luftfahrt

Beim Segelflug wird die Flughöhe durch barometrische Messung des äußeren Luftdrucks festgestellt. Der Luftdruck nimmt mit der Höhe exponentiell ab.
Vier Messungen ergaben die folgende Tabelle für diesen Zusammenhang.

Höhe h in m	0	200	1000	10 000
Luftdruck p in mbar	1 013,25	989,5	898,8	204,4

a) Bestimmen Sie eine exponentielle Regressionsfunktion p(h) zur Tabelle.
Fertigen Sie eine Skizze an für $0 \le p \le 1100$ mbar, $0 \le h \le 10000$ m.

b) Der Höhenmesser zeigt 2000 m an. Wie hoch ist der Außendruck?

c) Fällt der Druck unter 635 mbar, können beim Piloten erste Ausfallerscheinungen aufgrund des Sauerstoffmangels auftreten. In welcher Höhe geschieht dies?

d) Ein Segelflugzeug gleitet auf einer geradlinigen Bahn aus 2000 m Höhe abwärts.
Der Druck steigt dabei um ca. 90 mbar. Welchen Höhenunterschied Δh hat es durchflogen?

e) Bei einem Sinkwinkel der Flugbahn von $\alpha = 2°$ dauert der Gleitflug aus d) 8 min 29 s.
Wie groß sind Flugstrecke und Fluggeschwindigkeit des Seglers?
Orientieren Sie sich an der Skizze.

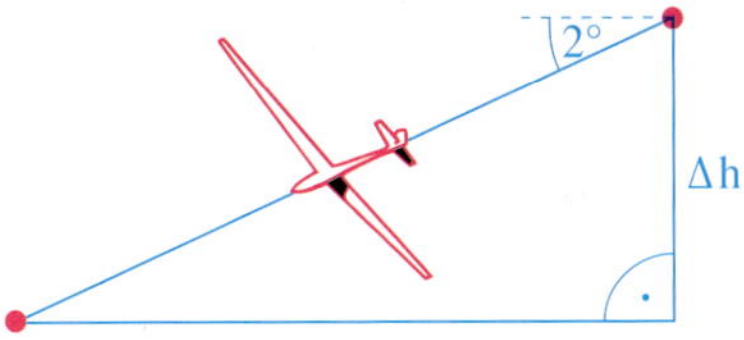

8. Wertentwicklung eines Autos

Der Neupreis eines Autos ist 30 000 €. Nach 2 Jahren ist es geschätzt nur noch 22 000 € wert und nach 10 Jahren sogar nur noch 7 500 €.
Berechnen Sie den Wert des Autos nach 5 Jahren. Verwenden Sie dabei verschiedene Regressionsmodelle.
Vergleichen und bewerten Sie diese Modelle abschließend.

a) Ein lineares Regressionsmodell der Form $f(x) = ax + b$.

b) Ein exponentielles Regressionsmodell der Form $f(x) = a \cdot b^x$ $(0 < b < 1)$.

c) Ein exponentielles Regressionsmodell der Form $f(x) = 2000 + a \cdot b^x$ $(0 < b < 1)$.

9. Windenergie

In Deutschland wird zunehmend Windenergie erzeugt. Die folgende Tabelle gibt die Gesamtleistung (in MW) der installierten Anlagen an.

Jahr	0	1	2	5
Leistung in MW	1551	2085	2415	5818

a) Bestimmen Sie eine exponentielle Regressionsfunktion zur Tabelle.

b) Welche Gesamtleistung ist für das Jahr 2020 zu erwarten (2010: $t = 0$) ?

Überblick

1. Die Appoximation von Funktionen durch Polynome

Das Stützstellenproblem
Die Interpolation

Beim Stützstellenproblem sind n Stützpunkte gegeben:
$P_1(x_1|y_1)$, $P_2(x_2|y_2)$, …, $P_n(x_n|y_n)$.
Gesucht ist eine Polynomfunktion f vom Grad n – 1, die durch diese n Stützpunkte geht.
Ziel ist es, auch Punkte berechnen zu können, die zwischen den n Stützpunkten liegen.
Man spricht dann von einer ***Interpolation.***

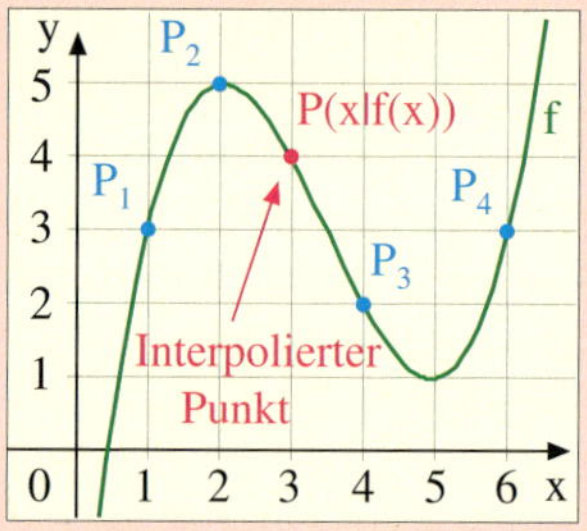

Das allgemeine Stützpolynom

Gegeben sind n Stützpunkte $P_1(x_1|y_1)$, $P_2(x_2|y_2)$, …, $P_n(x_n|y_n)$.
Gesucht ist ein Stützpolynom (n – 1)-ten Grades der Gestalt
$f(x) = a_{n-1}x^{n-1} + \ldots + a_1x + a_0$, das durch die Stützpunkte geht.
Durch Einsetzen der Stützpunkte in den Ansatz für f ensteht ein lineares Gleichungssystem mit n Gleichungen und n Variablen, dessen Lösung die Werte für die Koeffizienten $a_0, a_1, \ldots, a_{n-1}$ des Stützpolynoms liefert.

Das Newtonsche Stützpolynom

Gegeben sind n Stützpunkte $P_1(x_1|y_1)$, $P_2(x_2|y_2)$, …, $P_n(x_n|y_n)$.
Gesucht ist ein Polynom f von Grad n – 1, welches exakt durch die Stützpunkte $P_1, P_2, \ldots, P_n$ geht.
Dann ist laut Newton das folgende Polynom vom Grad n – 1 ein geeigneter Ansatz für f.

$$f(x) = a_0 + a_1(x - x_1) + a_2(x - x_1)(x - x_2) + \ldots + a_{n-1}(x - x_1)(x - x_2)\ldots(x - x_{n-1})$$

Dieser Ansatz führt beim Einsetzen der Stützpunkte auf ein lineares Gleichungssystem in Dreiecksgestalt, dessen Lösung die gesuchten Werte für die Koeffizienten $a_0, a_1, \ldots, a_{n-1}$ liefert, die anschließend in den Ansatz eingesetzt werden müssen.
Vorteile des Newtonschen Ansatzes:

1. Das Gleichungssystem ist wegen der Dreiecksform einfach lösbar.
2. Weitere Stützpunkte lassen sich leicht hinzufügen, ohne dass alle Rechnungen erneuert werden müssen.

Das Lagrangesche Stützpolynom

Das Lagrangesche Stützpolynom f durch $P_1(x_1|y_1)$, $P_2(x_2|y_2)$, …, $P_n(x_n|y_n)$ wird nach folgender Formel gebildet:

$$f(x) = y_1 \cdot L_1(x) + \ldots + y_n \cdot L_n(x)$$

Dabei gilt: $$L_k(x) = \prod_{\substack{i=1 \\ i \neq k}}^{n} \frac{x - x_i}{x_k - x_i} \quad (k = 1, \ldots, n)$$

Vorteil: Der Ansatz von Lagrange führt direkt zum Stützpolynom, ohne dass ein Gleichungssystem gelöst werden muss.
Nachteil: Das Ausmultiplizieren der vielen Faktoren des Lagrangeschen Ansatzes ist sehr zeitaufwendig und fehlerträchtig.

2. Die lineare Regression

Die lineare Regression

Bei der ***linearen Regression*** geht es um das Auffinden einer optimalen ***Ausgleichsgeraden*** f durch eine Punktwolke von n Messpunkten $P_1(x_1|y_1)$, $P_2(x_2|y_2)$, …, $P_n(x_n|y_n)$.

Die Methode der kleinsten Quadrate

Die *Methode der* ***kleinsten Quadrate***, bei der die Summe der Quadrate der senkrechten Abstände der Messpunkte zur Ausgleichsgeraden minimiert wird, liefert die optimale Ausgleichsgerade f.

Optimale Ausgleichsgerade bei einem proportionalen Zusammenhang

Bei einem ***proportionalen Zusammenhang*** zwischen den y-Werten und den x-Werten der Punkte der Punktwolke lautet die Gleichung der optimalen Ausgleichsgeraden f:

$$f(x) = \frac{x_1 y_1 + x_2 y_2 + \ldots + x_n y_n}{x_1^2 + x_2^2 + \ldots + x_n^2} \cdot x.$$

Optimale Ausgleichsgerade bei einem allgemeinen linearen Zusammenhang

Liegt ein ***allgemeiner linearer*** *Zusammenhang* vor, so lautet die Gleichung der optimalen Ausgleichsgeraden f:

$$f(x) = m \cdot (x - \bar{x}) + \bar{y}$$

Dabei gilt: (1) $\bar{x} = \dfrac{x_1 + x_2 + \ldots + x_n}{n}$, $\bar{y} = \dfrac{y_1 + y_2 + \ldots + y_n}{n}$

(2) $m = \dfrac{(x_1 - \bar{x})(y_1 - \bar{y}) + \ldots + (x_n - \bar{x})(y_n - \bar{y})}{(x_1 - \bar{x})^2 + \ldots + (x_n - \bar{x})^2}$

Der Korrelationskoeffizient

Der Korrelationskoeffizient r ist ein Maß für die Stärke eines linearen Regressionszusammenhangs. Für r gilt die Formel:

$$r = \frac{(x_1 - \bar{x}) \cdot (y_1 - \bar{y}) + \ldots + (x_n - \bar{x}) \cdot (y_n - \bar{y})}{\sqrt{(x_1 - \bar{x})^2 + \ldots + (x_n - \bar{x})^2} \cdot \sqrt{(y_1 - \bar{y})^2 + \ldots + (y_n - \bar{y})^2}},$$

Dabei gilt: $\bar{x} = \dfrac{x_1 + x_2 + \ldots + x_n}{n}$, $\bar{y} = \dfrac{y_1 + y_2 + \ldots + y_n}{n}$

Interpretation: r nahe 1: Starker Zusammenhang, positive Steigung
r nahe –1: Starker Zusammenhang, negative Steigung
r nahe 0 : Kein Zusammenhang

Test

Approximation

1. Stützpolynom

Bestimmen Sie ein Polynom $p(x) = ax^2 + bx + c$ durch die Punkte $P_1(-2|-3)$, $P_2(2|5)$ und $P_3(4|3)$. Stellen Sie dazu ein lineares 3×3-Gleichungssystem auf und lösen Sie es manuell.

2. Newtonsches Stützpolynom

a) Ermitteln Sie das Newtonsche Stützpolynom durch die Punkte $P_1(0|4)$, $P_2(1|2)$ und $P_3(4|8)$.

b) Wie lautet das Newtonsche Stützpolynom, wenn es durch die Punkte P_1, P_2 und P_3 sowie durch den weiteren Punkt $P_4(5|4)$ gehen soll?

c) Interpolation: Die Gerade g verbindet die Punkte P_2 und P_3 linear. Berechnen Sie g(3). Vergleichen Sie das Ergebnis mit dem Funktionswert f(3) des Newtonschen Stützpolynoms aus a). Fertigen Sie eine Zeichnung an und kommentieren Sie diese.

3. Regressionsgerade bei proportionaler Zuordnung

In der nebenstehenden Zeichnung sind die Ergebnisse einer Messreihe eingetragen.

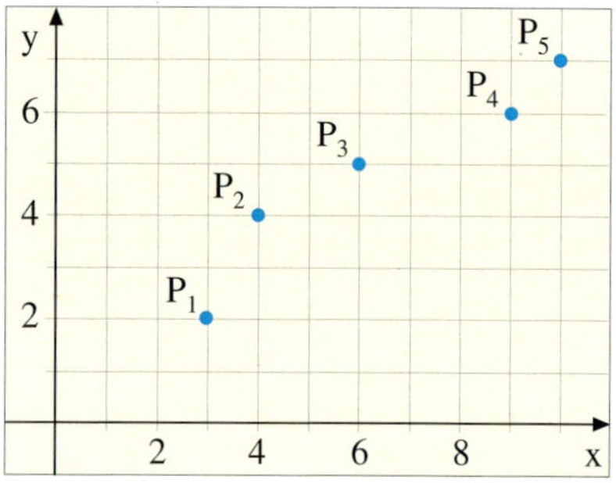

a) Übertragen Sie die Zeichnung auf kariertes Papier und geben Sie die Messpunkte an.

b) Schätzen Sie, welche Ursprungsgerade g zu den Messergebnissen am besten passt. Geben Sie die Gleichung Ihrer Geraden g an und zeichnen Sie deren Graph ein.

c) Berechnen Sie die optimale Ausgleichsgerade nach der Formel $f(x) = \frac{x_1y_1 + \ldots + x_ny_n}{x_1^2 + \ldots + x_n^2} \cdot x$. Zeichnen Sie f ebenfalls ein. Vergleichen Sie mit Ihrer Schätzgeraden g.

4. Regressionsgerade mit dem Rechner/Computer ermitteln

Eine Messung ergab die in der Tabelle angegebene Punktwolke.

x	1	3	4	5	8	10	11
y	11	10	8	6	6	5	3

a) Ermitteln Sie den Schwerpunkt S der Punktwolke.

b) Bestimmen Sie die optimale Ausgleichsgerade g mit dem Rechner/Computer.

c) Bestimmen Sie den Korrelationskoeffizienten r mit dem Rechner.

d) Interpretieren Sie den Wert des Korrelationskoeffizienten.

5. Eisbärenpopulation

Der Lebensraum der Eisbären wird durch die zunehmende Erderwärmung immer kleiner. Die folgende Tabelle zeigt eine Schätzung der weltweiten Population dieser Art.

Jahr	1985 (t = 0)	1995 (t = 10)	2000 (t = 15)	2005 (t = 20)	2010 (t = 25)	2015 (t = 30)
Anzahl der Bären	40600	36700	34800	33000	31400	30000

a) Bestimmen Sie eine Bestandsfunktion (t: Zeit in Jahren seit 1985) der Eisbärenpopulation bei einem quadratischen Regressionsmodell der Form $f(t) = at^2 + bt + c$ und einem exponentiellen Regressionsmodell der Form $g(t) = 8000 + a \cdot b^t \quad (b < 1)$.

b) Prognostizieren Sie den Bestand für die Jahre 2035 und 2085 nach beiden Modellen.

Lösungen: S. 317

VI. Weitere Anwendungen der Integralrechnung

1. Numerische Integrationsverfahren

Flächeninhalte und bestimmte Integrale können oft mit Hilfe exakter Integrationsmethoden errechnet werden. Allerdings gibt es auch Fälle, in denen dies nicht möglich oder unpraktisch ist:

1. Der Integrand besitzt keine geschlossen darstellbaren Stammfunktionen.
2. Die Stammfunktionen des Integranden sind schwierig zu bestimmen.
3. Die Randkurve einer Fläche ist nicht durch eine mathematische Funktionsgleichung gegeben, sondern nur zeichnerisch oder durch Messwerte definiert.

In solchen Fällen gibt es die Möglichkeit, das gesuchte bestimmte Integral näherungsweise zu bestimmen. Man spricht von ***numerischer Integration***.
Alle numerischen Integrationsverfahren ähneln dem Archimedischen Streifenverfahren. Wir stellen die verschiedenen Verfahren im Überblick dar. Details werden später behandelt. Taschenrechner, die bestimmte Integrale auf Tastendruck berechnen können, verwenden intern diese Verfahren.

1. Die Streifenmessung

Über die Fläche wird ein Raster gleich breiter Streifen gelegt. Die Schnitte der **Streifenmittellinien** mit der Randkurve der Fläche definieren Rechteckshöhen, die **ausgemessen** werden. Die Rechtecksinhalte werden berechnet und aufsummiert.
Das Verfahren ist stets anwendbar. Die Genauigkeit ist durch die zugrunde liegende Zeichnung begrenzt.

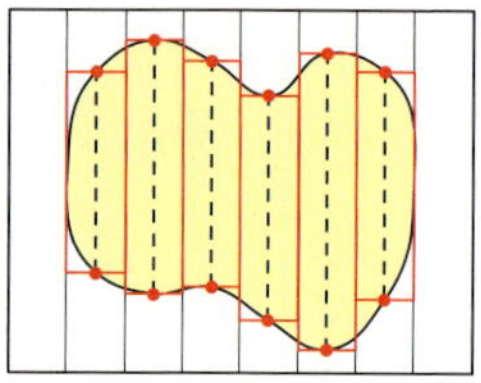

2. Das Rechteckverfahren

Die Fläche unter einem Funktionsgraphen wird in Streifen eingeteilt. Die **Streifenmittellinien** stellen Rechteckshöhen dar, die als Funktionswerte **berechnet** werden können.
Je größer die Streifenanzahl, umso genauer approximieren die Rechtecksflächen die Fläche unter dem Graphen.

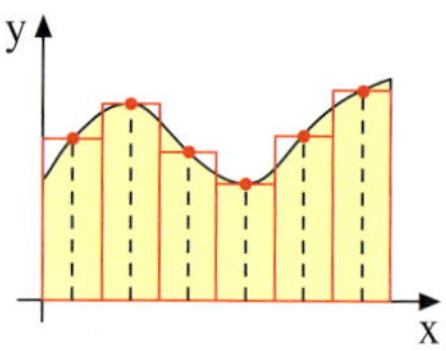

3. Das Trapezverfahren

Die Fläche unter einem Graphen wird wiederum in Streifen geteilt. Die Schnittpunkte der Streifenbegrenzungslinien mit dem Graphen werden geradlinig miteinander verbunden, so dass **Trapeze** entstehen, deren Flächeninhalte aufsummiert werden.
Das Verfahren ist ähnlich genau wie das Rechteckverfahren.

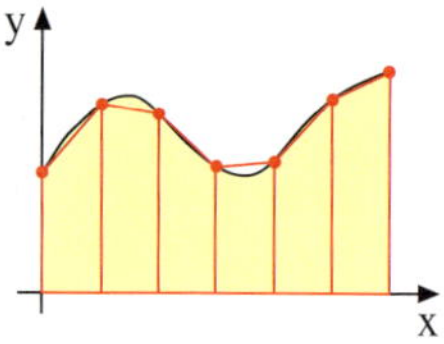

4. Das Parabelverfahren (Simpson-Verfahren)

Die Schnittpunkte der beiden Streifenbegrenzungen und der Streifenmittellinie mit dem Graphen legen jeweils einen **Parabelbogen** fest. Die Flächeninhalte unter den Parabelbögen werden durch Integration bestimmt und aufsummiert. Das Verfahren ist wesentlich genauer als die drei oben charakterisierten Verfahren.

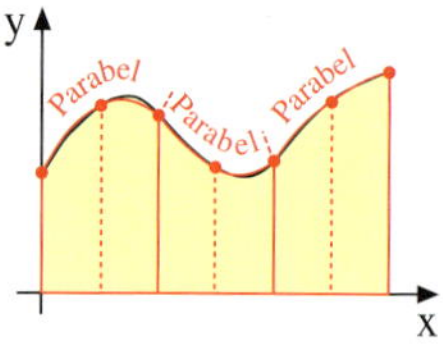

A. Die Streifenmessung – eine Praxismethode

Ein Maler benötigt für die Bestimmung seines Materialbedarfs den Flächeninhalt einer Wand, ein Glaser kalkuliert die Glasfläche eines Wintergartens, ein Straßenbauer schätzt die Größe der Pflasterfläche eines Platzes ab.
Für solche Flächeninhaltsbestimmungen genügen in den meisten Fällen einfache Rechtecks- oder Dreiecksberechnungen. Sind die Flächen jedoch krummlinig begrenzt, so funktioniert das nicht mehr. Man kann dann folgende Methode der Streifenmessung anwenden, die zwar vergleichsweise primitiv erscheinen mag, aber universal einsetzbar ist.

Beispiel: Oberfläche eines Sees
Der Mitarbeiter einer Werbeagentur soll eine Broschüre über einen neuen Landschaftspark erstellen. Hierfür benötigt er den Oberflächeninhalt eines Sees, von dem nur eine maßstäbliche Architektenzeichnung vorliegt. Wie könnte er vorgehen?

Lösung:
Er zeichnet ein Streifenraster über die Karte. Er könnte auch eine Folie nehmen, um eine Beschädigung der Karte zu vermeiden. Alle Streifen sind gleich breit, in unserem Beispiel wählte er die Breite von 0,725 cm.

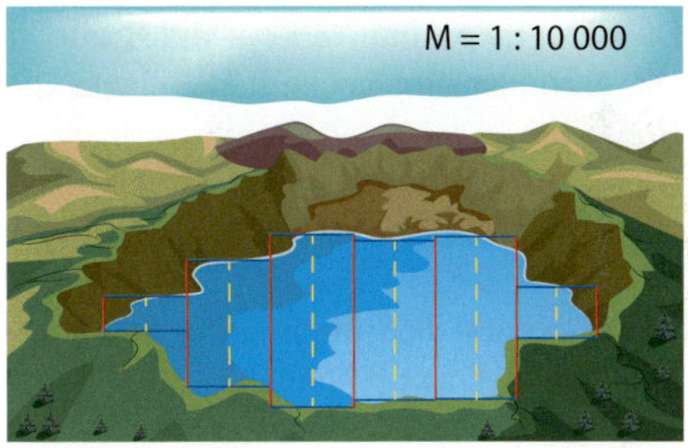

Nun markiert er die Schnittpunkte der Streifenmittellinien mit dem Seerand. Durch diese Punkte sind in den Streifen Rechtecke festgelegt, deren Flächeninhalte ein Näherungsmaß für die im jeweiligen Streifen liegende Seefläche ergeben.

Rechteck Nr.	Breite in cm	Höhe in cm	Fläche in cm²
1	0,725	0,3	0,2175
2	0,725	1,1	0,7975
3	0,725	1,5	1,0875
4	0,725	1,4	1,0150
5	0,725	1,4	1,0150
6	0,725	0,4	0,2900
			4,4225

Die Rechteckshöhen werden mit dem Lineal gemessen und mit der Streifenbreite multipliziert. Die Summe aller Rechtecksinhalte approximiert den Flächeninhalt des Bildes des Sees auf der Karte.

Durch eine Maßstabsumrechnung ergibt sich das reale Flächenmaß des Sees, in unserem Beispiel ca. 44 225 m².

$$1\,\text{cm} \mathrel{\widehat{=}} 10\,000\,\text{cm} = 100\,\text{m}$$
$$1\,\text{cm}^2 \mathrel{\widehat{=}} (100\,\text{m})^2 = 10\,000\,\text{m}^2$$
$$4{,}4225\,\text{cm}^2 \mathrel{\widehat{=}} 44\,225\,\text{m}^2$$

Übung 1 Bakterium
Ein Bakterium wurde mikroskopisch 2000-fach vergrößert. Bestimmen Sie einen Näherungswert für seine Querschnittsfläche. Verwenden Sie fünf Streifen.

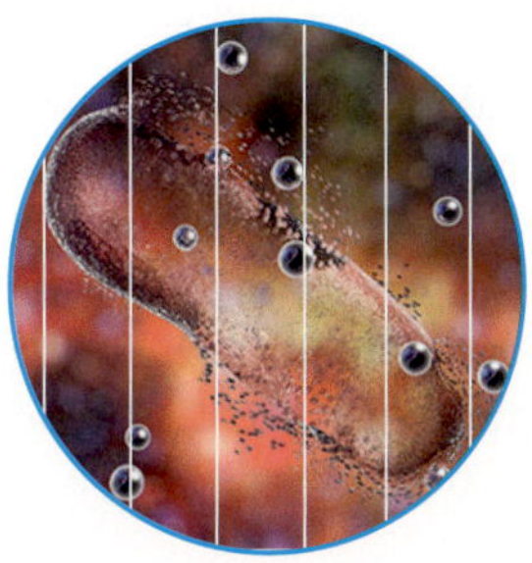

Hinweis: Der Vergrößerungsfaktor eines Mikroskops gibt an, wie stark die Fläche vergrößert wurde.

B. Das Rechteckverfahren

Das einfachste Näherungsverfahren zur beliebig genauen Approximation bestimmter Integrale ist das im Folgenden dargestellte ***Rechteckverfahren***.

Beispiel: Das Rechteckverfahren

Berechnen Sie einen Näherungswert für das bestimmte Integral $\int_1^5 \frac{5}{x}\,dx$.

Approximieren Sie hierzu die Fläche unter dem Graphen von f durch vier gleich breite Rechtecke, so wie rechts graphisch dargestellt.

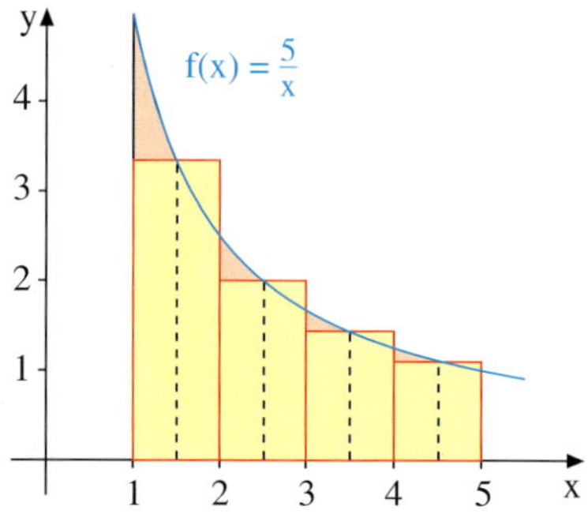

Lösung:
Das Integrationsintervall hat die Breite 4. Die einzelnen Rechtecke haben daher die Breite 1.
Die Rechteckshöhen sind die Funktionswerte in den Streifenmitten, also an den Stellen 1,5, 2,5, 3,5 und 4,5.
Wir errechnen die Summe der vier Rechtecksinhalte. Diese beträgt 7,87.

Der wirkliche Wert des bestimmten Integrals beträgt ca. 8,05. Die Abweichung beträgt also nur ca. 2%.

Näherungsrechnung für 4 Streifen:

Rechteck	Breite	Höhe	Inhalt
1	1	$f(1{,}5) \approx 3{,}33$	3,33
2	1	$f(2{,}5) = 2$	2,00
3	1	$f(3{,}5) \approx 1{,}43$	1,43
4	1	$f(4{,}5) \approx 1{,}11$	1,11

Flächensumme: 7,87

Genauer Wert des Integrals:

$$\int_1^5 \frac{5}{x}\,dx \approx 8{,}05$$

Man kann die Approximationsgenauigkeit durch eine höhere Zahl von Rechtecken steigern, wobei natürlich auch der Rechenaufwand höher wird. Im obigen Beispiel ergibt sich so mit acht Rechtecken der Breite 0,5 der Näherungswert 8. Der Fehler beträgt dann nur noch ca. 0,6%.

Übung 2

Gesucht ist ein Näherungswert für das bestimmte Integral $\int_0^2 \frac{1}{2}x^2\,dx$.

a) Verwenden Sie das Rechteckverfahren mit 4 gleich breiten Rechtecken.
Berechnen Sie anschließend zum Vergleich den exakten Wert des Integrals.

b) Führen Sie schließlich eine genauere Näherung mit 8 Rechtecken durch.

Übung 3

Berechnen Sie den Inhalt der abgebildeten Fläche näherungsweise mit Hilfe von sechs Rechtecken.

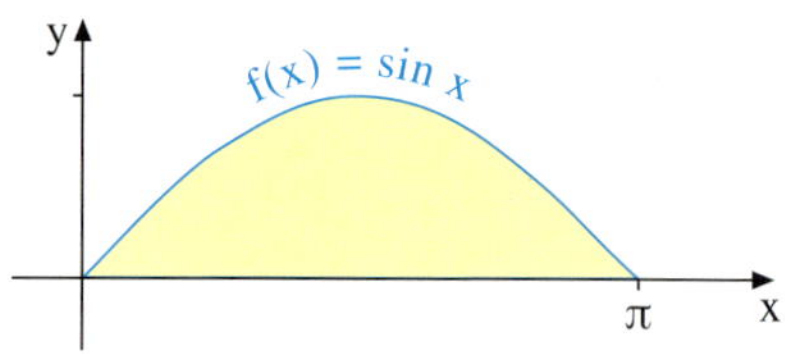

Genauigkeit des Rechteckverfahrens

Das Rechteckverfahren liefert schon für kleine Streifenzahlen recht brauchbare Näherungswerte. Das liegt daran, dass sich die Fehler in der Regel bereits innerhalb eines Streifens teilweise ausgleichen. Durch das Rechteck nicht erfasste Flächenteile (–) werden durch überstehende Rechteckteile (+) grob kompensiert. Dennoch werden größere Streifenzahlen erforderlich, wenn erhöhte Genauigkeit gewünscht wird oder das Integrationsintervall groß ist. Dann kann der Rechenaufwand so hoch werden, dass man programmierbare Systeme (Taschenrechner oder Computer) als Rechenhilfe einsetzt. Eine dafür geeignete Formel stellen wir nun dar.

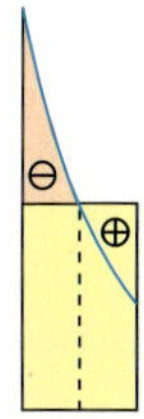

Fehlerausgleich über einem Streifen

Näherungsformel zum Rechteckverfahren

f sei eine auf dem Intervall I = [a; b] stetige Funktion. Dann gilt die Näherungsformel

$$\int_a^b f(x)\,dx \approx \frac{b-a}{n} \cdot (y_0 + y_1 + \ldots + y_{n-1})$$

mit $y_i = f(x_i) = f\left(a + i \cdot \frac{b-a}{n} + \frac{b-a}{2n}\right)$, $0 \leq i \leq n-1$.

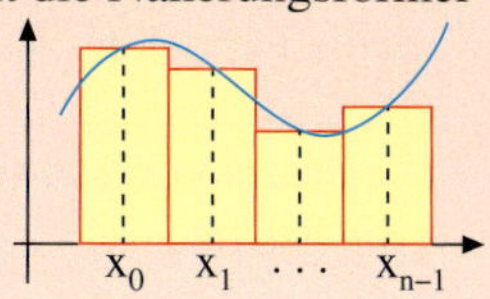

Zum Nachweis teilen wir das Integrationsintervall I = [a; b] in Teilintervalle $I_0, \ldots, I_{n-1}$ ein, die alle die gleiche Breite $\frac{b-a}{n}$ besitzen. x_i sei die Mitte des Teilintervalls I_i.
Von a aus erreichen wir x_i durch i-fache Addition der Streifenbreite $\frac{b-a}{n}$ plus einer weiteren halben Streifenbreite $\frac{b-a}{2n}$, d.h. $x_i = a + i \cdot \frac{b-a}{n} + \frac{b-a}{2n}$. Die Höhe des Rechtecks über I_i ist dann $y_i = f(x_i) = f\left(a + i \cdot \frac{b-n}{n} + \frac{b-a}{2n}\right)$. Die Rechteckfläche ist $\frac{b-a}{n} \cdot y_i$. Die Summe aller Rechteckflächen ist $\frac{b-a}{n} \cdot (y_0 + y_1 + \ldots + y_{n-1})$. Solche Summen kann man mittels Computer berechnen.

Das rechts abgebildete Programm ist in der Programmiersprache Pascal geschrieben, die besonders leicht lesbar ist.
Es dient aber hier vor allem als Pseudocode, d. h. als Vorlage für die Umsetzung in andere, gerade aktuelle Programmiersprachen. Eingegeben werden müssen die Funktionsgleichung des Integranden f, die Integrationsgrenzen a und b sowie die Streifenzahl n, welche die Genauigkeit bestimmt.

Testlauf für unser Beispiel $\int_1^5 \frac{5}{x}\,dx$:

Streifenzahl n	Näherungswert
10	8,01605339
100	8,04686966
1 000	8,04718636
10 000	8,04718953
exakter Wert	8,04718956

```
program rechteckverfahren;
var a, b, x, h, summe, integral: real;
    i, n: integer;
function f(x: real): real;
    begin f:= 5/x end;
begin
    write('untere Grenze a: '); readln(a);
    write('obere Grenze b: '); readln(b);
    write('Rechteckanzahl n: '); readln(n);
    summe := 0;
    h := (b - a) / n;
    for i := 0 to n - 1 do
        begin
            x:= a + i * h + h / 2;
            summe := summe + f(x);
        end;
    integral := h * summe;
    write('Integral: ', integral:12:8);
    readln;
end.
```

Exkurs: Durchführung des Rechteckverfahrens mit der Summenfunktion des Taschenrechners

Heutige Taschenrechner mit erweiterten Funktionen oder CAS-Taschenrechner können bestimmte Integrale auch für schwierige Integranden problemlos mit einem Tastendruck angenähert ausrechnen. Das ist kein Wunder, denn wir wissen nun, wie sie es machen, nämlich mit einem algorithmischen Programm wie dem Rechteckverfahren, das auf der vorherigen Seite dargestellt wurde. Für den Rechner ist es nämlich kein großes Problem, hunderte oder tausende von rechnerischen Wiederholungsschritten in kurzer Zeit auszuführen, sodass wir diesen Prozess fälschlicherweise für einen reinen Tastendruck halten könnten. Ohne die ***mathematische Algorithmik*** aber wäre unser Taschenrechner nur eines, nämlich völlig hilflos.

Mit einer ***Programmiersprache*** auf einem Computer können wir die Funktionsfähigkeit des Rechteckverfahrens in Anlehnung an das abgebildete Pascalprogramm überprüfen. Steht uns dieses Hilfsmittel nicht zur Verfügung, so können wir die ***Summenfunktion des Taschenrechners*** einsetzen, um die Formel des Rechteckverfahren anzuwenden und so zu überprüfen.

Beispiel: Rechteckverfahren mit dem Taschenrechner
Berechnen Sie das Integral mit dem Rechteckverfahren (Streifenzahl n = 100). Verwenden Sie die Summenfunktion ihres Taschenrechners.

$$\int_1^5 \frac{5}{x}\,dx$$

Summenformel für das Rechteckverfahren

$$\int_a^b f(x)\,dx \approx \frac{b-a}{n} \cdot \sum_{i=0}^{n-1} f\left(a + i \cdot \frac{b-a}{n} + \frac{b-a}{2n}\right)$$

Lösung:
Mit Hilfe des Summenzeichens lässt sich die Formel für das Rechteckverfahren ganz allgemein wie rechts aufgeführt darstellen.

In unserem speziellen Fall $\int_1^5 \frac{5}{x}\,dx$ gilt:

$f(x) = \frac{5}{x}$, a = 1, b = 5 und n = 100.

Setzen wir diese Vorgaben in die allgemeine Formel ein, so erhalten wir nach kurzer Rechnung den rechts blau dargestellten Summenterm, den wir nun in unseren Taschenrechner eingeben, worauf er den Näherungswert 8,046869655 liefert.

Dies ist ziemlich genau der Wert, der mit dem algorithmischen Programm auf der vorhergehenden Seite gewonnen wurde.

Konkrete Berechnung

$$\int_1^5 \frac{5}{x}\,dx = \frac{4}{100} \cdot \sum_{i=0}^{99} f\left(1 + i \cdot \frac{4}{100} + \frac{4}{200}\right)$$

$$= 0{,}04 \cdot \sum_{i=0}^{99} f(1{,}02 + 0{,}04\,i)$$

$$= 0{,}04 \cdot \sum_{i=0}^{99} \frac{5}{1{,}02 + 0{,}04\,i}$$

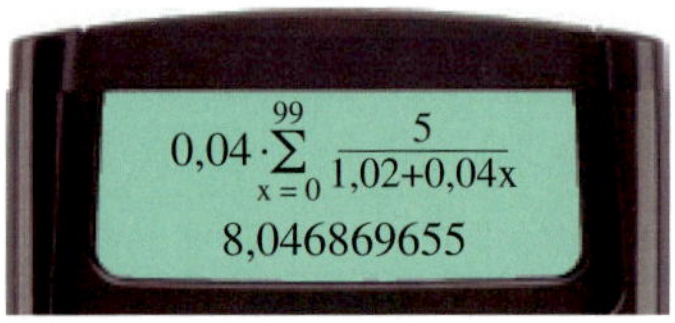

Übung 4 Rechnereinsatz
Berechnen Sie das bestimmte Integral mit dem Taschenrechner durch Anwendung des Rechteckverfahrens mit n Streifen. Kontollieren Sie mit der Integraltaste des Taschenrechners.

a) $\int_0^2 x^2\,dx$, n = 4, n = 10 b) $\int_0^4 e^{0,5\,x}\,dx$, n = 10, n = 100 c) $\int_1^7 \frac{4x^2+1}{x^2}\,dx$, n = 2, n = 50

C. Das Trapezverfahren

Schon Archimedes verfolgte die Idee, die Fläche unter einer Kurve durch trapezförmige Streifen zu approximieren (***Trapezverfahren***). Solche Streifen folgen dem Kurvenverlauf nämlich recht gut. Man erhält daher schon für kleine Streifenzahlen brauchbare Näherungen.

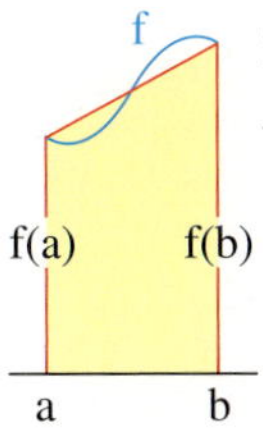

Trapezfläche:
$A = \frac{1}{2}(b-a)\cdot(f(a)+f(b))$

Beispiel: Das Trapezverfahren

Approximieren Sie das bestimmte Integral $\int_1^5 \frac{5}{x}\,dx$ mit Hilfe von Trapezstreifen.

a) Verwenden Sie – wie abgebildet – vier Trapezstreifen.

b) Steigern Sie die Genauigkeit durch Verwendung von acht Streifen.

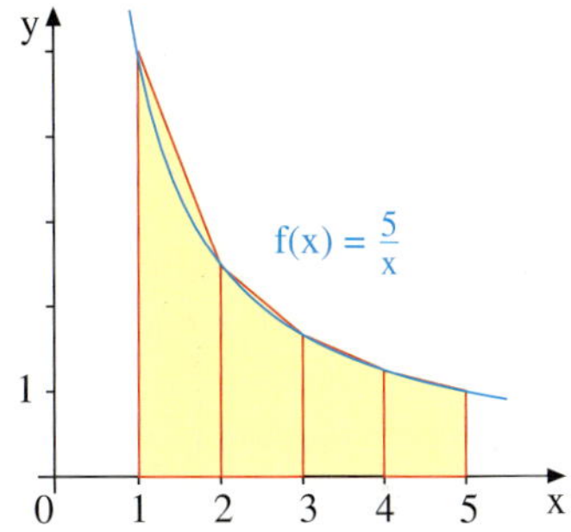

Lösung zu a:
Die Trapeznäherung sieht schon graphisch recht genau aus. Wir errechnen die vier Trapezstreifen mit der oben dargestellten Formel und erhalten die Inhaltssumme 8,42, die nur ca. 4,5 % größer ist als der exakte Wert des Integrals.

Lösung zu b:
Bei doppelter Streifenzahl ist die Streifenbreite nur noch halb so groß und wir erhalten als Näherungswert 8,14. Der Fehler beträgt nun nur noch ca. 1,1 %.

Interessant ist, dass die Funktionswerte an den äußeren Teilungsstellen x = 1 und x = 5 in einfacher Zählung eingehen, während die Funktionswerte x = 1,5; x = 2;…; x = 4,5 doppelt in die Summe eingehen.

Approximation mit 4 Streifen

$$A_1 = \tfrac{1}{2}(2-1)\cdot\left(\tfrac{5}{1}+\tfrac{5}{2}\right)$$
$$A_2 = \tfrac{1}{2}(3-2)\cdot\left(\tfrac{5}{2}+\tfrac{5}{3}\right)$$
$$A_3 = \tfrac{1}{2}(4-3)\cdot\left(\tfrac{5}{3}+\tfrac{5}{4}\right)$$
$$A_4 = \tfrac{1}{2}(5-4)\cdot\left(\tfrac{5}{4}+\tfrac{5}{5}\right)$$
$$\int_1^5 \tfrac{5}{x}\,dx \approx \tfrac{1}{2}\cdot 1\cdot\left(\tfrac{5}{1}+2\cdot\tfrac{5}{2}+2\cdot\tfrac{5}{3}+2\cdot\tfrac{5}{4}+\tfrac{5}{5}\right) \approx 8{,}42$$

Approximation mit 8 Streifen

$$\int_1^5 \tfrac{5}{x}\,dx \approx \tfrac{1}{2}\cdot\tfrac{1}{2}\cdot\left(\tfrac{5}{1}+2\cdot\tfrac{5}{1{,}5}+\ldots+2\cdot\tfrac{5}{4{,}5}+\tfrac{5}{5}\right) \approx 8{,}14$$

Übung 5

a) Berechnen Sie $\int_0^4 \sqrt{x}\,dx$ mit Hilfe des Trapezverfahrens (4 Streifen und 8 Streifen). Vergleichen Sie mit dem exakten Wert.

b) Berechnen Sie den Inhalt des rechts dargestellten Einheitsviertelkreises mit 5 bzw. 10 Trapezstreifen näherungsweise. Wie groß ist der Flächeninhalt des Einheitskreises?

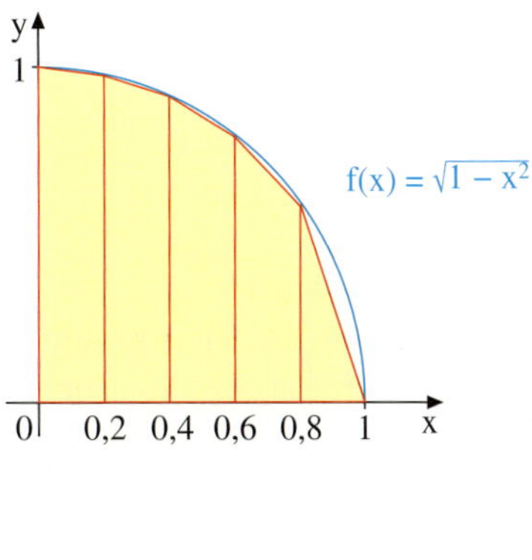

Um das Trapezverfahren für beliebige Streifenzahlen programmieren zu können, benötigen wir eine Formel. Schon anhand der Beispiele ist leicht zu erkennen, wie eine solche Formel aussieht:

Näherungsformel zum Trapezverfahren

f sei eine auf dem Intervall I = [a; b] stetige Funktion. Dann gilt die Näherungsformel

$$\int_a^b f(x)\,dx \approx \frac{1}{2} \cdot \frac{b-a}{n} \cdot (y_0 + 2y_1 + 2y_2 + \ldots + 2y_{n-1} + y_n)$$

mit $y_i = f(x_i) = f\left(a + i \cdot \frac{b-a}{n}\right),\ 0 \le i \le n.$

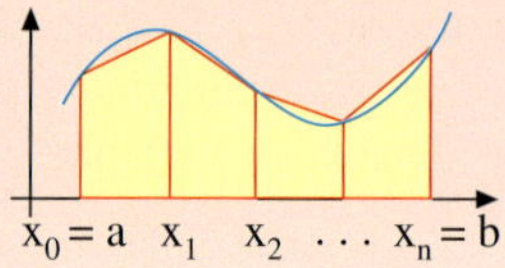

Das zugehörige Pascal-Programm entspricht in seiner Struktur bis auf die trapezspezifischen Teile fast dem Pascal-Programm für das Rechteckverfahren.

Beispiel: Trapezverfahren

Berechnen Sie mit einem Computerprogramm das Integral $\int_1^5 \frac{5}{x}\,dx$ näherungsweise für 10, 100, 1000 und 10 000 Trapezstreifen. Vergleichen Sie die Genauigkeit mit dem Rechteckverfahren.

Lösung:

Streifenzahl n	Näherungswert
10	8,11019505
100	8,04782946
1 000	8,04719596
10 000	8,04718963
exakter Wert	8,04718956

```
program trapezverfahren;
var a, b, x, h, summe, integral: real;
    i, n: integer;
function f(x: real): real;
    begin f:= 5/x end;
begin
    write('untere Grenze a: '); readln(a);
    write('obere Grenze b: '); readln(b);
    write('Trapezanzahl n: '); readln(n);
    summe := 0;
    h := (b – a) / n;
    for i := 1 to n – 1 do
        begin
            x := a + i * h ;
            summe := summe + f(x);
        end;
    integral := 1/2 * h * (f(a) + 2 * summe + f(b));
    write('Integral: ', integral:12:8);
    readln;
end.
```

Man erkennt, dass das Verfahren ebenso schnell zum Ziel führt wie das Rechteckverfahren.

Information zur Approximationsgüte in Abhängigkeit von der Streifenzahl:

Bei Verwendung von archimedischen Untersummen oder Obersummen gewinnt man durch eine Verzehnfachung der Streifenzahl nur eine Dezimale Genauigkeit. Beim Rechteckverfahren und Trapezverfahren gewinnt man bei verzehnfachter Streifenzahl ca. 2 Dezimalen Genauigkeit.

Übung 6

Berechnen Sie einen Näherungswert für das bestimmte Integral $\int_0^1 \sqrt{1 + x^2}\,dx$.

a) Arbeiten Sie mit 4 Trapezstreifen und rechnen Sie manuell.

b) Verwenden Sie n = 10, 100 und 1000 Streifen unter Einsatz des Computers oder des TR (vgl. nächste Seite).

Übung 7

Errechnen Sie den Inhalt der rechts dargestellen Fläche auf ca. zwei Nachkommastellen genau.

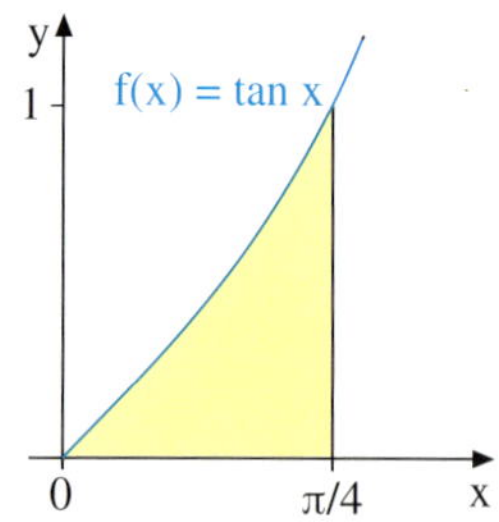

Exkurs: Durchführung des Trapezverfahrens mit der Summenfunktion des Taschenrechners

Für kleine Streifenzahlen n kann das Trapezverfahren manuell durchgeführt werden. Für größere Streifenzahlen verwendet man entweder ein Programm, wie es auf der vorigen Seite dargestellt ist, oder die Summenfunktion eines Taschenrechners. Letzteres führen wir nun durch.

Beispiel: Trapezverfahren mit dem Taschenrechner
Berechnen Sie das Integral mit dem Trapezverfahren (Streifenzahl n = 100). Verwenden Sie die Summenfunktion ihres Taschenrechners. $\int_1^5 \frac{5}{x}\,dx$

Lösung:
Mit Hilfe des Summenzeichens lässt sich die allgemeine Formel für das Trapezverfahren wie rechts aufgeführt darstellen.

In unserem speziellen Fall $\int_1^5 \frac{5}{x}\,dx$ gilt:

$f(x) = \frac{5}{x}$, a = 1 , b = 5 und n = 100.

Setzen wir diese Vorgaben in die allgemeine Formel ein, so erhalten wir nach kurzer manueller Rechnung den rechts blau dargestellten Summenterm, den wir nun in den Taschenrechner eingeben, worauf dieser als Näherungswert 8,047829456 liefert.

Dies entspricht dem Wert, der mit dem algorithmischen Programm auf der vorigen Seite gewonnen wurde.

Summenformel für das Trapezverfahren

$$\int_a^b f(x)\,dx \approx \frac{b-a}{2n} \cdot \left[f(a) + f(b) + 2\sum_{i=1}^{n-1} f\left(a + i \cdot \frac{b-a}{n}\right) \right]$$

Konkrete Berechnung

$$\int_1^5 \frac{5}{x}\,dx = \frac{4}{200} \cdot \left[f(1) + f(5) + 2\sum_{i=1}^{99} f\left(1 + i \cdot \frac{4}{100}\right) \right]$$

$$= 0{,}02 \cdot \left[5 + 1 + 2\sum_{i=1}^{99} f(1 + 0{,}04\,i) \right]$$

$$= 0{,}02 \cdot \left[5 + 1 + 2\sum_{i=1}^{99} \frac{5}{1 + 0{,}04\,i} \right]$$

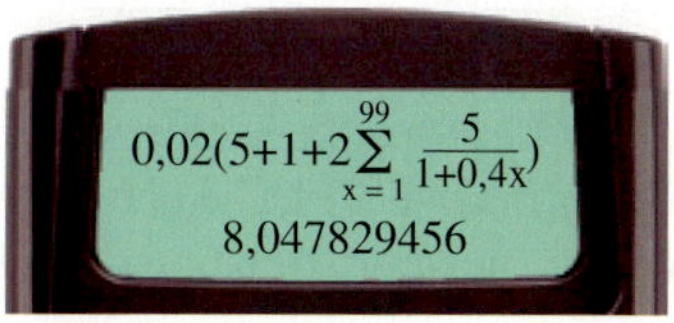

Übung 8 Trapezverfahren mit dem Taschenrechner
Berechnen Sie das bestimmte Integral mit dem Taschenrechner durch Anwendung des Trapezverfahrens mit n Streifen.

a) $\int_1^4 \frac{4}{x}\,dx$, n = 10 b) $\int_0^6 e^{-x^2}\,dx$, n = 1000 c) $\int_0^{2\pi} \sin x\,dx$, n = 100 d) $\int_0^4 \frac{1}{1+x^2}\,dx$, n = 10

Übung 9 Gaube
Die Profillinie der Gaube wird durch die Funktion $f(x) = 1{,}1 \cdot e^{-x^2} - 0{,}56$ (x, y in m) beschrieben. Bestimmen Sie den Querschnitt der Gaube mit Hilfe des Trapezverfahrens (Schrittzahl n = 100).

D. Die Keplersche Fassregel

Der bekannte Mathematiker und weltberühmte Astronom Johannes Kepler (1571–1630) war ein Freund des Weines. Eines Tages überkam ihn der Verdacht, beim Weinkauf von den Händlern übervorteilt zu werden, da diese den Inhalt der Weinfässer mit Messstäben maßen, was Kepler suspekt war. Fortan beschäftigte er sich mit Verfahren zur Berechnung des Rauminhaltes von Fässern, und hierbei fand er auch ein Näherungsverfahren zur Berechnung bestimmter Integrale, die sogenannte ***Keplersche Fassregel****, die eine überraschende Genauigkeit besitzt.*

Die Grundidee des Keplerschen Verfahrens ist es, die zu integrierende Funktion in einem Streifen durch eine quadratische Parabel zu approximieren in der Erwartung, dass diese sich der Kurve noch besser anpassen kann als eine Strecke wie beim Trapezverfahren.

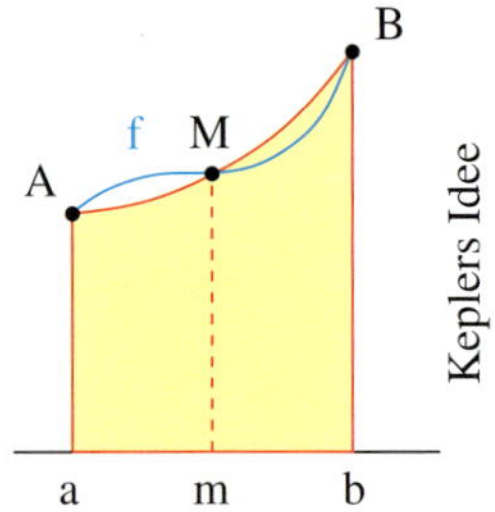

Keplers Idee

Kepler wählte diejenige Parabel, welche durch die drei Kurvenpunkte A und B an den Streifenenden und M in der Streifenmitte geht.
Der Inhalt der Fläche unter dieser Parabel lässt sich nach Keplers rechts aufgeführter Formel errechnen, die wir aber hier nicht beweisen.

Die Keplersche Fassregel

$$\int_a^b f(x)\,dx \approx \frac{b-a}{6} \cdot (f(a) + 4 \cdot f(m) + f(b))$$

mit $m = \frac{a+b}{2}$

Beispiel: Die Keplersche Fassregel

Gesucht ist der Inhalt der Fläche unter dem Graphen von $f(x) = \sin x$ über dem Intervall $[0; \pi]$. Verwenden Sie zur Approximation die Keplersche Fassregel.

Lösung:
Wir wenden die Kepler-Formel mit $a = 0$, $b = \pi$ und $m = \frac{\pi}{2}$ an. Wir erhalten:

$$\int_0^\pi \sin x\,dx \approx \frac{\pi-0}{6} \cdot \left(\sin 0 + 4 \cdot \sin\frac{\pi}{2} + \sin\pi\right) = \frac{\pi}{6} \cdot 4 = \frac{2}{3}\pi \approx 2{,}09.$$

Da der exakte Wert des Integrals tatsächlich 2 ist, beträgt der Fehler nur knapp 5 %.

Übung 10

Die Keplersche Fassregel liefert für Polynomfunktionen bis dritten Grades erstaunlicherweise sogar exakte Ergebnisse.
Prüfen Sie dies an folgenden Integralen nach.

a) $\int_0^2 x^3\,dx$ b) $\int_0^4 (2x-3)\,dx$ c) $\int_0^1 (x^2+x)\,dx$

Übung 11

Berechnen Sie den Inhalt der Fläche A mit der Fassregel von Kepler.

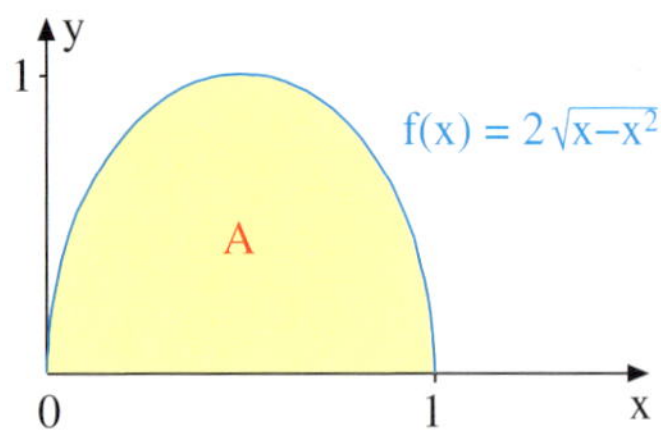

E. Das Simpson-Verfahren

Der englische Mathematiker Thomas Simpson (1710–1761) entwickelte ein Näherungsverfahren, das auf der Mehrfachanwendung der Keplerschen Fassregel beruhte.
Dieses Verfahren liefert schon mit geringen Streifenzahlen sehr gute Näherungswerte. Es wird als ***Simpson-Verfahren*** *bezeichnet.*

Beispiel: Simpson-Verfahren

Berechnen Sie das Integral $\int_1^5 \frac{5}{x}\,dx$ manuell mit dem Simpson-Verfahren für n = 2 Streifen.

Lösung:
Wir teilen die Fläche über dem Integrationsintervall [1; 5] in zwei Streifen ein, welche wir als ***Simpson-Streifen*** bezeichnen. In jedem der beiden Simpson-Streifen wird die Keplersche Fassregel angewandt. Der Integrand wird also streifenweise durch Parabelbögen approximiert. Durch zweimalige Anwendung von Keplers Formel erhalten wir dann:

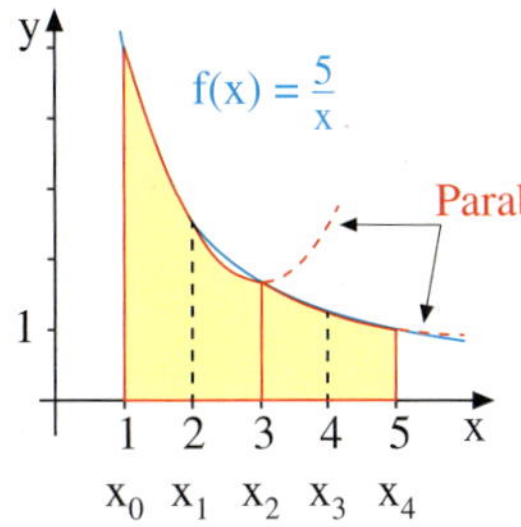

Inhalt des 1. Streifens: $\int_1^3 \frac{5}{x}\,dx \approx \frac{3-1}{6} \cdot (f(1) + 4 \cdot f(2) + f(3)) \approx 5{,}555$

Inhalt des 2. Streifens: $\int_3^5 \frac{5}{x}\,dx \approx \frac{5-3}{6} \cdot (f(3) + 4 \cdot f(4) + f(5)) \approx 2{,}555$

Inhalt der Gesamtfläche: $\int_1^5 \frac{5}{x}\,dx \approx \frac{2}{6} \cdot (f(1) + 4 \cdot f(2) + 2 \cdot f(3) + 4 \cdot f(4) + f(5)) \approx 8{,}11$

Anhand des Beispiels können wir problemlos die verallgemeinerte Formel für das Simpson-Verfahren aufstellen. Wir gehen von einer Unterteilung $a = x_0, x_2, x_4, \ldots, x_{2n} = b$ des Intervalls [a; b] in n Simpson-Streifen aus, deren Mittelpunkte bei $x_1, x_3, x_5, \ldots, x_{2n-1}$ liegen. Dann gilt:

Näherungsformel zum Simpson-Verfahren

f sei eine auf dem Intervall [a; b] stetige Funktion. Dann gilt die Näherungsformel

$$\int_a^b \frac{5}{x}\,dx \approx \frac{b-a}{6n} \cdot (y_0 + 4y_1 + 2y_2 + 4y_3 + \ldots + 2y_{2n-2} + 4y_{2n-1} + y_{2n})$$

mit $y_i = f(x_i) = f\left(a + i \cdot \frac{b-a}{2n}\right), 0 \le i \le 2n$

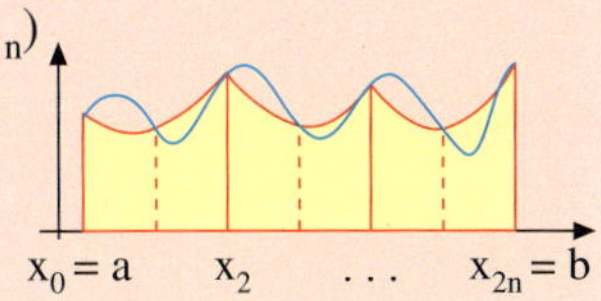

Übung 12
Bestimmen Sie für das obige Beispiel die Funktionsgleichungen der beiden Keplerschen Näherungsparabeln explizit.

Übung 13
Errechnen Sie mit 2 Simpson-Streifen den Inhalt der Fläche unter dem Graphen von $f(x) = x^3 + 1$ über dem Intervall [−1; 1].

Das Simpson-Verfahren arbeitet schon für kleine Streifenzahlen erstaunlich exakt. Bei jeder Verzehnfachung der Streifenzahl steigt die Genauigkeit um ca. vier Dezimalzahlen.

Dennoch ist der manuelle Rechenaufwand groß, so dass auch hier eine Automatisierung mittels Computer vorteilhaft ist. Der Pascal-Algorithmus zur Simpson-Formel ist rechts abgebilet.

```
program simpsonverfahren;
var a, b, x, h, summe, integral: real;
    i, n: integer;
function f(x: real): real;
    begin f:= 5/x end;
begin
    write('untere Grenze a: '); readln(a);
    write('obere Grenze b: '); readln(b);
    write('Streifenanzahl n: '); readln(n);
    summe := 0;
    h := (b - a) /(2 * n);
    for i := 1 to 2 * n - 1 do
        begin
            x := a + i * h;
            if i mod 2 = 0
            then summe := summe + 2 * f(x)
            else summe := summe + 4 * f(x);
        end;
    integral := 1/3 * h * (f(a) + summe + f(b));
    write('Integral: ', integral:12:8);
    readln;
end.
```

Beispiel: Simpson-Verfahren

Berechnen Sie das Integral $\int_1^5 \frac{5}{x}\,dx$ angenähert nach Simpson.
Verwenden Sie n = 1, 5, 10, 100, 1000 und 10000 Simpson-Streifen

Lösung:

Streifenzahl	Näherungswert
1	8,44444444
5	8,05041497
10	8,04743395
100	8,04718959
1 000	8,04718956
10 000	8,04718956
exakter Wert	8,04718956

Übung 14

Berechnen Sie mit Hilfe des Simpson-Verfahrens folgende bestimmte Integrale näherungsweise. Verwenden Sie Taschenrechner oder Computer. Vergleichen Sie mit dem exakten Resultat. Berechnen Sie den prozentualen Fehler.

a) $\int_0^1 x^3\,dx$ b) $\int_0^{10} \sqrt{x}\,dx$

5 Streifen und 10 Streifen

c) $\int_{-2}^{2} \sqrt{4 - x^2}\,dx$

1 Streifen und 4 Streifen

Übung 15

Das bestimmte Integral $\int_0^{9\pi} \sin x\,dx$ soll mit dem Simpson-Verfahren näherungsweise berechnet werden.
Die Rechnungen können manuell, mit dem Taschenrechner oder mit dem Computer erfolgen.
Vergleichen Sie das Näherungsergebnis mit dem exakten Resultat und erklären Sie den auftretenden Effekt.

a) für 1 Simpson-Streifen, manuell,
b) für 5 Simpson-Streifen,
c) für 10 Simpson-Streifen.

Übung 16

Schreiben Sie einen mathematischen Aufsatz mit dem Thema: Die Grundideen und die Genauigkeiten der numerischen Näherungsverfahren für Integrale im Vergleich: Rechteckverfahren, Trapezverfahren und Simpson-Verfahren.

Exkurs: Umsetzung des Simpson-Verfahrens mit der Summenfunktion des Taschenrechners

Das Simpson-Verfahren kann mit der Summenfunktion des Taschenrechners realisiert werden.

Beispiel : Trapezverfahren mit dem Taschenrechner
Berechnen Sie das Integral mit dem Simpson-Verfahren (Streifenzahl n = 100). Verwenden Sie die Summenfunktion ihres Taschenrechners. $\int_1^5 \frac{5}{x}\,dx$

Lösung:
Mit Hilfe des Summenzeichens lässt sich die allgemeine Formel für das Simpson-Verfahren folgendermaßen darstellen.

Summenformel für das Simpson-Verfahren

$$\int_a^b f(x)\,dx \approx \frac{b-a}{6n} \cdot \left[f(a) + f(b) + 2\sum_{i=1}^{n-1} f\left(a + 2i \cdot \frac{b-a}{2n}\right) + 4\sum_{i=1}^{n} f\left(a + (2i-1) \cdot \frac{b-a}{2n}\right) \right]$$

Konkrete Berechnung:

In unserem speziellen Fall $\int_1^5 \frac{5}{x}\,dx$ gilt: $f(x) = \frac{5}{x}$, a = 1 , b = 5 und n = 100.

Setzen wir diese Vorgaben in die allgemeine Formel ein, so erhalten wir nach wenigen manuellen, aber sehr konzentriert auszuführenden Rechenschritten den unten blau dargestellten Summenterm, den wir nun in den Taschenrechner eingeben können. Er liefert uns das Näherungsergebnis 8,04718956, welches uns schon durch das algorithmische Computerprogramm geliefert wurde.

$$\begin{aligned}
\int_a^b f(x)\,dx &= \frac{b-a}{6n} \cdot \left[f(a) + f(b) + 2\sum_{i=1}^{n-1} f\left(a + 2i \cdot \frac{b-a}{2n}\right) + 4\sum_{i=1}^{n} f\left(a + (2i-1) \cdot \frac{b-a}{2n}\right) \right] \\
&= \frac{4}{600} \cdot \left[f(1) + f(5) + 2\sum_{i=1}^{99} f\left(1 + 2i \cdot \frac{4}{200}\right) + 4\sum_{i=1}^{100} f\left(1 + (2i-1) \cdot \frac{4}{200}\right) \right] \\
&= \frac{4}{600} \cdot \left[5 + 1 + 2\sum_{i=1}^{99} \frac{5}{1 + 2i \cdot \frac{4}{200}} + 4\sum_{i=1}^{100} \frac{5}{1 + (2i-1) \cdot \frac{4}{200}} \right] \\
&= \frac{4}{600} \cdot \left[6 + 2\sum_{i=1}^{99} \frac{5}{1 + 2i \cdot 0{,}02} + 4\sum_{i=1}^{100} \frac{5}{1 + (2i-1) \cdot 0{,}02} \right] \\
&= \frac{4}{600} \cdot \left[6 + 2\sum_{i=1}^{99} \frac{5}{1 + 0{,}04i} + 4\sum_{i=1}^{100} \frac{5}{0{,}98 + 0{,}04i} \right] \\
&\approx 8{,}047189569
\end{aligned}$$

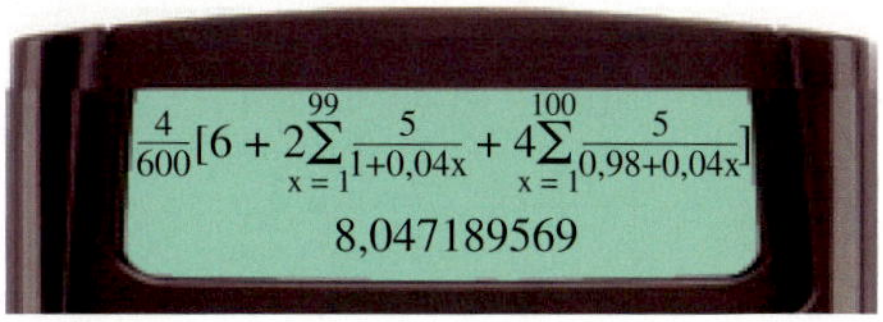

Übung 17 Simpson-Verfahren mit dem Taschenrechner
Berechnen Sie das bestimmte Integral mit dem Taschenrechner durch Anwendung des Simpson-Verfahrens mit n Streifen.

a) $\int_{-2}^{2} x^2\,dx$, n = 10 b) $\int_0^1 e^x\,dx$, n = 50 c) $\int_0^{\frac{\pi}{2}} \cos x\,dx$, n = 100 d) $\int_0^{100} \sqrt{x}\,dx$, n = 1000

Übungen

18. Streifenmessung einer Fläche

Die Zeichnung zeigt den Plan eines Löwengeheges im Zoo. Die Abbildung hat den Maßstab 1 : 1000.
Ermitteln Sie den Flächeninhalt des Geheges mit Hilfe des eingezeichneten Streifenmusters.

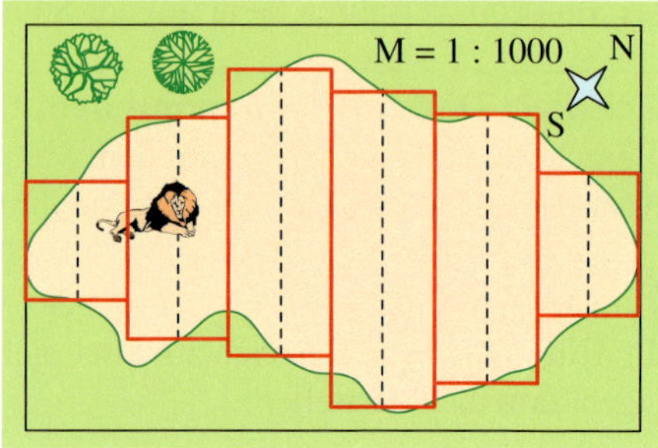

19. Numerische Integration

Skizzieren und berechnen Sie den Inhalt der Fläche A unter dem Graphen von f über dem Intervall I. Verwenden Sie das Trapezverfahren mit 4 Streifen.

a) $f(x) = \sqrt{4x - x^2}$, $I = [0; 4]$ b) $f(x) = \frac{2}{x+1}$, $I = [1; 2]$ c) $f(x) = \frac{x^2}{x^2+1}$, $I = [-1; 1]$

20. Integration von Messkurven

Bei Messkurven ist die numerische Integration mit dem Trapezverfahren möglich.

Skizzieren und berechnen Sie den Inhalt unter der rechts tabellierten Messkurve.
Verwenden Sie dazu das Trapezverfahren und das Simpsonverfahren.

a) Trapezverfahren, 8 Streifen.
b) Simpsonverfahren, 4 Streifen.

Zeit t in ms	0	10	20	30	40	50	60	70	80
Kraft F in N	2	5	15	37	50	60	55	35	0

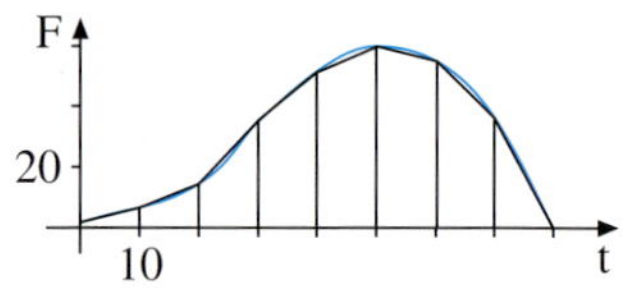

Der Kraftstoß

Der Kraftstoß ist das Produkt aus der Kraft und der Einwirkzeit. Bei veränderlicher Kraft ist der Kraftstoß das Integral der Kraft F(t) über die Zeit t, also die Fläche unter der Kraftkurve.

21. Keplersche Fassregel

Berechnen Sie den Inhalt der Fläche A angenähert mit der Keplerschen Fassregel.

a)

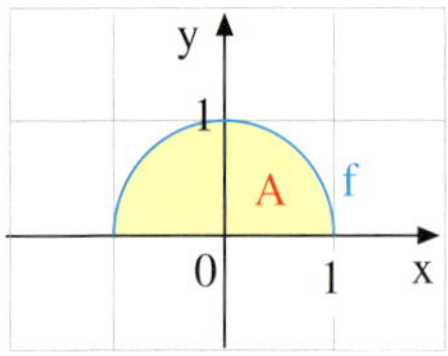

$f(x) = \sqrt{1 - x^2}$, $-1 \le x \le 1$

b)

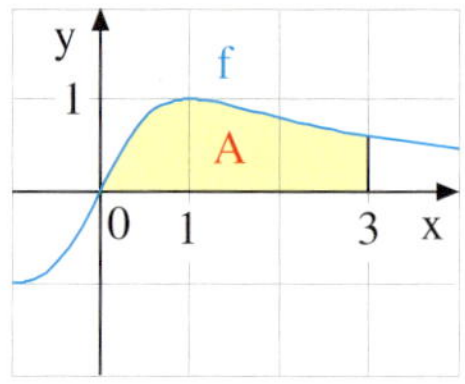

$f(x) = \frac{2x}{x^2+1}$, $0 \le x \le 3$

22. Simpson-Verfahren

Berechnen Sie den Inhalt der Fläche A unter dem Graphen von $f(x) = e^{-x^2}$ über dem Intervall $I = [-3; 3]$ angenähert mit dem Simpson-Verfahren.

a) n = 2 Streifen, ohne Hilfsmittel
b) n = 100 Streifen, mit Taschenrechner oder Programm

2. Die Bogenlänge einer Kurve

A. Die Bogenlängenformel

Die Fahrbahn der bekannten Golden Gate Bridge in der Bucht von San Francisco ist an dicken Stahlseilen* aufgehängt. Die Kurve des Tragseils kann durch eine mathematische Funktion beschrieben werden, die sog. *Kettenlinie*.
Angenähert lässt sie sich auch durch eine Parabel beschreiben.

Im Folgenden wird der Frage nachgegangen, wie man die Länge einer solchen gekrümmten Linie berechnen kann, deren Funktionsgleichung bekannt ist.

Man sucht also die ***Bogenlänge*** L einer Funktion f über dem Intervall [a; b]. Um diese zu berechnen, wird das Intervall [a; b] in n gleich große Teilintervalle der Breite Δx unterteilt.
Der Funktionsgraph der Funktion f kann nun über dem Intervall [a; b] durch n Sehnen S_i approximiert werden. Die Bogenlänge L kann durch die Summe der Sehnenlängen angenähert werden.

Nach dem Satz des Pythagoras (s. Abb.) gilt für die Länge L_i der i-ten Sehne S_i die Formel $L_i^2 = (\Delta x)^2 + (\Delta y_i)^2$. Daraus folgt:

$$L_i = \sqrt{(\Delta x)^2 + (\Delta y_i)^2} = \sqrt{1 + \left(\frac{\Delta y_i}{\Delta x}\right)^2} \cdot \Delta x$$

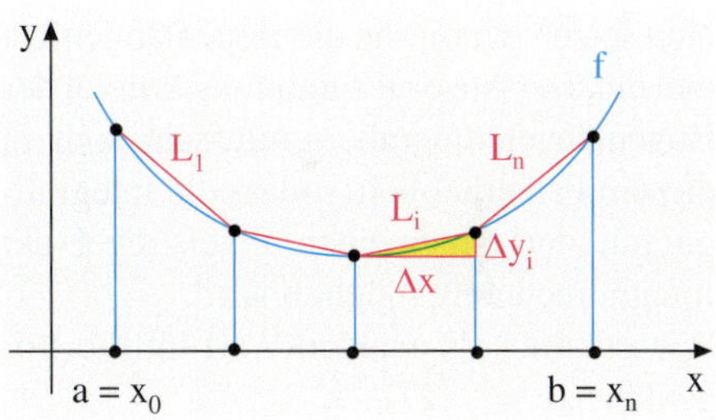

Die Bogenlänge L erhält man nun angenähert durch Summation der n einzelnen Sehnenlängen L_i.

$$L \approx \sum_{i=1}^{n} L_i = \sum_{i=1}^{n} \left(\sqrt{1 + \left(\frac{\Delta y_i}{\Delta x}\right)^2} \cdot \Delta x\right)$$

Es handelt sich hierbei um eine Produktsumme. Führen wir nun den Grenzprozess $n \to \infty$, $\Delta x \to 0$ durch, so verwandelt sich die Produktsumme in ein Integral (vgl. auch S. 33).

Da $\lim\limits_{\Delta x \to 0} \frac{\Delta y}{\Delta x} = f'(x)$ gilt, erhalten wir folgende Formel für die Bogenlänge L.

Die Bogenlängenformel
Für die Bogenlänge L des Graphen von f über dem Intervall [a; b] gilt:

$$\mathbf{L = \int_a^b \sqrt{1 + (f'(x))^2}\, dx}$$

* Tragseildurchmesser: 92,4 cm

B. Manuelle und automatisierte Berechnung von Bogenlängen

Die Bogenlängenformel führt in der Regel auf schwierig zu lösende Integrale. Nur in den seltensten Fällen sind wir mit unseren bisherigen Kenntnissen in der Lage, die Integration manuell durchzuführen. Man kann aber das Bogenlängenintegral stets angenähert bestimmen, z. B. mit den Methoden der numerischen Integration oder mit Hilfe des Taschenrechners.
Im Folgenden bestimmen wir nur einmal ein einfaches Bogenlängenintegral exakt und manuell. Ansonsten verwenden wir stets den Taschenrechner.

Beispiel: Bogenlängenberechnung – Manuell versus Taschenrechner

Rechts ist der Graph der Funktion $f(x) = \frac{2}{3} \cdot (x-1)^{\frac{3}{2}}$ abgebildet.

Gesucht ist die Bogenlänge des rot eingezeichnenten Kurvenstücks über [1; 3].

a) Die Berechnung soll manuell erfolgen.
b) Die Berechnung soll mit dem Taschenrechner durchgeführt werden.

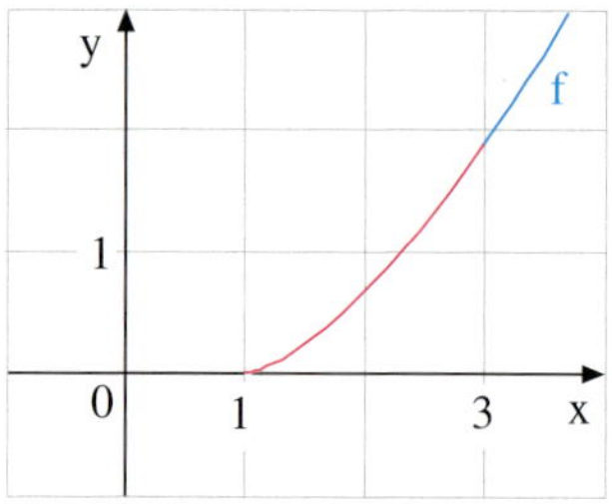

Lösung zu a:
Mit der Kettenregel und der allgemeinen Potenzregel bilden wir die Ableitung der Funktion f.
Sie lautet $f'(x) = \sqrt{x-1}$.

Nun setzen wir dies in die Bogenlängenformel ein. Der Ausdruck unter der Wurzel des Bogenlängenintegrals vereinfacht sich in diesem Fall erheblich, sodass die Integration mit der allgemeinen Potenzregel der Integralrechnung möglich wird.
Wie erhalten als exakten Wert für die Bogenlänge $L = \frac{2}{3}\sqrt{27} - \frac{2}{3}$.
Angenähert ergibt sich daraus $L \approx 2{,}80$.

Berechnung der Ableitung f'

$$f(x) = \frac{2}{3} \cdot (x-1)^{\frac{3}{2}}$$

$$f'(x) = \frac{2}{3} \cdot \frac{3}{2} \cdot (x-1)^{\frac{1}{2}} = (x-1)^{\frac{1}{2}} = \sqrt{x-1}$$

Berechnung der Bogenlänge

$$L = \int_a^b \sqrt{1 + (f'(x))^2}\,dx = \int_1^3 \sqrt{1 + (\sqrt{x-1})^2}\,dx$$

$$= \int_1^3 \sqrt{1 + x - 1}\,dx = \int_1^3 \sqrt{x}\,dx = \int_1^3 x^{\frac{1}{2}}\,dx$$

$$= \left[\frac{2}{3}x^{\frac{3}{2}}\right]_1^3 = \frac{2}{3}3^{\frac{3}{2}} - \frac{2}{3}1^{\frac{3}{2}} = \frac{2}{3}\sqrt{27} - \frac{2}{3} \approx 2{,}80$$

Lösung zu b:
Mit dem Taschenrechner ist das einfacher. Wir rufen die Option zur Berechnung eines bestimmten Integrals auf, geben die Grenzen a = 1 und b = 3 sowie den Bogenlängenintegranden ein. Allerdings müssen wir dazu vorher wie bei der manuellen Lösung die Ableitung f′ manuell bestimmen. Dann aber genügt der Druck auf die ENTER-Taste, um $L \approx 2{,}80$ zu liefern.

Berechnung mittels Taschenrechner

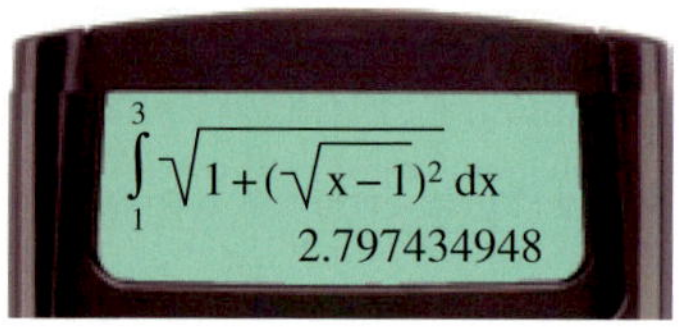

$\Rightarrow L \approx 2{,}80$

C. Anwendungen zu Bogenlängen

Wir behandeln nun diverse Anwendungen der Bogenlängenformel. Die angenäherte Berechnung des Bogenlängenintegrals erfolgt dabei stets mit dem Taschenrechner.

Beispiel: Normalparabel

Gegeben ist die Normalparabel $f(x) = x^2$. Gesucht ist die Bogenlänge der Normalparabel über dem Intervall $[-1; 1]$.
In der Zeichnung rechts ist das Bogenstück rot markiert.

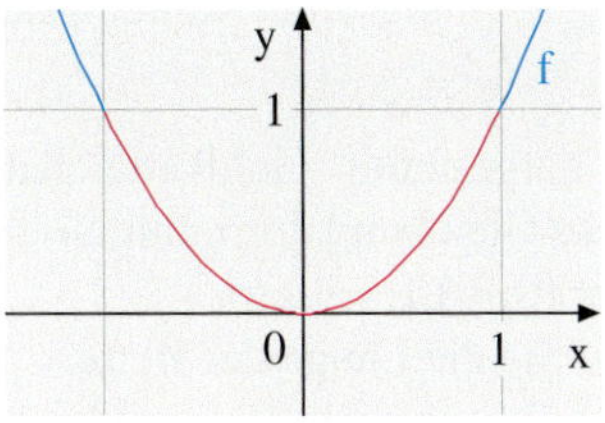

Lösung zu a:
Wir berechnen zunächst wieder die Ableitung von f. Das ist hier $f'(x) = 2x$.
Dies setzen wir wie auch die Integrationsgrenzen $a = -1$ und $b = 1$ in die Bogenlängenformel ein und erhalten ein Integral mit einem unangenehmen Wurzelintegranden, das wir nicht manuell integrieren könnten.

Dieses bestimmte Integral berechnen wir nun mit Hilfe des Taschenrechners angenähert.

Wir erhalten als Näherungslösung $L \approx 2{,}96$.

Berechnung der Bogenlänge:

$$L = \int_a^b \sqrt{1 + (f'(x))^2}\,dx = \int_{-1}^{1} \sqrt{1 + (2x)^2}\,dx$$

$$= \int_{-1}^{1} \sqrt{1 + 4x^2}\,dx \approx 2{,}96$$

Übung 1 Bogenlängen von Standardfunktionen

Berechnen Sie die Bogenlänge der Funktion f über dem angegebenen Intervall.

a) $f(x) = \sin x, \quad 0 \le x \le 2\pi$
b) $f(x) = \sqrt{x}, \quad 0 \le x \le 9$
c) $f(x) = \frac{1}{x}, \quad 1 \le x \le 5$
d) $f(x) = \frac{1}{x^2}, \quad 0{,}1 \le x \le 1$
e) $f(x) = e^x, \quad 0 \le x \le 2$
f) $f(x) = \ln x, \quad 1 \le x \le 1000$

Übung 2 Bogenlängen bei einem Polynom

Gegeben ist die Funktion $f(x) = \frac{1}{4}x^3 - x$, deren Graph rechts abgebildet ist.

a) Berechnen Sie die Bogenlänge des roten Teilstücks von f über dem Intervall $[-2{,}5; 2{,}5]$.
b) Bestimmen Sie durch Probieren mit dem Taschenrechner eine Zahl $u > 0$, so dass die Bogenlänge von f über dem Intervall $[-u; u]$ genähert den Wert 6 besitzt.

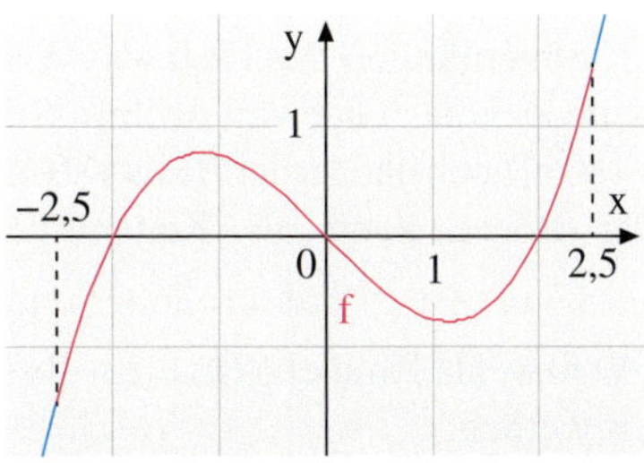

Bogenlängen spielen in zahlreichen Anwendungsproblemen eine Rolle. Wir behandeln einige typische Beispiele.

Beispiel: Die Länge einer Kettenlinie

Eine Kette nimmt hängend die Form einer Kettenlinie an (vgl. S. 149). Die allgemeine Funktionsgleichung einer Kettenlinie lautet $f_a(x) = \frac{a}{2} \cdot \left(e^{\frac{x}{a}} + e^{-\frac{x}{a}}\right)$.

Die rechts dargestellte Goldkette hat ebenfalls diese Gleichungsform mit $a = 4$ für $-10 \le x \le 10$, 1 LE = 1 cm.

a) Berechnen Sie die Länge der Kette.

b) Die Kette habe ein rechteckiges Querschnittsprofil (Maße: 8 mm × 3 mm). Berechnen Sie das Gewicht der Kette. Wie groß ist der reine Goldwert?

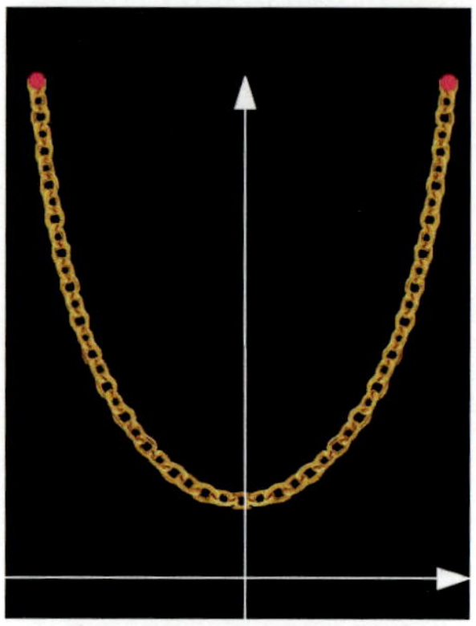

Goldkurs: 36 Euro/g

Lösung zu a:

Wir berechnen zunächst die Ableitung von f_4 wie rechts dargestellt.

Diese setzen wir wie auch die Integrationsgrenzen $a = -10$ und $b = 10$ in die Bogenlängenformel ein. Das entstandene Wurzelintegral berechnen wir mit dem Taschenrechner angenähert.

Wir erhalten als Näherung: Die Kette ist ca. 48,40 cm lang.

Die Ableitung von f_4

$$f_4(x) = 2 \cdot \left(e^{\frac{x}{4}} + e^{-\frac{x}{4}}\right)$$

$$f_4'(x) = 2 \cdot \left(\frac{1}{4}e^{\frac{x}{2}} - \frac{1}{4}e^{-\frac{x}{2}}\right) = \frac{1}{2}\left(e^{\frac{x}{2}} - e^{-\frac{x}{2}}\right)$$

Die Bogenlänge von f_4

$$L = \int_a^b \sqrt{1 + (f'(x))^2}\,dx = \int_{-10}^{10} \sqrt{1 + \left(\frac{1}{2}\left(e^{\frac{x}{4}} - e^{-\frac{x}{4}}\right)\right)^2}\,dx$$

$$\approx 48{,}40$$

Lösung zu b:

Wir berechnen zunächst das Volumen der Kette, was aufgrund ihres rechteckigen Querschnitts einfach ist.: $V \approx 11{,}6\,\text{cm}^3$

Durch Multiplikation mit der Dichte von Gold, die wir einer Tabelle entnehmen, ergibt sich eine Masse von $m \approx 224{,}5$ g.

Bei einem Grammpreis von ca. 36 Euro beträgt der reine Goldwert über 8000 Euro.

Das Gewicht der Kette

V = Länge · Breite · Tiefe

$= 48{,}40\,\text{cm} \cdot 0{,}8\,\text{cm} \cdot 0{,}3\,\text{cm} \approx 11{,}62\,\text{cm}^3$

m = Volumen · Dichte

$= 11{,}62\,\text{cm} \cdot 19{,}32\,\frac{\text{g}}{\text{cm}^3} \approx 224{,}5\,\text{g}$

Der Goldwert der Kette:

Wert $\approx 224{,}5\,\text{g} \cdot 36\,\frac{\text{Euro}}{\text{g}} \approx 8802$ Euro

Übung 3 Bogenlängen des Gateway Arch

Der Außenbogen des Gateway Arch in St. Louis ist 180 m hoch und an der Basis 180 m breit. Der Bogen kann als Kettenlinie $f(x) = b - \frac{a}{2} \cdot \left(e^{\frac{x}{a}} + e^{-\frac{x}{a}}\right)$ mit $a \approx 36{,}49$ und $b \approx 216{,}49$ bzw. als Parabel $g(x) = c - dx^2$ modelliert werden.

Bestimmen Sie c und d. Berechnen Sie dann für beide Kurven die Bogenlänge.

Beispiel: Der Kurs eines Seglers

Ein Segelboot nimmt folgenden Kurs: $f(x) = e^{-x^2}$, $-2 \le x \le 2$, 1 LE = 1 km

Er benötigt für die Strecke 5 Minuten. Wie groß ist seine Durchschnittsgeschwindigkeit in Knoten ?

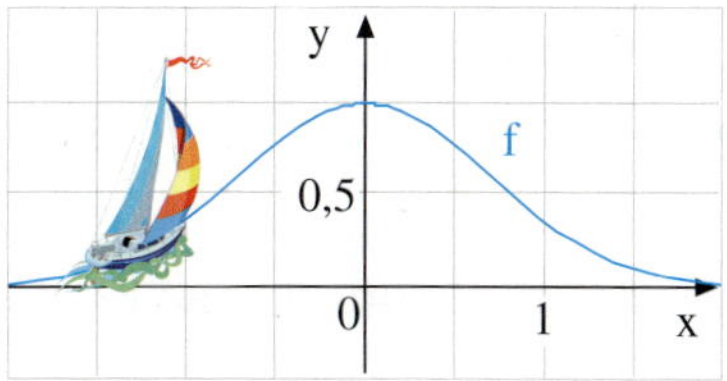

Lösung:

Wir berechnen mit der Kettenregel die Ableitung von f und stellen damit das Bogenlängenintegral auf. Der Taschenrechner liefert eine Bogenlänge von ca. 4,56 km, die in 5 Minuten zurückgelegt wird. Das ist eine Geschwindigkeit von 54,72 km/h. Das entspricht 29,55 Knoten (1 Knoten = 1 Seemeile/h = 1,852 km/h).

Berechnung der Bogenlänge

$$L = \int_a^b \sqrt{1 + (f'(x))^2}\,dx = \int_{-2}^{2} \sqrt{1 + (-2x\,e^{-x^2})^2}\,dx \approx 4{,}56$$

Berechnung der Geschwindigkeit

$$v = \frac{\text{Weg}}{\text{Zeit}} = \frac{4{,}56\,\text{km}}{5\,\text{min}} = 54{,}72\,\frac{\text{km}}{\text{h}} = 29{,}55 \text{ Knoten}$$

In den folgenden Übungen sind neben der Bogenlängenberechnung weitere hinführende Fragestellungen enthalten.

Übung 4 Fußball

54 m vor dem Tor wird auf gerader Linie zum Tor ein Freistoß geschossen. Die Flugbahn lautet $f(x) = -\frac{1}{180}x^2 + \frac{1}{3}x$ (1 LE = 1 m).

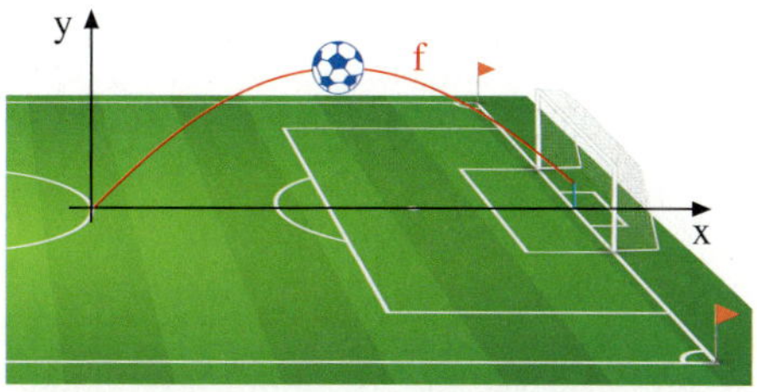

a) Wie hoch fliegt der Ball maximal?
b) Wie weit fliegt der Ball maximal?
c) Welche Höhe hat der Ball beim Passieren der Torlinie?
d) Welche Flugstrecke (Bogenlänge) legt der Ball bis zum Erreichen der Torlinie zurück?
e) Welche Durchschnittsgeschwindigkeit hat der Ball auf der Flugstrecke aus d), wenn die Flugdauer bis zur Torlinie 1,8 Sekunden beträgt?

Übung 5 Astroide

Eine Funktion y mit der Gleichung $x^{\frac{2}{3}} + y^{\frac{2}{3}} = a^{\frac{2}{3}}$ wird als ***Astroide*** bezeichnet.

Eine Burganlage ist von einer Mauer umgeben, deren oberhalb der x-Achse liegenden Teile eine Astroide mit a = 8 sind. Rechts ist die Anlage abgebildet.

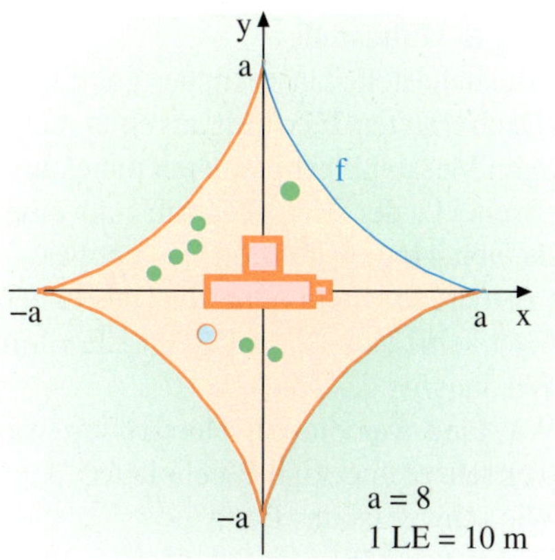

a) Gesucht ist die Länge der Schutzmauer.
b) Welche Fläche hat die Burganlage?
c) Welche Masse hat die Mauer, wenn sie 5 m hoch und 3 m breit ist und aus Sandstein (Dichte 2,5 g/cm³) besteht?

Man kann mit der Formel für die Bogenlänge den Umfang von Kreisen und Ellipsen berechnen, da man die Gleichungen dieser Gebilde kennt. Der obere Teil der Kurven lässt sich in beiden Fällen als Funktion darstellen. Die Ableitung kann mit Wurzelregel und Kettenregel gewonnen werden.

Kreis um den Ursprung, Radius r

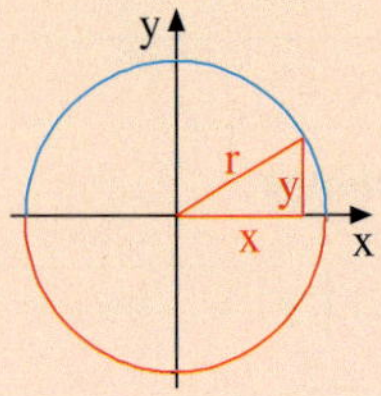

$y = +\sqrt{r^2 - x^2}$

$y = -\sqrt{r^2 - x^2}$

Ellipse mit den Halbmessern a und b

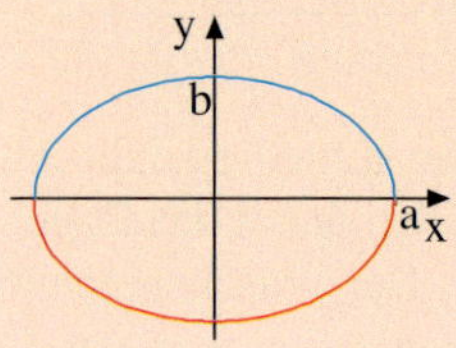

$y = +b\sqrt{1 - \left(\frac{x}{a}\right)^2}$

$y = -b\sqrt{1 - \left(\frac{x}{a}\right)^2}$

Übung 6 Umfang und Fläche von Kreis und Ellipse

a) Bestimmen Sie den Umfang eines Kreises mit dem Radius $r = 4$.
b) Wie groß ist der Flächeninhalt des Kreises aus a)?
c) Gesucht ist der Umfang einer Ellipse mit den Halbmessern $a = 4$ und $b = 2$.
d) Wie groß ist der Flächeninhalt der Ellipse aus c)?

Übung 7 Hangar

Ein Flugzeughangar hat die Profilkurve $f(x) = -0{,}0000625\,x^4 + 10$ (1 LE = 1 m). Seine Tiefe beträgt 50 m.

a) Wie breit und wie hoch ist der Hangar ?
b) $1\,m^2$ Dacheindeckung kostet 40 Euro. Wie teuer wird das Dach ?
c) Wie groß ist das gesamte Luftvolumen der Halle?
d) Wie lange dauert ein Luftaustausch, wenn die Halle fünf Lüfter mit einer Kapazität von jeweils $8\,m^3/min$ hat?

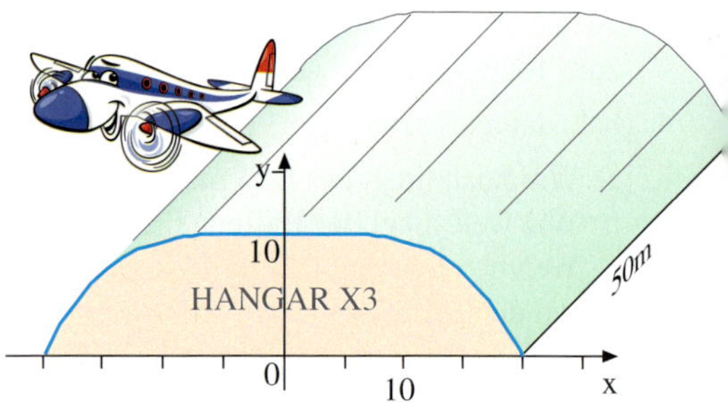

Übung 8 Haltestelle

Die Bushaltestelle hat ein neues goldfarbenes Dach erhalten. Es wurde aus einer rechteckigen Messingblechplatte mit unbekannter Breite L, der Tiefe $b = 4\,m$ und einer Dicke von 4 mm wellenförmig gebogen.
Die vordere Profilkurve des Daches lautet: $f(x) = 0{,}2\sin(2\pi x), 0 \le x \le 6{,}5$, 1 LE = 1 m.

a) Wie lang ist das Dach ?
b) Wie lang war die zur Herstellung verwendete rechteckige Blechplatte?
c) Wie schwer ist das Dach? Dichte von Messing: $8{,}4\,g/cm^3$

Übungen

9. Straßenbegradigung
Eine Straße f verbindet die Ortschaften A (1|0) und B $(4|2\sqrt{3})$. $f(x) = \frac{2}{3} \cdot (x-1)^{\frac{3}{2}}$, $(1 \le x \le 4)$ erfasst den Verlauf der Straße (1 LE = 1 km). Nun soll eine geradlinige Verbindungsstraße g die alte Straße ersetzen. Welcher Prozentanteil der alten Streckenlänge wird eingespart?

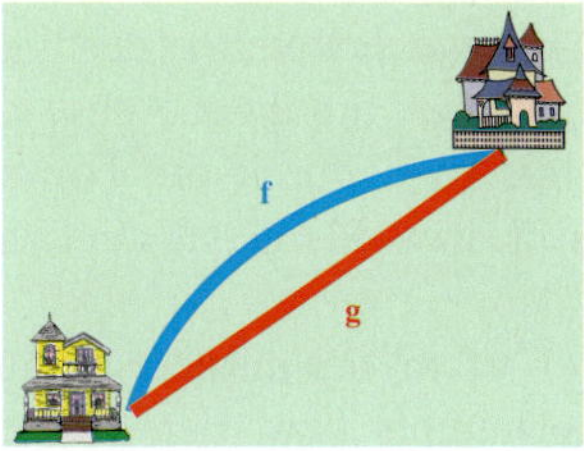

10. Stromkabel
Eine Stromkabel hängt zwischen zwei Masten im Abstand von 200 m. Sein tiefster Punkt liegt 150 m über dem Boden.
Das Kabel wird durch eine Kettenlinie der Form $f_a(x) = \frac{a}{2} \cdot \left(e^{\frac{x}{a}} + e^{-\frac{x}{a}}\right)$ erfasst.

a) Bestimmen Sie a.
b) Gesucht ist die Länge L des Kabels.
c) Berechnen Sie die Bogenlänge aus b) auf manuellem Weg (Trick erforderlich).

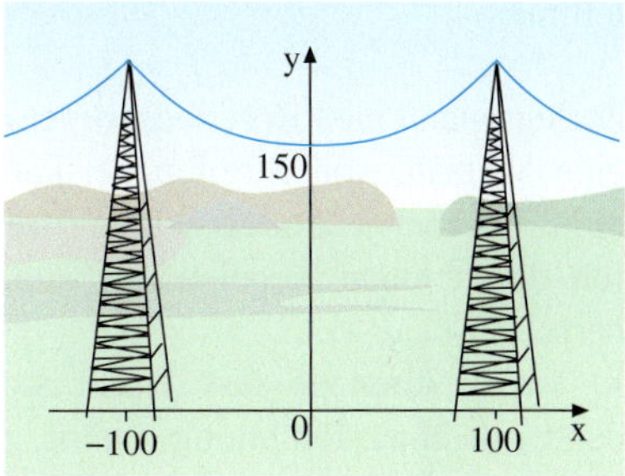

11. Manuelle Berechnung der Bogenlänge
Gegeben sind $f(x) = \frac{x^3}{6} + \frac{1}{2x}$ und $g(x) = \frac{2}{3}(x^2+1)^{\frac{3}{2}}$ über dem Intervall I = [1, 4].

a) Berechnen Sie die Bogenlänge von f bzw. von g über I mit dem Taschenrechner.
b) Berechnen Sie die Bogenlänge von f bzw. von g über I manuell.

12. Schwerelos beim Parabelflug
Der Parabelflug ist ein Flugmanover, bei dem ein Airbus A 300 ZERO G eine nach unten geöffnete Parabel so durchfliegt, dass im Flugzeug der Zustand der Schwerelosigkeit auftritt und dabei diverse Experimente durchgeführt werden können. Die Schwerelosigkeit wird für ca. 22 Sekunden erreicht. Bei einem Flug wird das Manöver einige Male wiederholt. Rechts unten ist eine solche Parabel f (rote Bahn) mit einigen ihrer Bahndaten dargestellt.

a) Modellieren Sie die Gleichung der Flugparabel f aus den angegebenen Daten.
b) Gesucht ist die Länge L der Flugbahn f.
c) Das Durchfliegen der Parabel f dauert ca. 22 Sekunden. Bestimmen Sie die Durchschnittsgeschwindigkeit der Maschine in diesem Teil des Fluges.

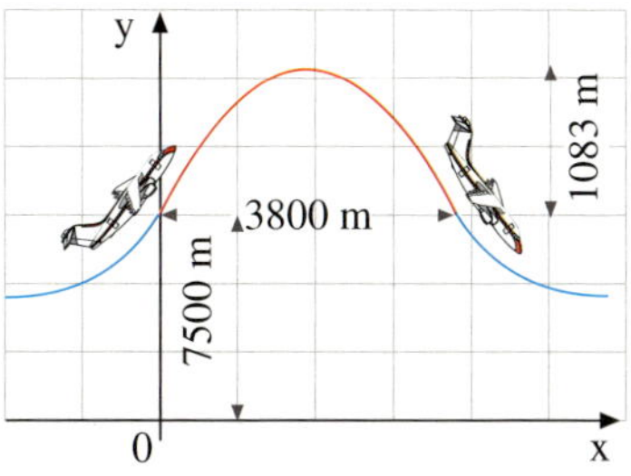

Die Mantelfläche eines Rotationskörpers

Die ***Mantelfläche eines Kegelstumpfs***, der durch Rotation der linearen Randkurve f um die x-Achse erzeugt wird, kann durch die Formel $M = 2\pi r \cdot L$ bzw. $M = 2\pi f(x) \cdot L$ erfasst werden.
Dabei ist $r = f(m)$ der mittlere Radius des Kegelstumpfs bzw. der mittlere Funktionswert von f über dem Rotationsintervall. L ist die Länge der Mantellinie.

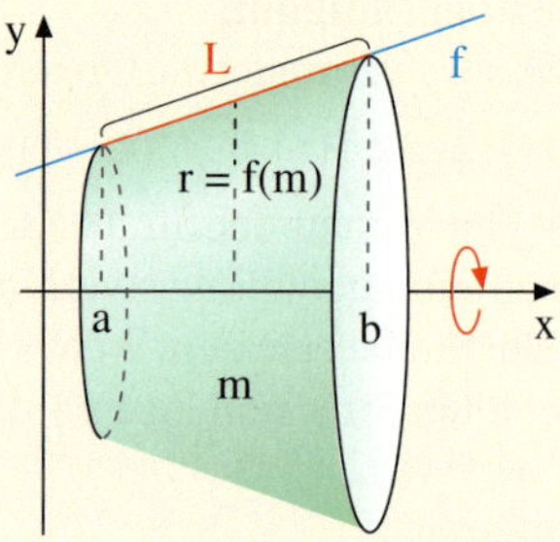

Zerlegt man einen Rotationskörper in eine Vielzahl von Streifen, so kann man ihn über jedem einzelnen Streifen durch einen Kegelstumpf annähern.
In einem Grenzprozess ergibt sich dann mit einer Rechnung analog zu der, die zur Bogenlängenformel führte, die folgende Formel für die ***Mantelfläche eines Rotationskörpers***.

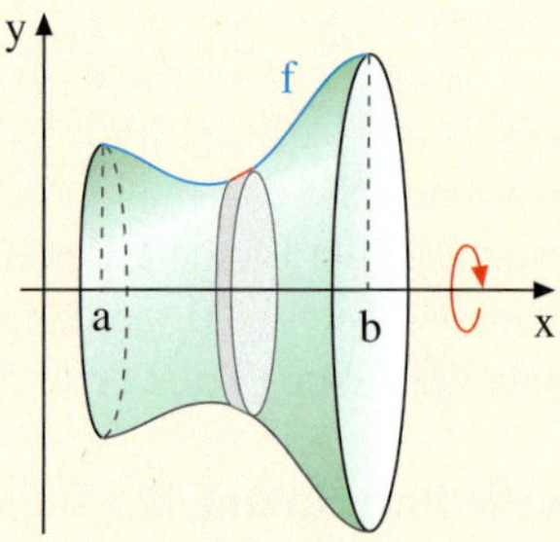

Die Mantelfläche eines Rotationskörpers
Für die Mantelfläche M des Körpers, der durch Rotation der Funktion f um die x-Achse über dem Intervall [a; b] entsteht, gilt die rechts dargestellte Formel.

$$M = 2\pi \cdot \int_a^b f(x) \cdot \sqrt{1 + (f'(x))^2}\, dx$$

Beispielsweise errechnet sich die Mantelfläche eines Paraboloiden, der durch Rotation von $f(x) = \sqrt{x}$ um die x-Achse über dem Intervall [0; 2] entsteht, folgendermaßen:

$$M = 2\pi \cdot \int_a^b f(x) \cdot \sqrt{1 + (f'(x))^2}\, dx$$

$$= 2\pi \cdot \int_0^2 \sqrt{x} \cdot \sqrt{1 + \left(\frac{1}{2\sqrt{x}}\right)^2}\, dx$$

$$\approx 2\pi \cdot 2{,}17 \approx 13{,}6$$

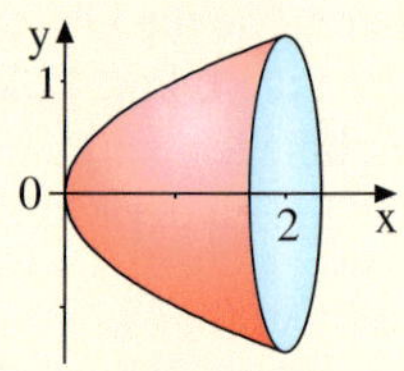

Übung 1

Berechnen Sie die Mantelfläche.
a) $f(x) = x^2$ rotiert über [0; 1].
b) $f(x) = e^{-x}$ rotiert über [1; 2].
c) $f(x) = \sin x$ rotiert über [0; π].
d) $f(x) = \frac{1}{x}$ rotiert über [1; 4].

Übung 2

a) Berechnen Sie die Mantelfläche eines Zylinders mit dem Radius 1 und der Höhe 4.
b) Berechnen Sie die Mantelfläche einer Kugel mit dem Radius r = 1.
Verwenden Sie $f(x) = \sqrt{1 - x^2}$.

Überblick

Streifenmessung

Über die Fläche wird ein Raster gleich breiter rechteckiger Streifen gelegt. Die Rechteckinhalte werden berechnet und aufsummiert.

Genauigkeit:
Die Genauigkeit wird durch die zugrunde liegende Zeichnung begrenzt.

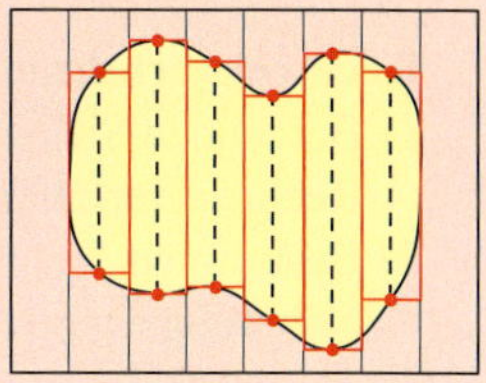

Rechteckverfahren

$$\int_a^b f(x)\,dx \approx \frac{b-a}{n}(y_0 + y_1 + \ldots + y_{n-1})$$

mit $y_i = f\left(a + i \cdot \frac{b-a}{n} + \frac{b-a}{2n}\right)$, $(0 \leq i \leq n-1)$

Genauigkeit:
Bei Verzehnfachung der Streifenzahl erhöht sich die Genauigkeit um ca. 2 Dezimalstellen.

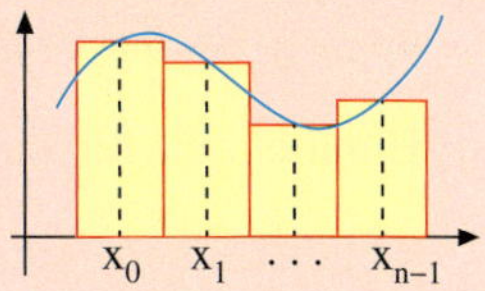

Trapezverfahren

$$\int_a^b f(x)\,dx \approx \frac{b-a}{n}(y_0 + 2y_1 + \ldots + 2y_{n-1} + y_n)$$

mit $y_i = f\left(a + i \cdot \frac{b-a}{n}\right)$, $(0 \leq i \leq n)$

Genauigkeit:
Bei Verzehnfachung der Streifenzahl erhöht sich die Genauigkeit um ca. 2 Dezimalstellen.

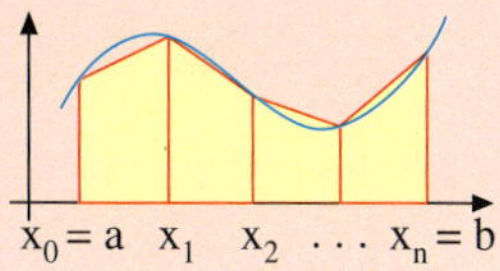

Keplersche Fassregel

$$\int_a^b f(x)\,dx \approx \frac{b-a}{6}(f(a) + 4f(m) + f(b)) \text{ mit } m = \frac{a+b}{2}$$

Simpson-Verfahren

$$\int_a^b f(x)\,dx \approx \frac{b-a}{6n}(y_0 + 4y_1 + 2y_2 + 4y_3 + \ldots + 2y_{2n-2} + 4y_{2n-1} + y_{2n})$$

mit $y_i = f\left(a + i \cdot \frac{b-a}{2n}\right)$, $(0 \leq i \leq 2n)$

Genauigkeit:
Bei Verzehnfachung der Streifenzahl erhöht sich die Genauigkeit um ca. 4 Dezimalstellen.

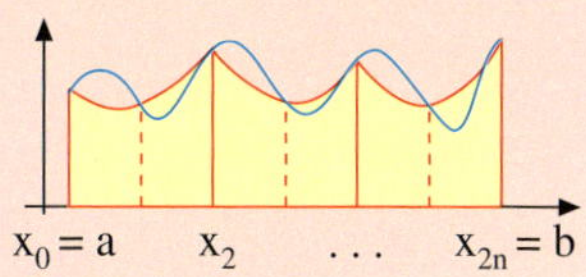

Bogenlänge

Für die Bogenlänge L des Graphen von f über dem Intervall [a; b] gilt: $L = \int_a^b \sqrt{1 + (f'(x))^2}\,dx$.

Test

1. Rechteckverfahren

a) Berechnen Sie einen Näherungswert für das bestimmte Integral $\int_0^2 \cos(\frac{\pi}{4}x)\,dx$ mit Hilfe des Rechteckverfahrens mit vier gleich breiten Rechtecken.

b) Bestimmen Sie den exakten Wert des Integrals sowie die prozentuale Abweichung des Näherungswertes vom exakten Wert.

2. Trapezverfahren

Gegeben ist die Funktion $f(x) = \frac{x}{x^2+1}$.

a) Ermitteln Sie für das bestimmte Integral $\int_0^3 f(x)\,dx$ einen Näherungswert mit Hilfe des Trapezverfahrens und sechs gleich breiten Trapezen.

b) Bestimmen Sie einen Näherungswert für das Integral aus a) mit 60 gleich breiten Trapezen. Verwenden Sie hierzu die Summenfunktion ihres Taschenrechners.

c) Weisen Sie nach, dass $F(x) = \frac{1}{2}\ln(x^2+1)$ eine Stammfunktion von f ist. Berechnen Sie den Wert des Integrals aus a) mit Hilfe der Stammfunktion F. Berechnen Sie die Abweichung Ihres Näherungswertes aus a) von dem Wert des Integrals.

3. Keplersche Fassregel

Gegeben ist die Funktion $f(x) = \sqrt{1+x^2}$, deren Graph rechts abgebildet ist.
Berechnen Sie den Inhalt der markierten Fläche A durch Anwendung der Keplerschen Fassregel angenähert.

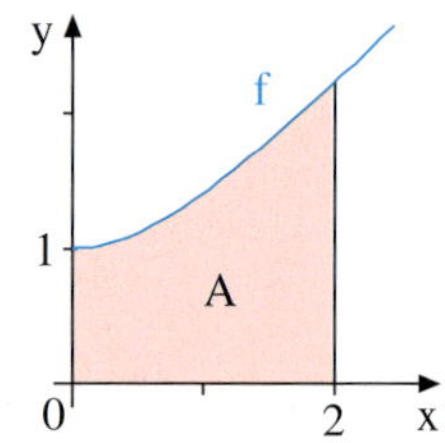

4. Simpson-Verfahren

Ein Hilfssegel ist unten 2 m lang.
Die obere Kante wird durch die Funktion $f(x) = 5 - \sqrt{1+8x}$ $(0 \le x \le 2)$ beschrieben.
Ermitteln Sie einen Näherungswert für die Segelfläche. Verwenden Sie hierzu das Simpson-Verfahren mit n = 2 Streifen.

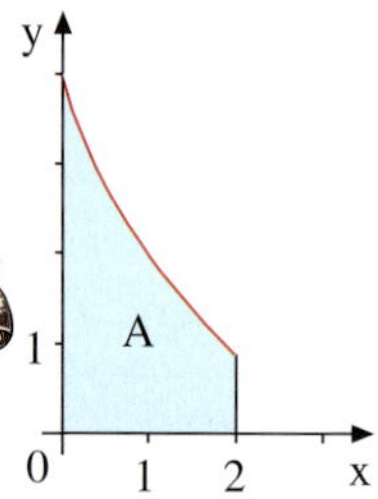

5. Bogenlänge

Das Profil einer 80 m langen Hängebrücke wird durch die Funktion $f(x) = \frac{1}{400}(x^2 - 1600)$ beschrieben. Die Brücke ist 2 m breit.

a) Skizzieren Sie den Graphen von f.

b) Wie viele Holzbretter von 20 cm Breite wurden zum Bau der Brücke benötigt?

c) Die Holzbretter sind 8 cm dick. Wie viele Kubikmeter Holz wurden verbaut?

Lösungen: S. 318

VII. Komplexe Aufgaben

1. Ganzrationale Funktionen

Hier werden ganzrationale Funktionen untersucht. Dabei werden auch weitergehende Fragestellungen und Parameterprobleme einbezogen.

Beispiel: Kurvenuntersuchung

Gegeben sei die Funktion $f(x) = x^3 - 3x^2$.

a) Führen Sie eine Kurvendiskussion durch (Nullstellen, Extrema, Wendepunkte, Graph).

b) Der Graph von f und die x-Achse schließen eine Fläche ein. Berechnen Sie deren Inhalt.

c) Stellen Sie die Gleichung der Wendenormalen von f auf.

Lösung zu a):

Nullstellen:

$0 = x^2 \cdot (x-3),\ x_1 = 0,\ x^2 = 3$

Extrema:

$f'(x) = 3x^2 - 6x,\ f'''(x) = 6x - 6,\ f'''(x) = 6$

$f'(x) = 3x^2 - 6x = 0$

$x = 0$ bzw. $x = 2$

$x = 0$: $f''(0) = -6 < 0 \Rightarrow H(0|0)$

$x = 2$: $f''(2) = 6 > 0 \Rightarrow T(2|-4)$

Wendepunkte:

$f''(x) = 6x - 6 = 0$

$x = 1$

$f'''(1) = 6 > 0 \Rightarrow$ RL-WP $W(1|-2)$

Graph

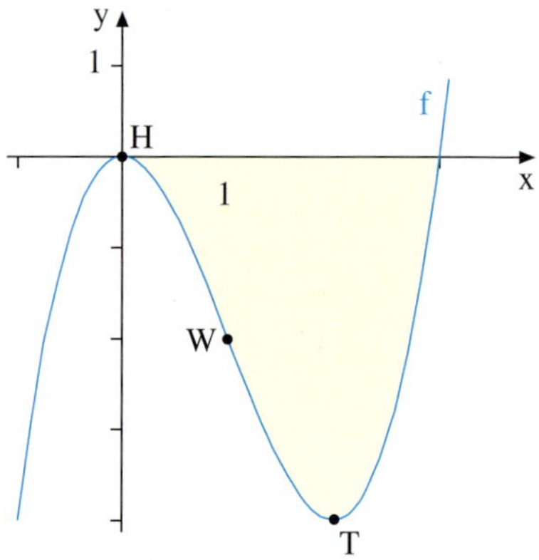

Lösung zu b):

Durch Integration von f und Einsetzen der Grenzen erhalten wir als Flächeninhalt den Wert A = 6,75.

Hier muss der Betrag des bestimmten Integrals genommen werden, da A unterhalb der x-Achse liegt.

Flächeninhalt

$$\int_0^3 (x^3 - 3x^2)\,dx = \left[\tfrac{1}{4}x^4 - x^3\right]_0^3 = -6{,}75$$

$\Rightarrow A = 6{,}75$

Lösung zu c):

Da die Wendenormale senkrecht auf der Tangente durch W steht, erhalten wir als Normalensteigung den Wert $m = \frac{1}{3}$.

Setzen wir dies zusammen mit den Koordinaten von W in den Ansatz von n ein, erhalten wir $b = -\frac{7}{3}$.

Resultat: $n(x) = \frac{1}{3}x - \frac{7}{3}$.

Wendenormale

Ansatz: $n(x) = mx + b$

1. $m = \frac{-1}{f'(1)} = \frac{-1}{-3} = \frac{1}{3}$

2. $W(1|-2)$: $\frac{1}{3} \cdot 1 + b = -2 \Rightarrow b = -\frac{7}{3}$

Resultat: $n(x) = \frac{1}{3}x - \frac{7}{3}$

1. Kanal

Gegeben sei die Funktion $f(x) = \frac{1}{18}x^3 - \frac{1}{2}x^2$.

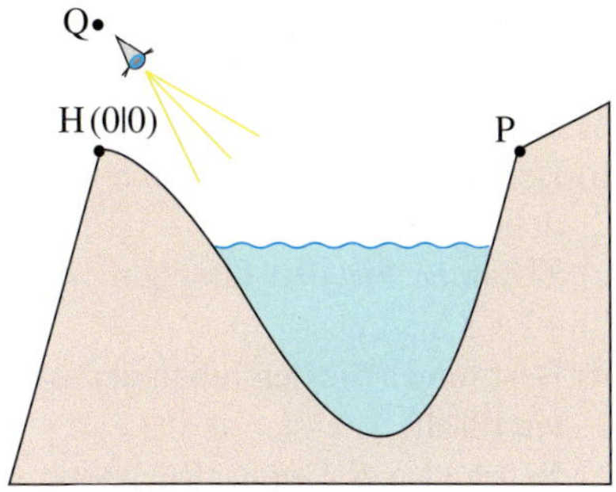

a) Berechnen Sie die Nullstellen von f.

b) Berechnen Sie die Extrema und Wendepunkte von f.

c) Zeichnen Sie den Graphen von f für $-2 \leq x \leq 10$.

d) Für $0 \leq x \leq 9$ beschreibt der Graph von f das Grundprofil eines Kanals (Angaben in m). Berechnen Sie die Querschnittsfläche, welche die Wassermenge maximal besitzen kann.

e) Von einem Punkt $Q(0|h)$ $(h > 0)$ soll das gesamte Grundprofil des Kanals bei Leerstand lückenlos fotografiert werden. Entwickeln Sie einen Ansatz und berechnen Sie, wie groß die Höhe h dazu mindestens sein muss.

f) Zeigen Sie, dass die Wendenormale von f oberhalb des Punktes P verläuft. P liegt auf gleicher Höhe wie H.

2. Brücke mit Durchfahrt

Abgebildet ist der Querschnitt einer Brücke (Längenangaben in m). Die Durchfahrt wird durch eine Parabel f 4. Grades beschrieben, die beiden Böschungskurven durch Parabeln 2. Grades h_1 und h_2.

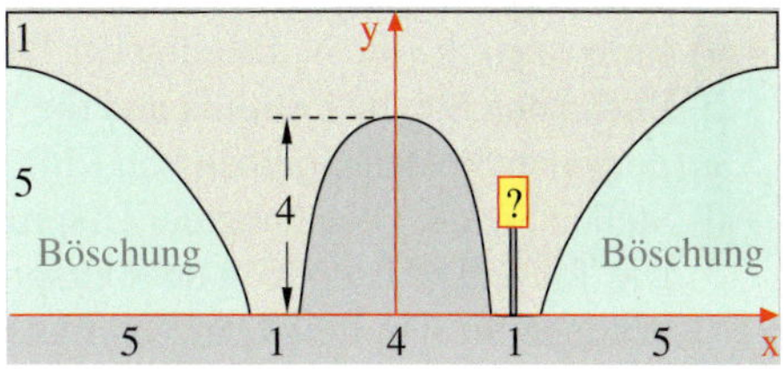

a) Stellen Sie die Gleichungen von f, h_1 und h_2 auf. Nutzen Sie die folgenden Ansätze und berechnen Sie die fehlenden Koeffizienten a, b, c, d, x_1, x_2:
$f(x) = b - a x^4$, $h_1(x) = c(x - x_1)^2 + d$, $h_2(x) = c(x - x_2)^2 + d$

b) Vor der Durchfahrt soll ein Hinweisschild für die maximal zulässige Durchfahrtshöhe aufgestellt werden. Es soll sich auf schmale Fahrzeuge bis 2 m Breite beziehen. In der Höhe sollen 50 cm Sicherheitsabstand berücksichtigt werden.
Berechnen Sie, welche Höhenangabe auf das Schild muss.

c) Der Fahrer eines 3 m breiten und 2,7 m hohen Trucks plant eine Durchfahrt.
Entscheiden Sie, ob das gelingen kann.

d) Die Brücke ist 4 m breit. Bestimmen Sie das Volumen.

e) Berechnen Sie die Stellen, an denen die Böschungsfundamente 45° Steigung haben.

3. Kurvenschar

Gegeben sei die Funktionenschar
$f_a(x) = \frac{1}{12a}x^3 - x^2 + 3ax$, $a \in \mathbb{R}$, $a > 0$.

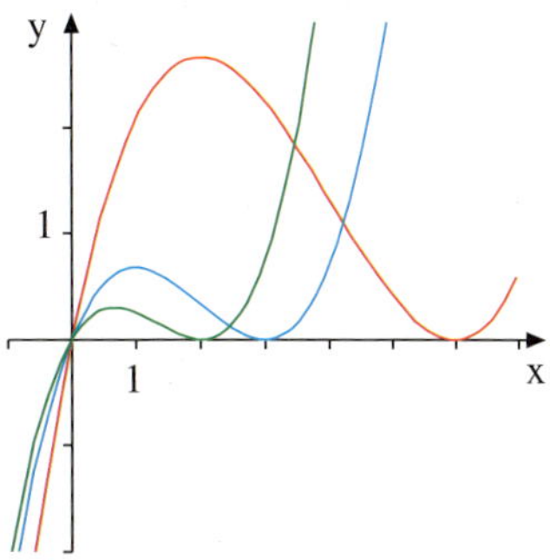

a) Untersuchen Sie die Schar auf Nullstellen und Extrema.

b) Der Punkt $P(z|f_1(z))$ bildet mit dem Ursprung und dem Punkt $Q(z|0)$ ein achsenparalleles Dreieck $(0 \leq z \leq 6)$.
Berechnen Sie die Koordinaten von P so, dass das Dreieck maximalen Inhalt hat.

c) Die Tangente durch $W\left(4a \middle| \frac{4}{3}a^2\right)$ schließt mit den Koordinatenachsen ein Dreieck ein.
Berechnen Sie, für welches a das Dreieck den Inhalt 384 hat.

d) Der Graph jeder Funktion f_a schließt mit der x-Achse eine Fläche ein.
Berechnen Sie den Inhalt dieser Fläche in Abhängigkeit von a.

4. Biquadratische Funktion

Gegeben sei die Funktion $f(x) = 0{,}5\,x^4 - 2\,x^2 + 1{,}5$.

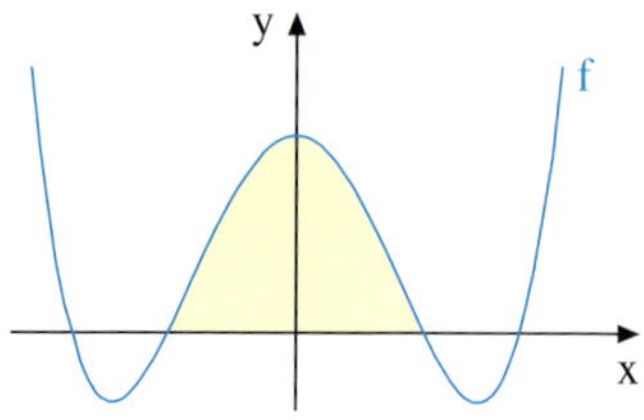

a) Berechnen Sie die Nullstellen von f.

b) Berechnen Sie die Extrema und Wendepunkte von f.

c) Zeichnen Sie den Graphen von f für $-2{,}5 \le x \le 2{,}5$.

d) Bestimmen Sie den Inhalt der markierten Fläche.

e) Begründen Sie ohne Rechnung, dass die Tangenten von f

I. in den äußeren Nullstellen mit f jeweils genau einen gemeinsamen Punkt haben,

II. in den inneren Nullstellen jeweils drei gemeinsame Punkte haben.

f) Berechnen Sie, unter welchem Winkel sich die Tangenten der beiden inneren Nullstellen schneiden.

5. Berg mit Turm

Gegeben ist die Funktion $f(x) = \frac{1}{6}x\,(x-3)^2$.

a) Berechnen Sie die Nullstellen der Funktion.

b) Berechnen Sie die Extrema und die Wendepunkte von f.

c) Zeichnen Sie den Graphen von f für $-1 \le x \le 6$.

d) Stellen Sie die Gleichung der Ursprungstangente t von f auf.

e) Die Tangente t hat neben dem Ursprung noch den Punkt $P(6\,|\,f(6))$ mit f gemeinsam. Bestimmen Sie den Inhalt der von f und t eingeschlossenen Fläche A.

f) Die Funktion f beschreibt für $0 \le x \le 3$ einen Berg (1 LE = 100 m). Ermitteln Sie das maximale Gefälle des Berges rechts des Gipfels.
Berechnen Sie, wie hoch der Turm auf dem Gipfel sein muss, um die gesamte östliche Bergflanke überblicken zu können.

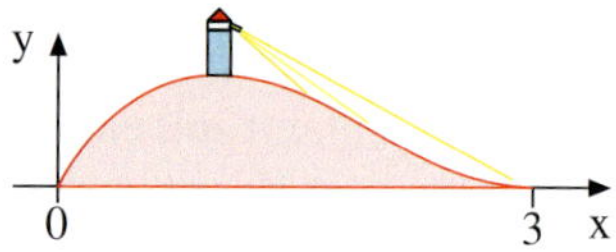

6. Weinfass

Die Abbildung zeigt den Querschnitt eines Fasses. Die Begrenzungen f und g werden durch die Parabeln

$f(x) = 3 - \frac{1}{16}x^2$ bzw. $g(x) = -3 + \frac{1}{16}x^2$

für $-4 \le x \le 4$ beschrieben (1 LE = 1 dm).

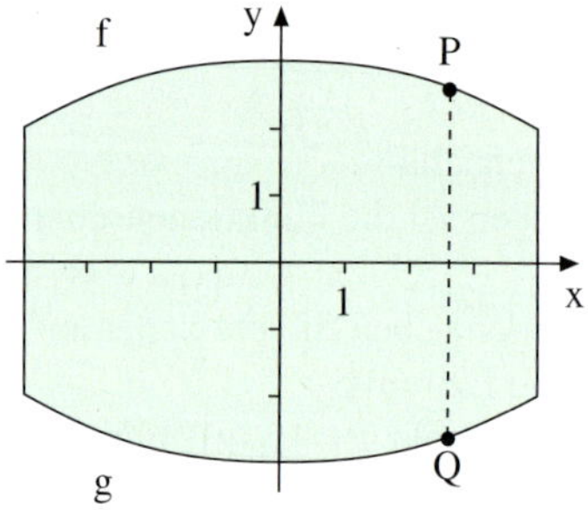

a) Geben Sie den Durchmesser des Fassbodens an.

b) Berechnen Sie, in welchem Abstand vom Fassboden die Strecke $\overline{PQ}$ 5 dm hat.

c) Berechnen Sie den Steigungswinkel von f im Punkt $T(\sqrt{8}\,|\,2{,}5)$.

d) Bestimmen Sie das Fassvolumen durch Rotation des oberen Bogens f um die x-Achse.

e) Bestimmen Sie das Fassvolumen angenähert.

2. Exponential- und Logarithmusfunktionen

In diesem Abschnitt werden für die Funktionsklasse der Exponentialfunktionen alle Aspekte einer Kurvenuntersuchung exemplarisch wiederholt.

Beispiel: Exponentialfunktion

Gegeben sei die Funktion $f(x) = (x + 2) \cdot e^{0,5x} + 2$.

a) Untersuchen Sie f auf Extremal- und Wendepunkte sowie auf das Verhalten für $x \to \pm\infty$.

b) Zeichnen Sie den Graphen von f für $-6 \leq x \leq 1$.

c) Begründen Sie anhand der Vorergebnisse, dass die Funktion keine Nullstellen haben kann.

d) Berechnen Sie die Konstanten a und b so, dass die Funktion $F(x) = (ax + b)e^{0,5x} + 2x$ eine Stammfunktion von f ist.

e) Bestimmen Sie den Inhalt A der Fläche, die begrenzt wird vom Graphen von f, der Wendetangente und der y-Achse. Eine Einheit entspricht 1 m Länge.

Lösung zu a) und b):

Die Ableitungen werden mit der Produkt- und der Kettenregel bestimmt.

Ableitungen

$f'(x) = \frac{1}{2}(x+4) \cdot e^{0,5x}$

$f''(x) = \frac{1}{4}(x+6) \cdot e^{0,5x}$

$f'''(x) = \frac{1}{8}(x+8) \cdot e^{0,5x}$

Die Lage der Extremalstellen bestimmen wir mit dem notwendigen Kriterium $f'(x) = 0$.

Es gibt ein Extremum bei $x = -4$. Mit Hilfe der zweiten Ableitung stellen wir fest, dass es sich um ein Minimum handelt. Der y-Wert ist $y = 2 - 2e^{-2} \approx 1,73$.

Resultat: $T(-4 \mid 1,73)$

Extrema

$f'(x) = \frac{1}{2}(x+4) \cdot e^{0,5x} = 0$

$(x+4) = 0$

$x = -4,\ y \approx 1,73$

$f''(-4) \approx 0,07 > 0 \Rightarrow$ Minimum

Analog untersuchen wir die Funktion auf Wendepunkte. Die einzige Nullstelle der 2. Ableitung liegt bei $x = -6$. Wir erhalten einen Rechts-Links-Wendepunkt $W(-6 \mid 1,80)$.

Wendepunkt

$f'' = \frac{1}{8}(x+6) \cdot e^{0,5x} = 0$

$(x+6) = 0$

$x = -6,\ y \approx 1,80$

$f'''(-6) \approx 0,002 > 0 \Rightarrow$ R-L-WP

Für $x \to \infty$ streben die Funktionswerte gegen unendlich, da sowohl der exponentielle Term als auch der lineare Term gegen unendlich streben.

Für $x \to -\infty$ streben die Funktionswerte gegen 2, was die Tabelle unten belegt. Der Graph nähert sich der horizontalen Geraden $y = 2$ an. Er ist rechts dargestellt.

x	−2	−4	−10	−100	→ − ∞
f(x)	2	1,33	1,95	2	2

Graph

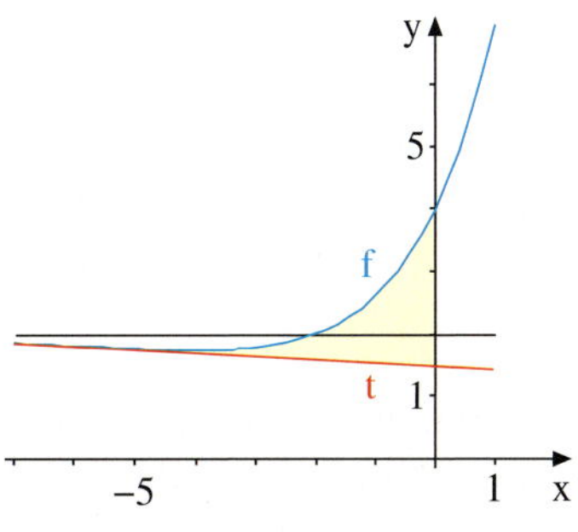

Lösung zu c):
Der Tiefpunkt von f liegt über der x-Achse (s. Graph). Für $x \to -\infty$ streben die Funktionswerte gegen 2. Daher kann f keine Nullstellen besitzen.

Lösung zu d):
Wir differenzieren die Ansatzfunktion F und erhalten die Funktion F′, die natürlich mit f identisch sein muss. Daher müssen die entsprechenden Koeffizienten von F′ und f gleich sein. Dies führt auf ein lineares Gleichungssystem. Die Lösungen sind $a = 2$ und $b = 0$.
Resultat: $F(x) = 2x\,e^{0,5x} + 2x$

Gleichung einer Stammfunktion

$F'(x) = a\,e^{0,5x} + 0,5(ax + b)\,e^{0,5x} + 2$
$\quad = (0,5ax + a + 0,5b)\,e^{0,5x} + 2$
$f(x) = (1 \cdot x + 2)\,e^{0,5x} + 2$

$\Rightarrow$ I: $0,5a = 1 \quad \Rightarrow a = 2$
II: $a + 0,5b = 2 \quad b = 0$

Resultat: $F(x) = 2x\,e^{0,5x} + 2x$

Lösung zu e):
Die Gleichung der Tangente von f im Kurvenpunkt $P(x_0 \,|\, f(x_0))$ lautet allgemein:
$t(x) = f'(x_0)(x - x_0) + f(x_0)$
Für den Wendepunkt $W(6 \,|\, 1,8)$ erhalten wir daher – wie rechts ausgeführt – angenähert die Wendetangente $t(x) = 0,05x + 1,5$.

Gleichung der Wendetangente

$m = f'(-6) = -e^{-3} \approx -0,05$
$t(x) = -0,05(x + 6) + 1,8$
$\quad = -0,05x + 1,5$

Aus der Zeichnung zu b) kann man entnehmen, dass sich die gesuchte Fläche als bestimmtes Integral der Differenzfunktion $f(x) - t(x)$ über dem Intervall $[-6; 0]$ bestimmen lässt.
Resultat: $A \approx 2,7$.

Flächenberechnung

$$A = \int_{-6}^{0} (f(x) - t(x))\,dx$$
$$= \left[2x \cdot e^{0,5x} + 0,025x^2 + 0,5x\right]_{-6}^{0}$$
$$\approx 2,7$$

1. Gegeben ist die Funktion $f(x) = 4(x - 1)\,e^{-0,5x}$.

a) Bestimmen Sie die Nullstelle der Funktion f.

b) Die Funktion f beschreibt den Blutalkoholgehalt einer Person nach dem Konsum von Wein (x: Zeit in Stunden, f(x): Alkoholgehalt in Promille). Berechnen Sie den Maximalwert des Blutalkoholgehaltes und die Zeitdauer, bis dieser Maximalwert erreicht wird. Skizzieren Sie den Graphen von f für $0 \le x \le 7$. Beurteilen Sie anhand des Graphen die Eignung der Funktion f zur Modellierung der zeitlichen Entwicklung des Blutalkoholgehalts.

c) Weisen Sie nach: $F(x) = -8(x + 1)\,e^{-0,5x}$ ist eine Stammfunktion von f.

d) Für $x > 1$ kann man mit dem Punkt $P(x \,|\, f(x))$ auf dem Graphen von f und dem Koordinatenursprung als Eckpunkten ein achsenparalleles Rechteck zeichnen. Berechnen Sie die Koordinaten desjenigen Punktes P, für den dieses Rechteck den maximalen Inhalt besitzt.

2. Gegeben ist die Funktion $f(x) = e \cdot x + e^{-x}$.

a) Untersuchen Sie f auf Extremal- und Wendepunkte. Zeichnen Sie den Graphen für $-2,5 \le x \le 2$. Begründen Sie: Der Graph von f(x) nähert sich der Geraden $y = e \cdot x$ für $x \to \infty$.

b) $g(x) = ax^2 + bx + c$ sei eine ganzrationale Funktion 2. Grades, die an den Stellen $x = 0$ und $x = -1$ die gleichen Werte wie f annimmt und an der Stelle $x = -1$ die gleiche Steigung wie f besitzt. Berechnen Sie die Koeffizienten a, b und c.

c) Der Graph von f und die Koordinatenachsen schließen im 2. Quadranten eine Fläche ein. Um wie viel Prozent verändert sich der Flächeninhalt, wenn anstelle des Graphen von f der Graph von g zur Flächenberechnung verwendet wird?

Beispiel: Bergziegen

Gegeben ist die Funktion $f(x) = 4 + 5e^{-2x} - 4e^{-0,5x}$. Die Funktion beschreibt den Bestand von Bergziegen in einer Alpenregion. x: Zeit in Jahren, f(x): Ziegenbestand in Tausend.

a) Geben Sie die Größe des Anfangsbestandes an und beschreiben Sie, wie sich der Bestand entwickelt. Erstellen Sie eine Wertetabelle und zeichnen Sie den Graphen der Funktion.

b) Berechnen Sie den Extremalpunkt und den Wendepunkt von f. Erläutern Sie die Bedeutung dieser Werte für den Tierbestand.

c) Bestimmen Sie den Inhalt der Fläche A unter dem Graphen von f über dem Intervall I = [0; 10].
Entwickeln Sie in wenigen Sätzen, welche Bedeutung der Term $\frac{1}{10}\int_0^{10} f(x)\,dx$ hat.

Lösung zu a):
Wir erstellen eine Wertetabelle und zeichnen den Graphen der Funktion.
Wir sehen, dass der Graph ausgehend von P(0|5) zunächst fällt, bis ein Minimum erreicht ist. Dann steigen die Funktionswerte wieder an, werden aber nie größer als 4.
Der Anfangsbestand der Tiere lag bei 5000. Er nahm innerhalb eines Jahres auf fast 2200 Tiere ab, steigt jedoch langfristig wieder auf einen Bestand von ca. 4000.

Wertetabelle

x	0	1	2	3	6	10
f(x)	5	2,25	2,62	3,12	3,80	3,97

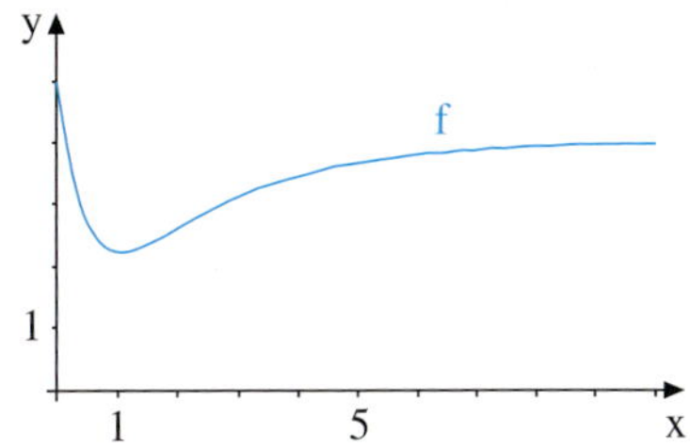

Lösung zu b):
Die Ableitungen werden mit Hilfe der Kettenregel bestimmt.

Mit Hilfe der ersten Ableitung bestimmen wir den Extremalpunkt von f.
T(1,07|2,25) ist der Tiefpunkt des Graphen. Seine Bedeutung für das Anwendungsproblem lautet: Nach gut einem Jahr ist der Bestand auf einen Tiefststand von ca. 2250 Tieren gefallen.

Mit Hilfe der zweiten Ableitung bestimmen wir den Wendepunkt von f.
Der Wendepunkt des Graphen liegt bei W(2,00|2,62). Es handelt sich um einen Links-Rechts-Wendepunkt.
Die Bedeutung des Wendepunktes für das Anwendungsproblem lautet: Nach ca. 2 Jahren ist die Anstiegsrate der Population am stärksten. Sie beträgt dann ca. $f'(2) \approx 0,55$.
Das heißt: Die Anstiegsrate beträgt dann 550 Tiere/Jahr bzw. 46 Tiere/Monat.

Ableitungen

$f'(x) = -10e^{-2x} + 2e^{-0,5x}$

$f''(x) = 20e^{-2x} - e^{-0,5x}$

$f'''(x) = -40e^{-2x} + 0,5e^{-0,5x}$

Extrema

$f'(x) = -10 \cdot e^{-2x} + 2e^{-0,5x} = 0$

$e^{1,5x} = 5$

$x = \frac{\ln 5}{1,5} \approx 1,07$

$y \approx 2,25$

$f''(1,07) \approx 1,75 > 0 \Rightarrow$ Minimum

Wendepunkt

$f''(x) = -20 \cdot e^{-2x} - e^{-0,5x} = 0$

$e^{1,5x} = 20$

$x = \frac{\ln 20}{1,5} \approx 2,00$

$y \approx 2,62$

$f'''(2) \approx -0,55 < 0 \Rightarrow$ L-R-WP

Lösung zu c):
Den gesuchten Flächeninhalt A erhalten wir als bestimmtes Integral von f in den Grenzen von 0 bis 10. Das bestimmte Integral berechnen wir manuell mit Hilfe der Stammfunktion oder nutzen die erweiterte Funktion des Taschenrechners.
Die Fläche A hat den Inhalt 34,55.

Der Term $\frac{1}{10}\int_0^{10} f(x)\,dx$ gibt den durchschnittlichen Funktionswert der Funktion f in den betrachteten 10 Jahren an. Es beträgt 3,455. Damit beträgt die durchschnittliche Populationsgröße während der ersten 10 Jahre ca. 3455 Tiere.

Stammfunktion und Flächeninhalt

$$F(x) = 4x - \frac{5}{2}e^{-2x} + 8e^{-0{,}5x}$$

$$A = \int_0^{10} f(x)\,dx = F(10) - F(0)$$

$$= 40{,}05 - 5{,}5 = 34{,}55$$

Bedeutung des Terms $\frac{1}{10}\int_0^{10} f(x)\,dx$

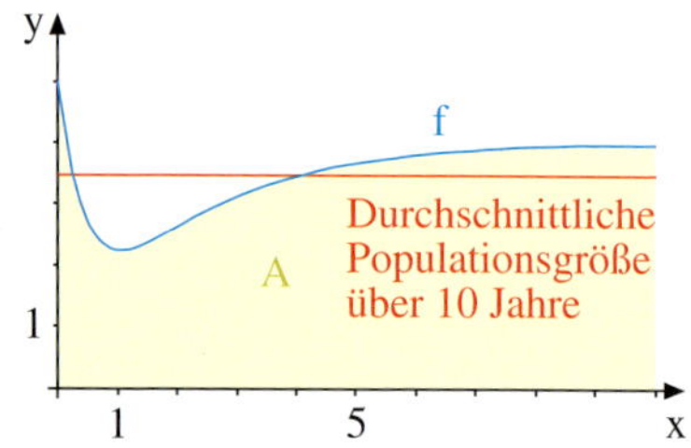

3. Kurvenuntersuchung

Gegeben ist die Funktion $f(x) = 2x\,e^x + 3$.

a) Erstellen Sie eine Wertetabelle und zeichnen Sie den Graphen von f für $-4 \le x \le 1$.

b) Bestimmen Sie die Extremalpunkte und Wendepunkte von f und untersuchen Sie durch Testwerte das Verhalten von f für $x \to \pm\infty$.

c) Weisen Sie nach, dass $F(x) = 2(x-1)e^x + 3x$ eine Stammfunktion von f ist. Berechnen Sie den Inhalt der Fläche A zwischen dem Graphen von f und der x-Achse über [0; 1].

d) Die Fläche A wird durch die Gerade $y(x) = 5x$ zweigeteilt. Zeigen Sie, dass die beiden Teilflächen gleich groß sind.

e) Berechnen Sie, unter welchem Winkel der Graph von f die y-Achse schneidet.

4. Kurve zum grippalen Infekt

Gegeben ist die Funktion $f(x) = x\,e^{-0{,}5x}$.

a) Untersuchen Sie die Funktion f auf Nullstellen, Extrema und Wendepunkte sowie das Verhalten für $x \to \pm\infty$. Zeichnen Sie den Graphen von f.

b) Ermitteln Sie mit Hilfe des Formansatzes $F(x) = (ax + b)e^{-0{,}5x}$ eine Stammfunktion von f durch Koeffizientenvergleich.
Kontrolle: $F(x) = (-2x - 4)e^{-0{,}5x} + C$

c) Berechnen Sie den Inhalt der Fläche A unter dem Graphen von f über dem Intervall I = [0; 7].

d) Anja liegt mit einem schweren grippalen Infekt im Bett. Die Funktion $T(x) = 4f(x) + 36{,}6$ beschreibt ihre Körpertemperatur zur Zeit x nach Auftreten des Infekts (x in Tagen, T(x) in °C). Welche Durchschnittstemperatur hat Anja in der ersten Woche des Infekts?
Der Volksmund behauptet: Eine Grippe dauert ca. 10 Tage. Prüfen Sie, ob diese Aussage für Anjas Infekt ebenfalls zutrifft.

5. Designer-Logo

Betrachtet werden die beiden Funktionen $f(x) = e^{0,5x-1}$ und $g(x) = e^{0,25-0,75x}$.

a) Erstellen Sie eine Wertetabelle und zeichnen Sie die Funktionen im Bereich $-1 \le x \le 4$.

b) Berechnen Sie die Koordinaten des Schnittpunktes der Funktionen.

c) Ein Designer entwickelt aus den beiden Funktionen das schematisch dargestellte Logo der Breite 3 cm, wobei der Schnittpunkt der Graphen genau in der Mitte liegt. Ermitteln Sie die Höhe und den Flächeninhalt des Logos.

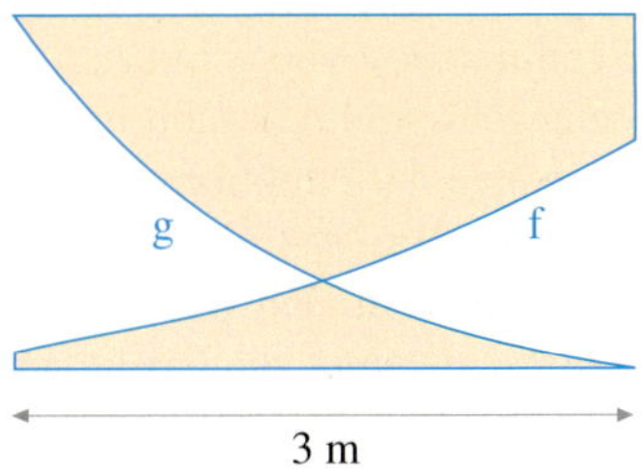

6. Fläche eines Waldes

Gegeben ist die Funktion $f(x) = (3 - x)e^x$.

a) Untersuchen Sie die Funktion auf Nullstellen, Extrema und Wendepunkte. Zeichnen Sie den Graphen von f im Bereich [–1; 3].

b) Für $0 \le x \le 3$ wandert der Punkt $P(x \mid f(x))$ auf dem Graphen von f. Der Punkt P bildet mit dem Koordinatenursprung O und dem Punkt $Q(x \mid 0)$ ein rechtwinkliges Dreieck OQP. Berechnen Sie die Koordinaten des Punktes P so, dass das Dreieck OQP den maximalen Flächeninhalt hat.

c) Vergleichen Sie die Funktionsterme $f(x)$, $f'(x)$ und $f''(x)$ und leiten Sie daraus eine Stammfunktion F von f her.

d) Ein Waldstück wird begrenzt vom Graphen der Funktion f und den Koordinatenachsen. Die Längeneinheit entspricht 100 m. Das dreieckige Teilstück, das von den Koordinatenachsen und der Geraden durch die Achsenschnittpunkte von f begrenzt wird, soll abgeholzt werden. Ermitteln Sie, welcher Anteil der Waldfläche erhalten bleibt.

7. Bakterienkultur

Gegeben ist die Funktion $f(x) = e^{2x - 0,5x^2}$.

a) Weisen Sie die Gültigkeit der Beziehung $f(2 + x) = f(2 - x)$ für die Funktion f nach. Erläutern Sie die Bedeutung dieser Gleichung.

b) Die Funktion f ist von der Form $f(x) = e^{g(x)}$. Berechnen Sie, an welcher Stelle die Funktion g ihr Maximum annimmt. Begründen Sie, dass die Funktion f an derselben Stelle ein Maximum hat.

c) Die Funktion $h(x) = 10^6 \cdot f(x)$ beschreibt das Wachstum einer Bakterienkultur (x: Zeit in Wochen seit Beginn, h(x): Anzahl der Bakterien zur Zeit x).
Geben Sie den Anfangsbestand an und berechnen Sie die durchschnittliche Zuwachsrate (in Bakt./Tag) der ersten beiden Wochen.

8. Grundstück mit maximaler Halle

Gegeben ist die Funktion $f(x) = (4 - 2x) \cdot e^x$.

Teil I

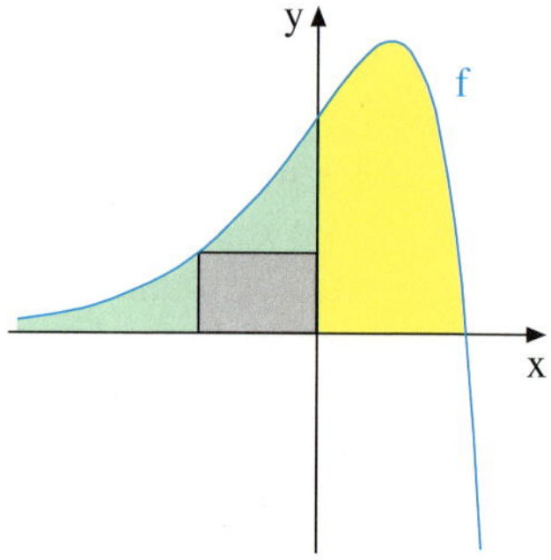

a) Ermitteln Sie die Koordinaten der Schnittpunkte von g mit den Koordinatenachsen und beschreiben Sie das Verhalten der Funktionswerte für und $x \to \infty$ und $x \to -\infty$.

b) Berechnen Sie den Extrempunkt und den Wendepunkt von f. Auf den Nachweis der Existenz des Wendepunktes wird verzichtet.
Zeichnen Sie den Graphen von f für $-4 \leq x \leq 2{,}5$.

c) Begründen Sie, dass eine Stammfunktion F von f mit dem Ansatz $F(x) = (c - 2x) \cdot e^x$ hergeleitet werden kann. Berechnen Sie den Wert für c und den Inhalt der Fläche, welche von f und den Koordinatenachsen im 1. Quadranten vollständig begrenzt wird.

d) Allgemeiner sei $f_a(x) = (4 - ax)e^x$. Überprüfen Sie, ob die Tangenten an den Graphen von f_a an der Stelle $x_0 = -1$ parallel zueinander verlaufen.

Teil II

e) Die Koordinatenachsen und f begrenzen für $-4 \leq x \leq 0$ im Modell ein Grundstück. Die Einheit sei 100 Meter.
Auf dem Grundstück soll eine rechteckige Halle mit den Eckpunkten $O(0|0)$, $A(0|f(u))$, $B(u|f(u))$ und $C(u|0)$ $(u < 0)$ und mit möglichst großer Grundfläche errichtet werden. Berechnen Sie die maximal mögliche Grundfläche der Halle.

f) Laut Bebauungsplan dürfen maximal 60% der Fläche bebaut werden.
Entscheiden Sie, ob dieses Kriterium von der maximalen Hallenversion eingehalten wird.

9. Küstenstraße

Gegeben ist die Funktion $f(x) = \frac{2}{x} \cdot e^{-x+1}$.

Teil I

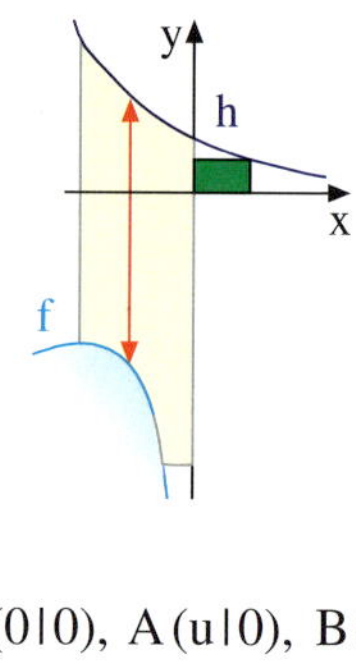

a) Weisen Sie nach, dass der Graph von f die Koordinatenachsen nicht schneidet.

b) Berechnen Sie den Punkt P, in dem die Tangente an f waagerecht verläuft.

c) Sei $h(x) = x \cdot f(x)$. Zeichnen Sie den Graphen von h für $-1 \leq x \leq 4$.

d) Berechnen Sie die Stelle $u > 0$, für die das Rechteck $O(0|0)$, $A(u|0)$, $B(u|h(u))$ und $C(0|h(u))$ möglichst geringen Umfang hat.

Teil II

e) Der Graph von f beschreibt für $x < 0$ modellhaft einen Küstenabschnitt, h den Verlauf der Küstenstraße. Berechnen Sie die Stelle x, an der der vertikale Abstand der Straße zur Küste am kleinsten ist.

f) Berechnen Sie, an welcher Stelle die Küstenstraße parallel zur Küste verläuft.
Berechnen Sie den Schnittwinkel dieser beiden Kurventangenten mit der x-Achse.

10. Erholungsgebiet

Gegeben ist die Funktion $f(x) = x \cdot e^{2-x}$.

Teil I

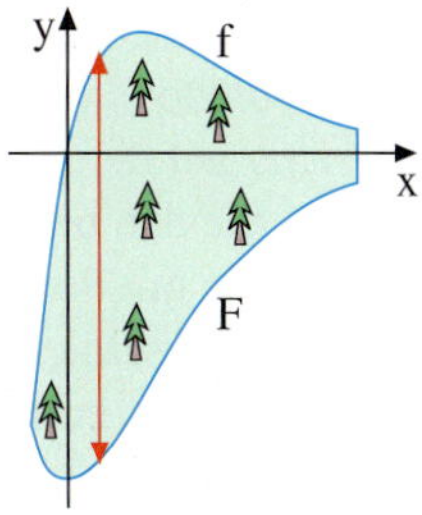

a) Untersuchen Sie das Verhalten der Funktionswerte für $x \to \infty$ und $x \to -\infty$. Ermitteln Sie die Nullstelle, den Extrempunkt und den Wendepunkt von f.
Bestimmen Sie die Gleichung der Tangente an den Graphen von f im Wendepunkt.

b) Weisen Sie nach, dass $F(x) = -(x+1) \cdot e^{2-x}$ eine Stammfunktion von f ist.
Berechnen Sie den Inhalt der Fläche, welche von f, der x-Achse und der senkrechten Geraden $x = 4$ begrenzt wird.

c) Berechnen Sie $u > 0$ so, dass das Dreieck mit den Eckpunkten $O(0|0)$, $B(2u|0)$ und $C(u|f(u))$ einen möglichst großen Flächeninhalt hat.

Teil II

d) Die Graphen von f und F begrenzen zusammen mit der Geraden $x = 4$ ein Erholungsgebiet. Berechnen Sie, wie lang die längste in Nord-Süd-Richtung liegende Strecke im Erholungsgebiet ist.

11. Waldschonung

Gegeben sind die Funktionen
$f(x) = (2x+1) \cdot e^{\frac{x}{2}}$ und $g(x) = (2x-4) \cdot e^{\frac{x}{2}}$.

Teil I

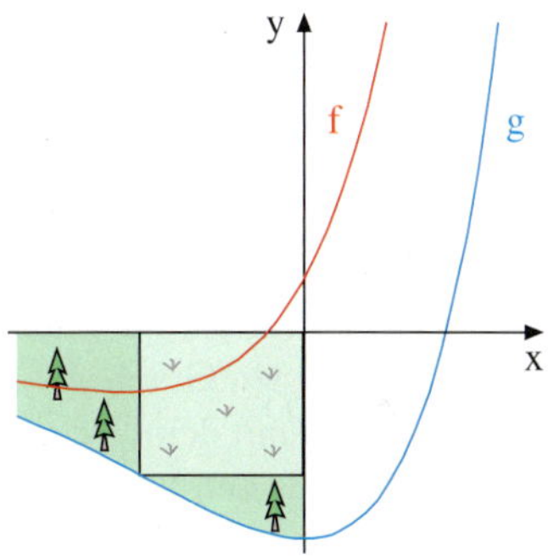

a) Ermitteln Sie die Schnittpunkte von f mit den Koordinatenachsen, sowie Art und Lage des Extrempunktes und die Koordinaten des Wendepunktes von f.

b) Zeichnen Sie den Graphen von f. Bestimmen Sie die Gleichung der Tangente
an den Graphen von f im Schnittpunkt mit der y-Achse. Berechnen Sie, für welche x-Werte sich die Funktionswerte von f und g um weniger als 0,1 unterscheiden.

c) Berechnen Sie im Bereich $-2 \le x \le 0$ den Inhalt der Fläche, die zwischen den Graphen von f und g liegt.

d) Sei $k(x) = e^{\frac{5}{4}} \cdot f(x)$. Weisen Sie nach, dass der Graph von k durch eine geeignete Verschiebung längs der x-Achse aus dem Graphen von g entsteht.

Teil II

e) Die Koordinatenachsen und der Graph von g begrenzen für $-4 \le x \le 0$ im 3. Quadranten ein Flächenstück, das im Modell ein Waldgebiet beschreibt. Die Einheit sei 100 Meter. In diesem Gebiet soll ein möglichst großes achsenparalleles rechteckiges Areal als Schonung eingezäunt werden. Berechnen Sie die Maße der Schonung.

f) Ermitteln Sie eine Stammfunktion von g durch Formansatz mit Koeffizientenvergleich. Kontrolle: $G(x) = 4(x-4) \cdot e^{\frac{x}{2}} + C$. Berechnen Sie den Flächeninhalt des Waldgebietes.

Kurvenuntersuchungen

12. Gegeben sei die Funktion $f(x) = (x - 1)e^{2-x}$.

a) Bestimmen Sie die Schnittpunkte mit den Koordinatenachsen, die lokalen Extrema sowie die Wendepunkte.

b) Zeichnen Sie auf der Grundlage der Ergebnisse von Teil a) den Graphen von f.

c) Bestimmen Sie den betragsmäßig größten Steigungswinkel des Graphen von f für $x > 2$.

d) Bestimmen Sie mit dem Formansatz $F(x) = (ax + b) \cdot e^{2-x}$ eine Stammfunktion von f. Der Graph von f schließt mit der Geraden $x = 4$ sowie der x-Achse eine Fläche ein. Bestimmen Sie deren Inhalt.

e) Der Ursprung und ein Punkt des Graphen von f im ersten Quadranten sind gegenüberliegende Eckpunkte eines achsenparallelen Rechtecks. Bestimmen Sie den maximalen Inhalt eines solchen Rechtecks.

f) Bestimmen Sie die Gleichung der Tangente an den Graphen von f im Punkt $Q(1\,|\,10)$.

13. Gegeben ist die Funktion $f(x) = (x - 2) \cdot e^x$.

a) Untersuchen Sie die Funktion f auf Nullstellen, Extrema und Wendepunkte.

b) Zeichnen Sie den Graphen von f für $-3 \leq x \leq 2{,}5$.

c) Berechnen Sie die Schnittstelle der Wendenormalen von f mit der x-Achse.

d) Berechnen Sie eine Stammfunktion F von f. Nutzen Sie die Rückschlussmethode oder einen geeigneten Formansatz.

e) Berechnen Sie den Inhalt der Fläche A, die vom Graphen von f und den Koordinatenachsen im 4. Quadranten umschlossen wird.

f) Die Punkte $A(z\,|\,0)$, $B(z\,|\,f(z))$ und $C(2\,|\,0)$ bilden für $z < 2$ ein Dreieck, das um die x-Achse rotiert. Berechnen Sie, für welchen Wert von z das Volumen des so entstehenden Kegels maximal ist.

14. Gegeben ist die Funktion $f(x) = (1 - x^2) \cdot e^{-x}$.

a) Untersuchen Sie die Funktion f auf Nullstellen, Extrema und Wendepunkte.

b) Zeichnen Sie den Graphen von f für $-1{,}5 \leq x \leq 5$.

c) Ermitteln Sie mit dem Formansatz $F(x) = (ax^2 + bx + c) \cdot e^{-x}$ eine Stammfunktion von f.

d) Bestimmen Sie den Inhalt der Fläche A, die vom Graphen von f und den Koordinatenachsen im 2. Quadranten umschlossen wird.

e) Untersuchen Sie, ob die rechtsseitig nicht begrenzte Fläche B, die zwischen der x-Achse und dem Graphen von f im 4. Quadranten liegt, einen endlichen Inhalt hat, und geben Sie diesen gegebenenfalls an.

15. Gegeben ist die Funktionenschar $f_a(x) = (x + a) \cdot e^{-x}$, $a > 0$.

a) Untersuchen Sie die Funktionenschar f auf Nullstellen, Extrema und Wendepunkte.

b) Zeichnen Sie den Graphen von f_2 für $-2 \leq x \leq 3$.

c) Untersuchen Sie das Verhalten von f_2 für $x \to -\infty$ und $x \to \infty$.

d) Bestimmen Sie die Gleichung der Ortskurve der Extrema der Schar f_a.

e) Bestimmen Sie eine Stammfunktion von f_a.

f) Untersuchen Sie, ob die Fläche, die sich zwischen der x-Achse und dem Graphen von f_2 nach rechts ins Unendliche ausdehnt, einen endlichen Inhalt hat, und geben Sie diesen gegebenenfalls an.

g) Stellen Sie die Gleichung der Wendetangente von f_a auf. Diese begrenzt im 1. Quadranten mit den Koordinatenachsen eine Dreiecksfläche. Berechnen Sie, für welchen Wert von a der Inhalt der Dreiecksfläche maximal ist.

16. Gegeben ist die Funktionenschar $f_a(x) = \frac{x}{a} \cdot e^{ax}$, $a > 0$.

a) Bestimmen Sie die Ableitungsfunktionen f_a', f_a'' und f_a'''.
b) Untersuchen Sie die Funktionenschar f_a auf Nullstellen, Extrema und Wendepunkte.
c) Zeichnen Sie den Graphen von $f_{0,5}$ für $-5 \le x \le 1$.
d) Untersuchen Sie das Verhalten von $f_{0,5}$ für $x \to -\infty$.
e) Bestimmen Sie die Gleichung der Ortskurve der Extrema der Schar f_a.
f) Berechnen Sie, für welchen Wert von a der Extremalpunkt von f_a zwei Längeneinheiten vom Ursprung entfernt ist.
g) Der Graph von f_1 soll durch eine quadratische Parabel approximiert werden, die durch die Nullstelle von f_1 verläuft und deren Scheitelpunkt der Extremalpunkt von f_1 ist. Bestimmen Sie die Gleichung dieser Näherungsparabel und berechnen Sie die Maximalabweichung für $-1 \le x \le 0$.

17. Gegeben ist die Funktion $f(x) = 2x^2 \cdot \ln\left(\frac{x}{e}\right)$.

a) Untersuchen Sie die Funktion f auf Nullstellen, Extrema und Wendepunkte.
b) Zeichnen Sie den Graphen von f für $0 < x \le 3$.
c) Bestimmen Sie die Gleichung der Wendetangente.
d) Zeigen Sie, dass $F(x) = \frac{2}{3}x^3 \cdot \ln\left(\frac{x}{e}\right) - \frac{2}{9}x^3$ eine Stammfunktion von f ist.
e) Berechnen Sie den Inhalt der Fläche,die vom Graphen von f, der x-Achse und der senkrechten Geraden $x = 1$ im 4. Quadranten umschlossen wird.
f) Berechnen Sie den Inhalt der Fläche, die vom Graphen von f und den Koordinatenachsen im 4. Quadranten umschlossen wird.

18. Gegeben sind die Funktionen $f(x) = 6 - \frac{3}{e^x + 1}$ und $g(x) = \ln(e^x + 1)$.

a) Untersuchen Sie die Funktion f auf Achsenschnittpunkte und bestimmen Sie das Verhalten von f für $x \to \pm\infty$. Zeichnen Sie den Graphen von f für $-6 \le x \le 6$.
b) Weisen Sie nach: $f(x) = 3 + \frac{3e^x}{e^x + 1}$.
c) Nun wird die Funktion g betrachtet. Geben Sie den Definitionsbereich von g an. Untersuchen Sie das Verhalten der Funktion für $x \to -\infty$. Weisen Sie nach: Die Funktion g nimmt nur Steigungswerte zwischen 0 und 1 an.
d) Leiten Sie durch geschickte Ausnutzung der bisherigen Ergebnisse eine Stammfunktion von f her und berechnen Sie die Fläche A zwischen dem Graphen von f und der horizontalen Geraden $y(x) = 6$ über dem Intervall $I = [0; 5]$.

19. Gegeben ist die Funktion $f(x) = \ln x^2 - \ln(4x - 3)$.

a) Bestimmen Sie die maximale Definitionsmenge von f sowie die Ableitungen f' und f''.
b) Untersuchen Sie die Funktion auf Nullstellen und Extrema.
c) Untersuchen Sie f'' auf Nullstellen (potentielle Wendepunkte von f).
d) An der Stelle $x = \frac{3}{4}$ ist die Funktion f nicht definiert. Testen Sie, wie die Funktionswerte $f(x)$ sich verhalten, wenn x von rechts gegen den Wert $\frac{3}{4}$ strebt.
e) Zeichnen Sie den Graphen von f für $\frac{3}{4} < x \le 6$ (1 LE = 2 cm).
f) Die Funktion $g(x) = \ln x^2$, die Funktion f und die senkrechte Gerade $x = 3$ schließen eine Fläche A ein. Skizzieren Sie die Fläche A und berechnen Sie den Inhalt von A.
Nutzen Sie zur Berechnung des bestimmten Integrals die Funktion des Taschenrechners.

3. Trigonometrische Funktionen

Beispiel: Tageslänge in Berlin

Gegeben ist die Funktion $(x) = 2 \cdot \sin\left(\frac{\pi}{6}x\right)$, $0 \leq x \leq 12$.

a) Geben Sie die Nullstellen, Extrema, Wendepunkte und die Periode von f an. Zeichnen Sie den Graphen von f.

b) Die Koordinatenachsen und die Parallelen zu den Koordinatenachsen durch einen Kurvenpunkt $P(x \mid f(x)$ $(0 \leq x \leq 6)$ begrenzen ein Rechteck. Berechnen Sie, wie der Punkt P gewählt werden muss, damit der Umfang des Rechtecks möglichst groß ist.

c) Im Laufe des Jahres ändert sich die Tageslänge. In Berlin schwankt sie zwischen 17 Stunden am 21. Juni und 7 Stunden 6 Monate später. Die Tageslänge soll in Abhängigkeit von der Zeit t (t = 0 am 21. März, t in Monaten) durch $g(t) = d + a \cdot \sin\left(\frac{\pi}{6}t\right)$ beschrieben werden. Bestimmen Sie die Koeffizienten a und d.

d) Berechnen Sie die Tageslänge für den 21. August. Geben Sie an, wann sich die Tageslänge am schnellsten ändert.

Lösung zu a):
Die Funktion f geht aus der Sinusfunktion hervor durch eine Amplitudenänderung von 1 auf 2 und eine Änderung der Periode. Eine Funktion der Form sin (b x) hat die Periode $p = \frac{2\pi}{b}$, daher hat die Funktion f die Periode 12.

Aus der Lage der Nullstellen, der Extrema und der Wendepunkte der Sinusfunktion können damit die oben rechts aufgeführten markanten Punkte der Funktion f gefolgert werden, und wir sind in der Lage den Graphen von f zu zeichnen.

Kurvenuntersuchung

Periode: $p = \frac{2\pi}{\pi/6} = 12$

Amplitude: $a = 2$

Nullstellen: $N_1(0 \mid 0)$, $N_2(6 \mid 0)$, $N_3(12 \mid 0)$

Extrema: $H(3 \mid 2)$, $T(9 \mid -2)$

Wendepunkte: $W_1(0 \mid 0)$, $W_2(6 \mid 0)$, $W_3(12 \mid 0)$

Graph

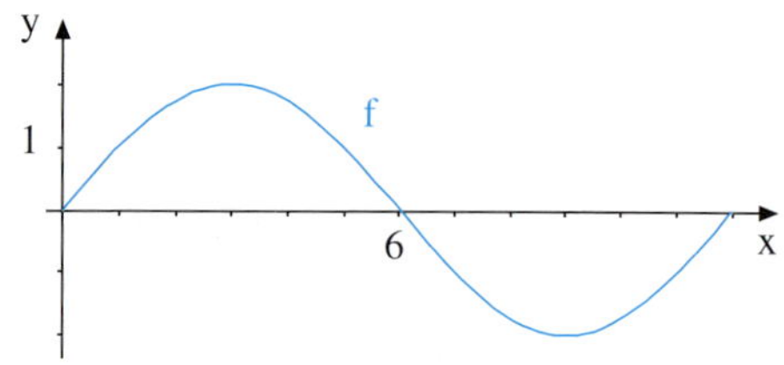

Lösung zu b):
Zunächst stellen wir den Umfang des Rechtecks als Funktion U (x, y) der beiden Variablen x und y dar.

Dann ersetzen wir y durch f (x) und erhalten so die Zielfunktion U (x).

Mit Hilfe der Ableitung U′ bestimmen wir das Extremum von U. Es ist ein Maximum und liegt an der Stelle x ≈ 5,42.

Der maximale Umfang des Rechtecks beträgt ca. 12,04 LE.

Bestimmung des maximalen Umfangs

Hauptbedingung: $U = 2x + 2y$

Nebenbedingung: $y = f(x)$

Zielfunktion: $U(x) = 2x + 4\sin\left(\frac{\pi}{6}x\right)$

Extremalrechnung:

$U'(x) = 2 + \frac{2\pi}{3}\cos\left(\frac{\pi}{6}x\right) = 0$

$\cos\left(\frac{\pi}{6}x\right) = -\frac{3}{\pi}$

$\frac{\pi}{6}x \approx 2{,}84$

$x \approx 5{,}42, \quad y \approx 0{,}59, \quad U_{max} \approx 12{,}04$

Lösung zu c):
Da $t = 0$ auf den 21. März gelegt wurde, ist für den 21. Juni $t = 3$ und für das Datum 21. Dezember entsprechend $t = 9$ zu setzen. Mit der vorgegebenen Tageslänge zu diesen Zeitpunkten ergibt sich das nebenstehende lineare Gleichungssystem mit den Gleichungen I und II, welches z. B. mit dem Additionsverfahren gelöst werden kann.
Resultat: $g(t) = 12 + 5\sin\left(\frac{\pi}{6}t\right)$

Tageslängenfunktion für Berlin

$t = 3$: $g(3) = d + a\sin\left(\frac{\pi}{2}\right) = d + a$

I: $d + a = 17$

$t = 9$: $g(9) = d + a\sin\left(\frac{3\pi}{2}\right) = d - a$

II: $d - a = 7$

I + II: $2d = 24$

$d = 12,\ a = 5$

Resultat: $g(t) = 12 + 5\sin\left(\frac{\pi}{6}t\right)$

Lösung zu d):
Es ist $t = 5$ zu setzen. Die Tageslänge am 21. August beträgt daher ca. 14,5 Stunden.

Tageslänge am 21. August

$g(5) = 12 + 5\sin\left(\frac{5\pi}{6}\right) = 14{,}5$

Die Tageslänge ändert sich am schnellsten an den Wendestellen von g. Das sind die gleichen Wendestellen wie bei f.

Schnellste Änderungen der Tageslänge

$t = 0$: 21. März

$t = 6$: 21. September

1. Flächenberechnung und Extremalproblem

Gegeben sind die Funktionen $f(x) = 2 + 2\sin\left(\frac{\pi}{2}x\right)$ für $-1 \le x \le 0$, $g(x) = 2 - 2\sin\left(\frac{\pi}{2}x\right)$ für $0 \le x \le 1$ und $h(x) = -\frac{1}{2}\cos\left(\frac{\pi}{2}x\right)$ für $-1 \le x \le 1$.

a) Zeichnen Sie die aus diesen drei Funktionen zusammengesetzte Figur.

b) Berechnen Sie den Flächeninhalt der Figur.

c) Sei $f(x) = a + a\sin\left(\frac{\pi}{2}x\right)$ für $-1 \le x \le 0$ mit $a > 0$, $g(x) = a - a\sin\left(\frac{\pi}{2}x\right)$ für $0 \le x \le 1$ und $h(x) = -\frac{1}{a}\cos\left(\frac{\pi}{2}x\right)$ für $-1 \le x \le 1$.
Geben Sie die Schnittpunkte von f und g mit den Koordinatenachsen an. Diese Schnittpunkte formen ein Viereck. Berechnen Sie, für welchen Wert von a der Inhalt dieses Vierecks minimal wird.

2. Touristische Klimauntersuchung

Die Tabelle zeigt den Temperaturverlauf (Temperatur T in °C) im Kurort Bad Elbkroningen im Odenwald während eines Jahres (Ein Jahr wird mit exakt 360 Tagen angenommen).

Tag x	0	30	60	90	120	150	180	210	240	270	300	330	360
Temperatur T(x)	–12	–9,3	–2	8	18	25,3	28	25,3	18	8	–2	–9,3	–12

a) Zeichnen Sie den Graphen der Temperaturkurve $T(x)$ für $0 \le x \le 360$, Schrittweite 30.
Der Kurvenverlauf kann durch eine Funktion der Form $T(x) = a\sin(b(x + c)) + d$ mathematisch erfasst werden. Bestimmen Sie die Parameter a, b, c und d aus dem Graphen.

b) Der Kurort kann in das Programm eines Touristikunternehmens aufgenommen werden, wenn an 100 Tagen pro Jahr die Temperatur mindestens 20 °C beträgt. Entscheiden Sie, ob dies zutrifft.

c) Ermitteln Sie die Änderungsrate der Temperatur zur Zeit $x = 240$.

d) Der Milliardär Hans Hurtig erwägt, nach Elbkronigen zu ziehen. Er verträgt allerdings keine Temperaturänderungen, die mehr als $\pm 1°$ pro Tag betragen. Entscheiden Sie, ob diese Bedingung erfüllt ist.

Mathematik | Liste der Operatoren

Operator	Erläuterung
angeben / nennen	Sachverhalte, Begriffe oder Daten ohne Erläuterungen, Begründungen und Lösungswege aufzählen
begründen	einen Sachverhalt oder eine Aussage argumentativ auf Gesetzmäßigkeiten oder kausale Zusammenhänge zurückführen
berechnen	durch Rechenoperationen zu einem Ergebnis gelangen und die Rechenschritte dokumentieren
beschreiben	Aussagen, Sachverhalte, Strukturen o. Ä. in eigenen Worten strukturiert und fachsprachlich wiedergeben
bestimmen / ermitteln	einen Zusammenhang oder einen möglichen Lösungsweg aufzeigen und das Ergebnis formulieren
beurteilen	zu einem Sachverhalt oder einer Aussage unter Verwendung von Fachwissen und Fachmethoden eine begründete Einschätzung geben
beweisen	im mathematischen Sinn zeigen, dass eine Behauptung/Aussage richtig ist, z. B. unter Verwendung bekannter mathematischer Sätze, logischer Schlüsse und Äquivalenzumformungen
darstellen	Sachverhalte o. Ä. strukturiert fachsprachlich oder grafisch wiedergeben und Bezüge sowie Zusammenhänge aufzeigen
entscheiden	bei Alternativen sich begründet und eindeutig auf eine Möglichkeit festlegen
entwickeln	Sachverhalte und Methoden zielgerichtet in einen Zusammenhang bringen; eine Hypothese, eine Skizze oder ein Modell weiterführen und ausbauen
erklären	Sachverhalte o. Ä. unter Verwendung der Fachsprache auf fachliche Grundprinzipien oder kausale Zusammenhänge zurückführen
erläutern	Sachverhalte o. Ä. so darlegen und veranschaulichen, dass sie verständlich werden
modellieren	zu einem Ausschnitt der Realität ein fachliches Modell anfertigen
prüfen	Sachverhalte, Aussagen oder Ergebnisse an Gesetzmäßigkeiten messen, verifizieren oder Widersprüche aufdecken
skizzieren	eine grafische Darstellung so anfertigen, dass die wesentlichen Eigenschaften deutlich werden
untersuchen	Sachverhalte unter bestimmten Aspekten betrachten
vergleichen / gegenüberstellen	nach vorgegebenen oder selbst gewählten Gesichtspunkten Gemeinsamkeiten, Ähnlichkeiten und Unterschiede ermitteln und darstellen
zeichnen	eine hinreichend exakte grafische Darstellung anfertigen
zeigen / bestätigen	einen Sachverhalt oder eine Behauptung unter Verwendung gültiger Schlussregeln oder Berechnungen auf bekannte, gültige Aussagen zurückführen
zuordnen	Sachverhalte begründet in einen genannten Zusammenhang stellen

Testlösungen

Testlösungen zum Kapitel I (Seite 46)

1. a) $F(x) = \frac{1}{5}x^5 + C$
   b) $F(x) = \frac{1}{2}x^4 - \frac{1}{2}x^2 + 3x + C$
   c) $F(x) = -\frac{6}{x} + C$
   d) $F(x) = \frac{1}{8}(2x + 1)^4 + C$
   e) $F(x) = -2e^{-x} + C$
   f) $F(x) = -\frac{3}{\pi}\cos(\pi x + \pi) + C$
   g) $F(x) = 2e^{2x + 0{,}5} + C$
   h) $F(x) = \frac{-2}{(2x + 1)^2} + C$
   i) $F(x) = n x^n + C$

2. $F(x) = x^3 - x^2 + C$, $F(2) = -1$: $C = -5$, $F(x) = x^3 - x^2 - 5$

3. a) $\int (3 - 6x^2)\,dx = 3x - 2x^3 + C$
   b) $\int_0^2 (2x - x^2)\,dx = \left[x^2 - \frac{1}{3}x^3\right]_0^2 = \frac{4}{3}$
   c) $\int_0^2 e^{-x}\,dx = [-e^{-x}]_0^2 = 1 - \frac{1}{e^2} \approx 0{,}865$
   d) $\int_0^\pi \cos\left(\frac{1}{2}x\right)dx = \left[2\sin\left(\frac{1}{2}x\right)\right]_0^\pi = 2$

4. $\int_0^2 (x^3 - 3x^2 + 2x)\,dx = \left[\frac{1}{4}x^4 - x^3 + x^2\right]_0^2 = 0$
   Der Flächenanteil oberhalb der x-Achse über [0; 1] ist genau so groß wie der unterhalb der x-Achse über [1; 2].

5. a) $F(x) = \frac{1}{9}x^3 + x$, $A = F(3) - F(1) = \frac{44}{9}$
   b) Spiegelung: $g(x) = -x^2 + 6x - 8$, Nullstellen: $x = 2$ und $x = 4$
   $G(x) = -\frac{1}{3}x^3 + 3x^2 - 8x$, $A = G(4) - G(2) = \frac{4}{3}$

6. a) $[ax^3 + 3x^2]_1^2 = 7a + 9 = 2$, $a = -1$
   b) $[x^2 + 5x]_2^a = a^2 + 5a - 14 = 0$, $a_1 = -7$, $a_2 = 2$

Testlösungen zum Kapitel II, Teil 1 (Seite 87)

1. a) $A = \int_{-1}^{1} f(x)\,dx = \left[\frac{1}{4}x^4 - \frac{1}{6}x^3 - \frac{1}{4}x^2 + x\right]_{-1}^{1} = \frac{5}{3}$

   b) Nullstellen: x = 1 und x = 3, $A = \int_{1}^{3} f(x)\,dx = \left[-\frac{1}{3}x^3 + 2x^2 - 3x\right]_{1}^{3} = \frac{4}{3}$

2. Schnittstellen: $f(x) - g(x) = x^2 - 7x + 10 = 0$, $x = 2$, $x = 5$
   Schnittpunkte: (2|2), (5|5)
   $A = \int_{2}^{5} (g(x) - f(x))\,dx = \left[-\frac{1}{3}x^3 + \frac{7}{2}x^2 - 10x\right]_{2}^{5} = -\frac{25}{6} - \left(-\frac{26}{3}\right) = 4{,}5$

3. a) Ansatz: $f(x) = ax^2 + 3$, $f(2) = 0 \Rightarrow A = -\frac{3}{4}$
   Resultat: $f(x) = -\frac{3}{4}x^2 + 3$

   b) $A_f = \int_{-2}^{2} f(x)\,dx = \left[-\frac{1}{4}x^3 + 3x\right]_{-2}^{2} = 8$, $A_g = \int_{-1{,}5}^{1{,}5} g(x)\,dx = \left[-\frac{10}{27}x^3 + 2{,}5x\right]_{-1{,}5}^{1{,}5} = 5$
   Querschnittsfläche: $G = 3\,m^2$, Betonmenge: $V = 30\,m^3$

4. a) $\int_{0}^{10} w'(t)\,dt = [-0{,}008t^3 + 0{,}06t^2 + 9{,}8t]_0^{10} = 96$ Wölfe

   b) $w(t) = -0{,}008t^3 + 0{,}06t^2 + 9{,}8t + C$
   $w(20) = 156 + C = 172$
   Zu Beginn waren es 16 Wölfe.

5. a) $\int v(t)\,dt = 0{,}0005t^3 - 0{,}15t^2 + C$, $h(t) = 0{,}0005t^3 - 0{,}15t^2 + 2000$

   b) $h(120) = 704$ m Höhe nach 2 Minuten, $v(120) = -14{,}4$ m/s
   c) $v(t) = 0$: $t^2 - 200t = 0$: $t = 0$ und $t = 200$
   Nach 200 Sekunden erfolgt die Landung in $h(200) = 0$ m Höhe.

Testlösungen zum Kapitel II, Teil 2 (Seite 114)

1. a) $V = \pi\int_0^2 5x^4\,dx = \pi\,[x^5]_0^2 = 32\pi \approx 100{,}53$

   b) $V = \pi \cdot a^5 = 8\pi$; $a = \sqrt[5]{8} \approx 1{,}52$

2. $f = g$: $x = 0$; $x = 9$

   $V = \pi\int_0^9 \left(x - \frac{1}{9}x^2\right)dx = \pi\left[\frac{1}{2}x^2 - \frac{1}{27}x^3\right]_0^9 = \frac{81}{6}\pi \approx 42{,}41$

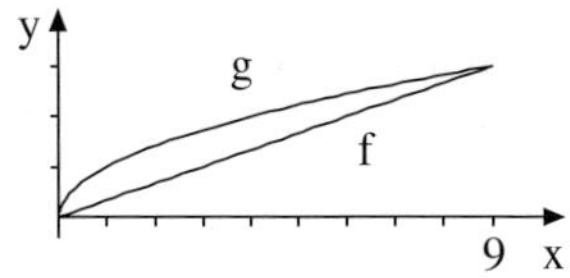

3. a) $f(0) = 3$, $b = 9$

   $f(10) = 6$, $\sqrt{10a + 9} = 6$, $a = 2{,}7$

   $f(x) = \sqrt{2{,}7x + 9}$

   b) $V = \pi\int_0^8 (2{,}7x + 9)\,dx = \pi\,[1{,}35x^2 + 9x]_0^8 = 158{,}4\pi$

   $V \approx 497{,}63\,\text{cm}^3$

4. a) $A_k = \left[-3e^{-\frac{1}{3}x + 1}\right]_0^k = 3e - 3e^{-\frac{1}{3}k + 1} \to 3e$ für $k \to \infty$

   b) $A_k = \left[-4x^{-\frac{1}{2}}\right]_1^k = 4 - \frac{4}{\sqrt{k}} \to 4$ für $k \to \infty$

5. a) $A_{a,b} = \left[\frac{3}{2}x^{\frac{2}{3}}\right]_a^b = \frac{3}{2}\left(\sqrt[3]{b^2} - \sqrt[3]{a^2}\right)$

   b) $A_{a,b} \to \infty$ für $b \to \infty$, $A_{a,b} \to \frac{3}{2}\sqrt[3]{b^2}$ für $a \to 0$

6. a) $V = \pi\int_0^4 e^{-\frac{1}{2}x}\,dx = \left[-2\pi e^{-\frac{1}{2}x}\right]_0^4 = 2\pi\left(1 - \frac{1}{e^2}\right) \approx 5{,}43$

   b) $\left[-2\pi e^{-\frac{1}{2}x}\right]_0^k = 2\pi\left(1 - e^{-\frac{k}{2}}\right) = \pi$, $\frac{1}{2} - e^{-\frac{k}{2}}$, $k = -2\ln 0{,}5 \approx 1{,}39$

   c) $\left[-2\pi e^{-\frac{1}{2}x}\right]_0^k = 2\pi\left(1 - e^{-\frac{k}{2}}\right) \to 2\pi$ für $k \to \infty$

Testlösungen zum Kapitel III, Teil 1 (Seite 152)

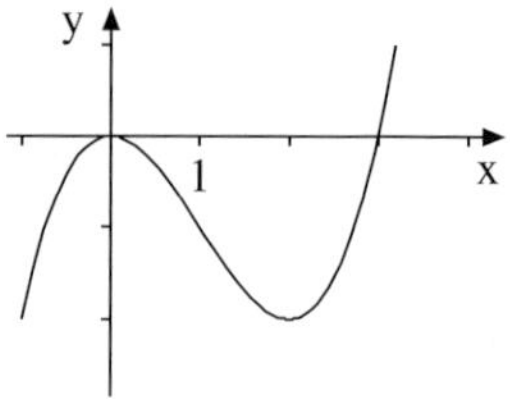

1. Nullstellen: $x = 0$ und $x = 3$
   $f'(x) = \frac{3}{2}x^2 - 3x, \quad f''(x) = 3x - 3, \quad f'''(x) = 3$
   Extrema: $f'(x) = 0$: $x = 0$ und $x = 2$
   $f''(0) = -3 < 0 \Rightarrow H(0|0), \quad f''(2) = 3 > 0 \Rightarrow T(2|-2)$
   Wendepunkt: $f''(x) = 0$, $x = 1$, $f'''(1) = 3$ also R-L-W $(1|-1)$
   Fläche A: $\int_0^3 f(x)\,dx = \left[\frac{1}{8}x^4 - \frac{1}{2}x^3\right]_0^3 = -3{,}375$; Der Flächeninhalt beträgt 3,375 FE.

2. a) $f'(x) = -\frac{5}{4}\pi \cdot \sin\left(\frac{\pi}{4}x\right), \quad f'(2) = -\frac{5}{4}\pi, \quad f(2) = 0$
   $t(x) = -\frac{5}{4}\pi(x-2) = -\frac{5}{4}\pi x + \frac{5}{2}\pi$
   b) $A = \int_0^2 (f(x) - g(x))\,dx = \left[\frac{20}{\pi}\sin\left(\frac{\pi}{4}x\right) - \frac{1}{3}x^3 + x^2\right]_0^2 = \frac{20}{\pi} - \frac{8}{3} + 4 \approx 7{,}70$

3. a) $f'(x) = (1-x) \cdot e^{2-x}, \quad f''(x) = (x-2) \cdot e^{2-x}$
   Extrema: $f'(x) = 0$: $x = 1, \quad f''(1) < 0 \Rightarrow H(1|e)$
   Wendepunkt: $f''(x) = 0$: $x = 2, \quad W(2|2)$
   b) Wendetangente: $t(x) = -(x-2) + 2 = -x + 4$
   Wendenormale: $n(x) = (x-2) + 2 = x$
   c) $F'(x) = (a - b - ax) \cdot e^{2-x} = x \cdot e^{2-x} \Rightarrow a = -1, \quad b = -1$
   $F(x) = -(x+1) \cdot e^{2-x}$, Probe: $F'(x) = -(1 - x - 1) \cdot e^{2-x} = x \cdot e^{2-x} = f(x)$
   d) $A = F(4) - F(0) = -5 \cdot e^{-2} + e^2 \approx 6{,}71$

4. $A = x \cdot y = 3x^2 \cdot e^{-\frac{x}{3}}, \quad A'(x) = (6x - x^2) \cdot e^{-\frac{x}{3}} = 0, \quad x = 0, \quad x = 6$
   Für $u = 6$ ist der Inhalt maximal.

5. a) $N''(t) = (20t - 40) \cdot e^{-t}$ Vermutung: $N(t) = 20t \cdot e^{-t}$
   Probe: $N'(t) = (20 - 20t) \cdot e^{-t}$
   $N(0) = 40$: $N(t) = 20t \cdot e^{-t} + 40$
   b) $N'(t) = 0$: $t = 1$, $N(1) = 20 \cdot e^{-1} + 40 \approx 47$

Testlösungen zum Kapitel III, Teil 2 (Seite 210)

1. a) $N_1(t) = 90 + at$, $N_1(12) = 90 + 12a = 150$, $a = 5$
   $N_1(t) = 90 + 5t$
   b) $N_2(t) = a \cdot e^{bt}$, $a = 90$, $150 = 90 \cdot e^{12b}$, $b \approx 0{,}043$
   $N_2(t) = 90 \cdot e^{0{,}043t}$
   Verdopplungszeit: $T = \frac{\ln 2}{0{,}043} \approx 16{,}12$ Monate
   c) $d(t) = 90 \cdot e^{0{,}043t} - 90 - 5t$, $d'(t) = 3{,}87 \cdot e^{0{,}043t} - 5 = 0$, $t \approx 5{,}96$
   Im Verlauf des 6. Monats.

2. a) $N(10) \approx 16{,}48$, $N(t) = 30$: $t \approx 22{,}91$, maximal 50
   b) $N'(t) = 2 \cdot e^{-0{,}04t}$, $N'(0) = 2$, $N'(t) = 1$: $t \approx 17{,}33$
   c) $N(60) \approx 45{,}5$
   $N(t) = 45{,}5 \cdot e^{-0{,}04(t-60)} = 45{,}5 \cdot e^{2{,}4} \cdot e^{-0{,}04t}$
   $\approx 501{,}6 \cdot e^{-0{,}04t} = 5$, $t \approx 115{,}2$
   Nach weiteren 55,2 min.

3. a) Ansatz: $N(t) = \frac{3000}{1 + 9 \cdot e^{-kt}}$, $N(1) = \frac{3000}{1 + 9 \cdot e^{-k}} = 340 \Rightarrow k \approx 0{,}14$
   Resultat: $N(t) = \frac{3000}{1 + 9 \cdot e^{-0{,}14t}}$
   b) $N(t) = 1500 \Rightarrow t = \frac{\ln \frac{2-1}{9}}{-0{,}14} \approx 15{,}69$
   c) $M'(t) = 21\,429 \cdot \frac{0{,}14 \cdot e^{0{,}14t}}{e^{0{,}14t} + 9} \approx \frac{3000}{1 + 9 \cdot e^{-0{,}14t}}$
   d) $M(10) - M(0) = 21\,429 \cdot \ln \frac{e^{1{,}4} + 9}{10} \approx 5713$
   $0{,}2\,\text{kg} \cdot 365 \cdot 5713 \approx 417\,\text{t}$

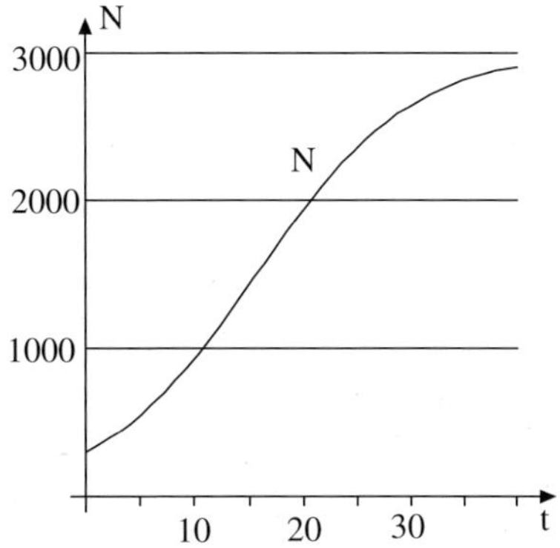

4. a) $f'(x) = \frac{2}{2x + 3}$
   b) $f'(x) = 2x \ln(4 - 3x) - x^2 \cdot \frac{3}{4 - 3x}$

5. $F(x) = \frac{3}{2} \ln(x + 1)$
   $A = F(2) - F(0) = \frac{3}{2} \ln 3 \approx 1{,}65$

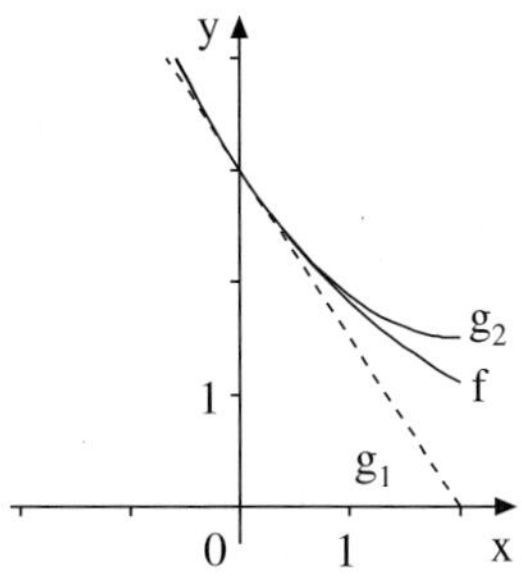

6. $g_2(x) = 3 - \frac{1{,}5}{1} x + \frac{0{,}75}{2!} x^2$, $g_1(x) = 3 - \frac{1{,}5}{1} x$
   $f(-1) \approx 4{,}95$; $f(1) \approx 1{,}82$
   $g_1(-1) = 4{,}5$; $g_1(1) = 1{,}5$; $\Delta \approx 0{,}45$
   $g_2(-1) = 4{,}875$; $g_2(1) = 1{,}875$; $\Delta \approx 0{,}075$

Testlösungen zum Kapitel IV (Seite 236)

1. a) $f_a(x)$ hat $x = 10$ als Nullstelle, das gilt für $a = 10$.
   b) $f_a'(x) = -\frac{20}{a^2}x + 1 = 0$: $a = 20$
   c) $f_a'(0) = 1$ gilt für alle a.
   d) $f_a(8) = 1{,}6$: $-\frac{640}{a^2} + 8 = 1{,}6 \Rightarrow a = 10$

2. a) Nullstellen: $x = 0$ und $x = \pm a$
   $f_a'(x) = 3x^2 - a^2$, $f_a''(x) = 6x$, $f_a'''(x) = 6$
   Extrema:
   $f_a'(x) = 0$: $x = \pm\frac{a}{\sqrt{3}}$
   $f_a''\left(\frac{a}{\sqrt{3}}\right) > 0 \Rightarrow T\left(\frac{a}{\sqrt{3}}\middle|-\frac{2a^3}{3\sqrt{3}}\right)$, $f_a''\left(-\frac{a}{\sqrt{3}}\right) < 0 \Rightarrow H\left(-\frac{a}{\sqrt{3}}\middle|\frac{2a^3}{3\sqrt{3}}\right)$
   Wendepunkt:
   $f_a''(x) = 0$: $x = 0$, $f_a'''(0) = 6 > 0 \Rightarrow R - L - W(0|0)$
   b) 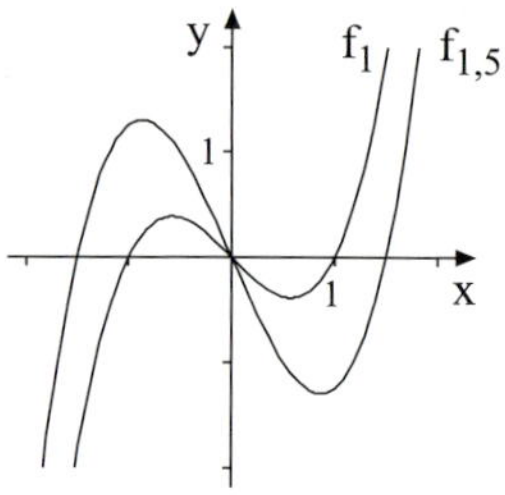

   c) $t_a(x) = -a^2(x - 0) + 0 = -a^2x$
   d) $t_a(1) = -4$: $-a^2 = -4 \Rightarrow a = 2$ $(a > 0)$
   e) $F_a(x) = \frac{1}{4}x^4 - \frac{a^2}{2}x^2$
   f) $A = F_a(0) - F_a(-1) = \frac{a^2}{2} - \frac{1}{4} = 4{,}25 \Rightarrow a = 3$

3. a) $f_a'(x) = 2 - \frac{2a^3}{x^3}$, $f_a''(x) = \frac{6a^3}{x^4}$
   $f_a'(x) = 0$: $x = a$, $f_a''(a) = \frac{6}{a} > 0 \Rightarrow T(a|2a)$
   b) 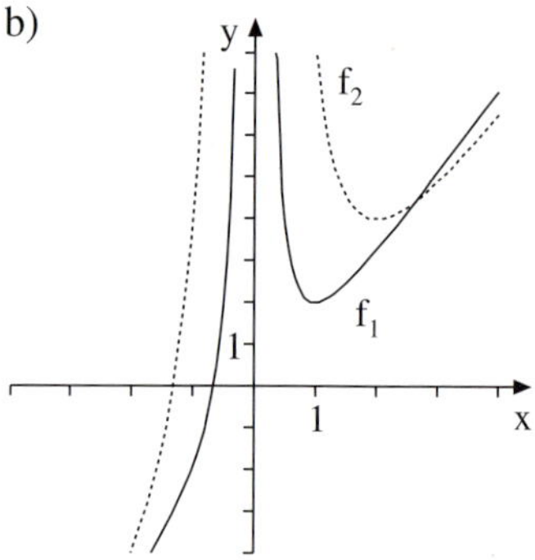

   c) $a = x$, $y = 2x$
   d) $F_a(x) = x^2 - ax - \frac{a^3}{x}$
   $A = F(2) - F(1) = (4 - 2a - \frac{a^3}{2}) - (1 - a - a^3) = 3 - a + \frac{a^3}{2}$
   $3 - a + \frac{a^3}{2} = 5$, $\frac{a^3}{2} - a = 2$ $a = 2$
   e) $t_a(x) = f_a'(1)(x - 1) + 2 - a + a^3 = (2 - 2a^3)x + 3a^3 - a$
   $2 - 2a^3 = \frac{7}{4} \Rightarrow a^3 = \frac{1}{8}$, $a = \frac{1}{2}$

4. a) Nullstellen: $x = \ln\frac{1}{a}$
   $f_a'(x) = e^x - 2ae^{2x}$, $f_a''(x) = e^x - 4ae^{2x}$, $f_a'''(x) = e^x - 8ae^{2x}$
   Extrema: $f_a'(x) = 0$, $x = \ln\frac{1}{2a}$, $f_a''(\ln\frac{1}{2a}) = -\frac{1}{2a} < 0 \Rightarrow H\left(\ln\frac{1}{2a}\middle|\frac{1}{4a}\right)$
   Wendepunkte: $f_a''(x) = 0$, $x = \ln\frac{1}{4a}$, $f_a'''(\ln\frac{1}{4a}) \neq 0 \Rightarrow W\left(\ln\frac{1}{4a}\middle|\frac{3}{16a}\right)$
   b) 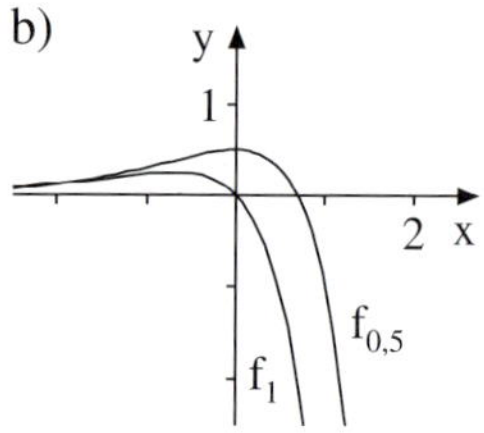

   c) Ortskurve der Extrema: $a = \frac{1}{2e^x}$, $y = \frac{1}{2}e^x$
   Ortskurve der Wendepunkte: $a = \frac{1}{4e^x}$, $y = \frac{3}{4}e^x$
   d) $f'(\ln\frac{1}{a}) = -\frac{1}{a} = -2 \Rightarrow a = \frac{1}{2}$
   e) $F_a(x) = e^x - \frac{a}{2}e^{2x}$, $A = \frac{1}{2}a$, also für alle a ein endlicher Inhalt

Testlösungen zum Kapitel V (Seite 270)

1. $p(-2) = -3$: $4a - 2b + c = -3$
   $p(2) = 5$: $4a + 2b + c = 5$
   $p(4) = 3$: $16a + 4b + c = 3$, $a = -\frac{1}{2}$, $b = 2$, $c = 3$
   $p(x) = -\frac{1}{2}x^2 + 2x + 3$

2. a) $f(x) = a_0 + a_1(x-0) + a_2(x-0)(x-1) + a_3(x-0)(x-1)(x-4)$
   $f(0) = 4$: $a_0 = 4$
   $f(1) = 2$: $a_0 + a_1 = 2$, $a_1 = -2$
   $f(4) = 8$: $a_0 + 4a_1 + 12a_2 = 8$, $a_2 = 1$
   $f(x) = x^2 - 3x + 4$
   b) $f(x) = x^2 - 3x + 4 + a_3 x(x-1)(x-4)$, $f(5) = 14 + 20a_3 = 4 \Rightarrow a_3 = -\frac{1}{2}$
   $f(x) = -\frac{1}{2}x^3 + \frac{7}{2}x^2 - 5x + 4$
   c) $g(x) = 2(x-1) + 2 = 2x$
   $g(3) = 6$, $f_a(3) = 4$, $f_b(3) = 7$
   Die Abweichung zwischen $g(3)$ und $f_a(3)$ ist recht groß.

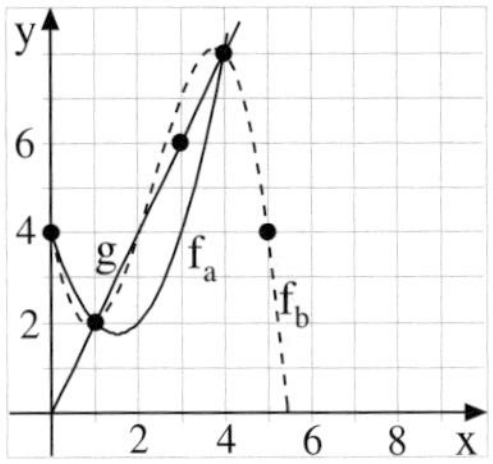

3. a)

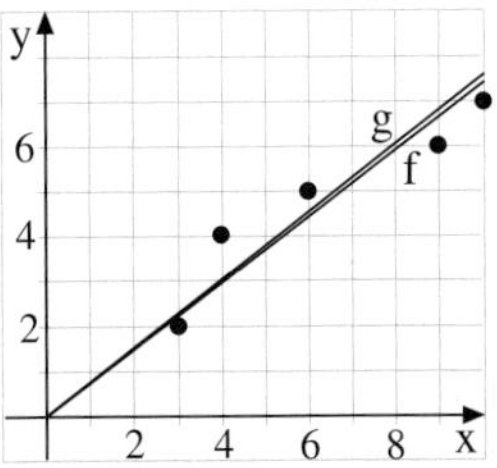

b) $g(x) = 0{,}75x$
c) $f(x) = \frac{6 + 16 + 30 + 54 + 70}{9 + 16 + 36 + 81 + 100}x = \frac{176}{242}x \approx 0{,}73x$

4. a) $\overline{x} = \frac{1+3+4+5+8+10+11}{7} = 6$, $\overline{y} = \frac{11+10+8+6+6+5+3}{7} = 7$, $S(6|7)$
   b) $g(x) = \frac{-20-9-2+1-2-8-20}{25+9+4+1+4+16+25} \cdot (x-6) + 7 = -\frac{5}{7}x + \frac{30}{7} + 7 \approx -0{,}714x + 11{,}286$
   c) $r \approx -0{,}945$
   d) Der Korrelationskoeffizient r deutet auf einen stark ausgeprägten Zusammenhang mit negativer Steigung hin.

5. a) quadratische Regression: $a = 2{,}238\,095\,24$; $b = -423{,}142\,857$; $c = 40\,629{,}7619$; $r^2 = 0{,}999\,784$
   exponentielle Regression: $a = 32\,649{,}268\,49$; $b = 0{,}986\,860\,397$; $r^2 = 0{,}999\,705$
   b) $g(50) = 24\,852$; $f(50) = 25\,068$; $g(100) = 16\,698$; $f(100) = 20\,696$
   Die exponentielle Regression g ist langfristig besser, da die quadratische Regression ohne reale Begründung automatisch wieder nach oben führt.

Testlösungen zum Kapitel VI (Seite 294)

1. a) $\int_0^2 \cos\left(\frac{\pi}{4}x\right)dx \approx \frac{2}{4}\left[\cos\left(\frac{\pi}{4}\cdot\left(\frac{1}{4}\right)\right) + \cos\left(\frac{\pi}{4}\cdot\left(\frac{3}{4}\right)\right) + \cos\left(\frac{\pi}{4}\cdot\left(\frac{5}{4}\right)\right) + \cos\left(\frac{\pi}{4}\cdot\left(\frac{7}{4}\right)\right)\right]$

$\approx \frac{1}{2}[0{,}9808 + 0{,}8315 + 0{,}5556 + 0{,}1951] = 1{,}2815$

b) Exakter Wert: $\int_0^2 \cos\left(\frac{\pi}{4}x\right)dx = \frac{4}{\pi} \approx 1{,}2732$

Prozentuale Abweichung: ca. 0,64%

2. a) $\int_0^3 \frac{x}{x^2+1}dx \approx \frac{1}{2}\cdot\frac{3}{6}\cdot\left(0 + 2\cdot\frac{0{,}5}{1{,}25} + 2\cdot\frac{1}{2} + 2\cdot\frac{1{,}5}{3{,}25} + 2\cdot\frac{2}{5} + 2\cdot\frac{2{,}5}{7{,}25} + \frac{3}{10}\right) \approx 1{,}1282$

b) $\int_0^3 \frac{x}{x^2+1}dx \approx 1{,}1511$

c) $F'(x) = \frac{1}{2}\cdot\frac{1}{x^2+1}\cdot 2x = \frac{x}{x^2+1} = f(x)$

Exakter Wert: $\int_0^3 \frac{x}{x^2+1}dx = \left[\frac{1}{2}\ln(x^2+1)\right]_0^3 = \frac{1}{2}\ln 10 \approx 1{,}1513$

Abweichung zu a) ca. 2%

3. $A \approx \frac{2}{6}(1 + 4\cdot\sqrt{2} + \sqrt{5}) \approx 2{,}9643$

genauer Wert: ca. 2,957 885…

4. $A = \int_0^2 (5 - \sqrt{1+8x})dx \approx \frac{2}{12}(4 + 4(5-\sqrt{5}) + 2(5-3) + 4(5-\sqrt{13}) + (5-\sqrt{17})) \approx 4{,}2517$

genauer Wert: ca. 4,242 267…

5. a)

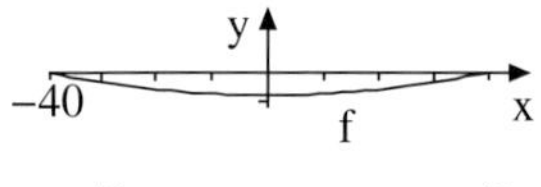

b) $L = \int_{-40}^{40} \sqrt{1 + \left(\frac{x}{200}\right)^2}\,dx = \int_{-40}^{40} \sqrt{1 + \frac{x^2}{40000}}\,dx \approx 80{,}53\,\text{m}$

Es wurden 403 Holzlatten benötigt.

c) $V = 403 \cdot 2\,\text{m} \cdot 0{,}20\,\text{m} \cdot 0{,}08\,\text{m} \approx 12{,}9\,\text{m}^3$

Stichwortverzeichnis

Bildnachweis

Titelfoto: Fotolia/pure-life-pictures; **11** Fotolia/Branko Srot; **12** Cornelsen; **14** akg-images; **15, 42, 69, 133 un., 204, 255, 259, 263, 276, 279, 283, 286, 287** Dr. Anton Bigalke/Dr. Norbert Köhler; **25** Deutsche Bahn AG; **41** Shutterstock/Corepics VOF; **47** Fotolia/mojolo; **61** Shutterstock/Sergey Kohl; **71** imago/Hans Blossey; **73** VISUM/Photoshot; **74** Fotolia/Kaspars Grinvalds; **75 ob.** Fotolia/Visions-AD; **75 un.re.** Fotolia/lassedesignen; **76** Fotolia/Mariusz Blach; **79** Fotolia/seregalsv; **80** Fotolia/Peer Frings; **81 ob.** Shutterstock/orin; **81 un.** Fotolia/Hellen Sergeyeva; **82** Fotolia/Kovalenko Inna; **83** Dr. Anton Bigalke; **84** Fotolia/Digitalpress; **87** Fotolia/Wolfgang Kruck; **88 ob.** Colourbox/Dr. Norbert Köhler; **90 un.** Shutterstock/HandmadePicture; **96 Mi.** Shutterstock/Guzel Studio; **96 ob. li.** panthermedia/patrimonio; **96 ob. re.** Fotolia/photosvac; **115** TopicMedia/Dierk Boeser; **120 ob.** Fotolia/jokatoons; **120 un.** Fotolia/Dangubic; **122** Shutterstock/Air Images; **123** Fotolia/kasto; **126** Shutterstock/marvlc; **149 un.** Shutterstock/Joseph Sohm; **150** Fotolia/Eva Kahlmann; **152** Fotolia/Iakov Filimonov; **153 Mi.** Shutterstock/curraheeshutterAnton Bigalke; **153 ob.** Shutterstock/maoyunping/Anton Bigalke; **153 un.** Shutterstock/Pyty/Anton Bigalke; **155** Shutterstock/Aleksandar Mijatovic; **156 ob.** Shutterstock/deformer; **156 un.** Shutterstock/Krom1975; **158 un.** Shutterstock/JAMES PIERCE; **159** Shutterstock/wavebreakmedia; **160 Mi.** Shutterstock/Fotofermer; **160 ob.** akg-images; **161** Shutterstock/Andriy Solovyov; **162 Mi.** Shutterstock/kochanowski; **162 ob.** Shutterstock/viphotos; **162 un.** Fotolia/Christian Schwier; **165** Shutterstock/Kzenon; **173** Shutterstock/holwichaikawee; **174** Shutterstock/yuris; **175 ob.** Shutterstock/Teri Virbickis; **175 un.** Shutterstock/nattanan726; **176** Shutterstock/Vetapi; **177** Shutterstock/Zorandim; **178** Shutterstock/wavebreakmedia; **179** Shutterstock/Mikael Damkier; **181** Shutterstock/Mr Doomits; **182/1** Shutterstock/iurii; **182/2** Shutterstock/ikayaki; **182/3** Shutterstock/Bildagentur Zoonar GmbH; **182/4** Shutterstock/Peter Sobolev; **183 Mi.** Fotolia/Edyta Pawlowska; **183 ob.** Fotolia/Donovan van Staden; **190** Fotolia/mybaitshop; **196** Shutterstock/Syda Productions; **197** interfoto e. k./Granger, NYC; **209** Shutterstock/Frenzel; **210 Mi.** Fotolia/artepicturas; **210 ob.** Shutterstock/Ufuk ZIVANA; **211** Fotolia/pure-life-pictures; **226** Fotolia/Christian Müller; **237** Shutterstock/Jorg Hackemann; **238** IMAGO/Horst Rudel; **240** akg images/Science Photo Library; **244** Fotolia/Georgios Kollidas; **246** Shutterstock/auremar; **252** Shutterstock/Alex Kutuev; **256** Fotolia/esben468635; **257** Fotolia/Michael Shake; **259 ob.** Shutterstock/fujji; **260** Shutterstock/bikeriderlondon; **261** ddp images/360°; **262 Mi.** Fotolia/snaptitude; **262 un.** Shutterstock/prochasson frederic; **263 ob.** Shutterstock/LEONARDO VITI; **264** AUDI AG; **265** Shutterstock/Vasca; **266** Fotolia/eyetronic; **267 Mi.** Fotolia/philippe Devanne; **267 ob.** Shutterstock/marvlc; **271** Shutterstock/Volker Rauch; **273 Mi.** Dr. Anton Bigalke; **273 un.** Shutterstock/Kateryna Kon/Anton Bigalke; **279 un.** Fotolia/Ansebach; **280** akg-images; **281** Gerlinde Keller, München; **285** Shutterstock/ventdusud; **288 ob.** Shutterstock/xtrekx/Anton Bigalke; **288 un.** Shutterstock/photo.ua; **291 un.li.** DLR, **294 Mi.** Shutterstock/MoreVector; **294 un.** Shutterstock/Man of the Mountain; **295** Fotolia/pure-life-pictures; **303** Fotolia/focus finder